高等教育材料类精品教材

材料工艺学

刘春廷　陈克正　谢广文　编

CAILIAO
GONGYIXUE

 化学工业出版社
·北京·

本书是建立在金属工艺学的基础上，将陶瓷材料工艺学、高分子材料工艺学和复合材料工艺学联系在一起，既突出工艺共性，又兼顾个性特色的一本教材。

　　全书共分为12章，分别为：材料学基础、热处理工艺、铸造工艺、锻压工艺、焊接工艺、金属切削加工工艺、金属材料、高分子材料工艺、陶瓷材料工艺、复合材料工艺、新型工程材料、机械零件的失效与材料及加工工艺的选用。为配合学习，各章末附有习题和思考题，便于读者深入研究。

　　本书适用于大专院校材料专业的研究生、本科生、高职生，从事高分子材料科学研究工作及相关专业的教学、科研、设计、生产和应用的人员。

图书在版编目（CIP）数据

材料工艺学/刘春廷，陈克正，谢广文编． —北京：化学工业出版社，2013.7（2023.1重印）

高等教育材料类精品教材

ISBN 978-7-122-17484-0

Ⅰ．①材…　Ⅱ．①刘…②陈…③谢…　Ⅲ．①工程材料-工艺学-高等学校-教材　Ⅳ．①TB3

中国版本图书馆 CIP 数据核字（2013）第 113492 号

| 责任编辑：杨　菁 | 文字编辑：李　玥 |
| 责任校对：宋　夏 | 装帧设计：史利平 |

出版发行：化学工业出版社（北京市东城区青年湖南街 13 号　邮政编码 100011）
印　　装：北京科印技术咨询服务有限公司数码印刷分部
787mm×1092mm　1/16　印张 22¾　字数 596 千字　2023 年 1 月北京第 1 版第 6 次印刷

购书咨询：010-64518888　　　　　售后服务：010-64518899
网　　址：http://www.cip.com.cn
凡购买本书，如有缺损质量问题，本社销售中心负责调换。

定　　价：78.00 元

前　言

　　《材料工艺学》是根据教育部最新颁布的课程教学基本要求和有关课程改革的"重点院校材料工艺学课程改革指南"编写的。本书是以现行"材料工艺学"课程标准为依据，结合目前教改的基本指导思想和原则以及实施素质教育和加强技术创新的精神，根据高等学校材料类教学的实际需要，参照国外原版教材和材料工艺研究的最新进展，并结合编者多年来的理论和实践教学经验编写而成的，在内容和形式上有较大的更新。

　　本书建立在金属工艺学基础上，力图与陶瓷材料工艺学、高分子材料工艺学和复合材料工艺学联系在一起，既突出工艺共性，又兼顾个性特色。本书涉及目前国内外研究的新工艺与新技术，注重学生创新能力和工程应用能力的培养，较全面地介绍了材料基础知识、工艺原理、工艺方法与规律等，可使学生获得材料工艺的基础知识与技能，如热处理技术、铸造、锻压、焊接、金属切削加工、陶瓷材料工艺、高分子材料工艺、复合材料工艺、新型工程材料、零部件的失效以及材料及加工工艺的选用，为进一步学习其他有关课程及以后从事产品设计、工程材料的选材与工艺方面的工作奠定基础。为配合学习，各章末附有习题和思考题，便于读者深入研究。

　　本书的编写力求取材新颖、联系实际、结构紧凑、语言简练、图文并茂，做到概念清晰、重点突出，科学性、实用性强，内容新颖。引入"三新"的新成果和新进展，有利于培养学生的创新意识，拓宽读者专业知识面，便于读者了解当前国内外先进材料技术、加工工艺的发展动态与趋势。

　　本书的编者都是从事本行业多年的教师、科研工作者，具体分工如下：绪论、第 3 章、第 4 章、第 5 章、第 12 章由青岛科技大学的刘春廷编写，第 1 章、第 9 章由谢广文编写，第 2 章由徐磊编写，第 6 章由周桂莲编写，第 7 章、第 8 章由马继编写，第 10 章、第 11 章由陈克正编写。全书由刘春廷、陈克正和谢广文担任主编，刘春廷负责统稿。在本书的编写过程中，中国科学院金属研究所的胡壮麒院士、管恒荣研究员和孙晓峰研究员提出了许多宝贵的意见，在此谨表示深切的谢意！同时本书在编写过程中参考了多种已出版的教材（见参考文献），并注意吸收各院校的教学改革经验以及多个研究所和企业的科研成果，对此，谨向上述涉及的单位和个人表示衷心的感谢。

　　由于编者水平有限，加之时间仓促，书中还存在不少不足之处，恳请广大读者批评指正。

编者

2013 年 1 月

目　录

绪　论 ··· 1

0.1 概述 ·· 1
0.2 工程材料的分类 ························· 2
0.3 材料工艺的分类 ························· 3
0.4 材料工艺学课程的目的、性质和学习
要求 ·· 3

第1章　材料学基础 ··· 5

1.1 材料的性能 ································ 5
1.1.1 材料的使用性能 ················ 5
1.1.2 材料的工艺性能 ·············· 13
1.2 材料的结构 ······························ 14
1.2.1 材料的结合方式 ·············· 14
1.2.2 金属材料的结构 ·············· 17
1.2.3 高分子材料的结构 ·········· 25
1.2.4 陶瓷材料的结构 ·············· 27
1.3 金属材料的结晶 ······················ 28
1.3.1 纯金属的结晶 ·················· 28
1.3.2 二元相图 ························· 30
1.3.3 铁碳相图 ························· 38
思考题与习题 ··································· 48

第2章　热处理工艺 ··· 49

2.1 钢的热处理原理 ······················ 49
2.1.1 钢在加热时的转变 ·········· 49
2.1.2 钢在冷却时的转变 ·········· 53
2.2 钢的常规热处理 ······················ 64
2.2.1 钢的退火与正火 ·············· 64
2.2.2 钢的淬火 ························· 68
2.2.3 钢的回火 ························· 76
2.3 钢的表面热处理 ······················ 79
2.3.1 感应加热表面淬火 ·········· 80
2.3.2 火焰加热表面淬火 ·········· 81
2.4 钢的化学热处理 ······················ 81
2.4.1 钢的渗碳 ························· 82
2.4.2 钢的渗氮 ························· 84
2.4.3 钢的碳氮共渗 ·················· 86
2.5 钢的热处理新技术 ··················· 87
2.5.1 可控气氛热处理和真空热处理 ··· 87
2.5.2 形变热处理 ····················· 89
2.5.3 表面热处理新技术 ·········· 90
思考题与习题 ··································· 91

第3章　铸造工艺 ··· 92

3.1 铸造工艺基础 ·························· 92
3.1.1 液态合金的充型 ·············· 92
3.1.2 铸件的收缩 ····················· 94
3.2 砂型铸造工艺 ·························· 96
3.2.1 砂型铸造工艺过程 ·········· 96
3.2.2 砂型铸造工艺分析 ·········· 97
3.3 砂型铸造方法 ·························· 102
3.3.1 手工造型 ························· 102
3.3.2 机器造型 ························· 104
3.4 特种铸造 ································ 105
3.4.1 熔模铸造 ························· 105
3.4.2 金属型铸造 ··················· 106
3.4.3 压力铸造 ························· 107
3.4.4 低压铸造 ························· 108
3.4.5 离心铸造 ························· 108
3.4.6 铸造方法的选择 ············· 108
3.5 铸件结构工艺性 ····················· 109
3.5.1 从简化铸造工艺过程分析 · 109
3.5.2 从避免产生铸造缺陷分析 · 111
3.5.3 铸件结构要便于后续加工 · 112
3.5.4 组合铸件的应用 ············· 113
3.6 常用合金铸件的制造 ·············· 113

3.6.1 铸铁件的制造 ·········· 113
3.6.2 铸钢件的制造 ·········· 119
3.6.3 有色金属或合金铸件的制造 ········ 121
3.7 铸造技术的发展 ·········· 122
思考题与习题 ·········· 123

第4章 锻压工艺 ·········· 124

4.1 锻造工艺基本原理 ·········· 125
4.1.1 金属的塑性变形理论 ·········· 125
4.1.2 金属的锻造性能 ·········· 128
4.2 锻造 ·········· 130
4.2.1 自由锻 ·········· 130
4.2.2 模锻 ·········· 132
4.3 板料冲压 ·········· 134
4.3.1 板料冲压基本工序 ·········· 134
4.3.2 冲压模具 ·········· 136
4.4 挤压、轧制、拉拔 ·········· 138
4.4.1 挤压 ·········· 138
4.4.2 轧制 ·········· 139
4.4.3 拉拔 ·········· 140
4.5 特种塑性加工方法 ·········· 141
4.5.1 超塑性成型 ·········· 141
4.5.2 高能率成型 ·········· 143
4.5.3 液态模锻 ·········· 145
4.5.4 粉末锻造 ·········· 145
4.6 塑性加工零件的结构工艺性 ·········· 146
4.6.1 自由锻件结构工艺性 ·········· 146
4.6.2 冲压件结构工艺性 ·········· 147
4.7 塑性加工技术新进展 ·········· 149
思考题与习题 ·········· 150

第5章 焊接工艺 ·········· 151

5.1 焊接基础知识 ·········· 151
5.2 常用焊接工艺方法 ·········· 156
5.2.1 手工电弧焊 ·········· 156
5.2.2 其他焊接方法 ·········· 161
5.3 焊接件结构工艺性 ·········· 167
5.4 常用金属材料的焊接 ·········· 168
5.4.1 金属材料的焊接性 ·········· 168
5.4.2 结构钢的焊接 ·········· 169
5.4.3 铸铁件的焊接 ·········· 170
5.4.4 有色金属及其合金的焊接 ·········· 170
5.5 焊接质量检测 ·········· 171
5.5.1 焊接缺陷 ·········· 171
5.5.2 常用检验方法 ·········· 172
5.6 焊接技术新进展 ·········· 174
思考题与习题 ·········· 176

第6章 金属切削加工工艺 ·········· 178

6.1 金属切削理论基础 ·········· 178
6.1.1 金属切削变形过程 ·········· 178
6.1.2 切削力 ·········· 182
6.1.3 切削热与切削温度 ·········· 184
6.1.4 工件材料的切削加工性 ·········· 186
6.2 金属切削加工 ·········· 187
6.2.1 车削加工 ·········· 187
6.2.2 铣削加工 ·········· 195
6.2.3 刨削加工 ·········· 199
6.2.4 拉削加工 ·········· 200
6.2.5 镗削加工 ·········· 201
6.3 特种加工 ·········· 201
6.3.1 电火花加工 ·········· 201
6.3.2 电解加工 ·········· 210
6.3.3 超声波加工 ·········· 214
6.3.4 高能束加工 ·········· 217
思考题与习题 ·········· 221

第7章 金属材料 ·········· 222

7.1 工业用钢 ·········· 222
7.1.1 钢的分类与牌号 ·········· 222
7.1.2 钢中的杂质及合金元素 ·········· 224
7.1.3 结构钢 ·········· 227
7.1.4 工具钢 ·········· 235
7.1.5 特殊性能钢 ·········· 242
7.2 铸铁 ·········· 248
7.2.1 概述 ·········· 248
7.2.2 常用铸铁 ·········· 251
7.2.3 合金铸铁 ·········· 259

7.3　有色金属及其合金 ⋯⋯⋯⋯⋯ 261
　　7.3.1　铝及其合金 ⋯⋯⋯⋯ 261
　　7.3.2　铜及其合金 ⋯⋯⋯⋯ 263
　　7.3.3　镁及镁合金 264

7.3.4　钛及钛合金 ⋯⋯⋯⋯⋯ 265
7.3.5　轴承合金 ⋯⋯⋯⋯⋯⋯ 265
思考题与习题 ⋯⋯⋯⋯⋯⋯⋯⋯ 268

第8章　高分子材料工艺 ⋯⋯⋯⋯⋯⋯⋯⋯⋯⋯⋯⋯⋯⋯⋯⋯⋯⋯⋯⋯⋯⋯⋯⋯⋯⋯⋯ 269

8.1　概述 ⋯⋯⋯⋯⋯⋯⋯⋯⋯⋯ 269
8.2　高分子材料的结构 ⋯⋯⋯⋯ 269
　　8.2.1　高聚物的结构 ⋯⋯⋯ 270
　　8.2.2　高聚物的聚集态结构 ⋯ 271
8.3　高分子化合物的力学状态 ⋯ 271
8.4　工程塑料及工艺 ⋯⋯⋯⋯⋯ 273
　　8.4.1　工程塑料的组成 ⋯⋯ 273
　　8.4.2　工程塑料的分类 ⋯⋯ 273
　　8.4.3　常用工程塑料 ⋯⋯⋯ 274
　　8.4.4　工程塑料的加工工艺 ⋯ 278

8.5　工业橡胶及工艺 ⋯⋯⋯⋯⋯ 280
　　8.5.1　工业橡胶制品的组成和工业橡胶的
　　　　　分类 ⋯⋯⋯⋯⋯⋯⋯ 280
　　8.5.2　常用合成橡胶 ⋯⋯⋯ 280
　　8.5.3　工业橡胶件的加工工艺 ⋯ 283
8.6　合成纤维及工艺 ⋯⋯⋯⋯⋯ 286
　　8.6.1　常用合成纤维 ⋯⋯⋯ 286
　　8.6.2　合成纤维的加工工艺 ⋯ 287
思考题与习题 ⋯⋯⋯⋯⋯⋯⋯⋯ 288

第9章　陶瓷材料工艺 ⋯⋯⋯⋯⋯⋯⋯⋯⋯⋯⋯⋯⋯⋯⋯⋯⋯⋯⋯⋯⋯⋯⋯⋯⋯⋯⋯ 289

9.1　陶瓷材料的组成 ⋯⋯⋯⋯⋯ 289
9.2　陶瓷材料的分类 ⋯⋯⋯⋯⋯ 290
9.3　陶瓷材料的结构 ⋯⋯⋯⋯⋯ 291
　　9.3.1　离子型晶体陶瓷 ⋯⋯ 291
　　9.3.2　共价型晶体陶瓷 ⋯⋯ 291

9.4　陶瓷材料及工艺 ⋯⋯⋯⋯⋯ 292
　　9.4.1　常用陶瓷材料 ⋯⋯⋯ 292
　　9.4.2　陶瓷材料的加工工艺 ⋯ 298
思考题与习题 ⋯⋯⋯⋯⋯⋯⋯⋯ 300

第10章　复合材料工艺 ⋯⋯⋯⋯⋯⋯⋯⋯⋯⋯⋯⋯⋯⋯⋯⋯⋯⋯⋯⋯⋯⋯⋯⋯⋯⋯⋯ 301

10.1　复合材料的分类 ⋯⋯⋯⋯ 301
10.2　复合材料的增强机制和复合原则 ⋯ 302
　　10.2.1　复合材料的增强机制 ⋯ 302
　　10.2.2　复合材料的复合原则 ⋯ 303
10.3　金属基复合材料 ⋯⋯⋯⋯ 304
　　10.3.1　金属陶瓷 ⋯⋯⋯⋯ 304
　　10.3.2　纤维增强金属基复合材料 ⋯ 305
　　10.3.3　颗粒和晶须增强金属基复合
　　　　　　材料 ⋯⋯⋯⋯⋯⋯ 307

10.4　非金属基复合材料 ⋯⋯⋯ 308
　　10.4.1　聚合物基复合材料 ⋯ 308
　　10.4.2　陶瓷基复合材料 ⋯⋯ 312
　　10.4.3　碳/碳复合材料 ⋯⋯ 316
10.5　复合材料的加工工艺 ⋯⋯ 316
　　10.5.1　金属基复合材料加工工艺 ⋯ 317
　　10.5.2　树脂基复合材料加工工艺 ⋯ 319
　　10.5.3　陶瓷基复合材料加工工艺 ⋯ 321
思考题与习题 ⋯⋯⋯⋯⋯⋯⋯⋯ 322

第11章　新型工程材料 ⋯⋯⋯⋯⋯⋯⋯⋯⋯⋯⋯⋯⋯⋯⋯⋯⋯⋯⋯⋯⋯⋯⋯⋯⋯⋯⋯ 324

11.1　形状记忆合金 ⋯⋯⋯⋯⋯ 324
　　11.1.1　形状记忆效应 ⋯⋯⋯ 324
　　11.1.2　形状记忆效应的机理 ⋯ 324
　　11.1.3　形状记忆合金的应用 ⋯ 325
11.2　非晶态合金 ⋯⋯⋯⋯⋯⋯ 326
　　11.2.1　非晶态合金的制备 ⋯ 326
　　11.2.2　非晶态合金的特性 ⋯ 327
　　11.2.3　非晶态合金的应用 ⋯ 327
11.3　超塑性合金 ⋯⋯⋯⋯⋯⋯ 328

11.3.1　超塑性现象 ⋯⋯⋯⋯ 328
11.3.2　常见的超塑性合金 ⋯⋯ 329
11.3.3　超塑性合金的应用 ⋯⋯ 330
11.4　纳米材料 ⋯⋯⋯⋯⋯⋯⋯ 331
　　11.4.1　纳米材料的特性 ⋯⋯ 331
　　11.4.2　纳米材料的分类 ⋯⋯ 332
　　11.4.3　纳米材料的制备 ⋯⋯ 332
　　11.4.4　纳米新材料 ⋯⋯⋯⋯ 332
　　11.4.5　纳米复合材料 ⋯⋯⋯ 333

11.4.6 功能纳米复合材料 …………… 333
11.4.7 纳米材料的应用 ……………… 333
11.5 新能源材料 ………………………… 335

第12章 机械零件的失效与材料及加工工艺的选用 ………………………………… 337

12.1 机械零件的失效 ……………… 337
12.1.1 失效概念 ………………… 337
12.1.2 失效形式 ………………… 337
12.1.3 失效原因 ………………… 339
12.1.4 失效分析 ………………… 340
12.2 机械零件材料及加工工艺的选用 …… 343
12.2.1 机械零件材料及加工工艺选用的
基本原则 ………………… 343
12.2.2 典型零件的材料及加工工艺
选择 ………………… 347
思考题与习题 ………………………… 353

参考文献 ……………………………………………………………………………………… 354

绪　　论

0.1　概述

材料是人们用来制作各种有用器件的物质，是人类生产和生活所必需的物质基础。从日常生活用的器具到高技术产品，从简单的手工工具到复杂的航天器、机器人，都是用各种材料制作而成或由其加工的零件组装而成。纵观人类历史，人类社会的发展伴随着材料的发明和发展，材料的发展推动着人类社会的进步，并成为人类文明发展的里程碑。人类最早使用的材料是石头、兽皮等天然材料，其后，发明了陶器、瓷器、青铜器和铁器。因此，历史学家将人类早期历史划分为石器时代、青铜器时代和铁器时代。其实，人类文明的发展史，就是一部学习利用材料、制造材料、创新材料的历史，材料的发展水平和利用程度已成为人类文明进步的标志。20 世纪后期，材料作为高技术的三大支柱（能源、材料和信息）之一高速发展，尤其是新材料的不断涌现，非金属人工合成材料的迅猛增长，金属与非金属材料的相互渗透，新型复合材料的异军突起，等等，如今人类已跨入人工合成材料的崭新时代。新材料对高科技和新技术具有非常关键的作用，掌握新材料是一个国家在科技上处于领先地位的标志之一，没有新材料，也就没有发展高科技的物质基础。如没有半导体材料的工业化生产，就不可能有目前的计算机技术；没有高温高强度的结构材料，就不可能有今天的航空工业和宇航工业；没有低消耗的光导纤维，就没有现代的光纤通信。21 世纪，新型工程材料的发展趋势如下：继续重视对新型金属材料的研究开发，开发非晶合金材料；发展在分子水平设计高分子材料的技术；继续发掘复合材料和半导体硅材料的潜在价值；大力发展纳米材料、信息材料、智能材料、生物材料和高性能陶瓷材料等。

中华民族在人类历史上为材料的发展和应用作出过重大贡献。早在公元前 6000～前 5000 年的新石器时代，中华民族的先人就能用黏土烧制成陶器，到东汉时期又出现了瓷器，并流传海外。在 4000 年前的夏朝我们的祖先已经能够炼铜，到殷商时期，我国的青铜冶炼和铸造技术已达到很高水平。从河南安阳晚商遗址出土的司母戊鼎重 875kg，通高 133cm，口长 110cm，宽 78cm，壁厚 6cm，且饰纹优美。司母戊方鼎是我国商代青铜器的代表作，标志着商代青铜器铸造技术的水平，被推为"世界出土青铜器之冠"。从湖北江陵楚墓中发掘出的两把越王勾践的宝剑，长 55.6cm，至今锋利异常，是我国青铜器的杰作。我国从春秋战国时期（公元前 770～前 221 年）便开始大量使用铁器，明朝科学家宋应星在其所著的《天工开物》一书中就记载了古代的渗碳热处理等工艺，这说明早在欧洲工业革命之前，我国在金属材料及热处理方面就已经有了较高的成就。中华人民共和国成立后，我国先后建起了鞍山、攀枝花、宝钢等大型钢铁基地，钢年产量由 1949 年的 15.8 万吨上升到 2012 年的几亿吨，成为世界上钢产量最多的国家。原子弹、氢弹的爆炸，卫星、飞船的上天等都说明了我国在材料的开发、研究及应用等方面有了飞跃的发展，达到了一定的水平。但与世界发达国家相比，我们还有一定的差距，需要我们一代代地努力去缩小这些差距。

从简单地利用天然材料、冶铜炼铁到使用热处理工艺，人类对材料的认识是逐步深入的。18 世纪欧洲工业革命后，人们对材料的质量和数量的要求越来越高，这促进了材料科技的进一步发展。1863 年，光学显微镜首次应用于金属材料的研究，诞生了金相学，使人们步入了材料的微观世界，能够将材料的宏观性能与微观组织联系起来，标志着材料研究从经验走向科学。1912 年发现了 X 射线对晶体的衍射作用，随后被用于晶体衍射结构分析，使人们对材料微观结构的认识从最初的假想到科学的现实。19 世纪末，晶体的 230 种空间群被确定，至此人们已经可以完全用数学的方法来描述晶体的几何特征。1932 年发明了电子显微镜，把人们带到了微观世界的更深层次（10^{-7}m）。1934 年位错理论的提出，解决了晶体理论计算强度与实验测得的实际强度之间存在的巨大差别的矛盾，对于人们认识材料的力学性能及设计高强度材料具有划时代的意义。一些与材料有关的基础学科（如固体物理、量子力学、化学等）的发展，有力地促进了材料研究的深化。

0.2　工程材料的分类

　　工程材料主要是指用于机械、车辆、船舶、建筑、化工、能源、仪器仪表、航空航天等工程领域中的材料，用来制造工程构件和机械零件，也包括一些用于制造工具的材料和具有特殊性能（如耐蚀、耐高温等）的材料。按照材料的组成、结合键的特点，可将工程材料分为金属材料、高分子材料、陶瓷材料和复合材料四大类，如图 0-1 所示。

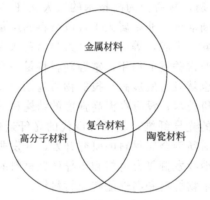

图 0-1　工程材料的分类

　　金属材料是以金属键结合为主的材料，具有良好的导电性、导热性、延展性和金属光泽，是目前用量最大、应用最广泛的工程材料。金属材料分为黑色金属和有色金属两大类，铁及其合金称为黑色金属，如钢、铸铁材料，其世界年产量已超过 10 亿吨，在机械产品中的用量已占整个用材的 60% 以上。黑色金属之外的所有金属及其合金统称为有色金属。有色金属的种类很多，根据其特性的不同又可分为轻金属、重金属、贵金属、稀有金属等。

　　高分子材料是以分子键和共价键为主的材料。高分子材料作为结构材料具有塑性、耐蚀性、电绝缘性、减振性好及密度小等特点。工程上使用的高分子材料主要包括塑料、橡胶及合成纤维等，在机械、电气、纺织、汽车、飞机、轮船等制造工业和化学、交通运输、航空航天等工业中被广泛应用。

　　陶瓷材料是以共价键和离子键为主的材料，其性能特点是熔点高、硬度高、耐腐蚀、脆性大。陶瓷材料分为传统陶瓷和特种陶瓷两大类。传统陶瓷又称普通陶瓷，是以天然材料（如黏土、石英、长石等）为原料的陶瓷，主要用作建筑材料。特种陶瓷又称精细陶瓷，是以人工合成材料为原料的陶瓷，常用于工程上的耐热、耐蚀、耐磨零件。

　　复合材料是为提高材料性能，通常把两种或两种以上不同性质或不同结构的材料以微观或宏观的形式组合在一起而形成的材料，包括金属基复合材料、陶瓷基复合材料和高分子复合材料。如现代航空发动机燃烧室内温度最高的材料就是通过粉末冶金法制备的氧化物粒子弥散强化的镍基合金复合材料。很多高级游艇、赛艇及体育器械等是由碳纤维复合材料制成的，它们具有重量轻、弹性好、强度高等优点。

0.3　材料工艺的分类

（1）金属材料的加工工艺

根据加工温度与材料本身的熔点的关系，金属材料的加工工艺可分为冷加工和热加工工艺两类。

金属材料热加工成型包括热处理工艺、铸造、锻压和焊接。

热处理工艺是将固态金属或合金在一定介质中加热、保温和冷却，以改变材料整体或表面组织，从而获得所需性能的工艺。

铸造是将金属或合金熔化成液态后，浇注到与将成型零件的形状和尺寸相适应的铸型型腔中，待其冷却凝固后获得毛坯零件的成型方法。

锻压是指将具有塑性的金属材料，在热态或冷态下借助锻锤的冲击力或压力机的压力，使其产生塑性变形，以获得所需形状、尺寸及力学性能的毛坯或零件的成型方法。

焊接是通过加热或加压或两者并用，使用或不使用填充材料，使被焊材料之间达到原子结合，从而形成永久性连接的成型方法。

冷加工工艺是使用切削工具（包括刀具、磨具和磨料），在工具和工件之间的相对运动中，把工件上多余的材料层切除，使工件获得规定的尺寸、形状和表面质量的加工方法。

（2）非金属材料的加工工艺

非金属材料的成型加工包括高分子材料的加工工艺、陶瓷材料的加工工艺和复合材料的加工工艺，具体见第8、第9和第10章。

0.4　材料工艺学课程的目的、性质和学习要求

随着经济的飞速发展和科学技术的进步，人们对材料的要求越来越苛刻，结构材料向高比强度、高刚度、高韧性、耐高温、耐腐蚀、抗辐照和多功能的方向发展，新材料也在不断地涌现。机械工业是材料应用的重要领域，随着机械工业的发展，人们对产品的要求越来越高。无论是制造机床，还是建造轮船、石油化工设备，都要求产品技术先进、质量高、寿命长、造价低。因此，在产品设计与制造过程中，会遇到越来越多的材料及材料加工方面的问题。这就要求机械工程技术人员掌握必要的材料科学与材料工程知识，具备正确选择材料和加工方法、合理安排加工工艺路线的能力。

材料工艺学是以材料的工艺为研究对象的一门综合性技术课程。它以凝聚态物理和物理化学、晶体学为理论基础，结合冶金、机械、化工等科学知识，去探讨材料的结构、组织、成分、工艺及性能之间的内在规律，并联系一个器件或构件的使用功能要求，力求用经济合理的办法制备出一个有效的器件或构件。因此，工程材料及加工工艺是现代机械工程、电子技术和高新技术工业发展的基础。它的研究内容包括：材料学基础（包括材料的性能与结构等）、金属材料工艺（包括热处理工艺、铸造、锻压、焊接、切削加工）、非金属材料工艺（包括高分子材料工艺、陶瓷材料工艺和复合材料工艺）、新型工程材料和零部件的失效与材料及加工工艺的选用，特别是材料的性能与组织结构、成分组成、加工工艺之间的关系是本书研究的重点，也是贯穿全书的主线。

　　材料工艺学是材料类和机械类各专业的技术基础课，课程的目的是使学生获得工程材料的基本理论知识及其性能特点，建立材料的化学成分、组织结构、加工工艺与性能之间的关系，了解常用材料的应用范围和加工工艺，初步具备合理选用材料与工艺、正确确定加工方法、妥善安排加工工艺路线的能力。

　　材料工艺学课程是一门内容广泛、技术性和实践性都较强的课程，在学习时应注意分析、理解和运用，并与生产实际应用相结合。强调整体联系与综合应用，以提高学生发现问题、分析问题和解决问题的独立创新工作的能力。因此要求老师授课时除了注意联系物理与化学、力学性能及工程材料等课程的相关内容，还应尽可能利用现代化多媒体教学手段，把课本知识与工程实践训练等实习课程联系起来，理论与实践相结合，加深学生对课本知识的理解，提高学生感知能力、理解能力、综合分析能力和实践能力。

第1章　材料学基础

1.1　材料的性能

　　工程材料具有许多良好的性能，因此被广泛地应用于制造各种构件、机械零件、工具和日常生活用具等。为了正确地使用工程材料，应充分了解和掌握材料的性能。通常所说工程材料的性能有两个方面的意义，一是材料的使用性能，指材料在使用条件下表现出的性能，如强度、塑性、韧性等力学性能，耐蚀性、耐热性等化学性能以及声、光、电、磁等物理性能；二是材料的工艺性能，指材料在加工过程中表现出的性能，如冷热加工、压力加工性能、焊接性能、铸造性能、切削性能等等。工程材料是材料科学的应用部分，本节主要讨论结构材料的力学性能，阐述结构材料的组织、成分和性能的相互影响规律，解答工程应用问题。

　　工程材料的力学性能亦称为机械性能，是指材料抵抗各种外加载荷的能力，包括弹性、刚度、强度、塑性、硬度、韧性、疲劳强度等。外力即载荷，常见的各种载荷形式如图1-1所示。

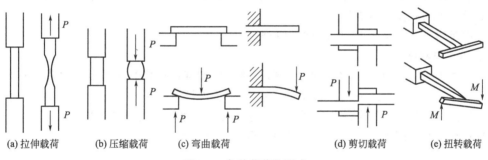

(a) 拉伸载荷　　　(b) 压缩载荷　　　(c) 弯曲载荷　　　　(d) 剪切载荷　　　(e) 扭转载荷

图1-1　各种载荷的形式

1.1.1　材料的使用性能

1.1.1.1　力学性能

　　在材料拉伸试验机上对一截面为圆形的低碳钢拉伸试样（图1-2）进行拉伸试验，可得到应力与应变的关系图，即拉伸图。图1-3是低碳钢和铸铁的应力-应变曲线。图中的纵坐标为应力 σ（单位为MPa），计算公式为

$$\sigma = \frac{P}{A_0} \tag{1-1}$$

横坐标为应变 ε，计算公式为

$$\varepsilon = \frac{\Delta l}{l_0} = \frac{l - l_0}{l_0} \times 100\% \tag{1-2}$$

　　式中，P 为所加载荷，N；A_0 为试样原始截面积，m^2；l_0 为试样的原始标距长度，mm；l 为试样变形后的标距长度，mm；Δl 为伸长量，mm。

　　(1) 强度

　　材料在外力作用下抵抗变形与断裂的能力称为强度。根据外力作用方式的不同，强度有

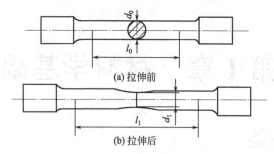

图 1-2　圆形拉伸试样

多种指标,如拉伸强度、压缩强度、弯曲强度、剪切强度和扭转强度等。其中拉伸强度和屈服强度指标应用最为广泛。

① 静载荷时的强度　拉伸变形的几个阶段如下。

弹性变形阶段(*oe* 段):试样的变形量与外加载荷成正比,载荷卸掉后,试样恢复到原来的尺寸。

屈服阶段(*es* 段):此时不仅有弹性变形,还发生了塑性变形。即载荷卸掉后,一部分形变恢复,还有一部分形变不能恢复,形变不能恢复的形变称为塑性变形(plastic deformation)。

强化阶段(*sb* 段):为使试样继续变形,载荷必须不断增加,随着塑性变形增大,材料变形抗力也逐渐增加。

缩颈阶段(*bz* 段):当载荷达到最大值时,试样的直径发生局部收缩,称为"缩颈"。此时变形所需的载荷逐渐降低。

试样断裂(*z* 点):试样在此点发生断裂。

a. 弹性与刚度

在应力-应变曲线上,*oe* 段为弹性变形阶段,即卸载后试样恢复原状,这种变形称为弹性变形(elastic deformation)。*e* 点的应力 σ_e 称为弹性极限(elastic limit)。弹性极限值表示材料保持弹性变形,不产生永久变形的最大应力,是弹性零件的设计依据。

材料在弹性范围内,应力与应变的关系符合虎克定律:

$$\sigma = E\varepsilon \tag{1-3}$$

式中,σ 为外加的应力;ε 为相应的应变;E 为弹性模量(elastic modulus),MPa。上式可改写为 $E = \sigma/\varepsilon$,所以弹性模量 E 是应力-应变曲线上 *oe* 直线的斜率。斜率越大,弹性模量越大,弹性变形越不易进行。因此,弹性模量 E 是衡量材料抵抗弹性变形的能力,即表征零件或构件保持原有形状与尺寸的能力,所以也叫做材料的刚度,且材料的弹性模量越大,它的刚度就越大。

材料的弹性模量 E 值是一个对组织不敏感的性能指标,主要取决于原子间的结合力,与材料本性、晶格类型、晶格常数有关,而与显微组织无关。因此一些处理方法(如热处理、冷热加工、合金化等)对它影响很小。而零件的刚度大小取决于零件的几何形状和材料的种类(即材料的弹性模量)。要想提高金属制品的刚度,只能更换金属材料、改变金属制品的结构形式或增加截面面积。

b. 屈服强度

如图 1-3 所示,当应力超过 σ_e 点时,卸载后试样的伸长只能部分恢复,这种不随外力去除而消失的变形称为塑性变形。当应力增加到 σ_s 点时,图上出现了平台,这种外力不增加而试样继续发生变形的现象称为屈服。材料开始产生屈服时的最低应力 σ_s 称为屈服强度

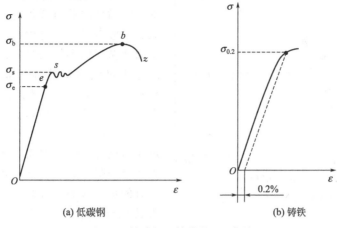

图 1-3　低碳钢和铸铁的 σ-ε 曲线

(yielding strength)。

工程上使用的材料多数没有明显的屈服现象。国标规定这类材料的屈服强度以试样的塑性变形量为试样标距的 0.2％时的材料所承受的应力值来表示，并以符号 $\sigma_{0.2}$ 表示 [图 1-3(b)]，它是 $F_{0.2}$ 与试样原始横截面积 A_0 之比。在工程中一般不允许零（构）件发生塑性变形，所以屈服强度 σ_s 是设计时的主要参数，是材料的重要机械性能指标。

　　c. 拉伸强度

材料发生屈服后，其应力与应变的关系曲线见图 1-3 的 sb 小段，到 b 点时应力达最大值 σ_b。b 点以后，试样的横截面产生局部"缩颈"，迅速伸长，这时试样的伸长主要集中在缩颈部位，直至拉断。将材料受拉时所能承受的最大应力值 σ_b 称为拉伸强度（tensile strength）。σ_b 是机械零（构）件评定和选材时的重要强度指标。

σ_s 与 σ_b 的比值叫做屈强比，屈强比愈小，工程构件的可靠性愈高，即万一超载也不至于马上断裂；屈强比太小，则材料强度有效利用率太低。

金属材料的强度与化学成分、工艺过程和冷热加工，尤其是热处理工艺有密切关系，如对于退火状态的三种铁碳合金，碳质量分数分别为 0.2％、0.4％和 0.6％，则它们的拉伸强度分别为 350MPa、500MPa 和 700MPa。碳质量分数为 0.4％的铁碳合金淬火和高温回火后，拉伸强度可提高到 700～800MPa。合金钢的拉伸强度可达 1000～1800MPa。但铜合金和铝合金的拉伸强度明显提高，如铜合金的 σ_b 达 600～700MPa，铍铜合金经过固溶时效处理后，σ_b 最高为 1250MPa；铝合金的 σ_b 一般为 400～600MPa。

② 动载荷时的强度　最常用的是疲劳强度（fracture strength），它是指在大小和方向重复循环变化的载荷作用下材料抵抗断裂的能力。许多机械零件，如曲轴、齿轮、轴承、叶片和弹簧等，在工作中各点承受的应力随时间做周期性的变化，这种随时间做周期性变化的应力称为交变应力。在交变应力作用下，零件所承受的应力虽然低于其屈服强度，但经过较长时间的工作也会产生裂纹或突然断裂，这种现象称为材料的疲劳。据统计，大约有 80％以上的机械零件失效是由疲劳失效造成。

测定材料疲劳寿命的试验有许多种，最常用的一种是旋转梁试验，试样在旋转时交替承受大小相等的交变拉压应力。试验所得数据可绘成 σ-N 疲劳曲线，σ 为产生失效的应力，N 为应力循环次数。

图 1-4 为中碳钢和高强度铝合金的典型 σ-N 曲线（疲劳曲线）。对于碳钢，随着承受的交变应力越大，则断裂时应循环次数越少。反之，则循环次数越大。随着应力循环次数的增

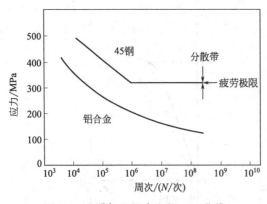

图 1-4　中碳钢和铝合金的 $\sigma\text{-}N$ 曲线

加，疲劳强度逐渐降低，以后曲线逐渐变平，即循环次数再增加时，疲劳强度也不降低。当应力低于一定值时，试样可经受无限个周期循环而不被破坏，$\sigma\text{-}N$ 曲线出现水平部分所对应的定值称为疲劳强度（疲劳极限），用 σ_r 表示。对于应力对称循环的疲劳强度用 σ_{-1} 表示。实际上，材料不可能做无限次交变应力试验。对于黑色金属，一般规定应力循环 10^7 周次而不断裂的最大应力称为疲劳极限，有色金属、不锈钢等取 10^8 周次时的最大应力。许多铁合金的疲劳极限约为其拉伸强度的一半，有色合金（如铝合金）没有疲劳极限，它的疲劳强度可以低于拉伸强度的 1/3。

③ 高温强度　蠕变（creep）是指在高温下长时间工作的金属材料或在常温使用的高聚物，承受的应力即使低于屈服点 σ_s 也可能会出现明显缓慢的塑性变形直至断裂，导致零件的最终失效。若金属材料在高于一定温度长时间工作，材料的强度就不能完全用室温下的强度（σ_s 或 σ_b）来代替，此时必须考虑温度和时间的影响。材料的高温强度要用蠕变极限和持久强度来表示。蠕变极限是指金属在给定温度下和规定时间内产生一定变形量的应力。例如 $\sigma_{0.1/1000}^{600}=88MPa$，表示在 600℃ 下，1000h 内，引起 0.1% 变形量的应力值为 88MPa。而持久强度是指金属在给定温度和规定时间内，使材料发生断裂的应力。例如 $\sigma_{100}^{800}=186MPa$，表示工作温度为 800℃ 时，承受 186MPa 的应力作用，约 100h 后断裂。工程塑料在室温下受到应力作用就可能发生蠕变，这在使用塑料受力件时应注意。

金属材料发生蠕变的主要原因是由于温度高，晶内和晶界的缺陷（如位错等）的活动能力显著增大，导致晶内滑移和晶界移动。而高聚物蠕变是由于分子链发生了构象变化或位移而引起的。

(2) 硬度

硬度（hardness）是材料抵抗另一硬物体压入其内而产生局部塑性变形的能力。通常，材料越硬，其耐磨性越好。同时通过硬度值可估计材料的近似 σ_b 值。硬度试验方法比较简单、迅速，可直接在原材料或零件表面上测试，因此被广泛应用。常用的硬度测量方法是压入法，主要有布氏硬度（Brinell hardness，HB）、洛氏硬度（Rockwell hardness，HR）、维氏硬度（Vickers hardness，HV）等。陶瓷等材料还常用克努普氏显微硬度（HK）和莫氏硬度（划痕比较法）作为硬度指标。

① 布氏硬度　图 1-5 为布氏硬度测试原理。用直径为 D 的淬火钢球或硬质合金球，在一定载荷 P 的作用下压入试样表面，保持规定的时间后卸除载荷，在试样表面留下球形压痕。测量其压痕直径，计算硬度值。布氏硬度值是用球冠压痕单位表面积上所承受的平均压力来表示，符号为 HBS（当用钢球压头时）或 HBW（当用硬质合金时）。

$$HBS(HBW)=0.102\frac{2P}{\pi D(D-\sqrt{D^2-d^2})} \tag{1-4}$$

式中，P 为载荷，N；D 为球体直径，mm；d 为压痕平均直径，mm。

在试验中，硬度值不需计算，是用刻度放大镜测出压痕直

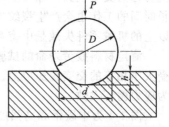

图 1-5　布氏硬度测试原理

径 d，然后对照有关附录查出相应的布氏硬度值。

布氏硬度记为 200HBS10/1000/30，表示用直径为 10mm 的钢球，在 9800N（1000kgf）的载荷下保持 30s 时测得布氏硬度值为 200。如果钢球直径为 10mm，载荷为 29400N（3000kgf），保持 10s，硬度值为 200，可简单表示为 200HBS。

淬火钢球用以测定硬度 HB＜450 的金属材料，如灰铸铁、有色金属及经退火、正火和调质处理的钢材，其硬度值以 HBS 表示。布氏硬度在 450～650 的材料，压头用硬质合金球，其硬度值用 HBW 表示。

布氏硬度的优点是具有较高的测量精度，因其压痕面积大，比较真实地反映出材料的平均性能。另外，由于布氏硬度与 σ_b 之间存在一定的经验关系，如热轧钢的 $\sigma_b＝3.4～3.6$HBS，冷变形铜合金 $\sigma_b≈4.0$HBS，灰铸铁 $\sigma_b≈2.7～4.0$HBS，因此得到广泛的应用。布氏硬度的缺点是不能测定高硬度材料。

② 洛氏硬度　图 1-6 为洛氏硬度测量原理。将金刚石压头（或钢球压头）在先后施加的两个载荷（预载荷 P_0 和主载荷 P_1）的作用下压入金属表面。总载荷 P 为预载荷 P_0 和主载荷 P_1 之和。保持一段时间后，卸去主载荷 P_1，测量其残余压入深度 h 来计算洛氏硬度值。残余压入深度 h 越大，表示材料硬度越低，实际测量时硬度可直接从洛氏硬度计表盘上读得。根据压头的种类和总载荷的大小，洛氏硬度常用的表示方式有 HRA、HRB、HRC 三种（见表 1-1）。如洛氏硬度表示为 62HRC，表示用金刚石圆锥压头，总载荷为 1470N 测得的洛氏硬度值。

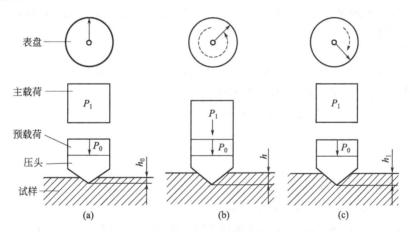

图 1-6　洛氏硬度测量原理

表 1-1　常用洛氏硬度的符号、试验条件与应用

标度符号	压头	总载荷/N	表盘上刻度颜色	常用硬度示值范围	应用实例
HRA	金刚石圆锥	588	黑线	70～85	碳化物、硬质合金、表面硬化合金工件等
HRB	1/16 钢球	980	红线	25～100	软钢、退火钢、铜合金等
HRC	金刚石圆锥	1470	黑线	20～67	淬火钢、调质钢等

洛氏硬度用于测量各种钢铁原材料、有色金属、经淬火后工件、表面热处理工件及硬质合金等的硬度。洛氏硬度的优点是压痕小，直接读数，操作方便，可测量较薄工件的硬度，还可测低硬度、高硬度材料，应用最广泛；其缺点是精度较差，硬度值波动较大，通常应在试样不同部位测量数次，取平均值为该材料的硬度值。

③ 维氏硬度　布氏硬度不适用检测较高硬度的材料。洛氏硬度虽可检测不同硬度的材料，但不同标尺的硬度值不能相互直接比较。而维氏硬度可用同一标尺来测定从极软到极硬

的材料，硬度范围为 8～1000HV。因压痕浅，特别适用于测定极薄试样的表面，但测量麻烦。

维氏硬度试验原理与布氏法相似，也是以压痕单位表面积所承受压力大小来计算硬度值的。它是用对面夹角为 136° 的金刚石四棱锥体，在一定压力 F 作用下，在试样试验面上压出一个正方形压痕，如图 1-7 所示。通过设在维氏硬度计上的显微镜来测量压痕两条对角线的长度，根据对角线平均长度 d，计算压痕的面积 A_V，用 HV 表示维氏硬度，利用公式 $HV = F/A_V = 1.854F/d^2$，求出维氏硬度值，维氏硬度的单位为 MPa，一般不标。

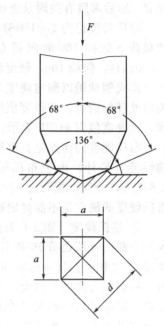

图 1-7　维氏硬度试验原理

维氏硬度试验所用压力可根据试样的软硬、厚薄等条件来选择。压力按标准规定有 49N、98N、196N、294N、490N、980N 等。压力保持时间：黑色金属 10～15s，有色金属为 (30 ± 2)s。

维氏硬度可测定很软到很硬的各种材料。由于所加压力小，压入深度较浅，故可测定较薄材料和各种表面渗层，且准确度高。但维氏硬度试验时需测量压痕对角线的长度，测试手续较繁琐，不如洛氏硬度试验法那样简单、迅速。

不同方法测得的硬度值之间可通过查表的方法进行互换。如 61HRC＝82HRA＝627HBW＝803HV30。

（3）塑性

材料在外力作用下，产生永久变形而不被破坏的性能称为塑性（plasticity，ductility）。常用的塑性指标有延伸率（δ）和断面收缩率（ψ）。

在拉伸试验中，试样拉断后，标距的伸长与原始标距的百分比称为延伸率（elongation percentage），用符号 δ 表示，即

$$\delta = \frac{l_1 - l_0}{l_0} \times 100\% \tag{1-5}$$

式中　l_0——试样的原始标距长度，mm；

　　　l_1——试样拉断后的标距长度，mm。

同一材料的试样长短不同，测得的延伸率略有不同。长试样（$l_0 = 10d_0$，d_0 为试样原始横截面直径）和短试样（$l_0 = 5d_0$）测得的延伸率分别记作 δ_{10}（也常写成 δ）和 δ_5。

试样拉断后，缩颈处截面积的最大缩减量与原横截面积的百分比称为断面收缩率（contraction of cross sectional area），用符号 ψ 表示，即

$$\psi = \frac{A_1 - A_0}{A_0} \times 100\% \tag{1-6}$$

式中　A_1——试样拉断后细颈处最小横截面积，mm²；

　　　A_0——试样的原始横截面积，mm²。

金属材料的延伸率（δ）和断面收缩率（ψ）数值越大，表示材料的塑性越好。塑性好的金属可以发生大量塑性变形而不被破坏，便于通过各种压力加工获得形状复杂的零件。铜、铝、铁的塑性很好。如工业纯铁的 δ 可达 50%，ψ 可达 80%，可以拉成细丝、压成薄板，进行深冲成型。铸铁塑性很差，δ 和 ψ 几乎为零，不能进行塑性变形加工。塑性好的材料，在受力过大时，由于首先产生塑性变形而不至于发生突然断裂，因此比较安全。

（4）冲击韧性

许多机械零件在工件中往往受到冲击载荷的作用，如活塞销、锤杆、冲模和锻模等。制造这类零件所用的材料不能单单使用在静载荷的作用下的指标来衡量，而必须考虑材料抵抗冲击载荷的能力。材料在冲击载荷的作用下，抵抗变形和断裂的能力称为冲击韧性（impact toughness）。为了评定材料的冲击韧性，需进行冲击试验。

冲击试样的类型较多，常用 U 形或 V 形缺口（脆性材料不开缺口）的标准试样。一次冲击试验通常是在摆锤式冲击试验机上进行的。试验时将带缺口的试样安放在试验机的机架上，使试样的缺口位于两支架中间，并背向摆锤的冲击方向，如图 1-8 所示。

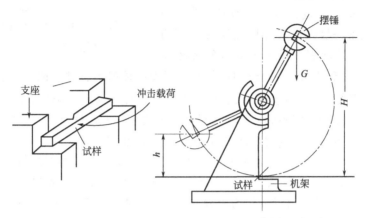

图 1-8 摆锤式一次冲击试验原理

质量为 m 的摆锤从规定的高度 H 自由落下，将试样冲断。在惯性的作用下，击断试样后的摆锤会继续上升到一定的高度 h。根据动能定理和能量守恒原理，摆锤击断试样所消耗的功为：$A_k = mg(H-h)$。A_k 可从冲击试验机上直接读出，称为冲击吸收功。A_k 除以试样缺口处横截面积 S_0 的值即为该材料的冲击韧性，用符号 α_k 表示，单位为 J/cm^2。由于冲击试验采用的是标准试样，目前一般也用冲击功 A_k 表示冲击韧性值。

$$\alpha_k = \frac{A_k}{S_0} \tag{1-7}$$

式中，α_k 为冲击韧性，J/m^2；A_k 为冲击吸收功，J；S_0 为试样缺口处截面积，m^2。

A_k 值越大，或 α_k 值越大，则材料的韧性越好。使用不同类型的试样（U 形缺口或 V 形缺口）进行试验时，其冲击吸收功分别为 A_{kU} 或 A_{kV}，冲击韧性则分别为 α_{kU} 或 α_{kV}。不同类型试样的冲击韧性不能直接进行比较或换算。

材料的冲击韧性的大小除了与材料本身特性，如化学成分、显微组织和冶金质量等有关外，还受试样的尺寸、缺口形状、加工粗糙度和试验环境等的影响。

由于材料的冲击韧性值 α_k 是在一次冲断的条件下获得的，对判断材料抵抗大能量冲击能力具有一定的意义。实际上在冲击载荷下的机械零件，很少因受到大能量的一次冲击而破坏，大多都是受到小能量多次冲击后才失效破坏。一般而言，材料抵抗大能量一次冲击的能力取决于材料的塑性，而抵抗小能量多次冲击的能力取决于材料的强度。所以，在机械零件设计时，不能片面地追求高的 α_k 值，α_k 过高必然要降低强度，从而导致零件在使用过程中因强度不足而过早失效。

（5）断裂韧性

桥梁、船舶、大型轧辊、转子等有时会发生低应力脆断，这种断裂的名义断裂应力低于材料的屈服强度。尽管在设计时保证了足够的延伸率、韧性和屈服强度，但仍不免被破坏。

其原因是构件或零件内部存在着或大或小、或多或少的裂纹和类似裂纹的缺陷。

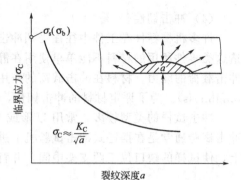

因为　　$K = Y\sigma\sqrt{a}$　　　　　　　　　　(1-8)

所以　　$K_C = Y\sigma_C\sqrt{a}$　　　　　　　　(1-9)

式中，Y 为裂纹形状系数（无量纲），也称为几何形状因子，它的裂纹类型和构件几何形状有关，一般 $Y = 1 \sim 2$。K 是应力场强度因子，反映裂纹尖端附近处应力场的强弱。

根据断裂力学的观点，裂纹是否扩展取决于 K，当 K 值达到某一极限值 K_C 时，裂纹就失稳扩展，即构件发生脆性断裂。对于一定的金属材料，

图 1-9　脆断时临界应力 σ_C 与裂纹
深度（半径）a 之间的关系

K_C 与单位体积内的塑性功 γ_p 和正弹性模量 E 有关，且都是常数，故其 K_C 也是常数，即 $\sigma_C \approx K_C/\sqrt{a}$。该式表明，引起脆断时的临界应力 σ_C 与裂纹深度（半径）a 的平方根成反比（图 1-9）。各种材料的 K_C 值不同，在裂纹尺寸一定的条件下，材料 K_C 值越大，则裂纹扩展所需的临界应力 σ_C 就越大。因此，常数 K_C 表示材料阻止裂纹扩展的能力，是材料抵抗脆性断裂的韧性指标，K_C 值与应力、裂纹的形状和尺寸等有关。含有裂纹的材料在外力作用下，裂纹的扩展方式一般有三种，其中张开型裂纹扩展是材料脆性断裂最常见的情况，其中 K_C 值用 K_{IC} 表示，工程上多采用 K_{IC} 作为断裂韧性指标来表征材料在应力作用下抵抗裂纹失稳扩展破断的能力，将 K_{IC} 称为断裂韧性（cracking toughness）。

1.1.1.2　物理性能

（1）密度

单位体积物质的质量称为该物质的密度。不同材料的密度不同，如铜为 7.8kg/m^3 左右，陶瓷为 $2.2 \sim 2.5\text{kg/m}^3$，各种塑料的密度更小。密度小于 $5 \times 10^3\text{kg/m}^3$ 的金属称为轻金属，如铝、镁、钛及它们的合金。密度大于 $5 \times 10^3\text{kg/m}^3$ 的金属称为重金属，如铁、铅、钨等。金属材料的密度直接关系到由它们所制构件和零件的自重。轻金属多用于航天航空器上。

强度 σ_b 与密度 ρ 之比称为比强度，弹性模量 E 与密度 ρ 之比为比弹性模量，这都是零件选材的重要指标。

（2）熔点

熔点是指材料的熔化温度。陶瓷的熔点一般都显著高于金属及合金的熔点，而高分子材料一般不是完全晶体，所以没有固定的熔点。工业上常用的防火安全阀及熔断器等零件，使用低熔点合金。而工业高温炉、火箭、导弹、燃气轮机、喷气飞机等某些零部件，却必须使用耐高温的难熔材料。

（3）热膨胀性

金属材料随着温度变化而膨胀、收缩的特性称为热膨胀性。一般来说，金属受热时膨胀体积增大，冷却时收缩体积缩小。热膨胀性用线胀系数 α_L 和体胀系数 α_V 来表示。

$$\alpha_L = \frac{L_2 - L_1}{L_1 \Delta t} \qquad \alpha_V = 3\alpha_L$$

式中，α_L 为线胀系数，K^{-1} 或 $^\circ\text{C}^{-1}$；L_1 为膨胀前长度，m；L_2 为膨胀后长度，m；Δt 为温度变化量，K 或 $^\circ$C。

由膨胀系数大的材料制造的零件，在温度变化时，尺寸和形状变化较大。轴和轴瓦之间要根据其膨胀系数来控制其间隙尺寸；在热加工和热处理时也要考虑材料的热膨胀影响，以

减少工件的变形和开裂。

（4）磁性

金属材料可分为铁磁性材料（在外磁场中能强烈地被磁化，如铁、钴等）、顺磁性材料（在外磁场中只能微弱地被磁化，如锰、铬等）和抗磁性材料（能抗拒或削弱外磁场对材料本身的磁化作用，如铜、锌等）三类。铁磁性材料可用于制造变压器、电动机、测量仪表等；抗磁性材料则用于要求避免电磁场干扰的零件和结构材料，如航海罗盘。

当铁磁性材料温度升高到一定数值时，磁畴被破坏，变为顺磁体，这个转变温度称为居里点，如铁的居里点是 770℃。

（5）导热性

材料传导热量的性能称为导热性，用热导率 λ 表示。导热性好的材料（如铜、铝及其合金）常用来制造热交换器等传热设备的零部件；导热性差的材料（如陶瓷、木材、塑料等）可用来制造绝热材料。一般来说金属及合金的热导率远高于非金属材料。

在制定焊接、铸造、锻造和热处理工艺时，必须考虑材料的导热性，防止材料在加热和冷却过程中形成过大的内应力而造成变形与开裂。

（6）导电性

传导电流的能力称为导电性，用电阻率来衡量，电阻率的单位是 $\Omega \cdot m$。电阻率越小，金属材料导电性越好。金属导电性以银为最好，铜、铝次之。合金的导电性比纯金属差。电阻率小的金属（纯铜、纯铝）适于制造导电零件和电线；电阻率大的金属或合金（如钨、钼、铁、铬）适于做电热元件。

1.1.1.3　化学性能

（1）耐腐蚀性

金属材料在常温下抵抗氧、水蒸气及其他化学介质腐蚀破坏作用的能力称为耐腐蚀性。碳钢、铸铁的耐腐蚀性较差；钛及其合金、不锈钢的耐腐蚀性好。在食品、制药、化工工业中不锈钢是重要的应用材料。铝合金和铜合金有较好的耐腐蚀性。

（2）抗氧化性

金属材料在加热时抵抗氧化作用的能力称抗氧化性。加入 Cr、Si 等合金元素，可提高钢的抗氧化性。如合金钢 4Cr9Si2 中含有质量分数为 9％的 Cr 和质量分数为 2％的 Si，可在高温下使用，制造内燃机排气阀及加热炉炉底板、料盘等。

金属材料的耐腐蚀性和抗氧化性统称化学稳定性，在高温下的化学稳定性称为热稳定性。在高温条件下工作的设备，如锅炉、汽轮机、喷气发动机等部件和零件应选择热稳定性好的材料来制造。

1.1.2　材料的工艺性能

材料工艺性能的好坏，会直接影响制造零件的工艺方法、质量及成本。主要的工艺性能有以下几个方面。

（1）铸造性能

材料铸造成型获得优良铸件的能力称为铸造性能。衡量铸造性能的指标有流动性、收缩性和偏析等。

① 流动性　熔融材料的流动能力称为流动性，它主要受化学成分和浇注温度等影响。流动性好的材料容易充满铸腔，从而获得外形完整、尺寸精确和轮廓清晰的铸件。

② 收缩性　铸件在凝固和冷却过程中，其体积和尺寸减小的现象称为收缩性。铸件收缩不仅影响尺寸，还会使铸件产生缩孔、疏松、内应力、变形和开裂等缺陷。因此用于铸造的材料其收缩性越小越好。

③ 偏析　铸件凝固后，内部化学成分和组织的不均匀现象称为偏析。偏析严重的铸件各部分的力学性能会有很大的差异，能降低产品的质量。一般来说，铸铁比钢的铸造性能好，金属材料比工程塑料的铸造性能好。

（2）锻造性能

锻造性能是指材料是否易于进行压力加工的性能，它取决于材料的塑性和变形抗力。塑性越好，变形抗力越小，材料的锻造性能越好。例如纯铜在室温下就有良好的锻造性能，碳钢在加热状态下锻造性能良好，铸铁则不能锻造。热塑性塑料可经挤压和压塑成型，这与金属挤压和模压成型相似。

（3）焊接性能

两块材料在局部加热至熔融状态下能牢固地焊接在一起的能力叫作该材料的焊接性。碳钢的焊接性主要由化学成分决定，其中碳含量的影响最大。例如，低碳钢具有良好的焊接性，而高碳钢、铸铁的焊接性不好。某些工程塑料也有良好的可焊性，但与金属的焊接机制及工艺方法不同。

（4）热处理性能

所谓热处理就是通过加热、保温、冷却的方法使材料在固态下的组织结构发生改变，从而获得所要求的性能的一种加工工艺。在生产上，热处理既可用于提高材料的力学性能及某些特殊性能以进一步发挥材料的潜力，亦可用于改善材料的加工工艺性能，如改善切削加工、拉拔挤压加工和焊接性能等。常用的热处理方法有退火、正火、淬火、回火及表面热处理（表面淬火及化学热处理）等。

（5）切削加工性能

材料接受切削加工的难易程度称为切削加工性能。切削加工性能主要用切削速度、加工表面光洁度和刀具使用寿命来衡量。影响切削加工性能的因素有工件的化学成分、组织、硬度、导热性和形变强化程度等。一般认为金属材料具有适当硬度（170～230 HBS）和足够脆性时切削性能良好。所以灰铸铁比钢切削性能好，碳钢比高合金钢切削性好。改变钢的成分（如加入少量铅、磷等元素）和进行适当的热处理（如低碳钢进行退火，高碳钢进行球化退火）可改善钢的切削加工性能。

1.2　材料的结构

工程材料（包括金属材料、高分子材料、陶瓷材料和复合材料）的性能主要取决于其化学成分、组织结构及加工工艺过程。在制造、使用、研究和发展材料时，材料的内部结构是非常重要的研究对象。所谓结构（structure），就是指物质内部原子在空间的分布及排列规律。本节将重点讨论常用工程材料即金属材料、高分子材料、陶瓷材料的结构与性能。

1.2.1　材料的结合方式

1.2.1.1　结合键

组成物质的质点（原子、分子或离子）间的相互作用力称为结合键。由于质点间的相互作用性质不同，则形成了不同类型的结合键，主要有离子键、共价键、金属键、分子键。

（1）离子键

当两种电负性相差很大（如元素周期表中相隔较远的元素）的原子相互结合时，其中电负性较小的原子失去电子成为正离子，电负性较大的原子获得电子成为负离子，正、负离子靠静电吸引结合在一起而形成的结合键称为离子键。

由于离子键的电荷分布是球形对称的，因此，它在各个方向都可以和相反电荷的离子相吸引，即离子键没有方向性。离子键的另一个特性是无饱和性，即一个离子可以同时和几个异号离子相结合。由于离子键的结合力很大，因此离子晶体的硬度高、强度大、热膨胀系数小，但脆性大。离子键很难产生可以自由运动的电子，所以离子晶体具有很好的绝缘性。在离子键中，由于离子的外层电子被牢固地束缚，可见光的能量一般不足以使其激发，因而离子键不吸收可见光，典型的离子晶体是无色透明的。

（2）共价键

元素周期表中的ⅣA、ⅤA、ⅥA族的大多数元素或电负性不大的原子相互结合时，原子间不产生电子的转移，以共价电子形成稳定的电子满壳层的方式实现结合，这种由共用电子对产生的结合键称为共价键。最具代表性的共价晶体为金刚石。金刚石由碳原子组成，每个碳原子贡献出 4 个价电子与周围的 4 个碳原子共有，形成 4 个共价键，构成四面体：一个碳原子在中心，与它共价的 4 个碳原子在 4 个顶角上。硅、锗、锡等元素可构成共价晶体，SiC、BN 等化合物属于共价晶体。

共价键结合力很大，故共价晶体的强度、硬度高，脆性大，熔点、沸点高，挥发性低。

（3）金属键

绝大多数金属元素（周期表中Ⅰ、Ⅱ、Ⅲ族元素）是以金属键结合的。金属原子结构的特点是外层电子少，原子容易失去其价电子而成为正离子。当金属原子相互结合时，金属原子的外层电子（价电子）就脱离原子，成为自由电子，为整个金属晶体中的原子所共有。这些公有化的电子在正离子之间自由运动形成所谓电子气。这种由金属正离子与电子气之间相互作用而结合的方式称为金属键。

具有金属键的金属具有以下特性：

① 良好的导电性及导热性。由于金属中有大量的自由电子存在，当金属的两端存在电势差或外加电场时，电子可以定向地流动，使金属表现出优良的导电性。由于自由电子的活动能力很强及金属离子振动的作用，金属具有良好的导热性。

② 正的电阻温度系数，即随温度升高电阻增大。这是由于温度升高，离子的振动增强、空位增多，离子（原子）排列的规则性受干扰，电子的运动受阻，因而电阻增大。当温度降低时，离子的振动减弱，电阻减小。

③ 良好的强度及塑性。由于正离子与电子之间的结合力较大，所以金属晶体具有良好的强度。由于金属键没有方向性，原子间没有选择性，所以在受外力作用而发生原子位置相对移动时结合键不会遭到破坏，使金属具有良好的塑性变形能力（良好的塑性）。

④ 特有的金属光泽。由于金属中的自由电子能吸收并随后辐射出大部分投射到其表面的光能，所以金属不透明并呈现特有的金属光泽。

（4）分子键

有些物质的分子具有极性，分子的其中一部分带有正电荷，而分子的另一部分带有负电荷。一个分子的正电荷部位与另一分子的负电荷部位间以微弱静电引力而结合在一起称为范德华键（或分子键）。分子晶体因其结合键能很低，所以其熔点很低，硬度也低。此类结合键无自由电子，所以绝缘性良好。

1.2.1.2　工程材料的键性

材料的结合键类型不同，则其性能不同。常见结合键的特性见表 1-2。

实际上使用的工程材料，有的是一种键，更多的是几种键的结合。

（1）金属材料

绝大多数金属材料的结合键是金属键，少数具有共价键（如灰锡）和离子键（如金属化合物 Mg_3Sb_2）。所以金属材料的金属特性特别明显。

表 1-2　结合键的特性

项　目	离子键	共价键	金属键
结构特点	无方向性或方向性不明显,配位数大	方向性明显,配位数小,密度小	无方向性,配位数大,密度大
力学性能	强度高,断裂性良好,硬度大	强度高,硬度大	有各种强度,有塑性
热学性能	熔点高,膨胀系数小,熔体中有离子存在	熔点高,膨胀系数小,熔体中有的含有分子	有各种熔点,导热性好,液态的温度范围宽
电学性能	绝缘体,熔体为导体	绝缘体,熔体为非导体	导电体(自由电子)
光学性能	与各构成离子的性质相同,对红外线的吸收强,多是无色或浅色透明的	折射率大,同气体的吸收谱线很不同	不透明,有金属光泽

（2）陶瓷材料

陶瓷材料的结合键是离子键和共价键,大部分材料以离子键为主。所以陶瓷材料具有高的熔点和很高的硬度,但脆性较大。

（3）高分子材料

高分子材料的结合键是共价键和分子键,即分子内靠共价键结合,分子间靠分子键结合。虽然分子键的作用力很弱,但由于高分子材料的分子很大,所以大分子间的作用力也较大,因而高分子材料也具有较好的力学性能。

1.2.1.3　晶体与非晶体

材料按照结合键以及原子或分子的大小不同可在空间组成不同的排列类型,即不同的结构。材料结构不同,则性能不同;材料的种类和结合键都相同,但是原子排列的结构不同时,其性能也有很大的差别。通常按原子在物质内部的排列规则性将物质分为晶体和非晶体。

（1）晶体

所谓晶体是指原子在其内部沿三维空间呈周期性重复排列的一类物质。几乎所有金属、大部分的陶瓷以及部分聚合物在其凝固后具有晶体结构。

晶体的主要特点是:①结构有序;②物理性质表现为各向异性;③有固定的熔点;④在一定条件下有规则的几何外形。

（2）非晶体

所谓非晶体是指原子在其内部沿三维空间呈紊乱、无序排列的一类物质。典型的非晶体材料是玻璃。虽然非晶体在整体上是无序的,但在很小的范围内原子排列还是有一定规律的,所以原子的这种排列规律又称"短程有序";而晶体中原子排列规律性又称为"长程有序"。

非晶体的特点是:①结构无序;②物理性质表现为各向同性;③没有固定的熔点;④热导率和热膨胀性小;⑤在相同应力作用下,非晶体的塑性形变大;⑥组成非晶体的化学成分变化范围大。

（3）晶体与非晶体的转化

非晶体的结构是短程有序,即在很小的尺寸范围内存在有序性;而晶体内部虽存在长程有序结构,但在小范围内存在缺陷,即在很小的尺寸范围内存在无序性。所以两种结构尚存在共同特点,物质在不同条件下,既可形成晶体结构,又可形成非晶体结构。如玻璃经适当热处理也可形成晶体玻璃,而金属液体在高速冷却条件下（>107℃/s）可以得到非晶体金属。

有些物质可看成有序与无序的中间状态,如塑料、液晶、准晶等。

1.2.2　金属材料的结构

为了研究晶体中原子的排列规律，假定理想晶体中的原子都是固定不动的刚球，晶体即由这些刚球堆垛而成，形成原子堆垛的球体几何模型，见图 1-10(a)。这种模型的优点是立体感强、很直观，但刚球密密麻麻地堆垛在一起，很难看清内部原子排列的规律和特点。为了便于分析各种晶体中的原子排列规律性，常以通过各原子中心的一些假想连线来描绘其三维空间的几何排列形式，见图 1-10(b)。各连线的交点称作"结点"，表示各原子中心位置。这种用以描述晶体中原子排列的空间格架称为空间点阵（space lattice）或晶格（crystal lattice）。由于晶格中原子排列具有周期性的特点，为了简便起见，我们可从其晶格中选取一个最基本的几何单元来表达晶体规则排列的形式特征，见图 1-10(c)。组成晶格的这种最基本的几何单元称为晶胞（cell），晶胞的大小和形状常以晶胞的棱边长度 a、b、c［称作晶格常数（lattice constant）］和棱边间相互夹角 α、β、γ 来表示。

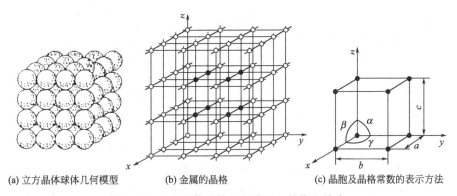

(a) 立方晶体球体几何模型　　　　(b) 金属的晶格　　　　(c) 晶胞及晶格常数的表示方法

图 1-10　立方晶体球体几何模型、晶格和晶胞

1.2.2.1　典型的金属晶体结构

自然界中的各种晶体物质，或其晶格形式不同，或其晶格常数不同，主要与其原子间的结合力的性质有关。对于金属晶体来说，其原子结构的共同特点是价电子数少，一般为 1～2 个，最多不超过 4 个，与原子核间的结合力弱，很容易脱离原子核的束缚而变成自由电子。贡献出价电子的原子变为正离子，自由电子穿梭于各离子之间作高速运动，形成电子云。金属的这种结合方式称作金属键。

（1）体心立方晶格

体心立方晶格（body-centered cubic lattice）的晶胞模型如图 1-11 所示。其晶胞是一个立方体，晶胞的三个棱边长度 $a=b=c$，通常只用一个晶格常数 a 表示即可。三个晶轴之间夹角均为 $90°$。在体心立方晶胞的每个角上和晶胞中心都排列有一个原子，每个角上的原子为 8 个晶胞所共有，故只有 1/8 的原子属于这个晶胞，晶胞中心的原子完全属于这个晶胞，所以体心立方晶胞中属于单个晶胞的原子数为 $8×1/8+1=2$。在体心立方晶胞中，只有沿立方体对角线方向，原子是相互紧密地接触排列，体对角线长度为 $\sqrt{3}a$，它与 4 个原子半径的长度相等，所以体心立方晶格的原子半径 $r=\sqrt{3}a/4$（图 1-12）。

具有体心立方晶格的金属有 α-Fe、Cr、V、Nb、Mo、W、β-Ti 等。

（2）面心立方晶格

面心立方晶格（face-centered cubic lattice）的晶胞模型如图 1-13 所示。其晶胞也是一个立方体，晶格常数用 a 表示。在面心立方晶格的每个角上和晶胞的六个表面的中心都排列有一个原子，每个角上的原子为 8 个晶胞所共有，每个晶胞实际占有该原子的 1/8，而位于六个面中心的原子同时为相邻的两个晶胞所共有，所以每个晶胞只分到面心原子的 1/2，因此面心立方晶胞中属于单个晶胞的原子数为 $8×1/8+6×1/2=4$。

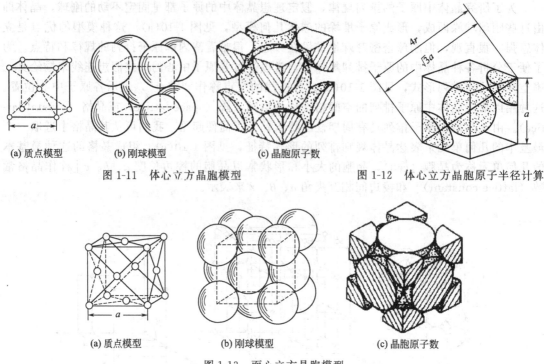

(a) 质点模型　　　　　(b) 刚球模型　　　　　(c) 晶胞原子数

图 1-11　体心立方晶胞模型　　　　　　　图 1-12　体心立方晶胞原子半径计算

(a) 质点模型　　　　　(b) 刚球模型　　　　　(c) 晶胞原子数

图 1-13　面心立方晶胞模型

在面心立方晶胞中，只有沿晶胞六个表面的对角线方向的原子是互相紧密地接触排列，面对角线的长度为 $\sqrt{2}a$，它与 4 个原子半径的长度相等，所以面心立方晶格的原子半径 $r=\sqrt{2}a/4$。

具有面心立方晶格的金属有 γ-Fe、Cu、Ni、Al、Ag、Au、Pb、Pt、β-Co 等。

（3）密排六方晶格

密排六方晶格（close-packed hexagonal lattice）的晶胞模型如图 1-14 所示。在晶胞的 12 个角上各有一个原子，构成六方柱体，上、下底面的中心各有一个原子，晶胞内还有三个原子。晶胞中的原子数可参照图 1-14(c) 计算如下：六方柱每个角上的原子均为六个晶胞所共有，上、下底面中心的原子同时为两个晶胞所共有，再加上晶胞内的三个原子，故密排六方晶胞中属于单个晶胞的原子数为 $12×1/6+2×1/2+3=6$。

密排六方晶胞的晶格常数有两个：正六边形的边长 a 和上下两底面之间的距离即柱体高度 c，c 与 a 之比 c/a 称为轴比，典型的密排六方晶格中 $c/a=\sqrt{8/3}≈1.633$。

对于典型的密排六方晶格金属，相邻的两个原子紧密地接触排列，长度为 a，等于两个

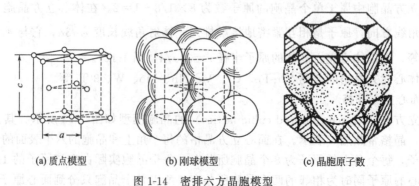

(a) 质点模型　　　　　(b) 刚球模型　　　　　(c) 晶胞原子数

图 1-14　密排六方晶胞模型

原子半径，所以密排六方晶格的原子半径 $r=a/2$。

具有密排六方晶格的金属有 Mg、Zn、Be、Cd、α-Ti、α-Co 等。

1.2.2.2 典型晶格的配位数和致密度

金属晶体的一个特点是趋于最紧密的排列，所以晶格中原子排列的紧密程度是反映晶体结构特征的一个重要因素，通常用配位数（coordination number）和致密度（tightness）两个参数来表征。

（1）配位数

配位数是指晶体结构中任意一个原子周围最近邻且等距离的原子的数目。配位数越大，晶体中原子排列就越紧密。

在体心立方晶格中，以立方体中心的原子来看（图 1-11），与其最近邻等距离的原子是周围顶角上的 8 个原子，所以体心立方晶格的配位数为 8。在面心立方晶格中，以面中心的原子来看（图 1-13），与之最近邻的是它周围顶角上的 4 个原子，这 5 个原子构成一个平面，这样的平面共有 3 个，且这 3 个平面彼此相互垂直，结构形式相同，所以与该原子最近邻等距离的原子共有 3×4＝12 个，因此面心立方晶格的配位数为 12。在典型的密排六方晶格中，原子刚球十分紧密地堆垛排列，以晶胞上底面中心的原子为例，它不仅与周围 6 个角上的原子相接触，而且与其下面的 3 个位于晶胞之内的原子以及与其上面相邻晶胞内的 3 个原子相接触（图 1-14），故配位数为 12。

（2）致密度

球体几何模型中，把原子看作刚性圆球，原子与原子结合时必然存在空隙。晶体中原子排列的紧密程度可用原子所占体积与晶体体积的比值来表示，称为晶体的致密度或密集系数，可用下式表示：

$$K=\frac{nV_1}{V} \tag{1-10}$$

式中，K 为晶体的致密度；n 为一个晶胞实际包含的原子数；V_1 为一个原子的体积；V 为晶胞的体积。

晶体的致密度越大，表明晶体原子排列密度越高，原子结合越紧密。

体心立方晶格的晶胞中包含 2 个原子，晶胞的棱边长度（晶格常数）为 a，原子半径为 $r=\sqrt{3}a/4$，其致密度为：

$$K=\frac{nV_1}{V}=\frac{2\times\frac{4}{3}\pi r^3}{a^3}=\frac{2\times\frac{4}{3}\pi\left(\frac{\sqrt{3}}{4}a\right)^3}{a^3}\approx0.68$$

此值表明，在体心立方晶格中，有 68% 的体积为原子所占有，其余 32% 为间隙体积。

面心立方晶格的晶胞中包含 4 个原子，晶胞的棱边长度（晶格常数）为 a，原子半径为 $r=\sqrt{2}a/4$，由此可计算出它的致密度为：

$$K=\frac{nV_1}{V}=\frac{4\times\frac{4}{3}\pi r^3}{a^3}=\frac{4\times\frac{4}{3}\pi\left(\frac{\sqrt{2}}{4}a\right)^3}{a^3}\approx0.74$$

同理，对于典型的密排六方晶格金属，晶胞中的原子数为 6，其原子半径为 $r=a/2$，则致密度为：

$$K=\frac{nV_1}{V}=\frac{6\times\frac{4}{3}\pi r^3}{\frac{3\sqrt{3}}{2}a^2\sqrt{\frac{8}{3}}a}=\frac{6\times\frac{4}{3}\pi\left(\frac{1}{2}a\right)^3}{3\sqrt{2}a^3}\approx0.74$$

表 1-3 是三种典型金属晶格的计算数据。从表列数据可见，不论从配位数还是致密度来看，面心立方晶格和密排六方晶格的原子排列都是最紧密的，在所有的晶体结构中属最密排排列方式。体心立方晶格次之，属次密排排列方式。

表 1-3　三种典型晶格的数据

晶格类型	晶胞中的原子数	原子半径	配位数	致密度
体心立方	2	$\sqrt{3}a/4$	8	0.68
面心立方	4	$\sqrt{2}a/4$	12	0.74
密排六方	6	$a/2$	12	0.74

1.2.2.3　实际金属的晶体结构
（1）多晶体结构和亚结构

前面所讲的晶体是指没有任何缺陷的理想晶体，这种晶体在自然界中是不存在的。近年来科学工作者虽然用人工的办法制造出了单晶体（single crystal），但尺寸很小，事实上也还存在一些缺陷。单晶体是指内部晶格位向完全一致的晶体，实际使用的金属是多晶体（polycrystal），是由许多彼此位向不同、外形不规则的小晶体所组成的［图 1-15（b）］。把这种外形不规则的小晶体称作晶粒（crystal grain），晶粒与晶粒之间的界面称为晶界（grain boundary）。多晶体由于各个晶粒的各向异性相互抵消，一般测不出其像在单晶体中那样的各向异性而显示出各向同性。实践证明，在多晶体的每个晶粒内部，实际上也并不像理想单晶体那样晶格位向完全一致，而是存在着许多尺寸更小，位向差也很小（一般是 $10'\sim20'$，最大到 $1°\sim2°$）的小晶块。它们相互嵌镶成一颗晶粒，这些在晶格位向上彼此有微小差别的晶内小区域称为亚结构或嵌镶块。因其尺寸更小，须在高倍显微镜或电子显微镜下才能观察到。

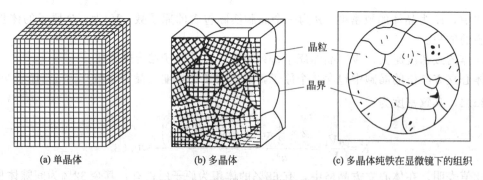

(a) 单晶体　　　　(b) 多晶体　　　　(c) 多晶体纯铁在显微镜下的组织
图 1-15　单晶体与多晶体的结构

（2）实际金属晶体缺陷

实际金属是多晶体结构，晶粒内存在着亚结构。同时，由于结晶条件等原因，会造成晶体内部某些局部区域原子排列的规则性受到干扰而破坏，不像理想晶体那样规则和完整。把这种偏离理想状态的区域称为晶体缺陷或晶格缺陷（lattice defect）。这种局部存在的晶体缺陷对金属性能影响很大，按晶体缺陷的几何形态特征分为以下三类。

① 点缺陷　空间三维尺寸都很小，点缺陷（point defect）相当于原子尺寸的缺陷，包括空位、间隙原子和置换原子等。

在实际晶体结构中，晶格的某些结点若未被原子占据则形成空位。空位是一种平衡含量极小的热平衡缺陷，随晶体温度升高，空位的含量也随之提高。晶体中有些原子不占有正常

的晶格结点位置，而处于晶格间隙中称为间隙原子。同类
原子晶格不易形成间隙原子，异类间隙原子大多数是原子
半径很小的原子，如钢中的氢、氮、碳、硼等。晶体中若
有异类原子，异类原子占据了原来晶相中的结点位置，替
换了某些基体原子则形成置换原子。

　　由于点缺陷的存在，使其周围的原子离开了原来的平
衡位置，造成晶格畸变，如图 1-16 所示。

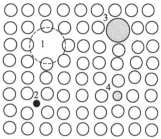

图 1-16 点缺陷
1—空位；2—空隙原子；
3,4—置换原子

　　② 线缺陷 空间三维尺寸中两维都很小，在原子尺寸
范围内，一维尺寸相对很大的缺陷称为线缺陷（line de-
fect），属于这一类缺陷的主要有位错（dislocation）。

　　位错是晶体中某处有一列或若干列原子发生有规律的错排现象，可看作是由晶体中一部
分晶体相对于另一部分晶体产生局部滑移而造成的，滑移部分与未滑移部分的交界线即为位
错线。晶体中位错的基本类型有刃型位错（edge dislocation）和螺型位错（helical disloca-
tion）两种：刃型位错模型如图 1-17 所示，某一原子面在晶体内部中断，宛如用一把锋利的
钢刀切入晶体并沿切口插入一额外半原子面一样，刀口处的原子列即为刃型位错线；螺型位
错模型如图 1-18 所示，相当于钢刀切入晶体后，被切的上下两部分沿刃口相对错动了一个
原子间距，上下两层相邻原子发生了错排和不对齐的现象，沿刃口的错排原子被扭曲成了螺
旋形即为螺型位错线。无论是刃型位错还是螺型位错，沿位错线周围原子排列都偏离了平衡
位置，产生晶格畸变。

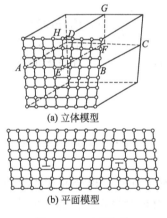

图 1-17 刃型位错

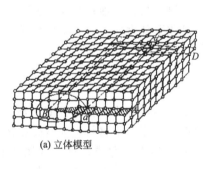
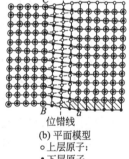

图 1-18 螺型位错

　　金属晶体中往往存在大量的位错线，通常用位错密度 ρ（dislocation density）来表示：

$$\rho = \frac{\sum L}{V} \tag{1-11}$$

式中 ρ——位错密度，cm^{-2}；
　　　$\sum L$——体积 V 内位错线的总长度，cm；
　　　V——晶体体积，cm^3。

　　一般经适当退火的金属，位错密度 $\rho = 10^5 \sim 10^8 cm^{-2}$；而经过剧烈冷变形的金属，位错
密度可增至 $10^{10} \sim 10^{12} cm^{-2}$。位错的存在极大地影响金属的力学性能。当金属为理想晶体
（无缺陷）或仅含少量位错时，金属屈服点 σ_s 很高，随着位错密度的增加，屈服强度降低，
当进行冷变形加工时，位错密度大大增加，σ_s 又增高（图 1-19）。

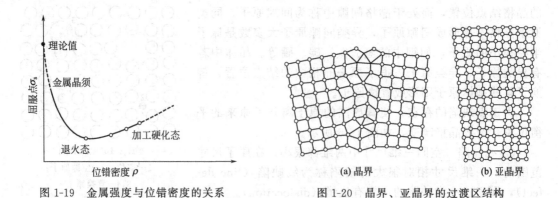

图 1-19　金属强度与位错密度的关系　　　　图 1-20　晶界、亚晶界的过渡区结构

③ 面缺陷　空间三维尺寸中一维很小，在原子尺寸范围内，另外二维尺寸相对很大的缺陷称为面缺陷（planar defect），包括晶界、亚晶界、嵌镶结构、堆垛层错和相界以及孪晶界等。这里只介绍晶界和亚晶界。实际金属是多晶体，各晶粒间位向不同，晶界处原子排列的规律性受到破坏。晶界实际上是不同位向晶粒之间原子无规则排列的过渡层，宽度为 5～10 个原子间距，位向差一般为 20°～40° ［图 1-20(a)］。亚晶粒（subgrain）是组成晶粒的尺寸很小、位向差也很小（$10'$～2°）的小晶块。亚晶粒之间的交界面称亚晶界（sub-boundary）。亚晶界同样是小区域的原子排列无规则的过渡层，亚晶界也可看作位错壁 ［图 1-20(b)］。过渡层中晶格产生了畸变（图 1-20），在常温下，晶界对塑性变形起了阻碍作用，晶粒愈细，晶界就愈多，它对于塑性变形的阻碍作用愈大。因此，细晶粒的金属材料便具有较高的强度和硬度。

晶界的特殊结构，不仅影响金属的机械性能，而且其晶格歪扭很明显，晶界能较高，因而，金相试片受腐蚀时，晶界很易受腐蚀；金属相变时，在晶界处首先形成晶核；原子在晶界的扩散也较晶内快些；晶体受外力作用时，晶体滑移变得困难等。导致上述情况的原因就是面缺陷。

1.2.2.4　合金的相结构

（1）合金的基本概念

纯金属的机械性能、工艺性能和物理化学性能常常不能满足工程上的要求，所以其应用受到限制，在机械工程中广泛采用合金材料，尤其是铁碳合金。

合金（alloy）是在金属中加入一种或几种（金属或非金属）元素，熔合而成为具有金属特性的物质。如在铁中加碳熔炼成钢铁，在铜中加入锌而熔合成为黄铜等，都是机械工程上常用的合金材料。

研究合金时常用到下列术语，这里略加说明。

① 组元　组成合金的独立物质称组元（component）。一般情况下即指组成该合金的元素，如黄铜的组元是铜和锌。但在一定条件下较稳定的化合物也可看作组元，如钢铁中的 Fe_3C。

② 系　由若干给定组元可以配制出一系列比例不同的合金，这一系列合金就构成了一个合金系统，称为合金系（alloy series）。按照组成合金组元数的不同，合金系也可分为二元系、三元系等。

③ 相　金属或合金中，凡化学成分、晶体结构都相同并与其他部分有界面分开的均匀组成部分，称为相（phase）。如纯铁在常温下是由单相的 α-Fe 组成，而铁中加入碳之后，铁与碳相互作用出现了一个新的强化相 Fe_3C。

此外，研究合金时还常常提到组织组成物这一概念，它是指组成合金显微组织的独立部分。如铁中碳质量分数达 0.77% 时，其平衡组织由铁素体 F（碳溶入 α-Fe 中形成的固溶体）和 Fe_3C 隔片组成，称为珠光体。所以珠光体组织则是由固溶体 F 相和金属化合物 Fe_3C 相两相组成。

（2）合金的相结构

按合金组元原子之间相互作用的不同，液态是完全互溶的合金，在其凝固结晶时，可能出现三种基本情况：合金呈单相的固溶体；合金呈单相的金属化合物；合金由两相（固溶体或金属化合物）组成的机械混合物。

① 固溶体　金属在固态下也具有溶解某些元素的能力，从而形成一种成分和性质均匀的固态合金，叫固溶体（solid solution）。同溶液一样，也有溶剂与溶质之分。固溶体的晶格结构与两组元之一的晶格结构相同，被保持晶格结构的元素称为溶剂，溶入溶剂的元素称为溶质。根据溶质原子在溶剂中的分布状况，固溶体主要有以下两种形式。

a. 置换固溶体　在溶剂晶格某些结点上，其原子被溶质原子所替代而形成的固溶体，称为置换固溶体（substitution solid solution）[图 1-21、图 1-22(a)]。

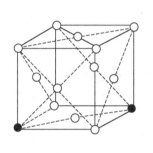

图 1-21　置换固溶体
○ 溶剂原子；● 溶质原子

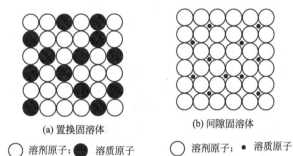

(a) 置换固溶体　　　　　(b) 间隙固溶体
○ 溶剂原子；● 溶质原子　　　○ 溶剂原子；• 溶质原子

图 1-22　固溶体结构平面

大多数元素如 Si、Mn、Cr、Ni 等均可溶入 α-Fe 或 γ-Fe 中形成置换固溶体。溶质原子在溶剂晶格中的溶解度决定于二者原子直径的差别和在周期表中相互位置的距离。两元素的原子直径差愈小，在周期表中的位置愈靠近，其相互间的溶解度就愈大。若溶剂和溶质的晶格类型也相同，则这些元素间往往能以任意比例相互溶解而形成无限固溶体，如 Cr、Ni 便能和 Fe 形成这一类型的固溶体。反之，两个元素之间的相互溶解度若有一定的限度，则形成有限固溶体，如 Si 溶于 Fe 则属于此种固溶体。

b. 间隙固溶体　不论何种形式的晶格，其原子与原子之间总有一些空隙存在。直径较大的原子所组成的晶格，其空隙的尺寸也较大，有时能容纳一些尺寸较小的原子，这种溶解方式形成的固溶体，称为间隙固溶体（gap solid solution），如图 1-22(b) 所示。显然，这种固溶体能否形成，主要由溶质原子与溶剂原子的尺寸来决定。实验证明，二者直径之比 $d_{质}/d_{剂} \leqslant 0.59$ 方可。当然，除了溶剂晶格中必须有足够大的间隙，溶质原子直径应足够小之外，是否能形成间隙固溶体还同元素本身的性质有密切关系。一般说来，过渡族元素为溶剂时与尺寸较小的元素 C、H、N、B 等易形成间隙固溶体。

② 金属化合物　当组成合金的各元素之间的化学性质差别大，原子直径大小也有不同时，则能按一定组成形成金属化合物（metallic compound）。金属化合物的晶格类型与组成化合物各组元的晶格类型完全不同，其性能的差别也很大。例如，钢中的渗碳体（Fe_3C）是由 75% 铁原子和 25% 碳原子所形成的金属化合物，它具有复杂的斜方晶格，既不同于铁

的体心立方晶格，也不同于石墨的六方晶格类型。

化合物的种类较多，其晶格类型有简单的，也有复杂的。根据化合物结构的特点，常分如下三类。

a. 正常价化合物　正常价化合物（normal-valence compound）是由元素周期表上相距远而电化学性质相差较大的两元素形成的。它们的特征是严格遵守化合价规律，因而这类化合物对其两个组元几乎没有溶解度，其成分可用化学式来表示，如 Mg_2Si、ZnS 等。正常价化合物一般具有较高的硬度和较大的脆性。在工业合金中只有少数的合金系才形成这类化合物。

b. 电子化合物　电子化合物（electron compound）与正常价化合物不同，它不遵守一般的化合价规律，但是，如果将这类化合物的价电子数与原子数之比值（该比值称为电子浓度）进行统计，会发现一定的规律性。

凡电子浓度为 3/2 的电子化合物，皆具有体心立方晶格，习惯上称为 β 相，如 $CuZn$、Cu_5Sn、$NiAl$、$FeAl$ 等；凡电子浓度为 21/13 的电子化合物，皆具有复杂立方晶格，称为 γ 相，如 Cu_5Zn_8、$Cu_{31}Zn_8$ 等；凡电子浓度为 7/4 的电子化合物，皆具有密排六方晶格，称为 ε 相，如 $CuZn_3$、Cu_3Sn 等。

由于这类化合物的形成规律与电子浓度密切相关，故称为电子化合物。电子化合物虽然可用化学式表示，但实际上它的成分是可变的，能溶解一定量的组元形成以化合物为基础的固溶体。电子化合物也具有较高的硬度与脆性。

c. 间隙化合物　间隙化合物（gap compound）是由过渡族金属元素（Fe、Cu、Mn、Mo、W、V 等）和原子直径很小的类金属元素（C、N、H、B）形成的。最常见的间隙化合物是金属的碳化物、渗氮物、硼化物等。

凡原子半径比值 r_X/r_M（M 代表金属，X 代表类金属）不超过 0.59 者，均能形成简单形式的晶格，如 VC、TiN、TiC、NbC、Fe_4N 等 [见图 1-23(a)]，也称其为间隙相。当 r_X/r_M 大于 0.59 时，则尺寸因素的关系不利于形成上述简单而对称性高的晶格，于是形成了具有复杂晶格的化合物，如 Fe_3C 则构成了复杂的斜方晶格 [见图 1-23(b)]，需要区别的是固溶体中早期析出的 $Fe_{2\sim3}C$，又称为 ε 碳化物，具有密排的六方晶格。

形成简单晶格的间隙相，其共同特点是具有极高的熔点和硬度，而且十分稳定；形成复

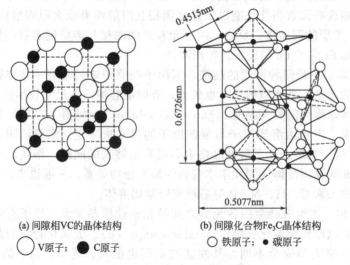

(a) 间隙相VC的晶体结构　　　　　(b) 间隙化合物Fe₃C晶体结构

○ V原子；● C原子　　　　　　○ 铁原子；● 碳原子

图 1-23　间隙化合物的晶体结构

杂晶格的间隙化合物其熔点和硬度比前者低，稳定性也较差。二者都能溶解其他组元而形成固溶体。

间隙化合物在钢中存在并对钢的强度及耐磨性有着重要作用。如碳钢中的 Fe_3C 可以提高钢的强度和硬度；工具钢中的 VC 可提高钢的耐磨性；高速钢中的间隙化合物则使其在高温下保持高硬度；WC 和 TiC 则是制造硬质合金的主要材料。

1.2.3　高分子材料的结构

高分子合成材料是分子量很大的材料，它是由许多单体（低分子）用共价键连接（聚合）起来的大分子化合物。所以高分子又称大分子，高分子化合物又称高聚物或聚合物。例如聚氯乙烯就是由氯乙烯聚合而成。把彼此能相互连接起来而形成高分子化合物的低分子化合物（如氯乙烯）称为单体，而所得到的高分子化合物（如聚氯乙烯）就是高聚物。组成高聚物的基本单元称为链节，若用 n 值表示链节的数目，则 n 值愈大，高分子化合物的分子量 M 也愈大，即 $M = n \times m$，式中 m 为链节的分子量。通常称 n 为聚合度。整个高分子链就相当于由几个链节按一定方式重复连接起来，成为一条细长链条。高分子合成材料大多数是以碳和碳结合为分子主链，即分子主干由众多的碳原子相互排列成长长的碳链，两旁再配以氢、氯、氟或其他分子团，或配以另一较短的支链，使分子成交叉状态。分子链和分子链之间还依赖分子间作用力连接。

从分子结构式中可以发现高分子化合物的化学结构有以下三个特点：

① 高分子化合物的分子量虽然巨大，但它们的化学组成一般都比较简单，和有机化合物一样，仅由几种元素组成。

② 高分子化合物的结构像一条长链，在这个长链中含有许多个结构相同的重复单元，这种重复单元叫"链节"。这就是说，高分子化合物的分子是由许许多多结构相同的链节组成。

③ 高分子化合物的链节与链节之间，和链节内各原子之间一样，也是由共价键结合的，即组成高分子链的所有原子之间的结合键都属共价键。

低分子化合物按其分子式，都有确定的分子量，而且每个分子都一样。高分子化合物则不然，一般所得聚合物总是含有各种大小不同（链长不同、分子量不同）的分子。换句话说，聚合物是同一化学组成、聚合度不等的同系混合物，所以高分子化合物的分子量实际上是一个平均值。

（1）高聚物的结构

高聚物的结构可分为两种类型：均聚物（homopolymer）和共聚物（copolymer）。

① 均聚物　只含有一种单链节，若干个链节用共价键按一定方式重复连接起来，像一根又细又长的链子一样。这种高聚物结构在拉伸状态或在低温下易呈直线形状［图 1-24(a)］，而在较高温度或稀溶液中，则易呈蜷曲状。这种高聚物的特点是可溶，即它可以溶解在一定的溶液之中，加热时可以熔化。基于这一特点，线形高聚物结构的聚合物易于加工，可以反复应用。一些合成纤维、热塑性塑料（如聚氯乙烯、聚苯乙烯等）就属于这一类。

支链形高聚物结构好像一根"节上小枝"的枝干一样［图 1-24(b)］，主链较长，支链较短，其性质和线形高聚物基本相同。

网状高聚物是在一根根长链之间有若干个支链把它们交联起来，构成一种网状形状。如果这种网状的支链向空间发展的话，便得到体形高聚物结构［图 1-24(c)］。这种高聚物结构的特点是在任何情况下都不熔化，也不溶解。成形加工只能在形成网状结构之前进行，一经形成网状结构，就不能再改变其形状。这种高聚物在保持形状稳定、耐热及耐溶剂作用方面有其优越性。热固性塑料（如酚醛、脲醛等塑料）就属于这一类。

② 共聚物　共聚物是由两种以上不同的单体链节聚合而成的。由于各种单体的成分不同，

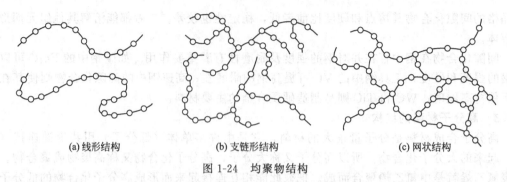

(a) 线形结构　　　　　　　(b) 支链形结构　　　　　　　(c) 网状结构

图 1-24　均聚物结构

共聚物的高分子排列形式也多种多样，可归纳为：无规则型、交替型、嵌段型、接枝型。例如将 M_1 和 M_2 两种不同结构的单体分别以有斜线的圆圈和空白圆圈表示。共聚物高分子结构可以用图 1-25 表示。

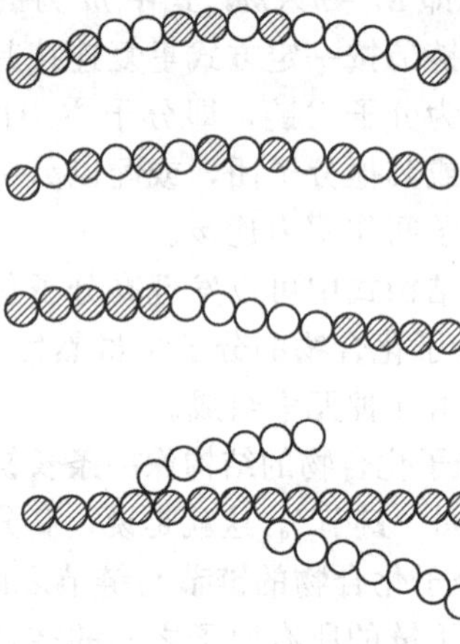

　　无规则型是 M_1、M_2 两种不同单体在高分子长链中呈无规则排列；交替型是 M_1、M_2 单体呈有规则的交替排列在高分子长链中；嵌段型是 M_1 聚合片段和 M_2 聚合片段彼此交替连接；接枝型是 M_1 单体连接成主链，又连接了不少 M_2 单体组成的支链。

　　共聚物在实际应用上具有十分重要的意义，因为共聚物能把两种或多种单体的特性综合到一种聚合物中来。因此，有人把共聚物称为非金属的"合金"，这是一个很恰当的比喻。例如 ABS 树脂是丙烯腈、丁二烯和苯乙烯三元共聚物，具有较好的耐冲击、耐热、耐油、耐腐蚀及易加工等综合性能。

无规则型

交替型

嵌段型

接枝型

图 1-25　共聚物结构

　　(2) 高聚物的聚集态结构

　　高聚物的聚集态结构是指高聚物材料本体内部高分子链之间的几何排列和堆砌结构，也称为超分子结构。实际应用的高聚物材料或制品，都是许多大分子链聚集在一起的，所以高聚物材料的性能不仅与高分子的分子量和大分子链结构有关，而且和高聚物的聚集状态有直接关系。

　　高聚物按照大分子排列是否有序，可分为结晶态（crystal state）和非结晶态（amorphous）两类。结晶态聚合物分子排列规则有序；非结晶态聚合物分子排列杂乱不规则。

　　结晶态聚合物由晶区（分子有规则紧密排列的区域）和非晶区（分子处于无序状态的区域）组成。如图 1-26 所示。高聚物部分结晶的区域称为微晶，微晶的多少称为结晶度。一般结晶态高聚物的结晶度有 50%～80%。

　　过去一直认为非晶态聚合物的结构是大分子杂乱无章、相互穿插与交缠排列。近来研究发现，非晶态聚合物的结构只是大距离范围的无序，小距离范围内是有序的，即远程无序和近程有序。

　　晶态与非晶态影响高聚物的性能。结晶使分子排列紧密，分子间作用力增大，所以使高聚物的密度、强度、硬度、刚度、熔点、耐热性、耐化学性、抗液体及气体透过性等性能有所提高；而依赖链运动的有关性能，如弹性、塑性和韧性较低。

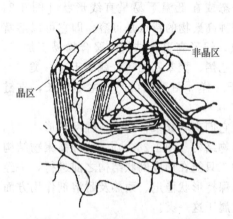

非晶区

晶区

图 1-26　高聚物的晶区与非晶区

1.2.4　陶瓷材料的结构

现代陶瓷被看作除金属材料和有机高分子材料以外的所有材料，所以陶瓷亦称无机非金属材料。陶瓷的结合键主要是离子键或共价键，它们可以是结晶型的，如 MgO、Al_2O_3、ZrO_2 等；也可以是非晶型的，如玻璃等。有些陶瓷在一定条件下，可由非晶型转变为结晶型，如玻璃陶瓷等。

（1）离子型晶体陶瓷

属于离子型晶体陶瓷（ionic crystal ceramic）的种类很多。主要有 NaCl 结构，具有这类结构的陶瓷有 MgO、NiO、FeO 等；CaF_2 结构（图 1-27），具有这类结构的陶瓷有 ZrO_2、VO_2、ThO_2 等；刚玉型结构（图 1-28），具有这类结构的陶瓷主要有 Al_2O_3、Cr_2O_3 等；钙钛矿型结构（图 1-29），具有这类结构的陶瓷有 $CaTiO_3$、$BaTiO_3$、$PbTiO_3$ 等。

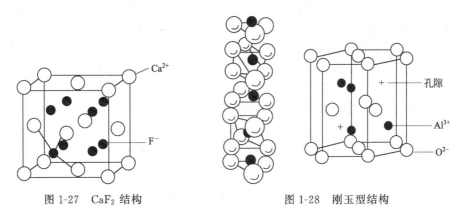

图 1-27　CaF_2 结构　　　　　　　　图 1-28　刚玉型结构

（2）共价型晶体陶瓷

共价型晶体陶瓷（covalent crystal ceramic）多属于金刚石结构，如图 1-30 所示。或者是由其派生出的结构，如 SiC 结构（图 1-31）和 SiO_2 结构（图 1-32）。

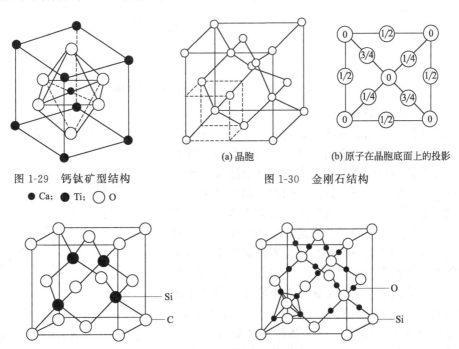

(a) 晶胞　　　　　　(b) 原子在晶胞底面上的投影

图 1-29　钙钛矿型结构　　　　　　图 1-30　金刚石结构
● Ca；● Ti；○ O

图 1-31　SiC 结构　　　　　　　图 1-32　SiO_2 结构

1.3　金属材料的结晶

1.3.1　纯金属的结晶

通常，大部分金属要经过熔炼或铸造（指由液态向固态的转变过程）之后才能制成各种制品。由于固态金属通常是晶体，所以把金属由液态向固态的转变过程称为结晶（crystalline）。从原子排列规则性看，结晶就是原子排列从无规则状态向规则状态的转变过程。掌握金属结晶过程及其规律，对于控制零件的组织和性能是十分重要的。

（1）冷却曲线和过冷度

晶体的结晶过程可用热分析法（thermoanalysis method）测定［见图 1-33(a)］。即将金属材料加热到熔化状态，然后缓慢冷却，记录下液体金属的冷却温度随时间的变化规律，做出金属材料的冷却曲线（cooling curve），见图 1-33(b)。由图可见，在 T_m 温度以上，随时间延长，温度均匀下降。液态金属在理论结晶温度 T_m 时并不产生结晶，而需冷却到低于 T_m 的某一温度 T_n 时，液体才开始结晶，由于放出结晶潜热，弥补了金属向四周散出的热量，因而冷却曲线上出现“平台”。持续一段时间之后，结晶完毕，固态金属的温度继续均匀下降直至室温。曲线上平台所对应的温度 T_n 为实际结晶温度。理论结晶温度 T_m 与平台温度 T_n 之差即为实际过冷度。液体要结晶就必须过冷，液体的冷却速率越大，过冷度越大，实际结晶温度就越低。

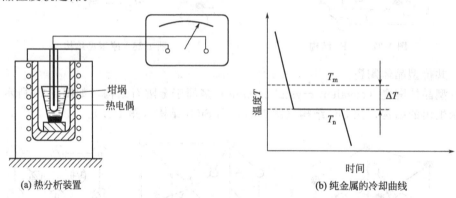

(a) 热分析装置　　　　　　　　(b) 纯金属的冷却曲线

图 1-33　热分析装置及纯金属的冷却曲线

（2）金属结晶的热力学条件

热力学定律指出，在等压条件下，一切自发过程都是朝着吉布斯自由能降低的方向进行，直到进行到吉布斯自由能具有最低值为止。这个规律又称为最小自由能原理。吉布斯自由能 G 是物质中能够向外界释放或能对外做功的那一部分能量。一般来说，金属在积聚状态的自由能 G 随温度的升高而降低。由于液态金属中原子排列的规则性比晶体中的差，所以同一物质的液体和晶体在不同温度下吉布斯自由能的变化情况不同，如图 1-34 所示。在自由能-温度的关系曲线上，液态金属的自由能变化曲线比晶体的更陡，即液体降低得更快，两条曲线必然相交，其交点所对应的温度就是理论结晶温度或熔点 T_m，此时液相与固相的吉布斯自由能相等。温度低于 T_m，

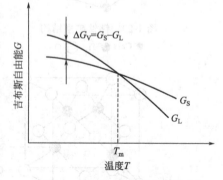

图 1-34　液体和晶体吉布斯自由能随温度变化关系曲线

$G_S<G_L$，金属的稳定状态是固态，液体将结晶；温度高于 T_m，$G_S>G_L$，金属处于液态才是稳定的，晶体将熔化。因此，液态物质要结晶，就必须冷却到 T_m 以下的某一温度 T_n，这种现象称为过冷现象（supercooling phenomenon）。理论结晶温度与实际结晶温度之差称为过冷度，记作 ΔT，$\Delta T=T_m-T_n$。过冷度的大小除与金属的性质和纯度有关外，主要决定于结晶的冷却速率的大小。一般，冷却速率越大，过冷度越大，液态和固态间的自由能差越大，液体结晶的驱动力越大，结晶越容易进行。

（3）金属结晶过程的一般规律

观察任何一种液体的结晶过程，都会发现结晶是一个不断形核（nucleation）和长大（growth）的过程，这是结晶的普遍规律。

图 1-35 说明了结晶过程。液体冷却到 T_m 以下，经过一段时间，首先在液体中某些部位形成一批稳定的原子基团作为晶核，接着，晶核长大，同时又有一些新的晶核出现。就这样不断形核，不断长大，直到液体完全消失，每一个晶核成长为一个晶粒，最后得到多晶体结构。

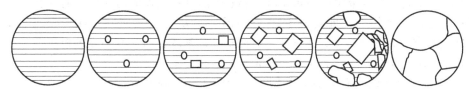

图 1-35　结晶过程

（4）金属的同素异构转变

大多数金属在结晶后的冷却过程中，其晶体结构类型保持不变，但有些金属（如铁、锰、钛、锡等）在不同的温度下具有不同的晶体结构。这种同一金属元素在固态下晶体结构随温度变化的现象称为金属的同素异构转变（allotropic transformation）。同素异构转变是一种固态相变。

图 1-36 为铁的同素异构转变冷却曲线。铁在固态时随温度的变化有三种同素异构体 δ-Fe、γ-Fe 和 α-Fe，其晶格常数也随温度的变化而变化。铁自液态结晶后，在1538～1394℃的温度范围内具有体心立方晶体结构，称为 δ-Fe。在 1394℃时发生同素异构转变，由体心立方晶体结构的 δ-Fe 转变为面心立方晶体结构的 γ-Fe。温度进一步降低到 912℃时，面心立方晶体结构的 γ-Fe 转变为体心立方晶体结构的 α-Fe。α-Fe 在 770℃还将发生磁性转变，即由高温的顺磁性转变为低温的铁磁性状态。通常把磁性转变温度称为铁的居里点（Curie point）。磁性转变时铁的晶格类型不变，所以磁性转变不属于相变。

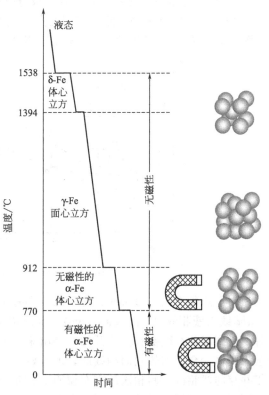

图 1-36　纯铁的冷却曲线及晶体结构变化

1.3.2　二元相图

1.3.2.1　二元合金相图的基本知识

由两种或两种以上的组元按不同的比例配制成一系列不同成分的所有合金称为合金系，如 Al-Si 合金系、Fe-C-Si 合金系。为了研究合金的组织与性能之间的关系，就必须了解合金中各种组织的形成及变化规律。合金相图就是用图解的方法表示合金系中合金的状态、组织、温度和成分之间的关系。

相图又称为平衡相图或状态图，它是表明合金系中不同成分合金在不同温度下，是由哪些相组成以及这些相之间平衡关系的图形。利用合金相图可以知道各种成分的合金在不同的温度下有哪些相，各相的相对含量、成分以及温度变化时可能发生的变化。掌握合金相图的分析和使用方法，有助于了解合金的组织状态和预测合金的性能，也可按要求研究配制新的合金。生产实践中，合金相图是制定合金熔炼、锻造和热处理工艺的重要依据。

(1) 二元合金相图的建立方法

现有的合金相图都是通过实验建立的。其根据是，不同成分的合金，晶体结构不同，物理化学性能也不同。当合金中有相转变时，必然伴随有物化性能的变化，测定发生这些变化的温度和成分，再经综合，即可建立整个相图。二元合金相图 （binary equilibrium diagram） 常用的方法有热分析法、膨胀法、电阻法、X 射线分析法和磁性分析法等。

以热分析法建立 Cu-Ni 合金相图为例，具体步骤如下。

① 配制不同成分的 Cu-Ni 合金。例如：合金Ⅰ——纯 Cu；合金Ⅱ——75％Cu＋25％Ni；合金Ⅲ——50％Cu＋50％Ni；合金Ⅳ——25％Cu＋75％Ni；合金Ⅴ——纯 Ni。

配制的合金愈多，则作出的相图愈精确。

② 作各个合金的冷却曲线，并找出各个临界温度值。

③ 画出温度-成分坐标系，在各合金成分垂线上标出临界点温度。

④ 将临界点温度中物理意义相同的点连起来，即得 Cu-Ni 合金相图。

图 1-37 为按上述步骤建立 Cu-Ni 合金相图过程的示意图。

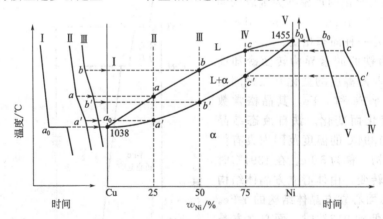

图 1-37　建立 Cu-Ni 合金相图的过程

相图上的每个点、每条线、每个区域都有明确的物理意义。a_0、b_0 分别为 Cu 和 Ni 的熔点。abc 线为液相线 （liquidus curve），该线以上合金全为液体，任何成分的合金从液态冷却时，碰到液相线就要有固体开始结晶出来。$a'b'c'$ 为固相线 （solidus curve），该线以下合金全为固体，合金加热到固相线时，即开始产生液体。固相线和液相线之间的区域是固相和液相并存的两相区。两相区的存在说明 Cu-Ni 合金的结晶是在一个温度范围内进行的，这一点不同于在恒温下结晶的纯金属。合金结晶温度区间的大小和温度的高低是随成分改变的。

（2）杠杆定律

在两相区结晶过程中，两相的成分和相对量都不断在变化，杠杆定律（lever rule）就是确定相图中两相区内，两平衡相的成分和两平衡相相对量的重要工具。

仍以 Cu-Ni 合金为例。

① X 成分合金在 t 温度下两平衡相成分的确定：在图 1-38(a) 中，过 X 点作一成分垂线，过 t 点作一水平线交液相线于 a 点，交成分垂线于 o 点，交固相线于 b 点。a 点在成分轴上的投影 X_1，便是 t 温度时 X 成分合金中液相部分的化学成分。同理，b 点在成分轴上的投影 X_2 点，即为 X 成分合金在 t 温度结晶出的 α 固溶体的化学成分。也

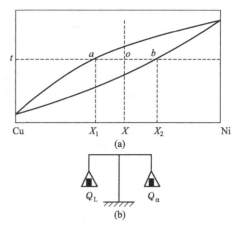

图 1-38 杠杆定律的证明和力学比喻

即合金 X 在 t 温度时的平衡相是由成分为 X_1％的液相 L 和成分为 X_2％的固相 α 所组成。

② X 成分合金在 t 温度下两平衡相相对量的确定：设合金总质量为 1，其中液相的质量为 Q_L，固相的质量为 Q_α。

即

$$Q_L + Q_\alpha = 1 \tag{1-12}$$

液相中的含 Ni 量为 X_1，固相中的含 Ni 量为 X_2，合金的含 Ni 量为 X，则

$$Q_L X_1 + Q_\alpha X_2 = X \tag{1-13}$$

解方程（1-12）、方程（1-13）得：

$$Q_\alpha = \frac{X - X_1}{X_2 - X_1} = \frac{oa}{ba} \tag{1-14}$$

$$Q_L = \frac{X_2 - X}{X_2 - X_1} = \frac{bo}{ba} \tag{1-15}$$

将方程(1-14)，方程(1-15)两式相除得：

$$\frac{Q_\alpha}{Q_L} = \frac{X X_1}{X_2 X} = \frac{oa}{bo}$$

即 X 成分合金在 t 温度下，其固相 α 和液相 L 的相对量为图 1-38 中线段 $X X_1$（oa）和 $X_2 X$（bo）之长度比。

由图 1-38(b) 可见，以上所得两相质量间的关系同力学中杠杆原理十分相似，因此称为杠杆定律。杠杆定律不仅适用于液、固两相区，也适用于其他类型的二元合金的两相区。但是，杠杆定律仅适用于两相区。

1.3.2.2 二元匀晶相图

二元合金中，两组元在液态时无限互溶，在固态时也无限互溶形成单相固溶体的一类相图，称为二元匀晶相图（binary uniform grain equilibrium diagram）。上述二元合金相图便是其中最简单的一种。具有这类相图的合金系有：Cu-Ni、Cu-Au、Au-Ag、Fe-Cr、Fe-Ni 和 W-Mo 等。这类合金在结晶时都是从液相结晶出固溶体，固态下呈单相固溶体，所以这种结晶过程称为匀晶转变。几乎所有的二元相图都包含有匀晶转变部分，因此掌握这一类相图是学习二元相图的基础。

（1）合金的结晶过程分析

现仍以 Cu-Ni 二元合金为例，分析其结晶过程与产物。

图 1-39 是 Cu-Ni 合金匀晶相图。其中上面的一条曲线为液相线，下面的一条曲线为固

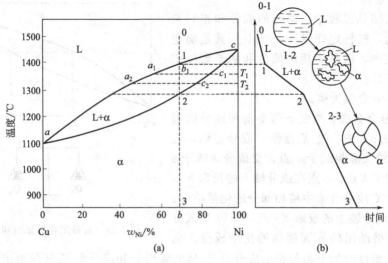

图 1-39 Cu-Ni 合金匀晶相图

相线。相图被它们划分为三个相区：液相线以上为单相液相区 L，固相线以下为单相区 α，两者之间为液、固两相共存区 L+α。

（2）合金的平衡结晶过程

平衡结晶是指合金在极其缓慢冷却条件下进行结晶的过程。在此条件下得到的组织称为平衡组织。

以含 Ni70% 的 Cu-Ni 合金为例。

① 当温度高于 1 时，合金为液相 L。

② 当温度降到 1 时（与液相线相交的温度），开始从液相中结晶出 α 固溶体。

③ 随着温度的继续下降，从液相不断析出固溶体，合金在整个结晶过程中所析出的 α 固溶体的成分将沿着固相线变化（即由 $c_1 \rightarrow c_2$），而液相成分将沿液相线变化（即由 $a_1 \rightarrow a_2$）。在一定温度下，两相的相对量可用杠杆定律求得。例如 $T=T_1$ 时，液相的成分为 a_1，固相的成分为 c_1，固相的相对重量为 $\dfrac{a_1 b_1}{a_1 c_1} \times 100\%$，液相的相对重量为 $\dfrac{b_1 c_1}{a_1 c_1} \times 100\%$。

④ 当温度下降到 2 时，液相消失，结晶完毕，最后得到与合金成分相同的固溶体。

1.3.2.3 二元共晶相图

两组元在液态能完全互溶，而在固态时相互之间只具有有限的溶解度，即形成有限固溶体，且发生共晶反应时，这类相图称为二元共晶相图（binary eutectic equilibrium diagram）。具有这类相图的合金系有：Pb-Sn、Pb-Sb、Pb-Bi、Al-Si 和 Cu-Ag 等。

（1）相图分析

由图 1-40 中得知，此合金系包含两种有限固溶体 α 相和 β 相。α 为 B 组元溶于 A 组元中所形成的固溶体。β 相恰好相反，它是 A 组元溶于 B 组元所形成的固溶体。二者均只有有限溶解度。图中 ac、cb 为液相线，这两条曲线的上面为液相区，adceb 为固相线，acda 与 cbec 间区域为两相区，分别为液相加初晶 α 与液相加初晶 β。dce 为

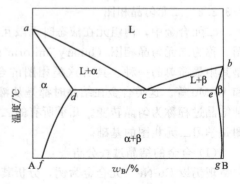

图 1-40 共晶状态图

共晶线，在此温度则发生 L→α＋β 共晶转变，此时三相共存。c 点为共晶点。df 为 B 组元在 A 组元中的溶解度曲线，eg 则为 A 组元在 B 组元中的溶解度曲线，df 和 eg 均称为固溶线。

（2）结晶过程分析

① 合金 I 的结晶　合金 I 的结晶过程与上述匀晶相图中任何成分合金的结晶过程均无差别。如图 1-41 所示，当液相冷至 1 点时，从液相中开始析出固溶体，温度降至 2 点时，结晶完成。温度继续降低，组织不再发生变化，室温下合金显微组织为单相 α 固溶体。

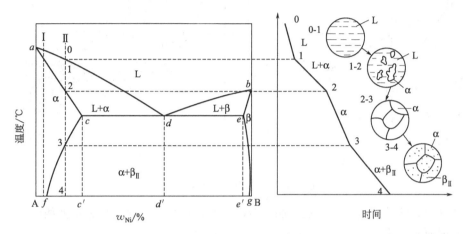

图 1-41　A-B 合金 I、II 的结晶过程

② 合金 II 的结晶　如图 1-41 所示，此合金在高温阶段的结晶过程与合金 I 相同，进行匀晶反应，结晶终了为均一的 α 相。但当温度降至与固溶线 df 相交时，α 相中溶入的组元 B 量达到饱和状态。随着温度的继续下降，α 相中多余的 B 组元便以 β 固溶体的形态析出。为了与液相中析出的初晶相 β 有所区别，把它叫做二次 β 相，用 β_{II} 表示。倘若温度再继续降低，α 相溶解 B 组元的量逐渐减少，β_{II} 的数量逐渐增加。合金 II 在室温下的显微组织为 α＋β_{II}。

③ 合金 III 的结晶　这一合金属于共晶成分，其结晶过程较简单（图 1-42）。在共晶温度 c 点以上呈单相液体，当共晶成分的合金冷至共晶温度 c 时，产生共晶反应，由液相中同时析出 α＋β 的共晶体组织。继续降低温度时，共晶体中的 α 相也要析出二次 β 相，由于 β_{II} 往往同共晶体中的 β 相连在一起，所以合金在室温下可以看成是由 α＋β 共晶组织所组成。

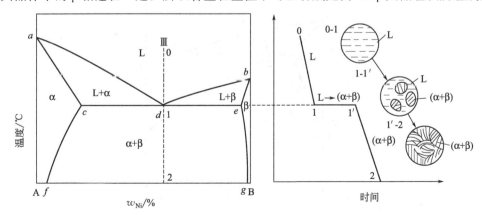

图 1-42　A-B 合金 III 的结晶过程

④ 合金Ⅳ的结晶　这种合金属于亚共晶合金。如图 1-43 所示，当合金冷到 1 点时，液相中开始结晶出 α 固溶体。随着温度的降低，α 固溶体的数量逐渐增加，而液相数量不断减少。当冷至共晶温度 2 点时，剩余的液相达到共晶成分，于是同时结晶出共晶体 α＋β。所以共晶反应结束时，合金的组织为 α 固溶体＋（α＋β）共晶体。之后继续降低温度，初晶 α 和共晶体中的 α 相都要析出 β_{II}。因此，合金Ⅳ的室温显微组织为 α＋β_{II}＋共晶（α＋β）。

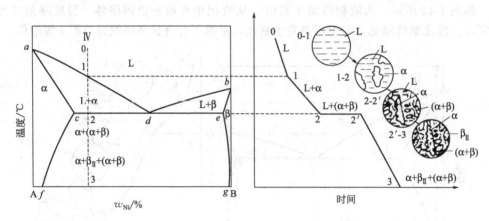

图 1-43　A-B 合金Ⅳ的结晶过程

过共晶合金的结晶过程，同亚共晶合金的结晶过程相似，只是合金由液相中析出的初生相不是 α 相而是 β 相。

1.3.2.4　二元包晶相图

二元包晶相图（binary peritectic equilibrium diagram）与前述的共晶相图的共同点是，液态时两组元均可无限互溶，而固态时则只有有限溶解度，因而也形成有限固溶体。但是其相图中的水平线所代表的结晶过程，则与共晶相图完全不同。

图 1-44 是 Fe-Fe_3C 相图左上角的包晶部分。当合金Ⅰ从高温液态冷至 1 点时，开始结晶，从液相中析出 δ 固溶体 [图 1-45(a)]，随着温度继续下降，δ 相的数量不断增加，液相量则不断减少。δ 相成分沿 AH 线变化，液相成分沿 AB 线变化。合金冷至包晶反应温度时（1495℃），剩下的液相和原先析出的 δ 相相互作用生成 A 相，新相是在原有的 δ 相表面生核并长成一层 A 相的外层 [图 1-45(b)]，此时三相共存，结晶过程在恒温下进行。由于三相的浓度各不相同，通过铁原子和碳原子的不断扩散，A 固溶体一方面不断消耗液相向液

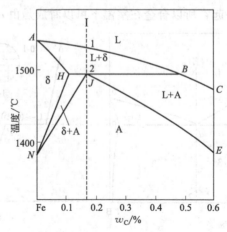

图 1-44　Fe-Fe_3C 状态图包晶部分

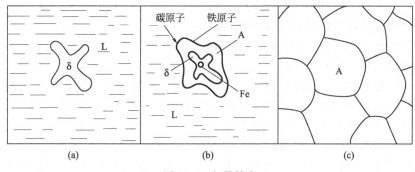

图 1-45　包晶转变

体中长大，同时也不断吞并 δ 固溶体向内生长直至把液体和 δ 固溶体全部消耗完毕，最后便形成单一的 A 固溶体 [图 1-45(c)]，包晶转变即告完成。

在这种结晶过程中，A 晶体包围着 δ 晶体，靠不断消耗液相和 δ 相而进行结晶，故称为包晶反应。

除 Fe-C 合金外，Cu-Zn、Cu-Sn、Ag-Pt 等合金系中都有包晶转变。

1.3.2.5　其他类型的二元相图

（1）二元共析相图

在二元合金相图中往往还遇到这样的反应，即在高温时通过匀晶反应、包晶反应所形成的固溶体，在冷至某一更低的温度处，又发生分解而形成两个新的固相。发生这种反应的相图与共晶相图很相似，只是反应前的母相不是液相，而是固相。这种由一种固相同时分解成两种固相的反应，称为共析反应，其相图称为二元共析相图（binary eutectoid equilibrium diagram），如图 1-46 所示。

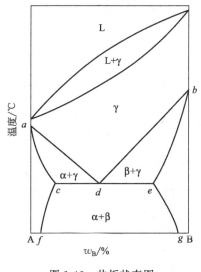

图 1-46　共析状态图

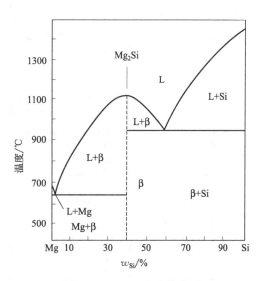

图 1-47　Mg-Si 合金状态图

共析反应与共晶反应相比具有以下不同的特点。

① 由于共析反应是固体下的反应，在分解过程中需要原子作大量的扩散。但在固态中，扩散过程比液态中困难得多，所以共析反应比共晶反应更易于过冷。

② 由于共析反应易于过冷，因而生核率较高，得到的两相机械混合物（共析体）要比共晶体更细。

③ 共析反应往往因为母相与子相的比容不同，而产生容积的变化，从而引起较大的内应力，这一现象在合金热处理时表现得更为明显。

Fe-Fe$_3$C 相图中即存在共析反应，它是钢铁热处理赖以为据的重要反应。

（2）形成稳定化合物的共晶相图

图 1-47 是 Mg-Si 合金状态图，它是形成稳定化合物的共晶相图的一个实例。Mg 和 Si 可以形成稳定的化合物 Mg$_2$Si，它具有严格的成分，含 Si 量为 36.59%，在相图中可用一条通过 Mg$_2$Si 成分的垂直线来表示。Mg$_2$Si 的熔点为 1102℃，其结晶过程与纯金属相似，在 1102℃ 以下均为固体。因此，可以把 Mg$_2$Si 看作一个组元，把 Mg-Si 合金相图分成两部分，按两个共晶相图进行分析。垂线左边部分看作是 Mg 与 Mg$_2$Si 组成的共晶相图；垂线右边部分看作是 Mg$_2$Si 和 Si 组成的共晶相图。

1.3.2.6　根据相图判断合金的性能

由相图可以看出在一定温度下合金的成分与其组成相之间的关系，以及不同合金的结晶特点，而合金的使用性能取决于它们的成分和组织，合金的某些工艺性能取决于其结晶特点，因此通过相图可以判断合金的性能和工艺性，为正确地配制合金、选材和制定相应的工艺提供依据。

（1）根据相图判断合金的机械性能和物理性能

二元合金的室温平衡组织主要有两种类型，即固溶体和两相混合物。图 1-48 为匀晶、共晶和包晶系合金的力学性能和物理性能随成分变化的一般规律。由图可见，固溶体合金与作为溶剂的纯金属相比，其强度、硬度升高，导电率降低，并在某一成分存在极值。因固溶强化对强度与硬度的提高有限，不能满足工程结构对材料性能的要求，所以工程上经常将固溶体作为合金的基体。

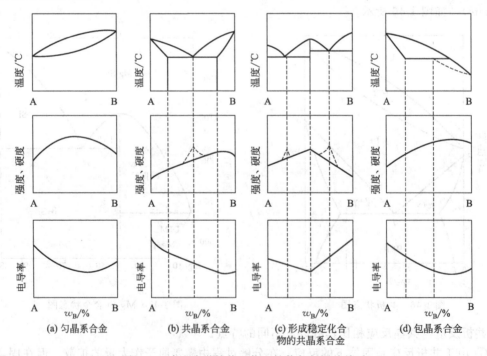

图 1-48　合金力学性能、物理性能与相图的关系

固溶体合金的电导率与成分的变化关系与强度和硬度的相似，均呈曲线变化。这是由于随着溶质组元含量的增加，晶格畸变增大，增大合金中自由电子的阻力。同理可以推测，热

导率的变化关系与电导率相同，随着溶质组元含量的增加，热导率逐渐降低，而电阻的变化却与之相反。因此工业上常采用含镍量为 $w_{Ni}=50\%$ 的 Cu-Ni 合金作为制造加热元件的材料。

共晶相图和包晶相图的端部均为固溶体，其成分与性能间的关系已如上述。相图的中间部分为两相混合物，在平衡状态下，当两相的大小和分布都比较均匀时，合金的性能大致是两相性能的算术平均值。例如合金的硬度 HB 为：

$$HB = HB_\alpha \varphi_\alpha + HB_\beta \varphi_\beta$$

式中，HB_α、HB_β 分别为 α 相和 β 相的硬度，φ_α、φ_β 为 α 相和 β 相的体积分数。因此，合金的机械性能和物理性能与成分的关系呈直线变化。但是应当指出，当共晶组织十分细密，且在不平衡结晶出现伪共晶时，其强度和硬度将偏离直线关系而出现峰值，其强度、硬度明显提高。组织越致密，合金的性能提高得越多。

（2）根据相图判断合金的工艺性能

合金的铸造性能主要表现为合金液体的流动性（即液体充填铸型的能力）、缩孔及热裂倾向及偏析等。这些性能主要取决于相图上液相线与固相线之间的水平距离与垂直距离，即结晶时液、固相间的成分间隔与温度间隔。

从相图上也可以判断出合金的工艺性能，图 1-49 是合金的铸造性能与相图的关系。由图可见，相图中的液相线与固相线之间的水平距离和垂直距离（成分间隔和温度间隔）越大，合金的流动性就越差，分散缩孔也越多，合金成分偏析（枝晶偏析）也越严重，使铸造性能变差。另外，当结晶间隔很大时，将使合金在较长时间内处于半固、半液状态，这对于已结晶的固相来说，因为有不均匀的收缩应力，有可能产生铸件内部裂纹等现象。

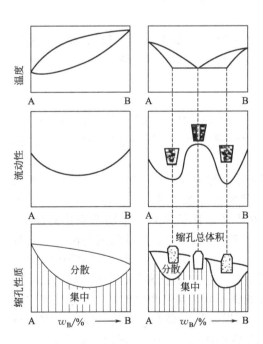

图 1-49　合金铸造工艺性能与相图的关系

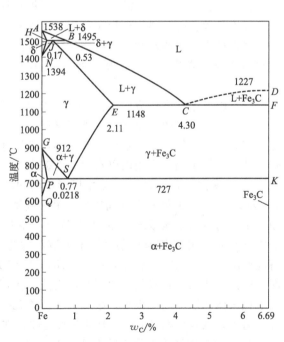

图 1-50　Fe-Fe₃C 相图

对于共晶系合金来说，共晶成分的合金熔点低，并且是恒温凝固，故液体的流动性好，凝固后容易形成集中缩孔，而分散缩孔（缩松）少，热裂倾向也小。因此，共晶合金的铸造性能最好，故在其他条件许可的情况下，铸造合金选用接近共晶成分的合金。

合金的压力加工性能与其塑性有关，因为单相固溶体合金具有较好的塑性，变形均匀，其压力加工性能良好，因此压力加工合金通常是相图上单相固溶体成分范围内的单相合金或含有少量第二相的合金。单相固溶体的硬度一般较低，不利于切削加工，故切削性能较差。当合金形成两相混合物时，合金的切削加工性能要优于单相合金，但压力加工性能却不如单相固溶体。

1.3.3　铁碳相图

钢铁是现代机械制造工业中应用最为广泛的金属材料。碳钢和铸铁都是铁碳合金。了解与掌握铁碳合金相图，对于钢铁材料的研究和使用、各种热加工工艺的制订等都具有重要的指导意义。铁与碳两个组元可以形成一系列化合物：Fe_3C、Fe_2C、FeC 等，由于钢中碳的质量分数一般不超过 2.11%，铸铁的碳的质量分数一般不超过 5%，所以在研究铁碳合金时，仅研究 Fe-Fe_3C（$w_C = 6.69\%$）部分。下面讨论的铁碳相图（iron-carbon equilibrium diagram），实际上是铁-渗碳体（Fe-Fe_3C）相图，如图 1-50 所示。

1.3.3.1　铁碳合金的基本相

Fe 和 Fe_3C 是组成 Fe-Fe_3C 相图的两个基本组元。由于铁与碳之间的相互作用不同，使铁碳合金固态下的相结构存在固溶体和金属化合物两类，属于固溶体相的是铁素体和奥氏体，属于金属化合物相的是渗碳体。

（1）纯铁

工业纯铁（pure iron）的含铁量一般为 $w_{Fe} = 99.8\% \sim 99.9\%$，含有 $0.1\% \sim 0.2\%$ 的杂质（杂质主要是碳元素）。纯铁的机械性能大致如下。

拉伸强度：$\sigma_b = 180 \sim 230MPa$　　　　屈服强度：$\sigma_{0.2} = 100 \sim 170MPa$

伸长率：$\delta = 30\% \sim 50\%$　　　　　　　断面收缩率：$\psi = 70\% \sim 80\%$

冲击韧性：$\alpha_k = 1600 \sim 2000kJ/m^2$　　硬度：$50 \sim 80HBS$

纯铁虽有较好的塑性，但其强度、硬度差，生产中很少直接用作结构材料，通常都使用铁碳的合金。纯铁具有高的磁导率，可用于要求软磁性的场合，例如各种仪器仪表的铁心等。

（2）碳溶于铁中形成固溶体——铁素体和奥氏体

铁中加入少量碳后使强度、硬度显著增加，这是由于碳的加入引起了内部组织结构的变化。固态下碳在铁中的存在形式有三种：碳溶于铁中形成固溶体；碳与铁作用形成化合物；碳与铁原子间不相互作用而以自由态石墨存在。

① 铁素体　碳溶解于 α-Fe 中所形成的间隙固溶体，称为铁素体（ferrite），以符号 F 或 α 表示。在 α-Fe 的体心立方晶格中，最大间隙半径只有 0.31Å（1Å=0.1nm），比碳原子半径 0.77Å 小得多。碳原子只能处于位错、空位、晶界等晶体缺陷处或个别八面体间隙中，所以碳在 α-Fe 中的溶解度很小，最大溶解度为 0.0218%（727℃）。随着温度的降低，其溶解度要减小，室温时，碳在 α-Fe 中的溶解度仅为 0.0008%。铁素体的组织与纯铁组织没有明显区别，是由等轴状的多边形晶粒组成，黑线是晶界，亮区是铁素体晶粒 [图 1-51(a)]。由于铁素体的溶碳能力很小，故其机械性能几乎和纯铁相同，强度和硬度低，而塑性和韧性好。另外，铁素体在 770℃ 以上具有顺磁性，在 770℃ 以下呈铁磁性。碳溶于体心立方晶格 δ-Fe 中的间隙固溶体称为 δ 铁素体，以 δ 表示，其最大溶解度于 1495℃ 时为 0.09%。

② 奥氏体　碳溶解于 γ-Fe 中形成的间隙固溶体，称为奥氏体（austenite），以符号 A 或 γ 表示。在奥氏体多边形的晶粒内往往有孪晶线，即有一些成对平行线条出现 [图 1-51(b)]。在 727℃ 时，γ-Fe 溶碳量为 0.77%，随着温度升高，其溶解度增加，在 1148℃ 时其最大溶碳量为 2.11%。在铁碳合金中，奥氏体是一种存在于高温状态下的组织，它有

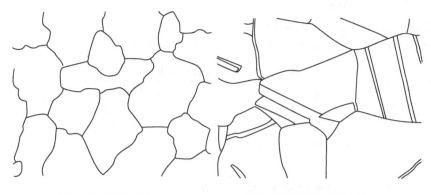

(a) 铁素体的显微组织(400×)　　　(b) 奥氏体的显微组织(400×)

图 1-51　铁素体和奥氏体的显微组织

着良好的韧性和塑性，变形抗力小，易于锻造成型。奥氏体的力学性能与其碳质量分数和晶粒度有关，硬度为170～220HBS，伸长率 $\delta=40\%\sim50\%$。可见奥氏体也是一个强度硬度较低而塑性韧性较高的相，但它与铁素体不同，只有顺磁性，而不呈现铁磁性。

（3）渗碳体

当碳在 α-Fe 或 γ-Fe 中的溶解度达到饱和时，过剩的碳原子就和铁原子化合，形成间隙化合物 Fe_3C，称为渗碳体（cementite），以符号 cm 表示。

渗碳体的碳质量分数为 6.69%，其晶格是复杂三斜晶格 ［图 1-23(b)］。渗碳体的熔点很高，硬而耐磨，其机械性能大致为：拉伸强度 $\sigma_b\approx30MPa$；伸长率 $\delta\approx0$；断面收缩率 $\psi\approx0$。

渗碳体在钢与铸铁中一般呈片状、粒状或网状存在（图 1-52）。它的形状、尺寸与分布对钢的性能有很大影响，是铁碳合金的重要强化相。渗碳体在固态下不发生同素异构转变，但可能与其他元素形成固溶体。其中的碳原子可能被氮等小原子置换，而铁原子可能为其他金属原子（如 Mn、Cr）所替代。这种以渗碳体为溶剂的固溶体，称为合金渗碳体。

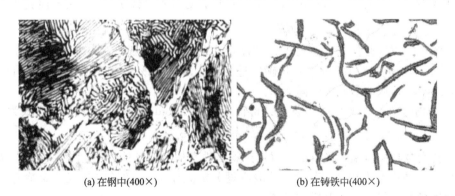

(a) 在钢中(400×)　　　　　(b) 在铸铁中(400×)

图 1-52　渗碳体的显微组织

渗碳体是亚稳定的化合物。在一定的条件下，渗碳体能按下列反应分解形成石墨状的具有六方结构的自由碳，其强度硬度极低。灰口铸铁中 C 主要以这种石墨形式存在 ［图 1-52(b)］，$Fe_3C\rightarrow3Fe+C$（石墨）。这个转变对铸铁有重要意义。

综上所述，$Fe\text{-}Fe_3C$ 合金系中存在四个相，即液体（L）、铁素体（F）、奥氏体（A）和渗碳体（Fe_3C 或 Cm）。

1.3.3.2 Fe-Fe₃C 相图分析

(1) 相图中的点、线、区及其意义

图 1-50 是 Fe-Fe$_3$C 相图，图中各特性点的温度、碳浓度及意义示于表 1-4 中。

表 1-4　Fe-Fe$_3$C 相图中的特性点

符号	温度/℃	碳的质量分数/%	说明	符号	温度/℃	碳的质量分数/%	说明
A	1538	0	纯铁的熔点	H	1495	0.09	碳在 δ 中的最大溶解度
B	1495	0.53	包晶转变时液相合金的成分	J	1495	0.17	包晶点
C	1148	4.30	共晶点	K	727	6.69	渗碳体
D	1227	6.69	渗碳体的熔点(计算值)	N	1394	0	δ-Fe→γ-Fe 同素异构转变点
E	1148	2.11	碳在奥氏体中的最大溶解度	P	727	0.0218	碳在 α 中的最大溶解度
F	1148	6.69	渗碳体的成分	S	727	0.77	共析点
G	912	0	γ-Fe→α-Fe 同素异构转变点	Q	室温	0.0008	室温时碳在 α 中的最大溶解度

相图中的 $ABCD$ 线为液相线，$AHJECF$ 线为固相线。

相图中包括 5 个基本相，相应有 5 个单相区，它们分别是：$ABCD$ 以上——液相区（L）；$AHNA$——高温铁素体区（δ）；$NJESGN$——奥氏体区（A 或 γ）；$GPQG$——铁素体区（F 或 α）；DFK——渗碳体区（Fe$_3$C）。

相图中还有 7 个两相区，分别位于相邻的两单相区之间。这些两相区是 L+δ、L+A、L+Fe$_3$C、δ+A、F+A、A+Fe$_3$C 及 F+Fe$_3$C。

铁碳合金相图包括包晶、共晶、共析三个基本转变，现分别作如下说明。

① 包晶转变（peritectic transition）发生于 1495℃（水平线 HJB），其反应式为：

$$\text{L}_{0.53} + \delta_{0.09} \underset{}{\overset{1495℃}{\rightleftharpoons}} \text{A}_{0.17}$$

包晶转变是在恒温下进行的，其产物是奥氏体。凡碳质量分数介于 0.09%～0.53% 的铁碳合金在结晶时都要发生包晶转变。

② 共晶转变（eutectic transition）发生于 1148℃（水平线 ECF），其反应式为：

$$\text{L}_{4.3} \underset{}{\overset{1148℃}{\rightleftharpoons}} \text{A}_{2.11} + \text{Fe}_3\text{C}$$

共晶转变同样是在恒温下进行的，共晶反应的产物是奥氏体和渗碳体的混合物，称为（高温）莱氏体，用字母 Ld 表示。凡碳质量分数大于 2.11% 的铁碳合金冷却至 1148℃ 时，将发生共晶转变，从而形成莱氏体组织。

③ 在 727℃（水平线 PSK）发生共析转变（eutectoid transition），其反应式为：

$$\text{A}_{0.77} \underset{}{\overset{727℃}{\rightleftharpoons}} \text{F}_{0.0218} + \text{Fe}_3\text{C}$$

共析转变也是在恒温下进行的，反应产物是铁素体与渗碳体的混合物，称为珠光体，用字母 P 代表。共析温度以 A_1 表示。凡碳质量分数大于 0.0218% 的铁碳合金冷却至 727℃ 时，奥氏体将发生共析转变形成珠光体。

此外，在铁碳合金相图中还有三条重要的特性线，它们是 ES 线、PQ 线和 GS 线。

ES 线是碳在奥氏体中的固溶线。随温度变化，奥氏体的溶碳量将沿 ES 线变化。因此碳质量分数大于 0.77% 的铁碳合金，自 1148℃ 至 727℃ 的降温过程中，将从奥氏体中析出渗碳体。为区别自液相中析出的渗碳体，通常把从奥氏体中析出的渗碳体称为二次渗碳体（Fe$_3$C$_\text{II}$）。ES 线也称为 A_{cm} 线。

PQ 线是碳在铁素体中的固溶线。铁碳合金由 727℃ 冷却至室温时，将从铁素体中析出渗碳体，这种渗碳体称为三次渗碳体（Fe₃C_Ⅲ）。对于工业纯铁及低碳钢，由于三次渗碳体沿晶界析出，降低其塑性、韧性，因而要重视三次渗碳体的存在与分布。在碳质量分数较高的铁碳合金中，三次渗碳体可忽略不计。

GS 线称为 A₃ 线，它是在冷却过程中，由奥氏体中析出铁素体的开始线。或者说是在加热时，铁素体完全溶入奥氏体的终了线。

（2）典型铁碳合金的结晶过程分析

铁碳合金相图上的各种合金，按其碳质量分数及组织的不同，常分为工业纯铁、钢和铸铁三大类。工业纯铁的碳质量分数<0.0218%，显微组织主要为铁素体。钢是碳质量分数在0.0218%～2.11%的铁碳合金，钢的高温固态组织为具有良好塑性的奥氏体，因而易于锻造。根据碳质量分数及室温组织的不同，钢也可分为亚共析钢（碳质量分数<0.77%）、共析钢（碳质量分数为0.77%）和过共析钢（碳质量分数>0.77%）三种。

白口铸铁的碳质量分数在2.11%～6.69%。白口铸铁在结晶时都有共晶转变，因而有较好的铸造性能。它们的断口具有白亮光泽，所以称为白口铸铁。根据碳质量分数及室温组织的不同，白口铸铁又可分为三种。共晶白口铸铁的碳质量分数为4.3%，室温组织是莱氏体；亚共晶白口铸铁的碳质量分数低于4.3%，室温组织是珠光体、二次渗碳体和莱氏体；过共晶白口铸铁含碳量高于4.3%，室温组织是莱氏体和一次渗碳体。

现以上述几种典型合金为例，分析其结晶过程和在室温下的显微组织，所选取的合金成分如图1-53所示。

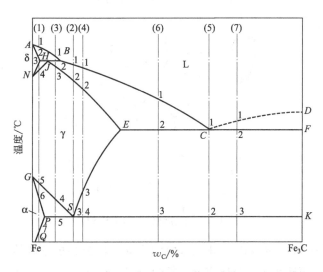

图 1-53　典型合金的化学成分

① 工业纯铁　以含0.01%（质量分数）C的Fe-C合金为例，图1-54是工业纯铁（industrial pure iron）的结晶过程。液态合金在1～2温度区间按匀晶转变形成单相δ固溶体。δ冷却到3点时，开始向A转变。这一转变于4点结束，合金全部转变为单相奥氏体（A）。奥氏体冷却到5点时，开始形成铁素体（F），冷却到6点时，合金成为单相的铁素体。铁素体冷却到7点时，碳在铁素体中的溶解量呈饱和状态，因而自7点继续降温时，将自铁素体中析出少量Fe₃C_Ⅲ，它一般沿铁素体晶界呈片状分布。工业纯铁缓慢冷却到室温后的显微组织如图1-55所示，主要是铁素体及少量Fe₃C_Ⅲ。

② 共析钢　图1-56是共析钢（eutectoid steel）的结晶过程。共析钢在温度1～2之间按匀晶转变形成奥氏体。奥氏体冷至727℃（3点）时，将发生共析转变形成珠光体（pearl-

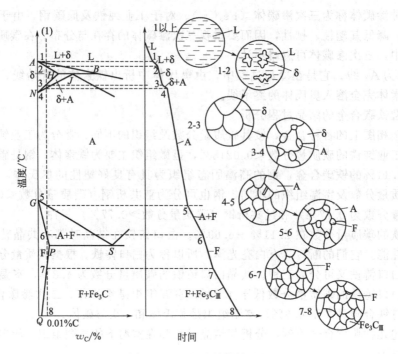

图 1-54　工业纯铁结晶过程

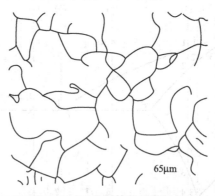

图 1-55　工业纯铁的显微组织

ite，简写 P)，即 A→P(F+Fe$_3$C)。珠光体中的渗碳体称为共析渗碳体。当温度由 727℃继续下降时，铁素体沿固溶线 PQ 改变成分，析出少量 Fe$_3$C$_{III}$。Fe$_3$C$_{III}$ 常与共析渗碳体连在一起，不易分辨，且数量极少，可忽略不计。

图 1-57 是共析钢的珠光体显微组织，呈片层状的两相机械混合物。珠光体中片层状 Fe$_3$C 经适当的退火处理后，也可呈粒状分布在铁素体基体上，这种称为粒状珠光体（globular pearlite）。珠光体的碳质量分数为 0.77%，其中铁素体与渗碳体的相对量可用杠杆定律求出：

$$F\% = \frac{6.69 - 0.77}{6.69 - 0.0218} \times 100\% = 88.8\%$$

$$Fe_3C\% = \frac{0.77 - 0.0218}{6.69 - 0.0218} \times 100\% = 11.2\%$$

③ 亚共析钢　以碳质量分数为 0.45% 的合金为例来进行分析，图 1-58 是亚共析钢

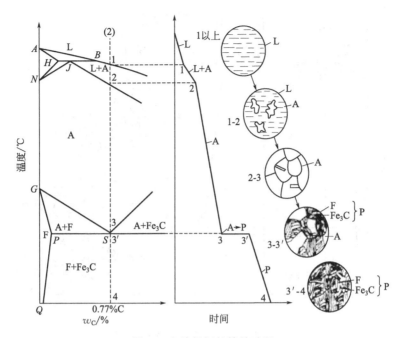

图 1-56　共析钢的结晶过程

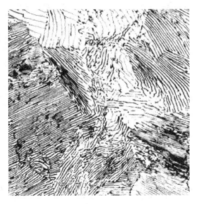

图 1-57　共析钢的显微组织（1000×）

(hypoeutectoid steel) 结晶过程。在 1 点以上合金为液体，温度降到 1 点以后，开始从液体中析出 δ 固溶体，1～2 点间为 L+δ。HJB 为包晶线，故在 2 点发生包晶转变形成奥氏体（A）。包晶转变结束后，除奥氏体外还有过剩的液体。温度继续下降时，在 2～3 点之间从液体中继续结晶出奥氏体，奥氏体中碳的浓度沿 JE 线变化。到 3 点后合金全部凝固成固相奥氏体。温度由 3 点降到 4 点时，是奥氏体的单相冷却过程，没有相和组织的变化。继续冷却至 4～5 点时，由奥氏体中结晶出铁素体。在此过程中，奥氏体成分沿 GS 变化，铁素体成分沿 GP 线变化。当温度降到 727℃，奥氏体的成分达到 S 点（0.77%）则发生共析转变，即 A→P（F+Fe₃C），形成珠光体。此时原先析出的铁素体保持不变。所以共析转变后，合金的组织为铁素体和珠光体。当继续冷却时，铁素体的碳质量分数沿 PQ 线下降，同时析出三次渗碳体。同样，三次渗碳体的量极少，一般可忽略不计。因此，碳质量分数为 0.45% 的铁碳合金的室温组织是由铁素体和珠光体组成，如图 1-59 所示。

　　所有亚共析钢的室温组织都是由铁素体和珠光体组成，只是珠光体（P）与铁素体（F）

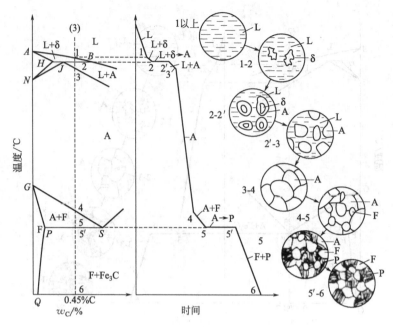

图 1-58　亚共析钢结晶过程

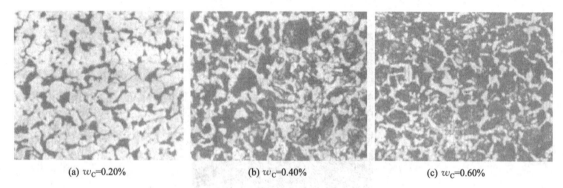

(a) w_C=0.20%　　　　　(b) w_C=0.40%　　　　　(c) w_C=0.60%

图 1-59　亚共析钢的显微组织（200×）

的相对量因碳质量分数不同而有所变化。碳质量分数越高，则组织中珠光体越多，铁素体越少。相对量同样可用杠杆定律来计算。若忽略铁素体中的碳质量分数，则亚共析钢的碳质量分数可以通过显微组织中铁素体和珠光体的相对面积估算得到。例如，经观察某退火亚共析钢显微组织中珠光体和铁素体的面积各占 50%，则其碳质量分数大致为 C%＝50%×0.77%＝0.385%。

　　④ 过共析钢　以碳质量分数为 1.2% 的合金为例，过共析钢（hypereutectoid steel）结晶过程如图 1-60 所示。合金在 1～2 点之间按匀晶过程转变为单相奥氏体组织。在 2～3 点之间为单相奥氏体的冷却过程。自 3 点开始，由于奥氏体的溶碳能力降低，奥氏体晶界处析出 Fe_3C_{II}。温度在 3～4 之间，随着温度不断降低，析出的二次渗碳体量也逐渐增多。与此同时，奥氏体的碳质量分数也逐渐沿 ES 线降低。当冷到 727℃（4 点）时，奥氏体的成分达到 S 点，于是发生共析转变 A→P(F＋Fe_3C)，形成珠光体。4 点以下直到室温，合金组织变化不大。因此常温下过共析钢的显微组织由珠光体和网状二次渗碳体组成，如图1-61所示。

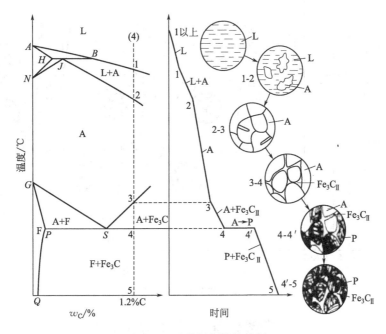

图 1-60　过共析钢结晶过程

⑤ 共晶白口铸铁　共晶合金（5）在 1 点发生共晶反应，由 L 转变为（高温）莱氏体，

$L_{4.3} \xrightleftharpoons{1148℃} A_{2.11} + Fe_3C$。在 1～2 之间，奥氏体中的碳质量分数逐渐降低，从奥氏体中不断析出二次渗碳体 Fe_3C_{II}。但是 Fe_3C_{II} 是依附在共晶 Fe_3C 上析出并长大，无界线相隔，所以在显微镜下也难以分辨。至 2 点温度时共晶 A 的碳质量分数将为 0.77%，在恒温下发生共析反应转变，即共晶奥氏体转变为珠光体 P。（高温）莱氏体（Ledeburite，简写 Ld）转变成低温莱氏体 Ld′（$P+Fe_3C$）。此后的降温过程中，虽然铁素体也会析出 Fe_3C_{III}，但是数量很少，组织不再发生变化，所以室温平衡组织仍为 Ld′，图 1-62 为共晶白口铸铁（eutectic cast iron）平衡结晶过程，最

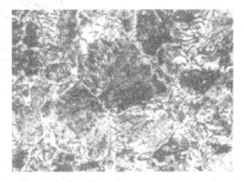

图 1-61　w_C 为 1.2% 的过共析钢的显微组织（500×）

后室温下的组织是珠光体分布在共晶渗碳体的基体上，如图 1-63(b) 所示。

亚共晶合金（hypoeutectic alloy）（6）在结晶过程中，在 1～2 点之间按匀晶转变结晶出初晶（或先共晶）奥氏体 A，奥氏体的成分沿 JE 线变化，而液相的成分沿 BC 线变化，当温度降至 2 点时，液相成分达到共晶点 C，于是在恒温（1148℃）下发生共晶转变，即

$L_{4.3} \xrightleftharpoons{1148℃} A_{2.11} + Fe_3C$，形成（高温）莱氏体。当温度冷却至 2～3 点温度区间时，从奥氏体（初晶和共晶）中都析出二次渗碳体。随着二次渗碳体的析出，奥氏体的成分沿着 ES 线不断降低，当温度达到 3 点（727℃）时，奥氏体的成分也达到了 S 点，在恒温下发生共析转变，且所有的奥氏体均转变为珠光体。图 1-62 为其平衡结晶过程，最后室温下的组织为珠光体、二次渗碳体和低温莱氏体 [图 1-63(a)]，图中大块黑色部分是由初晶奥氏体转变成的珠光体，由初晶奥氏体析出的二次渗碳体与共晶渗碳体连成一片，难以分辨。

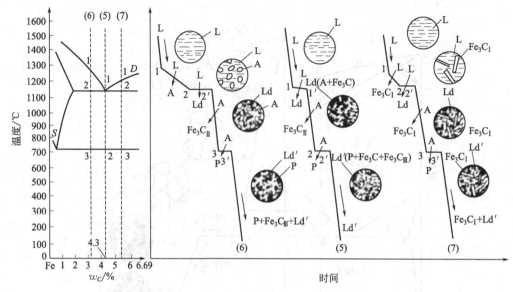

图 1-62　白口铸铁部分典型合金结晶过程分析

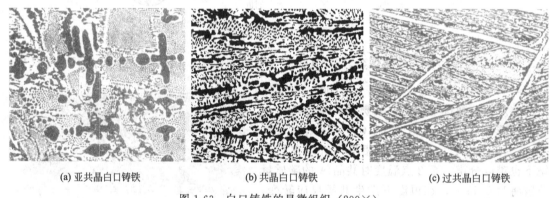

(a) 亚共晶白口铸铁　　　(b) 共晶白口铸铁　　　(c) 过共晶白口铸铁

图 1-63　白口铸铁的显微组织（200×）

过共晶合金（hypereutectic alloy）（7）的平衡结晶过程如图 1-62 所示，在结晶过程中，该合金在 1～2 温度区间从液体中结晶出粗大的先共晶渗碳体，称为一次渗碳体 Fe_3C_I。随着一次渗碳体量的增多，液相成分沿着 DC 线变化。当温度降至 2 点时，液相成分达到 C，于是在恒温（1148℃）下发生共晶转变，即 $L_{4.3} \xrightleftharpoons{1148℃} A_{2.11} + Fe_3C$，形成（高温）莱氏体。当温度冷却至 2～3 点温度区间时，共晶奥氏体先析出二次渗碳体，然后在恒温（727℃）下发生共析转变，形成珠光体。因此，过共晶白口铸铁室温下的组织为一次渗碳体和低温莱氏体，其显微组织如图 1-63(c) 所示。

1.3.3.3　碳质量分数对 Fe-C 合金组织及性能的影响

（1）碳质量分数对平衡组织的影响

根据以上分析结果，不同碳质量分数的铁碳合金在平衡凝固时可以得到不同的室温组织。根据杠杆定律，可以求得缓冷后铁碳合金的相组成物及组织组成物与碳质量分数之间的定量关系，计算的结果如图 1-64 所示。

从图 1-64(b) 中可以清楚地看出，随着碳质量分数变化合金室温组织变化的规律。当碳质量分数增高时，组织中不仅渗碳体的数量增加，而且渗碳体的存在形式也在变化，由分布在铁素体的基体内（如珠光体），变为分布在奥氏体的晶界上（Fe_3C_{II}）。最后当形成莱氏

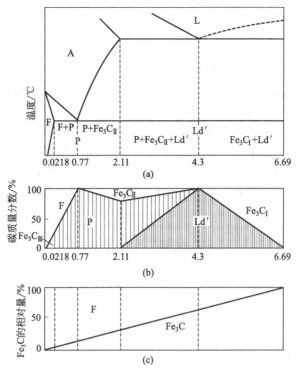

图 1-64　铁碳合金的成分与组织和相的对应关系

体时，渗碳体已作为基体出现。

　　根据铁碳相图，铁碳合金的室温组织均由 F 和 Fe_3C 相组成，两相的相对质量由杠杆定律确定。随着碳质量分数增加，F 的相对量逐渐降低，而 Fe_3C 的相对量呈线性增加 [图1-64(c)]。

　　(2) 碳质量分数对力学性能的影响

　　不同碳质量分数的铁碳合金具有不同组织，因而也具有不同的性能。在铁碳合金中，渗碳体是硬脆的强化相，而铁素体则是柔软的韧性相。硬度主要决定于组织中组成相的硬度及相对量，组织形态的影响相对较小。随碳质量分数的增加，由于 Fe_3C 增多，所以合金的硬度呈直线关系增大，由全部为 F 的硬度约 80HB 增大到全部为 Fe_3C 时的约 800HB。合金的塑性变形全部由 F 提供，所以随碳质量分数的增大，F 量不断减少时，合金的塑性连续下降。这也是高碳钢和白口铸铁脆性高的主要原因。

　　强度是一个对组织形态敏感的性能。如果合金的基体是铁素体，则随渗碳体数量增多、分布越均匀，则材料的强度便越高。但是，当渗碳体相分布在晶界，特别是作为基体时，材料强度将会大大下降。碳质量分数对碳钢力学性能的影响如图 1-65 所示。

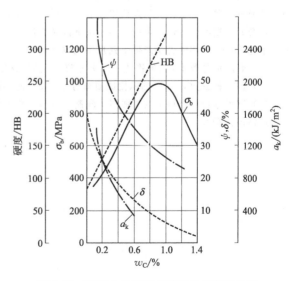

图 1-65　碳钢力学性能与碳质量分数的关系

工业纯铁中的碳质量分数很低，可认为是由单相铁素体构成的，故其塑性、韧性很好，强度和硬度很低。

亚共析钢组织是由铁素体和珠光体组成的。随着碳质量分数的增加，珠光体量也相应增加，钢的强度和硬度直线上升，而塑性指标相应降低。

共析钢的缓冷组织由片层状的珠光体构成。由于渗碳体是一个强化相，这种片层状的分布使珠光体具有较高的硬度与强度，但塑性指标较低。

过共析钢缓冷后的组织由珠光体与二次渗碳体组成。随碳质量分数的增加，脆性的二次渗碳体数量也相应增加，到碳的质量分数约 0.9% 时 Fe_3C_{II} 沿晶界形成完整的网，强度迅速降低，且脆性增加。所以，工业用钢中的碳的质量分数一般不超过 1.3%～1.4%。白口铸铁由于组织中存在较多的渗碳体，在性能上显得特别脆而硬，难以切削加工，主要用作耐磨材料。

思考题与习题

1-1　反映材料受冲击载荷的性能指标是什么？不同条件下测得的这种指标能否进行比较？怎样应用这种性能指标？

1-2　何谓过冷度？为什么结晶需要过冷度？它对结晶后晶粒大小有何影响？

1-3　实际晶体中的晶体缺陷有哪几种类型？它们对晶体的性能有何影响？

1-4　二元匀晶相图、共晶相图与合金的机械性能、物理性能和工艺性能存在什么关系？

1-5　简述 $Fe\text{-}Fe_3C$ 相图中的三个基本反应：包晶反应、共晶反应及共析反应，写出反应式，注出碳质量分数和温度。

1-6　画出 $Fe\text{-}Fe_3C$ 相图，并进行以下分析：
(1) 标注出相图中各区域的组织组成物和相组成物；
(2) 分析 0.4%C 亚共析钢的结晶过程及其在室温下组织组成物与相组成物的相对量；合金的结晶过程及其在室温下组织组成物与相组成物的相对量。

1-7　根据 $Fe\text{-}Fe_3C$ 相图计算：
(1) 室温下，含碳 0.6% 的钢中铁素体和珠光体各占多少？
(2) 室温下，含碳 0.2% 的钢中珠光体和二次渗碳体各占多少？
(3) 铁碳合金中，二次渗碳体和三次渗碳体的最大百分含量为多少？

1-8　现有形状尺寸完全相同的四块平衡状态的铁碳合金，它们分别为 0.2%C、0.4%C、1.2%C、3.5%C 合金。根据所学知识，可有哪些方法来区别它们？

1-9　根据 $Fe\text{-}Fe_3C$ 相图说明产生下列现象的原因：
(1) 碳质量分数 1.0% 的钢比碳质量分数 0.5% 的钢硬度高；
(2) 碳质量分数 0.77% 的钢比碳质量分数 1.2% 的钢强度高；
(3) 钢可进行压力加工（如锻造、轧制、挤压、拔丝等）成型，而铸铁只能铸造成型，而且铸铁的铸造性能比钢好。

第2章 热处理工艺

随着科学技术的飞速发展，人们对材料性能要求越来越高，特别是钢铁材料尤为突出。为了满足这一需要，一般采用两种方法，即研制新材料和对钢及其他材料进行热处理。热处理是一种重要的金属热加工工艺，在机械制造工业中被广泛地应用。例如，在机床制造中60%～70%的零件都要经过热处理；在汽车、拖拉机等制造中，70%～80%的零件都要进行热处理；至于工模具和轴承等，则要100%地进行热处理。总之，重要的零件都必须经过适当的热处理才能使用。由此可见，热处理在机械制造中具有重要的地位和作用。

在机械工业中，热处理技术应用十分广泛，它的优劣对产品质量和经济效益有着极为重要的影响，也反映热处理技术的水平。我国热处理技术的发展比较快，主要体现在技术参数的优化、技术装备的改进和更新、新方法新材料的应用，使产品的性能更优越。为了实现可持续发展的方针，热处理中除节约原材料、节约能源、提高产品质量外，环境保护将受到格外重视，绿色热处理或洁净处理、智能化热处理将有重大发展。

2.1 钢的热处理原理

热处理（heat treatment）是将固态金属或合金在一定介质中加热、保温和冷却，以改变材料整体或表面组织，从而获得所需性能的工艺。热处理可大幅度地改善金属材料的工艺性能，如 T10 钢经球化处理后，切削性能大大改善；而经淬火处理后，其硬度可从处理前的 20HRC 提高到 62～65HRC。因此热处理是一种非常重要的加工方法，绝大部分机械零件必须经过热处理。在钢的热处理加热、保温和冷却过程中，其组织结构会发生相应变化。钢中组织结构变化的规律是钢热处理的理论基础和依据。

2.1.1 钢在加热时的转变

为了在热处理后获得所需性能，大多数热处理工艺（如退火、正火、淬火等）都要将工件加热到临界温度以上，获得全部或部分奥氏体组织，并使其成分均匀化，这一过程也称为奥氏体化。加热时形成的奥氏体的质量（奥氏体化的程度、成分均匀性及晶粒大小等）对其冷却转变过程及最终的组织和性能都有极大的影响。因此了解奥氏体形成的规律，是掌握热处理工艺的基础。

2.1.1.1 钢的临界温度

根据 Fe-Fe$_3$C 相图，共析钢加热到 A_1 线以上，亚共析钢和过共析钢加热到 A_3 线和 A_{cm} 线以上时才能完全转变为奥氏体。在实际的热处理过程中，按热处理工艺的要求，加热或冷却都是按一定的速度进行的，因此相变是在非平衡条件下进行的，必然要产生滞后现象，即有一定的过热度或过冷度。因此在加热时，钢发生奥氏体转变的实际温度比相图中的 A_1、A_3、A_{cm} 点高，分别用 A_{c_1}、A_{c_3}、$A_{c_{cm}}$ 表

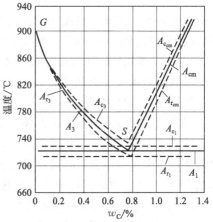

图 2-1 加热和冷却速率对临界点
A_1、A_3 和 A_{cm} 的影响（加热和
冷却速率为 0.125℃/min）

示。同样，在冷却时奥氏体分解的实际温度要比 A_1、A_3、A_{cm} 点低，分别用 A_{r_1}、A_{r_3}、$A_{r_{cm}}$ 表示，如图 2-1 所示。

2.1.1.2 奥氏体的形成

（1）奥氏体形成的基本过程

钢在加热时，奥氏体的形成过程符合相变的普遍规律，也是通过形核及核心长大来完成的。以共析钢为例，原始组织为珠光体，当加热到温度 A_{c_1} 以上时，发生珠光体向奥氏体的转变：

$$F_{w_C = 0.02\%} + Fe_3C_{w_C = 6.69\%} \longrightarrow A_{w_C = 0.77\%}$$

这一转变是由化学成分、晶格类型都不相同的两个相转变成为另一种成分和晶格类型的新相，在转变过程中要发生晶格改组和碳原子的重新分布，这一变化均需要通过原子的扩散来完成，所以奥氏体的形成是属于扩散型转变。奥氏体的形成一般分为四个阶段，如图 2-2 所示。

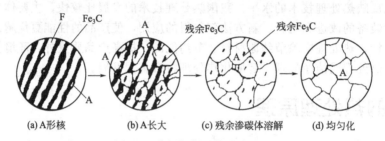

图 2-2 共析钢奥氏体形成过程

① 奥氏体晶核的形成 奥氏体晶核一般优先在铁素体和渗碳体相界处形成。这是因为在相界处，原子排列紊乱，能量较高，能满足晶核形成的结构、能量和浓度条件。

② 奥氏体晶核的长大 奥氏体晶核形成后，它一面与铁素体相接，另一面和渗碳体相接，并在浓度上建立起平衡关系。由于和渗碳体相接的界面碳浓度高，而和铁素体相接的界面碳浓度低，这就使得奥氏体晶粒内部存在着碳的浓度梯度，从而引起碳不断从渗碳体界面通过奥氏体晶粒向低碳浓度的铁素体界面扩散，为了维持原来相界面碳浓度的平衡关系，奥氏体晶粒不断向铁素体和渗碳体两边长大，直至铁素体全部转变为奥氏体为止。

③ 残余渗碳体的溶解 在奥氏体形成过程中，奥氏体向铁素体方向成长的速度远大于渗碳体的溶解，因此在奥氏体形成之后，还残留一定量的未溶渗碳体。这部分渗碳体只能在随后的保温过程中，逐渐溶入奥氏体中，直至完全消失。

④ 奥氏体成分的均匀化 渗碳体完全溶解后，奥氏体中碳浓度的分布并不均匀，原来属于渗碳体的地方含碳较多，而属于铁素体的地方含碳较少，必须继续保温，通过碳的扩散，使奥氏体成分均匀化。

亚共析钢和过共析钢中奥氏体的形成过程与共析钢基本相同，当温度加热到 A_{c_1} 线以上时，首先发生珠光体向奥氏体的转变。对于亚共析钢在 $A_{c_1} \sim A_{c_3}$ 的升温过程中先共析相铁素体逐步向奥氏体转变，当温度升高到 A_{c_3} 以上时，才能得到单一的奥氏体组织。对于过共析钢在 $A_{c_1} \sim A_{c_{cm}}$ 的升温过程中，先共析相二次渗碳体逐步溶入奥氏体中，只有温度升高到 $A_{c_{cm}}$ 以上时，才能得到单一的奥氏体组织。

（2）影响奥氏体形成的因素

钢的奥氏体形成主要是通过形核和长大实现的，凡是影响形核和长大的因素都影响奥氏体的形成速度。

① 加热温度　随着加热温度的提高，相变驱动力增大，碳原子扩散能力加大，原子在奥氏体中的扩散速率加快，提高了形核率和长大速率，加快奥氏体的转变速率；同时温度高时 GS 和 ES 线间的距离大，奥氏体中碳原子浓度梯度大，所以奥氏体化速率加快。

② 加热速率　在实际热处理中，加热速率越快，产生的过热度就越大，转变终了温度和转变温度范围越宽，转变完成的时间也越短。

③ 钢中碳的质量分数　随着钢中碳的质量分数的增加，铁素体和渗碳体的相界面增多，因而奥氏体的核心增多，奥氏体的转变速率加快。

④ 合金元素　钢中的合金元素不改变奥氏体形成的基本过程，但显著影响奥氏体的形成速率。钴、镍等增大碳在奥氏体中的扩散速率，因而加快奥氏体化过程；铬、钼、钒等对碳的亲和力较大，能与碳形成较难溶解的碳化物，显著降低碳的扩散能力，所以减慢奥氏体化过程；硅、铝、锰等对碳的扩散速率影响不大，不影响奥氏体化过程。因为合金元素可以改变钢的临界点，并影响碳的扩散速率，它自身也在扩散和重新分布，且合金元素的扩散速率比碳慢得多，所以在热处理时，合金钢热处理的加热温度一般都高些，保温时间要长些。

⑤ 原始组织　原始珠光体中的渗碳体有两种形式：片状和粒状。原始组织中渗碳体为片状时奥氏体形成速率快，因为它的相界面积大，并且渗碳体片间距愈小，相界面积愈大，同时奥氏体晶粒中碳浓度梯度也大，所以长大速率更快。

2.1.1.3　奥氏体晶粒大小及其控制

（1）奥氏体晶粒度的概念

奥氏体晶粒大小对后续的冷却转变及转变所得的组织与性能有着重要的影响。如图 2-3 所示，奥氏体晶粒细时，退火组织珠光体亦细，则强度、塑性、韧性较好，淬火组织马氏体也细，因而韧性得到改善。因此获得细小的晶粒是热处理过程中始终要注意的问题。奥氏体有三种不同概念的晶粒度（grain size）。

① 起始晶粒度　起始晶粒度（initiate grain size）是指珠光体刚刚转变为奥氏体的晶粒大小。起始晶粒度非常细小，在继续加热或保温过程中还要继续长大。

② 本质晶粒度　冶金部标准（YB/T 5148—1993）中规定，将钢试样加热到（930±10）℃，保温 3～8h，冷却后制成金相试样。在显微镜下放大 100 倍观察，然后再和标准晶粒度等级图（图 2-4）比较，测定钢的奥氏体

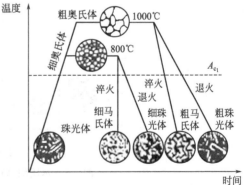

图 2-3　奥氏体晶粒大小对转变产物晶粒大小的影响

晶粒大小，这个晶粒度即为该钢的本质晶粒度（essential grain size）。晶粒度通常分 8 级，在 1～4 级范围内的称为本质粗晶粒钢，在 5～8 级范围内的称为本质细晶粒钢，超过 8 级的为超细晶粒钢。

本质晶粒度代表着钢在加热时奥氏体晶粒的长大倾向，它取决于钢的成分及冶炼方法。用铝脱氧的钢以及含钛、钒、锆等元素的合金钢都是本质细晶粒钢，用硅、锰脱氧的钢为本质粗晶粒钢。本质细晶粒钢在加热温度超过一定限度后，晶粒也会长大粗化。图 2-5 为两种钢加热时晶粒的长大倾向。由图可见，本质细晶粒钢在 930℃ 以下加热时晶粒长大的倾向小，适于进行热处理，所以需经热处理的工件，一般都用本质细晶粒钢制造。

③ 实际晶粒度　实际晶粒度（actual grain size）指在具体热处理或热加工条件下得到

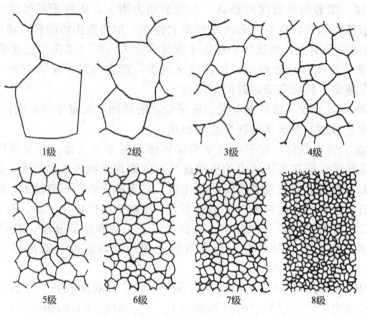

图 2-4　标准晶粒度等级（100×）

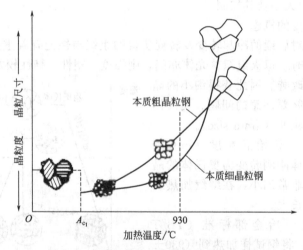

图 2-5　本质细晶粒和本质粗晶粒长大倾向

的奥氏体晶粒度，它决定钢的性能。

（2）影响奥氏体晶粒大小的因素

奥氏体晶粒越细，其冷却产物的强度、塑性和韧性越好。影响奥氏体晶粒大小的主要因素有如下两方面。

① 加热温度和保温时间　加热温度是影响奥氏体晶粒长大最主要的因素。奥氏体刚形成时晶粒是细小的，但随着加热温度的升高或保温时间的延长，奥氏体将逐渐长大。温度越高，奥氏体晶粒长大越剧烈；在一定温度下，保温时间越长，奥氏体晶粒越粗大。

② 钢的化学成分　增加奥氏体中的碳质量分数，将增大奥氏体的晶粒长大倾向。当钢中含有形成稳定碳化物、渗氮物的合金元素（如铬、钒、钛、钨、钼等）时，这些碳化物和渗氮物弥散分布于奥氏体晶界上，阻碍奥氏体晶粒长大。而磷、锰则有加速奥氏体晶粒长大的倾向。

2.1.2 钢在冷却时的转变

热处理工艺中，钢在奥氏体化后，接着是进行冷却。冷却条件也是热处理的关键工序，它决定钢在冷却后的组织和性能。表 2-1 列出 40Cr 钢经 850℃加热到奥氏体后，不同冷却条件对其性能的影响。

表 2-1 钢在不同冷却条件下的力学性能

冷却方式	σ_b/MPa	σ_s/MPa	δ/%	ψ/%	A_k/(J/cm²)
炉冷	574	289	22	58.4	61
空冷	678	387	19.3	57.3	80
油冷并经 200℃回火	1850	1590	8.3	33.7	55

由 Fe-Fe₃C 相图可知，当温度处于临界点 A_1 以下时，奥氏体就变得不稳定，要发生分解和转变。但在实际冷却过程中，处在临界点以下的奥氏体并不立即发生转变，这种在临界点以下存在的奥氏体，称为过冷奥氏体。过冷奥氏体的冷却方式通常有两种。

① 等温处理（isothermal treatment）是将钢迅速冷却到临界点以下的给定温度进行保温，使其在该温度下恒温转变，如图 2-6 曲线 1 所示；

② 连续冷却（continuous cooling）是将钢以某种速度连续冷却，使其在临界点以下变温连续转变，如图 2-6 曲线 2 所示。

现以共析钢为例讨论过冷奥氏体的等温转变和连续冷却转变。

2.1.2.1 过冷奥氏体的等温转变

（1）过冷奥氏体的等温转变曲线（TTT曲线，或称 C 曲线）

从铁碳相图可知，当温度在 A_1 以上时，奥氏体是稳定的，能长期存在的。当温度降到 A_1 以下后，奥氏体即处于过冷状态，这种奥氏体称为过冷奥氏体。过冷奥氏体是不稳定的，它会转变为其他的组织。钢在冷却时的转变，实质上是过冷奥氏体的转变。等温冷却转变就是把奥氏体迅速冷却到 A_{r_1} 以下某一温度保温，待其转变完成后再冷到室温的一种冷却方式，这是研究过冷奥氏体转变的基本方法。

① 共析钢过冷奥氏体的等温转变 共析钢过冷奥氏体的等温转变（isothermal transformation）过程和转变产物可用其等温转变曲线（C 曲线）图来分析（图 2-7）。过冷奥氏体等温转变曲线表明过冷奥氏体转变所得组织和转变量与温度和转变时间之间的关系，

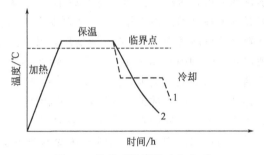

图 2-6 热处理的两种冷却方式
1—连续冷却；2—等温处理

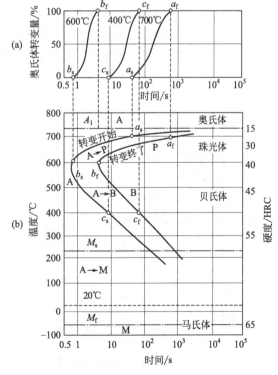

图 2-7 共析钢等温转变图（C 曲线）
(a)不同温度下的等温动力学转变曲线；
(b)等温转变图（C 曲线）

是钢在不同温度下的等温转变动力学曲线［图 2-7(a)］的基础上测定的。即将各温度下的转变开始时间和终了时间标注在温度-时间坐标系中，并分别把开始点和终了点连成两条曲线，得到转变开始线和转变终了线，如图 2-7(b) 所示。根据曲线的形状一般也称为 C 曲线。

在 C 曲线的下面还有两条水平线：M_s 线和 M_f 线，它们为过冷奥氏体发生马氏体转变（低温转变）的开始温度线（以 M_s 表示）和终了温度线（以 M_f 表示）。

由共析钢的 C 曲线可以看出，在 A_1 以上是奥氏体的稳定区，不发生转变，能长期存在。在 A_1 以下，奥氏体不稳定，要发生转变，但在转变之前奥氏体要有一段稳定存在的时间（处于过冷状态），这段时间称为过冷奥氏体的孕育期，也就是奥氏体从过冷到转变开始的时间。孕育期的长短反映了过冷奥氏体的稳定性大小。在曲线的"鼻尖"处（约 550℃）孕育期最短，过冷奥氏体稳定性最小。"鼻尖"将曲线分为两部分，"鼻尖"的以上部分，随着温度下降（即过冷度增大），孕育期变短，转变速度加快；"鼻尖"的以下部分，随着温度下降（即过冷度增大），孕育期增长，转变速率就变慢。过冷奥氏体转变速率随温度变化的规律是由两种因素造成的。一种是转变的驱动力（即奥氏体与转变产物的自由能差 ΔF），它随温度的降低而增大，从而加快转变速率；另一种是原子的扩散能力（扩散系数 D），温度越低，原子的扩散能力就越弱，使转变速率变慢。因此，在"鼻尖"以上的温度，原子扩散能力较大，主要影响因素是驱动力（ΔF）；而在 550℃ 以下的温度，虽然驱动力足够大，但原子的扩散能力下降，此时的转变速率主要受原子扩散速率的制约，使转变速率变慢。所以在 550℃ 时的转变条件最佳，转变速率最快。

② 非共析钢过冷奥氏体的等温转变　亚共析钢的过冷奥氏体等温转变曲线见图 2-8（以 45 钢为例）。与共析钢 C 曲线不同的是，在其上方多了一条过冷奥氏体转变为铁素体的转变开始线。亚共析钢随着碳质量分数的减少，C 曲线位置往左移，同时 M_s、M_f 线往上移。亚共析钢的过冷奥氏体等温转变过程与共析钢的相类似。只是在高温转变区过冷奥氏体将先有一部分转变为铁素体 F，剩余的过冷奥氏体再转变为珠光体组织。如 45 钢过冷 A 在 650～600℃ 等温转变后，其产物为铁素体 F+索氏体 S。

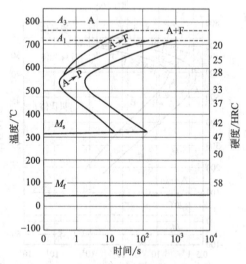

图 2-8　45 钢过冷 A 等温转变曲线

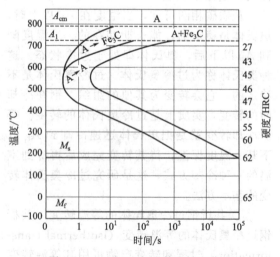

图 2-9　T10 钢过冷 A 等温转变曲线

过共析钢过冷 A 的 C 曲线见图 2-9（以 T10 钢为例）。C 曲线的上部为过冷 A 中析出二次渗碳体（Fe_3C_{II}）开始线。在一般热处理加热条件下，过共析钢随着碳质量分数的增加，

C 曲线位置往左移，同时 M_s、M_f 线往下移。过共析钢的过冷奥氏体在高温转变区，将先析出 Fe_3C_{II}，剩余的过冷奥氏体再转变为珠光体组织。如 T10 钢过冷 A 在 $A_1 \sim 650℃$ 等温转变后，将得到 Fe_3C_{II} ＋珠光体 P。

（2）过冷奥氏体等温转变产物的组织和性能

根据过冷奥氏体在不同温度下转变产物的不同，可分为三种不同类型的转变：A_1 至 C 曲线"鼻尖"区间的高温转变，其转变产物为珠光体，所以又称为珠光体转变；C 曲线"鼻尖"至 M_s 线区间的中温转变，其转变产物为贝氏体，所以又称为贝氏体转变；在 M_s 线以下区间的低温转变，其转变产物为马氏体，所以又称为马氏体转变。

① 珠光体型转变——高温转变（$A_1 \sim 550℃$）　共析成分的奥氏体过冷到珠光体转变区内等温停留时，将发生共析转变，形成珠光体。珠光体转变（pearlite transformation）可写成如下的共析反应式：

$$\gamma \longrightarrow \alpha + Fe_3C$$

　　0.77%C　0.0218%C　6.69%C

　　面心立方　体心立方　复杂斜方

可见，珠光体转变是一个由单相固溶体分解为成分和晶格都截然不同的两相混合组织，因此，转变时必须进行碳的重新分布和铁的晶格重构。这两个过程是依靠碳原子和铁原子的扩散来完成的，所以珠光体转变是典型的扩散型转变。

a. 珠光体的形成　奥氏体向珠光体的转变是一种扩散型转变，它们也是由形核和核心长大，并通过原子扩散和晶格重构的过程来完成。图 2-10 示出片状珠光体的等温形成过程。首先，新相的晶核优先在奥氏体的晶界处形成，然后向晶粒内部长大。同时，又不断有新的晶核形成和长大。每个晶核发展成一个珠光体领域，其片层大致平行。这样不断交替地形核长大直到各个珠光体领域相互接触，奥氏体全部消失、转变即完成。

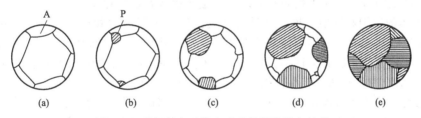

图 2-10　共析钢奥氏体向珠光体等温转变过程

珠光体形核需要一定的能量起伏、结构起伏和浓度起伏。在奥氏体晶界处，同时出现这三种起伏的概率比晶粒内部大得多，所以珠光体晶核总是优先在奥氏体晶界处形成。如果奥氏体中有未溶碳化物颗粒存在，这些碳化物颗粒便可作为现成的晶核而长大起来。

b. 珠光体的组织和性能　珠光体是铁素体和渗碳体的共析混合物。根据共析渗碳体的形状，珠光体分为片状珠光体和粒状珠光体两种。高温转变产物都是片层相间的珠光体，但由于转变温度不同，原子扩散能力及驱动力不同，其片层间距差别很大，一般转变温度愈低，层间距愈小，共析渗碳体愈小。根据共析渗碳体的大小，习惯上把珠光体型组织分为珠光体、索氏体（细珠光体）和屈氏体（极细珠光体）三种，如图 2-11 所示。在光学显微镜下，放大 400 倍以上便能看清珠光体，放大 1000 倍以上便能看清索氏体，而要看清屈氏体的片层结构，必须用电子显微镜放大几千倍以上。需指出的是，珠光体（P）、索氏体（S）和屈氏体（T）三者从组织上并没有本质的区别，也没有严格的界限，实质是同一种组织，只是渗碳体片的厚度不同，在形态上片层间距不同而已。片层间距是片状珠光体的一个主要指标，指珠光体中相邻两片渗碳体的平均距离。片层间距的大小主要取决于过冷度，而与奥

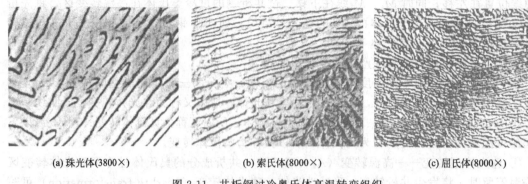

(a) 珠光体(3800×)　　　　　(b) 索氏体(8000×)　　　　　(c) 屈氏体(8000×)

图 2-11　共析钢过冷奥氏体高温转变组织

氏体的晶粒度和均匀性无关。表 2-2 为它们大致形成的温度和性能。由表可见，转变温度较高即过冷度较小时，铁、碳原子易扩散，获得的珠光体片层较粗大。转变温度越低，过冷度越大，获得的珠光体组织就越细，片层间距越小，硬度越高。

表 2-2　珠光体型组织的形成温度和性能

组织类型	形成温度/℃	片层间距/μm	硬度/HRC
珠光体(P)	$A_1 \sim 650$	> 0.4	15~27
索氏体(S)	650~600	0.4~0.2	27~38
屈氏体(T)	600~550	< 0.2	38~43

②贝氏体型转变——中温转变（550~M_s℃）　共析成分的奥氏体过冷到 550~M_s℃的中温区保温，发生奥氏体向贝氏体的等温转变，形成贝氏体，用符号 B 表示。钢在等温淬火过程中发生的转变就是贝氏体转变（bainite transformation）。因此，研究贝氏体的形成规律、组织与性能的特点，对于指导热处理及合金化都具有重要意义。

a. 贝氏体的组织和性能　贝氏体是过冷奥氏体在中温区的共析产物，是碳化物（渗碳体）分布在过饱和碳的铁素体基体上的两相混合物，其组织和性能都不同于珠光体。贝氏体的组织形态比较复杂，随着奥氏体的成分和转变温度的不同而变化。在中碳钢（45 钢）和高碳钢（T8 钢）中具有两种典型的贝氏体形态：一种是在 550~350℃范围内（中温区的上部）形成的羽毛状的上贝氏体（$B_{\pm}$），如图 2-12(a)、(b) 所示。在上贝氏体中，过饱和铁素体呈板条状，在铁素体之间，断断续续地分布着细条状渗碳体，如图 2-12(c) 所示。另一种是在 350~M_s℃范围内（中温区的下部）形成的针状的下贝氏体（B_F），如图 2-13(a) 所示。在下贝氏体中，过饱和铁素体呈针片状，比较混乱地呈一定角度分布。在电子显微镜下观察发现，在铁素体内部析出许多极细的 ε-$Fe_{2.4}C$ 小片，小片平行分布，与铁素体片的长轴呈 50°~60°取向，如图 2-13(b) 所示。

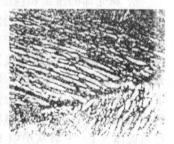

(a) 光学显微照片(400×)　　　　(b) 光学显微照片(1300×)　　　　(c) 电子显微照片(5000×)

图 2-12　上贝氏体的形态（以 45 钢为例）

(a) 光学显微照片(400×)

(b) 电子显微照片(1200×)

图 2-13　下贝氏体的形态（以 T8 钢为例）

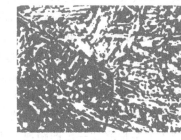

图 2-14　粒状贝氏体的形态(500×)

在低碳钢和低碳、中碳合金钢中还出现一种粒状贝氏体，如图 2-14 所示。它形成于中温区的上部，大约 500℃ 以上的范围内。在粒状贝氏体中，铁素体呈不规则的大块状，上面分布着许多不规则的岛状相，它原是富碳和合金元素含量较高的小区，随后在降温过程中分解为铁素体和渗碳体，有的转变成马氏体并含少量的残留奥氏体，也有的以残留奥氏体状态一直保留下来，这取决于该岛状相的稳定性。因此，粒状贝氏体形态和结构是极其复杂的。

不同的贝氏体组织，其性能不同，其中以下贝氏体的性能最好，具有高的强度、韧性和耐磨性。图 2-15 绘出了共析钢的机械性能与等温分解温度的关系。可以看出，越是靠近贝氏体区上限温度形成的上贝氏体，韧性越差，硬度、强度越低。由于上贝氏体中的铁素体条比较宽，抗塑性变形能力比较低，渗碳体分布在铁素体条之间容易引起脆断。因此，上贝氏体的强度较低，塑性和韧性都很差，这种组织一般不适用于机械零件。而在中温区下部形成的下贝氏体，硬度、强度和韧性都很高。由于下贝氏体组织中的针状铁素体细小且无方向性，碳的过饱和度大，碳化物分布均匀，弥散度大，所以它的强度和硬度高（50～60HRC），并且具有良好的塑性和韧性。因此，许多机械零件常选用等温淬火热处理，就是为了得到综合力学性能较好的下贝氏体组织。

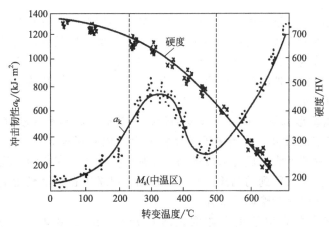

图 2-15　共析钢的机械性能与等温转变温度的关系

b. 贝氏体的形成　在中温转变区，由于转变温度低，过冷度大，只有碳原子有一定的扩散能力（铁原子不扩散），这种转变属于半扩散型转变。在这个温度下，有一部分碳原子在铁素体中已不能析出，形成过饱和的铁素体，碳化物的形成时间增长，渗碳体已不能呈片状析出。因此，转变前的孕育期和进行转变的时间都随温度的降低而延长。

③ 马氏体型转变——低温转变（$M_s \sim M_f$）　共析成分的过冷奥氏体以某一冷却速率（大于临界冷却速率 v_k）冷却到 M_s 点以下（230℃）时，将转变为马氏体（M）。与珠光体

和贝氏体转变不同，马氏体转变（martensite transformation）不能在恒温下完成，而是在 $M_s \sim M_f$ 之间的一个温度范围内连续冷却完成。由于转变温度很低，铁和碳原子都失去了扩散能力，因此马氏体转变属于非扩散型转变。

a. 马氏体的形成　马氏体的形成也存在一个形核和长大的过程。马氏体晶核一般在奥氏体晶界、孪晶界、滑移面或晶内晶格畸变较大的地方形成，因为转变温度低，铁、碳原子不能扩散，而转变的驱动力极大，所以马氏体是以一种特殊的方式即共格切变的方式形成并瞬时长大到最终尺寸。所谓共格切变是指沿着奥氏体的一定晶面，铁原子集体地、不改变相互位置关系地移动一定的距离（不超过一个原子间距），并随即进行轻微的调整，将面心立方晶格改组成体心立方晶格（图 2-16）。碳原子原地不动留在新组成的晶胞中，由于溶解度的不同，钢中的马氏体含碳总是过饱和的，这些碳原子溶于新组成晶格的间隙位置，使轴伸长，增大其正方度 c/a，形成体心正方晶格，如图 2-17 所示。马氏体碳的质量分数越高，其正方度 c/a 越大。马氏体就是碳在 α-Fe 中的过饱和固溶体。过饱和碳使 α-Fe 的晶格发生很大畸变，产生很强的固溶强化。

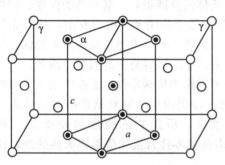

图 2-16　马氏体晶胞与母相奥氏体的关系

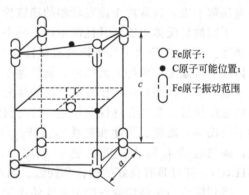

○ Fe原子；
● C原子可能位置；
▯ Fe原子振动范围

图 2-17　马氏体晶格

在马氏体形核与长大过程中，马氏体和奥氏体的界面始终保持共格关系。即界面上的原子为两相共有，其排列方式是既属于马氏体晶格又属于奥氏体晶格，同时依靠奥氏体晶格中产生弹性应变来维持这种关系。当马氏体片长大时，这种弹性变形就急剧增加，一旦与其相应的应力超过奥氏体的弹性极限，就会发生塑性变形，从而破坏其共格关系，使马氏体长大到一定尺寸就立即停止。

b. 马氏体的组织形态与特点　马氏体的形态一般分为板条和片状（或针状）两种。马氏体的组织形态与钢的成分、原始奥氏体晶粒的大小以及形成条件等有关。奥氏体晶粒愈粗，形成的马氏体片愈粗大。反之形成的马氏体片就愈细小。在实际热处理加热时得到的奥氏体晶粒非常细小，淬火得到的马氏体片也非常细，以至于在光学显微镜下看不出马氏体晶体形态，这种马氏体也称为隐晶马氏体。

马氏体的形态主要取决于奥氏体的碳质量分数。图 2-18 表明，碳的质量分数低于 0.25% 时，为典型的板条马氏体；碳的质量分数大于 1.0%，几乎全是片状马氏体；碳的质量分数在 0.25%～1.0% 时，是板条状和片状两种马氏体的混合组织。

板条马氏体又称为低碳马氏体（low carbon martensite），在光学显微镜下它是一束束尺寸大致相同并几乎平行排列的细板条组织，马氏体板条束之间的角度较大，如图 2-19(a) 所示。在一个奥氏体晶粒内，可以形成许多不同位向的马氏体区（共格切变区），如图2-19(b)所示。高倍透射电镜观察表明，在板条马氏体内有大量位错缠结的亚结构，所以板条马氏体也称为位错马氏体。

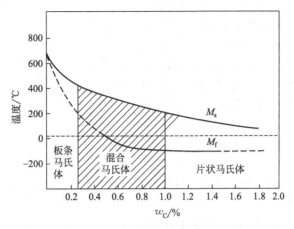

图 2-18 马氏体形态与含碳量的关系

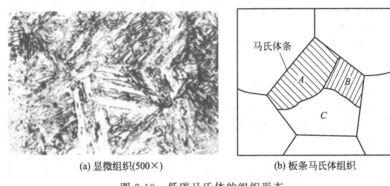

(a) 显微组织(500×)　　　　(b) 板条马氏体组织

图 2-19 低碳马氏体的组织形态

　　片状马氏体又称为高碳马氏体（high carbon martensite），在光学显微镜下呈针状、竹叶状或双凸透镜状，在空间形同铁饼。马氏体片多在奥氏体晶体内形成，一般不穿越奥氏体晶界，并限制在奥氏体晶粒内。最先形成的马氏体片较粗大，往往横贯整个奥氏体晶粒，并将其分割。随后形成的马氏体片受到限制只能在被分割了的奥氏体中形成，因而马氏体片愈来愈细小。相邻的马氏体片之间一般互不平行，而是互成一定角度排列（60°或 120°），如图 2-20(a) 所示。最先形成的马氏体容易被腐蚀，颜色较深。所以，完全转变后的马氏体为大小不同、分布不规则、颜色深浅不一的针片状组织，如图 2-20(b) 所示。高倍透射电镜观察表明，马氏体片内有大量细孪晶带的亚结构，所以片状马氏体也称为孪晶马氏体。

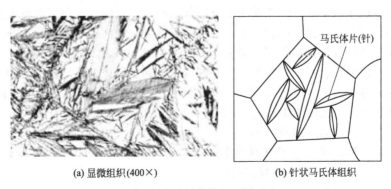

(a) 显微组织(400×)　　　　(b) 针状马氏体组织

图 2-20 高碳马氏体的组织形态

c. 马氏体的性能　马氏体的强度和硬度主要取决于马氏体的碳质量分数，如图 2-21 所示。由图可见，在碳质量分数小于 0.5％的范围内，马氏体的硬度随着碳质量分数升高而急剧增大。碳质量分数为 0.2％的低碳马氏体便可达到 50HRC 的硬度；碳质量分数提高到 0.4％，硬度就能达到 60HRC 左右。研究指出，对于要求高硬度、耐磨损和耐疲劳的工件，淬火马氏体的碳质量分数在 0.5％～0.6％最为适宜；对于要求韧性高的工件，马氏体碳质量分数在 0.2％左右为宜。

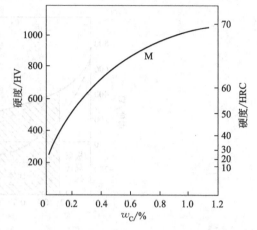

图 2-21　马氏体的硬度与其碳质量分数的关系

马氏体中的合金元素对于硬度影响不大，但可提高强度。所以，碳质量分数相同的碳素钢与合金钢淬火后，其硬度相差很小，但合金钢的强度显著高于碳素钢。导致马氏体强化的原因主要有以下几方面。

Ⅰ. 碳对马氏体的固溶强化作用。由于碳造成晶格的正方畸变，阻碍位错的运动，因而造成强化与硬化。

Ⅱ. 马氏体的亚结构对强化和硬化的作用。条状马氏体中的高密度位错网，片状马氏体中的微细孪晶，都会阻碍位错的运动，造成强化和硬化。

Ⅲ. 马氏体形成后，碳及合金元素向位错和其他晶体缺陷处偏聚或析出，使位错难以运动，造成时效硬化。

Ⅳ. 马氏体条或马氏体片的尺寸较小，则马氏体的强度越高，这实质上是由于相界面阻碍位错运动而造成的，属于界面结构强化。

由于马氏体是含碳过饱和的固溶体，其晶格畸变严重歪扭，内部又存在大量的位错或孪晶亚结构，各种强化因素综合作用后，其硬度和强度大幅度提高，而塑性、韧性急剧下降，碳的质量分数愈高，强化作用愈显著。

马氏体的塑性和韧性主要取决于它的亚结构。片状马氏体中的微细孪晶不利于滑移，使脆性增大。条状马氏体中的高密度位错是不均匀分布的，存在低密度区，为位错运动提供了条件，所以仍有相当好的韧性。

此外，高碳片状马氏体的碳质量分数高，晶格的正方畸变严重，淬火应力较大，同时片状马氏体中存在许多显微裂纹，其内部的微细孪晶破坏了滑移，这些都使脆性增大，所以片状马氏体的塑性和韧性都很差，故片状马氏体的性能特点是硬而脆。

低碳条状马氏体则不然。由于碳质量分数低，再加上自回火，所以晶格正方度很小（碳的过饱和度小）或没有，淬火应力很小，不存在显微裂纹，而且其亚结构为分布不均匀的位错，低密度的位错区为位错提供了活动余地。这些都使得条状马氏体的韧性相当好。同时，其强度和硬度也足够高。所以板条马氏体具有高的强韧性，得到了广泛的应用。

例如碳质量分数为 0.10％～0.25％的碳素钢及合金钢淬火形成条状马氏体的性能大致如下：$\sigma_b = (100 \sim 150) \times 10^7 MPa$，$\sigma_{0.2} = (80 \sim 130) \times 10^7 MPa$，35～50HRC，$\delta = 9\% \sim 17\%$，$\psi = 40\% \sim 65\%$，$\alpha_k = (60 \sim 180) J/cm^2$。

共析碳钢淬火形成的片状马氏体的性能为：$\sigma_b = 230 \times 10^7 MPa$，$\sigma_{0.2} = 200 \times 10^7 MPa$，900HV，$\delta \approx 1\%$，$\psi = 30\%$，$\alpha_k \approx 10 J/cm^2$。

可见，高碳马氏体很硬很脆，而低碳马氏体又强又韧，两者性能大不相同。

d. 马氏体转变的特点

Ⅰ. 奥氏体向马氏体的转变是非扩散型相变，是碳在 α-Fe 中的过饱和固溶体。过饱和的碳在铁中造成很大的晶格畸变，产生很强的固溶强化效应，使马氏体具有很高的硬度。马氏体中含碳越多，其硬度越高。

Ⅱ. 马氏体以极快的速度（小于 10^{-7} m/s）形成。过冷奥氏体在 M_s 点以下瞬间形核并长大成马氏体，转变是在 $M_s \sim M_f$ 范围内连续降温的过程中进行的，即随着温度的降低不断有新的马氏体形核并瞬间长大。停止降温，马氏体的增长也停止。由于马氏体的形成速度很快，后形成的马氏体会冲击先形成的马氏体，造成微裂纹，使马氏体变脆，这种现象在高碳钢中尤为严重。

Ⅲ. 马氏体转变是不完全的，总要残留少量奥氏体。残留奥氏体的质量分数与马氏体点（M_s 和 M_f）的位置有关。由图 2-18 可知，随奥氏体中碳质量分数的增加，M_s 和 M_f 点降低，碳的质量分数高于 0.5% 以上时，M_f 点已降至室温以下，这时奥氏体即使冷至室温也不能完全转变为马氏体，被保留下来的奥氏体称为残留奥氏体（A'）。残留奥氏体量随碳的质量分数增加而增加，如图 2-18 所示。有时为了减少淬火至室温后钢中保留的残留奥氏体量，可将其连续冷到零度以下（通常冷却到 -78℃ 或该钢的 M_f 点以下）进行处理，这种工艺称为冷处理。

另外，已生成的马氏体对未转变的奥氏体产生大的压应力，也使得马氏体转变不能进行到底，而总要保留一部分不能转变的（残留）奥氏体。

Ⅳ. 马氏体形成时体积膨胀。奥氏体转变为马氏体时，晶格由面心立方转变为体心正方晶格，结果使马氏体的体积增大，这在钢中造成很大的内应力。同时，形成的马氏体对残留奥氏体会施加大的压应力，在钢中引起较大的淬火应力，严重时将导致淬火工件的变形和开裂。

（3）影响 C 曲线的因素

C 曲线的形状和位置对奥氏体的稳定性、分解转变特性和转变产物的性能以及热处理工艺具有十分重要的意义。影响 C 曲线形状和位置的因素主要是奥氏体的成分和加热条件。

① 碳的质量分数　对于亚共析钢和过共析钢的 C 曲线如图 2-8 和图 2-9 所示，与共析钢（图 2-7）相比，其 C 曲线的"鼻尖"上部区域分别多一条先共析铁素体和渗碳体的析出线。它表示非共析钢在过冷奥氏体转变为珠光体前，有先共析相析出。

在一般热处理加热条件下，亚共析碳钢的 C 曲线随着碳的质量分数的增加而向右移，过共析碳钢的 C 曲线随着碳的质量分数的增加而向左移。所以在碳钢中，以共析钢过冷奥氏体最稳定，C 曲线最靠右边。

② 合金元素　除了钴以外，所有的合金元素溶入奥氏体中都增大过冷奥氏体的稳定性，使 C 曲线右移。其中非碳化物形成元素或弱碳化物形成元素（如硅、镍、铜、锰等）只改变 C 曲线的位置，即使 C 曲线的位置右移，不改变其形状［图 2-22(a)］。而碳化物形成元素（如铬、钼、钨、钒、钛等），因对珠光体转变和贝氏体转变推迟作用的影响不同，不仅使 C 曲线的位置发生变化，而且使其形状发生改变，产生两个"鼻子"，整个 C 曲线分裂成上下两条。上面的为转变珠光体的 C 曲线，下面的为转变贝氏体的 C 曲线。两条曲线之间有一个过冷奥氏体的亚稳定区，如图 2-22(b)、(c) 所示。需要指出的是，合金元素只有溶入奥氏体后，才能增强过冷奥氏体的稳定性，而未溶的合金化合物因有利于奥氏体的分解，则降低过冷奥氏体的稳定性。

③ 加热温度和保温时间　加热温度愈高，保温时间愈长，碳化物溶解得愈完全，奥氏体的成分愈均匀，同时晶粒粗大，晶界面积愈小。这一切都有利于降低奥氏体分解时的形核

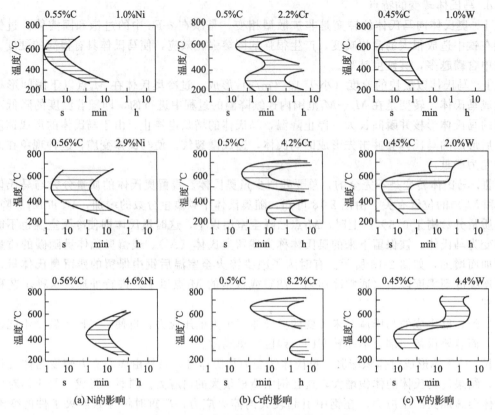

(a) Ni的影响　　　　　　　　(b) Cr的影响　　　　　　　(c) W的影响

图 2-22　合金元素对碳钢 C 曲线的影响

率，增长转变的孕育期，从而有利于过冷奥氏体的稳定性，使 C 曲线向右移。

2.1.2.2　过冷奥氏体的连续冷却转变

在实际生产中大多数热处理工艺都是在连续冷却过程中完成的，所以研究钢的过冷奥氏体的连续冷却转变过程更有实际意义。

（1）共析钢过冷奥氏体的连续冷却转变

① 共析钢过冷奥氏体的连续冷却转变曲线（CCT 曲线）　连续冷却转变曲线是用实验方法测定的。将一组试样加热到奥氏体状态后，以不同冷却速率连续冷却，测出其奥氏体转变开始点和终了点的温度和时间，并在温度-时间（对数）坐标系中，分别连接不同冷却速率的开始点和终了点，即可得到连续冷却转变曲线，也称 CCT 曲线。图 2-23 为共析钢的CCT 曲线，图中 P_s 和 P_f 分别为过冷奥氏体转变为珠光体型组织的开始线和终了线，两线之间为转变的过渡区，KK' 线为过冷奥氏体转变的终止线，当冷却到达此线时，过冷奥氏体便终止向珠光体的转变，一直冷到 M_s 点又开始发生马氏体转变，不发生贝氏体转变，因而共析钢在连续冷却过程中没有贝氏体组织出现。

由 CCT 曲线图（图 2-23）可知，共析钢以大于 v_K 的速度冷却时，由于遇不到珠光体转变线，得到的组织全部为马氏体，这个冷却速率 v_K 称为上临界冷却速率。v_K 越大，钢越容易得到马氏体。冷却速率小于 $v_{K'}$ 时，钢将全部转变为珠光体，$v_{K'}$ 称为下临界冷却速率。$v_{K'}$ 愈小，退火所需的时间愈长。冷却速率在 $v_K \sim v_{K'}$ 之间（如油冷），在到达 KK' 线之前，奥氏体部分转变为珠光体，从 KK' 线到 M_s 点，剩余奥氏体停止转变，直到 M_s 点以下，才开始马氏体转变。到 M_f 点后马氏体转变完成，得到的组织为 M＋T，若冷却在 M_s 到 M_f 之间，则得到的组织为 M＋T＋A′。

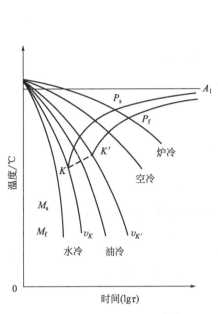

图 2-23　共析钢的 CCT 曲线

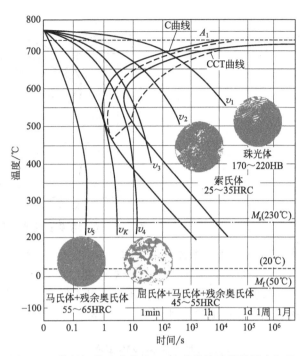

图 2-24　共析钢的 C 曲线和 CCT 曲线的比较及转变组织

② 转变过程及产物　现用共析钢的等温转变曲线来分析过冷 A 转变过程和产物。如图 2-24 所示，以缓慢速度 v_1 冷却时，相当于炉冷（退火），过冷 A 转变产物为珠光体，其转变温度较高，珠光体呈粗片状，硬度为 170～220HB。以稍快速度 v_2 冷却时，相当于空冷（正火），过冷 A 转变产物为索氏体，为细片状组织，硬度为 25～35HRC。以较快速度 v_4 冷却时，相当于油冷，过冷 A 转变产物为屈氏体、马氏体和残余奥氏体，硬度为 45～55HRC。以很快的速度 v_5 冷却时，相当于水冷，过冷 A 转变产物为马氏体和残留奥氏体。

③ CCT 曲线和 C 曲线的比较和应用　将相同条件奥氏体冷却测得的共析钢 CCT 曲线和 C 曲线叠加在一起，就得到图 2-24，其中虚线为连续冷却转变曲线。从图中可以看出，CCT 曲线稍微靠右靠下一点，表明连续冷却时，过冷奥氏体的稳定性增加，奥氏体完成珠光体转变的温度更低，时间更长。根据实验，等温转变的临界冷却速率大约是连续冷却的 1.5 倍。另外，共析钢过冷 A 在连续冷却过程中，没有贝氏体转变过程，即得不到贝氏体组织，只有等温冷却才能得到。

连续冷却转变曲线能准确地反映在不同冷却速率下，转变温度、时间及转变产物之间的关系，可直接用于制定热处理工艺规范，一般手册中给出的 CCT 曲线中除有曲线的形状及位置外，还给出某钢在几种不同冷却速率时，所经历的各种转变以及应得到的组织和性能（硬度），还可以清楚地知道该钢的临界冷却速率等。这是制定淬火方法和选择淬火介质的重要依据。和 CCT 曲线相比，C 曲线更容易测定，并可以用其制定等温退火、等温淬火等热处理工艺规范。目前 C 曲线的资料比较充分，而有关 CCT 曲线则仍然缺乏，因此一般利用 C 曲线来分析连续转变的过程和产物，并估算连续冷却转变产物的组织和性能。在分析时要注意 C 曲线和 CCT 曲线的上述一些差异。

（2）非共析钢过冷奥氏体的连续冷却转变

图 2-25 表示了亚共析钢过冷 A 的连续冷却转变过程和产物。与共析钢不同，亚共析钢过冷 A 在高温时有一部分将转变为铁素体，亚共析钢过冷 A 在中温转变区会有很少量贝氏

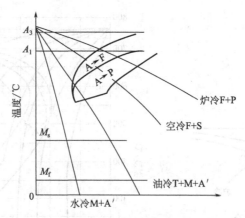

图 2-25　亚共析钢过冷奥氏体的连续冷却转变

体（$B_上$）产生。如油冷的产物为 F＋T＋$B_上$＋M，但 F 和 $B_上$ 转变量少，有时也可忽略。

过共析钢过冷 A 的连续冷却转变过程与亚共析钢一样。在高温区，过冷 A 将首先析出二次渗碳体，而后转变为其他组织组成物。由于奥氏体中碳质量分数高，所以油冷、水冷后的组织中应包括残余奥氏体。与共析钢一样，其冷却过程中无贝氏体转变。

2.2　钢的常规热处理

热处理是将金属或合金在固态下经过加热、保温和冷却等三个步骤，以改变其整体或表面的组织，从而获得所需性能的一种工艺。因而，热处理工艺过程可以用温度-时间关系曲线概括地表达，如图 2-6 所示。这种曲线也称为热处理工艺曲线。

通过热处理可以充分发挥材料性能的潜力，调整材料的工艺性能和使用性能，满足机械零件在加工和使用过程中对性能的要求，所以几乎所有的机械零部件都要进行热处理。根据所要求的性能不同，热处理的类型有多种，但其工艺都包括加热、保温和冷却三个阶段。按照应用特点，常用的热处理工艺可大致分为以下几类：

① 普通热处理　包括退火、正火、淬火和回火等。

② 表面热处理和化学热处理　表面热处理包括感应加热淬火、火焰加热淬火和电接触加热淬火等；化学热处理包括渗碳、渗氮、碳氮共渗、渗硼、渗硫、渗铝、渗铬等。

③ 其他热处理　包括可控气氛热处理、真空热处理和形变热处理等。

钢的热处理工艺还可以大致分为预先热处理和最终热处理两类，钢的淬火、回火和表面热处理，能使钢满足使用条件下的性能要求，一般称为最终热处理；而钢的退火与正火，大都是要满足钢的冷加工性能，一般称为预先热处理，但对于一些性能要求不高的零件，也常以退火，特别是正火作为最终热处理。

热处理工艺可以是零件加工过程中的一个中间工序，如改善铸、锻、焊毛坯组织和降低这些毛坯的硬度、改善切削加工性能的退火或正火；也可以是使工件性能达到规定技术指标的最终工序，如淬火＋回火。由此可见，热处理工艺与其他工艺过程的关系密切并且在机械零件加工制造过程中具有重要地位和作用。

2.2.1　钢的退火与正火

2.2.1.1　退火与正火的定义、目的和分类

钢的退火（annealing）一般是将钢材或钢件加热到临界温度以上适当温度，保温适当时间后缓慢冷却，以获得接近平衡的珠光体组织的热处理工艺。

　　钢的正火（normalizing）也是将钢材或钢件加热到临界温度以上适当温度，保温适当时间后以较快冷却速率冷却（通常在空气中冷却），以获得珠光体组织的热处理工艺。

　　退火和正火是应用非常广泛的热处理工艺。在机器零件或工模具等工件的加工制造过程中，退火和正火经常作为预先热处理工序，安排在铸造或锻造之后、切削（粗）加工之前，用以消除热加工工序所带来的某些缺陷，为随后的工序做组织和性能准备。例如，在铸造或锻造等热加工以后，钢件中不但存在残余应力，而且晶粒粗大组织不均匀，成分也有偏析，这样的钢件，力学性能低劣，淬火时也容易造成变形和开裂。经过适当的退火或正火处理可使钢件的组织细化，成分均匀，应力消除，从而改善钢件的力学性能并为随后的最终热处理（淬火回火）做好组织上的准备。又如，在铸造或锻造等热加工以后，钢件硬度经常偏高或偏低，而且不均匀，严重影响切削加工。经过适当退火或正火处理，可使钢件的硬度达到 180～250HBS，而且比较均匀，从而改善钢件的切削加工性能。

　　退火和正火除了经常作为预先热处理工序外，在一些普通铸钢件、焊接件以及某些不重要的热加工工件上，还作为最终热处理工序。

　　综上所述，退火和正火的主要目的大致可归纳为如下几点：①调整钢件硬度以便进行切削加工；②消除残余应力，以防钢件的变形、开裂；③细化晶粒，改善组织以提高钢的力学性能；④为最终热处理（淬火回火）做好组织上的准备。

　　钢件退火工艺种类很多，按加热温度可分为两大类。一类是在临界温度（A_{c_1} 或 A_{c_3}）以上的退火，又称相变重结晶退火，包括完全退火、均匀化退火（扩散退火）和球化退火等；另一类是在临界温度以下的退火，包括软化退火、再结晶退火及去应力退火等。各种退火的加热温度范围和工艺曲线如图 2-26 所示，保温时间可参考经验数据。

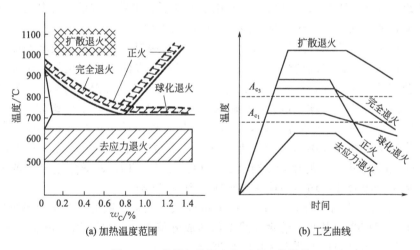

图 2-26　碳钢各种退火和正火工艺规范

2.2.1.2　退火和正火操作及其应用

　　（1）退火的操作及应用

　　① 完全退火与等温退火　完全退火（full annealing）又称重结晶退火，一般简称为退火。这种退火主要用于亚共析的碳钢和合金钢的铸、锻件及热轧型材，有时也用于焊接结构。一般常作为一些不重要工件的最终热处理或作为某些重要工件的预先热处理。

　　完全退火操作是将亚共析钢工件加热到 A_{c_3} 以上 30～50℃，保温一定时间后缓慢冷却（随炉冷却或埋入石灰和砂中冷却）至 500℃以下，然后在空气中冷却。

　　完全退火的"完全"是指工件被加热到临界点以上获得完全的奥氏体组织。它的目的在于，通过完全重结晶，使热加工造成的粗大、不均匀组织均匀化和细化；或使中碳以上的碳钢及合金钢得到接近平衡状态的组织，以降低硬度、改善切削加工性能；由于冷却缓慢，还可消除残余应力。

完全退火主要用于亚共析钢，过共析钢不宜采用，因为加热到 $A_{c_{cm}}$ 以上慢冷时，二次渗碳体会以网状形式沿奥氏体晶界析出，使钢的韧性大大下降，并可能在以后的热处理中引起裂纹。

完全退火全过程所需时间比较长，特别是对于某些奥氏体比较稳定的合金钢，往往需要数十小时，甚至数天的时间。如果在对应于钢的 C 曲线上的珠光体形成温度进行过冷奥氏体的等温转变处理，就有可能在等温处理之后稍快地进行冷却，从而大大缩短整个退火的过程。这种退火方法叫做等温退火（isothermal annealing）。

等温退火是将钢件或毛坯加热到高于 A_{c_3}（或 A_{c_1}）温度，保温适当时间后，较快地冷却到珠光体转变温度区间的某一温度，并等温保持使奥氏体转变为珠光体型组织，然后在空气中冷却的退火工艺。

等温退火的目的及加热过程与完全退火相同，但转变较易控制，能获得均匀的预期组织。对于奥氏体较稳定的合金钢，可大大缩短退火时间，一般只需完全退火的一半时间左右。

② 球化退火　球化退火（spheroidizing annealing）属于不完全退火，是使钢中碳化物球状化而进行的热处理工艺。球化退火主要用于过共析钢，如工具钢、滚动轴承钢等，其目的是使二次渗碳体及珠光体中的渗碳体球状化（退火前先正火将网状渗碳体破碎），以降低硬度，提高塑性，改善切削加工性能，以及获得均匀的组织，改善热处理工艺性能，并为以后的淬火做组织准备。近年来，球化退火应用于亚共析钢也获得成效，使其得到最佳的塑性和较低的硬度，从而大大有利于冷挤、冷拉、冷冲压成型加工。

球化退火的工艺是将工件加热到 $A_{c_1} \pm (10 \sim 20)$℃保温后等温冷却或缓慢冷却。球化退火一般采用随炉加热，加热温度略高于 A_{c_1}，以便保留较多的未溶碳化物粒子或较大的奥氏体。碳浓度分布的不均匀性，促进了球状碳化物的形成。若加热温度过高，二次渗碳体易在慢冷时以网状的形式析出。球化退火需要较长的保温时间来保证二次渗碳体的自发球化。保温后随炉冷却，在通过 A_{r_1} 温度范围时，应足够缓慢，使奥氏体进行共析转变时，以未溶渗碳体粒子为核心形成粒状渗碳体。生产上一般采用等温冷却以缩短球化退火时间。图 2-27 为 T12 钢两种球化退火工艺的比较及球化退火后的组织。T12 钢球化退火后的显微组织是在铁素体基体上分布着细小均匀的球状渗碳体 [图 2-27(b)]。

③ 均匀化退火　均匀化退火（uniform annealing）又称扩散退火。将金属铸锭、铸件或锻坯，在略低于固相线的温度，消除或减少化学成分偏析及显微组织（枝晶）的不均匀性，以达到均匀化目的的热处理工艺称为均匀化退火。

均匀化退火是将钢加热到略低于固相线的温度（1050～1150℃）下加热并长时间（10～20h）保温，然后缓慢冷却，以消除或减少化学成分偏析及显微组织（枝晶）的不均匀性，从而达到均匀化的目的。主要用于铸件凝固时发生偏析，造成成分和组织的不均匀性的情况。如果是钢锭，这种不均匀性则在轧制成钢材时，将沿着轧制方向拉长而呈方向性，最常见的有带状组织。低碳钢中所出现的带状组织，其特点为：有的区域铁素体多，有的区域珠光体多，该二区域并排地沿着轧制方向排列。产生带状组织的原因是锻锭中锰等合金元素（影响过冷奥氏体的稳定性）产生了偏析。由于这种成分和结构的不均匀性，需要长程均匀化才能消除，因而过程进行得很慢，消耗大量的能量，且生产效率低，只有在必要时才使用。所以，均匀化退火多用于高合金钢的钢锭、铸件和锻坯及偏析现象较为严重的合金。均

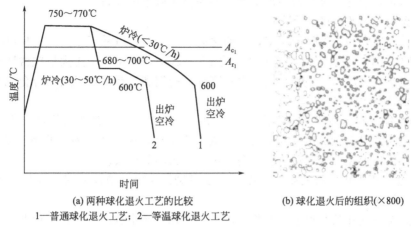

(a) 两种球化退火工艺的比较
1—普通球化退火工艺；2—等温球化退火工艺

(b) 球化退火后的组织（×800）

图 2-27　r12 钢两种球化退火工艺的比较及球化退火后的组织

匀化退火在铸锭开坯或铸造之后进行比较有效，因为此时铸态组织已被破坏，元素均匀化的障碍大为减少。

钢件均匀化退火的加热温度通常选择在 A_{c_3} 或 $A_{c_{cm}}$ 以上 150～300℃。根据钢种和偏析程度而异，碳钢一般为 1100～1200℃，合金钢一般为 1200～1300℃。均匀化退火时间一般为 10～15h。加热温度提高时，扩散时间可以缩短。

均匀化退火因为加热温度高，造成晶粒粗大，所以随后往往要经一次完全退火或正火处理来细化晶粒。

④ 去应力退火　去应力退火（relief annealing）是将工件随炉加热到 A_{c_1} 以下某一温度（一般是 500～650℃），保温后缓冷（随炉冷却）至 300～200℃以下出炉空冷。由于加热温度低于 A_{c_1}，钢在去应力退火过程中不发生组织变化。其主要目的是消除工件在铸、锻、焊和切削加工、冷变形等冷热加工过程中产生的残留内应力，稳定尺寸，减少变形。这种处理可以消除 50%～80% 的内应力而不引起组织变化。

（2）正火的操作及应用

正火是将钢加热到 A_{c_3}（亚共析钢）或 $A_{c_{cm}}$（过共析钢）以上 30～50℃，保温后在自由流动的空气中均匀冷却的热处理工艺。与退火相比，正火冷却速率较快，目的是使钢的组织正常化，所以亦称正常化处理；正火转变温度较低，因而发生伪共析组织转变，使组织中珠光体量增多，获得的珠光体型组织较细，钢的强度、硬度也较高。正火后的组织，通常为索氏体，对于碳质量分数低的亚共析碳钢还有部分铁素体，即为 F＋S；而碳质量分数高的过共析碳钢则会析出一定量的碳化物，即为 S＋Fe₃C_Ⅱ。

正火的主要应用有以下几点。

① 作为最终热处理　正火可细化晶粒，使组织均匀化，减少亚共析钢中铁素体含量，使珠光体含量增多并细化，从而提高钢的强度、硬度和韧性。对于普通结构钢零件，机械性能要求不很高时，正火可作为最终热处理使之达到一定的力学性能，在某些场合可以代替调质处理。

② 作为预先热处理　截面较大的合金结构钢件，在淬火或调质处理（淬火加高温回火）前常进行正火处理，以消除铸、锻、焊等热加工过程的魏氏组织、带状组织、晶粒粗大等过热组织缺陷，并获得细小而均匀的组织，消除内应力。对于过共析钢可减少二次渗碳体量，并使其不形成连续网状，为球化退火做组织准备。

③ 改善切削加工性能　低、中碳钢或低、中碳合金钢退火后硬度太低，不便于切削加

工。正火可提高其硬度，改善切削加工性，并为淬火做组织准备。

（3）退火与正火的选择

综上所述，退火和正火目的相似，它们之间的选择，可以从下面几方面加以考虑。

① 切削加工性　一般来说，钢的硬度为170～230HB，组织中无大块铁素体时，切削加工性较好。因此，对低、中碳钢宜用正火；高碳结构钢和工具钢，以及含合金元素较多的中碳合金钢，则以退火为好。

② 使用性能　对于性能要求不高，随后便不再淬火回火的普通结构件，往往可用正火来提高力学性能；但若形状比较复杂的零件或大型铸件，采用正火有变形和开裂的危险时，则用退火。如从减少淬火变形和开裂倾向考虑，正火不如退火。

③ 经济性　正火比退火的生产周期短，设备利用率高，节能省时，操作简便，故在可能的情况下，优先采用正火。

由于正火与退火在某种程度上有相似之处，实际生产中有时可以相互代替。而且正火与退火相比，力学性能高、操作方便、生产周期短、耗能少，所以在可能条件下，应优先考虑正火处理。

2.2.2　钢的淬火

淬火（quenching）是将钢件加热到 A_{c_3} 或 A_{c_1} 以上某一温度，保温一定时间，然后快速冷却以获得马氏体组织的热处理工艺。

淬火的目的是为了提高钢的力学性能。如用于制作切削刀具的 T10 钢，退火态的硬度小于 20HRC，适合于切削加工，如果将 T10 钢淬火获得马氏体后配以低温回火，硬度可提高到 60～64HRC，同时具有很高的耐用性，可以切削金属材料（包括退火态的 T10 钢）；再如 45 钢经淬火获得马氏体后高温回火，其力学性能与正火态相比：σ_s 由 320MPa 提高到 450MPa，δ 由 18% 提高到 23%，α_k 由 70J/cm² 提高到 100J/cm²，具有良好的强度与塑性和韧性的配合。可见淬火是一种强化钢件、更好地发挥钢材性能潜力的重要手段。

2.2.2.1　钢的淬火工艺

（1）淬火加热温度的选择

淬火加热的目的是为了获得细小而均匀的奥氏体，使淬火后得到细小而均匀的马氏体或贝氏体。

碳钢的淬火加热温度可根据 Fe-Fe₃C 相图来选择，如图 2-28 所示。

亚共析钢的淬火加热温度为 A_{c_3} 以上 30～50℃，这时加热后的组织为细的奥氏体，淬火后可以得到细小而均匀的马氏体。淬火加热温度不能过高，否则，奥氏体晶粒粗化，淬火后会出现粗大的马氏体组织，使钢的脆性增大，而且使淬火应力增大，容易产生变形和开裂；淬火加热温度也不能过低（如低于 A_{c_3}），否则必然会残存一部分自由铁素体，淬火时这部分铁素体不发生转变，保留在淬火组织中，使钢的强度和硬度降低。但对于某些亚共析合金钢，在略低于 A_{c_3} 的温度进行亚温淬火，可利用少量细小残存分散的铁素体来提高钢的韧性。

共析钢、过共析钢的淬火加热温度为 A_{c_1} 以上 30～50℃，如 T10 的淬火加热温度为 760～780℃，这时的组织为奥氏体（共析钢）或奥氏体＋渗碳体（过共析钢），淬火后得到均匀细小的马氏体＋残余奥氏体或马氏体＋颗粒状渗碳体＋残余奥氏体的混合组织。对于过共析钢，在此温度范围内淬火的优点有：组织中保留了一定数量的未溶二次渗碳体，有利于提高钢的硬度和耐磨性；由于降低了奥氏体中的碳质量分数，改变了马氏体的形态，从而降低马氏体的脆性。此外，使奥氏体的碳质量分数不至过多而保证淬火后残余奥氏体不至过多，有利于提高钢的硬度和耐磨性，使得奥氏体晶粒细小，淬火后可以获得较高的力学性

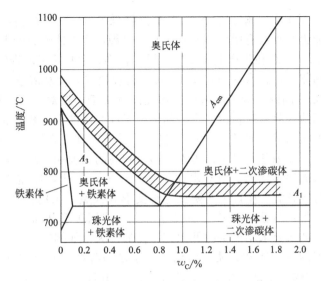

图 2-28 碳钢的淬火加热温度

能；同时，加热时的氧化脱碳及冷却时的变形、开裂倾向小。若淬火温度太高，会形成粗大的马氏体，使机械性能恶化，同时也增大了淬火应力，使变形和开裂倾向增大。

（2）淬火加热时间的确定

淬火加热时间包括升温和保温两个阶段的时间。通常以装炉后炉温达到淬火温度所需时间为升温阶段，并以此作为保温时间的开始。保温阶段是指钢件心部达到淬火温度（烧透）并完成奥氏体化所需的时间。

（3）淬火冷却介质

工件进行淬火冷却时所使用的介质称为淬火冷却介质。

① 理想淬火介质的冷却特性　淬火要得到马氏体，淬火冷却速率必须大于 v_K，而冷却速率过快，总是要不可避免地造成很大的内应力，往往引起零件的变形和开裂。淬火时怎样才能既得到马氏体而又能减小变形并避免开裂呢？这是淬火工艺中要解决的一个主要问题。对此，可从两个方面入手：一是找到一种理想的淬火介质，二是改进淬火冷却方法。

由 C 曲线可知，要淬火得到马氏体，并不需要在整个冷却过程都进行快速冷却，理想淬火介质的冷却特性应如图 2-29 所示。在 650℃以上时，因为过冷奥氏体比较稳定，速度应慢些，以降低零件内部温度差而引起的热应力，防止变形；在 650～550℃（C 曲线"鼻尖"附近），过冷奥氏体最不稳定，应快速冷却，淬火冷却速率应大于 v_K，使过冷奥氏体不至于发生分解形成珠光体；在 300～200℃，过冷奥氏体已进入马氏体转变区，应缓慢冷却，因为此时相变应力占主导地位，可防止内应力过大而使零件产生变形，甚至开裂。但目前为止，符合这一特性要求的理想淬火介质还没有找到。

② 常用淬火介质　目前常用淬火介质（quenching mediums）有水及水基、油及油基等。

水是应用最为广泛的淬火介质，这是因为水价廉易得，而且具有较强的冷却能力。但它的冷却特性并不理想，水在 650～500℃范围内冷却速率较大，在 300～200℃范围内也较大，所以容易使零件产生变

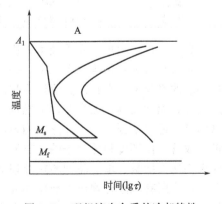

图 2-29 理想淬火介质的冷却特性

形、甚至开裂，这是它的最大缺点。提高水温能降低 650～500℃ 范围的冷却能力，但对 300～200℃ 的冷却能力几乎没有影响，而且不利于淬硬，也不能避免变形，所以淬火用水的温度常控制在 30℃ 以下。水在生产上主要用作尺寸较小、形状简单的碳钢零件的淬火介质。

为提高水的冷却能力，在水中加入 5%～15% 的食盐成为盐水溶液，其冷却能力比清水更强，在 650～500℃ 范围内，冷却能力比清水提高近 1 倍，这对于保证碳钢件的淬硬来说是非常有利的。当用盐水淬火时，由于食盐晶体在工件表面的析出和爆裂，不仅能有效地破坏包围在工件表面的蒸汽膜，使冷却速率加快，而且还能破坏在淬火加热时所形成的氧化皮，使它剥落下来，所以用盐水淬火的工件，易得到高的硬度和光洁的表面，不易产生淬不硬的弱点，这是清水无法相比的。但盐水在 300～200℃ 范围内，冷速仍像清水一样快，易使工件产生变形，甚至开裂。生产上为防止这种变形和开裂，采用先盐水快冷，在 M_s 点附近再转入冷却速率较慢的介质中缓冷。所以盐水主要使用于形状简单、硬度要求较高而均匀、表面要求光洁、变形要求不严格的低碳钢零件的淬火，如螺钉、销、垫圈等。

油也是广泛使用的一种冷却介质，所用几乎全部为各种矿物油（如锭子油、机油、柴油、变压器油等）。它的优点是在 300～200℃ 范围内冷却能力低，有利于减少零件变形与开裂；缺点是在 650～500℃ 范围冷却能力也低，对防止过冷奥氏体的分解是不利的，因此不利于钢的淬硬。所以只能用于一些较稳定的过冷奥氏体合金钢或尺寸较小的碳钢件的淬火。

为了减少零件淬火时的变形，可用盐浴和碱浴作淬火介质。这类淬火介质的特点是在冷却过程中因沸点高而不发生物态变化，工件淬火主要靠对流冷却，通常在高温区域冷却速率快，在低温区域冷却速率慢（在高温区碱浴的冷却能力比油强而比水弱，硝盐浴的冷却能力则比油弱；在低温区则都比油弱）；淬火性能优良，淬透力强，淬火变形小，基本无裂纹产生；但是对环境污染大，劳动条件差，耗能多，成本高；常用于截面不大，形状复杂，变形要求严格的碳钢、合金钢工件和工模具的淬火。熔盐有氯化钠、硝酸盐、亚硝酸盐等，工件在盐浴中淬火可以获得较高的硬度，而变形极小，不易开裂，通常用作等温淬火或分级淬火。其缺点是熔盐易老化，对工件有氧化及腐蚀的作用。熔碱有氢氧化钠、氢氧化钾等，它具有较强的冷却能力，工件加热时若未氧化，淬火后可获得银灰色的洁净表面，也有一定的应用。但熔碱蒸气具有腐蚀性，对皮肤有刺激作用，使用时要注意通风和采取防护措施。常用碱浴和硝盐浴的成分、熔点及使用温度见表 2-3。

表 2-3　热处理常用盐浴的成分、熔点及使用温度

熔盐	成分	熔点/℃	使用温度/℃
碱浴	80%KOH＋20%NaOH＋6%H₂O	130	140～250
硝盐	53%KNO₃＋40%NaNO₂＋7%NaNO₃	137	150～500
硝盐	55%KNO₃＋45%NaNO₃	218	230～550
中性盐	30%KCl＋20%NaCl＋50%BaCl₂	560	580～800

近年来，新型淬火介质最引人注目的进展是有机聚合物淬火剂的研究和应用。这类淬火介质是将有机聚合物溶解于水中，并根据需要调整溶液的浓度和温度，配制成冷却性能能满足要求的水溶液，它在高温阶段冷却速率接近于水，在低温阶段冷却速率接近于油。其优点是无毒，无烟无臭，无腐蚀，不燃烧，抗老化，使用安全可靠，且冷却性能好，冷却速率可以调节，适用范围广，工件淬硬均匀，可明显减少变形和开裂倾向。因此，能提高工件的质量，改善工作环境和劳动条件，节能、环保，给工厂带来技术和经济效益。目前有机聚合物淬火剂在大批量、单一品种的热处理上用得较多，尤其对于水淬开裂、变形大、油淬不硬的工件，采用有机聚合物淬火剂比淬火油更经济、高效、节能。从提高工件质量、改善劳动条件、避免火灾和节能的角度考虑，有机聚合物淬火剂有逐步取代淬火油的趋势，是淬火介质

的主要发展方向。有机聚合物淬火剂的冷却速率受浓度、使用温度和搅拌程度三个基本参数的影响。一般来说，浓度越高，冷却速率越慢；使用温度越高，冷却速率越慢；搅拌程度越激烈，冷却速率越快。搅拌的作用很重要，可以使溶液浓度均匀，加强溶液的导热能力从而保证淬火后工件硬度高且分布均匀，减少产生淬火软点和变形、开裂的倾向。通过控制上述因素，可以调整有机聚合物淬火剂的冷却速率，从而达到理想的淬火效果。一般来说，夏季使用的浓度可低些，冬季使用的浓度可高些，而且要有充分的搅拌。有机聚合物淬火剂大多制成含水的溶液，在使用时可根据工件的特点和技术要求，加水稀释成不同的浓度，便可以得到具有多种淬火烈度的淬火液，以适应不同的淬火需要。不同种类的有机聚合物淬火剂具有显著不同的冷却特性和稳定性，能适合不同淬火工艺需要。目前世界上使用最稳定、应用面最广的有机聚合物淬火剂是聚烷二醇（PAG）类淬火剂。这类淬火剂具有逆溶性，可以配成比盐水慢而比较接近矿物油的不同淬火烈度的淬火液，其浓度易测易控，可减少工件的变形和开裂，避免淬火软点的产生，使用寿命长，适合于各类感应加热淬火和整体淬火。

2.2.2.2　常用淬火方法

由于淬火介质不能完全满足淬火质量要求，所以在热处理工艺上还应在淬火方法上加以改进。生产中应根据钢的化学成分、工件的形状和尺寸，以及技术要求等来选择淬火方法。选择合适的淬火方法要求在获得所要求的淬火组织和性能的前提条件下，尽量减少淬火应力，从而减少工件变形和开裂的倾向。目前常用的淬火方法有单介质淬火、双介质淬火、分级淬火和等温淬火等（见表2-4），冷却曲线如图2-30所示。

表 2-4　常用淬火方法

淬火方法	冷 却 方 式	特点和应用
单介质淬火	将奥氏体化后的工件放入一种淬火冷却介质中一直冷却到室温	操作简单，已实现机械化与自动化，适用于形状简单的工件
双介质淬火	将奥氏体化后的工件在水中冷却到接近 M_s 点时，立即取出放入油中冷却	防止低温马氏体转变时工件发生裂纹，常用于形状复杂的合金钢
马氏体分级淬火	将奥氏体化后的工件放入稍高于 M_s 点的盐浴中，使工件各部分与盐浴的温度一致后，取出空冷完成马氏体转变	大大减小热应力、变形和开裂，但盐浴的冷却能力较小，故只适用于截面尺寸小于 $10mm^2$ 的工件，如刀具、量具等
贝氏体等温淬火	将奥氏体化的工件放入温度稍高于 M_s 点的盐浴中等温保温，使过冷奥氏体转变为下贝氏体组织后，取出空冷	常用来处理形状复杂、尺寸要求精确、韧性高的工具、模具和弹簧等
局部淬火	对工件局部要求硬化的部位进行加热淬火	
冷处理	将淬火冷却到室温的钢继续冷却到 $-80 \sim -70℃$，使残余奥氏体转变为马氏体，然后低温回火，消除应力，稳定新生马氏体组织	提高硬度、耐磨性、稳定尺寸，适用于一些高精度的工件，如精密量具、精密丝杠、精密轴承等

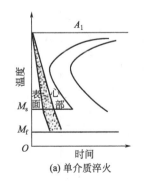
(a) 单介质淬火

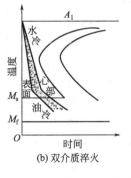
(b) 双介质淬火

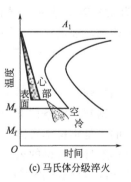
(c) 马氏体分级淬火

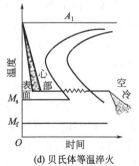
(d) 贝氏体等温淬火

图 2-30　常用淬火冷却方法

2.2.2.3　钢的淬透性

(1) 淬透性的基本概念

淬透性 (hardenability) 是指钢在淬火时获得马氏体的能力。淬火时,同一工件表面和心部的冷却速率是不同的,表面的冷却速率最大,愈到中心冷却速率愈小,如图 2-31(a)所示。淬透性低的钢,其截面尺寸较大时,由于心部不能淬透,因此表层与心部组织的硬度不同 [图 2-31(b)]。钢的淬透性主要决定于临界冷却速率。临界冷却速率愈小,过冷奥氏体愈稳定,钢的淬透性也就愈好。因此,除 Co 外,大多数合金元素都能显著提高钢的淬透性。

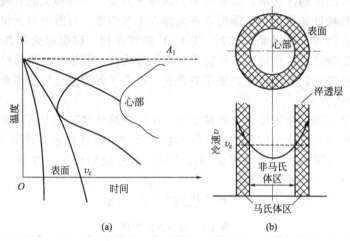

图 2-31　工件淬透层与冷却速率的关系

淬透性是钢的固有属性,决定了钢材淬透层深度和硬度分布的特性。淬透性的大小可用钢在一定条件下淬火所获得的淬透层深度和硬度分布来表示。从理论上讲,淬透层深度应为工件截面上全部淬成马氏体的深度;但实际上,即使马氏体中含少量(质量分数 5%～10%)的非马氏体组织,在显微镜下观察或通过测定硬度也很难区别开来。为此规定:从工件表面向里的半马氏体组织处的深度为有效淬透层深度,以半马氏体组织所具有的硬度来评定是否淬硬。当工件的心部在淬火后获得了 50% 以上的马氏体时,则可被认为已淬透。

同样形状和尺寸的工件,用不同成分的钢材制造,在相同条件下淬火,形成马氏体的能力不同,容易形成马氏体的钢淬透层深度越大,则反映钢的淬透性越好。如直径均为 30mm 的 45 钢和 40CrNiMo 试棒,加热到奥氏体区(840℃),然后都用水进行淬火。分析两根试棒截面的组织,测定其硬度。结果是 45 钢试棒表面组织为马氏体,而心部组织为铁素体＋索氏体。表面硬度为55HRC,而心部硬度仅为 20HRC,表示 45 钢试棒心部未淬火。而 40CrNiMo 钢试棒则从表面至心部均为马氏体组织,硬度都为 55HRC,可见 40CrNiMo 的淬透性比 45 钢要好。

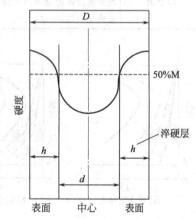

这里需要注意的是,钢的淬透性与实际工件的淬透层深度是有区别的。淬透性是钢在规定条件下的一种工艺性能,是确定的、可以比较的,是钢材本身固有的属性;淬透层深度是实际工件在具体条件下获得的表面马氏体到半马氏体处的深度,是变化的,与钢的淬透性及外在因素(如淬火介质的冷却能力、工件的截面尺寸等)有关。淬

图 2-32　钢试棒截面硬度分布曲线

透性好、工件截面小、淬火介质的冷却能力强，则淬透层深度就大。

（2）淬透性的评定方法

评定淬透性的方法常用的有临界淬透直径测定法及端淬试验法。

① 临界淬透直径测定法　用截面较大的钢制试棒进行淬火实验时，发现仅在表面一定深度获得马氏体，试棒截面硬度分布曲线呈 U 字形，如图 2-32 所示，其中半马氏体深度 h 即为有效淬透深度。

钢材在某种冷却介质中冷却后，心部能淬透（得到全部马氏体或 50% 马氏体组织）的最大直径称为临界淬透直径，以 D_c 表示。临界淬透直径测定法就是制作一系列直径不同的圆棒，淬火后分别测定各试样截面上沿直径分布的硬度 U 形曲线，从中找出中心恰为半马氏体组织的圆棒，该圆棒直径即为临界淬透直径。显然，冷却介质的冷却能力越大，钢的临界淬透直径就越大。在同一冷却介质中钢的临界淬透直径越大，则其淬透性越好。表 2-5 为常用钢材的临界淬透直径。

表 2-5　常用钢材的临界淬透直径

钢号	临界淬透直径 D_c/mm		钢号	临界淬透直径 D_c/mm	
	水冷	油冷		水冷	油冷
45	13～16.5	6～9.5	35CrMo	36～42	20～28
60	14～17	6～12	60Si2Mn	55～62	32～46
T10	10～15	＜8	50CrVA	55～62	32～40
65Mn	25～30	17～25	38CrMoAlA	100	80
20Cr	12～19	6～12	20CrMnTi	22～35	15～24
40Cr	30～38	19～28	30CrMnSi	40～50	23～40
35SiMn	40～46	25～34	40MnB	50～55	28～40

② 末端淬火试验法　末端淬火试验法是将标准尺寸的试样（$\phi25mm \times 100mm$），经奥氏体化后，迅速放入末端淬火试验机的冷却孔，对其一端面喷水冷却。规定喷水管内径 12.5mm，水柱自由高度 65mm±5mm，水温 20～30℃。图 2-33（a）为末端淬火法。显然，喷水端冷却速率最大，距末端沿轴向距离增大，冷却速率逐渐减少，其组织及硬度亦逐渐变化。在试样侧面沿长度方向磨一深度 0.2～0.5mm 的窄条平面，然后从末端开始，每隔一定距离测量一个硬度值，即可测得试样冷却后沿轴线方向硬度距水冷端距离的关系曲线，称为淬透性曲线 [图 2-33（b）]。这是淬透性测定的常用方法，详细可参阅 GB 225—63《钢的

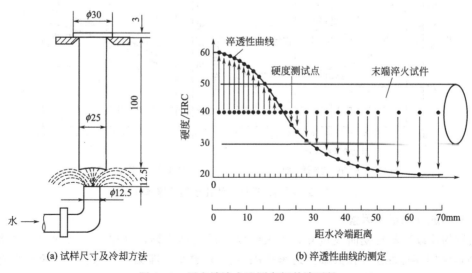

(a) 试样尺寸及冷却方法　　　　　　　　　(b) 淬透性曲线的测定

图 2-33　用末端淬火法测定钢的淬透性

淬透性末端淬火试验法》。

实验测出的各种钢的淬透性曲线均收集在相关手册中。同一牌号的钢，由于化学成分和晶粒度的差异，淬透性实际上是有一定波动范围的淬透性带。根据 GB 225—63 规定，钢的淬透性值用 $J\dfrac{HRC}{d}$ 表示。其中 J 表示末端淬火的淬透性；d 表示距水冷端的距离；HRC 为该处的硬度。例如，淬透性值 $J\dfrac{42}{5}$，即表示距水冷端 5mm 试样硬度为 42HRC。

半马氏体组织比较容易由显微镜或硬度的变化来确定。马氏体中含非马氏体组织量不多时，硬度变化不大；非马氏体组织量增至 50% 时，硬度陡然下降，曲线上出现明显转折点，如图 2-34 所示。另外，在淬火试样的断口上，也可以看到以半马氏体为界，发生由脆性断裂过渡为韧性断裂的变化，并且其酸蚀断面呈明显的明暗界线。半马氏体组织和马氏体一样，硬度主要与碳质量分数有关，而与合金元素质量分数的关系不大，如图 2-35(b) 所示。将图 2-35 中的 (a) 与 (b) 配合，即可找出 45 钢半马氏体区至端面的距离大约是 3mm，而 40Cr 钢是 10.5mm。该距离越大，淬透性越大，因而 40Cr 钢的淬透性大于 40 钢。

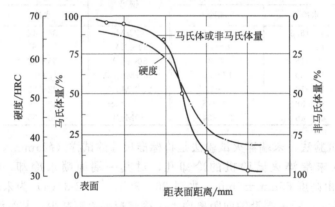

图 2-34　淬火试样断面上马氏体量和硬度的变化

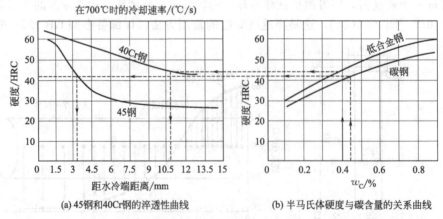

(a) 45钢和40Cr钢的淬透性曲线　　　　　(b) 半马氏体硬度与碳含量的关系曲线

图 2-35　利用淬透性曲线比较钢的淬透性

（3）淬透性的影响因素

由钢的连续冷却转变曲线可知，淬火时要想得到马氏体，冷却速率必须大于临界速率 v_K，所以钢的淬透性主要由其临界速率来决定。v_K 愈小，即奥氏体愈稳定，钢的淬透性愈好。因此，凡是影响奥氏体稳定的因素，均影响淬透性。

① 合金元素　除 Co 外，大多数合金元素溶于奥氏体后，均能降低 v_K，使 C 曲线右移，从而提高钢的淬透性。应该指出的是，合金元素是影响淬透性的最主要因素。

② 碳质量分数　对于碳钢来说，钢中的碳质量分数越接近共析成分，其 C 曲线越靠右；v_K 越小，淬透性越好。即亚共析钢的淬透性随碳质量分数增加而增大，过共析钢的淬透性随碳质量分数增加而减小。

③ 奥氏体化温度　提高奥氏体化温度，使奥氏体晶粒长大，成分均匀化，从而减小珠光体的形核率，使奥氏体过冷且更稳定，C 曲线向右移，降低钢的 v_K，增大其淬透性。

④ 钢中未溶第二相　钢中未溶入奥氏体的碳化物、渗氮物及其他非金属夹杂物，可成为奥氏体分解的非自发形核的核心，进而促进奥氏体转变产物的形核，减少过冷奥氏体的稳定性，使 v_K 增大，降低淬透性。

(4) 淬透性的应用

根据淬透性曲线，可比较不同钢种的淬透性。淬透性是选用钢材的重要依据之一。利用半马氏体硬度曲线和淬透性曲线，找出钢的半马氏体区所对应的距水冷端距离，从而推算出钢的临界淬火直径，确定钢件截面上的硬度分布情况等。临界淬火直径越大，则淬透性越好 [图 2-35 (a)]。由图 2-35 可知，40Cr 钢的淬透性比 45 钢要好。

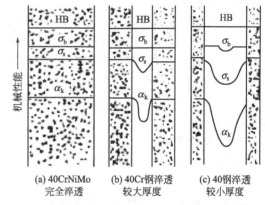

(a) 40CrNiMo 完全淬透　(b) 40Cr钢淬透较大厚度　(c) 40钢淬透较小厚度

图 2-36　淬透性不同的钢调质后机械性能的比较

淬透性对钢的力学性能影响很大。如将淬透性不同的钢调质处理后，沿截面的组织和机械性能差别很大。淬透性高的 40CrNiMo 钢棒的力学性能沿截面是均匀分布的，而淬透性低的 40Cr 钢、40 钢的心部强度、硬度低，韧性更低，如图 2-36 所示。这是因为淬透性高的钢调质后其组织由表及里都是回火索氏体，有较高的韧性；而淬透性低的钢，心部为片状索氏体和铁素体，表层为回火索氏体，心部强韧性差。因此，设计人员必须充分考虑钢的淬透性的作用，以便能根据工件的工作条件和性能要求进行合理选材、制订热处理工艺以提高工件的使用性能，具体应注意以下几点。

① 要根据零件不同的工作条件合理确定钢的淬透性要求。并不是所有场合都要求淬透，也不是在任何场合淬透都是有益的。截面较大、形状复杂及受力情况特殊的重要零件，如螺栓、拉杆、锻模、锤杆等都要求表面和心部力学性能一致，应选淬透性好的钢。当某些零件的心部力学性能对其寿命的影响不大时，如承受扭转或弯曲载荷的轴类零件，外层受力很大、心部受力很小，可选用淬透性较低的钢，获得一定的淬透层深度即可。有些工件则不能或不宜选用淬透性高的钢，如焊接件，若淬透性高，就容易在热影响区出现淬火组织，造成工件淬透并裂；又如承受强烈冲击和复杂应力的冷镦模，其工作部分常因全部淬透而脆断。

② 零件尺寸越大，其热容量越大，淬火时零件冷却速率越慢。因此淬透层越薄，性能越差。如 40Cr 钢经调质后，当直径为 30mm 时，$\sigma_b \geqslant 900\text{MPa}$；直径为 120mm 时，$\sigma_b \geqslant 750\text{MPa}$；直径为 240mm 时，$\sigma_b \geqslant 650\text{MPa}$。这种随工件尺寸增大而热处理强化效果减弱的现象称为钢材的尺寸效应，因此不能根据手册中查到的小尺寸试样的性能数据计算大尺寸零件的强度。但是，合金元素含量高的淬透性大的钢，其尺寸效应则不明显。

③ 由于碳钢的淬透性低，在设计大尺寸零件时，有时用碳钢正火比调质更经济，而效果相似。如设计尺寸为 $\phi100\text{mm}$ 时，用 45 钢调质时 $\sigma_b = 610\text{MPa}$，而正火时 σ_b 也能达到 600MPa。

④ 淬透层浅的大尺寸工件应考虑在淬火前先切削加工，如直径较大并具有几个台阶的传动轴，需经调质处理时，考虑淬透性的影响，应先粗车成型，然后调质。如果棒料先调质、再车外圆，由于直径大、表面淬透层浅，阶梯轴尺寸较小部分调质后的组织，在粗车时可能被车去，起不到调质作用。

2.2.2.4　钢的淬硬性

淬硬性（hardening capacity）是指钢在理想条件下进行淬火硬化（即得到马氏体组织）所能达到的最高硬度的能力。淬硬性与淬透性是两个不同的概念，淬硬性主要取决于马氏体中的碳质量分数（也就是淬火前奥氏体的碳质量分数），马氏体中的碳质量分数愈高，淬火后硬度愈高。合金元素的含量则对淬硬性无显著影响。所以，淬硬性好的钢淬透性不一定好，淬透性好的钢淬硬性也不一定高。例如，碳的质量分数为 0.3%、合金元素的质量分数为 10% 的高合金模具钢 3Cr2W8V 淬透性极好，但在 1100℃ 油冷淬火后的硬度约为 50HRC；而碳的质量分数为 1.0% 的碳素工具钢 T10 钢的淬透性不高，但在 760℃ 水冷淬火后的硬度大于 62HRC。

淬硬性对于按零件使用性能要求选材及热处理工艺的制订同样具有重要的参考作用。对于要求高硬度、高耐磨性的各种工、模具，可选用淬硬性高的高碳、高合金钢；综合力学性能即强度、塑性、韧性要求都较高的机械零件可选用淬硬性中等的中碳及中碳合金钢；对于要求高塑性、韧性的焊接件及其他机械零件则应选用淬硬性低的低碳、低合金钢；当零件表面有高硬度、高耐磨性要求时则可配以渗碳工艺，通过提高零件表面的碳质量分数使其表面淬硬性提高。

2.2.3　钢的回火

回火（tempering）是把淬火钢加热到 A_{c_1} 以下的某一温度保温后进行冷却的热处理工艺。

回火紧接着淬火后进行，除等温淬火外，其他淬火零件都必须及时回火。

淬火钢回火的目的是：

① 降低脆性，减少或消除内应力，防止工件变形或开裂。

② 获得工件所要求的力学性能。淬火钢件硬度高、脆性大，为满足各种工件的不同性能要求，可以通过回火来调整硬度，获得所需的塑性和韧性。

③ 稳定工件尺寸。淬火马氏体和残余奥氏体都是不稳定组织，会自发发生转变而引起工件尺寸和形状的变化。通过回火可以使组织趋于稳定，以保证工件在使用过程中不再发生变形。

④ 改善某些合金钢的切削性能。某些高淬透性的合金钢，空冷便可淬成马氏体，软化退火也相当困难，因此常采用高温回火，使碳化物适当聚集，降低硬度，以利切削加工。

2.2.3.1　淬火钢在回火时的转变

不稳定的淬火组织有自发向稳定组织转变的倾向。淬火钢的回火正是促使这种转变较快地进行。在回火过程中，随着组织的变化，钢的性能也发生相应的变化。

（1）回火时的组织转变

随回火温度的升高，淬火钢的组织大致发生下述四个阶段的变化，如图 2-37 所示。

① 马氏体分解　回火温度 <100℃（本节的回火转变温度范围是对碳钢而言，合金钢会有不同程度的提高）时，钢的组织基本无变化。马氏体分解主要发生在 100～200℃，此时马氏体中的过饱和碳以 ε 碳化物（Fe_xC）的形式析出，使马氏体的过饱和度降低。析出的碳化物以极细片状分布在马氏体基体上，这种组织称为回火马氏体，用符号 "$M_回$" 表示，如图 2-38 所示。在显微镜下观察，回火马氏体呈黑色，残余奥氏体呈白色。

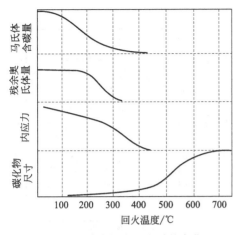

图 2-37　淬火钢在回火时的变化

图 2-38　回火马氏体的显微组织（×400）

马氏体分解一直进行到 350℃，此时，α 相中的碳质量分数接近平衡成分，但仍保留马氏体的形态。马氏体的碳质量分数越高，析出的碳化物也越多，对于碳的质量分数 $<0.2\%$ 的低碳马氏体在这一阶段不析出碳化物，只发生碳原子在位错附近的偏聚。

② 残余奥氏体的分解　残余奥氏体的分解主要发生在 200～300℃。由于马氏体的分解，正方度下降，减轻了对残余奥氏体的压应力，因而残余奥氏体分解为 ε 碳化物和过饱和 α 相，其组织与下贝氏体或同温度下马氏体回火产物一样。

③ ε 碳化物转变为 Fe_3C　回火温度在 300～400℃时，亚稳定的 ε 碳化物转变成稳定的渗碳体（Fe_3C），同时，马氏体中的过饱和碳也以渗碳体的形式继续析出。到 350℃左右，马氏体中的碳质量分数已基本上降到铁素体的平衡成分，同时内应力大量消除。此时回火马氏体转变为在保持马氏体形态的铁素体基体上分布着的细粒状渗碳体的组织，称回火屈氏体，用符号"$T_{回}$"表示，如图 2-39 所示。

图 2-39　回火屈氏体的显微组织（×400）

图 2-40　回火索氏体的显微组织（×400）

④ 渗碳体的聚集长大及 α 相的再结晶　这一阶段的变化主要发生在 400℃以上，铁素体开始发生再结晶，由针片状转变为多边形。这种由颗粒状渗碳体与多边形铁素体组成的组织称为回火索氏体，用符号"$S_{回}$"表示，如图 2-40 所示。

（2）回火过程中的性能变化

淬火钢在回火过程中力学性能总的变化趋势是：随着回火温度的升高，硬度和强度降低，塑性和韧性上升。但回火温度太高，则塑性会有所下降（图 2-41、图 2-42）。

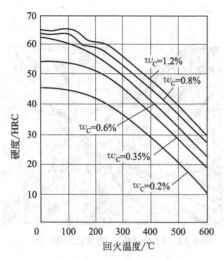
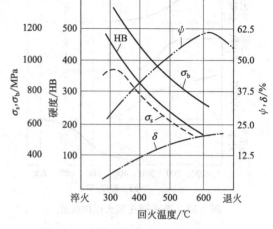

图 2-41　钢的硬度随回火温度的变化　　　图 2-42　钢机械性能与回火温度的关系

在 200℃以下，由于马氏体中析出大量 ε 碳化物产生弥散强化作用，钢的硬度并不下降，对于高碳钢，甚至略有升高。

在 200～300℃，高碳钢由于有较多的残余奥氏体转变为马氏体，硬度会再次提高。而低、中碳钢由于残余奥氏体量很少，硬度则缓慢下降。

300℃以上，由于渗碳体粗化及马氏体转变为铁素体，钢的硬度呈直线下降。

由淬火钢回火得到的回火屈氏体、回火索氏体和球状珠光体比由过冷奥氏体直接转变的屈氏体、索氏体和珠光体的力学性能好，在硬度相同时，回火组织的屈服强度、塑性和韧性好得多。这是由于两者渗碳体形态不同所致，片状组织中的片状渗碳体受力时，其尖端会引起应力集中，形成微裂纹，导致工件破坏。而回火组织的渗碳体呈粒状，不易造成应力集中。这就是为什么重要零件都要求进行淬火和回火的原因。

2.2.3.2　回火种类及应用

淬火钢回火后的组织和性能取决于回火温度，根据钢的回火温度范围，把回火分为以下三类。

（1）低温回火

回火温度为 150～250℃，回火组织为回火马氏体。目的是降低淬火内应力和脆性的同时保持钢在淬火后的高硬度（一般达 58～64HRC）和高耐磨性。它广泛用于处理各种切削刀具、冷作模具、量具、滚动轴承、渗碳件和表面淬火件等。

（2）中温回火

回火温度为 350～500℃，回火后组织为回火屈氏体，具有较高屈服强度和弹性极限以及一定的韧性，硬度一般为 35～45HRC，主要用于各种弹簧和热作模具的处理。

（3）高温回火

回火温度为 500～650℃，回火后得到粒状渗碳体和铁素体基体的混合组织，称为回火索氏体，硬度为 25～35HRC。这种组织具有良好的综合力学性能，即在保持较高强度的同时，具有良好的塑性和韧性。习惯上把淬火加高温回火的热处理工艺称作调质处理，简称调质，广泛用于处理各种重要的机器结构构件，如连杆、螺栓、齿轮、轴类等。同时，也可作为某些要求较高的精密工件如模具、量具等的预先热处理。

钢调质处理后的机械性能和正火后相比，不仅强度高，而且塑性和韧性也比较好，这和它们的组织形态有关。调质得到的是回火索氏体，其渗碳体为粒状；正火得到的是索氏体，其渗碳体为片状，粒状渗碳体对阻止断裂过程的发展比片状渗碳体有利。

必须指出，某些高合金钢淬火后高温（如高速钢在 560℃）回火，是为了促使残余奥氏体转变为马氏体回火，获得的是以回火马氏体和碳化物为主的组织。这与结构钢的调质在本质上是不同的。

除了上述三种常用的回火方法外，某些高合金钢还在 640～680℃进行软化回火，以改善切削加工性。某些精密零件，为了保持淬火后的高硬度及尺寸稳定性，有时需在 100～150℃进行长时间（10～15h）的加热保温。这种低温长时间的回火称为尺寸稳定处理或时效处理。

2.2.3.3　回火脆性

淬火钢的韧性并不总是随回火温度的升高而提高的。在某些温度范围内回火时，出现冲击韧性明显下降的现象，称为回火脆性（tempering brittlement）。回火脆性有第一类回火脆性（250～400℃）和第二类回火脆性（450～650℃）两种，如图 2-43 所示。这种现象合金钢中比较显著，应当设法避免。

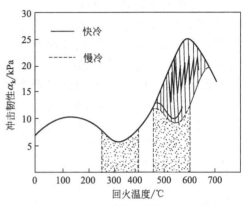

图 2-43　Ni-Cr 钢（0.3%C、1.47%Cr、3.4%Ni）的冲击韧度与回火温度的关系

（1）第一类回火脆性

淬火钢在 250～400℃回火时出现的脆性称为第一类回火脆性。几乎淬火后形成马氏体的钢在此温度回火，都不同程度地产生这种脆性。这与在这一温度范围沿马氏体的边界析出碳化物的薄片有关。目前，尚无有效办法完全消除这类回火脆性，所以一般不在 250～350℃温度范围内回火。

（2）第二类回火脆性

淬火钢在 450～650℃范围内回火出现的脆性称为第二类回火脆性。第二类回火脆性主要发生在含 Cr、Ni、Si、Mn 等合金元素的合金钢中，这类钢淬火后在 450～650℃长时间保温或以缓慢速度冷却时，便产生明显的脆化现象，但如果回火后快速冷却，脆化现象便消失或受抑制。所以这类回火脆性是"可逆"的。第二类回火脆性产生的原因，一般认为与 Sb、Sn、P 等杂质元素在原奥氏体晶界偏聚有关。Cr、Ni、Si、Mn 等会促进这种偏聚，因而增加了这类回火脆性的倾向。

除回火后快冷可以防止第二类回火脆性外，在钢中加入 W（约 1%）、Mo（约 0.5%）等合金元素也可有效地抑制这类回火脆性的产生。

2.3　钢的表面热处理

一些零件既要表面硬度高、耐磨性好，又要心部的韧性好，如齿轮、轴等，若仅从选材方面去考虑，是难以解决的。如高碳钢的硬度高，但韧性不足；低碳钢虽然韧性好，但表面的硬度和耐磨性又低。在实际生产中广泛采用表面淬火或化学热处理的办法来满足上述要求。

钢的表面淬火（surface quenching）是将工件的表面层淬硬到一定深度，而心部仍保持未淬火状态的一种局部淬火法。它是利用快速加热使工件表面奥氏体化，然后迅速冷却，这样，工件的表层组织为马氏体，而心部仍保持原来的退火、正火或调质状态的组织。其特点是仅对钢的表面进行加热、冷却而成分不改变。

表面淬火一般适用于中碳钢和中碳合金钢，也可用于高碳工具钢、低合金工具钢以及球墨铸铁等。按照加热的方式，有感应加热、火焰加热、电接触加热和电解加热等表面淬火，目前应用最多的是感应加热和火焰加热表面淬火法。

2.3.1　感应加热表面淬火

（1）感应加热的基本原理

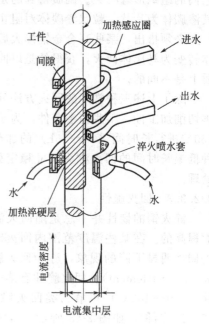

感应加热的基本原理如图 2-44 所示。感应线圈中通以高频率的交流电，线圈内外即产生与电流频率相同的高频交变磁场。若把钢制工件置于通电线圈内，在高频磁场的作用下，工件内部将产生感应电流（涡流），由于本身电阻的作用而被加热。这种感应电流密度在工件的横截面上分布是不均匀的，即在工件表面电流密度极大，而心部电流密度几乎为零，这种现象称为集肤效应。功率愈高，表面电流密度愈大，则表面加热层愈薄。感应加热的速度很快，在几秒钟内即可使温度上升至 800～1000℃，而心部仍接近室温。当表层温度达到淬火加热温度，立即喷水冷却，使工件表层淬硬。

图 2-44　感应加热表面淬火

感应加热淬火的淬硬层深度（即电流透入工件表层的深度），除与加热功率、加热时间有关外，还取决于电流的频率。对于碳钢，淬硬层深度主要与电流频率有关，存在以下表达式关系：

$$\delta = \frac{500}{\sqrt{f}}$$

式中，δ 为电流透入密度，mm；f 为电流频率，Hz。由上式可见，电流频率愈高，表面电流密度愈大，电流透入深度愈小，淬硬层愈薄。因此，可选用不同的电流频率得到不同的淬硬层深度。根据电流频率的不同，感应加热可分为高频加热、中频加热和工频加热。工业上对于淬硬层为 0.5～2mm 的工件，可采用电子管式高频电源，其常用频率为 200～300kHz；要求淬硬层为 2～5mm 时，适宜的频率为 2500～8000Hz，可采用中频发电机或可控硅变频器；对于处理要求 10～15mm 以上淬硬层的工件，可采用频率为 50Hz 的工频发电机。

（2）感应加热表面淬火适用的钢种

一般用于中碳钢和中碳低合金钢，如 45、40Cr、40MnB 钢等。这类钢经预先热处理（正火或调质）后表面淬火，心部保持较高的综合性能，而表面具有较高的硬度（50HRC 以下）和耐磨性。高碳钢也可感应加热表面淬火，主要用于受较小冲击和交变载荷的工具、量具等。

（3）感应加热表面淬火的特点

感应加热时相变的速度极快，一般只有几秒或几十秒钟。与一般淬火相比，淬火后的组织和性能有以下特点：

① 高频感应加热时，由于加热速度快，且钢的奥氏体化是在较大的过热度（A_{c_3} 以上 80～150℃）进行的，因此晶核多，且不易长大，淬火后组织为极细的隐晶马氏体，因而表面硬度高，比一般淬火高 2～3HRC，而且表面硬度脆性较低。

② 表面层淬火得到马氏体后，由于体积膨胀在工件表面层造成较大的残余压应力，显

著提高工件的疲劳强度。小尺寸零件可提高 2～3 倍，大件也可提高 20%～30%。

③ 因为加热速度快，没有保温时间，工件的表面氧化和脱碳少，而且由于心部未被加热，工件的淬火变形也小。

④ 加热温度和淬硬层厚度（从表面到半马氏体区的距离）容易控制，便于实现机械化和自动化。

由于以上特点，感应加热表面淬火在热处理生产中得到了广泛的应用。其缺点是设备昂贵，当零件形状复杂时，感应圈的设计和制造难度较大，所以生产成本比较高。

感应加热后，采用水、乳化液或聚乙烯醇水溶液喷射淬火，淬火后进行 180～200℃ 的低温回火，以降低淬火应力，并保持高硬度和高耐磨性。在生产中，也常采用自回火，即在工件冷却到 200℃ 左右时停止喷水，利用工件内部的余热来达到回火的目的。

2.3.2　火焰加热表面淬火

火焰加热表面淬火（surface hardening by flame heating）是用氧-乙炔或氧-煤气等高温火焰（约 3000℃）加热工件表面，使其快速升温，升温后立即喷水冷却的热处理工艺方法。如图 2-45 所示，调节喷嘴到工件表面的距离和移动速度，可获得不同厚度的淬硬层。

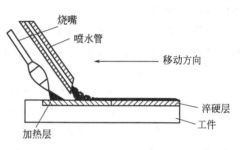

火焰加热表面淬火的淬硬层厚度一般为 2～6mm。火焰加热表面淬火和高频感应加热表面淬火相比，具有工艺及设备简单、成本低等优点，但生产率低、工件表面存在不同程度的过热，淬火质量控制也比较困难。因此主要用于单件、小批量生产及大型零件（如轴、齿轮、轧辊等）的表面淬火。

图 2-45　火焰表面淬火

2.4　钢的化学热处理

化学热处理（chemical heat treatment）是将工件置于一定温度的活性介质中加热和保温，使介质中的一种或几种元素渗入工件表面，改变其化学成分和组织，达到改进表面性能，满足技术要求的热处理过程。与表面淬火相比，化学热处理不仅使工件的表面层有组织变化，而且还有成分变化。

根据表面渗入的元素不同，化学热处理可分为渗碳、渗氮、碳氮共渗、渗硼、渗铝等。化学热处理的主要目的是有效提高钢件表面硬度、耐磨性、耐蚀性、抗氧化性以及疲劳强度等，以替代昂贵的合金钢。

钢件表面化学成分的改变，取决于热处理过程中发生的以下三个基本过程：

① 介质分解　加热时介质分解，释放出欲渗入元素的活性原子，如渗碳时 $CH_4 \rightarrow [C]+2H_2$，分解出的 $[C]$ 就是具有活性的碳原子。

② 吸收　分解出来的活性原子在工件表面被吸收并溶解，超过钢的溶解度时还能形成化合物。

③ 原子扩散　工件表面吸收的元素原子浓度逐渐升高，在浓度梯度的作用下不断向工件内部扩散，形成具有一定厚度的渗层。一般原子扩散速率较慢，往往成为影响化学热处理速度的控制因素。因此对一定介质而言，渗层的厚度主要取决于加热温度和保温时间。

任何化学热处理的物理化学过程基本相同，都要经过上述三个阶段，即分解、吸收和扩散。

目前在生产中，最常用的化学热处理工艺是渗碳、渗氮和碳氮共渗。

2.4.1　钢的渗碳

为了增加表层的碳质量分数和获得一定的碳浓度梯度，将工件置于渗碳介质中加热和保温，使其表面层渗入碳原子的化学热处理工艺称为渗碳（carburizing）。渗碳使低碳（碳质量分数 $0.15\% \sim 0.30\%$）钢件表面获得高碳浓度（碳质量分数约 1.0%），再经过适当淬火和回火处理后，可使工件的表面具有高硬度和高耐磨性，并具有较高的疲劳极限，而心部仍保持良好的塑性和韧性。因此渗碳主要用于表面将受严重磨损，并在较大冲击载荷、交变载荷，以及较大的接触应力条件下工作的零件，如各种齿轮、活塞销、套筒等。

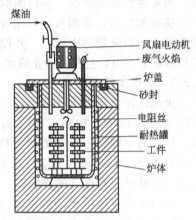

渗碳件一般采用低碳钢或低碳合金钢，如 20、20Cr、20CrMnTi 等。渗碳层厚度一般在 $0.5 \sim 2.5mm$，渗碳层的碳浓度一般控制在 1% 左右。

根据渗碳介质的不同，可分为固体渗碳、气体渗碳和液体渗碳，常用的是气体渗碳和固体渗碳。

（1）气体渗碳

将工件装在密封的渗碳炉中（图 2-46），加热到 $900 \sim 950℃$，向炉内滴入易分解的有机液体（如煤油、苯、丙酮、甲醇等），或直接通入渗碳气体（如煤气、石油液化气等）。在炉内发生下列反应，产生活性碳原子，使工件表面渗碳：

图 2-46　气体渗碳法

$$2CO \longrightarrow CO_2 + [C]$$
$$CO + H_2 \longrightarrow H_2O + [C]$$
$$C_nH_{2n} \longrightarrow nH_2 + n[C]$$
$$C_nH_{2n+2} \longrightarrow (n+1)H_2 + n[C]$$

气体渗碳（gas carburizing）的优点是生产率高，劳动条件较好，渗碳气氛容易控制，渗碳层比较均匀，渗碳层的质量和机械性能较好。此外，还可实现渗碳后直接淬火，是目前应用最多的渗碳方法。

（2）固体渗碳

将工件埋入填满固体渗碳（solid carburizing）剂的渗碳箱中，加盖并用耐火泥密封，然后放入热处理炉中加热至 $900 \sim 950℃$，保温渗碳。固体渗碳剂一般是由一定粒度（约 $3 \sim 8mm$）木炭和 $15\% \sim 20\%$ 的碳酸盐（$BaCO_3$ 或 Na_2CO_3）组成，木炭提供活性碳原子，碳酸盐则起到催化的作用，反应如下：

$$C + O_2 \longrightarrow CO_2$$
$$BaCO_3 \longrightarrow BaO + CO_2$$
$$CO_2 + C \longrightarrow 2CO$$

在高温下，CO 是不稳定的，在与钢表面接触时，分解出活性碳原子（$2CO \longrightarrow CO_2 + [C]$），并被工件表面吸收。

固体渗碳的优点是设备简单，尤其是在小批量生产的情况下具有一定的优越性。但生产效率低、劳动条件差、质量不易控制，目前用得不多。

（3）渗碳工艺

渗碳工艺参数包括渗碳温度和渗碳时间等。

奥氏体的溶碳能力较大，因此渗碳是在 A_{c_3} 以上进行。温度愈高，渗碳速度愈快，渗层愈厚，生产率也愈高。为了避免奥氏体晶粒过于粗大，渗碳温度一般采用 900～950℃。渗碳时间则决定于渗碳厚度的要求。在 900℃渗碳，保温 1h，渗层厚度为 0.5mm；保温 4h，渗层厚度可达 1mm。

低碳钢渗碳后缓冷下来的显微组织见图 2-47。表面为珠光体和二次渗碳体（过共析组织），心部为原始亚共析组织（珠光体和铁素体），中间为过渡组织。一般规定，从表面到过渡层的一半处为渗碳层厚度。

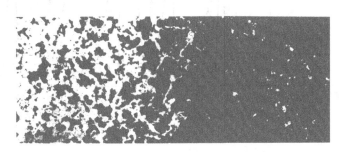

图 2-47　低碳钢渗碳缓冷后的显微组织

工件的渗碳层厚度，取决于其尺寸及工作条件，一般为 0.5～2.5mm。例如，齿轮的渗碳层厚度由其工作要求及模数等因素来确定，表 2-6 和表 2-7 中列举了不同模数齿轮及其他工件的渗碳层厚度。

表 2-6　汽车、拖拉机齿轮的模数和渗碳层厚度

齿轮模数 m	2.5	3.5～4	4～5	5
渗碳层厚度/mm	0.6～0.9	0.9～1.2	1.2～1.5	1.4～1.8

表 2-7　机床零件的渗碳层厚度

渗碳层厚度/mm	应用举例
0.2～0.4	厚度小于 1.2mm 的摩擦片、样板等
0.4～0.7	厚度小于 2mm 的摩擦片、小轴、小型离合器、样板等
0.7～1.1	轴、套筒、活塞、支承销、离合器等
1.1～1.5	主轴、套筒、大型离合器等
1.5～2.0	镶钢导轨、大轴、模数较大的齿轮、大轴承环等

（4）渗碳后的热处理

渗碳后的零件要进行淬火和低温回火处理，常用的淬火方法有三种，如图 2-48 所示。

① 直接淬火　渗碳后直接淬火（direct quenching）[图 2-48(a)]，这种方法工艺简单，生产率高，节约能源，成本低，脱碳倾向小。但由于渗碳温度高，奥氏体晶粒粗大，淬火后马氏体粗大，残留奥氏体也较多，所以工件表面耐磨性较低、变形较大。一般只用于合金渗碳钢或耐磨性要求比较低和承载能力低的工件。为了减少变形，渗碳后常将工件预冷至 830～850℃后再淬火。

② 一次淬火　一次淬火（primary quenching）是将工件渗碳后缓冷到室温，再重新加热到临界点以上保温淬火 [图 2-48(b)]。对于心部组织性能要求较高的渗碳钢工件，一次淬火加热温度为 A_{c_3} 以上，主要是使心部晶粒细化，并得到低碳马氏体组织；对于承载不大而表面性能要求较高的工件，淬火加热温度为 A_{c_1} 以上 30～50℃，使表面晶粒细化，而心部组织无大的改善，性能略差一些。

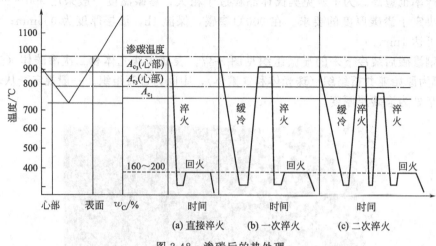

图 2-48　渗碳后的热处理

③ 二次淬火　对于本质粗晶粒钢或要求表面耐磨性高、心部韧性好的重负荷零件，应采用二次淬火（secondary quenching）[图 2-48(c)]。第一次淬火加热到 A_{c_3} 以上 30～50℃，目的是细化心部组织并消除表面的网状渗碳体。第二次淬火加热到 A_{c_1} 以上 30～50℃，目的是细化表面层组织，获得细马氏体和均匀分布的粒状二次渗碳体。二次淬火法工艺复杂，生产周期长，生产效率较低，成本高，变形大，所以只用于要求表面耐磨性好和心部韧性高的零件。

渗碳淬火后要进行低温回火（150～200℃），以消除淬火应力，提高韧性。

（5）渗碳钢淬火、回火后的性能

渗碳件组织：表层为高碳回火马氏体＋碳化物＋残余奥氏体，心部为低碳回火马氏体（或含铁素体和屈氏体）。

渗碳后性能如下。

① 表面硬度高，达 58～64HRC 以上，耐磨性较好。心部塑性、韧性较好，硬度较低。未淬硬时，心部为 138～185HBS；淬硬后的心部为低碳马氏体组织，硬度可达 30～45HRC。

② 疲劳强度高。渗碳钢的表面层为高碳马氏体，体积膨胀大，心部为低碳马氏体（淬透时）或铁素体加屈氏体（未淬透时），体积膨胀小。结果在表面层造成残余压应力，使工件的疲劳强度提高。

2.4.2　钢的渗氮

向工件表面渗入氮，形成含氮硬化层的化学热处理工艺称为渗氮（nitriding），其目的是提高工件表面的硬度、耐磨性、耐蚀性及疲劳强度。常用的渗氮方法有气体渗氮和离子渗氮。

（1）气体渗氮

气体渗氮（gas nitriding）是把工件放入密封的井式渗氮炉内加热，并通入氨气，氨被加热分解出活性氮原子（$2NH_3 \longrightarrow 2[N]+3H_2$），活性氮原子被工件表面吸收并溶入表面，在保温过程中向内扩散，形成一定厚度的渗氮层。

与气体渗碳相比，气体渗氮有以下特点。

a. 渗氮温度低，一般都在 500～570℃进行。由于氨在 200℃开始分解，同时氮在铁素体中也有一定的溶解能力，无需加热到高温。工件在渗氮前要进行调质处理，所以渗氮温度不能高于调质处理的回火温度。

b. 渗氮时间长，一般需要 20～50h，渗氮层厚度为 0.3～0.5mm。时间长是气体渗氮的主要缺点。为了缩短时间，采用二段渗氮法，其工艺过程如图 2-49 所示。第一阶段是使表层获得高的氮含量和硬度；第二阶段是在稍高的温度下进行较短时间的保温，以得到一定厚度的渗氮层。为了加速渗氮的进行，可采用催化剂如苯、苯胺、氯化铵等。催化剂能使渗氮速度提高 0.3～3 倍。

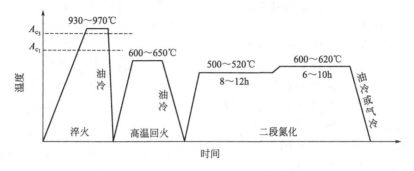

图 2-49　38CrMoAl 钢氮化工艺曲线

　　c. 渗氮前零件需经调质处理，目的是改善机加工性能和获得均匀的回火索氏体组织，以保证渗氮后的工件具有较高的强度和韧性。对于形状复杂或精度要求高的零件，在渗氮前精加工后还要进行消除内应力的退火，以减少渗氮时的变形。

　　d. 因为渗氮过程中工件变形很小，所以渗氮后不需要再进行其他热处理。

　　① 渗氮件的组织和性能　渗氮后的钢工件表面具有很高的硬度（1000～1100HV），而且硬度可以在 600℃ 以下保持不降，所以渗氮层具有很高的耐磨性和热硬性。根据 Fe-N 相图（图 2-50），氮可溶于铁素体和奥氏体中，并与铁形成 γ' 相（Fe_4N）与 ε 相（Fe_2N）。渗氮后，显微分析发现，气体渗氮后的工件表面最外层为白色的 ε 相的渗氮物薄层，硬而脆但很耐蚀；紧靠这一层的是极薄的（$\varepsilon + \gamma'$）两相区；其次是暗黑色含氮共析体（$\alpha + \gamma'$）层；心部为原始回火索氏体组织（图 2-51）。对于碳钢工件，上述固溶体和化合物中都溶有碳。

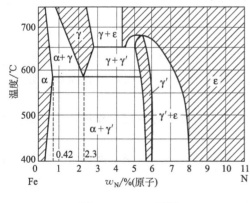

图 2-50　Fe-N 相图

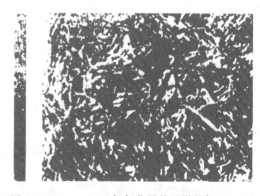

图 2-51　38CrMoAl 钢氮化层的显微组织（400×）

　　渗氮表面可形成致密的化学稳定性较高的 ε 相层，所以耐蚀性好，在水、过热蒸气和碱性溶液中均很稳定。渗氮后工件表面层体积膨胀，形成较大的表面残余压应力，使渗氮件具有较高的疲劳强度。渗氮温度低，零件变形小。

　　② 渗氮用钢　碳钢渗氮时形成的渗氮物不稳定，加热时易分解并聚集粗化，使硬度很快下降。为了克服这个缺点，同时为保证渗氮后的工件表面具有高硬度和高耐磨性，心部也具有强而韧的组织，所以渗氮钢一般都是采用能形成稳定渗氮物的中碳合金钢，如

35CrAlA、38CrMoAlA、38CrWVAlA 等。Al、Cr、Mo、W、V 等合金元素与 N 结合形成的渗氮物 AlN、CrN、MoN 等都很稳定，并在钢中均匀分布，能起到弥散强化的作用，使渗氮层达到很高的硬度，在 600～650℃也不降低。

由于渗氮工艺复杂，周期长，成本高，所以只适用于耐磨性和精度都要求较高的零件，或要求抗热、抗蚀的耐磨件，如发动机的汽缸、排气阀、精密机床丝杠、镗床主轴、汽轮机阀门、阀杆等。随着新工艺（如软渗氮、离子渗氮等）的发展，渗氮处理得到了愈来愈广泛的应用。

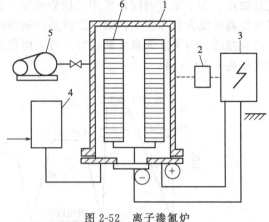

图 2-52　离子渗氮炉

1—真空容器；2—测温装置系统；3—直流电源；
4—渗氮气体调节装置；5—真空泵；6—待处理工件

(2) 离子渗氮　离子渗氮（ionic nitriding）在离子渗氮炉中进行（图 2-52）。它是利用直流辉光放电的物理现象来实现渗氮的，所以又称为辉光离子渗氮。离子渗氮的基本原理是：将严格清洗过的工件放在密封的真空室内的阴极盘上，并抽至真空度 1～10Pa，然后向炉内通入少量的氨气，使炉内的气压保持在 133～1330Pa。阴极盘接直流电源的负极（阴极），真空室壳和炉底板接直流电源的正极（阳极）并接地，并在阴阳极之间接通 500～900V 的高压电。氨气在高压电场的作用下，部分被电离成氮和氢的正离子及电子，并在靠近阴极（工件）的表面形成一层紫红色的辉光放电现象。由于高能量的氮离子轰击工件的表面，将离子的动能转化为热能使工件表面温度升至渗氮的温度（500～650℃）。在氮离子轰击工件表面的同时，还能产生阴极溅射效应，溅射出铁离子。被溅射出来的铁离子在等离子区与氮离子化合形成渗氮铁（FeN），在高温和离子轰击工件的作用下，FeN 迅速分解为 Fe_2N、Fe_4N，并放出氮原子向工件内部扩散，于是在工件表面形成渗氮层，渗层为 Fe_2N、Fe_4N 等渗氮物，具有很高的耐磨性、耐蚀性和疲劳强度。随着时间的增加，渗氮层逐渐加深。

离子渗氮的优点如下。

① 生产周期短　渗速快，是气体渗氮的 3～4 倍。以 38CrMoAl 为例，渗氮层厚度要求 0.6mm 时，气体渗氮周期为 50h 以上，而离子渗氮只需 15～20h。同时节省能源及减少气体的消耗。

② 渗层具有一定的韧性　由于离子渗氮的阴极溅射有抑制脆性层的作用，明显提高了渗氮层的韧性和抗疲劳强度。

③ 工件变形小　处理后变形小，表面银白色，质量好，特别适用于处理精密零件和复杂零件。

④ 能量消耗低，渗剂消耗少，对环境几乎无污染。

⑤ 渗氮前不需去钝处理　对于一些含 Cr 的钢，如不锈钢，表面有一层稳定致密的钝化膜，阻止氮原子的渗入。但离子渗氮的阴极溅射能有效地除去表面钝化膜，克服了气体渗氮不能处理这类钢的不足。

2.4.3　钢的碳氮共渗

碳氮共渗（carbonitriding）是同时向工件表面渗入碳和氮的化学热处理工艺，也称为氰化处理。常用的碳氮共渗工艺有液体碳氮共渗和气体碳氮共渗。液体碳氮共渗的介质有毒，污染环境，劳动条件差，很少应用。气体碳氮共渗有中温和低温碳氮共渗，应用较为广泛。

（1）中温气体碳氮共渗

与气体渗碳一样，碳氮共渗是将工件放入密封炉内，加热到共渗温度，向炉内滴入煤油，同时通入氨气。保温一段时间后，工件的表面就获得一定深度的共渗层。

中温气体碳氮共渗（mesothermal gas carbonitriding）温度对渗层的碳/氮含量比和厚度的影响很大。温度愈高，渗层的碳/氮比愈高，渗层也比较厚；降低共渗温度，碳/氮比小，渗层也比较薄。

生产中常用的共渗温度一般在 820～880℃范围内，保温时间在 1～2h，共渗层厚 0.2～0.5mm。渗层的氮含量在 0.2%～0.3%，碳含量在 0.85%～1.0%。

中温碳氮共渗后可直接淬火，并低温回火。这是由于共渗温度低，晶粒较细，工件经淬火和回火后，共渗层的组织由细片状回火马氏体、适量的粒状碳渗氮物以及少量的残留奥氏体组成。

中温碳氮共渗与渗碳相比具有以下优点：

① 渗入速度快，生产周期短，生产效率高。

② 加热温度低，工件变形小。

③ 在渗层表面碳的质量分数相同的情况下，共渗层的硬度高于渗碳层，因而耐磨性更好。

④ 共渗层比渗碳层具有更高的压应力，因而有更高的疲劳强度，耐蚀性也比较好。

中温气体碳氮共渗主要应用于形状复杂、要求变形小的耐磨零件。

（2）低温气体碳氮共渗

低温碳氮共渗以渗氮为主，又称为气体软渗氮，在普通气体渗氮设备中即可进行处理。软渗氮的温度在 520～570℃，时间一般为 1～6h，常用介质为尿素。尿素在 500℃上发生分解反应如下：

$$(NH_2)_2CO \longrightarrow CO + 2H_2 + 2[N]$$

$$2CO \longrightarrow CO_2 + [C]$$

由于处理温度比较低，在上述反应中，活性氮原子多于活性碳原子，加之碳在铁素体中的溶解度小，因此气体软渗氮是以渗氮为主。

软渗氮的特点是：

① 处理速度快，生产周期短。

② 处理温度低，零件变形小，处理前后零件精度没有显著变化。

③ 渗层具有一定韧性，不易发生剥落。

与气体渗氮相比，软氮化硬度比较低（一般为 400～800HV），但能赋予零件表面耐磨、耐疲劳、抗咬合和抗擦伤等性能；缺点是渗层较薄，仅为 0.01～0.02mm。一般用于机床、汽车的小型轴类和齿轮等零件，也可用于工具、模具的最终热处理。

2.5　钢的热处理新技术

随着科学的进步和发展，不断有许多钢的热处理新技术、新工艺出现，大大地提高了钢热处理后的质量和性能。

2.5.1　可控气氛热处理和真空热处理

由于大多数的钢铁热处理是在空气中进行的，所以氧化与脱碳是热处理常见缺陷之一。它不但造成钢铁材料的大量损耗，而且也使产品质量及使用寿命下降。据统计，在汽车制造业中，在氧化介质中热处理造成的烧损量占整个热处理零件重量的 7.5%。另外，热处理过程中产生的氧化皮也需要在后序的加工中清理掉，既增加了工时又浪费了材料。目前防止氧化和脱碳的最有效方法是采用可控气氛热处理（controlled atmosphere heat treatment）和真空热处理（vacuum heat treatment）。

（1）可控气氛热处理

向炉内通入一种或几种一定成分的气体，通过对这些气体成分的控制，使工件在热处理过程中不发生氧化和脱碳，这就是可控气氛热处理。

采用可控气氛热处理是当前热处理的发展方向之一，它可以防止工件在加热时的氧化和脱碳，实现光亮退火、光亮淬火等先进热处理工艺，节约钢材，提高产品质量。也可以通过调整气体成分，在光亮热处理的同时，实现渗碳和碳氮共渗。可控气氛热处理也便于实现热处理过程的机械化和自动化，大大提高劳动生产率。

一般可控气氛是由 CO、H_2、N_2 及微量的 CO_2、H_2O 与 CH_4 等气体组成，根据这些气体与钢及钢中的化合物的化学反应不同，可分为以下几种。

① 具有氧化与脱碳作用的气体　如氧、二氧化碳与水蒸气，它们在高温下都会使工件表面产生强烈的氧化和脱碳，在气氛中应严格控制。

② 具有还原作用的气体　如氢和一氧化碳都属于这类气体，它们不仅能保护工件在高温下不氧化，而且还能将已氧化的铁还原。另外，一氧化碳还具有弱渗碳的作用。

③ 中性气体　如氮在高温下与工件既不发生氧化、脱碳，也不增碳。一般做保护气氛使用。

④ 具有强烈渗碳作用的气体　如甲烷及其他碳氢化合物。甲烷在高温下能分解出大量的碳原子，渗入钢表面使之增碳。可控气氛往往是由多种气体混合而成，适当调整混合气体的成分，可以控制气氛的性质，达到无氧化、无脱碳或渗碳的目的。

目前用于热处理的可控气氛名称和种类很多，我国目前常用的可控气氛主要有以下四大类。

① 放热式气氛　用煤气或丙烷等与空气按一定比例混合后进行放热反应（燃烧反应）而制成，由于反应时放出大量的热，故称为放热式气氛。主要用于防止加热时的氧化，如低、中碳钢的光亮退火或光亮淬火等。

② 吸热式气氛　用煤气、天然气或丙烷等与空气按一定比例混合后，通入发生器进行吸热反应（外界加热），故称为吸热式气氛。其碳势（碳势是指炉内气氛与奥氏体之间达到平衡时，钢表面的碳的质量分数）可调节和控制，可用于防止工件的氧化和脱碳，或用于渗碳处理。它适用于各种碳质量分数的工件光亮退火、淬火、渗碳或碳氮共渗。

③ 氨分解气氛　将氨气加热分解为氮和氢，一般用来代替价格较高的纯氢作为保护气氛。主要应用于含铬较高的合金钢（如不锈钢、耐热钢）的光亮退火、淬火和钎焊等。

④ 滴注式气氛　用液体有机化合物（如甲醇、乙醇、丙酮和三乙醇胺等）混合滴入热处理炉内所得到的气氛称为滴注式气氛。它容易获得，只需要在原有的井式炉、箱式炉或连续炉上稍加改造即可使用。如滴注式可控气氛渗碳就是向井式渗碳炉中同时滴入两种有机液体，如甲醇和丙酮。前者分解后作为稀释气氛的载流体；丙酮分解后，形成渗碳能力很强的渗碳气体。调节两种液体的滴入比例，可以控制渗碳气氛的碳势。滴注式气氛主要应用于渗碳、碳氮共渗、软渗氮、保护气氛淬火和退火等。

（2）真空热处理

金属和合金在真空热处理时会产生一些和常规热处理技术所没有的作用，是一种能得到高的表面质量的热处理新技术，目前越来越受到重视。

① 真空热处理的效果

a. 真空的保护作用 真空加热时，由于氧的分压很低，氧化性、脱碳性气体极为稀薄，可以防止氧化和脱碳，当真空度达到 1.33×10^{-3} Pa 时，即可达到无氧化加热，同时真空热处理属于无污染的洁净热处理。

b. 表面净化效果 金属表面在真空热处理时不仅可以防止氧化，而且还可以使已发生氧化的表面在真空加热时脱氧。因为在高真空中，氧的分压很低，加热可以加速金属氧化物分解，从而获得光亮的表面。

c. 脱脂作用 在机械加工时，工件不可避免地沾有油污，这些油污属于碳、氢和氧的化合物。在真空加热时，这些油污迅速分解为氢、水蒸气和二氧化碳，很容易蒸发而被排出炉外。所以在真空热处理中，即使工件有轻微的油污也会得到光亮的表面。

d. 脱气作用 在真空中长时间加热能使溶解在金属中的气体逸出，有利于提高钢的韧性。

e. 工件变形小 在真空中加热，升温速度慢，工件截面温差小，所以处理时变形小。

② 真空热处理的应用

a. 真空退火 利用真空无氧加热的效果，进行光亮退火，主要应用有冷拉钢丝的中间退火、不锈钢的退火以及有色合金的退火等。

b. 真空淬火 真空淬火已广泛应用于各种钢的淬火处理，特别是在高合金工具钢和模具钢的淬火处理，保证了热处理工件的质量，大大提高了工件的性能。

c. 真空渗碳 工件在真空中加热并进行气体渗碳，称为真空渗碳，也叫低压渗碳，是近年来发展起来的一项新工艺。与传统渗碳方法相比，真空渗碳温度高（1000℃），可显著缩短渗碳时间，并减少渗碳气体的消耗。真空渗碳碳层均匀，渗层内碳浓度变化平缓，无反常组织及晶间氧化物产生，表面光洁。

2.5.2 形变热处理

形变热处理（ausforming）是将形变与相变结合在一起的一种热处理新工艺，它能获得形变强化与相变强化的综合作用，是一种既可以提高强度，又可以改善塑性和韧性的最有效的方法。形变热处理中的形变方式很多，可以是锻、轧、挤压、拉拔等。

形变热处理中的相变类型也很多，有铁素体珠光体类型相变、贝氏体类型相变、马氏体类型相变及时效沉淀硬化型相变等。形变与相变的关系也是各式各样的，可以先形变后相变，也可以相变后再形变，或者是在相变过程中进行形变。目前最常用的有以下两种。

（1）高温形变热处理

高温形变热处理（high temperature ausforming）是将钢加热到 A_{c_3} 以上（奥氏体区域），进行塑性变形，然后淬火和回火的工艺方法（图 2-53）；也可以立即在变形后空冷或控制冷却，得到铁素体、珠光体或贝氏体组织，这种工艺称为高温形变正火，也称为控制轧制。

这种工艺的关键是在形变时，为了保留形变强化的效果，应尽可能避免发生再结晶软化，所以形变后应立即快速冷却。高温形变强化的原因是在形变过程中位错密度增加，奥氏体晶粒细化，使马氏体细化，从而提高了强化效果。

高温形变热处理与普通热处理相比，不但提高了钢的强度，而且同时提高了塑性和韧性，使钢的综合力学性能得到明显的改善。高温形变热处理适用于各类钢材，可将锻造和轧制同热处理结合起来，减少加热次数，节约能源。同时减少了工件氧化、脱碳和变形，在设备上没有特殊要求，生产上容易实现。目前在连杆、曲轴、汽车板簧和热轧齿轮应用较多。

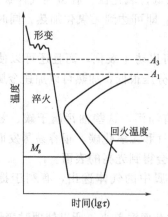

图 2-53　高温形变热处理工艺曲线

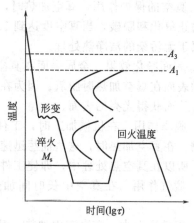

图 2-54　中温形变热处理工艺曲线

（2）中温形变热处理

将钢加热到 A_{c_3} 以上，迅速冷却到珠光体和贝氏体形成温度之间，对过冷奥氏体进行一定量的塑性变形，然后淬火回火，这种处理方法称为中温形变热处理（intermediate temperature ausforming）（图 2-54）。中温形变热处理要求钢要有较高的淬透性，以便在形变时不产生非马氏体组织。所以它适用于过冷奥氏体等温转变图上具有两个 C 曲线，即在 550～650℃范围内存在过冷奥氏体亚稳定区的合金钢。

中温形变热处理的强化效果非常显著，而且塑性和韧性不降低，甚至略有升高。因为在形变时，不仅使马氏体组织细化，而且还能增加马氏体中的位错密度，同时细小的碳化物在钢中弥散分布也起到了强化的作用。

中温形变热处理的形变温度较低，而且要求形变速度要快，所以加工设备功率大。因此，虽然中温形变热处理的强化效果好，但因工艺实施困难，应用受到限制，目前主要用于强度要求极高的零件，如飞机起落架、高速钢刃具、弹簧钢丝、轴承等。

2.5.3　表面热处理新技术

（1）激光热处理

激光是一种具有极高能量密度、极高亮度、单色性和方向性的强光源。随着激光技术的发展，大功率激光器在生产中的应用，激光热处理（laser heat treatment）工艺的应用也越来越广泛。

① 激光加热表面淬火　激光束可以在极短的时间（1/100～1/1000s）内将工件表面加热到相变温度，然后依靠工件本身的传热实现快速冷却淬火。其特点如下。

a. 加热时间短，相变温度高，形核率高，淬火得到隐晶马氏体组织，因而表面硬度高，耐磨性好。

b. 加热速度快，表面氧化与脱碳极轻，同时靠自冷淬火，不用冷却介质，工件表面清洁，无污染。

c. 工件变形小，特别适于形状复杂的零件（拐角、沟槽、盲孔）的局部热处理。

② 激光表面合金化　在工件表面涂覆一层合金元素或化合物，再用激光束进行扫描，使涂覆层材料和基体材料的浅表层一起熔化、凝固，形成一超细晶粒的合金化层，从而使工件表面具有优良的力学性能或其他一些特殊要求的性能。

（2）气相沉积技术

气相沉积技术（vapour deposition process）是利用气相中发生的物理、化学反应，生成的反应物在工件表面形成一层具有特殊性能的金属或化合物涂层。气相沉积技术分为两大类，一类是化学气相沉积（简称 CVD 法），另一类是物理气相沉积（简称 PVD 法）。近年来由于气相沉积技术的发展，将等离子技术引入化学气相沉积，出现了等离子体化学气相沉积（简称 PVCD 法）。

化学气相沉积是利用气态物质在固态工件表面进行化学反应，生成固态沉积物的过程。气相沉积通常是在工件表面上涂覆一层过渡族元素（如钛、铌、钒、铬等）的碳、氮、氧、硼化合物。常用的碳化钛或渗氮钛的沉积方法就是向加热到 $900\sim1100℃$ 的反应室内通入 $TiCl_4$、H_2、N_2、CH_4 等反应气体，经数小时沉积后，在工件表面形成几微米厚的碳化钛或渗氮钛。化学气相沉积的速度较快，而且涂层均匀，但由于沉积温度高，工件变形大，只能用于少数几种能承受高温的材料，如硬质合金。

物理气相沉积是通过蒸发、电离或溅射等物理过程产生金属粒子，在与反应气体反应生成化合物后，沉积在工件的表面形成涂层。物理气相沉积温度低（约 $500℃$），可以在刀具、模具的表面沉积一层硬质膜，提高它们的使用寿命。

等离子体化学气相沉积技术是在化学气相沉积技术基础上，将等离子体引入到反应室内，使沉积温度从化学气相沉积的 $1000℃$ 降到了 $600℃$ 以下，扩大了其应用范围。

气相沉积方法的优点是涂覆层附着力强、均匀、质量好、无污染等。涂覆层具有良好的耐磨性、耐蚀性等，涂覆后的零件寿命可提高 $2\sim10$ 倍以上。气相沉积技术还能制备各种润滑膜、磁性膜、光学膜以及其他功能膜，因此在机械制造、航空航天、原子能等部门得到了广泛的应用。

思考题与习题

2-1　何谓过冷奥氏体？如何测定钢的奥氏体等温转变图？奥氏体等温转变有何特点？

2-2　共析钢奥氏体等温转变产物的形成条件、组织形态及性能各有何特点？

2-3　影响奥氏体等温转变图的主要因素有哪些？比较亚共析钢、共析钢、过共析钢的奥氏体等温转变图。

2-4　比较共析碳钢过冷奥氏体连续冷却转变图与等温转变图的异同点。如何参照奥氏体等温转变图定性地估计连续冷却转变过程及所得产物？

2-5　钢获得马氏体组织的条件是什么？钢的碳质量分数如何影响钢获得马氏体组织的难易程度？

2-6　生产中常用的退火方法有哪几种？下列钢件各选用何种退火方法？它们退火加热的温度各为多少？并指出退火的目的及退火后的组织：

　　（1）经冷轧后的 15 钢钢板，要求保持高硬度；

　　（2）经冷轧后的 15 钢钢板，要求降低硬度；

　　（3）ZG270-500（原 ZG35）的铸造齿轮毛坯；

　　（4）锻造过热的 60 钢锻坯；

　　（5）具有片状渗碳体的 T12 钢坯。

第3章　铸造工艺

将液态金属浇注到具有与零件形状、尺寸相适应的铸型型腔中，待其冷却凝固，以获得毛坯零件的生产方法，称为铸造。

铸造是历史最为悠久的金属成型方法，直到今天仍然是毛坯生产的主要方法。在机器设备中铸件所占比例很大，如机床、内燃机中，铸件占总重量的70%～90%，压气机占60%～80%。拖拉机占50%～70%，农业机械占40%～70%。铸造之所以获得如此广泛的应用，是由于它有如下优越性。

① 可制成形状复杂、特别是具有复杂内腔的毛坯，如箱体、气缸体等。

② 适应范围广。如工业上常用的金属材料（碳素钢、合金钢、铸铁、铜合金、铝合金等）都可铸造，其中广泛应用的铸铁件只能用铸造方法获得。铸件的大小几乎不限，从几克到数百吨；铸件的壁厚可由1mm～1m；铸造的批量不限，从单件、小批，直到大量生产。

③ 铸造可直接利用成本低廉的废机件和切屑，设备费用较低。同时，铸件加工余量小，节省金属，减少切削加工量，从而降低制造成本。

在铸造生产中，最基本的工艺方法是砂型铸造，用这种方法生产的铸件占总产量的90%以上。此外，还有多种特种铸造方法，如熔模铸造、金属型铸造、压力铸造、离心铸造等，它们在不同条件下各有其优势。

3.1　铸造工艺基础

铸造生产过程复杂，影响铸件质量的因素颇多，废品率一般较高。铸造废品的产生不仅与铸型工艺有关，还与铸型材料、铸造合金、熔炼、浇注等密切相关。现先从与合金铸造性能相关的主要缺陷的形成与防止加以论述，为合理选择铸造合金和铸造方法打好基础。

3.1.1　液态合金的充型

液态合金填充铸型的过程，简称充型。

液态合金充满铸型型腔，获得形状完整、轮廓清晰铸件的能力，称为液态合金的充型能力。在液态合金的充型过程中，有时伴随着结晶现象。若充型能力不足，在型腔被填满之前，形成的晶粒将充型的通道堵塞，金属液被迫停止流动，于是铸件将产生浇不足或冷隔等缺陷。

充型能力主要受金属液本身的流动性、铸型性质、浇注条件及铸件结构等因素的影响。

（1）合金的流动性

液态合金本身的流动能力，称为合金的流动性，是合金主要铸造性能之一。合金的流动性愈好，充型能力愈强，愈便于浇铸出轮廓清晰、薄而复杂的铸件。同时，有利于非金属夹杂物和气体的上浮与排除，还有利于对合金冷凝过程所产生的收缩进行补缩。液态合金的流动性通常以螺旋形试样（图3-1）

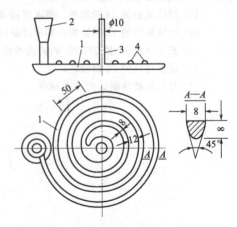

图3-1　金属流动性试样
1—试样铸件；2—浇口；3—冒口；4—试样凸点

长度来衡量。显然，在相同的浇注条件下，合金的流动性愈好，所浇出的试样愈长。表 3-1 列出了常用铸造合金的流动性，其中灰铸铁、硅黄铜的流动性最好，铸钢的流动性最差。

表 3-1 常用合金流动性

合金	造型材料	浇注温度/℃	螺旋线长度/mm
灰口铸铁C＋Si＝6.2％ C＋Si＝5.2％ C＋Si＝4.2％	砂型	1300	1800 1000 600
铸钢(0.4％C)	砂型	1600 1640	100 200
锡青铜(9％～11％Sn＋2％～4％Zn)	砂型	1040	420
硅黄铜(1.5％～4.5％Si)	砂型	1100	1000
铝合金(硅铝明)	金属型(300℃)	680～720	700～800

影响合金流动性的因素很多，但以化学成分的影响最为显著。共晶成分合金的结晶是在恒温下进行的，此时，液态合金从表层逐层向中心凝固，由于已结晶的固体层内表面比较光滑，对金属液的流动阻力小，故流动性最好。除纯金属外，其他成分合金是在一定温度范围内逐步凝固的，此时，结晶是在一定宽度的凝固区内同时进行的，由于初生的树枝状晶体使固体层内表面粗糙，所以合金的流动性变差，显然，合金成分愈远离共晶点，结晶温度范围愈宽，流动性愈差。图 3-2 所示为铁碳含金的流动性与含碳量的关系。由图可见，亚共晶铸铁随含碳量的增加结晶温度范围减小，流动性提高。

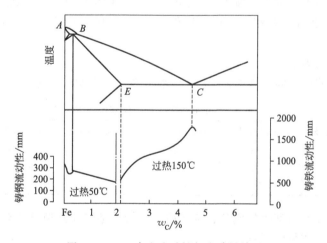

图 3-2 Fe-C合金流动性与含碳量关系

(2) 浇注条件

① 浇注温度 浇注温度对合金的充型能力有着决定性影响。提高浇注温度，合金的黏度下降，流速加快，还能使铸型温度升高，合金在铸型中保持流动的时间长，从而大大提高合金的充型能力。但浇注温度过高，铸件容易产生缩孔、缩松、粘砂、气孔、粗晶等缺陷，故在保证充型能力足够的前提下，浇注温度应尽量降低。

② 充型压力 液态合金所受的压力愈大，充型能力愈好。如压力铸造、低压铸造和离心铸造时，因充型压力较砂型铸造提高甚多，所以充型能力较强。

(3) 铸型填充条件

液态合金充型时，铸型阻力将影响合金的流动速度，而铸型与合金间的热交换又将影响合金保持流动的时间。因此，如下因素对充型能力均有显著影响。

① 铸型材料　铸型材料的热导率和比热容愈大，对液态合金的激冷能力愈强，合金的充型能力就愈差。如金属型铸造较砂型铸造容易产生浇不足和冷隔缺陷。

② 铸型温度　金属型铸造、压力铸造和熔模铸造时，铸型被预热到数百摄氏度，由于减缓了金属液的冷却速率，故使充型能力得到提高。

③ 铸型中气体　在金属液的热作用下，铸型（尤其是砂型）将产生大量气体，如果铸型排气能力差，型腔中气压将增大，以致阻碍液态合金的充型。为了减小气体的压力，除应设法减少气体的来源外，应使铸型具有良好的透气性，并在远离浇口的最高部位开设出气口。

3.1.2　铸件的收缩

铸件在冷却过程中，其体积或尺寸缩减的现象，称为收缩，它是铸造合金的物理本性。收缩给铸造工艺带来许多困难，是多种铸造缺陷（缩孔、缩松、裂纹、变形等）产生的根源。

金属从液态冷却到室温要经历三个相互联系的收缩阶段：

① 液态收缩　从浇注温度到凝固开始温度（液相线温度）间的收缩。

② 凝固收缩　从凝固开始温度到凝固终止温度（固相线温度）间的收缩。

③ 固态收缩　从凝固终止温度到室温间的收缩。

合金的液态收缩和凝固收缩表现为合金体积的缩小，使型腔内金属液面下降，通常用体积收缩率来表示，它们是铸件产生缩孔和缩松缺陷的基本原因；合金的固态收缩不仅引起合金体积上的缩减，同时，更明显地表现在铸件尺寸上的缩减，因此固态收缩常用单位长度上的收缩量（即线收缩率）来表示，它是铸件产生内应力以致引起变形和产生裂纹的主要原因。

（1）影响收缩的因素

不同合金的收缩率不同。表 3-2 所示为几种铁碳合金的体积收缩率。

表 3-2　几种铁碳合金的体积收缩率

合金种类	含碳量/%	浇注温度/℃	液态收缩/%	凝固收缩/%	固态收缩/%	总体积收缩/%
铸造碳钢	0.35	1610	1.6	3	7.8	12.4
白口铸铁	3.00	1400	2.4	4.2	5.4~6.3	12~12.9
灰铸铁	3.50	1400	3.5	0.1	3.3~4.2	6.9~7.8

铸件的实际收缩率与其化学成分、浇注温度、铸件结构和铸型条件有关。

（2）收缩对铸件质量的影响

① 铸件的缩孔与缩松　液态合金在冷凝过程中，若其液态收缩和凝固收缩所缩减的容积得不到补足，则在铸件最后凝固的部位形成一些孔洞，容积较大而集中的称缩孔，细小而分散的称缩松。如图 3-3 所示。

一般来讲，纯金属和共晶合金在恒温下结晶，铸件由表及里逐层凝固，容易形成缩孔，缩孔常集中在铸件的上部或厚大部位等最后凝固的区域。具有一定凝固温度范围的合金，凝固是在较大的区域内同时进行，容易形成缩松。缩松常分布在铸件壁的轴线区域及厚大部位等。

缩孔和缩松会减小铸件的有效面积，并在该处产生应力集中，降低其机械性能，缩松还可使铸件因渗漏而报废。因此，必须依据技术要求，采取适当的工艺措施予以防止。实践证明，只要能使铸件实现顺序凝固原则，尽管合金的收缩较大，也可获得没有缩孔的致密铸件。

　　所谓顺序凝固就是在铸件上可能出现缩孔的厚大部位通过安放冒口等工艺措施，使铸件远离冒口的部位（图 3-4 中Ⅰ）先凝固；然后是靠近冒口部位（图 3-4 中Ⅱ、Ⅲ）凝固；最后才是冒口本身的凝固。按照这样的凝固顺序，先凝固部位的收缩，由后凝固部位的金属液来补充；后凝固部位的收缩，由冒口中的金属液来补充，从而使铸件各个部位的收缩均能得到补充，而将缩孔转移到冒口之中。冒口是多余部分，在铸件清理时予以切除。

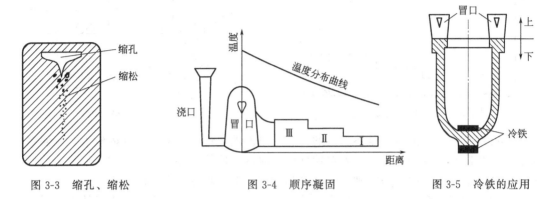

图 3-3　缩孔、缩松　　　　　　图 3-4　顺序凝固　　　　　　图 3-5　冷铁的应用

　　为了使铸件实现顺序凝固，在安放冒口的同时，还可在铸件上某些厚大部位增设冷铁。图 3-5 所示铸件的热节不止一个，若仅靠顶部冒口难以向底部凸台补缩，为此，在该凸台的型壁上安放了两个外冷铁。由于冷铁加快了该处的冷却速率，使厚度较大的凸台反而最先凝固，由于实现了自下而上的定向凝固，从而防止了凸台处缩孔、缩松的产生。可以看出，冷铁仅是加快某些部位的冷却速率，以控制铸件的凝固顺序，但本身并不起补缩作用。冷铁通常用钢或铸铁制成。

　　安放冒口和冷铁、实现顺序凝固，虽可有效地防止缩孔和宏观缩松，但却耗费许多金属和工时，加大了铸件成本。同时，顺序凝固扩大了铸件各部分的温度差，促进了铸件的变形和裂纹倾向。因此，顺序凝固主要用于必须补缩的场合，如铝青铜、铝硅合金和铸钢件等。

　　② 铸造内应力、变形和裂纹　铸件在凝固之后的继续冷却过程中，其固态收缩若受到阻碍，铸件内部将产生内应力，这些内应力有时是在冷却过程中暂存的，有时则一直保留到室温，后者称为残余内应力。铸造内应力是铸件产生变形和裂纹的基本原因。

　　按照内应力的产生原因，可分为热应力和机械应力两种。

　　热应力是由于铸件的壁厚不均匀、各部分的冷却速率不同，以致在同一时期内铸件各部分收缩不一致而引起的。

　　预防热应力的基本途径是尽量减少铸件各个部位间的温度差，使其均匀地冷却。为此，可将浇口开在薄壁处，使薄壁处铸型在浇注过程中的升温较厚壁处高，因而可补偿薄壁处的冷速快的特点。有时为增快厚壁处的冷速，还可在厚壁处安放冷铁（图 3-6），采用同时凝固原则可减少铸造内应力，防止铸件的变形和裂纹缺陷，又可免设冒口而省工省料。其缺点是铸件心部容易出现缩孔或缩松。同时凝固原则主要用于灰铸铁、锡青铜等。这是由于灰铸铁的缩孔、缩松倾向小，而锡青铜倾向于糊状凝固，采用定向凝固也难以有效地消除其显微缩松缺陷。

　　机械应力是合金的线收缩受到铸型或型芯的机械阻碍而形成的内应力，如图 3-7 所示。机械应力使铸件产生暂时性的正应力或剪切应力，这种内应力在铸件落砂之后便可自行消除。但它在铸件冷却过程中可与热应力共同起作用，增大了某些部位的应力，促进了铸件的裂纹倾向。

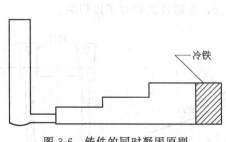

图 3-6　铸件的同时凝固原则

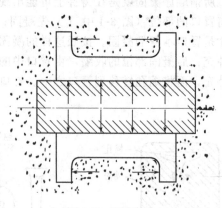

图 3-7　机械应力

具有残余内应力的铸件是不稳定的，它将自发地通过变形来减缓其内应力，以便趋于稳定状态。为防止铸件产生变形，除在铸件设计时尽可能使铸件的壁厚均匀、形状对称外，在铸造工艺上应采用同时凝固原则，以便冷却均匀。对于长而易变形的铸件，还可采用反变形工艺。反变形法是在统计铸件变形规律的基础上，在模样上预先作出相当于铸件变形量的反变形量，以抵消铸件的变形。

当铸造内应力超过金属的强度极限时，便将产生裂纹。裂纹是铸件的严重缺陷，多使铸件报废。裂纹可分成热裂和冷裂两种。

热裂是在高温下形成的裂纹，其形状特征是：缝隙宽、形状曲折、缝内呈氧化色。

试验证明，热裂是在合金凝固末期的高温下形成的。因为合金的线收缩是在完全凝固之前便已开始，此时固态合金已形成完整的骨架，但晶粒之间还存有少量液体，故强度、塑性甚低，若机械应力超过了该温度下合金的强度，便发生热裂。另外，铸件的结构不好、型砂或芯砂的退让性差，合金的高温强度低等，都使铸件易产生热裂纹。

冷裂是在低温下形成的裂纹，其形状特征是：裂纹细小、呈连续直线状，有时缝内呈轻微氧化色。

冷裂常出现在形状复杂工件的受拉伸部位，特别是应力集中处（如尖角、孔洞类缺陷附近），不同铸造合金的冷裂倾向不同。如塑性好的合金，可通过塑性变形使内应力自行缓解，故冷裂倾向小；反之，脆性大的合金较易产生冷裂。为防止铸件的冷裂，除应设法降低内应力外，还应控制钢铁中的含磷量，使其不能过高。

3.2　砂型铸造工艺

砂型铸造就是将液态金属浇入砂型的铸造方法，型（芯）砂通常是由石英砂、黏土（或其他黏结材料）和水按一定比例混制而成的。型（芯）砂要有"一强三性"，即一定的强度，透气性、耐火性和退让性。砂型可用手工制造，也可用机器造型。

砂型铸造是目前最常用最基本的铸造方法，其造型材料来源广，价格低廉，所用设备简单，操作方便灵活。不受铸造合金种类、铸件形状和尺寸的限制，并适合于各种生产规模。目前我国砂型铸件约占全部铸件产量的 80% 以上。

3.2.1　砂型铸造工艺过程

砂型铸造工艺过程如图 3-8 所示。首先，根据零件的形状和尺寸设计并制造出模样和芯盒，配制好型砂和芯砂；用型砂和模样在砂箱中制造砂型，用芯砂在芯盒中制造型芯，并把

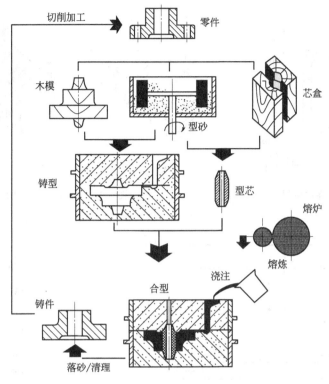

图 3-8　砂型造型基本工艺过程

砂芯装入砂型中，合箱即得完整的铸型；将金属液浇入铸型型腔，冷却凝固后落砂清理即得所需的铸件。

3.2.2　砂型铸造工艺分析

铸造工艺设计是生产铸件的第一步，需根据零件的结构、技术要求、批量大小及生产条件等确定适宜的铸造工艺方案，包括浇注位置和分型面的选择、工艺参数的确定等，并将这些内容表达在零件图上形成铸造工艺图。通常按以下步骤和原则进行。

（1）浇注位置的选择原则

浇注位置是指浇注时铸件在铸型中所处的空间位置。浇注位置确定的好坏对铸件质量有很大影响，确定时应遵循以下原则。

① 铸件上的重要加工面或质量要求高的面，尽可能置于铸型的下部或处于侧立位置。因为在浇注过程中金属液中的气体和熔渣往上浮，且由于静压力作用铸件下部组织致密。图3-9 为车床床身的浇注位置。导轨面是关键部分，不允许有任何铸造缺陷，因此采用导轨面朝下的浇注位置。

② 将铸件上的大平面朝下，以免在此面上出现气孔和夹砂缺陷。因为在金属液的充型过程中，灼热的金属液对砂型上表面产生的强烈热辐射会使其拱起或开裂，金属液钻进砂型的裂缝处，致使该表面产生夹砂缺陷，如图3-10(a) 所示。图3-10(b) 所示方案可以防止这种缺陷的产生。

③ 有大面积薄壁的铸件，应将其薄壁部分放在铸型的下部或处于侧立位置，以免产生浇不足和冷隔缺陷，如图3-11 所示。

④ 为防止铸件产生缩孔，应把铸件上易产生缩孔的厚大部位置于铸型顶部或侧面，以便安放冒口补缩。如图3-12 中的卷扬筒，其厚端位于顶部是合理的。

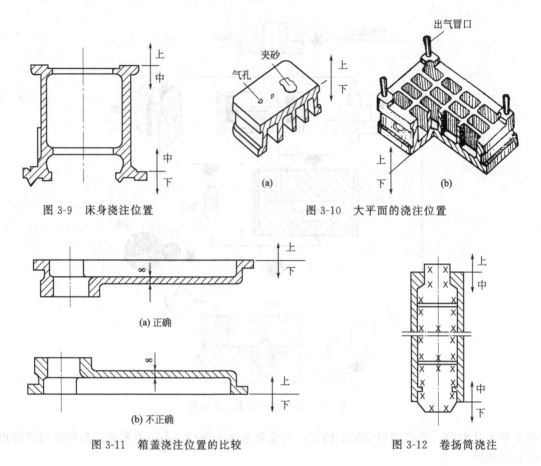

图 3-9　床身浇注位置

图 3-10　大平面的浇注位置

图 3-11　箱盖浇注位置的比较

图 3-12　卷扬筒浇注

（2）分型面位置的确定原则

分型面是指上、下或左、右砂箱间的接触表面。分型面位置确定得合理与否是铸造工艺的关键，应遵循以下原则进行。

① 尽可能将铸件的重要加工面或大部分加工面与加工基准面放在同一砂箱内，以保证其精度。如图 3-13(a) 所示，床身铸件的顶部为加工基准面，导轨部分属于重要加工面。若采用图中方案（b）分型，错箱会影响铸件精度。方案（a）在凸台处增加一外型芯，可使加工面和基准面处于同一砂箱内，保证铸件的尺寸精度。

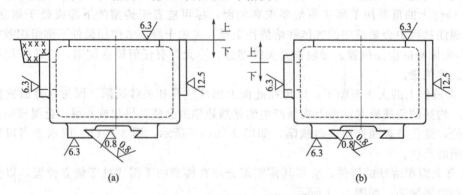

图 3-13　床身铸件的分型方案

② 选择分型面应考虑方便起模和简化造型，尽可能减少分型面数目和活块数目，图

3-14 的分型方案（d）比较合理。

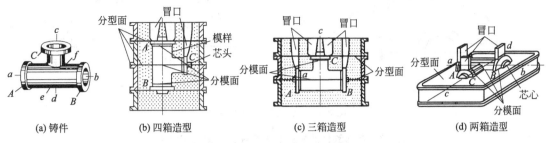

图 3-14　三通的分型面方案

此外，分型面应尽可能平直，图 3-15(b) 的分模方案，避免了挖砂或假箱造型 〔图 3-15(a)〕。

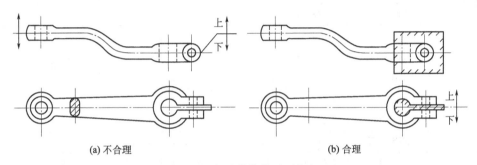

图 3-15　起重臂的分型面方案

③ 分型面的选择应尽可能减少型芯的数目，图 3-16 方案（a）接头内孔的形成需要型芯；而方案（b）可通过自带型芯来形成，省去了造芯及芯盒费用。

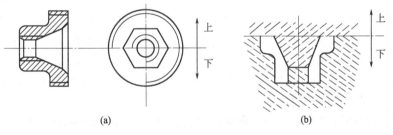

图 3-16　接头的分型面

④ 分型面的选择，应便于下芯、扣箱（合型）及检查型腔尺寸等操作。图 3-17 方案（a）的分型无法检查铸件厚壁是否均匀；而方案（b）因增设一中箱，在扣箱前便于检查壁厚，可保证铸件壁厚均匀。

（3）铸造工艺参数的确定

铸造工艺参数包括机加工余量、铸出孔、起模斜度、铸造圆角和铸造收缩率等，各参数的确定方法如下。

① 机加工余量和铸出孔的大小　　铸件的机加工余量是指为了机械加工而增大的尺寸部分。凡是零件图上标注粗糙度符号的表面均需考虑机加工余量。其值的大小可随铸件的大小、材质、批量、结构的复杂程度及该加工面在铸型中的位置等不同而变化，如表 3-3 所示。

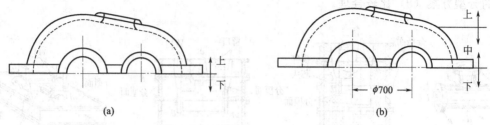

图 3-17　箱盖的分型面方案

表 3-3　灰铸铁件的机械加工余量值（摘自 JB 2854）

铸件最大尺寸 /mm	加工面在型内的位置	公称尺寸/mm					
		≤120	>120~260	>260~500	>500~800	>800~1250	>1250~2000
≤120	顶面	4.5(4.0)					
	底面、侧面	3.5(3.0)					
>120~260	顶面	5.0(4.5)	5.5(5.0)				
	底面、侧面	4.0(3.0)	4.5(4.0)				
>260~500	顶面	6.0(5.0)	7.0(6.0)	7.0(6.5)			
	底面、侧面	4.5(4.0)	5.0(4.5)	6.0(5.0)			
>500~800	顶面	7.0(6.0)	7.0(6.5)	8.0(7.0)	9.0(7.5)		
	底面、侧面	5.0(4.5)	5.0(4.5)	6.0(5.0)	7.0(5.5)		
>800~1250	顶面	7.0(7.0)	8.0(7.0)	8.0(7.5)	9.0(8.0)	10.0(8.5)	
	底面、侧面	5.5(5.0)	5.0(5.0)	6.0(5.5)	7.0(5.5)	7.5(6.5)	
>1250~2000	顶面	8.0(7.5)	8.0(8.0)	9.0(8.0)	9.0(9.0)	10.0(9.0)	12.0(10.0)
	底面、侧面	6.0(5.0)	6.0(5.5)	7.0(6.0)	7.0(6.5)	8.0(6.5)	9.0(7.5)

　　公称尺寸是指两个相对加工面之间的最大距离，或是指从基准面或中心线到加工面的距离。机加工余量的值不带括号者用于手工造型，带括号者用于机器造型。机械造型的铸件比手工造型精度高，故机加工余量要小些；铸件尺寸愈大或加工面与基准面间的距离愈大，铸件尺寸误差会增大，所以机加工余量也随之加大；铸件的上表面比底面和侧面更易产生缺陷，故机加工余量比底面和侧面的大。

　　铸件上的孔和槽铸出与否，要根据铸造工艺的可行性和必要性而定。一般说来，较大的孔和槽应铸出，以减少切削工时和节约金属材料。表 3-4 是铸件的最小铸出孔的尺寸。

表 3-4　铸件的最小铸出孔尺寸

生产批量	最小铸出孔直径/mm	
	灰铸铁件	铸钢件
大量	12~15	—
成批	15~30	30~50
单件、小批	30~50	50

　　② 起模斜度（或拔模斜度）　起模斜度是指在造型和制芯时，为便于把模型从传型中或把芯子从芯盒中取出，而在模型或芯盒的起模方向上做出一定的斜度。拔模斜度一般用角度 α 或宽度 a 表示，其标注方法如图 3-18 所示。

　　起模斜度的大小取决于该垂直壁的高度和造型方法。通常随垂直壁高度的增加，拔模斜

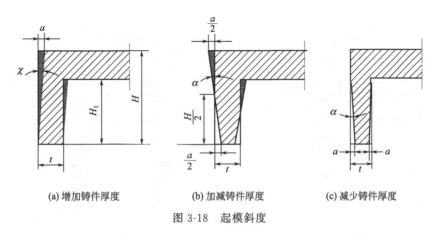

(a) 增加铸件厚度   (b) 加减铸件厚度   (c) 减少铸件厚度

图 3-18 起模斜度

度减小。机器造型的拔模斜度较手工造型的小，外壁的拔模斜度也小于内壁。一般拔模斜度在 0.5°～5°，如表 3-5 所示。

表 3-5 砂型铸造时模样外表面及内表面的起模斜度

测量面高度 /mm	起模斜度（≤）				测量面高度 /mm	起模斜度（≤）			
	金属模样、塑料模样		木模样			金属模样、塑料模样		木模样	
	α	a/mm	α	a/mm		α	a/mm	α	a/mm
≤10	2°20′	0.4	2°55′	0.6	≤10	4°35′	0.8	5°45′	1.0
>10～40	1°10′	0.8	1°25′	1.0	>10～40	2°20′	1.6	2°50′	2.0
>40～100	1°30′	1.0	0°40′	1.2	>40～100	1°05′	2.0	1°45′	2.2
>100～160	0°25′	1.2	0°30′	1.4	>100～160	0°45′	2.2	0°55′	2.6
>160～250	0°20′	1.6	0°25′	1.8	>160～250	0°40′	3.0	0°45′	3.4
>250～400	0°20′	2.4	0°25′	3.0	>250～400	0°40′	4.6	0°45′	5.2
>400～630	0°20′	3.8	0°20′	3.8	>400～630	0°35′	6.4	0°40′	7.4
>630～1000	0°15′	4.4	0°20′	5.8	>630～1000	0°30′	8.8	0°35′	10.2
>1000～1600	—	—	0°20′	8.0	>1000	—	—	0°35′	—

③ 铸造圆角　铸造圆角是指铸件上壁和壁的交角应做成圆弧过渡，以防止在该处产生缩孔和裂纹。铸造圆角的半径值一般为两相交壁平均厚度的 1/3～1/2。

④ 铸造收缩率　铸造收缩是指金属液浇注到铸型后，随温度的下降将发生凝固所引起的尺寸缩减。这种缩减的百分率为该金属的铸造收缩率。制造模型或芯盒时，应根据铸造合金收缩率将模型或芯盒放大，以保证该合金铸件冷却至室温时的尺寸能符合要求。合金铸造收缩率的大小，随铸造合金的种类、成分及铸件的结构和尺寸等的不同而改变。通常灰铸铁收缩率为 0.7%～1.0%，铸钢为 1.5%～2.0%，有色金属合金为 1.0%～1.5%。

(4) 砂型铸造工艺分析

下面以拖拉机轮毂为例分析其铸造工艺，如图 3-19 所示。

① 浇注位置的选择　拖拉机轮毂的浇注位置有两种方案，如图 3-19(b) 所示。

a. 垂直浇注　由零件图看出：轮毂上直径 100mm 和直径 90mm 孔的表面粗糙度要求 Ra 为 3.2μm。因其内部要装轴承，对孔的尺寸精度要求也高。此外，法兰处还需要补缩。所以应采用垂直浇注以保证其质量。

b. 水平浇注　水平浇注难以保证上箱即上半轮毂的质量，易产生气孔、夹渣和砂眼等。

② 分型面的选择　若从法兰的上侧面分型，轮毂的绝大部分将位于下砂箱，易保证其尺寸精度，且下芯后也便于检查壁厚均匀与否。若从过中心线的平面处分型，虽易造型、下芯和合箱，但难免产生错箱缺陷，使轮毂的尺寸和形状精度难以保证。

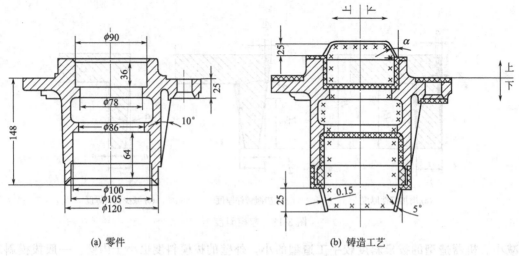

(a) 零件　　　　　　　　　　　　　　　(b) 铸造工艺

图 3-19　拖拉机轮毂

经分析比较得出，选择垂直浇注、沿法兰上侧面处分型易保证轮毂质量。

3.3　砂型铸造方法

3.3.1　手工造型

（1）手工造型工具

手工造型常用工具如图 3-20 所示，其中，墁刀是修平面及挖沟槽用；秋叶是修凹的曲面用；砂勾是修深的底部或侧面及钩出砂型中散砂用。

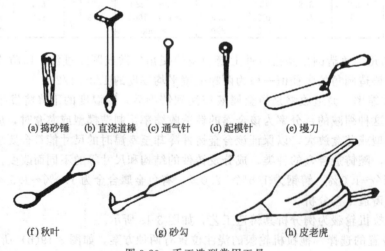

(a) 捣砂锤　　(b) 直浇道棒　　(c) 通气针　　(d) 起模针　　　(e) 墁刀

(f) 秋叶　　　　　　　(g) 砂勾　　　　　　　　(h) 皮老虎

图 3-20　手工造型常用工具

（2）手工造型方法的选择

手工造型的方法很多，按模样特征分为：整模造型、分模造型、活块造型、刮板造型、假箱造型和挖砂造型等；按砂箱特征分为：两箱造型、三箱造型、地坑造型、脱箱造型等。

造型方法的选择具有较大灵活性，一个铸件往往可用多种方法造型，应根据铸件结构特点、形状和尺寸、生产批量及车间具体条件等，进行分析比较，以确定最佳方案。表 3-6 为各种手工造型方法的特点和适用范围。

表 3-6　各种手工造型方法的特点和应用

造型方法名称		特　点	适用范围	简　图
按模样特征区分	整模造型	模样是整体的,分型面是平面,铸型型腔全部在半个铸型内。其造型简单,铸件不会产生错箱缺陷	适用于铸件最大截面靠一端,且为平面的铸件	
	挖砂造型	模样虽是整体的,但铸件的分型面为曲面。为了能起出模样,造型时用手工挖去阻碍起模的型砂。其造型费工,生产率低	用于单件,小批生产分型不是平面的铸件	
	假箱造型	为克服上述挖砂造型的挖砂特点,在造型前预先作个底胎(即假箱),然后,再在底胎上剩下箱。由于底胎并不参加浇注,故称假箱 假箱造型比挖砂造型操作简便,且分型整齐	用于成批生产需要挖砂的铸件	
	分模造型	将模样沿截面最大处分为两半,型腔位于上、下两个半型内。其造型简单,节省工时	常用于铸件最大截面在中部(或圆形)的铸件	
	活块造型	铸件上有妨碍起模的小凸台、筋条等。制模时将这些做成活动部分。造型起模时,先起出主体模样,然后再从侧面取出活块。其造型费时,要求工人技术水平高	主要用于单件、小批生产带有突出部分难以起模的铸件	
	刮板造型	用刮板代替木模造样,它可大大降低模型成本,节约木材,缩短生产周期,但造型生产率低,要求工人的技术水平高	主要用于有等截面的或回转体大、中型铸件的单件、小批生产 如皮带轮、飞轮、齿轮、铸管、弯头等	
按砂箱特征区分	两箱造型	铸样由成对的上箱和下箱构成,操作方便	为造型最基本方法,适用于各种生产批量,各种大、小铸件	
	三箱造型	铸型由上、中、下三箱构成。中箱的高度须与铸件两个分型面的间距相适应。三箱造型操作费工,且需有适合的砂箱	主要用于手工造型中,单件、小批生产具有两个分型面的铸件	
	地坑造型	造型是利用车间地面砂床作为铸型的下箱,大铸件需在砂床下面铺以焦炭,埋上出气管,以便浇注时引气 地坑造型仅用上箱便可造型,减少了制造专用下箱的生产准备时间,减少砂箱的投资。但造型费工,且要求技术较高	常用于砂箱不足的生产条件,制造批量不大的大、中型铸件	
	脱箱造型	它是采用活动砂箱来造型,在铸型合箱后,将砂箱脱出,重新用于造型。所以一个砂箱可制许多铸型 金属浇注时,为防止错箱,需用型砂将铸型周围填紧,也可在铸型上加套箱	常用于生产小铸件。因砂箱无箱带,所以砂箱多小于 400mm	

3.3.2 机器造型

机器造型是用机器来完成填砂、紧实和起模等造型操作过程，是现代化铸造车间的基本造型方法。与手工造型相比，可以提高生产率和铸型质量，减轻劳动强度。但设备及工装模具投资较大，生产准备周期较长，主要用于成批大量生产。

机器造型按紧实方式的不同分压实造型、震击造型、抛砂造型和射砂造型四种基本方式。

（1）压实造型

压实造型是利用压头的压力将砂箱内的型砂紧实，图 3-21 为压实造型。

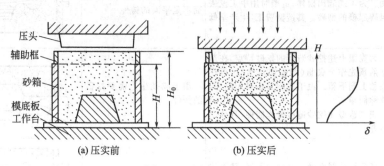

(a)压实前　　　　　　　　(b)压实后

图 3-21　压实造型

先将型砂填入砂箱和辅助框中，然后压头向下将型砂紧实。辅助框是用来补偿紧实过程中砂柱被压缩的高度。压实造型生产率较高，但砂型沿砂箱高度方向的紧实度不够均匀，一般越接近模板，紧实度越差。因此，只适于高度不大的砂箱。

（2）震击造型

这种造型方法是利用震动和撞击力对型砂进行紧实，如图 3-22 所示。砂箱填砂后，震击活塞将工作台连同砂箱举起一定高度，然后下落，与缸体撞击，依靠型砂下落时的冲击力产生紧实作用，砂型紧实度分布规律与压实造型相反，愈接近模板紧实度愈高。因此，震击造型常与压实造型联合使用，以便型砂紧实度分布更加均匀。

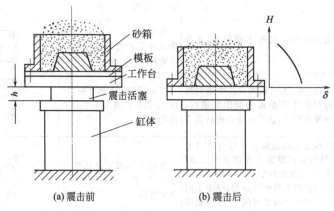

(a)震击前　　　　　　　　(b)震击后

图 3-22　震击造型

（3）抛砂造型

图 3-23 为抛砂机的工作原理。抛砂头转子上装有叶片，型砂由皮带输送机连续地送入，高速旋转的叶片接住型砂，并分成一个个砂团，当砂团随叶片转到出口处时，由于离心力的作用，以高速抛入砂箱，同时完成填砂和紧实。

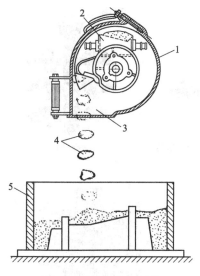

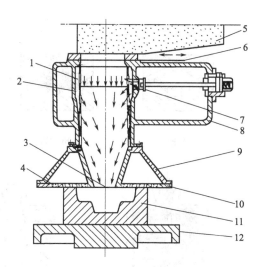

图 3-23　抛砂紧实原理
1—机头外壳；2—型砂入口；3—砂团出口；
4—被紧实的砂团；5—砂箱

图 3-24　射砂机工作原理
1—射砂筒；2—射膛；3—射砂孔；4—排气孔；
5—砂斗；6—砂闸板；7—进气阀；8—储气筒；
9—射砂头；10—射砂板；11—芯盒；12—工作台

（4）射砂造型

射砂紧实多用于制芯。图 3-24 为射芯机工作原理。由储气筒中迅速进入到射膛的压缩空气，将型芯砂由射砂孔射入芯盒的空腔中，而压缩空气经射砂板上的排气孔排出，射砂过程是在较短的时间内同时完成填砂和紧实，生产率极高。

3.4　特种铸造

砂型铸造虽然是生产中最基本的方法，并且有许多优点，但也存在一些难以克服的缺点，如一型一件，生产率低，铸件表面粗糙，加工余量较大，废品率较高，工艺过程复杂，劳动条件差等。为了克服上述缺点，在生产实践中发展出一些区别于砂型铸造的其他铸造方法，我们统称为特种铸造。特种铸造方法很多，往往在某种特定条件下，适应不同铸件生产的特殊要求，以获得更好的质量或更高的经济效益。以下介绍几种常用的特种铸造方法。

3.4.1　熔模铸造

熔模铸造是用易熔材料制成模样，造型之后将模样熔化，排出型外，从而获得无分型面的型腔。由于熔模广泛采用蜡质材料制成，又常称"失蜡铸造"。这种铸造方法能够获得具有较高精度和表面质量的铸件，故有"精密铸造"之称。

（1）基本工艺过程

熔模铸造的工艺过程如图 3-25 所示。主要包括蜡模制造、结壳、脱蜡、焙烧和浇注等过程。

① 蜡模制造　通常根据零件图制造出与零件形状尺寸相符合的模具，称为压型，把熔化成糊状的蜡质材料压入压型，等冷却凝固后取出，就得到蜡模。在铸造小型零件时，常把若干个蜡模黏合在一个浇注系统上，构成蜡模组，以便一次浇出多个铸件。

② 结壳　把蜡模组放入黏结剂和石英粉配制的涂料中浸渍，使涂料均匀地覆盖在蜡模

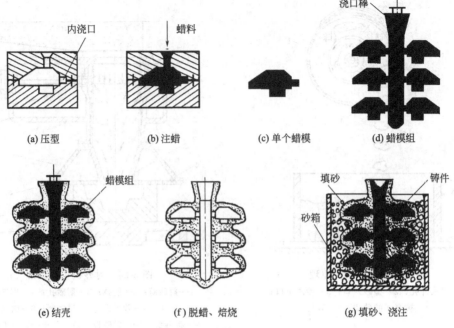

(a) 压型　　　　(b) 注蜡　　　　(c) 单个蜡模　　　　(d) 蜡模组

(e) 结壳　　　　(f) 脱蜡、焙烧　　　　(g) 填砂、浇注

图 3-25　熔模铸造的工艺过程

表层，然后在上面均匀地撒一层石英砂，再放入硬化剂中硬化。如此反复 4～6 次，最后在蜡模组外表形成由多层耐火材料组成的坚硬的型壳。

③ 脱蜡　通常将附有型壳的蜡模组浸入 85～95℃ 的热水中，使蜡料熔化并从型壳中脱除，以形成型腔。

④ 焙烧和浇注　型壳在浇注前，必须在 800～950℃ 下进行焙烧，以彻底去除残蜡和水分。为了防止型壳在浇注时变形或破裂，可将型壳排列于砂箱中，周围用干砂填紧。焙烧后通常趁热（600～700℃）进行浇注，以提高充型能力。

（2）熔模铸造的特点和应用

熔模铸件精度高，表面质量好，可铸出形状复杂的薄壁铸件，大大减少机械加工工时，显著提高金属材料的利用率。

熔模铸造的型壳耐火性强，适用于各种合金材料，尤其适用于那些高熔点合金及难切削加工合金的铸造。并且生产批量不受限制，单件、小批、大量生产均可。

但熔模铸造工序繁杂，生产周期长，铸件的尺寸和重量受到限制（一般不超过 25kg）。主要用于成批生产形状复杂、精度要求高或难以进行切削加工的小型零件，如汽轮机叶片和叶轮、大模数滚刀等。

3.4.2　金属型铸造

金属型铸造是将液态金属浇入金属铸型，以获得铸件的铸造方法。由于金属型可重复使用，所以又称永久型铸造。

（1）金属型的结构及其铸造工艺

根据铸件的结构特点，金属型可采用多种形式。金属型一般用铸铁制成，也可采用铸钢。铸件的内腔可用金属型芯或砂型来形成，其中金属型芯用于非铁金属件。为使金属型芯能在铸件凝固后迅速从内腔中抽出，金属型还常设有抽芯机构。对于有侧凹的内腔，为使型芯得以取出，金属型芯可由几块组合而成。图 3-26 为铸造铝活塞金属型典型结构简图，由

图 3-26 可见，它是垂直分型和水平分型相结合的复合结构，其左、右两半型用铰链相连接，以开、合铸型。由于铝活塞内腔存有销孔内凸台，整体型芯无法抽出，故采用组合金属型芯。浇注之后，先抽出 5，然后再取 4 和 6。

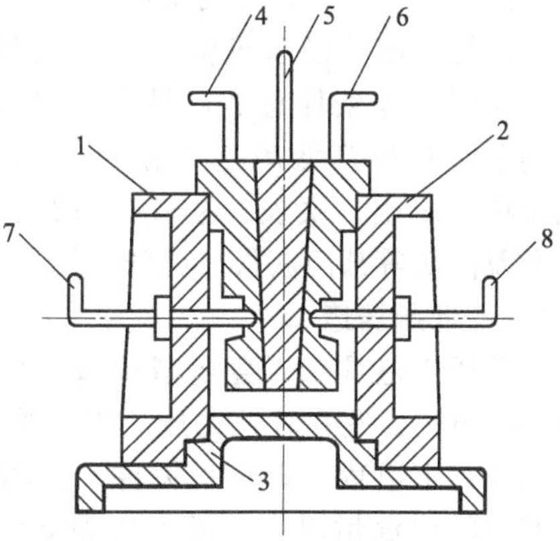

金属型导热快，无退让性和透气性，铸件容易产生浇不足、冷隔、裂纹、气孔等缺陷。此外，在高温金属液的冲刷下，型腔易损坏。为此，需要采取如下工艺措施：通过浇注前预热，浇注过程中适当冷却等措施，使金属型在一定的温度范围内工作，型腔内涂以耐火涂料，以减慢铸型的冷却速率，并延长铸型寿命；在分型面上做出通气槽、出气口等，以利于气体的排出；掌握好开型时间以利于取件和防止铸铁件产生白口。

图 3-26　金属型铸造

1,2—左右半型；3—底型；
4～6—分块金属型芯；
7,8—销孔金属型芯

（2）金属型铸造的特点及应用

金属型"一型多铸"，工序简单，生产率高，劳动条件好。金属型内腔表面光洁，刚度大，因此，铸件精度高，表面质量好。金属型导热快，铸件冷却速率快，凝固后铸件晶粒细小，从而提高了铸件的机械性能。

但是金属型的成本高，制造周期长，铸造工艺规程要求严格，铸铁件还容易产生白口组织。因此，金属型铸造主要适用于大批量生产形状简单的有色合金铸件，如铝活塞、汽缸体、缸盖、油泵壳体，以及铜合金轴瓦、轴套等。

3.4.3　压力铸造

压力铸造是将熔融的金属在高压下，快速压入金属型，并在压力下凝固，以获得铸件的方法。压力铸造通常在压铸机上完成。

（1）压力铸造的工艺过程

图 3-27 为立式压铸机工作过程。合型后，用定量勺将金属液注入压室中，如图 3-27（a）所示，压射活塞向下推进，将金属液压入铸型，如图 3-27（b）所示；金属凝固后，压射活塞退回，下活塞上移顶出余料，动型移开，取出铸件，如图 3-27（c）、（d）所示。

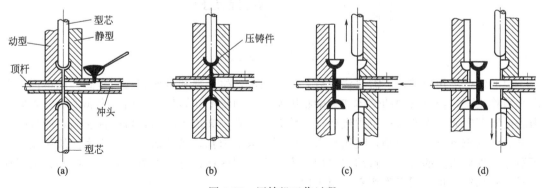

图 3-27　压铸机工作过程

（2）压力铸造的特点及应用

压力铸造是在高速、高压下成型，可铸出形状复杂、轮廓清晰的薄壁铸件，铸件的尺寸精度高，表面质量好，一般不需机加工可直接使用，而且组织细密，机械性能高。在压铸机上生产，生产率高，劳动条件好。

但是，压铸设备投资大，压型制造费用高，周期长，压型工作条件恶劣，易损坏。因此，压力铸造主要用于大量生产低熔点合金的中小型铸件，在汽车、拖拉机、航空、仪表、电气、纺织、医疗器械、日用五金及国防等部门获得广泛的应用。

3.4.4　低压铸造

低压铸造是介于金属型铸造和压力铸造之间的一种铸造方法。是在较低的压力下，将金属液注入型腔，并在压力下凝固，以获得铸件。如图 3-28 所示，在一个密闭的保温坩埚中，通入压缩空气，使坩埚内的金属液在气体压力下，从升液管内平稳上升充满铸型，并使金属在压力下结晶。当铸件凝固后，撤销压力，

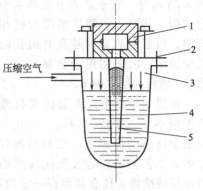

压缩空气

图 3-28　低压铸造
1—铸型；2—密封盖；3—坩埚；
4—金属液；5—升液管

于是，升液管和浇口中尚未凝固的金属液在重力作用下流回坩埚。最后开启铸型，取出铸件。

低压铸造充型时的压力和速度容易控制，充型平稳，对铸型的冲刷力小，故可适用各种不同的铸型；金属在压力下结晶，而且浇口有一定补缩作用，故铸件组织致密，机械性能高。另外，低压铸造设备投资较少，便于操作，易于实现机械化和自动化。因此，低压铸造广泛用于大批量生产铝合金和镁合金铸件，如发动机的缸体和缸盖、内燃机活塞、带轮、粗纱锭翼等，也可用于球墨铸铁、铜合金等较大铸件的生产。

3.4.5　离心铸造

离心铸造是将熔融金属浇入高速旋转的铸型中，使其在离心力作用下填充铸型和结晶，从而获得铸件的方法，如图 3-29 所示。

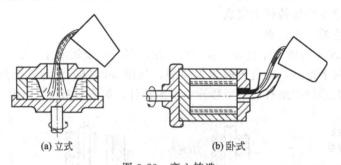

(a)立式　　　　　　　　(b)卧式

图 3-29　离心铸造

离心铸造不用型芯，不需要浇注口，工艺简单，生产率和金属的利用率高，成本低，在离心力作用下，金属液中的气体和夹杂物因密度小而集中在铸件内表面，金属液自外表面向内表面顺序凝固，因此铸件组织致密，无缩孔、气孔、夹渣等缺陷，机械性能高，而且提高了金属液的充型能力。但是，利用自由表面所形成的内孔，尺寸误差大，内表面质量差，且不适于密度偏析大的合金。目前主要用于生产空心回转体铸件，如铸铁管、气缸套、活塞环及滑动轴承等，也可用于生产双金属铸件。

3.4.6　铸造方法的选择

各种铸造方法均有其优缺点，选用哪种铸造方法，必须依据生产的具体特点来定，既要保证产品质量，又要考虑产品的成本和现场设备、原材料供应情况等，要进行全面分析比较，以选定最适当的铸造方法。表 3-7 列出了几种常用的铸造方法，供选择时参考。

表 3-7　常用铸造方法比较

比较项目	砂型铸造	熔模铸造	金属型铸造	压力铸造	低压铸造
铸件尺寸精度	IT14～16	IT11～14	IT12～14	IT11～13	IT12～14
铸件表面粗糙度值 $Ra/\mu m$	粗糙	25～3.2	25～12.5	6.3～1.6	25～6.3
适用金属	任意	不限制,以铸钢为主	不限制,以非铁合金为主	铝、锌、镁低熔点合金	以非铁合金为主,也可用于黑色金属
适用铸件大小	不限制	小于 45kg,以小铸件为主	中、小铸件	一般小于 10kg,也可用于中型铸件	以中、小铸件为主
生产批量	不限制	不限制,以成批、大量生产为主	大批、大量	大批、大量	成批、大量
铸件内部质量	结晶粗	结晶粗	结晶细	表层结晶细 内部多有孔洞	结晶细
铸件加工余量	大	小或不加工	小	小或不加工	较小
铸件最小壁厚/mm	3.0	0.7	铝合金 2～3,灰铸铁 4.0	0.5～0.7	2.0
生产率(一般机械化程度)	低、中	低、中	中、高	最高	中

3.5　铸件结构工艺性

　　铸件结构工艺性通常指零件的本身结构应符合铸造生产的要求,既便于整个工艺过程的进行,又利于保证产品质量。铸件结构是否合理,对简化铸造生产过程,减少铸件缺陷,节省金属材料,提高生产率和降低成本等具有重要意义,并与铸造合金、生产批量、铸造方法和生产条件有关。

3.5.1　从简化铸造工艺过程分析

　　为简化造型、制芯及工装制造工作量,便于下芯和清理,对铸件结构有如下要求。

　　(1) 铸件外形应尽量简单

　　铸件外形虽然可以很复杂,但在满足零件使用要求的前提下,应尽量简化外形,减少分型面,以便于造型,获得优质铸件。图 3-30 为端盖铸件的两种结构,图 3-30(a) 由于上面为凸缘法兰,要设两个分型面,必须采用三箱造型,使造型工艺复杂。若改为图 3-30(b) 的设计,取消了法兰凸缘,使铸件有一个分型面,简化了造型工艺。

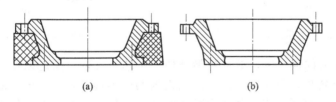

图 3-30　端盖铸件结构

　　铸件上的凸台、加强筋等要方便造型,尽量避免使用活块。图 3-31(a) 所示的凸台通常采用活块 (或外壁型芯才能起模),如改为图 3-31(b) 的结构可避免活块。

　　分型面尽量平直,去除不必要的圆角。图 3-32(a) 所示的托架,将分型面上加了圆角,结果只得采用挖砂 (或假箱) 造型,若改为图 3-32(b) 结构,可采用整模造型,简化了造型过程。

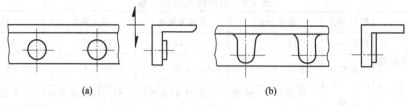

图 3-31　凸台的设计

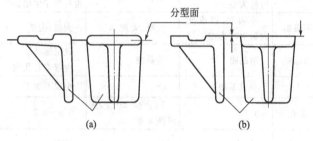

图 3-32　托架铸件

（2）铸件内腔结构应符合铸造工艺要求

铸件的内腔通常采用型芯来形成，这将延长生产周期，增加成本，因此，设计铸件结构时，应尽量不用或少用型芯。图 3-33 为悬臂支架的两种设计方案，图 3-33（a）采用方形空心截面，需用型芯，而图 3-33（b）改为工字型截面，可省掉型芯。

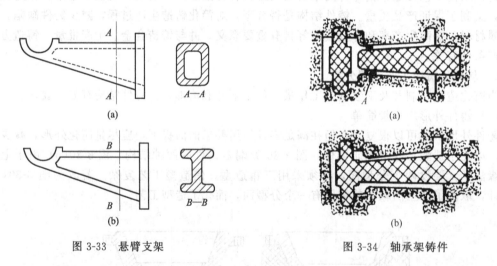

图 3-33　悬臂支架　　　　　　　　图 3-34　轴承架铸件

在必须采用型芯的情况下，应尽量做到便于下芯、安装、固定以及排气和清理。如图 3-34 所示的轴承架铸件，图 3-34（a）的结构需要两个型芯，其中大的型芯呈悬臂状态，装配时必须用型芯撑 A 辅助支撑。如改为图 3-34（b）结构，成为一个整体型芯，其稳定性大大提高，并便于安装，易于排气和清理。

（3）铸件的结构斜度

铸件上垂直于分型面的不加工面最好具有一定的结构斜度，以利于起模，同时便于用砂垛代替型芯（称为自带型芯），以减少型芯数量。如图 3-35 中（a）、（b）、（c）、（d）各件不带结构斜度，不便起模，应相应改为（e）、（f）、（g）、（h）带一定斜度的结构。对不允许有结构斜度的铸件，应在模样上留出拔模斜度。

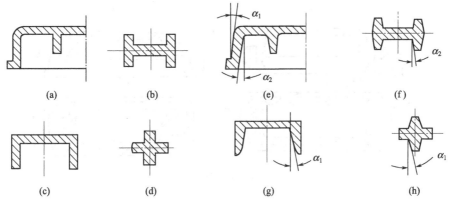

图 3-35　结构斜度的设计

3.5.2　从避免产生铸造缺陷分析

铸件的许多缺陷，如缩孔、缩松、裂纹、变形、浇不足、冷隔等，有时是由于铸件结构不合理而引起的。因此，设计铸件结构应考虑如下几个方面。

（1）壁厚合理

为了防止产生冷隔、浇不足或白口等缺陷，各种不同的合金视铸件大小、铸造方法不同，其最小壁厚应受到限制。

从细化结晶组织和节省金属材料考虑，应在保证不产生其他缺陷的前提下，尽量减小铸件壁厚，为了保证铸件的强度，可采用加强筋等结构。图 3-36 为台钻底板设计中采用加强筋的例子，采用加强筋后可避免铸件截面厚大，防止某些铸造缺陷的产生。

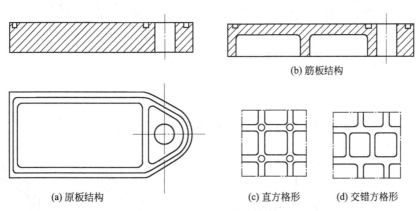

(b) 筋板结构

(a) 原板结构　　　　　　(c) 直方格形　　　　(d) 交错方格形

图 3-36　加强筋设计

（2）铸件壁厚力求均匀

铸件壁厚均匀，减少厚大部分，可防止形成热节而产生缩孔、缩松、晶粒粗大等缺陷，并能减少铸造热应力及因此而产生的变形和裂纹等缺陷。图 3-37 为顶盖铸件的两种壁厚设计，图 3-37(a) 在厚壁处产生缩孔，在过渡处易产生裂纹，改为图 3-37(b)，可防止上述缺陷的产生。铸件上的筋条分布应尽量减少交叉，以防形成较大的热节，如图 3-38 所示。将图 3-38(a) 交叉接头改为图 3-38(b) 交错接头结构，或采用图 3-38(c) 的环形接头，以减少金属的积聚，避免缩孔、缩松缺陷的产生。

（3）铸件壁的连接

铸件不同壁厚的连接应逐渐过渡和转变（图 3-39），拐弯和交接处应采用较大的圆角连

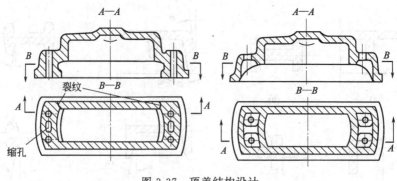

图 3-37　顶盖结构设计

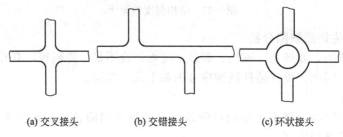

(a) 交叉接头　　　　　(b) 交错接头　　　　　(c) 环状接头

图 3-38　筋条的分布

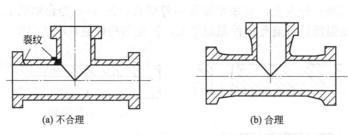

(a) 不合理　　　　　　　　　　(b) 合理

图 3-39　不同壁厚的连接

接（图 3-40），避免锐角连接（图 3-41），以避免因应力集中而产生开裂。

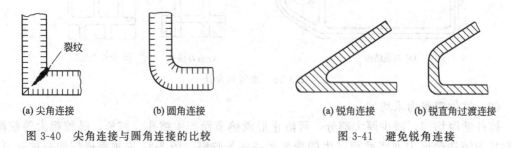

(a) 尖角连接　　　(b) 圆角连接　　　　　　(a) 锐角连接　　　(b) 锐直角过渡连接

图 3-40　尖角连接与圆角连接的比较　　　　图 3-41　避免锐角连接

　　(4) 避免较大水平面

　　铸件上水平方向的较大平面，在浇注时，金属液面上升较慢，长时间烘烤铸型表面，使铸件容易产生夹砂、浇不足等缺陷，也不利于夹渣、气体的排除，因此，应尽量用倾斜结构代替过大水平面，如图 3-42 所示。

3.5.3　铸件结构要便于后续加工

　　图 3-43 为电机端盖铸件，原设计图 3-43(a) 不便于装夹，改为图 3-43(b) 带工艺搭子

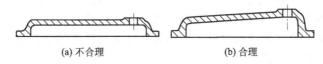

图 3-42 避免较大水平面

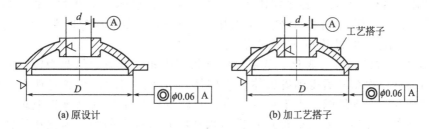

图 3-43 端盖设计

的结构，能在一次装夹中完成轴孔 ϕd 和定位环 ϕD 的加工，并能较好地保证其同轴度要求。

3.5.4 组合铸件的应用

对于大型或形状复杂的铸件，可采用组合结构，即先设计成若干个小铸件进行生产，切削加工后，用螺栓连接或焊接成整体。可简化铸造工艺，便于保证铸件质量。图 3-44 为大型坐标镗床床身 [图 3-44(a)] 和水压机工作缸 [图 3-44(b)] 的组合结构。

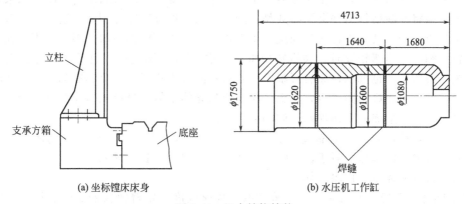

图 3-44 组合结构铸件

铸件结构工艺性内容丰富，以上原则都离不开具体的生产条件，在设计铸件结构时，应善于从生产实际出发，具体分析，灵活运用这些原则。

3.6 常用合金铸件的制造

常用铸造合金有铸铁、铸钢和一些有色金属或合金。其中铸铁件的应用最为广泛，而铜及其合金和铝及其合金铸件是最常用的有色金属或合金铸件，各种合金铸件的制造均有其铸造工艺特点。

3.6.1 铸铁件的制造

铸铁之所以被广泛用来生产铸件，与其铸造性能良好，而且易于切削是分不开的。它适宜于制造形状复杂的铸件，产量约占铸件总产量的 80%。

铸铁因其中碳的存在形式不同而分不同类型的铸铁。白口铸铁中的碳以化合态（Fe_3C）

存在，灰口铸铁中的碳以游离态（石墨）存在，而麻口铸铁中的碳同时以上述两种形式存在。其中灰口铸铁根据石墨形状的不同又有片状石墨灰铸铁、球状石墨球墨铸铁、团絮状石墨可锻铸铁和蠕虫状石墨蠕墨铸铁之分。碳的存在形式与铸铁的结晶过程有关。

(1) 铸铁的结晶及石墨化

铸铁石墨化是指铸铁在结晶和冷却过程中，碳以石墨的形式析出的过程。由于灰铸铁和球墨铸铁的碳、硅含量较高，在冷却速率较慢时，组织将按照铁-石墨相图进行转变，即碳将以石墨形式析出；而对于白口铸铁，由于其碳、硅含量较低和冷却速率很快，将按照 Fe-Fe_3C 相图进行结晶，即碳以 Fe_3C 形式析出。

① 铸铁的一次结晶及石墨化　从液相线开始到固相线结束的结晶为铸铁的一次结晶过程。白口铸铁一次结晶后得到奥氏体加渗碳体（Fe_3C）组织；而灰铸铁在一次结晶后得到奥氏体加片状石墨组织。由于灰铸铁在共晶转变时析出的共晶体近似球状，又称它为共晶团。此外，球墨铸铁也会形成奥氏体加球状石墨的共晶团。因此在铸铁中共晶团尺寸的大小或数目的多少对铸铁的组织和性能有很大影响，即共晶团的尺寸愈小或数量愈多，铸铁的机械性能也愈高。由于石墨本身的机械性能极差，它在铸铁中好似空洞和缺口，尤其是片状石墨的尖端极易成为应力集中处，使灰铸铁的抗拉强度降低、塑性近似于零。

显然，铸铁的一次结晶过程决定石墨形态、分布特征及共晶团尺寸或数目。

② 铸铁的 M 次结晶及石墨化　铸铁完成一次结晶后，在随后的冷却过程中所发生的组织转变称为铸铁的二次结晶。主要是铸铁中奥氏体的转变，即随着温度的下降，原来固溶在奥氏体中的碳将不断地析出并沉积在共晶石墨上；当铸铁继续冷却到共析温度以下时，奥氏体将发生共析转变。其共析转变产物决定于铸铁的石墨化倾向和冷却速率，即当铸铁的石墨化倾向较大和冷却速率较慢时，共析转变将按照铁-石墨相图进行，奥氏体转变成铁素体基体和石墨，共析石墨也沉积在原有石墨上；当铸铁的石墨化倾向较小和冷却速率较快时，共析转变将按照 Fe-Fe_3C 相图进行，奥氏体转变成珠光体基体；当奥氏体在共析转变时析出石墨不充分时，则会形成铁素体加珠光体的混合基体。

由此可知，铸铁的二次结晶过程决定了铸铁的基体类型，即是铁素体基体、珠光体基体、还是二者混合的基体。对于白口铸铁，在二次结晶时奥氏体将按照 Fe-Fe_3C 相图进行，奥氏体转变成珠光体基体加渗碳体。

③ 影响铸铁石墨化的因素　由于铸铁的石墨化程度决定着铸铁的组织和性能，因此影响石墨化的因素——化学成分和冷却速率，也影响着铸铁的组织和性能。

a. 化学成分　主要指铸铁中的碳、硅、锰、磷和硫等元素对石墨化的影响。

Ⅰ 碳和硅　碳、硅是强烈促进石墨化的元素。其中碳是石墨析出的基础，硅能促进石墨析出。因此铸铁的碳、硅含量愈高，石墨的数量愈多、尺寸愈大，并倾向于形成铁素体基体，使铸铁的强度和硬度降低。图 3-45 是一定冷却速率下碳、硅含量与铸铁组织的关系图：Ⅰ区为白口铸铁区；Ⅲ、Ⅳ和Ⅴ区为灰口铸铁区；Ⅱ区为麻口铸铁区。一般灰口铸铁中碳含量为 2.7%～3.6%；硅含量为 1.1%～2.6%。

Ⅱ 锰和硫　锰是微弱阻碍石墨化元素，可促进珠光体形成，提高铸铁的强度和硬度。锰与硫的亲和力大，易生成熔点高和密度小的 MnS，进入熔渣而被排除。锰还能溶于铁素体和渗碳体使基体强化。铸铁中锰含量为 0.6%～1.2%。硫是强烈阻碍石墨化元素，形成低熔点（985℃）的共晶体（Fe+FeS），增大铸铁的热裂倾向。因此硫是有害元素，应限制在0.1%～0.15%的范围内。

Ⅲ 磷　磷的石墨化作用不显著。它可以降低铁水黏度并使其流动性提高。但当其含量超

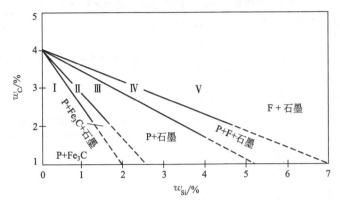

图 3-45　碳、硅含量对铸件组织的影响（壁厚为 50mm）

过 0.3% 时会形成以 Fe_3P 为主的低熔点、高硬度共晶体，并分布在晶界使铸铁强度降低。因此，对一般铸铁来说，磷属有害元素，应限制在 0.5% 以下。

Ⅳ碳当量　为综合评价铸铁中各元素的石墨化能力，引入碳当量概念。把铸铁中各元素对石墨化的作用折算成碳对石墨化的作用，其总和为碳当量（w_{CE}）：

$$w_{CE} = w_C + 1/3 w_{(Si+P)} \quad (\%)$$

w_C 和 $w_{(Si+P)}$ 表示相应元素在铸铁中的质量分数。由于硫的含量很低，锰的影响不明显，可以忽略。利用该式求出某一成分铸铁的碳当量值 w_{CE}，与铁-石墨相图共晶点的碳含量（4.28%）相比，当 w_{CE} 小于 4.28% 时为亚共晶铸铁，当 w_{CE} 大于 4.28% 时，则为过共晶铸铁。

b. 冷却速率　铸铁的冷却速率主要受铸型冷却能力和铸件壁厚的影响。从微观上看，铸铁中石墨的析出实质是碳原子扩散和集聚的过程。显然，慢的冷却速率利于碳原子的扩散，所以有利于石墨析出；反之，加快冷却速率会阻止石墨化过程的进行。

铸型冷却能力愈强，铸铁愈容易出现白口。当铸型、铁水成分及浇注温度等条件一定时，冷却速率取决于铸件壁的厚度。壁愈厚、冷却速率愈慢，愈有利于石墨化，愈能得到粗大石墨片加铁素体组织。反之，铸铁件的壁愈薄，冷却速率愈快，愈容易形成白口。因此，随铸铁件壁厚的增加，由于石墨片数量增多、尺寸增大，铸铁的强度和硬度下降的现象称为铸铁的壁厚敏感性。在实际生产中应依据铸件的壁厚要求（铸件平均壁厚或重要部位的壁厚）来调整铸铁的碳、硅含量，如图 3-46 所示。

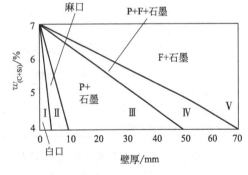

图 3-46　砂型铸件壁厚、碳和硅含量与组织的关系

（2）灰铸铁

① 灰铸铁的牌号、性能指标及选用　灰铸铁牌号、不同壁厚铸件的力学性能和用途如表 3-8 所示。HT100 为铁素体灰铸铁，其强度和硬度较低，仅用于生产一些结构简单、不重要的铸件；HT150 是珠光体加铁素体基体的铸铁，主要用于制造承受中等载荷的铸件，且因其铸造工艺简单而应用最广；HT200～HT350 为珠光体基体，属于孕育铸铁或高强度铸铁，主要用于制造机械性能要求较高的铸件。

表 3-8　灰铸铁牌号、不同壁厚铸件的力学性能和用途

牌号	铸件壁厚/mm	抗拉强度($\sigma_b \geqslant$)/MPa	硬度/HBS	用　　途
HT100	2.5~10	130	110~166	低负荷和不重要的零件。如防护罩、小手柄、盖板、重锤等
	10~20	100	93~140	
	20~30	90	87~131	
	30~50	80	82~122	
HT150	2.5~10	175	137~205	承受中等负荷的零件。如机座、支架、箱体、带轮、轴承座、法兰、泵体、阀体、管路、飞轮、马达座等
	10~20	145	119~179	
	20~30	130	110~166	
	30~50	120	105~157	
HT200	2.5~10	220	157~236	承受较大负荷的较重零件。如汽缸、齿轮、机座、飞轮、床身、汽缸体、汽缸套、活塞、齿轮箱、中等压力阀体等
	10~20	195	148~222	
	20~30	170	134~200	
	30~50	160	129~192	
HT250	4.0~10	270	175~262	
	10~20	240	164~247	
	20~30	220	157~236	
	30~50	200	150~225	
HT300	10~20	290	182~272	承受高负荷、耐磨和高气密性重要零件。如重型机床、高压液压件、齿轮、凸轮等
	20~30	250	168~251	
	30~50	230	161~241	
HT350	10~20	340	199~298	
	20~30	290	182~272	
	30~50	260	171~257	

② 不同灰铸铁件的生产　按照铁水的处理方法不同，灰铸铁件可分为普通灰铸铁件和孕育灰铸铁件两类。铁水不经任何处理、直接进行浇注获得的灰铸铁件是普通灰铸铁件；在浇注前，铁水需要孕育处理再进行浇注获得的灰铸铁件是孕育铸铁件。

a. 普通灰铸铁件（又称低强度灰铸铁件）　普通灰铸铁件的铁水不经任何处理，出炉后直接进行浇注。如 HT100 和 HT150 就属于这类。它们的碳、硅含量较高，含碳量为 3.0%~3.7%、含硅量为 1.8%~2.4%；壁厚敏感性大，如表 3-9 所示。所谓壁厚敏感性，指随铸件壁厚的增大，因石墨片粗大使强度降低的现象。故普通灰铸铁材质只适合制造受力较小、形状较复杂的中、小铸件，如机座、泵壳、箱体等，不宜用来制造厚壁铸件。

表 3-9　孕育铸铁和普通灰铸铁壁厚敏感性比较

试样直径/mm		20	30	50	75	100	150
孕育铸铁	σ_b/MPa		383	389	380	364	340
普通灰铸铁	σ_b/MPa	197	186	131	104		

b. 孕育铸铁件（又称高强度灰铸铁件）　与普通灰铸铁件相比，孕育铸铁件的壁厚敏感性小，如表 3-9 所示，只是浇注前铁水需要孕育处理。牌号为 HT200~HT350 的灰铸铁件均是孕育铸铁件。其组织特点是细小珠光体基体上分布着均匀、细小的石墨片，使铸铁件的强度和硬度明显提高，但塑性和韧性仍然很差。

孕育铸铁件的组织和性能均匀性好，如图 3-47 所示，即灰铸铁件牌号愈高，其截面组织、性能的齐一性愈好。所以高牌号铸铁材质更适宜于生产厚壁铸件。此外，孕育铸铁材质还适合于制造承受较小的动载荷、较大的静载荷、耐磨性好和有一定减震性的铸件，如机床的床身。

孕育处理是指铸铁件在浇注前，往铁水中加入少量颗粒状或粉末状的孕育剂，以达增加铸铁的结晶晶核数目和细化共晶团或石墨的目的。孕育处理时应注意以下几方面，即原铁水

中的碳、硅含量要低一些（碳含量为 2.8%～3.2%，硅含量为 1.0%～2.0%），厚壁铸件取下限，薄壁铸件取上限；铁水的出炉温度较高，为 1420～1450℃，这是因为低碳铁水的流动性差，且进行孕育处理也会降低铁水温度；一般选用含硅 75% 的硅铁作孕育剂；孕育方法是采用出铁槽内冲入法，即将硅铁孕育剂均匀地加入到冲天炉的出铁槽，当铁水出炉时将其冲入铁水包，经搅拌、扒渣后便可进行浇注。该方法的缺点是孕育剂的加入量大、且在处理完的 15～20min 内

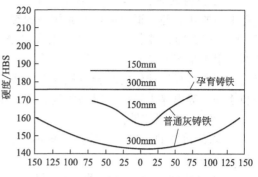

图 3-47　孕育铸铁和灰铸铁截面上硬度的分布

要尽快浇注，否则会出现孕育衰退现象，即随孕育处理后时间的延续孕育效果逐渐衰减。

（3）球墨铸铁

球墨铸铁是在 20 世纪 40 年代发展起来的一种铸铁，它的石墨呈球状。

① 球墨铸铁件的生产特点

a. 严格控制铁水化学成分　球墨铸铁的铁水中，碳、硅含量比灰铸铁的高。因为球墨铸铁中的石墨呈球状，其数量的多少对铸铁机械性能的影响已不明显。确定高碳、硅含量主要是从改善铸造性能和球化效果出发的。碳当量控制在共晶点附近。为提高塑性和韧性，球墨铸铁对锰、磷和硫的含量限制更低，分别为：锰不超过 0.4%～0.6%；磷应小于 0.1%；硫限制在 0.06% 以下。

b. 铁水出炉温度较高　球墨铸铁要进行球化处理和孕育处理，铁水温度因此会下降 50～100℃，所以铁水出炉温度应高于 1400～1420℃。

c. 需要进行球化和孕育处理

Ⅰ球化剂和孕育剂　球化剂是指能使石墨呈球状析出的添加剂。我国常用稀土镁合金作球化剂。球化后应进行孕育处理，其目的是消除球化元素所造成的白口倾向，促进石墨化，增加共晶团数目并使石墨球圆整和细小，最终使球铁的机械性能提高。球墨铸铁常用的孕育剂也是 75% 的硅铁。

Ⅱ球化及孕育方法　最常用的球化方法是冲入法，如图 3-48 所示，即先将球化剂放入铁水包的堤坝内，并在上面覆盖硅铁粉和稻草灰，以防球化剂在冲入铁水时上浮。此外，还有型内球化法，如图 3-49 所示，即把球化剂置于铸型的反应室，浇注时铁水流经反应室先与球化剂作用，再进入型腔。这种方法的优点是可防止球化衰退、球化剂用量少且获得的石墨球细小。只是反应室的设计和浇注系统的挡渣措施较复杂。

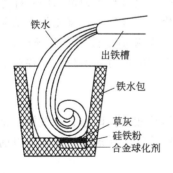

图 3-48　冲入法球化处理

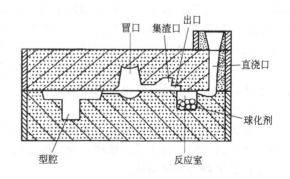

图 3-49　型内球化法

　　d. 球墨铸铁的热处理　　一般情况下球墨铸铁要进行热处理，不同牌号的球墨铸铁需要进行不同的热处理。退火能使珠光体中的渗碳体分解成为铁素体，主要用于牌号为 QT400-18 和 QT450-10 球墨铸铁的生产；正火可增加珠光体量，提高球墨铸铁的强度、硬度及耐磨性，用于生产 QT600-3、QT700-2 和 QT800-2 球墨铸铁，正火后应马上进行回火以减小应力；调质可提高球铁的综合机械性能。用于制造性能要求较高或截面较大的铸件如大型曲轴和连杆；等温淬火可以获得高强度、有一定塑性及韧性的贝氏体球墨铸铁，用于生产牌号为 QT900-2 的球墨铸铁。

　　② 球墨铸铁的铸造工艺特点　　球墨铸铁的铸造性能介于灰铸铁与铸钢之间，其铸造工艺有如下特点。

　　a. 球墨铸铁的流动性较差　　由于球墨铸铁的球化和孕育处理使铁水的温度下降较多，易产生浇不足和冷隔缺陷，因此球墨铸铁应提高浇注温度或采用较大截面浇注系统以提高浇注速度。

　　b. 球墨铸铁的收缩与铸型刚度有关　　因为球墨铸铁的结晶温度范围宽，在浇入铸型后的一段时间内不能形成坚固的外壳，球状石墨析出引起的膨胀力却很大，所以铸型的刚度不足会使铸件外壳向外胀大，造成铸件最后凝固的部位产生缩孔和缩松，如图 3-50 所示。若铸型的刚度足够，铸件的外形不会胀大，石墨析出引起的膨胀将抵消铸铁的收缩。因此应采取如下措施来防止缩孔和缩松：采用冒口和冷铁使球铁铸件实现顺序凝固；增加砂型紧实度，或采用干型、水玻璃快干型，以防止铸件外形胀大；采用半封闭式浇注系统、过滤网、球墨铸铁件产生夹渣（MgS、MgO）和皮下气孔缺陷集渣包等挡渣措施，防止球墨铸铁件产生夹渣（MgS、MgO）和皮下气孔缺陷。

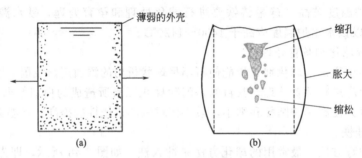

图 3-50　球墨铸铁件缩孔和缩松的形成

　　(4) 蠕墨铸铁

　　蠕墨铸铁是在球墨铸铁后发展起来的铸铁，其石墨形态介于片状和球状之间，呈蠕虫状。所以蠕墨铸铁在性能上同时具有灰铸铁和球墨铸铁的一系列优点，可用来代替高强度灰铸铁、铁素体球墨铸铁生产一些大型复杂件，如大型柴油机的机体和大型机床的立柱等。蠕墨铸铁件的制造与球墨铸铁件类似：浇注前铁水应进行蠕化和孕育处理，蠕化处理是采用冲入法把蠕化剂加进铁水。我国多用稀土合金，如稀土硅铁合金和稀土硅钙合金等作蠕化剂；国外则多用镁合金作蠕化剂。需指出的是，蠕墨铸铁的研究和应用时间不长，还存在蠕化剂加入量不易把握、造成铸件报废的问题。

　　(5) 可锻铸铁

　　可锻铸铁实际上并不可以接受锻造，它只是具有一定塑性和韧性而已。可锻铸铁是白口铸铁毛坯在长时间石墨化退火处理后获得的石墨呈团絮状的铸铁。在球墨铸铁出现以前，它是机械性能最好的一种铸铁。

　　① 可锻铸铁的分类　　按退火工艺不同可锻铸铁有黑心可锻铸铁（铁素体基体）、珠光体

可锻铸铁和白心可锻铸铁三种。可锻铸铁的牌号中的后面两位数字表示其最低延伸率。黑心可锻铸铁和珠光体可锻铸铁用得较多，但白心可锻铸铁在我国应用很少。可锻铸铁常用来制造形状复杂、承受冲击载荷的薄壁小件。

② 可锻铸铁的生产特点　可锻铸铁的生产分两步进行，第一步是先铸出白口铸铁毛坯，即采用碳、硅含量都低的铁水，以保证获得全白口的毛坯，所以可锻铸铁的成分为 w_C：$2.4\%\sim2.8\%$；w_{Si}：$<1.4\%$；$w_{Mn}>0.5\%\sim0.7\%$；$w_S<0.2\%$；$w_P<0.1\%$。第二步是进行石墨化退火，这是制造可锻铸铁最主要过程。通常，黑心可锻铸铁要进行两个阶段的石墨化退火，即先将白口毛坯加热到 950℃ 以上保温约 30h，获得奥氏体加团絮状石墨；当冷却至 710～730℃ 时保温 20h，使共析渗碳体全部分解成石墨；随炉冷至 500～600℃ 时出炉空冷。它的整个退火周期为 40～70h。珠光体可锻铸铁件的退火只需进行第一阶段的石墨化，即将白口铸铁毛坯加热到 950℃ 以上保温 30 h 后，随炉冷至 820～840℃ 时出炉空冷。

③ 可锻铸铁的铸造性能　可锻铸铁的流动性较差，应适当提高铁水的出炉温度以防止产生冷隔和浇不足缺陷。此外，可锻铸铁的体收缩和线收缩都较大，因为其铸态组织为白口，没有石墨化膨胀，极易形成缩孔和缩松缺陷。因此，应设置冒口和冷铁使之实现顺序凝固。

（6）铸铁的熔炼

铸铁的熔炼是为获得成分和温度合格的铁水。熔炼设备有很多，如冲天炉、反射炉、电弧炉和感应炉等，但以冲天炉应用最多。冲天炉熔炼时以焦炭作燃料，石灰石等作熔剂，以生铁、废钢、铁合金等为金属炉料。金属炉料从加料口进入冲天炉，在迎着上升的高温炉气下落的过程中，逐渐被加热。当被加热到 1100～1200℃ 时，金属炉料开始熔化变成铁水。铁水经炉内过热区进一步加热，最后进入炉缸或前炉待用。

3.6.2　铸钢件的制造

对于强度、塑性和韧性等性能要求高的零件应采用铸钢制造。铸钢件的产量仅次于铸铁，约占铸件总产量的 15%。按照成分铸钢分为碳素钢和合金钢两类，而且碳素钢用得最多，约占铸钢产量的 80% 以上。

（1）碳素铸钢

由于碳含量的不同，各种碳素铸钢的铸造性能及力学性能有很大差异，适用于不同的零件。

① 低碳铸钢　低碳铸钢（如 ZG15）的熔点较高、铸造性能差，仅用于制造电机或渗碳零件。

② 中碳铸钢　中碳铸钢（如 ZG25～ZG45）的综合性能高于各类铸铁，如强度高、塑性和韧性优良，因此适用于制造形状复杂、强度和韧性要求高的零件，如火车车轮、锻锤机架和砧座等，是应用最多的一类碳素铸钢。

③ 高碳铸钢　高碳铸钢（如 ZG55）的熔点低、塑性和韧性较差，仅用于制造少量的耐磨件。

（2）合金铸钢

根据合金元素的多少，合金铸钢分为低合金铸钢和高合金铸钢两大类。

① 低合金铸钢　低合金铸钢在我国应用最多的是锰系、锰硅系及铬系等，如 ZG40Mn、ZG30MnSi1、ZG30Cr1MnSi1 等。主要用来制造齿轮、水压机工作缸和水轮机转子等零件。而 ZG40Cr1 常用来制造高强度齿轮和高强度轴等重要受力零件。

② 高合金铸钢　高合金铸钢具有耐磨、耐热或耐腐蚀等特殊性能。如高锰钢 ZGMn13，是一种抗磨钢，主要用于制造在干摩擦工作条件下使用的零件，如挖掘机的抓斗前壁和抓斗

齿、拖拉机和坦克的履带等；铬镍不锈钢 ZG1Cr18Ni9 和铬不锈钢 ZG1Cr13 和 ZGCr28 等，对硝酸的耐腐蚀性很高，主要用于制造化工、石油、化纤和食品等设备上的零件。

（3）铸钢的铸造工艺特点

铸钢的熔点较高，钢液易氧化，钢水的流动性差，收缩大（体收缩率为 10%～14%，线收缩为 1.8%～2.5%）。所以铸钢的铸造性能比铸铁差，必须采取如下一些工艺措施。

① 铸钢件的壁厚不能小于 8mm，以防止产生冷隔和浇不足缺陷；浇注系统的结构应力求简单，且截面尺寸比铸铁的大；应采用干铸型或热铸型，并适当提高浇注温度（1520～1600℃），以改善流动性。

② 由于铸钢的收缩大大超过铸铁，在铸造工艺上应采用冒口、冷铁和补贴等工艺措施，以实现顺序凝固，如图 3-51 所示的大型钢齿轮。

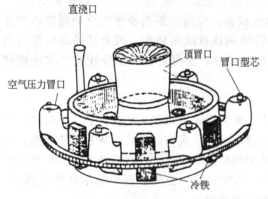

图 3-51　铸钢齿轮铸造工艺

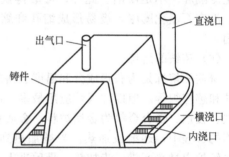

图 3-52　薄壁铸钢件的浇注系统

③ 对薄壁或易产生裂纹的铸钢件，一般采用同时凝固原则。如图 3-52 所示，开设足够多的内浇口可使钢液迅速、均匀地充满铸型。此外，在设计铸钢件的结构时，还应使其壁厚均匀、避免尖角和直角结构，以防产生缩孔、缩松和裂纹缺陷。也可在型砂中加锯末、在芯砂中加焦炭、采用空心型芯和油砂芯来改善砂型或型芯的退让性和透气性，减少裂纹。

④ 由于铸钢的熔点高，铸钢件极易产生粘砂缺陷。因此应采用耐火度高的人造石英砂制作铸型，并在铸型表面涂刷石英粉或锆砂制得的涂料。

⑤ 为减少气体来源或提高钢水流动性和铸型强度，铸钢件多用干型或快干型，如用 CO_2 硬化的水玻璃砂型。

（4）铸钢件的热处理

铸钢件均需经过热处理后才能使用。因为在铸态下的铸钢件内部存在气孔、裂纹、缩孔和缩松、晶粒粗大、组织不均及残余内应力等缺陷，这些缺陷大大降低了其力学性能，尤其是塑性和韧性。因此铸钢件必须进行正火或退火。由于正火处理会引起较大应力，只适用于含碳量小于 0.35% 的铸钢件。因其塑性好、冷却时不易开裂。正火后的铸钢件应进行高温回火以降低内应力；对于含碳量大于或等于 0.35% 的、结构较复杂或易产生裂纹的铸钢件，只能进行退火处理。注意：铸钢件不宜淬火，否则会开裂。

（5）铸钢的熔炼

铸钢常用平炉、电弧炉和感应炉等熔炼。平炉的特点是容量大、可用废钢作原料、可准确控制钢的成分，多用于熔炼质量要求高的、大型铸钢件用钢液。电弧炉指三相电弧炉，优点是开炉和停炉操作方便、能保证钢液成分和质量、对炉料的要求不甚严格和容易升温，故可用作炼优质钢、高级合金钢和特殊钢等。工频或中频感应炉适宜熔炼各种高级合金钢和碳含量极低的钢，其熔炼速度快、合金元素烧损小、能源消耗低且钢液质量高，适用于小型铸钢车间使用。

3.6.3　有色金属或合金铸件的制造

有色金属铸件指用铜、铝、镁、锌、锡、钛等金属或合金制造的铸件。其中，以铜及其合金、铝及其合金的铸件应用最多。

(1) 铜及其合金铸件的制造

① 铜及其合金的熔炼　铜及其合金熔炼时极易氧化和吸气，因此常用坩埚炉熔炼，并在熔炼过程中用木炭、碎玻璃、苏打和硼砂等覆盖液面，使之与空气隔离。由于铜氧化生成的 Cu_2O 会降低金属的塑性，在熔炼普通黄铜和铝青铜以外的铜合金时，需用含磷 $8\% \sim 14\%$ 的磷铜脱氧；对普通黄铜和铝青铜而言，锌和铝本身就是脱氧剂，不需加磷铜脱氧。除气主要是除去铜合金中的氢，锡青铜常用吹氮除气，即氮气泡在上浮过程中，可将锡青铜液中的氢气带出液面。此外，铝青铜中的氢气还可用氯盐（$ZnCl_2$）和氯化物（CCl_4）法去除；黄铜可采用沸腾法除气，因为锌的沸点为 $907℃$，在高于 $907℃$ 的温度下熔炼，锌蒸气的逸出能将黄铜中的气体带出。由于铝青铜中的固态夹杂物和 Al_2O_3 的熔点高、稳定性好，不能用脱氧化法进行还原，只能用加碱性熔剂如萤石和水晶石的方法，造出熔点低、密度小的熔渣加以去除。

② 铜及其合金的铸造工艺特点　由于液态铜及其合金极易氧化和吸气，所以铜及其合金铸件的生产具有如下工艺特点。

a. 采用细砂造型以降低表面粗糙度，同时也能防止产生粘砂缺陷。因为铜合金液的密度大、流动性好，易渗入粗砂粒间产生粘砂。

b. 由于铜及其合金的收缩率较大，需采用冒口、冷铁等使铸件顺序凝固。而锡青铜的结晶温度范围宽，产生显微缩松的倾向大，应采用同时凝固原则。

c. 对含铝的铜合金如铝青铜和铝黄铜等，为减少浇注时的氧化和吸气，其浇注系统应有好的挡渣能力，如带过滤网和集渣包的底注式浇注系统。

(2) 铝合金铸件的制造

① 铝合金的熔炼特点　液态铝合金也易氧化和吸气，即铝在液态下极易氧化成熔点（$2050℃$）高、密度大和稳定性好的 Al_2O_3，并悬浮在液态铝合金中很难去除，且液态铝合金液极易吸收氢气，在随后冷却过程中过饱和的氢以气泡形式析出，就可能在铸件上形成气孔。为此，铝合金在熔炼时应进行精炼，如通过加 KCl、NaCl 等熔剂将铝合金液面覆盖，使之与炉气隔绝，以减少氧化和吸气的机会。为排除已经吸入的气体，常用通气法、氯化物法或真空法精炼。

a. 通气法　通气法分两种，一种是通入不与铝合金发生化学反应的惰性气体如氮气进行精炼。当它们以气泡的形式在液态铝合金中上浮时，可将液态铝合金中的氢气一起带出液面，同时气泡在上升过程中，会吸附一些固态夹杂物，使其浮至液面炉渣中被清除。另一种是通入一种能与铝合金发生化学作用的气体如氯气：

$$3Cl_2 + 2Al \Longrightarrow 2AlCl_3 \uparrow$$
$$Cl_2 + H_2 \Longrightarrow 2HCl \uparrow$$

在气态 $AlCl_3$ 和 HCl 的上浮过程中，可将铝合金液中的气体和夹杂物带出。氯气的精炼效果好、成本低，只是有毒，应在安全防护的条件下采用。

b. 氯化物法　最常用的是采用六氯乙烷（C_2Cl_6）精炼，即用钟罩将 C_2Cl_6 加入铝合金液，其反应如下：

$$3C_2Cl_6 + 2Al \Longrightarrow 3C_2Cl_4 \uparrow + 2AlCl_3 \uparrow$$

反应产物 C_2Cl_4 和 $AlCl_3$ 在上浮过程中，可以将铝合金液中的气体（H_2）和夹杂物（Al_2O_3）带出液面。C_2Cl_6 不吸水、便于保存，且精炼效果好。只是它遇热分解出的 Cl_2 与 C_2Cl_4 气体对人有刺激。为此，常用刺激性小但效果较差的 $ZnCl_2$ 来精炼。

c. 真空法　在真空室内熔炼和浇注铝合金铸件，铝合金液就不会发生氧化和吸气。如将熔炼好的铝合金液置于真空室内数分钟，铝合金液内的气体在真空负压作用下会自动逸出，也可以达精炼目的。

② 铝合金的铸造工艺特点　同铜及其合金一样，液态铝合金也极易氧化和吸气，所以铝合金铸件的生产具有如下工艺特点。

a. 铝合金的铸造性能与成分密切相关。如 Al-Si 合金的成分在共晶点附近，为层状凝固，所以有优良的铸造性能，应用最多；而 Al-Cu 合金的结晶温度范围较宽，铸造性能最差，极易产生缩松缺陷。一般在实际生产中，铝合金铸件均采用冒口进行补缩。

b. 由于铝合金液易氧化和吸气，其浇注系统的设计原则是尽快将铝合金液平稳地导入铸型，并要求有好的挡渣效果，如缝隙式、牛角式及雨淋式的开放式浇注系统，且在浇注铝合金铸件时，应保证金属流连续不断，防止飞溅和氧化。

3.7　铸造技术的发展

近些年来，铸造新工艺、新技术和新设备发展迅速。如在型砂和芯砂方面，不仅推广了快速硬化的水玻璃砂及各类自硬砂，并成功地运用了树脂砂来快速制造高强度砂芯。在铸造合金方面，发展了高强度、高韧性的球墨铸铁和各类合金铸铁。在铸造设备方面，建立起先进的机械化和自动化的高压造型生产线。此外，计算机技术在铸造方面的应用也有很大发展，如利用计算机的模拟技术研究凝固理论；用计算机数值模拟技术模拟生产条件，以确定适宜的工艺参数；利用计算机三维图形技术来辅助实现铸造模具的快速成型。

（1）计算机数值模拟技术

随着计算机技术的飞速发展，各种铸造工艺过程的计算机数值模拟技术已发展到成熟阶段，可以对铸件的成型过程进行仿真设计。就铸铁而言，铸造上用的计算机数值模拟技术，已从对铸件的传热研究向充型过程、传热与流动耦合、凝固组织及应力等方向发展，使对铸造工艺参数的确定和铸件质量的控制成为可能。目前计算机模拟技术正朝着对铸件进行设计和开发的短周期、低成本、低风险、少缺陷或无缺陷的方向发展。

（2）利用计算机三维图形技术辅助制造铸造模具的快速成型技术

目前，由于计算机三维图形构造技术的成熟化，使得快速成型技术（rapid prototyping technology）已由实验室阶段进入实际应用，其造型材料不仅有光敏树脂，还有纸质原料，它们的黏结性和力学性能都达到了实用阶段。如用在熔模铸造中蜡模制造的一种快速成型技术——立体平版成型工艺即 SLA（stereo lithography process），其工艺原理如图 3-53 所示。先在计算机上设计出铸件的三维图形，再将计算机图像数据转换成一系列很薄的模样截面数据，然后采用紫外线激光束，在快速成型机上按照每层薄片的二维图形轮廓轨迹，对液态光敏树脂进行扫描固化。开始时，先从零件底部第一薄层截面开始扫描，然后每次扫描一

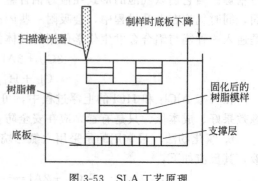

图 3-53　SLA 工艺原理

层，直到铸件的三维模样全部完成。每次扫描层厚度约为 $0.076\sim0.381$mm。最后将模样从树脂液中取出，经过硬化、打光、电镀、喷涂或着色等过程即可投入使用。利用 SLA 还可快速制成立体树脂模，以代替蜡模进行结壳。其缺点是树脂模在焙烧时会由于膨胀而引起型壳开裂，所以不适合于制造厚大的铸件，而且光敏树脂的价格昂贵，也限制其大规模地推广应用。

思考题与习题

3-1 什么是液态金属的充型能力？主要受哪些因素影响？充型能力差易产生哪些铸造缺陷？

3-2 浇注温度过高或过低，常易产生哪些铸造缺陷？

3-3 什么是顺序凝固原则？需采取什么措施来实现？哪些合金常需采用顺序凝固原则？

3-4 何谓合金的收缩？其影响因素有哪些？铸造内应力、变形和裂纹是怎样形成的？怎样防止它们的产生？

3-5 砂型铸造常见缺陷有哪些？如何防止？

3-6 为什么铸铁的铸造性能比铸钢好？

3-7 什么是特种铸造？常见的特种铸造方法有哪几种？

3-8 什么是熔模铸造？试述其大致工艺过程？在不同批量下，其压型的制造方法有何不同？为什么说熔模铸造是重要的精密铸造方法？其适应的范围如何？

3-9 金属型铸造有何优越性？为什么金属型铸造未能完全取代砂型铸造？为何用它浇注铸铁件时，常出现白口组织，应采取哪些措施避免？

3-10 压力铸造有何缺点？它与熔模铸造的适用范围有何显著不同？

3-11 什么是离心铸造？它在铸造圆筒件时有哪些优越性？用离心铸造法铸造成型铸件的目的是什么？

3-12 在大批量生产的条件下，下列铸件宜选用哪种铸造方法生产？

　　　机床床身　铝活塞　铸铁污水管　汽轮机叶片

3-13 为便于生产和保证铸件质量，通常对铸件结构有哪些要求？

3-14 何谓球墨铸铁？为什么球墨铸铁是"以铁代钢"的好材料？适用于哪些铸件？

第4章 锻压工艺

锻压（forging），又称为塑性加工（plastic working），是对坯料施加外力，使其产生塑性变形，从而既改变尺寸、形状，又改善性能的一种用以制造机器零件、工件或毛坯的成型加工方法。它是锻造（smithing）与冲压（stamping）的总称。塑性加工和其他加工相比，具有以下优点。

① 力学性能高　金属坯料经锻造后，可弥补或消除金属铸锭内部的气孔、缩孔和粗大的树枝状晶粒等缺陷，并能细化金属的铸态组织。因此，与同种材质的铸件相比，具有较高的力学性能。对于承受冲击或交变应力的重要零件（如机床主轴、齿轮、曲轴和连杆等），应优先采用锻件毛坯。

② 节约金属　锻造生产与切削加工方法相比，减少了零件在制造过程中金属的消耗，材料的利用率高。另外，金属坯料经锻造后，由于力学性能（如强度）的提高，在同等受力和工作条件下可以缩小零件的截面面积，减轻重量，从而节约金属材料。

③ 生产率高　锻造与切削加工相比，生产率大大提高，使生产成本降低。例如，用模锻成型内六角螺钉，其生产率比用切削加工方法约提高 50 倍。特别是对于大批量生产，锻造具有显著的经济效益。

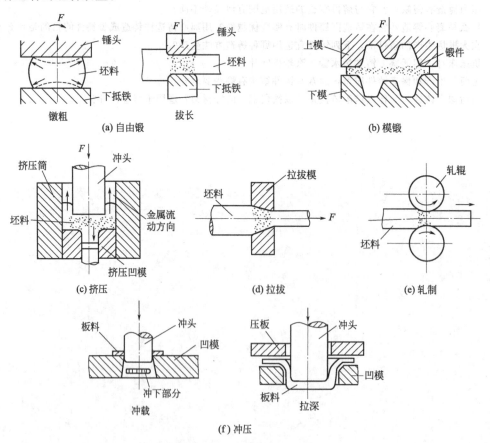

图 4-1　常用的锻压加工方法

④ 适应性广　锻造能生产出小至几克的仪表零件，大至上吨重的巨型锻件。

但是锻造也受到以下几个方面的制约：如锻件的结构工艺性要求较高，对形状复杂，特别是内腔形状复杂的零件或毛坯难以甚至不能锻压成型；通常锻压件（主要指锻造毛坯）的尺寸精度不高，还需配合切削加工等方法来满足精度要求；锻造需要重型的机器设备和较复杂的模具，模具的设计制造周期长，初期投资费用高等。

总之，锻造具有独特的优越性，获得了广泛的应用，凡承受重载荷、对强度和韧性要求高的机器零件，如机器的主轴、曲轴、连杆、重要齿轮、凸轮、叶轮及炮筒、枪管、起重吊钩等，通常均采用锻件作毛坯。

在机械制造生产过程中，常用的锻造分为六类，即自由锻（open die forging）、模锻（drop forging）、挤压（extrusion）、拉拔（drawing）、轧制（rolling）、板料冲压（punching）。它们的成型方式、所用工具（或模具）的形状和塑性变形区特点，如图 4-1 所示。

4.1　锻造工艺基本原理

4.1.1　金属的塑性变形理论

4.1.1.1　金属塑性变形的实质

工业上常用的金属材料都是由许多晶粒组成的多晶体。为了便于了解金属塑性变形的实质，首先讨论单晶体的塑性变形（plastic deformation）。

（1）单晶体的塑性变形

单晶体是指原子排列方式完全一致的晶体。单晶体塑性变形有滑移和孪生两种方式，其中滑移是主要变形方式。

① 滑移　滑移（glide）是晶体内一部分相对于另一部分，沿原子排列紧密的晶面做相对滑动。

图 4-2 是单晶体塑性变形过程。

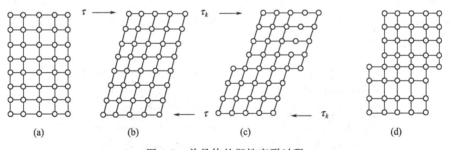

图 4-2　单晶体的塑性变形过程

图 4-2(a) 是晶体未受到外界作用时，晶格内的原子处于平衡位置的状态；图 4-2(b) 是当晶体受到外力作用时，晶格内的原子离开原平衡位置，晶格发生弹性的变形，此时若将外力除去，则晶格将回复到原始状态，此为弹性变形阶段；图 4-2(c) 是当外力继续增加，晶体内滑移面上的切应力达到一定值后，则晶体的一部分相对于另一部分发生滑动，此现象称为滑移，此时为弹塑性变形；图 4-2(d) 是晶体发生滑移后，除去外力，晶体也不能全部回复到原始状态，这就产生了塑性变形。

晶体在滑移面（glide plane）上发生滑移，实际上并不需要整个滑移面上的所有原子同时一起移动（即刚性滑移），而是由晶体内的位错运动来实现的。位错的类型很多，最简单的是刃型位错。在切应力作用下，刃型位错线上面的两列原子向右做微量移动，就可使位错向右移动一个原子间距，如图 4-3 所示。当位错不断运动滑移到晶体表面时，就实现了整个晶体的塑性变形，如图 4-4 所示。由于滑移是通过晶体内部的位错运动实现的，它所需要的切应力比刚性滑移时小得多。

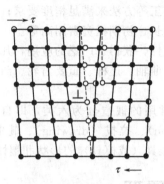

图 4-3　位错的运动

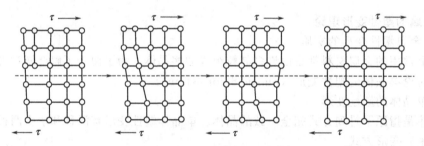

图 4-4　刃型位错移动产生滑移

②孪生　在切应力作用下，晶体的一部分相对于另一部分以一定的晶面（孪生面）产生一定角度的切变叫孪生（twin），如图 4-5 所示。晶体中未变形部分和变形部分的交界面称为孪生面。金属孪生变形所需要的切应力一般高于产生滑移变形所需要的切应力，故只有在滑移困难的情况下才发生孪生。如六方晶格由于滑移系（指滑移面与滑移方向的组合）少，比较容易发生孪生。

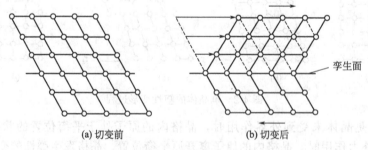

(a) 切变前　　　　　　　　　(b) 切变后

图 4-5　晶体的孪生

（2）多晶体的塑性变形

多晶体是由很多形状、大小和位向不同的晶粒组成的，在多晶体内存在着大量晶界。多晶体塑性变形是各个晶粒塑性变形的综合结果。由于每个晶粒变形时都要受到周围晶粒及晶界的影响和阻碍，故多晶体塑性滑移时的变形抗力要比单晶体高。

在多晶体内，单就某一个晶粒来分析，其塑性变形方式与单晶体是一样的。此外，在多晶体晶粒之间还有少量的相互移动和转动，这部分塑性变形为晶间变形，如图 4-6 所示。

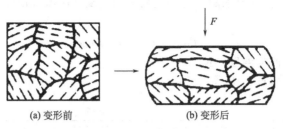

(a) 变形前　　　　　　　　(b) 变形后

图 4-6 多晶体的晶间变形

　　在晶界上的原子排列不规则，晶格畸变严重，也是各种缺陷和杂质原子富集的地方。在常温下晶界对滑移起阻碍作用。晶粒越细，晶界就越多，对塑性变形的抗力也就越大，金属的强度也越高。同时，由于晶粒越细，在一定体积的晶体内晶粒数目就越多，变形就可以分散到更多的晶粒内进行，使各晶粒的变形比较均匀，不致产生太大的应力集中，所以细晶粒金属的塑性和韧性均较好。

　　要指出的一点是，在塑性变形过程中一定有弹性变形存在，当外力去除后，弹性变形部分将恢复，称"弹复"现象。这种现象对锻件的变形和质量有很大影响，必须采取工艺措施以保证产品质量。

4.1.1.2 塑性变形对金属组织及性能的影响

　　金属的塑性变形可在不同的温度下产生，由于变形时温度不同，塑性变形将对金属组织和性能产生不同的影响，主要表现在以下两个方面。

　　(1) 加工硬化 (或冷变形强化)

　　金属在塑性变形中随变形程度增大，金属的强度、硬度升高，而塑性和韧性下降 (图 4-7)。

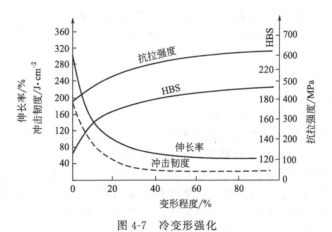

图 4-7 冷变形强化

　　其原因是由于滑移面上的碎晶块和附近晶格的强烈扭曲，增大了滑移阻力，使继续滑移难以进行。这种随变形程度增加，强度、硬度升高而塑性、韧性下降的现象称为加工硬化 (work hardening)。在生产中，可以利用加工硬化来强化金属性能，但加工硬化也使进一步的变形困难，给生产带来一定麻烦。在实际生产中，常采用加热的方法使金属发生再结晶，从而再次获得良好塑性。这种工艺操作叫再结晶退火 (recrystallization annealing)。

　　(2) 回复及再结晶

　　冷变形强化是一种不稳定现象，具有自发地回复到稳定状态的倾向，但在室温下这种回复不易实现。当将金属加热至其熔化温度的 0.2～0.3 倍时，晶粒内扭曲的晶格将恢复正常，

内应力减少，冷变形强化部分消除，这一过程称为回复（restoring），如图 4-8(b) 所示。回复温度为

$$T_回 = (0.2 \sim 0.3)T_熔$$

式中　$T_回$——金属的回复温度，K；

　　　$T_熔$——金属的熔点，K。

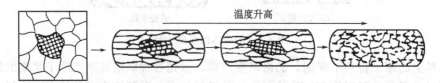

(a) 塑性变形后的组织　　　(b) 金属回复后的组织　　　(c) 再结晶组织

图 4-8　金属的回复和再结晶

当温度继续升高至其熔化温度的 0.4 倍时，金属原子获得更多的热能，开始以某些碎晶或杂质为核心结晶成新的晶粒，从而消除全部冷变形强化现象。这一过程称为再结晶（recrystallization），如图 4-8(c) 所示。再结晶温度为 $T_再 = 0.4T_熔$，式中，$T_再$ 为金属的再结晶温度，K。

（3）冷变形和热变形

金属的塑性变形一般分为冷变形（cold deformation）和热变形（hot deformation）两种。在再结晶温度以下的变形叫冷变形。变形过程中无再结晶现象，变形后的金属只具有冷变形强化现象。所以在变形过程中变形程度不宜过大，以避免产生破裂。冷变形能使金属获得较高的硬度和低的表面粗糙度，生产中常用冷变形来提高产品的表面质量和性能。

在再结晶温度以上的变形叫热变形。其间，再结晶速度大于变形强化速度，则变形产生的强化会随时因再结晶软化而消除，变形后金属具有再结晶组织，从而消除冷变形强化痕迹。因此，在热变形过程中金属始终保持低的塑性变形抗力和良好的塑性，塑性加工生产多采用热变形来进行。

（4）纤维组织

金属压力加工最原始的坯料是铸锭，铸锭经热变形后，其内部的气孔、缩松等被锻合，使组织致密，晶粒细化，机械性能提高。同时存在于铸锭中的非金属化合物夹杂，随着晶粒的变形被拉长，在再结晶时，金属晶粒形状改变，而夹杂沿着被拉长的方向保留下来，形成了纤维组织（fibrous tissue）。变形程度愈大，形成纤维组织愈明显。

纤维组织使金属在性能上具有方向性，对金属变形后的质量也有影响。纤维组织的稳定性很高，不能用热处理方法加以消除，只能在热变形过程中改变其分布方向和形状。因此，在设计和制造零件时，应使零件工作时的最大正应力与纤维方向重合，最大切应力与纤维方向垂直，并使纤维沿零件轮廓分布而不被切断，以获得最好的机械性能。

4.1.2　金属的锻造性能

金属的锻造性能（forging performance）是指金属经受塑性加工时成型的难易程度。金属的锻造性能好，表明该金属适于采用塑性加工方法成型。

金属的锻造性能常用金属的塑性和变形抗力来综合衡量，塑性越好，变形抗力越小，则金属的锻造性能越好；反之，则差。金属的锻造性能决定于金属的本质和变形条件。

（1）金属的本质

① 化学成分　一般纯金属的锻造性能好于合金。碳钢随碳质量分数增加，锻造性能变差。合金元素的加入会劣化锻造性，合金元素的种类越多，含量越高，锻造性越差。因此，

碳钢的锻造性好于合金钢，低合金钢的锻造性好于高合金钢。另外，钢中硫、磷含量多也会使锻造性能变差。

②金属组织　金属内部组织结构不同，其锻造性有很大差别。纯金属与固溶体具有良好的锻造性能，而碳化物的锻造性能差。铸态柱状组织和粗晶结构不如细小而又均匀的晶粒结构的锻造性能好。

（2）变形条件

①变形温度　随着温度升高，金属原子的动能升高，易于产生滑移变形，从而改善了金属的锻造性能。故加热是塑性加工成型中很重要的变形条件。

对于钢而言，当加热温度超过 A_{cm} 或 A_{c_3} 线时，其组织转变为单一的奥氏体，锻造性能大大提高。因此，适当提高变形温度对改善金属的锻造性能有利。但温度过高，会使金属产生氧化、脱碳、过热等缺陷，甚至使锻件产生过烧而报废，所以应该严格控制锻造温度范围。

锻造温度范围是指始锻温度（开始锻造的温度）与终锻温度（停止锻造的温度）间的温度范围。它的确定以合金状态图为依据。例如，碳钢的锻造温度范围如图 4-9 所示，始锻温度比 AE 线低 200℃ 左右，终锻温度约为 800℃。终锻温度过低，金属的冷变形强化严重，变形抗力急剧增加，使加工难于进行，强行锻造，将导致锻件破裂报废。而始锻温度过高，会造成过热、过烧等缺陷。

②变形速度　变形速度即单位时间内的变形程度，它对金属锻造性能的影响是复杂的。正由于变形程度增大，回复和再结晶不能及时克服冷变形强化现象，金属表现出塑性下降、变形抗力增大，锻造性能变坏。另一方面，金属在变形过程中，消耗于塑性变形的能量有一部分转化为热能，使金属温度升高，这是金属在变形过程中产生的热效应现象。变形速度越大，热效应现象越

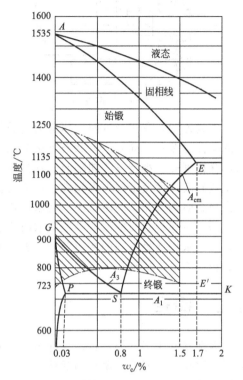

图 4-9　锻造温度

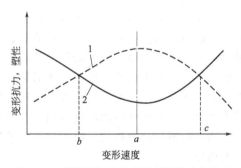

图 4-10　变形速度对塑性及变形抗力的影响
1—变形抗力曲线；2—塑性变化曲线

明显，使金属的塑性提高，变形抗力下降，锻造性能变好。如图 4-10 所示，当变形速度在 b 和 c 附近时，变形抗力较小，塑性较高，锻造性能较好。

在一般塑性加工方法中，由于变形速度较低，热效应不显著。目前采用高速锤锻造、爆炸成型等工艺来加工低塑性材料，可利用热效应现象来提高金属的锻造性能，此时对应变形速度为图 4-10 的 c 点附近。

③应力状态　金属在经受不同方法进行变形时，所产生的应力大小和性质是不同的。例如，挤压变形时（图 4-11）金属为三向受压状态；而拉拔时（图 4-12）金属为两向受压、一向受拉的状态。

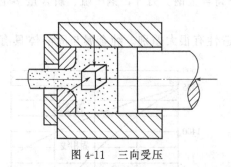

图 4-11　三向受压

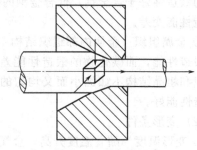

图 4-12　两向受压

实践证明，在三个方向中压应力的数目越多，金属的塑性越好；拉应力的数目越多，金属的塑性越差；而同号应力状态下引起的变形抗力大于异号应力状态下的变形抗力。当金属内部存在气孔、小裂纹等缺陷时，在拉应力作用下缺陷处易产生应力集中，缺陷必将扩展，甚至达到破坏而使金属失去塑性。压应力使金属内部摩擦增大，变形抗力亦随之增大，但压应力使金属内部原子间距减小，使缺陷不易扩展，故金属的塑性会增高。

综上所述，金属的锻造性能既取决于金属的本质，又取决于变形条件。在塑性加工过程中，要力求创造最有利的变形条件，充分发挥金属的塑性，降低变形抗力，使功耗最少，变形进行得充分，达到加工目的。

4.2　锻造

锻造是利用工（模）具，在冲击力或静压力的作用下，使金属材料产生塑性变形，从而获得一定尺寸、形状和质量的锻件的加工方法。根据所用设备和工具的不同，锻造分为自由锻造（简称自由锻）和模型锻造（简称模锻）两类。

4.2.1　自由锻

利用简单的工具和开放式的模具（砧块）直接使金属坯料变形而获得锻件的工艺方法，称自由锻造。自由锻时，金属仅有部分表面与工具或砧块接触，其余部分为自由变形表面，锻件的形状尺寸主要由工人操作来控制。适应性强，适用于各种大小的锻件生产，而且是大型锻件的唯一锻造方法。由于采用通用设备和工具，故费用低，生产准备周期短。但自由锻造的生产率低，工人劳动强度大，锻件的精度差，加工余量大，因此自由锻件在锻件总量中所占的比重随着生产技术的进步而日趋减少。自由锻造也是大型锻件的主要生产方法，在重型的冶金机械、动力机械、矿山机械、粉碎机械、锻压机械、船舶和机车制造工业中占有重要的地位。

自由锻造分为手工锻和机器自由锻。手工锻造是靠手抡铁锤锻打金属使之成型，是最简单的自由锻。它是一种古老的锻造工艺，在某些零星修理或农具配件行业中仍然存在，但正逐渐被淘汰。机器自由锻是在锻锤或水压机上进行。锤上自由锻时金属变形速度快，可以较长时间保持金属的锻造温度，有利于锻出所需要的形状。锤上自由锻主要用轧制或锻压过的钢材作为坯料，用于生产小批量的中小型锻件。水压机上自由锻的锻压速度较慢，金属变形深入锻坯内部，主要用于钢锭开坯和大锻件（几吨以上）制造，如冷、热轧辊，低速大功率柴油机曲轴，汽轮发电机和汽轮机转子，核电站压力壳筒体和法兰等，锻件质量可达250吨。

（1）自由锻设备及工具

自由锻造最常用的设备有空气锤、蒸汽-空气锤和水压机。通常几十千克的小锻件采用空气锤，2t 以下的中小型锻件采用蒸汽-空气锤，大锻件则应在水压机上锻造。

自由锻工具主要有夹持工具 [图 4-13(a)]、衬垫工具 [图 4-13(b)]、支持工具（铁砧）等。

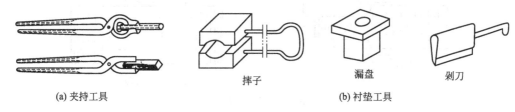

图 4-13　自由锻工具

（2）自由锻基本工序

自由锻的工序可分为三类：基本工序（使金属产生一定程度的变形，以达到所需形状和尺寸的工艺过程）、辅助工序（为使基本工序操作便利而进行的预先变形工序，如压钳口、压棱边等）、精整工序（用以减少锻件表面缺陷、提高锻件表面质量的工序，如整形等）。

自由锻造的基本工序有镦粗、拔长、冲孔、切割、扭转、弯曲等。实际生产中最常用的是镦粗、拔长和冲孔三种。

① 镦粗　镦粗（heading）是在外力作用方向垂直于变形方向，使坯料高度减小而截面积增大的工序，如图 4-14(a) 所示。若使坯料的部分截面积增大，叫做局部镦粗，如图 4-14(b)、(c)、(d) 所示。镦粗主要用于制造高度小、截面大的工件（如齿轮、圆盘、法兰等盘形锻件）的毛坯或作为冲孔前的准备工序以及增加金属变形量，提高内部质量的预备工序，也是提高锻造比为下一步拔长的预备工序。

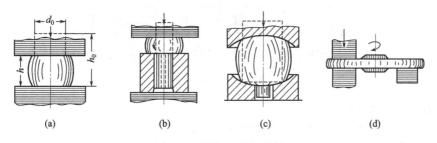

图 4-14　镦粗和局部镦粗

完全镦粗时，坯料应尽量用圆柱形，且长径比不能太大，端面应平整并垂直于轴线，镦粗时的打击力要足，否则容易产生弯曲、凹腰、歪斜等缺陷。

② 拔长　是缩小坯料截面积增加其长度的工序。拔长（pulling）是通过反复转动和送进坯料进行压缩来实现的，是自由锻生产中最常用的工序。包括平砧上拔长（图 4-15）和带芯轴拔长及芯轴上扩孔（图 4-16）。平砧拔长主要用于制造各类方、圆截面的轴、杆等锻件。带芯轴拔长及芯轴上扩孔用于制造空心件，如炮筒、圆环、套筒等。

拔长时要不断送进和翻转坯料，以使变形均匀，每次送进的长度不能太大，避免坯料横向流动增大，影响拔长效率。

③ 冲孔　冲孔（punching）是利用冲头在坯料上冲出通孔或不通孔的工序。一般锻件通孔采用实心冲头双面冲孔（图 4-17），先将孔冲到坯料厚度的 2/3～3/4 深，取出冲子，然后翻转坯料，从反面将孔冲透。主要用于制造空心工件，如齿轮坯、圆环和套筒等。冲孔前坯料须镦粗至扁平形状，并使端面平整，冲孔时坯料应经常转动，冲头要注意冷却。冲孔偏心

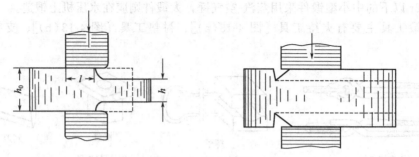

图 4-15　平砧拔长

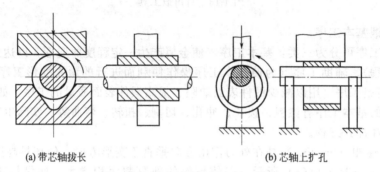

(a) 带芯轴拔长   (b) 芯轴上扩孔

图 4-16　带芯轴拔长及芯轴上扩孔

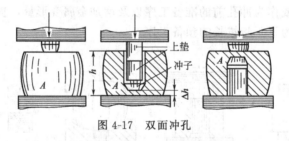

图 4-17　双面冲孔

时，可局部冷却薄壁处，再冲孔校正。

对于厚度较小的坯料或板料，可采用单面冲孔，如图 4-18 所示。

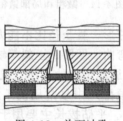

图 4-18　单面冲孔

4.2.2　模锻

模锻是利用模具使毛坯变形而获得锻件的锻造方法。模锻时坯料在模具模膛中被迫塑性流动变形，从而获得比自由锻质量更高的锻件。

与自由锻相比，模锻具有锻件精度高、流线组织合理、力学性能高等优点，而且生产率高，金属消耗少，并能锻出自由锻难以成型的复杂锻件。因此，在现代化大批量生产中广泛采用模锻。但模锻需用锻造能力大的设备和价格昂贵的锻模，而且每种锻模只能加工一种锻件，所以不适合于单件、小批量生产。另外，受设备吨位限制，模锻件不能太大，一般质量不超过 150kg。

根据模锻设备不同，模锻可分为锤上模锻、胎模锻、压力机上模锻等。

（1）锤上模锻

锤上模锻是指在蒸汽-空气锤、高速锤等模锻锤上进行的模锻，其锻模由开有模膛的上下模两部分组成，如图 4-19 所示。模锻时把加热好的金属坯料放进下模 1 的模膛中，开启模锻锤，带动上模 2 锤击坯料，使其充满模膛而形成锻件。

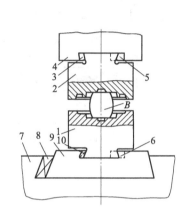

图 4-19　锤上固定模锻造砧

1—下模；2—上模；3,8,10—紧固楔铁；4—上模座；
5,6—键块；7—石砧座；9—下模座

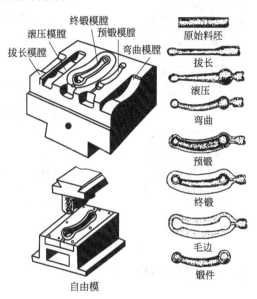

图 4-20　多膛模锻

形状较复杂的锻件，往往需要用几个模膛使坯料逐步变形，最后在终锻模膛中得到锻件的最终形状。图 4-20 为锻造连杆用多膛锻模。坯料经拔长、滚压、弯曲三个模膛制坯，然后经预锻和终锻模膛制成带有飞边的锻件，再在切边模上切除飞边即得合格锻件。

（2）胎模锻

胎模锻（blocker-type forging）是在自由锻设备上使用胎模生产模锻件的工艺方法。通常用自由锻方法使坯料初步成型，然后将坯料放在胎模模腔中终锻成型。胎模一般不固定在锤头和砧座上，而是用工具夹持，平放在锻锤的下砧上。

胎模锻虽然不及锤上模锻生产率高，精度也较低，但它灵活，适应性强，不需昂贵的模锻设备，所用模具也较简单。因此，一些生产批量不大的中小型锻件，尤其在没有模锻设备的中小型工厂中，广泛采用自由锻设备进行胎模锻造。

胎模按其结构分为扣模、套筒模（简称筒模）及合模三种类型。

① 扣模　如图 4-21 所示，用于非回转体锻件的扣形或制坯。

② 筒模　为圆筒形锻模，主要用于锻造齿轮、法兰盘等回转体盘类锻件。形状简单的锻件，只用一个筒模就可进行生产（图 4-22）。对于形状复杂的锻件，则需要组合筒模，以保证从模内取出锻件（图 4-23）。

③ 合模　通常由上模、下模组成，依靠导柱、导锁定位，使上、下模对中，如图 4-24所示。合模主要用于生产形状较复杂的非回转体锻件，如连杆、叉形锻件等。

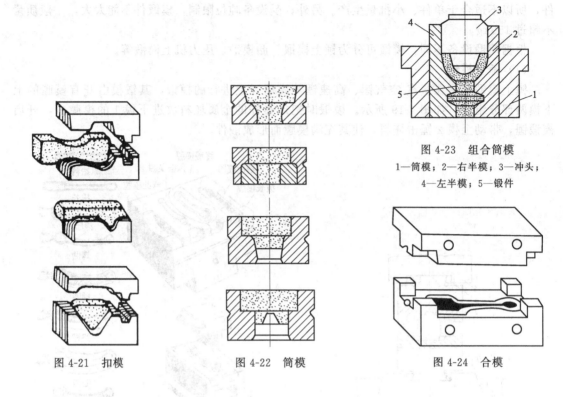

图 4-23　组合筒模
1—筒模；2—右半模；3—冲头；
4—左半模；5—锻件

图 4-21　扣模　　　　　　　图 4-22　筒模　　　　　　　图 4-24　合模

4.3　板料冲压

利用冲模使板料产生分离或变形，以获得零件的加工方法称为板料冲压。板料冲压通常在室温下进行，故称冷冲压；只有当板料厚度超过 8～10mm 时才采用热冲压。板料冲压具有下列特点。

① 可以冲压出形状复杂的零件，废料较少。

② 产品具有足够高的精度和较低的表面粗糙度，互换性能好。

③ 能获得质量轻、材料消耗少、强度和刚度较高的零件。

④ 冲压操作简单，工艺过程便于实现机械化自动化，生产率高，故零件成本低。

但冲模制造复杂，模具材料及制作成本高，只有大批量生产才能充分显示其优越性。冲压工艺广泛应用于汽车、飞机、农业机械、仪表电气、轻工和日用品等工业部门。

板料冲压所用的原材料要求在室温下具有良好的塑性和较低的变形抗力。常用的金属材料有低碳钢、高塑性低合金钢、铜、铝、钛及其合金的金属板料、带料等。还可以加工非金属板料，如纸板、绝缘板、纤维板、塑料板、石棉板、硅橡胶板等。

4.3.1　板料冲压基本工序

冲压生产中常用的设备有剪床和冲床等。剪床用来把板料剪切成一定宽度的条料，以供下一步的冲压工序用。冲床用来实现冲压工序，制成所需形状和尺寸的成品零件。冲压生产的基本工序有分离工序和变形工序两大类。

（1）分离工序

使坯料的一部分与另一部分相互分离的工序。如切断、落料、冲孔和修整等。

① 冲裁　是使坯料按封闭轮廓分离的工序，主要用于落料和冲孔。落料时，冲下的部分为成品，剩下部分为废料；冲孔则相反，冲下的部分为废料，剩下部分为成品，如图 4-25 所示。

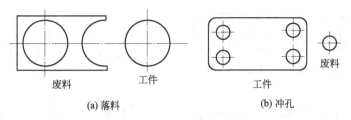

图 4-25　冲裁

　　② 切断　是用剪刃或冲模将板料沿不封闭轮廓进行分离的工序。剪刃安装在剪床（或称剪板机）上；而冲模是安装在冲床上，多用于加工形状简单、精度要求不高的平板零件或下料。

　　③ 修整　当零件精度和表面质量要求较高时，在冲裁之后，常需进行修整。修整是利用修整模沿冲裁件外缘或内孔去除一薄层金属，以消除冲裁件断面上的毛刺和斜度，使之成为光洁平整的切面，如图 4-26 所示。

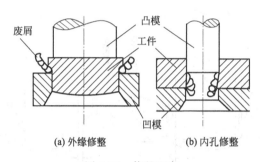

图 4-26　修整工序

（2）变形工序

　　使板料的一部分相对其另一部分在不破裂的情况下产生位移的工序，称为变形工序。如弯曲、拉深、成型和翻边等。

　　① 弯曲　是使坯料的一部分相对于另一部分弯成一定角度的工序。可利用相应的模具把金属板料弯成各种所需的形状，如图 4-27 所示。

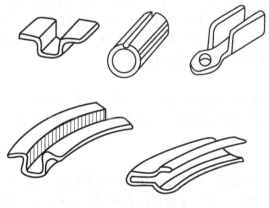

图 4-27　弯曲件

　　② 拉深　使平板坯料变形成为空心零件的工序。用拉深方法可以制成筒形、阶梯形、锥形、球形、方盒形及其他不规则形状的零件。图 4-28 为几种拉深件。

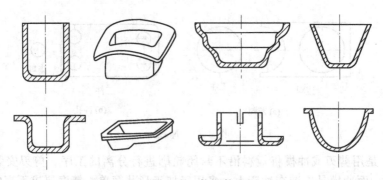

图 4-28　拉深件

拉深过程如图 4-29 所示。把直径为 D 的平板坯料放在凹模上，在凸模作用下，板料被拉入凸、凹模的间隙中，形成空心件。当工件直径 d 与坯料直径 D 相差较大时，往往需多次拉深完成。d 与 D 的比值（$m=d/D$）称为拉伸系数。

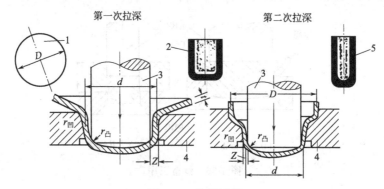

图 4-29　拉深过程

1—平板坯料；2—空心件（第一次拉深）；3—凸模；4—凹模；5—空心件（第二次拉深）

板料冲压还可完成翻边、胀形等其他工序。

（3）冲压件工艺过程举例

在利用板料制造各种零件时，各种工序的选择、工序顺序的安排以及各工序应用次数的确定，都以产品零件的形状和尺寸，每道工序中材料所允许的变形程度为依据。图 4-30 为汽车消音器零件的冲压工序。由于消音器筒口直径与坯料直径相差较大，根据坯料所允许的变形程度需三次拉深成型。零件底部的翻边孔径较大，只能在拉深后再冲孔，若先冲孔则拉深难以进行。筒底和外缘都可一次翻边成型。

4.3.2　冲压模具

冲压模具简称冲模（punch die），是冲压生产中必不可少的模具。冲模结构合理与否对冲压件质量、冲压生产的效率及模具寿命等都有很大的影响。冲模基本上可分为简单模、连续模和复合模三种。

（1）简单冲模

在冲床的一次行程中只完成一道工序的冲模为简单冲模。图 4-31 为落料用的简单冲模。凹模 2 用压板 7 固定在下模板 4 上，下模板用螺栓固定在冲床的工作台上，凸模 1 用压板 6 固定在上模板 3 上，上模板则通过模柄 5 与冲床的滑块连接。因此，凸模可随滑块做上下运动。为了使凸模向下运动能对准凹模孔，并在凸凹模之间保持均匀间隙，通常用导柱 12 和套筒 11 的结构。条料在凹模上沿两个导板 9 之间送进，碰到定位销 10 为止。凸模向下冲压

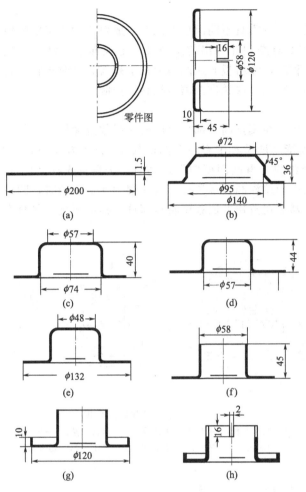

图 4-30　冲压过程举例

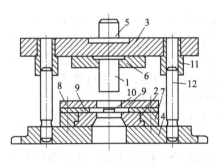

图 4-31　简单冲模

1—凸模；2—凹模；3—上模板；4—下模板；
5—模柄；6,7—压板；8—卸料板；
9—导板；10—定位销；11—套筒；12—导柱

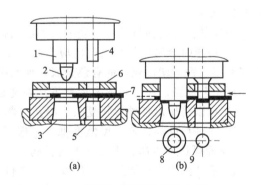

图 4-32　连续冲模

1—落料凸模；2—定位销；3—落料凹模；
4—冲孔凸模；5—冲孔凹模；6—卸料板；
7—坯料；8—成品；9—废料

时，冲下的零件（或废料）进入凹模孔，而条料则夹住凸模并随凸模一起回程向上运动。条料碰到卸料板 8 时（固定在凹模上）被推下，这样，条料继续在导板间送进。重复上述动作，冲下第二个零件。

（2）连续冲模

冲床的一次行程中，在模具不同部位上同时完成数道冲压工序的模具，称为连续模（图4-32）。工作时定位销 2 对准预先冲出的定位孔，上模向下运动，凸模 1 进行落料，凸模 4 进行冲孔。当上模回程时，卸料板 6 从凸模上推下残料。这时再将坯料 7 向前送进，执行第二次冲裁。如此循环进行，每次送进距离由挡料销控制。

（3）复合冲模

冲床的一次行程中，在模具同一部位上同时完成数道冲压工序的模具，称为复合模（图4-33）。复合模的最大特点是模具中有一个凸凹模 1。凸凹模的外圆是落料凸模刃口，内孔则成为拉深凹模。当滑块带着凸凹模向下运动时，条料首先在凸凹模 1 和落料凹模 4 中落料。落料件被下模当中的拉深凸模 2 顶住，滑块继续向下运动时，凹模随之向下运动进行拉深。顶出器 5 和卸料器 3 在滑块的回程中将拉深件 9 推出模具。复合模适用于产量大、精度高的冲压件。

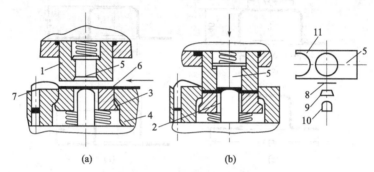

(a)　　　　　　　　　(b)

图 4-33　落料及拉深复合模

1—凸凹模；2—拉深凸模；3—压板（卸料器）；4—落料凹模；5—顶出器；6—条料；
7—挡料销；8—坯料；9—拉深件；10—零件；11—切余材料

4.4　挤压、轧制、拉拔

4.4.1　挤压

挤压是使坯料在挤压筒中受强大的压力作用而变形的加工方法。具有如下特点：

① 挤压时金属坯料在三向压应力状态下变形，因此可提高金属坯料的塑性。挤压材料不仅有铝、铜等塑性较好的有色金属，而且碳钢、合金结构钢、不锈钢及工业纯铁等也可以用挤压工艺成型。在一定的变形量下某些高碳钢，甚至高速钢等也可进行挤压。

② 可以挤压出各种形状复杂、深孔、薄壁、异型断面的零件。

③ 零件精度高，表面粗糙度低。一般尺寸精度为 IT6～IT7，表面粗糙度为 $Ra\ 3.2～0.4$，从而可达到少屑、无屑加工的目的。

④ 零件的力学性能好。挤压变形后零件内部的纤维组织是连续的，基本沿零件外形分布而不被切断，从而提高了零件的力学性能。

⑤ 节约原材料，材料利用率可达 70%，生产率也很高，可比其他锻造方法高几倍。

挤压按挤压模出口处的金属流动方向和凸模运动方向的不同，可分为以下四种：

① 正挤压　挤压模出口处的金属流动方向与凸模运动方向相同，见图 4-34。

② 反挤压　挤压模出口处的金属流动方向与凸模运动方向相反，见图 4-35。

③ 复合挤压　挤压过程中，在挤压模的不同出口处，一部分金属的流动方向与凸模运动方向相同，而另一部分金属流动方向与凸模方向相反（图 4-36）。

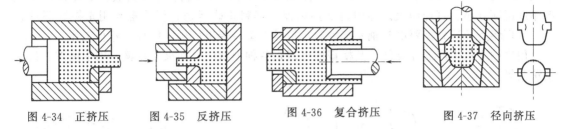

图 4-34 正挤压　　　图 4-35 反挤压　　　图 4-36 复合挤压　　　图 4-37 径向挤压

④ 径向挤压　挤压模出口处的金属流动方向与凸模运动方向呈 90°（图 4-37）。

除了上述挤压方法外，还有一种静液挤压方法（图 4-38）。静液挤压时凸模与坯料不直接接触，而是给液体施加压力［压力可达 3000atm（1atm＝101325Pa）以上］，再经液体传给坯料，使金属通过凹模而成型。静液挤压由于在坯料侧面无通常挤压时存在的摩擦，所以变形较均匀，可提高一次挤压的变形量，挤压力也较其他挤压方法小 10%～50%。

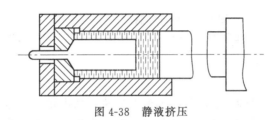

图 4-38 静液挤压

静液挤压可用于低塑性材料，如铍、钽、铬、钼、钨等金属及其合金的成型。对常用材料可采用大变形量（不经中间退火）一次挤成线材和型材。静液挤压法已用于挤制螺旋齿轮（圆柱斜齿轮）及麻花钻等形状复杂的零件。

挤压是在专用挤压机上进行的（有液压式、曲轴式、肘杆式等），也可在经适当改进后的通用曲柄压力机或摩擦压力机上进行。

4.4.2　轧制

轧制方法除了生产型材、板材和管材外，近年来也用它生产各种零件，在机械制造业中得到了越来越广泛的应用。零件的轧制具有生产率高、质量好、成本低，并可大量减少金属材料消耗等优点。

根据轧辊轴线与坯料轴线方向的不同，轧制分为纵轧、横轧、斜轧等几种。

（1）纵轧

纵轧是轧辊轴线与坯料轴线互相垂直的轧制方法。包括各种型材轧制、辊锻轧制、辗环轧制等。

① 辊锻轧制　辊锻轧制是把轧制工艺应用到锻造生产中的一种新工艺。辊锻是使坯料通过装有圆弧形模块的一对相对旋转的轧辊时受压而变形的生产方法（图 4-39）。既可作为模锻前的制坯工序，也可直接辊锻锻件。目前，成型辊锻适用于生产以下三种类型的锻件。

a. 扁断面的长杆件　如扳手、活动扳手、链环等。

b. 带有不变形头部而沿长度方向横截面面积递减的锻件　如叶片等。叶片辊锻工艺和铣削旧工艺相比，材料利用率可提高 4 倍，生产率提高 2.5 倍，而且叶片质量大为提高。

c. 连杆成型辊锻　国内已有不少工厂采用辊锻方法锻制连杆，生产率高，简化了工艺过程，但锻件还需用其他锻压设备进行精整。

② 辗环轧制　辗环轧制是用来扩大环形坯料的外径和内径，从而获得各种环状零件的轧制方法（图 4-40）。图中驱动辊 1 由电动机带动旋转，利用摩擦力使坯料 5 在驱动辊 1 和

芯辊 2 之间受压变形。驱动辊还可由油缸推动做上下移动，改变 1、2 两辊间的距离，使坯料厚度逐渐变小、直径增大。导向辊 3 用以保持坯料正确运送，信号辊 4 用来控制环件直径。当环坯直径达到需要值与辊 4 接触时，信号辊旋转传出信号，使辊 1 停止工作。

　　用这种方法生产的环类件，其横截面可以是各种形状的，如火车轮箍、轴承座圈、齿轮及法兰等。

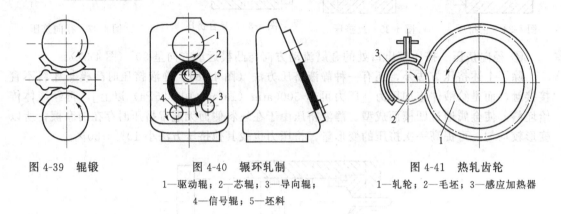

图 4-39　辊锻　　　　　　　图 4-40　辗环轧制　　　　　　　　图 4-41　热轧齿轮

1—驱动辊；2—芯辊；3—导向辊；　　　　1—轧轮；2—毛坯；3—感应加热器

4—信号辊；5—坯料

　　(2) 横轧

　　横轧是轧辊轴线与坯料轴线互相平行的轧制方法，如齿轮轧制等。

　　齿轮轧制是一种无屑或少屑加工齿轮的新工艺。直齿轮和斜齿轮均可用热轧法制造（图 4-41）。在轧制前将毛坯外缘加热，然后将带齿形的轧轮 1 做径向进给，迫使轧轮与毛坯 2 对辊。在对辊过程中，毛坯上一部分金属受压形成齿谷，相邻部分的金属被轧轮齿部"反挤"而上升，形成齿顶。

　　(3) 斜轧

　　斜轧亦称螺旋斜轧。它是轧辊轴线与坯料轴线相交一定角度的轧制方法，如钢球轧制 [图 4-42(a)]、周期轧制 [图 4-42(b)]、冷轧丝杠等。

　　螺旋斜轧采用两个带有螺旋型槽的轧辊，互相交叉呈一定角度，并做同方向旋转，使坯料在轧辊间既绕自身轴线转动，又向前进，同时受压变形获得所需产品。

　　螺旋斜轧钢球 [图 4-42(a)] 使棒料在轧辊间螺旋型槽里受到轧制，并被分离成单球。轧辊每转一周即可轧制出一个钢球。轧制过程是连续的。

　　螺旋斜轧可以直接热轧带螺旋线的滚刀及冷轧丝杠等。

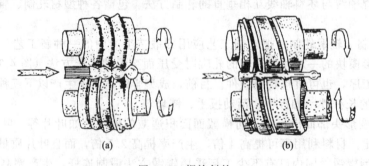

(a)　　　　　　　　　　　　(b)

图 4-42　螺旋斜轧

4.4.3　拉拔

　　拉拔是将金属坯料通过拉拔模的模孔使其变形的塑性加工方法（图 4-43）。

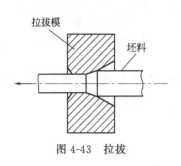

图 4-43　拉拔

图 4-44　拉拔型材截面形状

拉拔过程中坯料在拉拔模内产生塑性变形，通过拉拔模后，坯料的截面形状和尺寸与拉拔模模孔出口相同。因此，改变拉拔模模孔的形状和尺寸，即可得到相应的拉拔成型的产品。

目前的拉拔形式主要有线材拉拔、棒料拉拔、型材拉拔和管材拉拔。

线材拉拔主要用于各种金属导线，工业用金属线以及电器中常用的漆包线的拉制成型，此时的拉拔也称为"拉丝"。拉拔生产的最细的金属丝直径可达 0.01mm 以下。线材拉拔一般要经过多次成型，且每次拉拔的变形程度不能过大，必要时要进行中间退火，否则将使线材拉断。

拉拔生产的棒料可有多种截面形状，如圆形、方形、矩形、六角形等。

型材拉拔多用于特殊截面或复杂截面形状的异形型材（图 4-44）生产。

异形型材拉拔时，坯料的截面形状与最终型材的截面形状差别不宜过大。差别过大时，会在型材中产生较大的残余应力，导致裂纹以及沿型材长度方向上的形状畸变。

管材拉拔以圆管为主，也可拉制椭圆形管、矩形管和其他截面形状的管材。管材拉拔后管壁将增厚。当不希望管壁厚度变化时，拉拔过程中要加芯棒。需要管壁厚度变薄时，也必须加芯棒来控制壁管的厚度（图 4-45）。

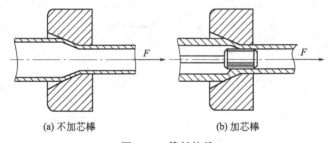

(a) 不加芯棒　　　　　　　　(b) 加芯棒

图 4-45　管材拉拔

拉拔模在拉拔过程中会受到强烈的摩擦，生产中常采用耐磨的硬质合金（有时甚至用金刚石）来制作，以确保其精度和使用寿命。

4.5　特种塑性加工方法

4.5.1　超塑性成型

超塑性（superplasticity）是指金属或合金在特定条件下，在极低的形变速率（$\varepsilon = 10^{-2} \sim 10^{-4} \mathrm{s}^{-1}$）、一定的变形温度和均匀的细晶粒度（晶粒平均直径为 0.2～5μm）条件下，其相对延伸率 δ 超过 100％ 的特性，如钢超过 500％、钛超过 300％、锌铝合金超过 1000％。

超塑性状态下的金属在拉伸变形过程中不产生缩颈现象,变形应力可比常态下金属的变形力降低百分之几十。因此该金属极易成型,可采用多种工艺方法制出复杂零件。

目前常用的超塑性成型材料主要是锌铝合金、铝基合金、钛合金及高温合金。

(1) 超塑性成型工艺的应用

① 板料冲压　如图 4-46 所示,零件直径 d_0 较小,但高度 H 很高。选用超塑性材料可以一次拉深成型,质量很好,零件性能无方向性。图 4-46(a) 为拉深成型。

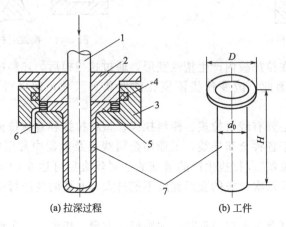

(a) 拉深过程　　　　　　(b) 工件

图 4-46　超塑性板料拉深

1—冲头(凸模);2—压板;3—凹模;4—电热元件;5—坯料;6—高压油孔;7—工件

② 板料气压成型　如图 4-47 所示。超塑性金属板料放于模具内,把板料与模具一起加热到规定温度,向模具内充入压缩空气或抽出模具内的空气形成负压,板料将贴紧在凹模或凸模上,获得所需形状的工件。该方法可加工的板料厚度为 0.4~4mm。

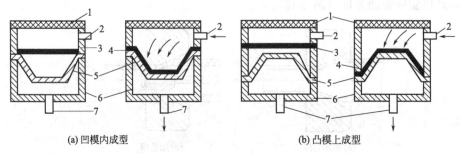

(a) 凹模内成型　　　　　　　　　　(b) 凸模上成型

图 4-47　板料气压成型

1—电热元件;2—进气孔;3—板料;4—工件;5—凹(凸)模;6—模框;7—抽气孔

③ 挤压和模锻　高温合金及钛合金在常态下塑性很差,变形抗力大,不均匀变形引起各向异性的敏感性强,用通常的成型方法较难成型,材料损耗极大,致使产品成本很高。如果在超塑性状态下进行模锻,就可完全克服上述缺点,节约材料,降低成本。

(2) 超塑性模锻工艺特点

① 扩大了可锻金属材料种类。如过去只能采用铸造成型的镍基合金,也可以进行超塑性模锻成型。

② 金属填充模膛的性能好,可锻出尺寸精度高、机械加工余量小甚至不用加工的零件。

③ 能获得均匀细小的晶粒组织,零件力学性能均匀一致。

④ 金属的变形抗力小,可充分发挥中、小设备的作用。

4.5.2　高能率成型

高能率成型（high-energy rate forming）是一种在极短时间内释放高能量使金属变形的成型方法。

高能率成型主要包括爆炸成型、电液成型和电磁成型等几种形式。

（1）爆炸成型

爆炸成型（explosion forming）是利用爆炸物质在爆炸瞬间释放出巨大的化学能对金属坯料进行加工的高能率成型方法。

爆炸成型时，爆炸物质的化学能在极短时间内转化为周围介质（空气或水）中的高压冲击波，并以脉冲波的形式作用于坯料，使其产生塑性变形并以一定速度贴模，完成成型过程。冲击波对坯料的作用时间为微秒级，仅占坯料变形时间的一小部分。这种高速变形条件，使爆炸成型的变形机理及过程与常规冲压加工有着根本性的差别。爆炸成型装置如图4-48所示。

爆炸成型主要特点是：

① 模具简单　仅用凹模即可。节省模具材料，降低成本。

② 简化设备　一般情况下，爆炸成型无需使用冲压设备，生产条件简化。

③ 能提高材料的塑性变形能力　适用于塑性差的难成型材料。

④ 适于大型零件成型　用常规方法加工

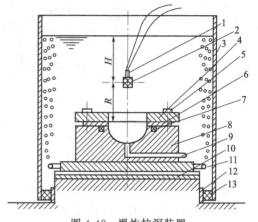

图 4-48　爆炸拉深装置

1—电雷管；2—炸药；3—水筒；4—压迫圈；5—螺栓；
6—毛坯；7,13—密封；8—凹模；9—真空管道；
10—缓冲装置；11—压缩空气管路；12—垫环

大型零件，往往受到模具尺寸和设备厂作台面的限制。而爆炸成型不需专用设备，且模具及工装制造简单，周期短，成本低。

爆炸成型目前主要用于板材的拉深、胀形、校形等成型工艺。此外还常用于爆炸焊接、表面强化、管件结构的装配、粉末压制等方面。

（2）电液成型

电液成型（electro-hydraulic forming）是利用液体中强电流脉冲放电所产生的强大冲击波对金属进行加工的高能率成型方法。

电液成型装置的基本原理如图4-49所示。该装置由两部分组成，即充电回路和放电回路。充电回路主要由升压变压器 1、整流器 2 及充电电阻 3 组成。放电回路主要由电容器 4、辅助间隙 5 及电极 9 组成。来自网路的交流电经升压变压器及整流器后变为高压直流电并向电容器 4 充电。当充电电压达到所需值后，点燃辅助间隙，高压电瞬时加到两放电电极所形成的主放电间隙上，并使主间隙击穿，产生高压放电，在放电回路中形成非常强大的冲击电流，结果在电极周围介质中形成冲击波及液流冲击而使金属坯料成型。

电液成型除了具有模具简单、零件精度高、能提高材料塑性变形能力等特点外，与爆炸成型相比，电液成型时能量易于控制，成型过程稳定，操作方便，生产率高，便于组织生产。

电液成型主要用于板材的拉深、胀形、翻边、冲裁等。

（3）电磁成型

电磁成型（electromagnetic forming）是利用脉冲磁场对金属坯料进行塑性加工的高能

率成型方法。电磁成型装置原理如图 4-50 所示。通过放电磁场与感应磁场的相互叠加，产生强大的磁场力，使金属坯料变形。与电液成型装置原理比较可见，除放电元件不同外，其他都是相同的。电液成型的放电元件为水介质中的电极，而电磁成型的放电元件为空气中的线圈。

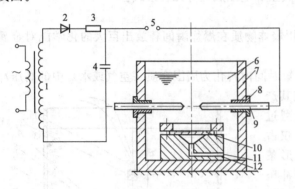

图 4-49　电液成型原理

1—升压变压器；2—整流器；3—充电电阻；4—电容器；
5—辅助间隙；6—水；7—水箱；8—绝缘体；9—电极；
10—毛坯；11—抽气孔；12—凹模

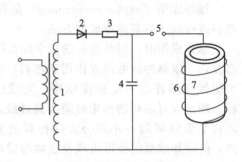

图 4-50　电磁成型装置原理

1—升压变压器；2—整流器；3—限
流电阻；4—电容器；5—辅助间隙；
6—工作线圈；7—毛坯

　　电磁成型除具有一般的高能成型特点外，还无需传压介质，可以在真空或高温条件下成型，能量易于控制，成型过程稳定，再现性强，生产效率高，易于实现机械化和自动化。

　　电磁成型典型工艺主要有管坯胀形 [图 4-51(a)]、管坯缩颈 [图 4-51(b)] 及平板坯料成型 [图 4-51(c)]。此外，在管材的缩口、翻边、压印、剪切及装配、连接等方面也有较多应用。

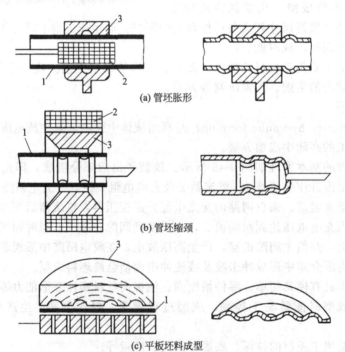

(a) 管坯胀形

(b) 管坯缩颈

(c) 平板坯料成型

图 4-51　电磁成型典型加工方法

1—工件；2—线圈；3—模具

4.5.3 液态模锻

液态模锻（squeeze casting）是将一定量的液态金属直接注入金属模腔，随后在压力的作用下，使处于熔融或半熔融状态的金属液发生流动并凝固成型，同时伴有少量塑性变形，从而获得毛坯或零件的加工方法。

液态模锻典型工艺流程如图 4-52 所示。一般分为金属液和模具准备、浇注、合模施压以及开模取件四个步骤。

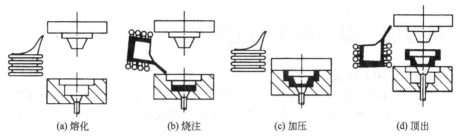

(a) 熔化   (b) 烧注   (c) 加压   (d) 顶出

图 4-52 液态模锻工艺流程

液态模锻工艺的主要特点如下：

① 成型过程中，液态金属自始至终承受等静压，在压力下完成结晶凝固。

② 已凝固金属在压力作用下产生塑性变形，使制件外表面紧贴模腔，保证尺寸精度。

③ 液态金属在压力作用下，凝固过程中能得到强制补缩，比压铸件组织致密。

④ 成型能力高于固态金属热模锻，可成型形状复杂的锻件。

适用于液态模锻的材料非常多，不仅铸造合金，而且变形合金，有色金属及黑色金属的液态模锻也已大量应用。

液态模锻适用于各种形状复杂、尺寸精确的零件制造，在工业生产中应用广泛。如活塞、炮弹引信体、压力表壳体、波导弯头、汽车油泵壳体、摩托车零件等铝合金零件；齿轮、蜗轮、高压阀体等铜合金零件；钢法兰、钢弹头、凿岩机缸体等碳钢、合金钢零件。

4.5.4 粉末锻造

粉末锻造（power forging）通常是指将粉末烧结的预成型坯经加热后，在闭式模中锻造成零件的成型工艺方法。它是将传统的粉末冶金和精密锻造结合起来的一种新工艺，并兼有两者的优点。可以制取密度接近材料理论密度的粉末锻件，克服了普通粉末冶金零件密度低的缺点。使粉末锻件的某些物理和力学性能达到甚至超过普通锻件的水平。同时，又保持了普通粉末冶金少屑、无切屑工艺的优点。通过合理设计预成型坯和实行少、无飞边锻造，具有成型精确，材料利用率高，锻造能量消耗少等特点。

粉末锻造的目的是把粉末预成型坯锻造成致密的零件。目前，常用的粉末锻造方法有粉末锻造、烧结锻造、锻造烧结和粉末冷锻几种，其基本工艺过程如图 4-53 所示。

粉末锻造在许多领域中得到了应用，特别是在汽车制造业中的应用更为突出。表 4-1 给出了适于

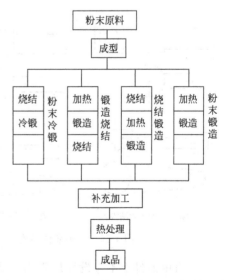

图 4-53 粉末锻造的基本工艺过程

粉末锻造工艺生产的汽车零件。

表 4-1　适于粉末锻造工艺生产的汽车零件

发动机	连杆、齿轮、气门挺杆、交流电机转子、阀门、气缸衬套、环形齿轮
变速器(手动)	毂套、回动空转齿轮、离合器、轴承座圈同步器、各种齿轮
变速器(自动)	内座圈、压板、外座圈、制动装置、离合器凸轮、各种齿轮
底盘	后轴壳体端盖、扇形齿轮、万向轴、侧齿轮、轮毂、伞齿轮、环齿轮

4.6　塑性加工零件的结构工艺性

4.6.1　自由锻件结构工艺性

　　设计自由锻零件时，除满足使用性能要求外，还必须考虑自由锻设备和工具的特点，使锻件的结构符合自由锻的工艺性，以达到便于锻造、节约金属、保证质量、提高生产率的目的。

　　① 锻件上具有锥体或斜面的结构，必须使用专用工具，锻造成型也比较困难，应尽量避免，如图 4-54 所示。

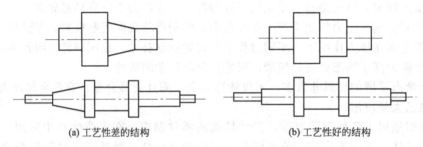

(a) 工艺性差的结构　　　　　　　(b) 工艺性好的结构

图 4-54　锥体或斜面的结构

　　② 锻件由几个简单几何体构成时，几何体的交接处不应形成空间曲线，如图 4-55(a) 所示结构。这种结构锻造成型极为困难，应改成平面与圆柱、平面与平面相接 [图 4-55(b)]。

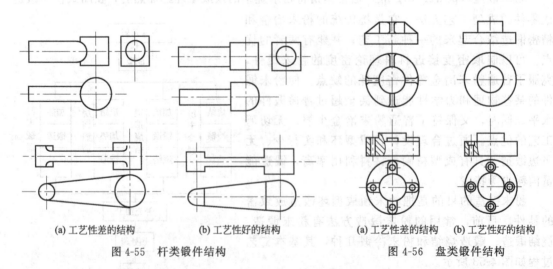

(a) 工艺性差的结构　　(b) 工艺性好的结构　　　　(a) 工艺性差的结构　　(b) 工艺性好的结构

图 4-55　杆类锻件结构　　　　　　　　图 4-56　盘类锻件结构

　　③ 自由锻件上不应设计加强筋、凸台、工字形截面或空间曲线形表面 [图 4-56(a)]，这种结构难以用自由锻方法获得，可改成图 4-56(b) 所示结构。

④ 锻件的横截面积有急剧变化或形状较复杂时 ［图 4-57(a)］，应设计成由几个简单件构成的组合体。每个简单件锻制成型后，再用焊接或机械连接方式构成整个零件 ［图 4-57(b)］。

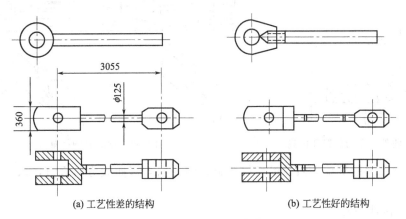

(a) 工艺性差的结构　　　　　　　(b) 工艺性好的结构

图 4-57　形状复杂锻件

4.6.2　冲压件结构工艺性

冲压件结构应具有良好的工艺性能，以减少材料消耗和工序数目，延长模具寿命，提高生产率，降低成本，并保证冲压质量。所以，冲压件设计时，要考虑以下原则。

(1) 对冲裁件的要求

① 落料件的外形和冲孔件的孔形应力求简单、规则、对称，排样力求废料最少。如图 4-58 所示，图 (b) 较图 (a) 合理，材料利用率较高。

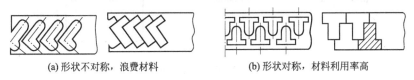

(a) 形状不对称，浪费材料　　　　　(b) 形状对称，材料利用率高

图 4-58　零件形状便于合理排样

② 应避免长槽与细长悬臂结构。图 4-59 所示的落料件结构工艺性差，模具制造困难，寿命低。

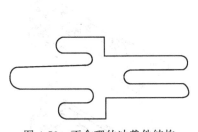

图 4-59　不合理的冲裁件结构

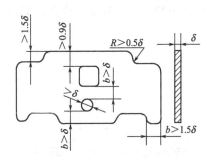

图 4-60　冲孔件尺寸与板料厚的关系

③ 冲孔及外缘凸凹部分尺寸不能太小，孔与孔以及孔与零件边缘距离不宜过近，如图 4-60 所示。

(2) 对弯曲件的要求

① 弯曲件形状应尽量对称，弯曲半径不能太小，弯曲边不宜过短，拐弯处离孔不宜太

近。如图 4-61 所示，弯曲时，应使零件的垂直壁与孔中心线的距离 $k>r+d/2$，以防孔变形；弯曲边高 H 应大于板厚的 2 倍（$H>2t$），过短不易弯成。

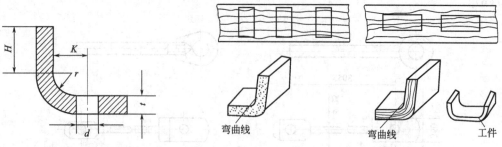

图 4-61　弯曲件上孔的位置和边高　　　　　图 4-62　弯曲时的纤维方向

② 应注意材料的纤维方向，尽量使坯料纤维方向与弯曲线方向垂直，以免弯裂，如图 4-62 所示。

（3）对拉深件的要求

① 拉深件外形应简单、对称，且不宜太高，以减少拉伸次数并易于成型。

② 拉深件转角处圆角半径不宜太小，最小许可半径 r_{min} 与材料的塑性和厚度等因素有关，如图 4-63 所示。

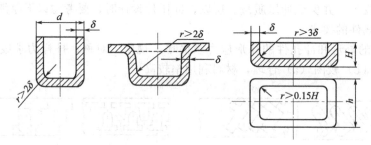

图 4-63　拉深件最小许可半径

（4）改进结构，简化工艺，节省材料

① 对于形状复杂的冲压件，可先分别冲出若干个简单件，再焊成整体件，如图 4-64 所示。

② 采用冲口工艺减少组合件，如图 4-65 所示。

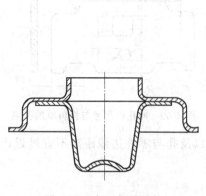

图 4-64　冲压-焊接结构

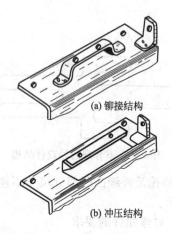

(a) 铆接结构

(b) 冲压结构

图 4-65　冲口工艺的应用

4.7　塑性加工技术新进展

（1）发展省力成型工艺

塑性加工工艺相对于铸造、焊接工艺有产品内部组织致密、力学性能好且稳定的优点。但是传统的塑性加工工艺往往需要大吨位的压力机，重型锻压设备的吨位已达万吨级，相应的设备重量及初期投资非常大。实际上，塑性加工也并不是沿着大工件-大变形力-大设备-大投资这样的逻辑发展下去的。

省力的主要途径有以下三种。

① 改变应力状态　根据塑性加工力学中塑性变形的条件，受力物体处于异号应力状态时，材料容易产生塑性变形，即变形力较小。

② 降低流动应力　属于这一类的成型方法有超塑成型及液态模锻（实际上是半固态成型或近熔点成型），前者属于较低应变速率的成型，后者属于特高温度下成型。

③ 减少接触面积　减少接触面积不仅使总压力减少，而且也使变形区单位面积上的作用力减少，原因是减少了摩擦对变形的拘束。属于这类的成型工艺有旋压、辊锻、楔横轧、摆动辗压等。

（2）增强成型柔度

柔性加工是指应变能力很强的加工方法，它适于产品多变的场合。在市场经济条件下，柔度高的加工方法显然也有较强的竞争力。

塑性加工通常是借助模具或其他工具使工件成型。模具或工具的运动方式及速度受设备的控制。所以提高塑性加工柔度的方法有两种途径：一是从机器的运动功能上着手，例如多向多动压力机，快速换模系统及数控系统。二是从成型方法上着手，可以归结为无模成型、单模成型、点模成型等多种成型方法。

无模成型是一种基本上不使用模具的柔度很高的成型方法。如管材无模弯曲、变截面坯料无模成型、无模胀球等工艺近年来得到了非常广泛的应用。

单模成型是指仅用凸模或凹模成型，当产品形状尺寸变化时不需要同时制造凸、凹模。属于这类成型方法的有爆炸成型、电液或电磁成型、聚氨酯成型及液压胀形等。

点模成型也是一种柔性很高的成型方法。对于像船板一类的曲面，其截面总可以用函数 $z = f(x, y)$ 来描述。当曲面参数变化时，仅需调整一下上下冲头的位置即可。

利用单点模成型近来有较大的发展，实际上钣金工历史上就是用锤逐点敲打成很多复杂零件的。近来由于数控技术的发展，使单点成型数控化，这是一个有相当应用前景的技术。

（3）提高成型精度

近年来，近无余量成型（near net shape forming）很受重视，主要优点是减少材料消耗，节约后续加工的能源，当然成本就会减低。提高产品精度一方面要使金属能充填模腔中很精细的部位，另一方面又要有很小的模具变形。等温锻造由于模具与工件的温度一致，工件流动性好，变形力少，模具弹性变形小，是实现精锻的好方法。粉末锻造，由于容易得到最终成型所需要的精确的预制坯，所以既节省材料又节省能源。

（4）推广 CAD/CAE/CAM 技术

随着计算机技术的迅速发展，CAD/CAE/CAM 技术在塑性加工领域的应用日趋广泛。为推动塑性加工的自动化、智能化、现代化进程发挥了重要作用。

在锻造生产中，利用 CAD/CAM 技术可进行锻件、锻模设计，材料选择、坯料计算，制坯工序、模锻工序及辅助工序设计，确定锻造设备及锻模加工等一系列工作。

在板料冲压成型中，随着数控冲压设备的出现，CAD/CAM 技术得到了充分的应用。尤其是冲裁件 CAD/CAM 系统应用已经比较成熟。不仅使冲模设计、冲裁件加工实现了自动化，大幅度提高了生产率，而且对于大型复杂冲裁件，还省去了大型、复杂的模具，从而大大降低了产品成本。目前，CAD/CAE/CAM 技术也已在板料冲压成型工序（如弯曲、胀形、拉深等）中得到了应用。尤其是应用在汽车覆盖件的成型中，给整个汽车工业带来了极为深刻的变革。利用 CAE（其核心内容是有限元分析、模拟）技术，对 CAD 系统设计的覆盖件及其成型模具进行覆盖件冲压成型过程模拟，将模拟计算得到的数据再反馈给 CAD 系统进行模具参数优化，最后送交 CAM 系统完成模具制造。这样就省去了传统工艺中反复多次的繁杂的试模、修模过程，从而大大缩短了汽车覆盖件的生产乃至整个汽车改型换代的时间。

CAD/CAE 技术尤其在板料冲压成型领域中有巨大的应用前景。利用这一技术，只要输入造型设计师设计的冲压件形状数学模型，计算机就会输出我们所需要的模具形状、板料尺寸、拉深筋及其方位和形状。

(5) 实现产品-工艺-材料一体化

以前，塑性成型往往是"来料加工"，近来由于机械合金化的出现，可以不通过熔炼得到各种性能的粉末。塑性加工时可以自配材料经热等静压（HIP）再经等温锻得到产品。

复合材料，包括颗粒增强及纤维增强的复合材料的成型，已经落到塑性加工的肩上。材料工艺一体化正给塑性加工界带来更多的机会和更大的活动范围。

人们对客观世界的认识在不断地加深，人们发现世界的能力也在不断增强。例如汽车车轮制造方法先后出现的有冲压法、旋压法，新近在国外又出现了整体铸造-模锻法。可以毫不夸张地说，新的成型工艺将层出不穷，它的实用化程度将反映出一个国家制造业的水平。

思考题与习题

4-1　什么是热变形？什么是冷变形？各有何特点？生产中如何选用？

4-2　什么叫加工硬化？加工硬化对工件性能及加工过程有何影响？

4-3　什么是可锻性？其影响因素有哪些？

4-4　金属在规定的合理的锻造温度范围以外进行锻造，可能会出现什么问题？

4-5　自由锻有哪些主要工序？试比较自由锻造与模锻的特点及应用范围。

4-6　设计自由锻件结构时，应注意哪些工艺性问题？

4-7　板料冲压生产有何特点，应用范围如何？

4-8　冲压有哪些基本工序？各工序的工艺特点是什么？

4-9　设计冲压件结构时应考虑哪些原则？

第 5 章　焊接工艺

金属、陶瓷和塑料等材质的构件以一定的方式组合成一个整体，需要用到连接技术（joining technology）。常用的连接有焊接、胶接、铆钉连接、螺纹连接、键连接、销连接、过盈配合连接及型面连接等。这些连接可分为可拆连接和永久性连接两大类。

可拆连接可经多次拆装，拆装时无需损伤连接中的任何零件，且其工作能力不遭破坏。属这类连接的有螺纹连接、键连接、销连接及型面连接等。

永久性连接是在拆开连接时，至少会损坏连接中的一个零件，所以是不可拆连接。焊接、铆钉连接、胶接等均属这类连接。

至于过盈配合连接，它是利用零件间的过盈配合来达到连接的目的，靠配合面之间的摩擦来传递载荷，其配合面大多为圆柱面，如轴类零件和轮毂之间的连接等。过盈配合连接一般采用压入法或温差法将其装配在一起。这种连接可做成永久性连接，也可做成可拆连接，它视配合表面之间的过盈量大小及装配方法而定。

在选择连接类型时，多以使用要求及经济要求为依据。一般地说，采用永久性连接多是由于制造及经济上的原因；采用可拆连接多是结构、安装、运输、维修上的原因。永久性连接的制造成本通常较可拆连接低廉。另外在具体选择连接类型时，还需考虑到连接的加工条件和被连接零件的材料、形状及尺寸等因素。

5.1　焊接基础知识

焊接是最主要的连接技术之一。焊接（welding）的定义可以概括为：同种或异种材质的工件，通过加热或加压或二者并用，用或者不用填充材料，使工件达到原子水平的结合而形成永久性连接的工艺。焊接过程中一般需要对焊接区域进行加热，使其达到或超过材料的熔点（熔焊），或接近熔点的温度（固相焊接），随后在冷却过程中形成焊接接头（welding joint）。这种加热和冷却过程称为焊接热过程。它贯穿于材料焊接过程的始终，对于后续涉及的焊接冶金、焊缝凝固结晶、母材热影响区的组织和性能、焊接应力变形以及焊接缺陷（如气孔、裂纹等）的产生都有着重要的影响。

典型焊条电弧焊的焊接过程如图 5-1(a) 所示。焊条与被焊工件之间燃烧产生的电弧热使工件（基本金属）和焊条同时熔化成为熔池（molten pool）。药皮燃烧产生的 CO_2 气流围绕电弧周围，连同熔池中浮起的熔渣可阻挡空气中的氧、氮等侵入，从而保护熔池金属。电弧焊的冶金过程如同在小型电弧炼钢炉中进行炼钢，焊接熔池中进行着熔化、氧化还原、造渣、精炼和渗合金等一系列物理、化学过程。电弧焊过程中，电弧沿着工件逐渐向前移动，并对工件局部进行加热，使工件和焊条金属不断熔化成为新的熔池，原先的熔池则不断地冷却凝固，形成连续焊缝。焊缝连同熔合区和热影响区组成焊接接头，图 5-1(b) 是焊接接头横截面。

(1) 焊接热过程的特点

焊接热过程包括焊件的加热、焊件中的热传递及冷却三个阶段。焊接热过程具有如下特点。

① 加热的局部性　熔焊过程中，高度集中的热源仅作用在焊件上的焊接接头部位，焊

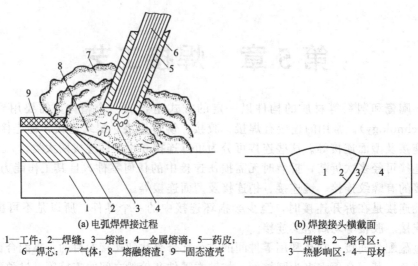

(a) 电弧焊焊接过程　　　　　　　　　　(b) 焊接接头横截面

1—工件；2—焊缝；3—熔池；4—金属熔滴；5—药皮；　　　　1—焊缝；2—熔合区；

6—焊芯；7—气体；8—熔融熔渣；9—固态渣壳　　　　　3—热影响区；4—母材

图 5-1　低碳钢电弧焊焊接过程及其形成的焊接接头

件上受到热源直接作用的范围很小。由于焊接加热的局部性，焊件的温度分布很不均匀，特别是在焊缝附近，温差很大，由此而带来了热应力和变形等问题。

② 焊接热源是移动的　焊接时热源沿着一定方向移动而形成焊缝，焊缝处金属被连续加热熔化同时又不断冷却凝固。因此，焊接熔池的冶金过程和结晶过程均不同于炼钢和铸造时的金属熔炼和结晶过程。同时，移动热源在焊件上所形成的是一种准稳定温度场，对它做理论计算也比较困难。

③ 具有极高的加热速率和冷却速率。

（2）焊接热源

焊接热源是进行焊接所必须具备的条件。事实上，现代焊接技术的发展过程也是与焊接热源的发展密切相关的。一种新的热源的应用，往往意味着一种新的焊接方法的出现。

现代焊接生产对于焊接热源的要求主要有以下几点。

① 能量密度高，并能产生足够高的温度　高能量密度和高温可以使焊接加热区域尽可能小，热量集中，并实现高速焊接，提高生产率。

② 热源性能稳定，易于调节和控制　热源性能稳定是保证焊接质量的基本条件。

③ 高的热效率，降低能源消耗　尽可能提高焊接热效率，节约能源消耗有着重要技术经济意义。

主要焊接热源有电弧热、化学热、电阻热、等离子焰、电子束和激光束等，见表 5-1。

表 5-1　各种热源的主要特性

热源	最小加热面积 /cm²	最大功率密度 /(W/cm²)	正常焊接工艺参数下的温度	热源	最小加热面积 /cm²	最大功率密度 /(W/cm²)	正常焊接工艺参数下的温度
乙炔火焰	10^{-2}	2×10^3	3200℃	埋弧焊	10^{-3}	2×10^4	6400K
金属极电弧	10^{-3}	10^4	6000K	电渣焊	10^{-2}	10^4	2000℃
钨极氩弧（TIG）	10^{-3}	1.5×10^4	8000K	等离子焰	10^{-5}	1.5×10^5	18000~24000K
熔化极氩弧（MIG）	10^{-4}	$10^4 \sim 10^5$	—	电子束	10^{-7}	$10^7 \sim 10^9$	—
CO_2 气体保护焊	10^{-4}	$10^4 \sim 10^5$	—	激光束	10^{-8}	$10^7 \sim 10^9$	—

（3）焊接温度场

根据热力学第二定律，只要有温度差存在，热量总是由高温处流向低温处。在焊接时，由于局部加热的特点，工件上存在着极大的温度差，因此在工件内部必然要发生热量的传输过程。此外，焊件与周围介质间也存在很大温差，并进行热交换。在焊接过程中，传导、对流和辐射三种传热方式都存在。但是，对于焊接过程影响最大的是热能在焊件内部的传导过程，以及由此而形成的焊接温度场（welding temperature field）。它对于焊接应力、变形，焊接化学冶金过程，焊缝及热影响区的金属组织变化，以及焊接缺陷（如气孔、裂纹等）的产生均有重要影响。

温度场指的是一个温度分布的空间。焊接时，焊件上存在着不均匀的温度分布，同时，由于热源不断移动，焊件上各点的温度也在随时变化。因此，焊接温度场是不断随时间变化的。焊接温度场可以用等温线来表示，如图 5-2 所示。

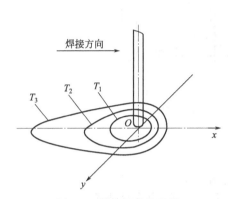

图 5-2　温度场的等温线

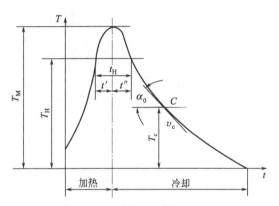

图 5-3　焊接热循环曲线及主要参数

（4）焊接热循环

焊接过程中，焊缝附近母材上各点，当热源移近时，将急剧升温；当热源离去后，将迅速冷却。母材上某一点所经受的这种升温和降温过程叫做焊接热循环（weld thermal cycle）。焊接热循环具有加热速率快，温度高，高温停留时间短和冷却速率快等特点。焊接热循环可以用图 5-3 所示的温度-时间曲线来表示。反映焊接热循环的主要特征，并对焊接接头性能影响较大的四个参数是：加热速率 ω_H、加热的最高温度 T_M、相变点以上停留时间 t_H 和冷却速率 v_c。焊接过程中加热速率极高，在一般电弧焊时，可以达到 $200 \sim 300℃/s$ 左右，远高于一般热处理时的加热速率。最高温度 T_M 相当于焊接热循环曲线的极大值，它是对金属组织变化具有决定性影响的参数之一。

在实际焊接生产中，应用较多的是多层、多道焊，特别是对于厚度较大的焊件，有时焊接层数可以高达几十层，在多层焊接时，后面施焊的焊缝对前层焊缝起着热处理的作用，而前面施焊的焊缝在焊件上形成一定的温度分布，对后面施焊的焊缝起着焊前预热的作用。因此，多层焊时近缝区中的热循环要比单层焊时复杂得多。但是，多层焊时层间焊缝相互的热处理作用对于提高接头性能是有利的。多层焊时的热循环与其施焊方法有关。在实际生产中，多层焊的方法有"长段多层焊"和"短段多层焊"两种，它们的热循环也有很大差别。

一般来说，在焊接易淬火硬化的钢种时，长段多层焊各层均有产生裂纹的可能。为此，在各层施焊前仍需采取与所焊钢种相应的工艺措施，如焊前预热、焊后缓冷等。短段多层焊虽然对于防止焊接裂纹有一定作用，但是它操作工艺较繁琐，焊缝接头较多，生产率也较低，一般较少采用。

（5）焊接化学冶金

熔焊时，伴随着母材被加热熔化，在液态金属的周围充满了大量的气体，有时表面上还覆盖着熔渣。这些气体及熔渣在焊接的高温条件下与液态金属不断地进行着一系列复杂的物理化学反应，这种焊接区内各种物质之间在高温下相互作用的过程，称为焊接化学冶金过程。该过程对焊缝金属的成分、性能、焊接质量以及焊接工艺性能都有很大的影响。

① 焊接化学冶金反应区　焊接化学冶金反应从焊接材料（焊条或焊丝）被加热、熔化开始，经熔滴过渡，最后到达熔池，该过程是分区域（或阶段）连续进行的。不同焊接方法有不同的反应区。以焊条电弧焊为例，可划分为三个冶金反应区：药皮反应区、熔滴反应区和熔池反应区（见图5-4）。

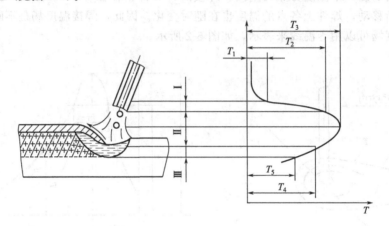

图 5-4　焊条电弧焊的冶金反应区
Ⅰ—药皮反应区；Ⅱ—熔滴反应区；Ⅲ—熔池反应区；T_1—药皮件始反应温度；
T_2—焊条端熔滴温度；T_3—弧柱间熔滴温度；T_4—熔池表面温度；T_5—熔池凝固温度

a. 药皮反应区　焊条药皮被加热时，固态下其组成物之间也会发生物理化学反应。其反应温度范围从100℃至药皮的熔点，主要是水分的蒸发、某些物质的分解和铁合金的氧化等。

当加热温度超过100℃时，药皮中的水分开始蒸发。再升高到一定温度时，其中的有机物、碳酸盐和高价氧化物等逐步发生分解，析出 H_2、CO_2 和 O_2 等气体。这些气体，一方面机械地将周围空气排开，对熔化金属进行了保护，另一方面也对被焊金属和药皮中的铁合金产生了很强的氧化作用。

b. 熔滴反应区　熔滴反应区包括熔滴形成、长大到过渡至熔池中的整个阶段。在熔滴反应区中，反应时间虽短，但因温度高，液态金属与气体及熔渣的接触面积大，并有强烈地混合作用，所以冶金反应最激烈，对焊缝成分的影响也最大。在此区进行的主要物理化学反应有：气体的分解和溶解、金属的蒸发、金属及其合金的氧化与还原以及焊缝金属的合金化等。

c. 熔池反应区　熔滴金属和熔渣以很高的速度落入熔池，并与熔化后的母材金属相混合或接触，同时各相间的物理化学反应继续进行，直至金属凝固，形成焊缝。这个阶段即属熔池反应区，它对焊缝金属成分和性能具有决定性作用。与熔滴反应区相比，熔池的平均温度较低，约为 1600～1900℃，比表面积较小，为 3～130 cm^2/kg，反应时间较长。熔池反应区的显著特点之一是温度分布极不均匀。由于在熔池的前部和后部存在着温度差，因此化学冶金反应可以同时向相反的方向进行。此外，熔池中的强烈运动，有助于加快反应速率，并为气体和非金属夹杂物的外逸创造了有利条件。

② 气相对焊缝金属的影响　焊接过程中，在熔化金属的周围存在着大量的气体，它们会不断地与金属产生各种冶金反应，从而影响着焊缝金属的成分和性能。

　　焊接区内的气体主要来源于焊接材料。例如，焊条药皮、焊剂和焊芯中的造气剂、高价氧化物和水分都是气体的重要来源。热源周围的空气也是一种难以避免的气源。此外还有一些冶金反应也会产生气态产物。

　　气体的状态（分子、原子和离子状态）对其在金属中的溶解和与金属的作用有很大的影响。主要有简单气体的分解和复杂气体的分解，焊接区气相中常见的简单气体有 N_2、H_2、O_2 等双原子气体，CO_2 和 H_2O 是焊接冶金中常见的复杂气体。

　　焊接时，焊接区内气相的成分和数量与焊接方法、焊接规范、焊条药皮或焊剂的种类有关。用低氢型焊条焊接时，气相中 H_2 和 H_2O 的含量很少，故有"低氢型"之称。埋弧焊和中性火焰气焊时，气相中 CO_2 和 H_2O 的含量很少，因而气相的氧化性也很小，而焊条电弧焊时气相的氧化性则较强。

　　氮、氢、氧在金属中的溶解及扩散都会对焊接质量产生一定的影响，当然也有相应的控制措施，在此不一一介绍。

　　③ 熔渣及其对金属的作用　熔渣在焊接过程中的作用有保护熔池、改善工艺性能和冶金处理三个方面。根据焊接熔渣的成分和性能可将其分为三大类，即盐型熔渣、盐-氧化物型熔渣和氧化物型熔渣。熔渣的性质与其碱度、黏度、表面张力、熔点和导电性都有密切的关系。

　　焊接时的氧化还原问题，是焊接化学冶金涉及的重要内容之一。主要包括焊接条件下金属及合金元素的氧化与烧损、金属氧化物的还原等。

　　氧对焊接质量有严重的危害性。对已进入焊缝的氧，则必须通过脱氧将其去除。脱氧是一种冶金处理措施，它是通过在焊丝、焊剂或焊条药皮中加入某种对氧亲和力较大的元素，使其在焊接过程中夺取气相或氧化物中的氧，从而来减少被焊金属的氧化及焊缝的含氧量。钢的焊接常用 Mn、Si、Ti、Al 等元素的铁合金或金属粉（如锰铁、硅铁、钛铁和铝粉等）作脱氧剂。

　　焊缝中硫和磷的质量分数超过 0.04% 时，极易产生裂纹。硫、磷主要来自焊接材料，一般应选择含硫、磷低的原材料，并通过药皮（或焊剂）进行脱硫脱磷，以保证焊缝质量。

　　(6) 焊接接头的金属组织和性能

　　熔焊是在局部进行短时高温的冶炼、凝固过程。这种冶炼和凝固过程是连续进行的，与此同时，周围未熔化的基本金属受到短时的热处理。因此，焊接过程会引起焊接接头组织和性能的变化，直接影响焊接接头的质量。熔焊的焊接接头由焊缝区（weld metal area）、熔合区（bond）和热影响区（heat-affected zone）组成。

　　① 焊缝的组织和性能　焊缝是由熔池金属结晶形成的焊件结合部分。焊缝金属的结晶是从熔池底壁开始的，由于结晶时各个方向冷却速率不同，因而形成的晶粒是柱状晶，柱状晶粒的生长方向与最大冷却方向相反，垂直于熔池底壁。由于熔池金属受电弧吹力和保护气体的吹动，熔池壁的柱状晶生长受到干扰，使柱状晶呈倾斜状，晶粒有所细化。熔池结晶过程中，由于冷却速率很快，已凝固的焊缝金属中的化学成分来不及扩散，易造成合金元素分布的不均匀。如硫、磷等有害元素易集中到焊缝中心区，将影响焊缝的力学性能。所以焊条芯必须采用优质钢材，其中硫、磷的含量应很低。此外由于焊接材料的渗合金作用，焊缝金属中锰、硅等合金元素的含量可能比基本金属高。所以焊缝金属的力学性能可高于基本金属。

　　② 热影响区的组织和性能　在电弧热的作用下，焊缝两侧处于固态的母材发生组织和性能变化的区域，称为焊接热影响区。由于焊缝附近各点受热情况不同，其组织变化也不同，不同类型的母材金属，热影响区各部位也会产生不同的组织变化。图 5-5 为低碳钢焊接

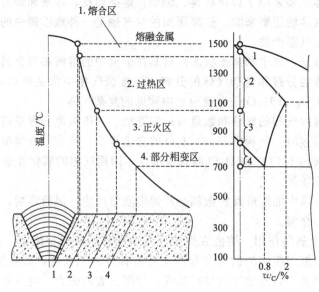

图 5-5　焊接接头的组织变化

时焊接接头的组织变化。

　　按组织变化特征,其热影响区可分为过热区、正火区和部分相变区。过热区紧靠熔合区,低碳钢过热区的最高加热温度在 1100℃ 至固相线之间,母材金属加热到这个温度,结晶组织全部转变成为奥氏体,奥氏体急剧长大,冷却后得到过热粗晶组织,因而,过热区的塑性和冲击韧性很低。焊接刚度大的结构和碳质量分数较高的易淬火钢材时,易在此区产生裂纹。

　　正火区紧靠过热区,是焊接热影响区内相当于受到正火热处理的区域。一般情况下,焊接热影响区内的正火区的力学性能高于未经热处理的母材金属。部分相变区紧靠正火区,是母材金属处于 $A_{c_1} \sim A_{c_3}$ 之间的区域,加热和冷却时,该区结晶组织中只有珠光体和部分铁素体发生重结晶转变,而另一部分铁素体仍为原来的组织形态。因此,已相变组织和未相变组织在冷却后晶粒大小不均匀对力学性能有不利影响。熔合区是焊接接头中焊缝与母材交接的过渡区,这个区域的焊接加热温度在液相线和固相线之间,又称为半熔化区。

　　③ 改善焊接接头组织性能的方法　焊接热影响区在焊接过程中是不可避免的。低碳钢焊接时因其热影响区较窄,危害性较小,焊后不进行热处理就能保证使用。对于焊后不能进行热处理的金属材料或构件,正确选择焊接方法可减少焊接接头内不利区域的影响,以达到提高焊接接头性能的目的。

5.2　常用焊接工艺方法

　　焊接方法的种类很多,而且新的方法仍在不断涌现,目前应用的已不下数十种,按焊接工艺特征可将其分为熔化焊、压力焊、钎焊三大类。图 5-6 列出其中部分焊接方法。

5.2.1　手工电弧焊

　　手工电弧焊又称焊条电弧焊(electrode arc welding)。手弧焊是利用电弧产生的热量来局部熔化被焊工件及填充金属,冷却凝固后形成牢固接头。焊接过程依靠手工操作完成。手弧焊设备简单,操作灵活方便,适应性强,并且配有相应的焊条,可适用于碳钢、不锈钢、

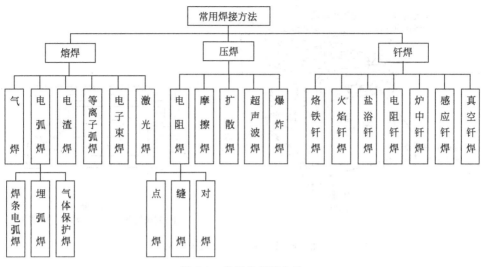

图 5-6　常用的焊接方法

铸铁、铜、铝及其合金等材料的焊接。但其生产率低，劳动条件较差，所以随着埋弧自动焊、气体保护焊等先进电弧焊方法的出现，手弧焊的应用逐渐有所减少，但在目前焊接生产中仍占很重要的地位。

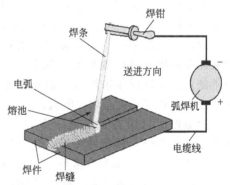

图 5-7　手工电弧焊焊缝形成过程

　　手弧焊的焊接过程如图 5-7 所示。弧焊机（电源）供给电弧所必需的能量。焊接前将焊件和焊条分别接到焊机的两极。焊接时首先将焊条与工件接触，使焊接回路短路，接着将焊条提起 2～4mm，电弧即被引燃。电弧热使焊件局部及焊条末端熔化，熔化的焊件和焊条熔滴共同形成金属熔池。焊条外层的涂层（药皮）受热熔化并发生分解反应，产生液态熔渣和大量气体包围在电弧和熔池周围，防止周围气体对熔化金属的侵蚀。为确保焊接过程的进行，在焊条不断熔化缩短的同时，焊条要连续向熔池方向送进，同时还要沿焊接方向前进。

　　当电弧离开熔池后，被熔渣覆盖的液态金属就冷却凝固成焊缝，熔渣也凝固成渣壳。在电弧移动的下方，又形成新的熔池，随后又凝固成新的焊缝和渣壳。上述过程连续不断进行直至完成整个焊缝。

　　（1）手弧焊设备

　　为焊接电弧提供电能的设备叫电弧焊机。手工电弧焊机有交流、直流和整流三类。

　　交流弧焊机又称弧焊变压器，实际上是一个特殊的变压器。图 5-8 为 BX1-300 型交流弧焊机（又称动铁心式弧焊变压器）。这种焊机的初级电压力 220V 或 380V，次级空载电压为 78V，额定工作电压为 22.5～32V，焊接电流调整范围为 62.5～300A。使用时，可按要求调节电流。粗调电流是用改变次级线圈抽头的接法，即改变次级线圈匝数来达到。细调电流是通过摇动调节手柄，改变可动铁心位置实现。由于交流弧焊机具有结构简单、维修方便、体积小、重量轻、噪声小等优点，所以应用较广。

　　直流弧焊机又称直流弧焊发电机，如图 5-9 所示。它是由直流发电机和原动机（如电动机、内燃机等）两部分组成。直流弧焊机的焊接电流也可通过粗调和细调在较大范围内

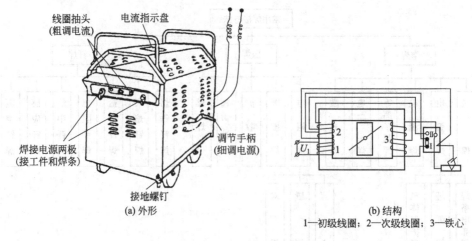

图 5-8　BX1-300 型交流弧焊机

调节。

直流弧焊发电机的优点是电流稳定，故障较少。但由于其结构复杂、维修困难、噪声大、效率低，因此应用较少，一般只用在对焊接电源有特殊要求的场合或无交流电源的地方。

焊接整流器弥补了交流弧焊机的电弧稳定性较差和弧焊发电机效率低、噪声大、难于维修等缺点，所以近年来得到了迅速发展，在很大程度上取代了直流弧焊发电机。

直流弧焊机因有正负极之分，在焊接时，如把工件接正极，焊条接负极，这种接法称为直流正接；反之，称为直流反接。直流反接常用于薄板、有色金属及使用碱性焊条时的焊接。

（2）焊条

① 焊条的组成及其作用　焊条由焊芯和涂层（药皮）组成。常用焊芯直径（即为焊条直径）有 1.6mm、2.0mm、2.5mm、3.2mm、4mm、5mm 等，长度常在 200～450mm。

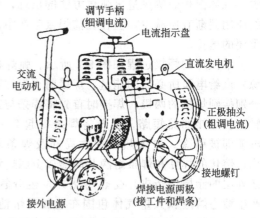

图 5-9　AX-250 直流弧焊发电机

手弧焊时，焊芯的作用一是作为电极，起导电作用，产生电弧提供焊接热源；二是作为填充金属，与熔化的母材共同形成焊缝。因此，可通过焊芯调整焊缝金属的化学成分。焊芯采用焊接专用的金属丝（称焊丝），碳钢焊条用焊丝 H08A 等做焊芯，不锈钢焊条用不锈钢焊丝做焊芯。

焊条药皮对保证手弧焊的焊缝质量极为重要。药皮的组成物按其作用分有稳弧剂、造气剂、造渣剂、脱氧剂、合金剂、黏结剂等，在焊接过程中能稳定电弧燃烧，防止熔滴和熔池金属与空气接触，防止高温的焊缝金属被氧化、进行焊接冶金反应、去除有害元素、增添有用元素等，以保证焊缝具有良好的成型和合适的化学成分。

② 焊条的种类、型号和牌号　焊条的种类按用途分为碳钢焊条、低合金焊条、不锈钢焊条、铸铁焊条、堆焊焊条、镍和镍合金焊条、铜和铜合金焊条、铝和铝合金焊条等。

焊条按熔渣性质分为两大类。熔渣以酸性氧化物为主的焊条称为酸性焊条；熔渣以碱性氧化物和氟化钙为主的焊条称为碱性焊条。

　　碱性焊条和酸性焊条的性能有很大差别，使用时要注意，不能随便地用酸性焊条代替碱性焊条。碱性焊条与强度级别相同的酸性焊条相比，其焊缝金属的塑性和韧性高，含氧量低，抗裂性强。但碱性焊条的焊接工艺性能（包括稳弧性、脱渣性、飞溅等）较差，对锈、油、水的敏感性大，易出气孔，并且产生的有毒气体和烟尘多。因此，碱性焊条适用于对焊缝塑性、韧性要求高的重要结构。

　　焊条型号是国家标准中的焊条代号。碳钢焊条型号见 GB 5117—85，如 E4303、E5015、E5016 等。"E"表示焊条；前两位数字表示熔敷金属抗拉强度最小值，单位为 kgf/mm²；第三位数字表示焊条的焊接位置，如"0"及"1"表示焊条适用于全位置焊接；第三和第四位数字组合时表示焊接电流种类及药皮类型，如"03"为钛钙型药皮，交流或直流正、反接；"15"为低氢钠型药皮，直流反接。

　　焊条牌号是焊条行业统一的焊条代号。焊条牌号一般用一个大写拼音字母和三个数字表示，如 J422、J507 等。拼音字母表示焊条的大类，如"J"表示结构钢焊条，"Z"表示铸铁焊条等；结构钢焊条牌号的前两位数字表示焊缝金属抗拉强度等级，单位为 kgf/mm²，最后一个数字表示药皮类型和电流种类，如"2"为钛钙型药皮，交流或直流；"7"为低氢钠型药皮，直流反接。其他焊条牌号表示方法，见国家机械工业委员会编《焊接材料产品样本》。J422 符合 GB E4303，J507 符合 GB E5015。

　　③ 焊条的选用　焊条的选用原则是要求焊缝和母材具有相同水平的使用性能。

　　选用结构钢焊条时，一般是根据母材的抗拉强度，按"等强度"原则选用焊条。例如16Mn 的为 520MPa，故应选用 J502 或 J507 等。对于焊缝性能要求较高的重要结构或易产生裂纹的钢材和结构（厚度大、刚性大、施焊环境温度低等）焊接时，应选用碱性焊条。

　　选用不锈钢焊条和耐热钢焊条时，应根据母材化学成分类型选择相同成分类型的焊条。

　　(3) 手弧焊工艺

　　① 接头和坡口形式　由于焊件的结构形状、厚度及使用条件不同，所以其接头和坡口形式也不同。常用接头形式有对接、角接、T 字接和搭接等。当焊件厚度在 6mm 以下时，对接接头可不开坡口；当焊件较厚时，为保证焊缝根部焊透，则要开坡口。焊接接头形式和坡口形式如图 5-10 所示。

　　② 焊缝的空间位置　根据焊缝所处空间位置的不同可分为平焊缝、立焊缝、横焊缝和仰焊缝，如图 5-11 所示。

　　不同位置的焊缝施焊难易不同。平焊时，最有利于金属熔滴进入熔池，且熔渣和金属液不易流焊，同时应适当减小焊条直径和焊接电流并采用短弧焊等措施以保证焊接质量。

　　③ 焊接工艺参数　手弧焊的焊接工艺参数通常为焊条直径、焊接电流、焊缝层数、电弧电压和焊接速度。其中最主要的是焊条直径和焊接电流。

　　a. 焊条直径　为了提高生产率，应尽量选用直径较大的焊条。但焊条直径过大，易造成烧穿或焊缝成形不良等缺陷。因此应合理选择焊条直径。焊条直径一般根据工件厚度选择，可参考表 5-2。对于多层焊的第一层及非平焊位置焊接应采用较小的焊条直径。

表 5-2　焊条直径的选择

焊件厚度/mm	≤4	4～12	>12
焊条直径/mm	不超过工件厚度	3.2～4	≥4

　　b. 焊接电流　焊接电流的大小对焊接质量和生产率影响较大。电流过小，电弧不稳，会造成未焊透、夹渣等焊接缺陷，且生产率低；电流过大易使焊条涂层发红失效并产生咬边、烧穿等焊接缺陷。因此焊接电流要适当。

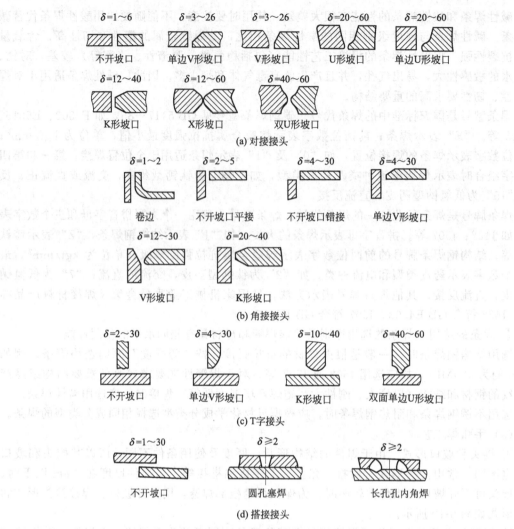

$\delta=1\sim6$　　$\delta=3\sim26$　　$\delta=3\sim26$　　$\delta=20\sim60$　　$\delta=20\sim60$

不开坡口　　单边V形坡口　　V形坡口　　U形坡口　　单边U形坡口

$\delta=12\sim40$　　$\delta=12\sim60$　　$\delta=40\sim60$

K形坡口　　X形坡口　　双U形坡口

(a) 对接接头

$\delta=1\sim2$　　$\delta=2\sim5$　　$\delta=4\sim30$　　$\delta=4\sim30$

卷边　　不开坡口平接　　不开坡口错接　　单边V形坡口

$\delta=12\sim30$　　$\delta=20\sim40$

V形坡口　　K形坡口

(b) 角接接头

$\delta=2\sim30$　　$\delta=4\sim30$　　$\delta=10\sim40$　　$\delta=40\sim60$

不开坡口　　单边V形坡口　　K形坡口　　双面单边U形坡口

(c) T字接头

$\delta=1\sim30$　　$\delta\geqslant2$　　$\delta\geqslant2$

不开坡口　　圆孔塞焊　　长孔孔内角焊

(d) 搭接接头

图 5-10　焊接接头形式和坡口形式

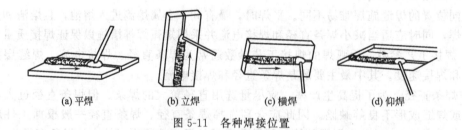

(a) 平焊　　(b) 立焊　　(c) 横焊　　(d) 仰焊

图 5-11　各种焊接位置

　　焊接电流一般可根据焊条直径初步选择。焊接碳钢和低合金钢时，焊接电流 I（A）与焊条直径 d（mm）的经验关系式为 $I=(35\sim55)d$。

　　依据上式计算出的焊接电流值，在实际使用时，还应根据具体情况灵活调整。如焊接平焊缝时，可选用较大的焊接电流。在其他位置焊接时，焊接电流应比平焊时适当减小。

　　总之，焊接电流的选择，应在保证焊接质量的前提下尽量采用较大的电流，以提高生产率。

　　④ 操作方法　手弧焊的操作包括引弧、运条和收尾。

a. 引弧　焊接开始首先要引燃电弧。引弧时须将焊条末端与焊件表面接触形成短路，然后迅速将焊条提起 2～4mm 的距离，电弧即可引燃。引弧方法有敲击法和摩擦法，如图 5-12 所示。焊接过程中要保持弧长的相对稳定，并力求使用短电弧（弧长不超过焊条直径），以利于焊接过程的稳定和保证焊接质量。

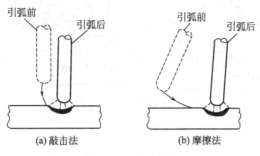

图 5-12　引弧方法

b. 运条　电弧引燃后，就进入正常的焊接过程，此时焊条除了沿其轴线向熔池送进和沿焊接方向均匀移动外，为了使焊缝宽度达到要求，有时焊条还应做适当横向摆动，如图 5-13 所示。

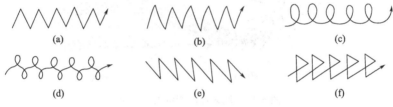

图 5-13　焊条横向摆动形式

c. 收尾　当焊缝焊完时，应有一个收尾动作。否则，立即拉断电弧会形成低于焊件表面的弧坑，如图 5-14 所示。一般常采用反复断弧收尾法和划圈收尾法，如图 5-15 所示。

图 5-14　不正确收尾的弧坑　　　　　　　　　图 5-15　划圈收尾法

5.2.2　其他焊接方法

（1）埋弧自动焊

埋弧自动焊（automatic submerged-arc welding）如图 5-16 所示。它是电弧在焊剂层下燃烧，将手工电弧焊的填充金属送进和电弧移动两个动作都采用机械来完成。

焊接时，在被焊工件上先覆盖一层 30～50mm 厚的由漏斗中落下的颗粒状焊剂，在焊剂层下，电弧在焊丝端部与焊件之间燃烧，使焊丝、焊件及焊剂熔化，形成熔池，如图5-17所示。由于焊接小车沿着焊件的待焊缝等速地向前移动，带动电弧匀速移动，熔池金属被电弧气体排挤向后堆积。覆盖于其上的焊剂，一部分熔化后形成熔渣。电弧和熔池则受熔渣和焊剂蒸气包围，因此有害气体不能侵入熔池和焊缝。随着电弧移动，焊丝与焊剂不断地向焊接区送进，直至完成整个焊缝。

埋弧焊时焊丝与焊剂直接参与焊接过程的冶金反应，因而焊前应正确选用，并使之相匹

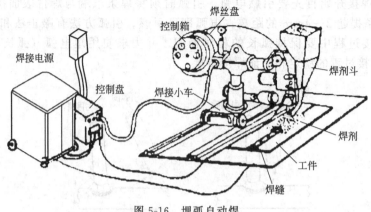

图 5-16　埋弧自动焊

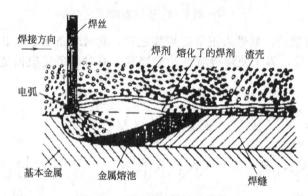

图 5-17　埋弧焊时焊缝的纵截面

配。埋弧自动焊的设备主要由三部分组成。

① 焊接电源　多采用功率较大的交流或直流电源。

② 控制箱　主要保证焊接过程稳定进行，可以调节电流、电压和送丝速度，并能完成引弧和熄弧的动作。

③ 焊接小车　主要作用是等速移动电弧和自动送进焊丝与焊剂。

埋弧自动焊与手弧焊相比，有如下优点。

① 生产率高　由于焊丝上没有涂层和导电嘴距离电弧近，因而允许焊接电流最高可达 1000A，所以厚度在 20mm 以下的焊件可以不开坡口一次熔透；焊丝盘上可以挂带 5kg 以上焊丝，焊接时焊丝可以不间断地连续送进。这就省去许多在手弧焊时因开坡口、更换焊条而花费的时间和浪费掉的金属材料。因此，埋弧自动焊的生产率比手工电弧焊可提高 5～10 倍。

② 焊接质量好而且稳定　由于埋弧自动焊电弧是在焊剂层下燃烧，焊接区得到较好的保护，施焊后焊缝仍处在焊剂层和渣壳的保护下缓慢冷却，因此冶金反应比较充分，焊缝中的气体和杂质易于析出，减少了焊缝中产生气孔、裂纹等缺陷的可能性。另外，埋弧自动焊的焊接参数在焊接过程中可自动调节，因而电弧燃烧稳定，与手弧焊相比，焊接质量对焊工技艺水平的依赖程度可大大降低。

③ 劳动条件好　埋弧自动焊无弧光，少烟尘，焊接操作机械化，改善了劳动条件。

埋弧自动焊的不足之处是：由于采用颗粒状焊剂，一般只适于平焊位置。对其他位置焊接需采用特殊措施，以保证焊剂能覆盖焊接区。埋弧自动焊因不能直接观察电弧和坡口的位置，易焊偏，因此对工件接头的加工和装配要求严格。它不适于焊接厚度小于 1mm 的薄板和焊缝短而数量多的焊件。

由于埋弧自动焊有上述特点，因而适于焊接中厚板结构的长直焊缝和较大直径的环形焊缝，当工件厚度增大和批量生产时，其优点显著。它在造船、桥梁、锅炉与压力容器、重型机械等部门有着广泛的应用。

（2）气体保护焊

气体保护焊（gas shielded arc welding）是利用外加气体作为保护介质的一种电弧焊方法。

焊接时可用作保护气体的有：氩气、氦气、氮气、二氧化碳气体及某些混合气体等。

本节主要介绍常用的氩气保护焊（简称氩弧焊）和二氧化碳气体保护焊。

① 氩弧焊　氩弧焊（argon-arc welding）是以惰性气体氩气（Ar）作为保护介质的电弧焊方法。氩弧焊时，电弧发生在电极和工件之间，在电弧周围通以氩气，形成气体保护层隔绝空气，防止其对电极、熔池及邻近热影响区的有害影响，如图 5-18 所示。在焊接高温下，氩气不与金属发生化学反应，也不溶于液态金属，因此对焊接区的保护效果很好，可用于焊接化学性质活泼的金属并能获得高质量的焊缝。

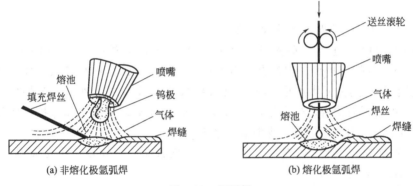

图 5-18　氩弧焊

氩弧焊按电极不同分为非熔化极氩弧焊［图 5-18(a)］和熔化极氩弧焊［图 5-18(b)］。

a. 非熔化极氩弧焊　采用熔点很高的钨棒作电极，所以又称钨极氩弧焊。焊接时电极只起发射电子、产生电弧的作用，本身不熔化，不起填充金属的作用，因而一般要另加焊丝。焊接过程可采用手工或自动方式进行。焊接低合金钢、不锈钢和紫铜时，为减少电极损耗，应采用直流正接，同时焊接电流不能过大，所以钨极氩弧焊通常适于焊接 3mm 以下的薄板或超薄材料。若用于焊接铝、镁及合金时，一般采用交流电源，这既有利于保证焊接质量，又可延长钨极使用寿命。

b. 熔化极氩弧焊　以连续送进的金属焊丝作电极和填充金属，通常采用直流反接。因为可用较大的焊接电流，所以适于焊接厚度在 3～25mm 的焊件。焊接过程可采用自动或半自动方式。自动熔化极氩弧焊在操作上与埋弧自动焊类似，所不同的是它不用焊剂。焊接过程中氩气只起保护作用，不参与冶金反应。

氩弧焊的主要优点是：氩气保护效果好，焊接质量优良，焊缝成型美观，气体保护无熔渣，明弧可见，可进行全位置焊接。氩弧焊可用于几乎所有金属和合金的焊接，但由于氩气较贵，焊接成本高，通常多用于焊接易氧化的、化学活泼性强的有色金属（如铝、镁、钛、铜）以及不锈钢、耐热钢等。

② CO_2 气体保护焊　CO_2 气体保护焊是以 CO_2 作为保护介质的电弧焊方法。它是以焊

丝作电极和填充金属，有半自动和自动两种方式，如图 5-19 所示。

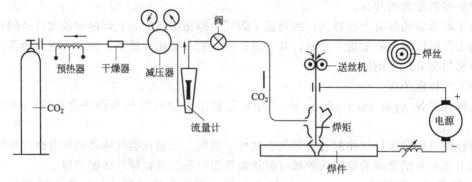

图 5-19　CO_2 气体保护焊

CO_2 是氧化性气体，在高温下具有较强烈的氧化性。其保护作用主要是使焊接区与空气隔离，防止空气中氮气对熔化金属的有害作用。在焊接过程中，由于 CO_2 气体会使焊缝金属氧化，并使合金元素烧损，从而使焊缝机械性能降低，同时氧化作用导致产生气孔和飞溅等。因此需在焊丝中加入适量的脱氧元素，如硅、锰等。常用的焊丝牌号是 H08Mn2SiA。

目前常用的 CO_2 气体保护焊分为两类。

a. 细丝 CO_2 气体保护焊　焊丝直径为 0.5～1.2mm，主要用于 0.8～4mm 的薄板焊接。

b. 粗丝 CO_2 气体保护焊　焊丝直径为 1.6～5mm，主要用于 3～25mm 的中厚板焊接。

CO_2 气体保护焊的主要优点是：CO_2 气体便宜，因此焊接成本低；CO_2 保护焊电流密度大，焊速快，焊后不需清渣，生产率比手弧焊提高 1～3 倍。采用气体保护，明弧操作，可进行全位置焊接；采用含锰焊丝，焊缝裂纹倾向小。

CO_2 气体保护焊的不足之处是：飞溅较大，焊缝表面成型较差；弧光强烈，烟雾较大；不宜焊接易氧化的有色金属。

CO_2 气体保护焊主要用于焊接低碳钢和低合金钢。在汽车、机车车辆、机械、造船、石油化工等行业中得到广泛的应用。

(3) 电阻焊

电阻焊（electric resistance welding）是利用电流通过焊件及接触处产生的电阻热作为热源，将焊件局部加热到塑性或熔化状态，然后在压力下形成接头的焊接方法。

电阻焊与其他焊接方法相比较，具有生产率高，焊接应力变形小，不需要另加焊接材料，操作简便，劳动条件好，并易于实现机械化等优点。但设备功率大，耗电量高，适用的接头形式与可焊工件厚度（或断面）受到限制。

电阻焊方法主要有点焊、缝焊、对焊，如图 5-20 所示。

① 点焊　点焊（spot welding）［见图 5-20(a)］是利用柱状电极，焊件被压紧在两电极之间，以搭接的形式在个别点上被焊接起来。点焊通常采用搭接接头形式，如图 5-21 所示，焊缝是由若干个不连续的焊点所组成。每个焊点的焊接过程如下。

电极压紧焊件→通电加热→断电（维持原压力或增压）→去压

通电过程中，被压紧的两电极（通水冷却）间的贴合面处金属局部熔化形成熔核，其周围的金属处于塑性状态。断电后熔核在电极压力作用下冷却、结晶，去掉压力后即可获得组织致密的焊点，如图 5-22(a) 所示。如果焊点的冷却收缩较大，如铝合金焊点，则断电后应增大电极压力，以保证焊点结晶密实。焊完一点后移动焊件（或电极），依次焊接其他各点。

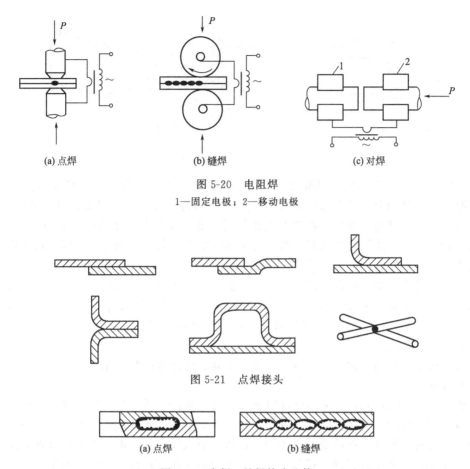

(a) 点焊　　　　(b) 缝焊　　　　(c) 对焊

图 5-20　电阻焊

1—固定电极；2—移动电极

图 5-21　点焊接头

(a) 点焊　　　　(b) 缝焊

图 5-22　点焊、缝焊接头比较

点焊是一种高速、经济的焊接方法，主要用于焊接薄板冲压壳体结构及钢筋等。焊件的厚度一般小于 4mm，被焊钢筋直径小于 15mm。点焊可焊接低碳钢、不锈钢、铜合金及铝镁合金等材料。在飞机、汽车、火车车厢、钢筋构件、仪器、仪表等制造中得到广泛应用。

② 缝焊　缝焊（seam welding）[见图 5-20(b)] 过程与点焊相似，只是用旋转的盘状滚动电极代替了柱状电极，焊接时，滚盘电极压紧焊件并转动，配合断续通电，形成连续焊点互相接叠的密封性良好的焊缝，如图 5-22(b) 所示。

缝焊的接头形式与点焊相似，均为搭接接头。

缝焊主要用于制造密封的薄壁结构件（如油箱、水箱、化工器皿）和管道等，一般只用于 3mm 以下薄板的焊接。

③ 对焊　对焊（welding neck）[见图 5-20(c)] 是利用电阻热使两个工件以对接的形式在整个端面上焊接起来的电阻焊方法。根据工艺过程的不同，又可分为电阻对焊和闪光对焊。

a. 电阻对焊　焊接时先将两焊件端面接触压紧，再通电加热，由于焊件的接触面电阻大，大部分热量就集中在接触面附近，因而迅速将焊接区加热到塑性状态。断电同时增压顶锻，在压力作用下使两焊件的接触面产生一定量的塑性变形而焊接在一起。

电阻对焊的接头外形光滑无毛刺 [见图 5-23(a)]，但焊前对端面的清理要求高，且接头强度较低。因此，一般仅用于截面简单、强度要求不高的杆件。

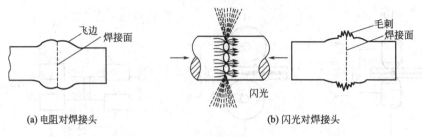

图 5-23　对焊接头形状

b. 闪光对焊　焊接时先将两焊件装夹好，不接触，再加电压，逐渐移动被焊工件使之轻微接触。由于接触面上只有某些点真正接触，当强大电流通过这些点，其电流密度很大，接触点金属被迅速熔化、蒸发，再加上电磁作用，液体金属即发生爆破，并以火花状射出，形成闪光现象。经多次闪光加热后，端面均匀达到半熔化状态，同时多次闪光把端面的氧化物也清除干净了，这时断电加压顶锻，形成焊接接头。

闪光对焊的接头机械性能较高，焊前对端面加工要求较低，常用于焊接重要零件。闪光对焊接头外表有毛刺［见图 5-23(b)］，需焊后清理。闪光对焊可焊相同的金属材料，也可以焊异种金属材料，如钢与铜、铝与铜等。闪光对焊可焊直径 0.01mm 的金属，也可焊截面积为 0.1m² 的钢坯。

对焊主要用于钢筋、锚链、导线、车圈、钢轨、管道等的焊接生产。

（4）钎焊

钎焊（braze welding）是采用比母材熔点低的金属作钎料，将焊件加热到钎料熔化，利用液态钎料润湿母材填充接头间隙，并与母材相互溶解和扩散实现连接的焊接方法。

钎焊时先将工件的待连接处清理干净，以搭接形式装配在一起，把钎料放在装配间隙附近或装配间隙处，并要加钎剂（钎剂的作用是去除氧化膜和油污等杂质，保护焊件接触面和钎料不受氧化，并增加钎料润湿性和毛细流动性）。当工件与钎料被加热到稍高于钎料的熔化温度后（工件未熔化），液态钎料充满固体工件间隙内，焊件与钎料间相互扩散，凝固后即形成接头。

钎焊多用搭接接头，图 5-24 为常见的钎焊接头形式。

钎焊的质量在很大程度上取决于钎料。钎料应具有合适的熔点与良好的润湿性，能与母材形成牢固结合，得到一定的机械性能

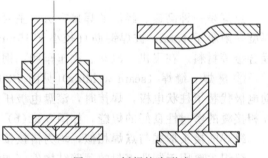

图 5-24　钎焊接头形式

与物理化学性能的接头。钎料按钎料熔点分为两大类，软钎焊和硬钎焊。

① 软钎焊　钎料的熔点低于 450℃ 的钎焊称为软钎焊（soldering），常用钎料是锡铅钎料，常用钎剂是松香、氯化锌溶液等。软钎焊接头强度低（一般小于 70MPa），工作温度低，主要用于电子线路的焊接。

② 硬钎焊　钎料的熔点高于 450℃ 的钎焊称为硬钎焊（brazing），常用钎料是铜基钎料和银基钎料等。常用钎剂有硼砂、硼酸、氯化物、氟化物等。硬钎焊接头强度较高（可达 500MPa），工作温度较高，主要用于机械零部件和刀具的钎焊。

钎焊的加热方法很多，如烙铁加热、火焰加热、炉内加热、高频加热、盐浴加热等。

钎焊与熔化焊相比有如下优点。

a. 焊接质量好　因加热温度低，焊件的组织性能变化很小，焊件的应力变形小，精度高，焊缝外形平整美观。适宜焊接小型、精密、装配件及电子仪表等工件。

b. 生产率高　钎焊可以焊接一些其他焊接方法难以焊接的特殊结构（如蜂窝结构等）。可以采用整体加热，一次焊成整个结构的全部（几十条或成百条）焊缝。

c. 用途广　钎焊不仅可以焊接同种金属，还可以焊接异种材料，甚至金属与非金属之间也可焊接（如原子、反应堆中金属与石墨的钎焊，电子管的玻璃罩壳与可伐合金的钎焊等）。

钎焊本身也有缺点，如接头强度比较低，耐热能力较差，装配要求较高等。但由于它有独特的优点，因而在机械、电机、无线电、仪表、航空、原子能、空间技术及化工、食品等部门都有应用。

5.3　焊接件结构工艺性

焊件结构需要采用具体的焊接方法进行生产，因此焊接结构设计必须在满足焊件使用性能要求的前提下，充分考虑焊接生产过程的工艺特点，力求做到焊缝分布合理，既减小焊接应力和变形，又方便制造和进行质量检验。焊接结构设计的一般原则和图例比较列于表5-3中。

表 5-3　焊接结构工艺设计的一般原则

设计原则	不良设计	改进设计
焊缝位置应便于操作(手弧焊要考虑焊条操作空间)		
焊缝应尽量避开最大应力和应力集中处		
焊缝位置应有利减少焊接应力与变形；①避免焊缝过分密集交叉和端部锐角；②减少焊缝数量；③焊缝应尽量对称分布		

设计原则	不良设计	改进设计
不同厚度工件焊接时,接头处应平滑过渡		
焊缝应避开加工表面		
焊缝拐弯处应平缓过渡		

5.4　常用金属材料的焊接

5.4.1　金属材料的焊接性

（1）焊接性的概念

一定焊接技术条件下，获得优质焊接接头的难易程度，即金属材料对焊接加工的适应性称为金属材料的焊接性（weldability）。衡量焊接性的主要指标有两个：一是在一定的焊接技术条件下接头产生缺陷，尤其是裂纹的倾向或敏感性；二是焊接接头在使用中的可靠性。

金属材料的焊接性与母材的化学成分、厚度、焊接方法及其他技术条件密切相关。同一种金属材料采用不同的焊接方法、焊接材料、技术参数及焊接结构形式，其焊接性都有较大差别。如铝及铝合金采用焊条电弧焊时，难以获得优质焊接接头，但如采用氩弧焊则接头质量好，此时焊接性好。

金属材料的焊接性是生产中设计、施工准备及正确拟定焊接过程技术参数的重要依据，因此，当采用金属材料尤其是新的金属材料制造焊接结构时，了解和评价金属材料的焊接性是非常重要的。

（2）焊接性的评价

影响金属材料焊接性的因素很多，焊接性的评价一般是通过估算或试验方法确定。通常用碳当量法和冷裂纹敏感系数法。

① 碳当量法　实际焊接结构所用的金属材料大多数是钢材，而影响钢材焊接性的主要因素是化学成分。因此碳当量是评价钢材焊接性最简便的方法。

碳当量是把钢中的合金元素（包括碳）的含量，按其作用换算成碳的相对含量。国际焊接学会推荐的碳当量（w_{CE}）公式为：

$$w_{CE} = \left[w_C + \frac{w_{Mn}}{6} + \frac{w_{Cr} + w_{Mo} + w_V}{5} + \frac{w_{Ni} + w_{Cu}}{15} \right] \times 100\%$$

式中，w_C、w_{Mn} 等表示碳、锰等相应成分的质量分数，%。

一般碳当量越大，钢材的焊接性越差。硫、磷对钢材的焊接性影响也极大，但在各种合金钢材中，硫、磷一般都受到严格控制。因此，在计算碳当量时可以忽略。当 $w_{CE} < 0.4\%$ 时，钢材的塑性良好，淬硬倾向不明显，焊接性良好。在一般的焊接技术条件下，焊接接头不会产生裂纹，但对厚大件或在低温下焊接，应考虑预热；当 w_{CE} 在 $0.4\% \sim 0.6\%$ 时，钢材的塑性下降，淬硬倾向逐渐增加，焊接性较差。焊前工件需适当预热，焊后注意缓冷，才能防止裂纹；当 $w_{CE} > 0.6\%$ 时，钢材的塑性变差，淬硬倾向和冷裂倾向大，焊接性更差。

工件必须预热到较高的温度，要采取减少焊接应力和防止开裂的技术措施，焊后还要进行适当的热处理。

② 冷裂纹敏感系数法　由于碳当量法仅考虑了钢材的化学成分，忽略了焊件板厚、焊缝含氢量等其他影响焊接性的因素，因此无法直接判断冷裂纹产生的可能性大小。由此提出了冷裂纹敏感系数的概念，其计算式为：

$$P_w = \left[w_C + \frac{w_{Si}}{30} + \frac{w_{Cr} + w_{Mn} + w_{Cu}}{20} + \frac{w_{Ni}}{60} + \frac{w_{Mo}}{15} + \frac{w_V}{10} + 5w_B + \frac{[H]}{60} + \frac{h}{600} \right] \times 100\%$$

式中　P_w——冷裂纹敏感系数；

　　　　h——板厚，mm；

　　　　[H]——100g 焊缝金属扩散氢的含量，mL。

冷裂纹敏感系数越大，则产生冷裂纹的可能性越大，焊接性越差。

5.4.2　结构钢的焊接

(1) 低碳钢的焊接

低碳钢的 w_{CE} 小于 0.4%，塑性好，一般没有淬硬倾向，对焊接热过程不敏感，焊接性良好。通常情况下，焊接不需要采取特殊技术措施，使用各种焊接方法都易获得优质焊接接头。但是，低温下焊接刚度较大的低碳钢结构时，应考虑采取焊前预热，以防止裂纹的产生。厚度大于 50mm 的低碳钢结构或压力容器等重要构件，焊后要进行去应力退火处理。电渣焊的焊件，焊后要进行正火处理。

(2) 中、高碳钢的焊接

中碳钢的 w_{CE} 一般为 0.4%～0.6%，随着 w_{CE} 的增加，焊接性能逐渐变差。高碳钢的 w_{CE} 一般大于 0.6%，焊接性能更差，这类钢的焊接一般只用于修补工作。焊接中，高碳钢存在的主要问题是焊缝易形成气孔，焊缝及焊接热影响区易产生淬硬组织和裂纹。为了保证中、高碳钢焊件焊后不产生裂纹，并具有良好的力学性能，通常采取以下技术措施。

① 焊前预热、焊后缓冷。其主要目的是减小焊接前后的温差，降低冷却速率，减少焊接应力，从而防止焊接裂纹的产生。预热温度取决于焊件的碳质量分数、焊件的厚度、焊条类型和焊接规范。焊条电弧焊时，一般预热温度在 150～250℃，碳当量高时，可适当提高预热温度，加热范围在焊缝两侧 150～200mm 为宜。

② 尽量选用抗裂性好的碱性低氢焊条，也可选用比母材强度等级低一些的焊条，以提高焊缝的塑性。当不能预热时，也可采用塑性好、抗裂性好的不锈钢焊条。

③ 选择合适的焊接方法和规范，降低焊件冷却速率。

(3) 普通低合金钢的焊接

普通低合金钢在焊接生产中应用较为广泛，按屈服强度分为六个强度等级。

屈服强度 294～392MPa 的普通低合金钢，其 w_{CE} 大多小于 0.4%，焊接性能接近低碳钢。焊缝及热影响区的淬硬倾向比低碳钢稍大。常温下焊接，不用复杂的技术措施，便可获得优质的焊接接头。当施焊环境温度较低或焊件厚度、刚度较大时，则应采取预热措施，预热温度应根据工件厚度和环境温度进行考虑。焊接 16Mn 钢的预热条件如表 5-4 所示。

表 5-4　焊接 16Mn 钢的预热条件

工件厚度/mm	不同气温的预热温度	
<16	不低于 −10℃不预热	−10℃以下预热 100～150℃
16～24	不低于 −5℃不预热	−5℃以下预热 100～150℃
25～40	不低于 0℃不预热	0℃以下预热 100～150℃
>40	预热 100～150℃	

强度等级较高的低合金钢，其 $w_{CE}=0.4\%\sim0.6\%$，有一定的淬硬倾向，焊接性较差。应采取的技术措施是：尽可能选用低氢型焊条或使用碱度高的焊剂配合适当的焊丝；按规范对焊条进行烘干，仔细清理焊件坡口附近的油、锈、污物，防止氢进入焊接区；焊前预热，一般预热温度超过 150℃；焊后应及时进行热处理以消除内应力。

（4）奥氏体不锈钢的焊接

奥氏体不锈钢是实际应用最广泛的不锈钢，其焊接性能良好，几乎所有的熔焊方法都可采用。焊接时，一般不需要采取特殊措施，主要应防止晶界腐蚀和热裂纹。

为避免晶界腐蚀，不锈钢焊接时，应该采取的技术措施是：选择超低碳焊条，减少焊缝金属的碳质量分数，减少和避免形成铬的碳化物，从而降低晶界腐蚀倾向；采取合理的焊接过程和规范，焊接时用小电流、快速焊、强制冷却等措施防止晶界腐蚀的产生。可采用两种方式进行焊后热处理：一种是固溶化处理，将焊件加热到 1050～1150℃，使碳重新溶入奥氏体中，然后淬火，快速冷却将形成稳定奥氏体组织；另一种是进行稳定化处理，将焊件加热到 850～950℃保温 2～4h，使奥氏体晶粒内部的铬逐步扩散到晶界。

奥氏体不锈钢由于本身热导率小，线膨胀系数大，焊接条件下会形成较大拉应力，同时晶界处可能形成低熔点共晶，导致焊接时容易出现热裂纹。因此，为了防止焊接接头热裂纹，一般应采用小电流、快速焊，不横向摆动，以减少母材向熔池的过渡。

5.4.3 铸铁件的焊接

铸铁碳质量分数高，组织不均匀，焊接性能差，所以应避免考虑铸铁材质的焊接件。但铸铁件生产中出现的铸造缺陷及铸件在使用过程中发生的局部损坏和断裂，如能焊补，其经济效益也是显著的。铸铁焊补的主要困难是：焊接接头易产生白口组织，硬度很高，焊后很难进行机械加工；焊接接头易产生裂纹，铸铁焊补时，其危害性比形成白口组织大；铸铁碳质量分数高，焊接过程中熔池中碳和氧发生反应，生成大量 CO 气体，若来不及从熔池中逸出而存留在焊缝中，焊缝中易出现气孔。

以上问题在焊补时，必须采取措施加以防止。

铸铁的焊补，一般采用气焊、焊条电弧焊，对焊接接头强度要求不高时，也可采用钎焊。铸铁的焊补过程根据焊前是否预热，可分为热焊和冷焊两类。

5.4.4 有色金属及其合金的焊接

（1）铝及铝合金的焊接

工业纯铝和非热处理强化的变形铝合金的焊接性较好，而可热处理强化变形铝合金和铸造铝合金的焊接性较差。

铝及铝合金焊接的困难主要是铝容易氧化成 Al_2O_3。由于 Al_2O_3 氧化膜的熔点高（2050℃），而且密度大，在焊接过程中，会阻碍金属之间的熔合而形成夹渣。此外，铝及铝合金液态时能吸收大量的氢气，但在固态几乎不溶解氢，溶入液态铝中的氢大量析出，使焊缝易产生气孔。铝的热导率为钢的 4 倍，焊接时，热量散失快，需要能量大或密集的热源，同时铝的线膨胀系数为钢的 2 倍，凝固时收缩率达 6.5%，易产生焊接应力与变形，并可能产生裂纹。铝及铝合金从固态转变为液态时，无塑性过程及颜色的变化，因此，焊接操作时，很容易造成温度过高、焊缝塌陷、烧穿等缺陷。

铝和铝合金的焊接常用氩弧焊、气焊、电阻焊和钎焊等方法。其中氩弧焊应用最广，气焊仅用于焊接厚度不大的一般构件。

氩弧焊电弧集中，操作容易，氩气保护效果好，且有阴极破碎作用，能自动除去氧化膜，所以焊接质量高，成型美观，焊件变形小。氩弧焊常用于焊接质量要求较高的构件。

电阻焊时，应采用大电流，短时间通电，焊前必须彻底清除焊件焊接部位和焊丝表面的氧化膜与油污。

气焊时，一般采用中性火焰。焊接时，必须使用溶剂以溶解或消除覆盖在熔池表面的氧化膜，并在熔池表面形成一层较薄的熔渣，保护熔池金属不被氧化，排除熔池中的气体、氧化物和其他杂质。

铝及铝合金的焊接无论采用哪种焊接方法，焊前都必须进行氧化膜和油污的清理。清理质量的好坏将直接影响焊缝质量。

（2）铜及铜合金的焊接

铜及铜合金焊接性较差，焊接接头的各种性能一般均低于母材。

铜及铜合金焊接的主要困难是：铜及铜合金的导热性很好，焊接时热量很快从加热区传导出去，导致焊件温度难以升高，金属难以熔化，以致填充金属与母材不能很好地熔合；铜及铜合金的线膨胀系数及收缩率都较大，并且由于导热性好，而使焊接热影响区变宽，导致焊件易产生变形；另外，铜及铜合金在高温液态下极易氧化，生成的氧化铜与铜形成易熔共晶体沿晶界分布，使焊缝的塑性和韧性显著下降，易引起热裂纹；铜在液态时能溶解大量氢，而凝固时，溶解度急剧下降，焊接熔池中的氢气来不及析出，在焊缝中形成气孔。同时，以溶解状态残留在固态金属中的氢与氧化亚铜发生反应，析出水蒸气，而水蒸气不溶于铜，但以很高的压力状态分布在显微空隙中导致裂缝产生所谓氢脆现象。

导热性强、易氧化、易吸氢是焊接铜及铜合金时应解决的主要问题。目前焊接铜及铜合金较理想的方法是氩弧焊。对质量要求不高时，也常采用气焊，焊条为电弧焊和钎焊等。

采用各种方法焊接铜及铜合金时，焊前都要仔细清除焊丝、焊件坡口及附近表面的油污、氧化物等杂质。气焊、钎焊或电弧焊时，焊前应对焊剂、钎剂或焊条药皮做烘干处理。焊后应彻底清洗残留在焊件上的溶剂和熔渣，以免引起焊接接头的腐蚀破坏。

5.5　焊接质量检测

5.5.1　焊接缺陷

（1）焊接缺陷的概念

在焊接结构制造过程中，由于结构设计不当、原材料不符合要求、焊接过程不合理或焊后操作有误等原因，常产生各种焊接缺陷（weld defects）。常见的焊接缺陷有焊缝外形尺寸不符合要求、咬边、焊瘤、气孔、夹渣、未焊透和裂缝等。其中以未焊透和裂缝的危害性最大。

在焊接结构件中要获得无缺陷的焊接接头，在技术上是相当困难的，也是不经济的。为了满足焊接结构件的使用要求，应该把缺陷限制在一定的程度之内，使其对焊接结构件的使用不至于产生危害。由于不同的焊接结构件使用场合不同，对其质量要求也不一样，因而对缺陷的容限范围也不相同。

评定焊接接头质量优劣的依据，是缺陷的种类、大小、数量、形态、分布及危害程度。若接头中存在着焊接缺陷，一般可通过焊补来修复，或者采取铲除焊道后重新进行焊接，有时直接作为废品。

（2）常见焊接缺陷

焊接缺陷的种类很多，有熔焊产生的缺陷，也有压焊、钎焊产生的缺陷。本节主要介绍熔焊缺陷，其他焊接方法的缺陷这里不做介绍。根据 GB/T 6417—1986《金属熔焊焊缝缺陷分类及说明》，可将熔焊缺陷分为六类：裂纹、孔穴、固体夹杂、未熔合和未焊透、形状缺陷和其他缺陷。除以上六类缺陷外，还有金相组织不符合要求及焊接接头的理化性能不符合要求的性能缺陷（包括化学成分、力学性能及不锈钢焊缝的耐腐蚀性能等）。

这类缺陷大多是由于违反焊接工艺或错用焊接材料所引起的。

（3）产生焊接缺陷的主要因素

产生焊接缺陷的因素是多方面的，对不同的缺陷，影响因素也不同。实际上焊接缺陷的产生过程是十分复杂的，既有冶金的原因，又有应力和变形的作用。通常焊接缺陷容易出现在焊缝及其附近区域，而这些区域正是结构中拉伸残余应力最大的地方。一般认为，焊接缺陷之所以会降低焊接结构的强度，其主要原因是缺陷减小了结构承载截面的有效面积，并且使缺陷周围产生了严重的应力集中。

（4）焊接缺陷的防止

防止焊接缺陷的主要途径：一是制定正确的焊接技术指导文件；二是针对焊接缺陷产生的原因在操作中防止焊缝尺寸不符合要求，从适当选择坡口尺寸、装配间隙及焊接规范入手，并辅以熟练操作技术。采用夹具固定、定位焊和多层多道焊有助于焊缝尺寸的控制和调节。

为了防止咬边、焊瘤、气孔、夹渣、未焊透等缺陷，必须正确选择焊接工艺参数。焊条电弧焊工艺参数中，以电流和焊速的影响最大，其次是预热温度。

要防止冷裂纹，应降低焊缝中氢的含量，采用预热、后热等技术也可有效地防止冷裂纹的产生。

为了防止焊缝中气孔的产生，必须仔细清除焊件表面的污物，手工焊条电弧焊时在坡口面两侧各 10mm（埋弧焊则取 20mm 范围内除锈、油，应打磨至露出金属表面光泽）。

预防夹渣，除了保证合适的坡口参数和装配质量外，焊前清理是非常重要的，包括坡口面清除锈蚀、污垢和层间清渣。

加强焊接过程中的自检，可杜绝因操作不当所产生的大部分缺陷，尤其对多层多道焊来说更为重要。

5.5.2　常用检验方法

焊接产品虽然在焊前和焊接过程中进行了检验，但由于制造过程外界因素的变化，或采用规范的不成熟，或能源的波动等都有可能引起缺陷的产生。为了保证产品的质量，对成品必须进行质量检验。检验的方法很多，应根据产品的使用要求和图样的技术条件进行选用。下面介绍几种检验方法。

（1）外观检验和测量

外观检验（visual examination）方法手续简便、应用广泛，常用于成品检验，有时亦使用在焊接过程中。如厚壁焊件多层焊时，每焊完一层焊道时便进行检验，防止前道焊层的缺陷被带到下一层焊道中。

外观检验一般通过肉眼，借助标准样板、量规和放大镜等工具来进行检验，主要是发现焊缝表面的缺陷和尺寸上的偏差。检查之前，须将焊缝附近 10～20mm 基本金属上所有飞溅及其他污物清除干净。要注意焊渣覆盖和飞溅的分布情况，粗略地预料缺陷。

若焊缝表面出现缺陷，焊缝内部便有存在缺陷的可能。如焊缝表面出现咬边或满溢，则内部可能存在未焊透或未熔合；焊缝表面多孔，则焊缝内部亦可能会有气孔或非金属夹杂物存在。

（2）致密性检验

储存液体或气体的焊接容器，其焊缝的不致密缺陷，如贯穿性的裂纹、气孔、夹渣、未焊透以及疏松组织等，可用致密性试验（leak test）来发现。

① 煤油试验　煤油试验是致密性检验最常用的方法，常用于检验敞开的容器，如储存

石油、汽油的固定存储容器和同类型的其他产品。这是由于煤油黏度和表面张力很小，渗透性很强，具有透过极小的贯穿性缺陷的能力。这种方法最适合对接接头，而对于搭接接头，除检验有一定困难外，缺陷焊缝的修补工作也有一定的危险，因搭接处的煤油不易清理干净，修补时容易着火。

② 载水试验　进行这种试验时，将容器的全部或一部分充水，观察焊缝表面是否有水渗出。如果没有水渗出，那么该容器的焊缝视为合格。这种方法常用于不受压力的容器或敞口容器的检验。

③ 水冲试验　这种试验进行时，在焊缝的一面用高压水流喷射，而在焊缝的另一面观察是否漏水。水流喷射方向与试验焊缝的表面夹角不应小于 70°，水管喷嘴直径要在 15mm 以上，水压应使垂直面上的反射水环直径大于 400mm。检验竖直焊缝时应从下至上，避免已发现缺陷的漏水影响未检焊缝的检验。这种方法常用于检验大型敞口容器，如船体甲板的密封性检验。

④ 沉水试验　试验时，先将工件浸入水中，然后冲入压缩空气，为了易于发现焊缝的缺陷，被检的焊缝应在水面下 20～40mm 的深处。当焊缝存在缺陷时，在缺陷的地方有气泡出现。这种方法只适用于小型焊接容器，如飞机、汽车油箱的致密性检验。

⑤ 吹气试验　这种方法是用压缩空气对着焊缝的一面猛吹，焊缝另一面涂上肥皂水，有缺陷存在时，便产生肥皂泡。所使用压缩空气的压力不得小于 4atm（1atm＝101325Pa），并且气流要正对焊缝表面，喷嘴到焊缝表面的距离不得超过 30mm。

⑥ 氨气试验　试验时，将容器的焊缝表面用含量为 5% 硝酸汞水溶液浸过的纸带盖上，在容器内加入体积分数为 1%（常压下的含量）氨气的混合气体，加压至所需的压力时，如果焊缝有不致密的地方，氨气就会透过焊缝，并作用到浸过硝酸汞的纸上，使该处形成黑色的图像。根据这些图像就可以确定焊缝的缺陷部位。试验所用的硝酸汞纸带可作判断焊缝质量的证据。浸过同样溶液的普通医用绷带亦可代替纸带，绷带的优点是洗净后可再用。

这种方法比较准确、便宜和快捷，同时可在低温下检验焊缝的致密性。

⑦ 氦气试验　氦气检验是通过被检容器充氦或用氦气包围着容器后检验容器是否漏氦和漏氦的程度。它是灵敏度比较高的一种致密性试验方法。用氦气作为试剂是因为氦气质量轻，能穿过微小的孔隙。此外，氦气是惰性气体，不会与其他物质起作用。目前的氦气检漏仪，可以探测出气体中含有千万分之一的氦气存在，相当于在标准状态下漏氦气率为 $1cm^3/a$。

（3）受压容器焊接接头的强度检验

产品整体进行的接头强度试验是用来检验焊接产品的接头强度是否符合产品的设计强度要求，常用于储藏液体或气体的受压容器检验。这类容器除进行密封性试验外，还要进行强度试验。

产品整体的强度试验分为两类：一类是破坏性强度试验；另一类是超载试验。

进行破坏性强度试验时，所施加负荷的性质（压力、弯曲、扭转等）和工作载荷的性质相同，负载要加至产品破坏为止。用破坏负荷和正常工作载荷的比值来说明产品的强度情况。比值达到或超过规定的数值时则为合格，反之则不合格。这个数值是由设计部门规定的。高压锅炉汽包的爆破试验即属这种试验。

这种试验在大量生产而质量尚未稳定的情况下，抽百分之一或千分之一来进行；或在试制新产品以及在改变产品的加工工艺规范时才选用。

超载试验是对产品所施加的负荷超过工作载荷一定程度，如超过 25%、50% 来观察焊缝是否出现裂纹，以及产品变形的部分是否符合要求来判断其强度是否合格。受压的焊接容器规定 100％均要接受这种检验。试验时，施加的载荷性质是与工作载荷性质相同的。在载荷的作用下，保持一定的停留时间进行观察，若不出现裂纹或其他渗漏缺陷，且变形程度在规定范围内，则产品评为合格。

5.6　焊接技术新进展

随着科学的发展，焊接技术也在不断地向高质量、高生产率、低能耗的方向发展。目前，出现了许多新技术、新工艺，拓宽了焊接技术的应用范围。

(1) 新的焊接方法不断涌现

① 真空电弧焊接技术　它是可以对不锈钢、钛合金和高温合金等金属进行熔化焊及对小试件进行快速高效的局部加热钎焊的最新技术。该技术由俄罗斯人发明，并迅速应用在航空发动机的焊接中。使用真空电弧进行涡轮叶片的修复、钛合金气瓶的焊接，可以有效地解决材料氧化、软化、热裂、抗氧化性能降低等问题。

② 窄间隙熔化极气体保护电弧焊技术　它具有比其他窄间隙焊接工艺更多的优势，在任意位置都能得到高质量的焊缝，且具有节能、焊接成本低、生产效率高、适用范围广等特点。利用表面张力过渡技术进行熔化极气体保护电弧焊表明，该技术必将进一步促进熔化极气体保护电弧焊在窄间隙焊接的应用。

③ 激光填料焊接　激光填料焊接是指在焊缝中预先填入特定焊接材料后用激光照射熔化或在激光照射的同时填入焊接材料以形成焊接接头的方法。广义的激光填料焊接应该包括两类：激光对焊与激光熔覆，其中激光熔覆是利用激光在工件表面熔覆一层金属、陶瓷或其他材料，以改善材料表面性能的一种工艺。激光填料焊接技术主要应用于异种材料焊接、有色及特种材料焊接和大型结构钢件焊接等激光直接对焊不能胜任的领域。

④ 高速焊接技术　它使 MIG (metal inert gas)/MAG (metal active gas) 的焊接生产率成倍增长，它包括快速电弧技术和快速熔化技术。由于采用的焊接电流大，所以熔深大，一般不会产生未焊透和熔合不良等缺陷，焊缝成型良好，焊缝金属与母材过渡平滑，有利于提高疲劳强度。

⑤ 搅拌摩擦焊　1991 年搅拌摩擦焊 (FSW) 技术由英国焊接研究所发明，作为一种固相连接手段，它克服了熔焊的诸如气孔、裂纹、变形等缺陷，更使以往通过传统熔焊手段无法实现焊接的材料可以采用 FSW 实现焊接，被誉为"继激光焊后又一革命性的焊接技术"。

作为一种固相连接手段，FSW 除了可以焊接用普通熔焊方法难以焊接的材料外（如可实现用熔焊难以保证质量的裂纹敏感性强的 7000、2000 系列铝合金的高质量连接），FSW 还具有温度低，变形小，接头力学性能好（包括疲劳、拉伸、弯曲），不产生类似熔焊接头的铸造组织缺陷，且其组织由于塑性流动而细化、焊接变形小、焊前及焊后处理简单、能够进行全位置的焊接、适应性好，效率高、操作简单、环境保护好等优点。尤其值得指出的是，搅拌摩擦焊具有适合于自动化和机器操作的优点，诸如：不需要填丝、保护气（对于铝合金）；可允许有薄的氧化膜；对于批量生产，不需要进行打磨、刮擦之类的表面处理非损耗的工具头，一个典型的工具头就可以用来焊接 6000 系列的铝合金达 1000m 等。

⑥ 激光-电弧复合热源焊接　激光-电弧复合热源焊接 (laser arc hybrid) 在 1970 年就已被提出，然而，稳定的加工直至近几年才出现，这主要得益于激光技术以及弧焊设备的发展，尤其是激光功率和电流控制技术的提高。复合焊接时，激光产生的等离子体有利于电弧的稳定；复合焊接可提高加工效率；可提高焊接性差的材料诸如铝合金、双相钢等的焊接

性；可增加焊接的稳定性和可靠性；通常，激光加丝焊是很敏感的，通过与电弧的复合，则变得容易而可靠。

激光-电弧复合主要是激光与惰性气体保护钨极电弧焊 TIG（tungsten inert gas）、等离子弧（plasma）以及 MAG 的复合。通过激光与电弧的相互影响，可克服每一种方法自身的不足，进而产生良好的复合效应。MAG 成本低，使用填丝，适用强，缺点是熔深浅、焊速低、工件承受热载荷大。激光焊可形成深而窄的焊缝，焊速高、热输入低，但投资高，对工件制备精度要求高，对铝等材料的适应性差。Laser-MAG 的复合效应表现在电弧增加了对间隙的桥接性，其原因有两个：一是填充焊丝，二是电弧加热范围较宽。电弧功率决定了焊缝顶部宽度；激光产生的等离子体减小了电弧引燃和维持的阻力，使电弧更稳定；激光功率决定了焊缝的深度。即复合导致了效率增加以及焊接适应性的增强。激光电弧复合对焊接效率的提高十分显著，这主要基于两种效应：一是较高的能量密度导致了较高的焊接速度，工件对流损失减小；二是两热源相互作用的叠加效应。焊接钢时，激光等离子体使电弧更稳定，同时，电弧也进入熔池小孔，减少了能量的损失；焊接铝时，由于叠加效应几乎与激光波长无关，其物理机制和特性尚待进一步研究。

Laser-TIG Hybrid 可显著增加焊速，约为 TIG 焊接时的 2 倍，钨极烧损也大大减小，寿命增加，坡口夹角亦减小，焊缝面积与激光焊时相近。阿亨大学弗朗和费激光技术学院研制了一种激光双弧复合焊接（hybrid welding with double rapid arc，hyDRA），与激光单弧复合焊相比，焊接速度可增加约三分之一，线能量减小 25%。

（2）针对具体的结构生产技术，设计研究专门的自动化焊接系统

这是近几年来发展起来的一种新的高效焊接技术，它是在焊接中采用随动的水冷装置，强迫冷却熔池来形成焊缝。由于采用了水冷装置，熔池金属冷却速率快，同时受到冷却装置的机械限制，控制了熔池及焊缝的形状，克服了自由成型中熔池金属容易下坠溢流的技术难点，焊接熔池体积可适当扩大，因此，可选用较大的焊接电压和电流，提高焊接生产效率。目前，该种焊接方法在中厚度板及大厚度板的自动立焊中具有广阔的应用前景。

（3）焊接机器人和柔性焊接系统

随着先进制造技术的发展，实现焊接产品制造的自动化、柔性化与智能化已成为必然趋势。目前，采用机器人焊接已成为焊接自动化技术现代化的主要标志。采用机器人技术，可提高生产率、改善劳动条件、稳定和保证焊接质量、实现小批量产品的焊接自动化。目前，焊接机器人由单一的单机示教再现型向多传感、智能化的柔性加工单元（系统）方向发展，实现由第二代向第三代的过渡将成为焊接机器人发展的目标。

（4）焊接过程模拟

随着计算机技术和计算数学的发展，数值分析方法，特别是有限元方法，已较普遍地用于模拟焊缝凝固和变形过程。焊接过程是非常复杂的，涉及高温、瞬时的物理、冶金和力学过程，很多重要参数极其复杂的动态过程在以前的技术水平下是无法直接测定的。随着计算机应用技术的发展，采用数值模拟来研究一些复杂过程已成为可能。采用科学的模拟技术和少量的试验验证以代替过去一切都要通过大量重复性试验的方法已成为焊接技术发展的一个重要方法。这不仅可以节省大量的人力物力，而且还可以通过数值模拟来研究一些目前尚无法采用实验进行直接研究的复杂问题。

① 焊接热过程的数值模拟　焊接热过程是焊接时的最根本的过程，它决定了焊接化学冶金过程和应力、应变发展过程及焊缝成型等。研究实际焊接接头中的三维温度场分布是今后数值模拟要解决的一个重要问题。

② 焊缝金属凝固和焊接接头相变过程的数值模拟　根据焊接热过程和材料的冶金特点，

用数值模拟技术研究焊缝金属的凝固过程和焊接接头的相变过程。通过数值模拟来模拟不同焊接工艺条件下过热区高温停留时间和 $800 \sim 500℃$ 的冷却速率，控制晶粒度和相变过程，预测焊接接头组织和性能。以此代替或减少工艺和性能实验，优化出最佳的焊接工艺方案。

③ 焊接应力和应变发展过程的数值模拟　研究不同约束条件、不同接头形式和不同焊接工艺下的焊接应力、应变产生和发展的动态过程。将焊缝凝固时的应力、应变动态过程的数值模拟与焊缝凝固过程的数值模拟相结合，预测裂纹产生的倾向，优化避免热裂纹产生的最佳工艺方案。通过焊接接头中氢扩散过程的数值模拟以及对焊接接头中内应力大小及氢分布的数值模拟，预测氢致裂纹产生的倾向，优化避免氢致裂纹的最佳工艺。通过对实际焊接接头中焊接应力、应变动态过程的数值模拟，确定焊后残余应力和残余应变的大小分布，优化出最有效的消除残余应力和残余变形的方案。

④ 非均质焊接接头的数值模拟　焊接接头的力学性能往往是不均匀的，而且其不均匀性具有梯度大的特点。当其中存在裂纹时，受力后裂纹尖端的应力、应变场是非常复杂的。目前还不能精确测定，采用数值模拟是一个比较有效的办法。这对研究非均质材料中裂纹的扩展和断裂具有重要的意义。

⑤ 焊接熔池形状和尺寸的数值模拟　结合实际焊接结构和接头形式来研究工艺条件对熔池形状和尺寸的影响规律，对确定焊接工艺参数，实现焊缝成型和熔透的控制具有重要意义。

⑥ 焊接过程的物理模拟　利用热模拟试验机可以精确地控制热循环，并可以通过模拟研究金属在焊接过程中的力学性能及其变化。此项技术已广泛用于模拟焊接热影响区内各区的组织和性能变化。此外，模拟材料在焊接时凝固过程中的冶金和力学行为，可以揭示焊缝凝固过程中材料的结晶特点、力学性能和缺陷的形成机理。

此前，数值模拟在焊接领域中虽然已被用于温度场分布和焊接应力分布等的研究中，但由于受对焊接过程了解的限制，模拟基本上局限于二维场，又由于对材料高温行为和接头形式的假设较粗略，因此模拟结果与实际之间存在较大差别。为使数值模拟真正反映焊接实际情况，得到一些实验无法测得的信息和规律，目前已开展了三维非线性模拟，并在模拟中周密考虑焊缝的高温行为和实际焊接接头形式。

思考题与习题

5-1　什么是熔模铸造？试述其大致工艺过程。

5-2　绘制锻件图应考虑的几个主要因素是什么？

5-3　与自由锻相比，模锻具有哪些优点？

5-4　用 $\phi 50$ 冲孔模具来生产 $\phi 50$ 落料件能否保证冲压件的精度？为什么？

5-5　焊条的焊芯和药皮应各起什么作用？试问用敲掉了药皮的焊条（或光焊丝）进行焊接时，将会产生什么问题？

5-6　下列焊条型号或牌号的含义是什么？
　　　 E4303，E5015，J422，J507

5-7　酸性焊条和碱性焊条的性能有什么不同？如何选用？

5-8　焊接接头包括哪几个部分？

5-9　什么叫焊接热影响区？低碳钢焊接热影响区分哪几个区？

5-10　焊接应力是怎样产生的？减小焊接应力有哪些措施？消除焊接残余应力有什么方法？

5-11　减小焊接变形有哪些措施？矫正焊接变形有哪些方法？

5-12 既然埋弧自动焊比手工电弧焊效率高、质量好、劳动条件也好，为什么手工电弧焊现在应用仍很普遍？

5-13 CO_2 气体保护焊与埋弧自动焊比较各有什么特点？

5-14 氩弧焊和 CO_2 气体保护焊比较有何异同？各自的应用范围如何？

5-15 电阻焊有何特点？点焊、缝焊、对焊各应用于什么场合？

5-16 钎焊与熔化焊相比有何根本区别？

5-17 常见焊接缺陷主要有哪些？它们有什么危害？

5-18 焊接结构工艺性要考虑哪些内容？焊缝布置不合理及焊接顺序不合理可能引起什么不良影响？

第 6 章　金属切削加工工艺

金属切削加工是在金属切削机床上，用金属切削刀具从工件表面上去除多余的金属材料，使被加工零件的尺寸、形状精度和表面质量符合预定的技术要求。金属切削理论就是通过对金属切削加工过程的研究，寻求其内在本质与规律，并合理利用这些规律控制切削加工过程，以提高生产率、提高加工质量和降低加工成本。

6.1　金属切削理论基础

在切削加工的过程中，伴随着切削变形、切削力、切削热、刀具磨损等物理现象的发生。在掌握切削刀具基本知识的基础上，研究分析这些物理现象，对于保证零件的加工质量、降低加工成本和提高生产率具有十分重要的意义。下面以切削塑性材料为例，来说明金属切削的变形过程。

6.1.1　金属切削变形过程

刀具对工件的切削加工，实际上是切削层金属材料受到刀具的切削刃和前刀面强烈推挤作用，发生强烈的塑性变形，从工件母体上脱离下来，变成切屑。对切屑形成过程的研究是金属切削过程中的根本问题，是研究切削过程中其他各物理现象的基础。

6.1.1.1　变形区的划分

采用侧面方格变形观察法、高速摄影法、快速落刀法等可非常直观地了解切削过程中产生的变形现象。如图 6-1 所示，利用快速落刀法获得切屑根部标本，通过扫描电镜观察到的切削变形图片。

通过观察发现，金属切削变形可划分为三个区域，如图 6-2 所示。

（1）第一变形区

金属材料从 OA 线开始发生塑性变形，到 OM 线晶粒的剪切滑移基本结束，这一区域称为第一变形区，又称剪切滑移变形区。OA 线称为始滑移线，OM 线称为终滑移线。

如图 6-3 所示，以切削层中某一点 P 为研

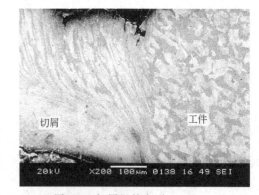

图 6-1　切屑根的变形

究对象，当 P 点运动到 OA 线上的 1 点位置时，其所受的剪切应力达到了材料的剪切屈服极限 τ_s，则 P 点在向前运动的同时，也沿 OA 线方向滑移，其合成运动使 P 点由 1 运动到 2 点，$2'$-2 就是滑移量。P 点向 2、3、4 点运动时，同样存在滑移现象，越逼近切削刃和前刀面，滑移量越大。同时，P 点的运动方向也在悄然发生着变化，当运动到 OM 线上的 4 点时，由于其运动方向与前刀面平行，将停止沿 OM 线滑移，变成切屑从前刀面流出。

第一变形区的宽度与切削速度有直接关系。切削速度越大，第一变形区的宽度越窄，在一般切削速度范围内，其宽度仅为 0.02～0.2mm。因此，第一变形区可近似用一个平面来表示，称为剪切面。

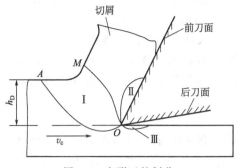

图 6-2　变形区的划分

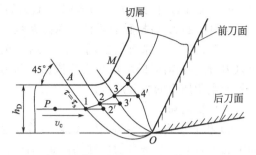

图 6-3　第一变形区金属的剪切滑移

（2）第二变形区

切削层金属经过第一变形区后形成切屑，在沿刀具前刀面流出时，进一步受到前刀面强烈的挤压和摩擦而发生更为严重的塑性变形，使切屑底层金属纤维化，其方向基本上与前刀面平行，这一变形区域称为第二变形区。

（3）第三变形区

已加工表面的金属材料受到了切削刃和刀具后刀面的挤压与摩擦，造成更为严重的纤维化和加工硬化现象。这一区域称为第三变形区。

6.1.1.2　前刀面上的摩擦与积屑瘤

（1）前刀面上的摩擦

如前所述，切削层金属变成切屑后从前刀面流出，进一步受到前刀面的挤压与摩擦而使切屑底层金属材料纤维化，形成第二变形区。研究发现，刀具与切屑之间的摩擦状况并不是单纯的滑动摩擦。如图 6-4 所示，在刀-屑接触长度 OB 上，根据刀屑接触状况不同，可分成两段，即离切削刃较近的 OA 段（前区）和离切削刃较远的 AB 段（后区）。

在刀-屑接触的前区，接触压力很大，切屑底层金属各点均紧密地冷焊（或称黏结）在刀具的前刀面上，形成滞留层。当新形成的切屑流经滞留层时，刀-屑摩擦实际上是滞留层与其上切屑金属间的内摩擦。因此，前区的平均摩擦系数 μ_1 可按下式计算：

$$\mu_1 = \frac{F_{\gamma_1}}{F_{\gamma N_1}} = \frac{\tau_s A_1}{\sigma_{av} A_1} = \frac{\tau_s}{\sigma_{av}} \qquad (6\text{-}1)$$

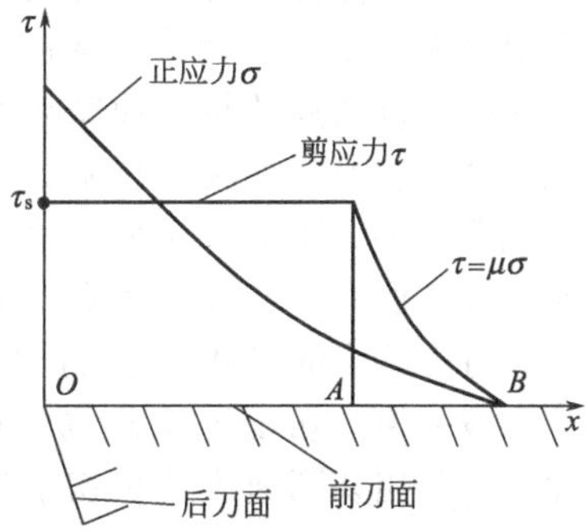

图 6-4　刀-屑接触区域的应力分布

式中，F_{γ_1} 为前区摩擦力；$F_{\gamma N_1}$ 为前区刀-屑间接触压力；τ_s 为工件材料的剪切屈服极限；σ_{av} 为前区各点平均正应力；A_1 为前区刀-屑间接触面积。

由于在刀-屑接触长度上，各点正应力 σ 不同（越靠近切削刃正应力越大），则各点摩擦系数 μ_1 也不相同（不是常数），所以刀-屑接触的前区摩擦不服从古典滑动摩擦法则。

在刀-屑接触的后区，接触压力减小，切屑底层金属与前刀面只是有限个凸起的峰点接触，实际接触面积很小，使得相互接触的峰点处压应力很大，达到了材料的压缩屈服极限，因此在相互接触的峰点处也会产生冷焊现象。当切屑底层金属从前刀面流出时，冷焊结点受剪后产生的抗剪力即为摩擦力。则刀-屑接触后区的摩擦系数为：

$$\mu_2 = \frac{F_{\gamma_2}}{F_{\gamma N_2}} = \frac{\tau_s A_2}{F_{\gamma N_2}} = \frac{\tau_s F_{\gamma N_2}/\sigma_s}{F_{\gamma N_2}} = \frac{\tau_s}{\sigma_s} \qquad (6\text{-}2)$$

式中，F_{γ_2} 为后区摩擦力；$F_{\gamma N_2}$ 为后区刀-屑间接触压力；τ_s 为工件材料的剪切屈服极限；σ_s 为工件材料的压缩屈服极限；A_2 为后区刀-屑间接触面积，为 $F_{\gamma N_2}/\sigma_s$。

可见，在刀-屑接触的后区，摩擦系数 μ_2 为常数，服从古典滑动摩擦法则。

一般情况下，来自前区的摩擦力约占全部摩擦力的 85%。因此，在研究刀-屑摩擦时，应以刀-屑接触前区的摩擦为主要依据。前刀面上的刀-屑摩擦，不仅影响着切削变形，而且也是产生积屑瘤的主要原因。

（2）积屑瘤

① 积屑瘤现象　切削钢、铝合金等塑性材料时，在切削速度不高而又能形成带状切屑的情况下，有一些来自切屑底层的金属冷焊层积在刀具前刀面上，形成硬度很高的三角形楔块（是工件硬度的 2～3 倍），它能够代替切削刃和前刀面进行切削，这一楔块称为积屑瘤，如图 6-5 所示。

图 6-6 为积屑瘤。可见，积屑瘤黏结在刀具前刀面上并包络切削刃，其向前伸出的尺寸称为积屑瘤的高度 H_b，向下伸出的尺寸称为过切量 Δh_D。

② 积屑瘤的成因　由于刀-屑间的挤压和摩擦，使一部分切屑底层的金属冷焊在刀具前刀面上，形成滞留层，这是积屑瘤形成的基础。当切屑流经滞留层时（产生的摩擦相当于"内摩擦"），受滞留层的阻碍而黏结在滞留层上，切屑底层金属在滞留层上逐渐层积，最后形成积屑瘤。

图 6-5　带有积屑瘤的切屑根部显微照片

除刀-屑摩擦外，积屑瘤的形成还与工件材料及温度有关。若工件材料的加工硬化倾向大，经塑性变形的滞留层因加工硬化而使其强度、硬度增加，耐磨性好，能够抵抗切屑的挤压和摩擦而在前刀面停留，产生积屑瘤。若温度过低，刀-屑之间不易发生冷焊，不能形成滞留层，不会产生积屑瘤；若温度过高，切屑底层的金属弱化，同样也不会产生积屑瘤。因此，积屑瘤只有在适当的温度下才会产生。

一般来说，切削速度越高，则切削温度也越高。因此，可利用切削速度代替切削温度来分析对积屑瘤的影响。

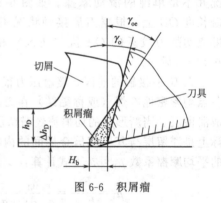

图 6-6　积屑瘤

根据积屑瘤的消长产生，将切削速度分为四个区域，如图 6-7 所示。

在 Ⅰ 区（低速区）和 Ⅳ 区（高速区），无积屑瘤产生；在 Ⅱ 区，积屑瘤的高度随着切削速度的增大而增大；在 Ⅲ 区，积屑瘤的高度随着切削速度的增大而减小。

③ 积屑瘤对切削过程的影响

a. 对刀具耐用度的影响　积屑瘤黏结在刀具前刀面上，在相对稳定时，可代替切削刃和前刀面进行切削，起到保护刀具的作用。若不稳定时，积屑瘤破裂而从前刀面脱落，可能会带走刀具表面的金属颗粒，

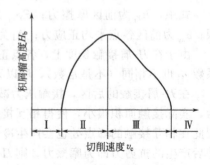

图 6-7　积屑瘤高度与切削
速度之间的关系

造成刀具磨损加剧。

b. 增大刀具的实际工作前角　产生积屑瘤后，实际起作用的前刀面是积屑瘤表面，如图 6-6 所示，刀具实际工作前角 γ_{oe} 增大，可降低切削力，这对切削过程是有利的。

c. 增大切削厚度　由于有过切量 Δh_D 的存在，使实际切削厚度增大。

d. 增大已加工表面粗糙度　积屑瘤在切削刃各点的过切量不同，在已加工表面上切出深浅和宽窄不同的"犁沟"，使粗糙度增大；积屑瘤的产生、成长与脱落是一个动态变化的过程，易引起切削振动，使粗糙度增大。因此，精加工时应设法避免或减小积屑瘤。

可见，积屑瘤的存在对切削过程的影响有利有弊。对于粗加工，积屑瘤的存在是有利的；对于精加工，则是不利的。

6.1.1.3　切削变形的影响因素

研究各因素对切削变形的影响规律如下。

（1）工件材料

工件材料的强度和硬度越高，刀-屑间接触长度及接触面积 A_1 减小，切削力集中，平均正应力增大，使摩擦系数 μ_1 减小，剪切角 ϕ 增大，变形系数 Λ_h 减小，变形程度减轻。

（2）刀具前角

刀具前角增大，根据剪切角的计算公式，直接增大剪切角；同时，刀具前角增大，刀-屑之间的正应力减小，摩擦系数增大，间接使剪切角减小。由于直接影响大于间接影响，所以前角增大使剪切角增大，变形程度减轻。

（3）切削速度

切削塑性材料时，在无积屑瘤的速度区域，切削速度增大，第一变形区后移，同时因温度升高而使摩擦系数降低，这些原因都会使剪切角增大，使变形系数减小。在有积屑瘤的速度区域，在Ⅱ区，切削速度增大，刀具的实际工作前角增大，变形系数减小。在Ⅲ区，切削速度增大，刀具的实际工作前角减小，变形系数增大。

切削脆性材料时，切削速度对切削变形的影响不显著。

（4）切削厚度

切削厚度增大，前刀面所受法向力 F_{γ_1} 增大，摩擦系数减小，剪切角增大，变形系数减小。

6.1.1.4　切屑的种类

上述分析可知，加工条件不同，切削变形程度也不同。变形程度对切屑的形状会有一定的影响。在生产实际中，切屑形状多种多样，如带状屑、C 形屑、螺卷屑、长紧卷屑、发条状卷屑、宝塔状卷屑、崩碎屑等。归纳起来可分为四种类型：带状切屑、节状切屑、粒状切屑和崩碎切屑，如图 6-8 所示。

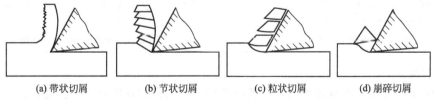

(a) 带状切屑　　　　(b) 节状切屑　　　　(c) 粒状切屑　　　　(d) 崩碎切屑

图 6-8　切屑的种类

（1）带状切屑

带状切屑的外表面呈毛绒状，内表面是光滑的。利用显微镜观察，在切屑的侧面上可以看到剪切面的条纹，但肉眼看来大体是平整的。一般情况下在加工塑性金属材料时，切削速度较高、刀具前角较大、切削厚度较小，可形成带状切屑。其切削过程比较平稳，切削力波动较小，已加工表面粗糙度较小。

（2）节状切屑

又称挤裂切屑，其外表面呈锯齿形，内表面有时有裂纹。在形成带状切屑的条件下，适当降低切削速度、增大切削厚度、减小刀具前角可形成此类切屑。

（3）粒状切屑

在形成节状切屑的条件下，进一步降低切削速度、增大切削厚度、减小刀具前角，切屑沿着剪切面方向分离，形成一个个独立的梯形单元，这时节状切屑就变成粒状切屑（又称单元切屑）。

可见，上述三种切屑都是在切削塑性材料时形成的，当改变切削速度、切削厚度或刀具前角等切削条件时，这三种切屑形态往往可以相互转化。

（4）崩碎切屑

切削脆性材料时，由于材料的塑性较小、抗拉强度低，在刀具的作用下，工件材料在未发生明显塑性变形的情况下就已脆断，形成不规则的碎块状切屑，同时使工件的已加工表面凸凹不平。

6.1.2　切削力

切削力不仅对切削热的产生、刀具磨损、加工质量等方面有重要的影响，而且也是计算切削功率、制订切削用量，设计和使用机床、刀具和夹具等工艺装备的主要依据。因此，研究切削力的规律，对生产实际有重要的意义。

6.1.2.1　切削力的来源及切削力的合成与分解

（1）切削力的来源

刀具在切削工件时，前刀面对切屑、后刀面对已加工表面有强烈的挤压与摩擦，使工件及切屑产生严重的弹塑性变形。若以刀具作为受力对象，则工件、切屑的弹塑性变形抗力及摩擦又反作用于刀具，如图6-9所示。因此，切削力的来源有两个方面：①工件、切屑对刀具的弹塑性变形抗力；②工件、切屑对刀具的摩擦阻力。

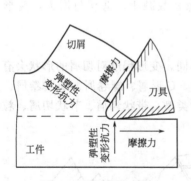

图6-9　切削力的来源

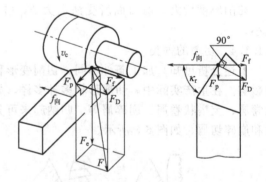

图6-10　切削合力及其分解

（2）切削分力

以外圆车削为例，在直角切削时，若不考虑副切削刃的切削作用，上述各力对刀具的作用合力 F 应在刀具的正交平面 P_o 内。为了便于测量和应用，可将合力 F 分解为三个相互垂直的分力，如图6-10所示。

① 切削力 F_c。与基面垂直，即平行于切削速度方向。在切削过程中，切削力所消耗的功率约占总量的99%，所以 F_c 是计算切削功率的主要依据，同时又是设计机床、刀具、夹

具的主要数据，故又称为主切削力。

② 进给力 F_f　在基面内，与进给运动方向平行，即与工件的轴线平行。进给力是计算进给运动所消耗的功率、设计校核进给机构强度的主要依据。

③ 背向力 F_p　在基面内，与进给运动方向垂直，即与工件的轴线垂直。外圆车削时，因背向力方向上的运动速度等于零，所以 F_p 不消耗切削功率。但是由于 F_p 作用在工艺系统刚度最弱的方向上，易使工件变形和产生振动，影响加工质量，尤其是加工细长轴时更为显著。背向力 F_p 是选用机床主轴轴承和校验机床刚度的依据。

6.1.2.2　切削力的影响因素

（1）工件材料

切削塑性材料时，工件材料的强度、硬度愈高，剪切屈服极限 τ_s 愈大，尽管变形系数 Λ_h 有所减小，但结果还是使切削力增大；强度、硬度相近的工件材料，加工硬化倾向愈大，即强化系数 n 愈大，较小的变形就会引起硬度大大提高，从而使切削力增大。切削脆性材料时，被切材料的弹塑性变形小，加工硬化现象不显著，刀-屑摩擦与挤压较轻，切削力相对较小。

（2）切削用量

① 切削速度 v_c　切削塑性材料时，在无积屑瘤的速度区域，即Ⅰ区和Ⅳ区，随着 v_c 的增大，切削温度升高，工件材料的强度和硬度因产生弱化现象而降低，切削力减小。在有积屑瘤的速度区域，即Ⅱ区，v_c 增大，积屑瘤的高度 H_b 增大，刀具的实际工作前角 γ_o 增大，变形系数 Λ_h 减小，切削力降低。相反在Ⅲ区，v_c 增大，积屑瘤的高度 H_b 减小，刀具的实际工作前角 γ_o 减小，变形系数 Λ_h 增大，切削力增大。

切削脆性材料时，由于变形和摩擦都较小，所以 v_c 对切削力的影响不显著。

② 进给量 f 和背吃刀量 a_p　根据切削力的理论公式，f 及 a_p 增大，都会使切削力增大，但两者对切削力的影响程度不同。a_p 增大，变形系数 Λ_h 不变，切削力随 a_p 成正比增大；f 增大，切削厚度 h_D 增大使 Λ_h 有所减小，故切削力不成正比增大，影响程度相对较弱。

（3）刀具几何参数

① 刀具前角 γ_o　加工塑性材料时，γ_o 增大，使变形系数 Λ_h 和 C 值减小，切削力降低。

加工脆性材料时，由于刀-屑摩擦、切削变形及加工硬化现象不明显，故 γ_o 的变化对切削力的影响不如切削塑性材料时显著。

② 负倒棱　在刀具的前刀面上，沿切削刃方向磨出前角为负值（或前角为零，或很小的正前角）的窄棱面，以增加刃区的强度，这一窄棱面成为负倒棱。通常用负倒棱前角 γ_{o_1} 及其棱面宽度 b_{γ_1} 来衡量，如图 6-11(a) 所示。

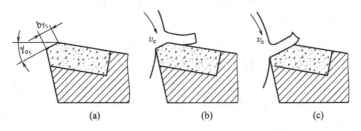

(a)　　　　　　　　　(b)　　　　　　　　　(c)

图 6-11　带有负倒棱的刀具前刀面与切屑的接触情况

显而易见，负倒棱的存在会使切削力增大。其影响程度与切削时负倒棱面所起的作用有关。若刀屑接触长度远大于负倒棱宽度 b_{γ_1}，如图 6-11(b) 所示，切屑流出时，刀具前刀面起主要作用，实际工作前角是 γ_o，负倒棱的存在使切削力增大，但影响程度不显著；若刀屑接触长度小于或等于负倒棱宽度 b_{γ_1}，如图 6-11(c) 所示，切屑流出时，实际起作用的是负倒棱面，实际工作前角为 γ_{o_1}，这时负倒棱的存在使切削力增大且影响显著。

③ 主偏角 κ_r　κ_r 增大，使 F_f 增大，F_p 减小。

κ_r 对 F_e 的影响较为复杂。随 κ_r 的增大，F_e 先减小，后又增大，其最小值出现在 κ_r 为 60°～75°的范围内。F_e 先减小的原因是：当切削面积不变时，κ_r 增大使切削厚度 h_D 增大，变形系数 Λ_h 减小；F_e 后又增大的原因是：κ_r 进一步增大，由于刀尖圆弧半径 r_ε 的存在，刀尖处参加切削工作的曲线刃长度增大及平均切削厚度减小，都会使变形加剧，切削力 F_e 增大。但 F_e 的变动范围不大，一般在 F_e 的 10% 以内变动。

④ 刃倾角 λ_s　λ_s 的变化对切削力 F_e 影响不大，但对 F_f、F_p 的影响较大。λ_s 的变化使切削合力 F 的方向发生改变。当 λ_s 增大，F_f 方向上测量的前角（侧前角）γ_f 减小，F_p 方向上的测量的前角（背前角）γ_p 增大，所以 F_f 增大，F_p 减小。γ_f、γ_p 随 λ_s 的变化可通过不同测量平面间的角度换算来验证。

⑤ 刀尖圆弧半径 r_ε　当刀尖圆弧半径 r_ε 增大时，参加切削工作的曲线刃长度增大，平均切削厚度 h_D 减小，变形增大，使切削力 F_e 增大。同时 r_ε 增大，刀具的平均主偏角减小，F_f 减小，F_p 增大。

（4）刀具的磨损

刀具发生磨损，特别是后刀面磨损后，在刀具的后刀面沿切削刃的方向上，磨出后角为零的棱面，使刀具后刀面与工件的摩擦加剧，切削力增大。

（5）切削液

采用润滑效果好的切削油，减小前刀面与切屑、后刀面与工件表面的摩擦，显著地降低切削力。

6.1.3　切削热与切削温度

切削热和切削温度是切削过程中极为重要的物理现象，不仅与其他物理现象有相互影响，而且也影响工件的加工质量和刀具耐用度。

6.1.3.1　切削热的产生与传出

（1）切削热的产生

实验表明，切削时所消耗的能量，只有 1%～2% 用以形成新表面和以晶格扭曲等形式形成潜藏能外，绝大部分消耗的能量都转化为热能。因此可近似地认为，切削时所消耗的能量都转化成了热。

如前所述，在三个变形区域内，存在着强烈的弹塑性变形和摩擦。这是导致切削热产生的主要原因，如图 6-12 所示。切削热的产生来自以下两个方面：

① 使工件及切屑发生弹塑性变形消耗的能量而转化的热；

② 切屑与前刀面、已加工表面与后刀面的摩擦而产生的热。

若忽略进给运动所消耗的能量，并假定主运动所消耗的能量都转化为热，则单位时间内产生的切削热为：

$$Q = F_e v_c \qquad (6-3)$$

式中，Q 为单位时间内产生的切削热，J/s；F_e 为切削力，N；v_c 为切削速度，m/s。

（2）切削热的传出

在切削区产生的热量要向刀具、工件、切屑和周围的介质（空气或切削液）传散。加工方式不同，从刀具、工件、切屑和周围的介质传热的比例也不同，如表 6-1 所示。

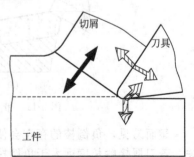

图 6-12　切削热的产生与传出

表 6-1　车削、钻削时切削热的传散

项目	从工件传出的热	从刀具传出的热	从切屑传出的热	从介质传出的热
车削	3%～9%	10%～40%	50%～86%	1%
钻削	52.5%	12.5%	28%	5%

切削热的产生与传出直接影响切削区温度的高低。如工件材料的热导率高，由工件和切屑传散的热量多，工件的温度较高，但切削区的温度较低，这有利于降低刀具的磨损，提高刀具耐用度；若刀具材料的热导率高，从刀具传散的热量多，切削区的温度也会降低。若在切削时采用冷却效果较好的切削液，可大大降低切削区的温度。

6.1.3.2　切削温度的测量

切削温度的测量方法很多，有热电偶法、辐射温度计法、热敏法和金相组织观察法等，其中较为常用的是热电偶法。下面介绍热电偶法的测温原理。

热电偶法又分为自然热电偶法和人工热电偶法。

（1）自然热电偶法

如图 6-13 所示，自然热电偶法是利用刀具材料和工件材料的化学成分不同而组成热电偶的两极，切削区为热电偶的热端，工件与刀具的引出线与毫伏表相连保持室温，形成热电偶的冷端，热端与冷端之间会产生温差电动势，利用毫伏表测出电压值。再根据事先标定好的刀具与工件所组成热电偶的温度与电压关系曲线（此关系曲线与刀具、工件的材料有关），便可得到切削区的温度。

需要注意的是，自然热电偶法测量的是切削区的平均温度，而不能测量切削区某一点的温度。当刀具或工件的材料改变时，热电偶的温度与电压关系曲线需要重新标定。

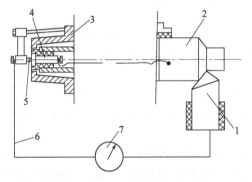

图 6-13　自然热电偶法测量切削温度

1—刀具；2—工件；3—车床主轴尾部；4—铜销；
5—铜顶尖；6—导线；7—毫伏表

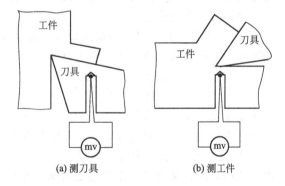

图 6-14　人工热电偶法测量切削温度

（2）人工热电偶法

如图 6-14 所示，将两种事先标定好的金属丝一端焊接在需要测量温度的切削区某一点上形成热端，而另一端引出至室温环境下与毫伏表相连形成冷端。于是根据自然热电偶的测量原理，就可以测量切削区某一点的切削温度。

由于对两种材料的金属丝事先已做好关于温度与电压关系的标定，只要金属丝的材料不变，无论刀具或工件材料如何改变，都不需对温度与电压关系曲线重新标定，这方面比自然热电偶方便。

6.1.3.3　切削温度的影响因素

这里所述的切削温度通常是指切削区的平均温度。

（1）工件材料

工件材料的强度、硬度越高，产生的切削力越大，消耗的切削功率多，产生的切削热多，切削温度升高；工件材料的导热性好，从切屑和工件传出的热量多，使切削区的温度降低；切削脆性材料时，由于切削变形和摩擦都比较小，所以切削温度一般低于钢料等塑性材料。

（2）切削用量

与切削力的经验公式类似，通过实验得出的切削温度经验公式如下：

$$\theta = C_\theta a_p^{x_\theta} \cdot f^{y_\theta} v_c^{z_\theta} \tag{6-4}$$

式中，θ 为切削温度，℃；C_θ 为系数；a_p 为背吃刀量，mm；f 为进给量，mm/r；v_c 为切削速度，m/min；x_θ、y_θ、z_θ 为指数。式中的指数和系数与刀具材料、工件材料及加工方法等因素有关，可通过实验获得。

① 切削速度 v_c　当 v_c 升高时，尽管切削力 F_e 有所减小（若不考虑积屑瘤的影响），但消耗的切削功率还是增大的，产生的切削热增多。此时，切屑快速从前刀面流出，所容纳的切削热来不及向切削区传散而被切屑带走，传出的热量也增多，但产生的切削热要大于传出的切削热，切削热逐渐聚集在切削区内。因此，v_c 增大，使切削温度 θ 升高，但不成正比变化。

② 进给量 f　进给量 f 增大使切削温度 θ 升高。原因是随着进给量的增大，切削厚度和刀-屑接触长度增大，切屑容热条件得以改善，有切屑带走的热量多。但 f 增大，会使切削力 F_e 增大，消耗的切削功率增大，产生的切削热增多，要大于传出的切削热，使 θ 升高。

③ 背吃刀量 a_p　当背吃刀量 a_p 增大时，尽管产生的热量成正比的增多，但参加工作的切削刃长度也成正比的增加，明显改善了散热条件。因此，a_p 变化对 θ 的影响不明显。

（3）刀具几何参数

① 刀具前角 γ_o　刀具前角 γ_o 增大，使切削力 F_e 明显减小，产生的热量减少，切削温度 θ 降低。但若 γ_o 减小的过多，由于楔角 β_o 也减小，使刀具的容热体积减小，传出的热量也少，θ 不会进一步降低，反而可能会升高。

② 主偏角 κ_r　前面提到，主偏角 κ_r 对切削力 F_e 的影响不大。因此，κ_r 变化时，消耗的切削功率及产生切削热的变化也不大。但 κ_r 增大，使参加工作的主切削刃长度及刀尖角 ε_r 都减小，刀具的散热条件变差，所以切削温度升高。

③ 负倒棱 b_{γ_1} 和刀尖圆弧半径 r_e　当 b_{γ_1} 在 $(0 \sim 2)f$ 范围内变动、r_e 在 $0 \sim 1.5\text{mm}$ 范围内变化时，因这两者的存在都会使切削变形增大，产生的切削热增多，同时又都能使刀具的散热条件有所改善，传出的热量也增大，产生的热量与传出的热量趋于平衡，所以切削温度基本无变化。

④ 刀具的磨损和切削液　当刀具磨损时，在后刀面上磨出一个后角为零的窄棱面，与工件的摩擦加剧，使切削温度升高。

切削液能起到散热、减小摩擦的作用，因此，合理使用切削液可有效降低切削温度。

6.1.4　工件材料的切削加工性

切削加工性是指工件材料被切削加工的难易程度。它是一个相对性的概念，一种材料切削加工性的好坏，是相对另一种材料而言的。在不同的情况下，材料切削加工性的衡量指标可以不同。

（1）以相对加工性来衡量

所谓相对加工性是以切削正火状态下 45 钢（$\sigma_b = 0.637\text{GPa}$）的 ν_{60} 作为基准，记作 $(\nu_{60})_j$，切削其他工件材料的 ν_{60} 与之相比的数值，用 K_r 表示，则：

$$K_r = \nu_{60} / (\nu_{60})_j \tag{6-5}$$

式中，ν_{60} 为当刀具耐用度为 $T=60\text{min}$ 时，切削某种材料所允许的切削速度，m/min；$(\nu_{60})_j$ 为当刀具耐用度为 $T=60\text{min}$ 时，切削正火状态下 45 钢所允许的切削速度，m/min。

相对加工性 K_r 是最常用的加工性指标，在不同的加工条件下都适用。通常分为 8 个等级，见表 6-2。凡 K_r 大于 1 的材料，其加工性比 45 钢好；K_r 小于 1 的材料，加工性比 45 钢差。

表 6-2 材料切削加工性等级

加工性等级	名称和种类		相对加工性	代表性材料
1	很容易切削的材料	一般有色金属	>3.0	5-5-5 铜铅合金，9-4 铝铜合金，铝镁合金
2	容易切削的材料	易切削钢	2.5~3.0	退火 15Cr，自动机钢
3		较易切削钢	1.6~2.5	正火 30 钢
4	普通材料	一般钢和铸铁	1.0~1.6	正火 45 钢，灰铸铁
5		稍难切削的材料	0.65~1.0	2Cr13 调质钢，85 钢
6	难切削材料	较难切削的材料	0.5~0.65	45Cr 调质钢，65Mn 调质钢
7		难切削材料	0.15~0.65	50CrV 调质，某些钛合金
8		很难切削材料	<0.15	某些钛合金，铸造镍基高温合金

（2）以已加工表面质量来衡量

精加工时，常以已加工表面作为衡量工件材料切削加工性的指标。容易获得较好的已加工表面质量的材料，其切削加工性好，反之较差。

（3）以切削力或切削温度来衡量

在粗加工或机床刚度、功率不足时，用此项指标来衡量切削加工性。在相同的切削条件下，产生的切削力小、切削温度低的工件材料，其切削加工性好，反之较差。

（4）以切屑控制的难易程度来衡量

在自动机床或自动生产线上，常以材料切削加工性等级指标来衡量工件材料的切削加工性。若切屑容易控制，切削加工性好，否则较差。

6.2 金属切削加工

金属材料表面常规的切削加工方法是车削、铣削、刨削、拉削和镗削等加工。

6.2.1 车削加工

车削加工是指在车床上利用工件的旋转和刀具的移动，从工件表面切除多余材料，使其成为符合一定形状、尺寸和表面质量要求的零件的一种切削加工方法。其中工件的旋转为主运动，刀具的移动为进给运动。

车削（turning）比其他的加工方法应用更普遍，一般机械加工车间中，车床往往占总机床的 20%～50%甚至更多。车床主要用来加工各种回转表面（内外圆柱面、圆锥面及成形回转表面）和回转体的端面，有些车床可以加工螺纹面。图 6-15 表示适宜在车床上加工的零件。

（1）车刀

车刀是最简单的金属切削刀具。车削加工的内容不同，采用的车刀种类也不同。车刀的种类很多，按其结构可分为焊接式、整体式、机夹可转位式等；按形式可分为直头、弯头、

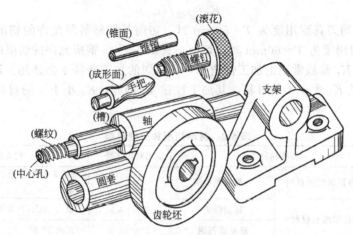

图 6-15　车床加工零件举例

尖头、圆弧、右偏刀和左偏刀；根据用途可分为外圆、端面、螺纹、镗孔、切断、螺纹和成形车刀等。生产常用的车刀种类和用途如图 6-16 所示。

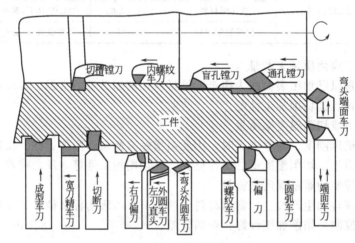

图 6-16　车刀的种类及用途

　　（2）车削基本工艺

　　车削加工适用于加工各种轴类、套筒类和盘类零件上的回转表面，如内圆柱面、圆锥面、环槽、成型回转表面、端面和各种常用螺纹等。在车床上还可以进行钻孔、扩孔、铰孔和滚花等工艺，如图 6-17 所示。

　　由于车刀的角度不同和切削用量不同，车削的精度和表面粗糙度也不同。为了提高生产率及保证加工质量，外圆面的车削分为粗车、半精车、精车和精细车。

　　粗车的目的是从毛坯上切去大部分余量，为精车做准备。粗车时采用较大的背吃刀量 a_p、较大的进给量以及中等或较低的切削速度 v_c，以达到高的生产率。粗车也可作为低精度表面的最终工序。粗车后的尺寸公差等级一般为 IT13～IT11，表面粗糙度 Ra 值为 $50～12.5\mu m$。

　　半精车的目的是提高精度和减小表面粗糙度，可作为中等精度外圆的终加工，亦可作为精加工外圆的预加工。半精车的背吃刀量和进给量较粗车时小。半精车的尺寸公差等级可达 IT10～IT9，表面粗糙度 Ra 值为 $6.3～3.2\mu m$。

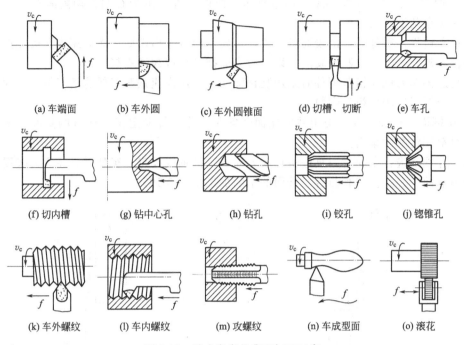

图 6-17　卧式车床的典型加工工序

(a) 车端面　(b) 车外圆　(c) 车外圆锥面　(d) 切槽、切断　(e) 车孔

(f) 切内槽　(g) 钻中心孔　(h) 钻孔　(i) 铰孔　(j) 锪锥孔

(k) 车外螺纹　(l) 车内螺纹　(m) 攻螺纹　(n) 车成型面　(o) 滚花

精车的目的是保证工件所要求的精度和表面粗糙度，作为较高精度外圆面的终加工，也可作为光整加工的预加工。精车一般采用小的背吃刀量（$a_p < 0.15 \text{mm}$）和进给量（$f < 0.1 \text{mm/r}$），可以采用高的或低的切削速度，以避免积屑瘤的形成。精车的尺寸公差等级一般为 IT8～IT7，表面粗糙度 Ra 值为 $1.6 \sim 0.8 \mu m$。

精细车一般用于技术要求高的、韧性大的有色金属零件的加工。精细车所用机床应有很高的精度和刚度，多使用细刃磨过的金刚石刀具。车削时采用小的背吃刀量（$a_p \leqslant 0.03 \sim 0.05 \text{mm}$）、小的进给量（$f = 0.02 \sim 0.2 \text{mm/r}$）和高的切削速度（$v_c > 2.6 \text{m/s}$）。精细车的尺寸公差等级可达 IT6～IT5，表面粗糙度 Ra 值为 $0.4 \sim 0.1 \mu m$。

① 车外圆　刀具的运动方向与工件轴线平行时，将工件车削成圆柱形表面的加工称为车外圆。这是车削加工最基本的操作，经常用来加工轴销类和盘套类工件的外表面。常用外圆车刀（图 6-18）有以下几种。

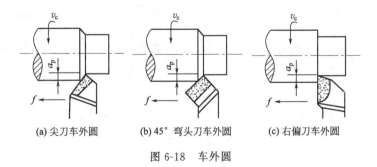

(a) 尖刀车外圆　(b) 45°弯头刀车外圆　(c) 右偏刀车外圆

图 6-18　车外圆

a. 尖刀　尖刀主要用于粗车外圆和车削没有台阶或台阶不大的外圆。

b. 45°弯头刀　45°弯头刀既可车外圆，又可车端面，还可以进行 45°倒角，应用较为普遍。

c. 右偏刀　右偏刀主要用来车削带直角台阶的工件。由于右偏刀切削时产生的径向力小，常用于车削细长轴。

在粗车铸件、锻件时，因表面有硬皮，可先倒角或车出端面，然后用大于硬皮厚度的背吃刀量粗车外圆，使刀尖避开硬皮，以防刀尖磨损过快或被硬皮打坏。

用高速钢车刀低速精车钢件时采用乳化液润滑，用高速钢车刀低速精车铸铁件时采用煤油润滑可降低工件表面粗糙度数值。

② 车端面　轴类、盘套类工件的端面经常用来作为轴向定位和测量的基准。车削加工时，一般都先将端面车出。

对工件端面进行车削时刀具进给运动方向与工件轴线垂直。车削时，注意刀尖要对准中心，否则端面中心处会留有凸台。端面的车削加工见图 6-19。

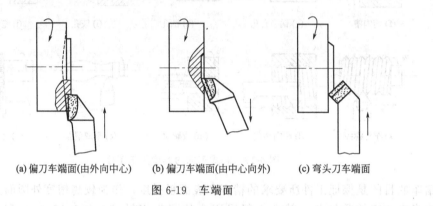

(a) 偏刀车端面(由外向中心)　　(b) 偏刀车端面(由中心向外)　　(c) 弯头刀车端面

图 6-19　车端面

粗车或加工大直径工件时，车刀自外向中心切削，多用弯头车刀，弯头车刀车端面对中心凸台是逐步切除的，不易损坏刀尖。

精车或加工小直径工件时，多用右偏车刀。右偏刀由外向中心车端面时，凸台是瞬时去掉的，容易损坏刀尖，且右偏刀由外向中心进给切削时前角小，切削不顺利，而且背吃刀量大时容易引起扎刀，使端面出现内凹。右偏刀自中心向外切削，此时切削刃前角大，切削顺利，表面粗糙度数值小。

③ 车台阶　很多的轴类、盘套类零件上的台阶面的加工，当进行高度小于 5mm 的低台阶加工时，由正装的 90°偏刀车外圆时车出；当高度大于 5mm 的高台阶在车外圆几次走刀后，用主偏角大于 90°的偏刀沿径向向外走刀车出，见图 6-20。

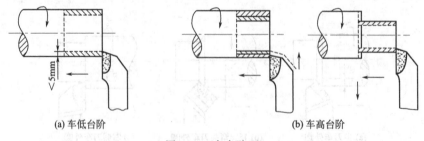

(a) 车低台阶　　　　　　　　　　(b) 车高台阶

图 6-20　车台阶面

④ 切槽与切断

a. 切槽　回转体工件表面经常需要加工一些沟槽，如螺纹退刀槽、砂轮越程槽、油槽、密封圈槽等，分布在工件的外圆表面、内孔或端面上。切槽所用的刀具为切槽刀，如图6-21所示，它有一条主切削刃、两条副切削刃、两个刀尖，加工时沿径向由外向中心进刀。

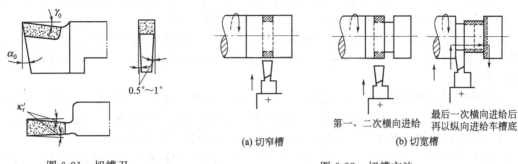

图 6-21　切槽刀

(a) 切窄槽

第一、二次横向进给

最后一次横向进给后再以纵向进给车槽底

(b) 切宽槽

图 6-22　切槽方法

宽度小于 5mm 的窄槽，用主切削刃尺寸与槽宽相等的车槽刀一次车出；车削宽度大于 5mm 的宽槽，先沿纵向分段粗车，再精车，车出槽深及槽宽，如图 6-22 所示。

当工件上有几个同一类型的槽时，槽宽如一致，可以用同一把刀具切削。

b. 切断　切断是将坯料或工件从夹持端上分离下来，如图 6-23 所示。

切断所用的切断刀与车槽刀极为相似，只是刀头更加窄长，刚性更差。由于刀具要切至工件中心，呈半封闭切削，排屑困难，容易将刀具折断。因此，装夹工件时应尽量将切断处靠近卡盘，以增加工件刚性。对于大直径工件，有时采用反切断法，目的在于排屑顺畅。

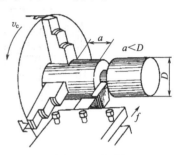

图 6-23　切断

切断时刀尖必须与工件等高，否则切断处将留有凸台，也容易损坏刀具；切断刀伸出不宜过长，以增强刀具刚性；切断时切削速度要低，采用缓慢均匀的手动进给，以防进给量太大造成刀具折断；切断钢件时应适当使用切削液，加快切断过程的散热。

⑤ 车圆锥　在各种机械结构中还广泛存在圆锥体和圆锥孔的配合。如顶尖尾柄与尾座套筒的配合、顶尖与被支承工件中心孔的配合、锥销与锥孔的配合。圆锥面配合紧密，装拆方便，经多次拆卸后仍能保证有准确的定心作用，小锥度配合表面还能传递较大的扭矩。因此，大直径的麻花钻都使用锥柄。在生产中常遇到的是圆锥面的加工。车削锥面的方法常用的有宽刀法、小拖板旋转法、偏移尾座和靠模法。

a. 宽刀法　宽刀法就是利用主切削刃横向直接车出圆锥面，如图 6-24 所示。此时，切削刃的长度要略长于圆锥母线长度，切削刃与工件回转中心线成半锥角。

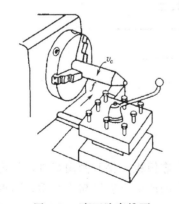

图 6-24　宽刀法车锥面

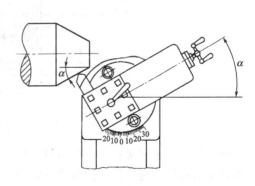

图 6-25　小拖板旋转法车锥面

　　宽刀法加工方法方便、迅速，能加工任意角度的内、外圆锥。此种方法加工的圆锥面很短，而且要求切削加工系统要有较高的刚性，适用于批量生产。

　　b. 小拖板旋转法　车床中拖板上的转盘可以转动任意角度，松开上面的紧固螺钉，使小拖板转过半锥角。如图 6-25 所示，将螺钉拧紧后，转动小拖板手柄，沿斜向进给，便可以车出圆锥面。

　　小拖板旋转法操作简单方便，能保证一定的加工精度，能加工各种锥度的内、外圆锥面，应用广泛。受小拖板行程的限制，小拖板旋转法不能车太长的圆锥。小拖板只能手动进给，加工的锥面粗糙度数值大。小拖板旋转法在单件或小批生产中用得较多。

　　c. 偏移尾座法　如图 6-26 所示，将尾座带动顶尖横向偏移距离 S，使得安装在两顶尖间的工件回转轴线与主轴轴线呈半锥角。这样车刀做纵向走刀车出的回转体母线与回转体中心线成斜角，形成圆锥面。

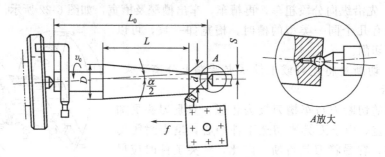

图 6-26　偏移尾座法车锥面

　　偏移尾座法能切削较长的圆锥面，并能自动走刀，表面粗糙度值比小拖板旋转法小，与自动走刀车外圆一样。由于受到尾部偏移量的限制，一般只能加工小锥度圆锥，也不能加工内锥面。

　　d. 靠模法　在大批量生产中还经常用靠模法车削圆锥面，如图 6-27 所示。

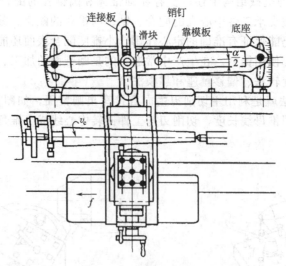

图 6-27　靠模法车锥面

　　靠模装置的底座固定在床身的后面，底座上装有锥度靠模板。松开紧固螺钉，靠模板可以绕定位销钉旋转，与工件的轴线成一定的斜角。靠模上的滑块可以沿靠模滑动，而滑块通过连接板与拖板连接在一起。中拖板上的丝杠与螺母脱开，其手柄不再调节刀架横向位置，而是将小拖板转过 90°，用小拖板上的丝杠调节刀具横向位置，以调整所需的背吃刀量。

如果工件的锥角为 α，则将靠模调节成 α/2 的斜角。当大拖板做纵向自动进给时，滑块就沿着靠模滑动，从而使车刀的运动平行于靠模板，车出所需的圆锥面。

靠模法加工进给平稳，工件的表面质量好，生产效率高，可以加工 α<12° 的长圆锥。

⑥ 成型面车削　在回转体上有时会出现母线为曲线的回转表面，如手柄、手轮、圆球等。这些表面称为成型面。成型面的车削方法有手动法、成型刀法、靠模法、数控法等。

a. 手动法　如图 6-28 所示，操作者双手同时操纵中拖板和小拖板手柄移动刀架，使刀尖运动的轨迹与要形成的回转体成型面的母线尽量相符合。车削过程中还经常用成型样板检验。通过反复的加工、检验、修正，最后形成要加工的成型表面。手动法加工简单方便，但对操作者技术要求高，而且生产效率低，加工精度低，一般用于单件或小批生产。

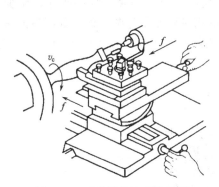

图 6-28　双手操纵法车成型面

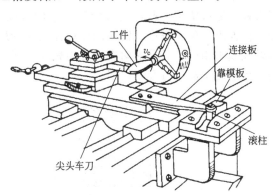

图 6-29　靠模法车成型面

切削刃形状与工件表面形状一致的车刀称为成型车刀（样板车）。用成型车刀切削时，只要做横向进给就可以车出工件上的成型表面。用成型车刀车削成型面，工件的形状精度取决于刀具的精度，加工效率高，但由于刀具切削刃长，加工时的切削力大，加工系统容易产生变形和振动，要求机床有较高的刚度和切削功率。成型车刀制造成本高，且不容易刃磨。因此，成型车刀法宜用于成批或大量生产。

b. 靠模法　用靠模法车成型面与靠模法车圆锥面的原理是一样的。只是靠模的形状是与工件母线形状一样的曲线，如图 6-29 所示。大拖板带动刀具做纵向进给的同时靠模带动刀具做横向进给，两个方向进给形成的合运动产生的进给运动轨迹就形成工件的母线。靠模法加工采用普通的车刀进行切削，刀具实际参加切削的切削刃不长，切削力与普通车削相近，变形小，振动小，工件的加工质量好，生产效率高，但靠模的制造成本高。靠模法车成型面主要用于成批或大量生产。

⑦ 孔加工　车床上孔的加工方法有钻孔、扩孔、铰孔和镗孔。

a. 钻孔　在车床上钻孔时，钻孔所用的刀具为麻花钻。工件的回转运动为主运动，尾座上的套筒推动钻头所做的纵向移动为进给运动。车床上的钻孔加工见图 6-30。

车床钻孔前先车平工件端面，以便于钻头定心，防止钻偏。然后用中心孔钻在工件中心处先钻出麻花钻定心孔，或用车刀在工件中心处车出定心小坑。最后选择与所钻孔直径对应的麻花钻，麻花钻工作部分长度略长于孔深。如果是直柄麻花钻，则用钻夹头装夹后插入尾座套筒。锥柄麻花钻用过渡锥套或直接插入尾座套筒。

钻孔时，松开尾座锁紧装置，移动尾座直至钻头接近工件，开始钻削时进给要慢一些，然后以正常进给量进给，并应经常将钻头退出，以利于排屑和冷却钻头。钻削钢件时，应加注切削液。

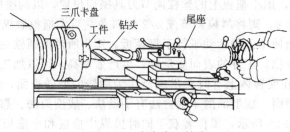

图 6-30　在车床上钻孔

b. 镗孔　镗孔是利用镗孔刀对工件上铸出、锻出或钻出的孔做进一步的加工。

在车床上镗孔（图 6-31），工件旋转做主运动，镗刀在刀架带动下做进给运动。镗孔时镗刀杆应尽可能粗一些，镗刀伸出刀架的长度应尽量短些，以增加镗刀杆的刚性，减少振动，但伸出长度不得小于镗孔深度；镗孔时选用的切削用量要比车外圆小些，其调整方法与车外圆基本相同，只是横向进刀方向相反。开动机床镗孔前要将镗刀在孔内手动试走一遍，确认无运动干涉后再开车切削。

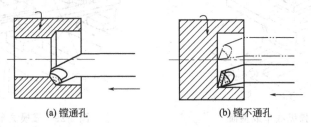

(a) 镗通孔　　　　　　　　　　　　　　(b) 镗不通孔

图 6-31　镗孔

车床上的孔加工主要是针对回转体工件中间的孔。对非回转体上的孔可以利用四爪单动卡盘或花盘装夹在车床上加工，但更多的是在钻床和镗床上进行加工。

⑧ 车螺纹　车床上加工螺纹主要是用车刀车削各种螺纹。对于小直径螺纹也可用板牙或丝锥在车床上加工。这里只介绍普通螺纹的车削加工。

各种螺纹的牙型都是靠刀具切出的，所以螺纹车刀切削部分的形状必须与将要车的螺纹的牙型相符。螺纹车刀装夹时，刀尖必须与工件中心等高，并用样板对刀，保证刀尖角的角平分线与工件轴线垂直，以保证车出的螺纹牙形两边对称。

车螺纹时应使用丝杠传动，主轴的转速应选择得低些，图 6-32 为车削螺纹的步骤，此法适合于车削各种螺纹。

⑨ 滚花　许多工具和机器零件的手握部分，为了便于握持和增加美观，常常在表面滚压出各种不同的花纹，如百分尺的套管、铰杠扳手及螺纹量规等。这些花纹一般都是在车床上用滚花刀滚压而成的，如图 6-33 所示。

滚花的花纹有直纹和网纹两种，滚花刀也分如图 6-34（a）所示的直纹滚花刀和如图6-34（b）所示的网纹滚花刀。花纹亦有粗细之分，工件上花纹的粗细取决于滚花刀上滚轮。滚花时工件所受的径向力大，工件装夹时应使滚花部分靠近卡盘。滚花时工件的转速要低，并且要有充分的润滑，以减少塑性流动的金属对滚花刀的摩擦和防止产生乱纹。

（3）车削的工艺特点

① 易于保证零件各加工表面的相互位置精度　对于轴、套筒、盘类等零件，在一次安装中加工出同一零件不同直径的外圆面、孔及端面，可保证各外圆面之间的同轴度、各外圆面与内圆面之间的同轴度以及端面与轴线的垂直度。

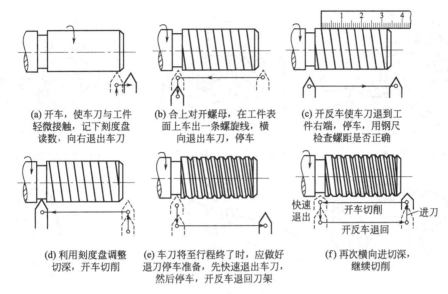

(a) 开车, 使车刀与工件轻微接触, 记下刻度盘读数, 向右退出车刀

(b) 合上对开螺母, 在工件表面上车出一条螺旋线, 横向退出车刀, 停车

(c) 开反车使车刀退到工件右端, 停车, 用钢尺检查螺距是否正确

(d) 利用刻度盘调整切深, 开车切削

(e) 车刀将至行程终了时, 应做好退刀停车准备, 先快速退出车刀, 然后停车, 开反车退回刀架

(f) 再次横向进切深, 继续切削

图 6-32　螺纹车削步骤

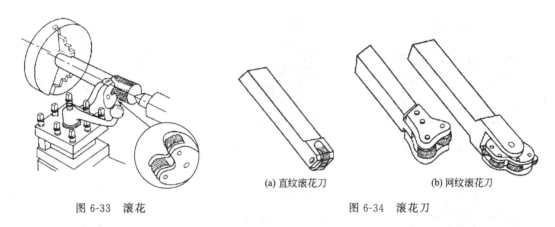

图 6-33　滚花

(a) 直纹滚花刀　　　　　(b) 网纹滚花刀

图 6-34　滚花刀

② 生产率高　车削的切削过程是连续的 (车削断续外圆表面例外), 而且切削面积保持不变 (不考虑毛坯余量的不均匀), 所以切削力变化小。与铣削和刨削相比, 车削过程平稳, 允许采用较大的切削用量, 常可以采用强力切削和高速切削, 生产率高。

③ 生产成本低　车刀是刀具中最简单的一种, 制造、刃磨和安装方便, 刀具费用低。车床附件多, 装夹及调整时间较短, 生产准备时间短, 加之切削生产率高, 生产成本低。

④ 应用范围广　车削除了经常用于车外圆、端面、孔、切槽和切断等加工外, 还用来车螺纹、锥面和成型表面。同时车削加工的材料范围较广, 可车削黑色金属、有色金属和某些非金属材料, 特别是适合于有色金属零件的精加工。车削既适于单件小批量生产, 也适于中、大批量生产。

6.2.2　铣削加工

在铣床上用铣刀对工件进行切削加工的方法叫铣削。主要用于加工平面、斜面、垂直面、各种沟槽以及成型表面。图 6-35 为铣削加工常用的加工方法。

铣削是平面加工的主要方法之一。铣削可以分为粗铣和精铣, 对有色金属还可以采用高

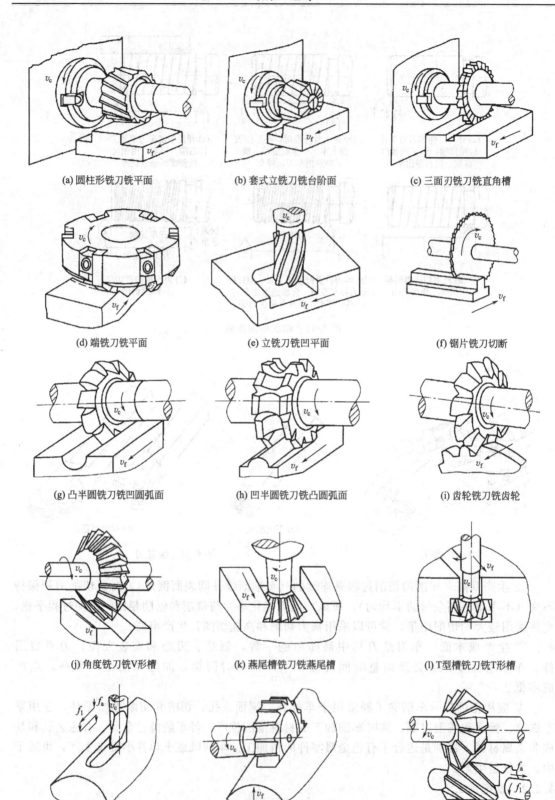

(a) 圆柱形铣刀铣平面　　　(b) 套式立铣刀铣台阶面　　　(c) 三面刃铣刀铣直角槽

(d) 端铣刀铣平面　　　(e) 立铣刀铣凹平面　　　(f) 锯片铣刀切断

(g) 凸半圆铣刀铣凹圆弧面　　　(h) 凹半圆铣刀铣凸圆弧面　　　(i) 齿轮铣刀铣齿轮

(j) 角度铣刀铣V形槽　　　(k) 燕尾槽铣刀铣燕尾槽　　　(l) T型槽铣刀铣T形槽

(m) 键槽铣刀铣键槽　　　(n) 半圆键槽铣刀铣半圆键槽　　　(o) 角度铣刀铣螺旋槽

图 6-35　铣削加工方法

速铣削，以进一步提高加工质量。铣平面的尺寸公差等级一般可达 IT9～7 级，表面粗糙度 Ra 值为 $6.3～1.6\mu m$，直线度可达 $0.12～0.08mm/m$。铣平面时，铣刀的旋转运动是主运动，工件随工作台的直线运动是进给运动。

(1) 铣刀

铣刀实质上是一种由几把单刃刀具组成的多刃刀具，它的刀齿分布在圆柱铣刀的外回转表面或端铣刀的端面上。常用的铣刀刀齿材料有高速钢和硬质合金两种。铣刀的分类方法很多，根据铣刀安装方法的不同，铣刀可分为两大类：带孔铣刀和带柄铣刀。

① 带孔铣刀　带孔铣刀如图 6-36 所示，多用于卧式铣床。

圆柱铣刀 [图 6-36(a)] 主要用其周刃铣削中小型平面。按刀齿分布在刀体圆柱表面上的形式可分为直齿和螺旋齿圆柱铣刀两种。螺旋齿铣刀又分为粗加工用的粗齿铣刀（8～10 个刀齿）和精加工用的细齿铣刀（12 个刀齿以上）。螺旋齿铣刀同时参加切削的刀齿数较多，工作较平稳，生产中使用较多。

三面刃铣刀 [图 6-36(b)] 用于铣削小台阶面、直槽和四方或六方螺钉小侧面。

锯片铣刀 [图 6-36(c)] 用于铣削窄缝或切断，其宽度比圆盘铣刀的宽度小。

盘状模数铣刀 [图 6-36(d)] 属于成型铣刀，用于铣削齿轮的齿形槽。

角度铣刀 [图 6-36(e)、(f)] 属于成型铣刀，具有各种不同的角度，用于加工各种角度槽和斜面。

半圆弧铣刀 [图 6-36(g)、(h)] 属于成型铣刀，其切削刃呈凸圆弧、凹圆弧等，用于铣削内凹和外凸圆弧表面。

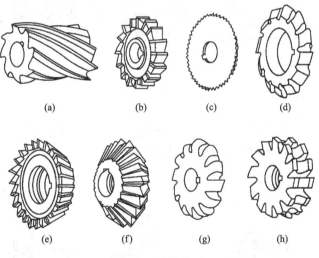

(a)　　　　(b)　　　　(c)　　　　(d)

(e)　　　　(f)　　　　(g)　　　　(h)

图 6-36　带孔铣刀

② 带柄铣刀　带柄铣刀多用于立式铣床，有时也可用于卧式铣床。

端铣刀（图 6-37）刀齿分布在刀体的端面上和圆柱面上。按结构形式分为整体和镶齿端铣刀两种。端铣刀刀杆伸出长度短、刚性好，铣削较平稳，加工面的粗糙度值小。其中硬质合金镶齿铣刀在钢制刀盘上镶有多片硬质合金刀齿，用于铣削较大的平面，可实现高速切削，故得到广泛的应用。

立铣刀 [图 6-38(a)] 刀齿分布在圆柱面和端面上，它很像带柄的端铣刀，端部有三个以上的刀刃，主要用于铣削直槽、小平面、台阶平面和内凹平面等。

键槽铣刀 [图 6-38(b)] 的端部只有两个刀刃，专门用于铣削轴上封闭式键槽。

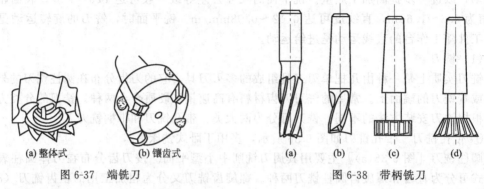

(a) 整体式　　　　(b) 镶齿式　　　　　　　　　　(a)　　　(b)　　　(c)　　　(d)

　　图 6-37　端铣刀　　　　　　　　　　　　　　　图 6-38　带柄铣刀

　　T 形槽铣刀 [图 6-38(c)] 和燕尾槽铣刀 [图 6-38(d)] 分别用于铣削 T 形槽和燕尾槽。

　　(2) 铣削加工方法

　　① 铣平面　根据具体情况，铣平面可以用端铣刀 [图 6-39(a)、(b)]、圆柱形铣刀 [图 6-39(c)]、套式立铣刀 [图 6-39(d)、(e)、(f)]、三面刃铣刀 [图 6-39(g)] 和立铣刀 [图 6-39(h)、(i)] 来加工。其中，铣平面优先选择端铣，因为用端铣刀铣平面生产率较高，加工表面质量也较好。

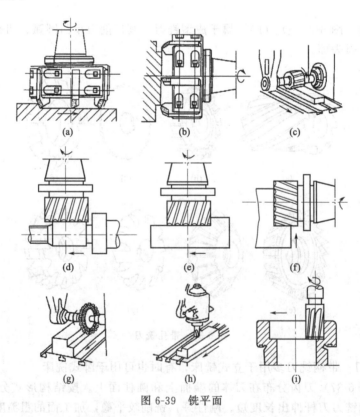

(a)　　　　　　　　(b)　　　　　　　　(c)

(d)　　　　　　　　(e)　　　　　　　　(f)

(g)　　　　　　　　(h)　　　　　　　　(i)

图 6-39　铣平面

　　② 铣斜面　铣斜面常用的方法 (图 6-40) 有：使用斜垫铁铣斜面，利用分度头铣斜面，旋转立铣头铣斜面和利用角铣刀铣斜面。

　　③ 铣沟槽　铣沟槽时，根据沟槽形状可分别在卧式铣床或立式铣床上用相应的沟槽铣刀进行铣削 (图 6-41)。在铣燕尾槽和 T 形槽之前，应先铣出宽度合适的直槽。

　　④ 铣齿轮　齿轮的铣削加工属于成形法加工，它只用于单件小批量生产。低精度齿轮

(a) 使用斜垫铁铣斜面   (b) 偏转铣刀铣斜面   (c) 用角度铣刀铣斜面

图 6-40 铣斜面

(a) 立铣刀铣直槽   (b) 三面刃铣刀铣直槽   (c) 键槽铣刀铣键槽   (d) 铣角度槽

(e) 铣燕尾槽   (f) 铣T形槽   (g) 在圆形工作台上立铣刀铣圆弧槽   (h) 指状铣刀铣齿槽

图 6-41 铣沟槽

的齿铣削时，工件装夹在分度头上，根据齿轮的模数和齿数的不同选择相应的齿轮铣刀来加工。每铣完一个齿槽之后再铣另一个齿槽，直到铣完为止。

（3）铣削的工艺特点

① 生产率高 铣刀是多刀齿刀具，铣削时有较多的刀齿参加切削，参与切削的切削刃较长，总的切削面积较刨削时大，而且主运动是连续的旋转运动，有利于采用高速切削，因此铣平面比刨平面有较高的生产率。

② 铣刀刀齿散热条件好 铣刀刀齿在切离工件的一段时间内，可以得到一定的冷却，散热条件好。

③ 铣削过程不平稳 铣削过程中，铣刀的刀齿切入和切出时产生冲击，同时参加工作的刀齿数的增减以及每个刀齿的切削厚度的变化，都将引起切削面积和切削力的变化，从而使得铣削过程不平稳。铣削过程的不平稳，限制了铣削加工质量和生产率的进一步提高。

④ 铣床加工范围广，可加工各种平面、沟槽和成型面。

6.2.3 刨削加工

在刨床上用刨刀加工工件的过程称为刨削。

（1）刨削加工的基本工艺

刨削主要用来加工平面（包括水平面、垂直面和斜面），也广泛地用于加工直槽、燕尾槽和 T 形槽等。如果进行适当的调整和增加某些附件，还可以用来加工齿条、齿轮、花键和母线为直线的成型面等。刨削的主要工艺如图 6-42 所示。

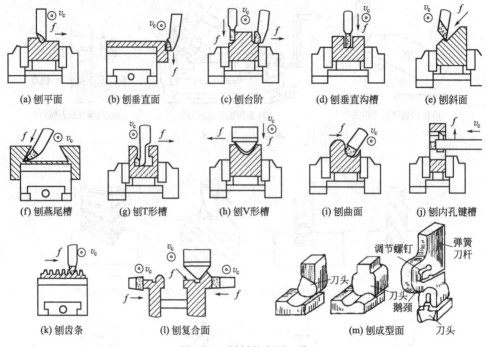

(a) 刨平面　　(b) 刨垂直面　　(c) 刨台阶　　(d) 刨垂直沟槽　　(e) 刨斜面

(f) 刨燕尾槽　　(g) 刨T形槽　　(h) 刨V形槽　　(i) 刨曲面　　(j) 刨内孔键槽

(k) 刨齿条　　(l) 刨复合面　　(m) 刨成型面

图 6-42　刨削的主要工艺

（2）刨削加工的特点

① 成本低　刨床结构简单，调整操作方便。刨刀为单刃刀具，制造方便，容易刃磨，价格低。

② 适应性广　刨削可以适应多种表面的加工，如平面、V 形槽、燕尾槽、T 形槽及成型表面等。在刨床上加工床身、箱体等平面，易于保证各表面之间的位置精度。

③ 生产率较低　因为刨削的主运动是往复直线运动，回程时不切削，加工是不连续的，增加了辅助时间。同时，采用单刃刨刀进行加工时，刨刀在切入、切出时产生较大的冲击、振动，限制了切削用量的提高。因此，刨削生产率低于铣削，一般用在单件小批或修配生产中。但是，当加工狭长平面如导轨、长直槽时，由于减少了进给次数，或在龙门刨床上采用多工件、多刨刀刨削时，刨削生产率可能高于铣削。

④ 加工质量较低　精刨平面的尺寸公差等级一般可达 IT9～IT8 级，表面粗糙度 Ra 值为 $6.3～1.6\mu m$，刨削的直线度较高，可达 $0.04～0.08mm/m$。

6.2.4　拉削加工

拉削加工是在拉床上用拉刀加工工件的内表面或外表面的工艺方法。拉削时，拉刀的直线移动是主运动。拉削无进给运动，其进给运动是靠拉刀的每齿升高来实现的，所以拉削可以看作是按高低顺序排列的多把刨刀来进行的刨削的过程。

拉削可视为刨削的发展。拉削时，拉刀只进行纵向运动，由于拉刀的后一个刀齿较前一个刀齿高一个 S_z（齿升量），所以拉削实现了连续切削。拉刀每一刀齿切去薄薄的一层金属，一次行程即可切去全部加工余量（图 6-43）。

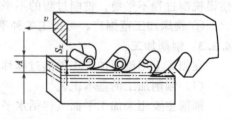

图 6-43　平面拉削

拉削加工的工艺特点如下。

① 生产率高　拉刀同时工作的刀齿多，而且一次行程能够完成粗、精加工，尤其是加工形状特殊的内外表面时，效果更显著。

② 拉刀耐用度高　拉削速度低，每齿切削厚度很小，切削力小，切削热也少，刀具磨损慢，耐用度高。

③ 加工精度高　拉削的尺寸公差等级一般可达 IT8～IT7，表面粗糙度 Ra 值为 0.8～0.4μm。

④ 拉床只有一个主运动（直线运动），结构简单，操作方便。

⑤ 加工范围广　拉削可以加工圆形及其他形状复杂的通孔、平面及其他没有障碍的外表面，但不能加工台阶孔、不通孔和薄壁孔，如图 6-44 所示。

⑥ 拉刀成本高，刃磨复杂，而且一把拉刀只适宜加工一种规格尺寸的孔或键槽，因此除标准化和规格化的零件外，在单件小批生产中很少应用。

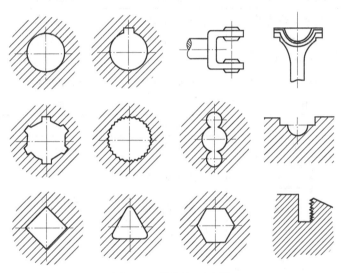

图 6-44　拉削加工表面

6.2.5　镗削加工

镗削是在大型工件或形状复杂的工件上加工孔及孔系的基本方法。对于直径较大的孔、内成型面或孔内环槽等，镗削是唯一合适的加工方法。其优点是能加工大直径的孔，而且能修正上一道工序形成的轴线歪斜的缺陷。

6.3　特种加工

特种加工主要利用电、化学、光、声、热等能量去除金属材料，加工过程中工具和工件之间不存在显著的机械切削力。特种加工可以加工任何硬度、强度、韧性和脆性的金属或非金属材料，尤其是加工复杂表面、微细表面和低刚度零件。常用特种加工方法分类见表 6-3。

生产中应用最多的是电火花加工、电解加工、超声波加工和高能束加工。

6.3.1　电火花加工

电火花加工又称放电加工（electrical discharge machining，EDM），从 20 世纪 50 年代开始研究并逐步应用于生产。

表 6-3　常用特种加工方法分类

特种加工方法		能量来源及形式	作用原理	英文缩写
电火花加工	电火花成形加工	电能、热能	熔化、气化	EDM
	电火花线切割加工	电能、热能	熔化、气化	WEDM
电化学加工	电解加工	电化学能	金属离子阳极溶解	ECM(ELM)
	电解磨削	电化学能、机械能	阳极溶解、磨削	ECM(ECC)
	电解研磨	电化学能、机械能	阳极溶解、研磨	ECH
	电铸	电化学能	金属离子阴极沉积	EFM
	涂镀	电化学能	金属离子阴极沉积	EPM
激光加工	激光切割、打孔	光能、热能	熔化、气化	LBM
	激光打标记	光能、热能	熔化、气化	LBM
	激光处理、表面改性	光能、热能	熔化、相变	LBT
电子束加工	切割、打孔、焊接	电能、热能	熔化、气化	EBM
离子束加工	蚀刻、镀覆、注入	电能、动能	原子撞击	IBM
等离子弧加工	切割(喷镀)	电能、热能	熔化、气化(涂覆)	PAM
超声加工	切割、打孔、雕刻	声能、机械能	磨料高频撞击	USM
化学加工	化学铣削	化学能	腐蚀	CHM
	化学抛光	化学能	腐蚀	CHP
	光刻	光能、化学能	光化学腐蚀	PCM
快速成型	液相固化法	光能、化学能	增材法加工	SL
	粉末烧结法			SLS
	纸片叠层法	光能、机械能		LOM
	熔丝堆积法	电能、热能、机械能		FDM

6.3.1.1　电火花加工的原理及特点

（1）电火花加工原理

电火花加工是一种利用工具和工件两极间脉冲放电时局部瞬时产生的高温把金属腐蚀去除，达到对工件进行加工的方法。当脉冲电流作用在工件表面上时，工件表面上导电部位立即熔化。熔化的金属因剧烈飞溅而抛离电极表面，使材料表面形成电腐蚀的坑穴。在这一加工过程中我们可看到放电过程中伴有火花，因此将这一加工方法称为电火花加工。如适当控制这一过程，就能准确地加工出所需的工件形状。

电火花加工装置原理如图 6-45(a) 所示。脉冲电源 2 的两极分别接在工具电极 4 与工件 1 上，当两极在工作液 5 中靠近时，极间电压击穿间隙而产生火花放电，在放电通道中瞬时产生大量的热，达到很高的温度（10000℃以上），使零件和工具表面局部材料熔化甚至气化而被蚀除下来，形成微小的凹坑。电极不断下降，工具电极的轮廓形状便复制到零件上，这样就完成了工件的加工。

进行电火花加工应具备如下条件。

① 工具和工件被加工面的两极之间要保持一定的放电间隙　通常为几微米到几百微米。如果间隙过大，工作电压击不穿，电流接近于零；如果间隙过小，形成短路接触，极间电压接近于零；这两种情况下电极间均没有功率输出。为此，在电火花加工过程中必须具有电极工具的自动进给和调节装置。

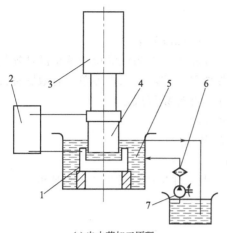
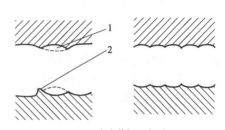

(a) 电火花加工原理　　　　　　　　　　　(b) 电火花加工表面
1—工件；2—脉冲电源；3—自动进给装置；4—工具；　　1—凹坑；2—凸边
5—工作液；6—过滤器；7—工作液泵

图 6-45　电火花加工原理

② 必须采用脉冲电源　火花放电必须是瞬时的脉冲放电，由于放电的时间短，使放电产生的热来不及传导扩散开去，从而把放电蚀除点局限在很小的范围内。电火花加工采用的脉冲电源如图 6-46 所示。

③ 火花放电必须在一定绝缘性能的液体介质中进行　没有一定的绝缘性能的介质，就不能击穿放电形成火花通道。使用液体介质，一方面是为了能把电火花加工后的金属屑等电蚀产物从放电间隙中悬浮排除出去，另一方面液体对电极表面有较好的冷却作用。

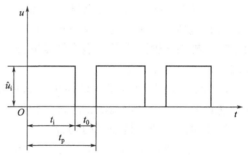

图 6-46　脉冲电源电压波形

(2) 电火花加工的特点

① 可加工高强度、高硬度、高韧性和高熔点的难切削加工的导电材料，如淬火钢、硬质合金、导电陶瓷、立方氮化硼等。在一定条件下，还可加工半导体材料和非导体材料。

② 电火花加工时工具硬度可以低于被加工材料的硬度。

③ 加工过程中工具和工件之间不存在显著的机械力，有利于小孔、窄槽、曲线孔及薄壁零件加工。

④ 脉冲参数可任意调节。加工中只需更换工具电极或采用阶梯形工具电极就可以在同一机床上连续进行粗加工、半精加工和精加工。

⑤ 电火花加工效率低于切削加工。生产中可以先用切削加工进行粗加工，再用电火花加工进行精加工。

⑥ 放电过程中有一部分能量消耗于工具电极而导致电极消耗，对成形精度有一定影响。

6.3.1.2　电火花加工的基本工艺规律

(1) 加工速度和工具损耗速度

① 加工速度　单位时间内工件的电蚀量称为加工速度，一般采用体积加工速度 v_W 表示。

$$v_W = V/t \tag{6-6}$$

式中　V——被加工掉的体积，mm^3；

　　　t——加工时间，min。

有时为了测量方便，也采用质量加工速度 v_m（g/min）表示。

在电火花加工过程中，无论正极或负极都存在单个脉冲的蚀除量与单个脉冲能量在一定范围内成正比的关系。某一段时间内的总蚀除量约等于这段时间内各单个有效脉冲蚀除量的总和，所以正、负极的蚀除速度与单个脉冲能量、脉冲频率成正比。

$$q_p = K_p W_M f \phi t \tag{6-7}$$

$$v = q_p / t = K_p W_M f \phi \tag{6-8}$$

式中　q_p——在 t 时间内的总蚀除量，g 或 mm^3；

　　　v——蚀除速度，g/min 或 mm^3/min，亦即工件生产率或工具损耗速度；

　　W_M——单个脉冲能量；

　　　f——脉冲频率；

　　　ϕ——有效脉冲利用率；

　　　t——加工时间，s；

　　K_p——与电极材料、脉冲参数、工作液等有关的工艺参数。

提高加工速度的途径在于提高脉冲频率 f、增加单个脉冲能量、提高工艺参数 K_p 及正确选择工件的极性，还要考虑各因素间的相互制约关系。

a. 提高脉冲频率 f　提高脉冲频率一方面靠缩小脉冲停歇时间，另一方面靠压缩脉冲宽度，这是提高加工速度的有效途径。但是如果脉冲停歇时间过短，会使加工区工作液来不及消电离、排除电蚀产物及气泡来恢复其介电性能，导致形成破坏性的稳定电弧放电，使电火花加工过程不能正常进行。

b. 增加单个脉冲能量　增加单个脉冲能量主要靠加大脉冲电流和增加脉冲宽度。单个脉冲能量的增加可以提高加工速度，但同时又会使表面粗糙度变坏并降低加工精度，因此一般只用于粗加工和半精加工的场合。

c. 提高工艺参数 K_p　合理选用电极材料、电参数和工作液，改善工作液的循环过滤方式可以提高有效脉冲利用率，提高加工速度。

d. 正确选择工件的极性　正、负极在加工中都要不同程度地受到电热蚀除。当采用窄脉冲、精加工时应选用正极性加工；当采用长脉冲、粗加工时，应采用负极性加工。

② 工具的相对损耗　加工中的工具相对损耗是产生加工误差的主要原因之一。工具相对损耗是指单位时间内工具的电蚀量。在生产实际中衡量工具的损耗程度时，不但要考虑工具损耗速度，而且要考虑加工速度。一般采用相对损耗或损耗比来衡量工具电极的损耗程度。

$$\theta = (v_E / v_W) \times 100\% \tag{6-9}$$

式中　θ——体积相对损耗；

　　v_E——工具损耗速度，mm^3/min；

　　v_W——加工速度，mm^3/min。

如加工速度 v_W 以 g/min 为单位计算，θ 即为质量相对损耗。

为了降低工具电极的相对损耗，生产中要正确处理好电火花加工过程中的各种效应。

a. 极性效应　在电火花放电加工过程中，无论是正极还是负极都会受到不同程度的电蚀。这种单纯由于正、负极性不同而彼此电蚀量不一样的现象叫做极性效应。

产生极性效应的原因很复杂，一般认为在火花放电过程中，正、负电极表面分别受到负电子和正离子的轰击和瞬时热源的作用，在两极表面所分配到的能量不一样，因而熔化、气化抛出的电蚀量也不一样。

极性效应对工具相对损耗的试验曲线如图
6-47 所示。试验用的工具电极为 $\phi6mm$ 的纯
铜，加工工件为钢，工作液为煤油，矩形波脉
冲电源，加工电流幅值为 10A。由前可知，不
论是正极性加工还是负极性加工，当峰值电流
一定时，随着脉冲宽度的增加电极相对损耗都
在下降。采用负极性加工时，纯铜电极的相对
损耗随脉冲宽度的增加而减少，当脉冲宽度大
于 $120\mu s$ 后，电极相对损耗将小于 1%，可以
实现低耗加工。如果采用正极性加工，不论采
用哪一挡脉冲宽度，电极的相对损耗都难低于

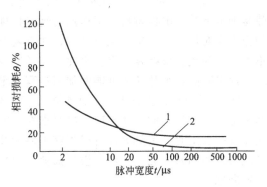

图 6-47 电极相对损耗与极性、脉宽的关系
1—正极性加工；2—负极性加工

10%。然而在脉宽小于 $15\mu s$ 的窄脉宽范围内，正极性加工的工具电极相对损耗比负极性加
工小。

b. 覆盖效应 当采用煤油等碳氢化合物做工作液时，当电极表面瞬时温度在 400℃ 左右
并持续一定时间时，就会形成一定强度和厚度的化学吸附碳层，一般称为"炭黑膜"。由于
碳的熔点和气化点很高，炭黑膜可对电极起到保护和补偿作用而实现"低损耗"加工。

由于炭黑膜只能在正极表面形成，因此，若要利用炭黑膜的补偿作用来实现电极的低损
耗，必须采用负极性加工。实验表明，当峰值电流、脉冲间隔一定时，炭黑膜厚度随脉宽的
增加而增厚。当脉冲宽度和峰值电流一定时，炭黑膜厚度随脉冲间隔的增大而减薄。随着脉
冲间隔的减少，电极损耗随之降低。但过小的脉冲间隔将使放电间隔来不及消电离和电蚀产
物扩散而造成拉弧烧伤。

c. 传热效应 从电极表面的温度场分布看，电极表面放电点的瞬时温度与瞬时放电的
总热量、放电通道的截面积和电极材料的导热性能有关。在放电初期限制脉冲电流的增长率
将有利于降低电极损耗，由于电流密度不太高，电极表面温度不会过高而遭受较大的损耗。
又由于一般采用的工具电极的导热性能比工件好，如果采用较大的脉冲宽度和较小的脉冲电
流进行加工，导热作用使工具电极表面温度较低而减少损耗，但工件表面温度仍比较高而得
到蚀除。

d. 沉积效应 当选用水或水溶液为工作液时（乳化液、自来水），因水本身为弱电解
质，放电加工过程将产生电化学反应导致阳极溶解和阴极沉积，从而保护阴极减少损耗。所
以采用水基工作液时，应采用正极性加工。

e. 选择合适的工具电极材料 在电火花的加工过程中，为了减少工具电极的损耗，必
须正确选用工具材料。钨、钼的熔点和沸点较高，损耗小，但机械加工性能不好，价格又
贵，所以除线切割外很少采用。铜的熔点虽低，但其导热性好，损耗小，同时又能制成各种
精密、复杂的电极，所以常用来制造对中、小型腔加工用的工具电极。石墨电极不仅热学性
能好，而且在长脉冲粗加工时能吸附游离的碳来补偿电极的损耗，所以相对损耗很低，是目
前已广泛用于型腔加工的电极。铜碳、铜钨、银钨合金等复合材料不仅导热性好，而且熔点
高，电极损耗小，但由于其价格较贵，制造成型比较困难，因而一般只在精密电火花加工时
用来制作工具电极。

（2）影响加工精度的主要因素

电火花加工中影响加工精度的因素除工件安装误差、机床几何精度和工具误差以外，主
要还有放电间隙的大小及其一致性、工具电极的损耗及加工过程中的"二次放电"等因素。

① 放电间隙的大小及一致性　电火花加工中，工具与工件间存在着放电间隙。放电间隙是随电参数、电极材料、工作液的绝缘性能变化而变化的，从而影响了加工精度。同时，间隙大小对加工尺寸精度也有影响，尤其是对复杂形状的加工表面，棱角部位电场强度分布不均，间隙越大影响越严重。因此，为了减少加工尺寸误差，应该采用较弱小的加工标准，缩小放电间隙，另外还尽可能使加工过程稳定。

② 工具电极的损耗及"二次放电"　工具电极的损耗对尺寸精度和形状精度都有影响。精密加工时，工具的尺寸精度一般要求在 $\pm 0.5\mu m$ 范围内，表面粗糙度值 $Ra < 0.63\mu m$。电火花穿孔加工时，工具电极可以贯穿工件型孔而补偿它的损耗。但型腔加工时，因为型腔本身是有底的凹穴，无法补偿电极的损耗，故精密型腔加工时常采用更换电极等方法解决电极损耗问题。

影响电火花加工形状精度的因素还有"二次放电"。二次放电是指已加工表面上由于电蚀产物等的介入再次进行的非正常放电。二次放电主要是在加工深度方向的侧面产生斜度和使加工棱角边变钝，如图 6-48 所示。由于工具电极下端加工时间长，绝对损耗大，而电极入口处的放电间隙则由于电蚀产物的存在，"二次放电"的概率大而间隙逐渐扩大，因而产生了加工斜度。此外成型加工时工具电极的振动及线切割加工时电极丝抖动，也会使侧面放电次数增多而产生工件的形状误差。

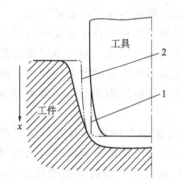

图 6-48　电火花加工时的加工斜度
1—电极无损耗时工具轮廓线；2—电极有损耗而不
考虑二次放电时的工件轮廓线；x—加工深度

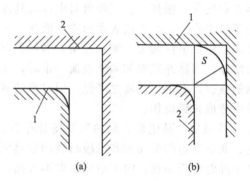

图 6-49　电火花加工时的尖角变圆
1—工件；2—工具

另外，工具的尖角或凹角很难精确地复制在工件的表面上，如图 6-49 所示。其原因是除了工具电极的损耗外，还有放电间隙的等距离性的影响。当工具为尖角时，由于尖角处放电等距性必然使工件成为圆角；当工具为凹角时，凹角尖点又根本不起放电作用，同时由于积屑也会使工件尖端倒圆。因此如果进行倒圆半径很小的加工时，必须缩小放电间隙，采用高频窄脉宽精加工，这样才可能提高仿形精度，获得圆角半径小于 0.01mm 的尖棱。

(3) 影响表面质量的因素

电火花加工的表面质量主要包括表面粗糙度、表面变质层和表面力学性能。

① 电火花加工对表面粗糙度的影响　影响电火花加工表面粗糙度的主要因素是单个脉冲放电能量。单个脉冲能量越大，脉冲放电的蚀除量越大，越易产生大的放电凹坑。在一定的脉冲能量下，不同的工件电极材料表面粗糙度值大小不同，熔点高的材料表面粗糙度值要比熔点低的材料小。

工具电极表面的粗糙度值大小也影响工件的加工表面粗糙度值。例如石墨电极表面比较粗糙，因此它加工出的工件表面粗糙度值也大。减少脉冲宽度和峰值电流能使粗糙度值下降，但又会导致生产率有很大程度的下降。例如使表面粗糙度值从 $Ra = 2.5\mu m$ 降到 $Ra =$

1. $25\mu m$，加工生产率要下降 10 多倍。除电参数和电极
材料对表面粗糙度值的影响外，成型电极和电极丝的
抖动，电极丝的入口和出口处因工作液的供应、冷却
情况、排屑情况的不同，进给速度的忽快忽慢等，都
会对表面粗糙度值有很大影响。

　　② 电火花加工对表面变质层的影响　在电火花加
工过程中，由于放电瞬时的高温和工作液迅速冷却的
作用，表面层产生了熔化层和热影响层，导致氧化、
烧伤、热应力和显微裂纹，如图 6-50 所示。

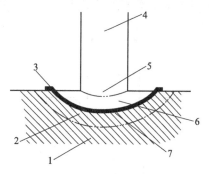

图 6-50　单个脉冲放电痕剖面放大
1—无变化区；2—热影响层；3—翻边
凸起；4—放电通道；5—气化区；
6—熔化区；7—熔化凝固层

　　熔化层位于电火花加工后工件表面的最上层，它
被电火花脉冲放电产生的瞬时高温熔化，又受到周围
工作液介质的快速冷却作用而凝固。对于碳钢来说，
熔化层由马氏体、晶粒极细的残余奥氏体和某些碳化
物组成。熔化层厚度一般为 0.01～0.1mm，脉冲量愈大，熔化层也愈厚。

　　热影响层位于熔化层和基体之间，热影响层的金属受热而发生金相组织变化。由于加工
材料和加工前热处理状态及加工脉冲参数的不同，热影响层的变化也不同。对淬火钢将产生
二次淬火区、高温回火区和低温回火区；对未淬火钢主要是产生淬火区；对耐热合金钢，它
的影响层与基体差异不大。

　　电火花加工中，加工表面层受到高温作用后又迅速冷却而产生残余拉应力。在脉冲能量
较大时，表面层甚至出现细微裂纹。裂纹主要产生在熔化层，只有脉冲能量很大时才扩展到
热影响层。不同材料对裂纹的敏感性不同，硬脆材料容易产生裂纹。脉冲能量较大时，显微
裂纹宽且深。脉冲能量很小时，一般不会出现显微裂纹。

　　③ 电火花加工对表面力学性能的影响

　　a. 电火花加工对显微硬度及耐磨性的影响　工件在加工前由于热处理状态及加工中脉
冲参数不同，加工后的表面层显微硬度变化也不同。加工后表面层的显微硬度一般会提高，
但由于加工电参数、冷却条件及工件材料热处理状况不同，有时显微硬度也会降低。一般来
说，电火花加工表面最外层的硬度比较高，耐磨性好。但对于滚动摩擦，因熔化层和基体的
结合不牢固，容易剥落而磨损。因此，对有些要求比较高的模具进行加工时需要通过研磨把
电火花加工后的表面变质层去掉。

　　b. 电火花加工对残余应力的影响　电火花加工件表面存在着由于瞬时先热后冷作用而
形成的残余应力，而且大部分表现为拉应力。残余应力大小和分布主要和材料在加工前热处
理的状态及加工时的脉冲能量有关。因此对表面层要求质量较高的工件，应尽量避免使用较
大的加工标准，同时在加工中一定要注意工件热处理的质量，以减少工件表面的残余应力。

　　c. 电火花加工对耐疲劳性能的影响　电火花加工后，工件表面变化层的金相组织的变
化会使耐疲劳性能大大降低。采用回火处理、喷丸处理甚至去掉表面变化层将有助于降低残
余应力或使残余拉应力转变为压应力，从而提高其耐疲劳性能。采用小的加工标准是减小残
余拉应力的有效措施。

6.3.1.3　电火花加工的应用范围

　　电火花加工按加工特点分为电火花成型加工与电火花线切割加工。电火花加工有许多传
统切削加工所无法比拟的优点，主要用以进行难加工材料及复杂形状零件的加工。

　　（1）穿孔加工

　　电火花穿孔成型加工主要是用于冲模（包括凸凹模及卸料板、固定板）、粉末冶金模、

挤压模和型孔零件的加工，如图 6-51、图 6-52 所示。

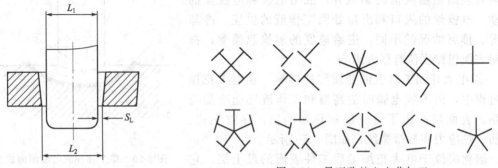

图 6-51　凹模的电火花加工　　　　　　　图 6-52　异型孔的电火花加工

穿孔加工的尺寸精度主要取决于工具电极的尺寸和放电间隙。工具电极的尺寸精度和表面粗糙度比工件高一级，一般精度不低于 IT7。工具电极要具有足够的长度，若加工硬质合金，由于电极损耗较大，电极还应适当加长。工具电极的截面轮廓尺寸除考虑配合间隙外，还要比预定加工的型孔尺寸均匀地缩小一个加工时火花放电的间隙。

对于硬质合金、耐热合金等特殊材料的小孔加工，采用电火花加工是首选的办法。小孔电火花加工适用于深径比（小孔深度与直径的比）小于 20、直径大于 0.01mm 的小孔。电火花加工还适用于精密零件上的各种型孔（包括异型孔）的单件和小批生产。

小孔加工由于工具电极截面积小，容易变形，加工时不易散热，排屑困难，电极损耗大，因此小孔电火花加工的电极材料应选择消耗小、杂质少、刚性好、容易矫直和加工稳定的金属丝。

近年来，在电火花穿孔加工中发展了高速小孔加工。加工时，一般采用管状电极，电极内通以高压工作液。工具电极在回转的同时做轴向进给运动（见图 6-53）。这种方式适合 0.3～3mm 的小孔的加工。高速小孔加工的加工速度可远远高于小直径麻花钻头钻孔，而且避免了小直径钻头容易折断的问题。利用这种方法还可以在斜面和曲面上打孔，且孔的尺寸精度和形状精度较高。

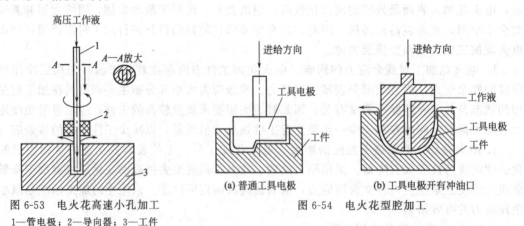

图 6-53　电火花高速小孔加工　　　　　　（a）普通工具电极　　（b）工具电极开有冲油口
1—管电极；2—导向器；3—工件　　　　　图 6-54　电火花型腔加工

（2）型腔加工

电火花型腔加工主要用于加工各类热锻模、压铸模、挤压模、塑料模和胶木模的型腔。这类型腔多为盲孔，形状复杂。加工中为了便于排除加工产物和进行冷却，以提高加工的稳定性，有时在工具电极中间开有冲油孔。如图 6-54 所示。

（3）电火花线切割加工

电火花线切割加工（WEDM）是在电火花加工的基础上于 20 世纪 50 年代末发展起来的一种新的加工方法。

电火花线切割加工的基本原理是利用移动的细金属导线（铜丝或钼丝）做电极，对工件进行脉冲火花放电、切割成形。根据电极丝的运行速度，电火花切割机床分为两大类：一类是高速走丝电火花线切割机床，这类机床的电极丝做高速往复运动，一般走丝速度 8～10m/s，是我国生产和使用的主要机种，也是我国独创的线切割加工模式；另一类是低速走丝（慢速走丝）线切割机床，这类机床做低速单向运动，速度低于 0.2m/s，是国外生产和使用的主要机种。

图 6-55 为高速走丝电火花线切割工艺及装置。利用钼丝 4 作为工具电极对工件进行切割加工，储丝筒 7 带动钼丝做正反向交替移动，加工能源由脉冲电源 3 供给。在电极丝和工件间浇注工作液介质，工作台在水平面两个坐标方向各自按预定的控制程序，根据火花间隙状态做伺服进给运动，合成各种曲线轨迹，将工件切割成形。

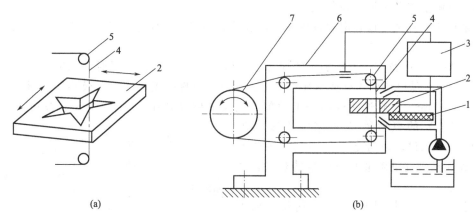

图 6-55　高速走丝电火花线切割工艺及装置

1—绝缘底板；2—工件；3—脉冲电源；4—钼丝；5—导向轮；6—支架；7—储丝筒

① 电火花线切割加工与电火花成形加工的共性

a. 电火花线切割加工的电压、电流波形与电火花成形加工基本相似。

b. 电火花线切割加工的加工机理、生产率、表面粗糙度等工艺规律，材料的可加工性等也都与电火花成形加工基本相似，可以加工硬质合金等一切导电材料。

② 线切割加工与电火花成形加工的不同点

a. 电火花线切割加工电极丝直径小，脉冲电源的加工电流较小，脉宽较窄，属于中、精正极性电火花加工。

b. 电火花线切割加工采用水或水基工作液，很少使用煤油，不易引燃起火，容易实现安全无人操作运行。

c. 电火花线切割加工一般没有稳定的电弧放电状态，因为电极丝与工件始终存在相对运动。

d. 电火花线切割加工电极与工件之间存在着"疏松接触"式轻压放电现象。

e. 电火花线切割加工省掉了成形的工具电极，大大降低了成形工具的设计和制造费用。

f. 电火花线切割加工由于电极丝比较细，可以加工微细异型孔、窄缝和形状复杂的工件。

g. 电火花线切割加工由于采用移动的长电极丝进行加工，使单位长度电极丝的损耗较少，从而对加工精度的影响比较小。

　　③ 电火花线切割加工的特点

　　a. 电火花线切割加工可以加工具有薄壁、窄槽、异型孔等复杂结构零件。

　　b. 电火花线切割加工可以加工有直线和圆弧组成的二维曲面图形，还可以加工一些由直线组成的三维直纹曲面，如阿基米德螺旋线、抛物线、双曲线等特殊曲线的图形。

　　c. 电火花线切割加工可以加工形状大小和材料厚度差异大的零件。

　　利用电火花线切割加工异型孔喷丝板、异型孔拉丝模及异型整体电极都可以获得较好的工艺效果。电火花线切割加工已广泛用于国防和民用的生产和科研工作中，用于各种难加工材料、复杂表面和有特殊要求的零件、刀具和模具的加工。通过线切割加工还可制作精美的工艺美术制品。

6.3.2 电解加工

　　电解加工是继电火花加工之后发展起来的一种适用于加工难切削材料和复杂形状的零件的特种加工方法。

　　(1) 电解加工基本原理及特点

　　电解加工是利用金属在电解液中发生阳极溶解的电化学原理，将金属工件加工成形的一种方法。

　　① 电解加工的特点　　电解加工的加工过程如图 6-56 所示。加工时，工件阳极与工具阴极通以 5～24V 低电压的连续或脉冲直流电。工具向工件缓慢进给，两极间保持很小的加工间隙（0.1～1mm），通过两极间加工间隙的电流密度高达 $10～10^2 A/cm^2$。具有一定压力（0.5～2MPa）的电解液从间隙中不断高速（6～30m/s）流过，以带走工件阳极的溶解产物和电解电流通过电解液时所产生的热量，并去除极化。

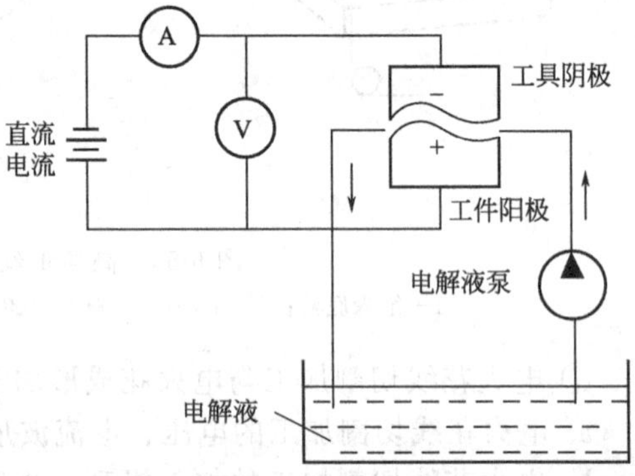

　　电解加工成形原理如图 6-57 所示。加工开始时，在成形的阴极与阳极工件距离较近的地方电流密度较大，电解液流速较快，阳极溶解速度也就较快，见图 6-57(a)。由于工具相对工件不断进给，工件表面就不断被电解，电解产物不断被电解液冲走，直至工件表面形成与阴极表面基本相似的形状为止，见图 6-57(b)。

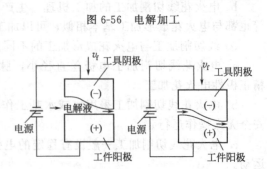

图 6-56　电解加工

　　电解加工钢件时，常用的电解液为质量分数为 14%～18% 的 NaCl 溶液。在电解液中存在着 H^+、OH^-、Na^+、Cl^- 四种离子。因此在阳极上可能参与电极反应的物质就有 Cl^-、OH^- 和 Fe；在阴极上可能参与电极反应的物质就有 Na^+、H^+。

　　在阳极就反应发生的可能性而言，其反应方程如下，据能斯特公式计算出电极电位 E，作为分析时的参考。

图 6-57　电解加工成形原理

$$Fe-2e \longrightarrow Fe^{2+} \qquad E=-0.59V \qquad (6-10)$$

$$Fe-3e \longrightarrow Fe^{3+} \qquad E=-0.323V \qquad (6-11)$$

$$2Cl^- - 2e \Longleftrightarrow Cl_2 \uparrow \qquad E = +1.334V \qquad (6-12)$$

$$4OH^- - 4e \longrightarrow O_2 \uparrow \qquad E = +0.8671V \qquad (6-13)$$

按照电极反应过程基本原理，电极电位负值最大的物质首先在阳极反应。在阳极首先是 Fe 失去电子变成二价铁离子 Fe^{2+} 被溶解。溶入电解液中的 Fe^{2+} 又与 OH^- 化合，生成 $Fe(OH)_2$，由于其在水中的溶解度很小，故生成沉淀离开反应系统。

$$Fe^{2+} + 2OH^- \longrightarrow Fe(OH)_2 \downarrow \qquad (6-14)$$

$Fe(OH)_2$ 为墨绿色絮状物，随着电解液的流动而被带走。$Fe(OH)_2$ 又逐渐被电解液中及空气中的氧气氧化为黄褐色沉淀 $Fe(OH)_3$。

$$4Fe(OH)_2 + 2H_2O + O_2 \longrightarrow 4Fe(OH)_3 \downarrow \qquad (6-15)$$

同理在阴极按照电极反应基本规律，电极电位最高的离子首先在阴极反应。

$$Na^+ + e \Longleftrightarrow Na \qquad E = -2.69V \qquad (6-16)$$

$$2H^+ + 2e \Longleftrightarrow H_2 \uparrow \qquad E = -0.42V \qquad (6-17)$$

因此，阴极只有氢气溢出而不会发生钠沉积的电极反应。

由此可见，电解加工过程中，理想情况是阳极铁不断以 Fe^{2+} 的形式被溶解，水被分解消耗，因而电解液浓度逐渐增大。电解液中 Cl^- 和 Na^+ 起导电作用，本身不消耗。所以 NaCl 电解液的使用寿命长，只要过滤干净并添加水分，可长期使用。

电解加工的工件材料如果是合金钢，若钢中各合金元素的平衡电极电位相差较大，则电解加工后的表面粗糙度值将变大。就碳钢而言，由于钢中存在 Fe_3C 相，其电极电位约为 $+0.37V$ 而很难电解，因此高碳钢、铸铁和经过表面渗碳处理的零件不适于电解加工。

② 电解加工的特点

a. 加工范围广、可成形范围宽。电解加工不受材料本身硬度和强度的限制，可以加工硬质合金、淬火钢、不锈钢、耐热合金等高硬度、高强度及韧性金属材料。从简单的圆孔、型孔到如叶片、锻模等复杂型面和型腔都可以加工。

b. 生产效率高。在加工难切削材料和复杂形状的工件时，加工效率比传统切削加工高。电解加工特别适合对难切削材料和形状复杂工件的批量加工。

c. 由于加工过程中不存在机械切削力，所以不会产生切削力所引起的残余应力和变形。电解加工表面光整、无加工纹路，无毛刺，可以达到较好的表面粗糙度 Ra（$0.2\sim1.25\mu m$）和 $\pm0.1mm$ 左右的平均加工精度。

d. 工具无损耗。由于工具阴极上的电化学反应只是析氢而无溶解，且不与工件接触，正常加工时工具阴极不会发生损耗，可长期使用。

e. 电解液对机床有腐蚀作用，电解产物的处理回收困难。

（2）电解加工的基本工艺规律

① 生产率及其影响因素　电解加工的生产率是以单位时间内被电解蚀除的金属量衡量的，用 mm^3/min 或 g/min 表示。影响生产率的因素有工件材料的电化学当量、电流密度、电解液及电极间隙等。

a. 电化学当量对生产率的影响　电解时电极上溶解或析出物质的量（质量 m 或体积 V），与电解电流 I 和电解时间 t 成正比，即与电荷量（$Q = It$）成正比，其比例系数称为电化学当量。这一规律即法拉第电解定律，用下式表示

$$\left.\begin{array}{l} m = KIt \\ V = \omega It \end{array}\right\} \qquad (6-18)$$

式中　m——电极上溶解或析出物质的质量，g；

　　　V——电极上溶解或析出物质的体积，mm^3；

K——被电解物质的质量电化学当量，g/(A·h)；

ω——被电解物质的体积电化学当量，mm³/(A·h)；

I——电解电流，A；

t——电解时间，h。

在实际电解加工时，在阳极上还可能出现其他反应，如氧气或氯气的析出，或有部分金属以高价离子溶解，从而额外地多消耗一些电荷量，所以被电解掉的金属会小于所计算的理论值。为此，引入电流效率 η：

$$\eta=\frac{实际金属蚀除量}{理论计算蚀除量}\times100\% \tag{6-19}$$

实际蚀除量为：

$$m=\eta KIt \tag{6-20}$$

$$V=\eta\omega It \tag{6-21}$$

正常电解时，对于 NaCl 电解液，阳极上析出气体的可能性不大，所以 η 常接近 100%。但有时 η 却会大于 100%，这是由于被电解的金属材料中含有碳、Fe_3C 等难电解的微粒，产生了晶间腐蚀，在合金晶粒边缘先电解，高速流动的电解液把这些微粒成块冲刷脱落下来，从而节省了一部分电解电荷量。

b. 电流密度对生产率的影响　　在实际生产时通常用电解加工速度或电解加工蚀除速度来衡量生产率。当在 NaCl 电解液中进行电解加工时，蚀除速度与该处的电流密度成正比，电流密度越高，生产率也越高。电解加工时的平均电流密度为 $10\sim100A/cm^2$，电解液压力和流速较高时，可以选用较高的电流密度。但电流密度过高，将会出现火花放电，析出氯气、氧气，并使电解液温度过高，甚至在间隙内造成沸腾气化引起局部短路。

实际电流密度取决于电压、电极间隙的大小以及电解液的导电率。因此要定量计算蚀除速度，必须推导出蚀除速度与电极间隙大小、电压等的关系。

c. 电极间隙对生产率的影响　　实际加工中，电极间隙越小，电解液的电阻越小，电流密度会越大，加工速度就越高。但间隙过小将引起火花放电或电解产物特别是氢气排除不畅，反而降低蚀除速度或间隙被杂质堵塞引起短路。

② 提高电解加工精度的途径

a. 脉冲电流电解加工　　采用脉冲电流电解加工是近年来发展起来的新方法，可以明显地提高加工精度、表面质量和加工稳定性，在生产中的应用越来越多。采用脉冲电流电解加工能够提高加工精度的原因是能消除加工间隙内电解液电导率的不均匀化，同时脉冲电流电解加工使阴极在电化学反应中析出的断续的、呈脉冲状的氢气可以对电解液起搅拌作用，有利于电解产物的去除，提高电解加工精度。

b. 小间隙加工　　工件材料的蚀除速度 v_a 与加工间隙 Δ 成反比，C 为常数（此时工件材料、电解液参数、电压均保持稳定）。

实际加工中由于余量分布不均，以及加工前零件表面不平的影响，在加工时零件的加工间隙是不均匀的。以图 6-58 中用平面阴极加工平面为例来分析。设工件最大的平直度为 δ，则凸出部位的加工间隙为 Δ，设其去除速度为 v_a，低凹部位的加工间隙为 $\Delta+\delta$，设其蚀除速度为 v_a'，则：

$$v_a=\frac{C}{\Delta}\qquad v_a'=\frac{C}{\Delta+\delta} \tag{6-22}$$

两处蚀除速度之比为：

$$\frac{v_a}{v_a'}=\frac{\dfrac{C}{\Delta}}{\dfrac{C}{\Delta+\delta}}=\frac{\Delta+\delta}{\Delta}=1+\frac{\delta}{\Delta} \qquad (6\text{-}23)$$

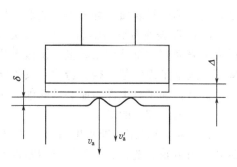

图 6-58　余量不均匀时电解加工

如果加工间隙 Δ 小，则 $\dfrac{\delta}{\Delta}$ 的比值增大，凸出部位的去除速度将大大高于低凹处，提高了整平效果。由此可见，加工间隙愈小，愈能提高加工精度。对侧面间隙的分析也可得出相同结论，由式：$\Delta_s=\sqrt{2h\Delta_b+\Delta_b^2}$ 可知，侧面间隙 Δ_s 随加工深度 h 的变化而变化，间隙 Δ_b 愈小，侧面间隙 Δ_s 的变化也愈小，孔的成形精度也愈高。

可见，采用小间隙加工，对提高加工精度、提高生产率是有利的。但间隙越小，对液流的阻力越大。电流密度大，间隙内电解液温升快、温度高，需要高的电解液压力。同时间隙过小容易引起短路。因此，小间隙电解加工的应用受到机床刚度、传动精度、电解液系统所能提供的压力、流速以及过滤情况的限制。

c. 改进电解液　除了采用钝化性电解液如 $NaNO_3$、$NaClO_3$ 外，还可以采用复合电解液。复合电解液主要是在氯化钠电解液中添加其他成分，可以保持 NaCl 电解液的高效率，同时提高加工精度。

采用低浓度电解液可显著提高加工精度。例如采用 4% 的低质量分数 $NaNO_3$ 电解液来加工压铸模，加工表面质量良好，间隙均匀，复制精度高，棱角很清，侧壁基本垂直，垂直面加工后的斜度小于 1°。采用低质量分数电解液的缺点是效率较低，加工速度不能很快。

d. 混气电解加工　混气电解加工是将一定压力的气体（一般是压缩空气，也可采用二氧化碳或氮气等），经气道进入气液混合腔（又叫雾化器）内，与电解液混合，使电解液成为含有无数气泡的气液混合物，并进入加工间隙进行电解加工。

电解液中混入气体增加了电解液的电阻率，减少杂散腐蚀，使电解液向非线性方向转化。同时减小了电解液的密度和黏度，增加了流速，消除死水区，使流场均匀。高速流动的微细气泡起搅拌作用，有效减轻浓差极化，保证加工间隙内电流密度分布趋于均匀。

③ 表面质量及其影响因素　电解加工的表面质量，包括表面粗糙度和表面物理化学性质的改变两方面。正常的电解加工能达到 $Ra1.25\sim0.16\mu m$ 的表面粗糙度。由于靠电化学阳极溶解去除金属，所以没有切削力和切削热的影响，不会在加工表面发生塑性变形，不存在残余应力、冷作硬化或烧伤退火层等缺陷。但加工中如工艺掌握不好可能会出现晶间腐蚀、流纹、麻点，工件表面有黑膜，甚至短路烧伤等疵病。影响表面质量的因素主要有以下几类。

a. 工件材料的合金成分、金相组织及热处理状态对粗糙度的影响　合金成分多、杂质多、金相组织不均匀、结晶粗大都会造成溶解速度的差别，从而影响表面粗糙度。例如铸铁、高碳钢的表面粗糙度就较差。采用适当的热处理，如高温均匀化退火、球化退火，使组织均匀及晶粒细化可提高加工后的表面质量。

b. 工艺参数对表面质量的影响　一般来说，电流密度高，有利于阳极的均匀溶解。电解液的流速过低，会导致电解产物排出不及时、氢气泡的分布不均匀，或由于加工间隙内电解液的局部沸腾气化造成表面缺陷；电解液流速过高，有可能引起流场不均，局部形成真空而影响表面质量。电解液的温度过高会引起阳极表面的局部剥落；温度过低，钝化比较严重，会引起阳极表面溶解不均匀或形成黑膜。

　　c. 阴极表面质量的影响　工具阴极上的表面条纹、刻痕会相应地复印到工件表面，所以阴极表面要注意其加工质量。阴极上喷液口如果设计不合理，流场不均，就可能使电解液局部供应不足而引起短路、造成条纹等缺陷。阴极进给不匀会引起横向条纹。

　　此外，加工时工件表面必须除油去锈，电解液必须沉淀过滤，不含固体颗粒杂质。

　　（3）电解加工的应用

　　国内自 20 世纪中期将电解加工成功地应用在膛线加工以来，电解加工工艺在花键孔、深孔、内齿轮、链轮、叶片、异型零件及模具加工等方面获得了广泛的应用。

　　① 型腔加工　目前对锻模、辊锻模等型腔模大多采用电火花加工。电火花加工的加工精度比较容易控制，但生产率较低，对模具消耗量较大。近年来精度要求一般的矿山机械、汽车拖拉机等零件的型腔的加工逐渐采用电解加工。

　　② 叶片加工　叶片是发动机的重要零件。叶片型面形状比较复杂，精度要求较高，加工批量大，在发动机和汽轮机制造中占有相当大的比重。采用电解加工在一次行程中可加工出复杂的叶片型面，生产率高、表面粗糙度值低。

　　叶片加工的方式有单面加工和双面加工两种。机床也有立式和卧式两种，立式大多用于单面加工，卧式大多用于双面加工。电解加工整体叶轮在我国已得到普遍应用，如图 6-59 所示。叶轮上的叶片是逐个加工的，加工完一个叶片，退出阴极，分度后再加工下一个叶片。电解加工整体叶轮只要把叶轮毛坯加工好后，直接在轮坯上加工叶片，加工周期大大缩短，叶轮强度高、质量好。

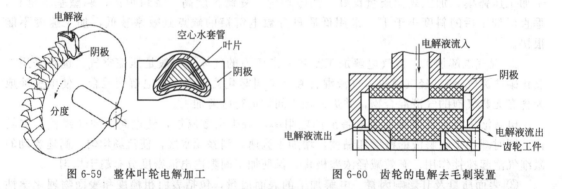

图 6-59　整体叶轮电解加工　　　　　　　图 6-60　齿轮的电解去毛刺装置

　　③ 电解去毛刺　机械加工中去毛刺的工作量很大，尤其是去除硬而韧的金属毛刺需要占用很多人力。电解倒棱去毛刺可以大大提高工效和节省费用，图 6-60 是齿轮的电解去毛刺装置。工件齿轮套在绝缘柱上，环形电极工具也靠绝缘柱定位安放在齿轮上。保持 3～5mm 间隙（根据毛刺大小而定），电解液在阴极端部和齿轮的端面齿面间流过，阴极和工件间通上 20 V 以上的电压，约 1min 就去除毛刺。

6.3.3　超声波加工

　　（1）超声波加工的原理和特点

　　① 超声波加工的原理　超声波加工是利用工具端面做超声频振动，通过悬浮磨料对零件表面撞击抛磨实现加工脆硬材料的一种方法。

　　超声波加工的高频振动的工具头振幅不大，一般在 0.01～0.1mm。加工时在切削区域中加入液体与磨料混合的悬浮液，并在工具头振动方向加上一个不大的压力，如图 6-61 所示。

　　当工件、悬浮液和工具头紧密相靠时，悬浮液中的悬浮磨粒将在工具头的超声振动作用

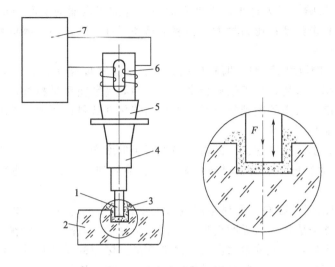

图 6-61　超声波加工原理
1—工具；2—工件；3—磨料悬浮液；4,5—变幅杆；6—换能器；7—超声波发生器

下以很大的速度不断冲击琢磨工件表面，局部产生很大的压力，使工件材料发生破坏，形成粉末被打击下来。与此同时，悬浮液受工具端部的超声振动作用而产生液压冲击和空化现象，促使液体钻入被加工材料的隙裂处，加速了机械破坏作用的效果。由于空化现象，在工件表面形成的液体空腔，在闭合时所引起的极强的液压冲击，加速了工件表面的破坏，也促使悬浮液循环，使变钝了的磨粒及时得到更换。由此可知，超声波加工是磨粒在超声振动作用下的机械撞击和抛磨作用与超声波空化作用的综合结果，其中磨粒的连续冲击作用是主要的。

② 超声波加工的特点

a. 由于去除工件上的被加工材料是靠磨粒和液体分子的连续冲击、抛磨和空化作用，所以超声波加工能加工各种硬脆材料，特别是一些电火花加工等方法无法加工的不导电材料，如宝石、陶瓷、玻璃及各种半导体材料等。

b. 超声波加工在利用磨粒切除被加工材料时，工件只受到瞬时的局部撞击压力，而不存在横向摩擦力，所以受力很小。

c. 由于除去加工材料是靠极小磨粒的抛磨作用，所以超声波加工可获得较高的加工精度和低的表面粗糙度值，被加工表面也无残余应力、烧伤等现象。

d. 只要将工具头做成一定的形状和尺寸就可以加工出各种不同的孔型，如六角形、正方形、非圆形。

e. 由于工具可用较软的材料做成较复杂的形状，工具和工件运动简单，加工机床结构简单、操作维修方便。

(2) 超声波加工的基本工艺规律

超声波加工工艺主要受加工速度的影响。加工速度是指单位时间内去除材料的多少，以 g/min 或 mm³/min 为单位。影响加工速度的因素有工具振动频率和振幅、进给压力、磨料种类及粒度、被加工材料和磨料悬浮液的浓度。

① 工具的振幅和频率的影响　过大的振幅和过高的频率会使工具和变幅杆承受很大的内应力，可能超过它的疲劳强度而降低使用寿命，而且在连接处的损耗也增大。实际加工中应调至共振频率，以获得最大振幅。

②　进给压力的影响　压力过小，工具末端与工件加工表面间的间隙增大，减弱了磨料对工件的撞击力和打击深度；压力过大，会使工具和工件间隙减小，磨料和工作液不能顺利循环更新，降低生产率。

③　磨料的种类和粒度的影响　磨料硬度越高，加工速度越快。加工金刚石和宝石等超硬材料时必须用金刚石磨料；加工硬质合金、淬火钢等高硬脆性材料时，采用硬度较高的碳化硼磨料；加工硬度不太高的脆硬材料时，可采用碳化硅磨料；而加工玻璃、半导体等材料时采用刚玉之类的氧化铝磨料。

磨料粒度越粗，加工速度越快，但精度和表面粗糙度变差。

④　被加工材料的影响　被加工材料越脆，越容易被加工去除，韧性好的材料不易利用超声波加工。

⑤　磨料悬浮液浓度的影响　磨料悬浮液浓度低，加工间隙内磨粒少，特别是加工面积和深度较大时，可能造成加工区无磨料现象，使加工速度大大降低。随着悬浮液中磨料浓度的增加，加工速度也增加。但浓度太高时，磨粒在加工区域的循环和对工件的冲击都受到影响，也会导致加工速度降低。通常采用的浓度为磨料对水的质量比 0.5～1。

（3）超声波加工的应用

超声波加工广泛用于加工半导体和非导体的脆硬材料。由于加工精度和表面粗糙度优于电火花加工和电解加工，因此电火花加工后的一些淬火件和硬质合金零件还常用超声抛磨进行光整加工。此外，超声波加工还可以用于清洗、焊接和探伤等。

①　型孔、型腔加工　超声加工目前主要用于对脆硬材料的圆孔、型孔、型腔、套料、微细孔的加工等，如图 6-62 所示。

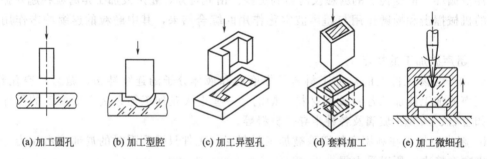

(a) 加工圆孔　　(b) 加工型腔　　(c) 加工异型孔　　(d) 套料加工　　(e) 加工微细孔

图 6-62　超声型孔、型腔加工

②　切割加工　采用超声波切割可以加工普通机械加工难加工的脆硬的半导体材料，如图 6-63 所示。

③　超声清洗　超声清洗主要是利用超声振动在液体中产生的交变冲击波和空化作用进行的。空化效应产生的强烈冲击波，直接作用到被清洗部位上的污物等，并使之脱落下来；空化作用产生的空化气泡渗透到污物与被清洗部位表面之间，促使污物脱落；在污物被清洗液溶解的情况下，空化效应可加速溶解过程。

超声清洗主要用于几何形状复杂、清洗质量要求高的中、小精密零件，特别是工件上的深小孔、微孔、弯孔、盲孔、沟槽、窄缝等部位的精清洗。清洗效果好、生产率高。目前在半导体和集成电路元件、仪表仪器零件、电真空器件、光学零件、精密机械零件、医疗器械、放射性污染等的清洗中应用。

超声清洗时，应合理选择工作频率和声压强度以产生良好的空化效应，提高清洗效果。此外，清洗液的温度不可过高，以防空化效应的减弱，影响清洗效果。

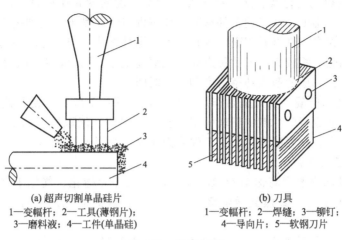

(a) 超声切割单晶硅片　　　　　　　　　　　　(b) 刀具
1—变幅杆；2—工具(薄钢片)；　　　　　　　1—变幅杆；2—焊缝；3—铆钉；
3—磨料液；4—工件(单晶硅)　　　　　　　　4—导向片；5—软钢刀片

图 6-63　超声切割

④ 超声焊接　超声焊接是利用超声频振动作用，去除工件表面的氧化膜，使新的本体表面显露出来，并在两个被焊工件表面分子的高速振动撞击下，摩擦发热粘接在一起。超声焊接可以焊接尼龙、塑料及表面易生成氧化膜的铝制品，还可以在陶瓷等非金属表面挂锡、挂银、涂覆熔化的金属薄层。

⑤ 复合加工　近年来超声波加工与其他加工方法相结合进行的复合加工发展迅速，如超声振动切削加工、超声电火花加工、超声电解加工、超声调制激光打孔等。这些复合加工方法由于把两种甚至多种加工方法结合在一起，起到取长补短的作用，使加工效率、加工精度及加工表面质量显著提高，因此越来越受到人们的重视。

6.3.4　高能束加工

6.3.4.1　激光加工

（1）激光加工的原理和特点

激光加工是利用高强度、高亮度、方向性好、单色性好的相干光通过一系列的光学系统聚焦成平行度很高的微细光束（直径几微米至几十微米），获得极高的能量密度和 10000℃以上的高温，使材料在极短的时间（千分之几秒甚至更短）内熔化甚至气化，以达到去除材料的目的。

① 激光加工的基本原理　激光加工是以激光为热源对工件材料进行热加工。其加工过程大体分为激光束照射工件材料、工件材料吸收光能、光能转变为热能使工件材料加热、工件材料被熔化、蒸发、气化并溅出去除、加工区冷凝几个阶段。

a. 光能的吸收及其能量转化　激光束照射工件材料表面时，光的辐射能一部分被反射，一部分被吸收并对材料加热，还有一部分因热传导而损失。这几部分能量消耗的相对值，取决于激光的特性和激光束持续照射时间及工件材料的性能。

b. 工件材料的加热　光能转换成热能的结果就是工件材料的加热。激光束在很薄的金属表层内被吸收，使金属中自由电子的热运动能增加，并在与晶格碰撞中的极短时间内将电子的能量转化为晶格的热振动能，引起工件材料温度的升高。同时按热传导规律向周围或内部传播，改变工件材料表面或内部各加热点的温度。

对于非金属材料，一般导热性很小。在激光照射下，当激光波较长时，光能可直接被材料的晶格吸收而加剧热振荡；当激光波较短时，光能激励原子壳层上的电子。这种激励通过碰撞而传播到晶格上，使光能转换为热能。

c. 工件材料的熔化气化及去除　在足够的功率密度的激光束照射下，工件材料表面才能达到熔化、气化的温度，从而使工件材料气化蒸发或熔融溅出，达到去除的目的。当激光功率密度过高时，仅在工件材料表面上气化，不在深处熔化；当激光功率密度过低时，能量就会扩散分布使加热面积较大，导致焦点处熔化深度很小。因此，要满足不同激光束加工的要求，必须合理选择相应的激光功率密度和作用时间。

d. 工件加工区的冷凝　激光辐射作用停止后，工件加工区材料便开始冷凝，其表层将发生一系列变化，形成特殊性能的新表面层。新表面层的性能取决于加工要求、工件材料、激光性能等复杂因素。一般激光束加工工件表面所受的热影响区很小。

② 激光束加工的特点

a. 激光加工的功率密度高达 $10^8 \sim 10^{10} \, \text{W/cm}^2$，几乎可熔化、气化任何材料。

b. 激光光斑大小可以聚焦到微米级，功率可调，因此激光加工可用于进行精密微细加工。

c. 由于加工工具是激光束，属于非接触加工，无明显机械力，没有工具损耗。加工速度快、热影响区小，易实现自动化，能通过透明体加工。

d. 激光加工和电子束加工相比，加工装置比较简单，不需复杂的抽真空装置。

e. 激光加工由于光的反射作用，在加工表面光泽或透明材料时，要进行色化或打毛处理。

(2) 激光加工的应用

① 激光打孔　目前激光打孔技术已广泛用于火箭发动机和柴油机的燃料喷嘴、宝石轴承、金刚石拉丝模、化纤喷丝头等微小孔的加工中。

② 激光切割　激光切割是一种应用最为广泛的激光加工技术。激光切割可用于各种材料的切割，如可切割金属、玻璃、陶瓷、皮革等各种材料。图 6-64 为激光切割原理。

③ 激光焊接　激光焊接是利用激光束聚焦到工件表面，使辐射作用区表面的金属"烧熔"黏合而形成焊接接头。激光束焊接所需要的能量密度较低（一般为 $10^4 \sim 10^6 \, \text{W/cm}^2$），通常可采用减小激光输出功率来实现。如果加工区域不需限制在微米级的小范围内，也可通过调节焦点位置来减小工件被加工点的能量密度。

激光焊接已经成功地应用于微电子器件等小型精密零部件的焊接以及深熔焊接等。

④ 激光表面热处理　激光表面热处理是利用激光束快速扫描工件，使其表层温度急剧上升。由于热传导的作用，工件表面的热量迅速传到工件其他部位，在瞬间可进行自冷淬火、实现工件表面相变硬化。

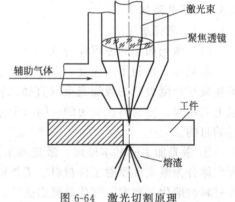

图 6-64　激光切割原理

激光表面处理工艺还包括涂覆、熔凝、刻网纹、化学气相沉积、物理气相沉积、增强电镀等。

6.3.4.2　电子束加工

(1) 电子束加工的原理

电子束加工是利用高速电子的冲击动能来加工工件的，如图 6-65 所示。在真空条件下，将具有很高速度和能量的电子束聚焦到被加工材料上，电子的动能绝大部分转变为热能，使材料局部瞬时熔融、气化蒸发而去除。

控制电子束能量密度的大小和能量注入时间，就可以达到不同的加工目的。

（2）电子束加工特点

① 电子束能够极其微细地聚焦，甚至可达 $0.1\mu m$，可进行微细加工。

② 电子束能量密度高，去除材料靠瞬时蒸发，是非接触式加工，工件不受机械力的作用，加工材料的范围广。

③ 电子束的能量密度高，加工效率高。

④ 可以通过磁场或电场对电子束的强度、位置、聚焦等进行控制，加工过程便于实现自动化。

⑤ 电子束加工在真空中进行，污染少，加工表面不易被氧化。

⑥ 电子束加工需要整套的专用设备和真空系统，价格较贵。

（3）电子束加工的应用范围

电子束加工方法有热型和非热型两种。热型加工方法是利用电子束将材料的局部加热至熔化或气化点进行加工的。比较适合打孔、切割槽缝、焊接及其他深结构的微细加工。非热型加工方法是利用电子束的化学效应进行刻蚀等微细加工。

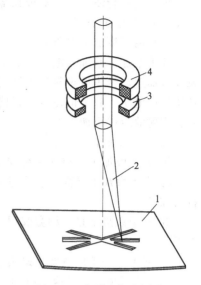

图 6-65　电子束加工原理
1—工件；2—电子束；
3—偏转线圈；4—电磁透镜

① 电子束打孔　近年来，电子束打孔已实际应用于加工不锈钢、耐热钢、合金钢、陶瓷、玻璃和宝石等的锥孔以及喷丝板的异型孔，如图 6-66 所示。最小孔径或缝宽可达 $0.02\sim0.003mm$。例如喷气发动机套上的冷却孔多达数十万至数百万个，孔径范围在数百微米至数十微米，多处于难加工部位。用电子束加工速度快，效率高。

目前电子束打孔的最小直径可达 $\phi0.003mm$ 左右，可在工件运动中进行。在人造革、塑料上用电子束打大量微孔，可使其具有如真皮革那样的透气性。电子束加工玻璃、陶瓷等脆性材料时，由于加工产生很大温差，容易引起变形甚至破裂，需对材料进行预热。

电子束不仅可以加工各种直的型孔，还可以利用电子束在磁场中偏转的原理，使电子束在工件内偏转加工弯孔，如图 6-67 所示。

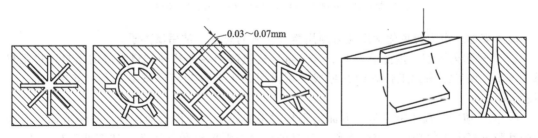

图 6-66　电子束加工的喷丝头异型孔　　　　图 6-67　电子束加工内部曲面和弯孔

② 电子束切割　利用电子束可对各种材料进行切割，切口宽度仅有 $3\sim6\mu m$。利用电子束再配合工件的相对运动，可加工所需要的曲面。

③ 光刻　当使用低能量密度的电子束照射高分子材料时，将使材料分子链被切断或重新组合，引起分子量的变化产生潜像，再将其浸入溶剂中将潜像显影出来。将这种方法与其

他处理工艺结合使用，可实现在金属掩膜或材料上刻槽。

6.3.4.3　离子束加工

（1）离子束加工的原理

离子束加工原理与电子束加工原理基本类似，也是在真空条件下，将离子源产生的离子束经过加速、聚焦后投射到工件表面的加工部位以实现加工的。所不同的是离子带正电荷，其质量比电子大数千倍乃至数万倍，离子束加工是靠离子束射到材料表面时所发生的撞击效应、溅射效应进行加工的。

（2）离子束加工的特点

① 离子束加工是目前特种加工中最精密、最微细的加工。

② 离子束加工在高真空中进行，污染少，特别适宜于易氧化的金属、合金和半导体材料的加工。

③ 离子束加工是一种微观层面的加工，加工应力和变形极小，适宜于对各种材料进行加工。

④ 离子束加工设备费用昂贵、成本高，加工效率低，应用受限制。

（3）离子束加工的应用范围

① 刻蚀加工　离子刻蚀是利用离子束轰击工件，入射离子的动量传递到工件表面的原子，当传递能量超过了原子间的键合力时，原子就从工件表面撞击溅射出来，达到刻蚀的目的，如图 6-68(a) 所示。

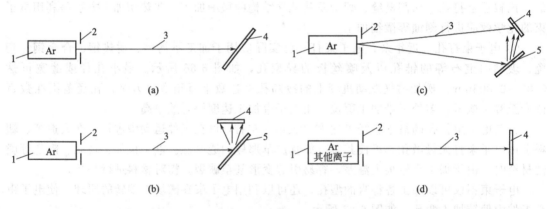

图 6-68　离子束加工的应用

1—离子源；2—阴极；3—离子束；4—工件；5—靶材

离子束加工中为避免化学反应必须用惰性元素的离子，常用氩离子。

② 离子溅射沉积　用能量为 0.1～0.5keV 的氩离子轰击某种材料制成的靶材，将靶材原子击出并令其沉积到工件表面并形成一层薄膜的工艺称为离子溅射沉积，如图 6-68(b)所示。

③ 离子镀膜　离子镀膜是一方面把靶材射出的原子向工件表面沉积，另一方面还有高速中性粒子打击工件表面以增强镀层与基材的结合力形成镀膜的工艺，如图 6-68(c) 所示。离子镀膜的可镀材料广泛。离子镀膜技术应用于镀制润滑膜、耐热膜、耐蚀膜、装饰膜、电气膜等。

④ 离子注入　离子注入是向工件表面直接注入离子。离子注入不受热力学限制，可以注入任何离子，且注入量可以精确控制。注入离子固溶到材料中，含量可达 10%～40%，深度可达 1μm。原理如图 6-68(d) 所示。离子注入主要应用在半导体材料加工上。

思考题与习题

6-1　刀具材料应具备哪些性能？

6-2　常用的刀具材料有哪些？试比较高速钢和硬质合金刀具材料的力学性能与应用范围。

6-3　根据下列切削条件，选择合适的刀具材料。

切削条件　　　　　　　　　　　　刀具材料

① 高速精镗铝合金缸套　　　　　　W18Cr4V

② 加工麻花钻螺旋槽用成形铣刀　　YG3X

③ 45 钢锻件粗车　　　　　　　　　YG8

④ 高速精车合金钢工件端面　　　　YT5

⑤ 粗铣铸铁箱体平面　　　　　　　YT30

6-4　金属切削变形区是怎样划分的？各有何变形特点？

6-5　衡量切削变形程度的方法有哪几种？它们之间有何联系？

6-6　何谓积屑瘤现象？它对切削过程有何影响？如何对其进行控制？

6-7　切屑的形态有哪几种？如何控制切屑的形态？

6-8　试分析各因素对切屑变形的影响。

6-9　切削合力可分为哪几个分力？各分力有何作用？

6-10　根据切削力的理论公式，你能发现哪些规律？

6-11　切削用量三要素和刀具几何参数是如何影响切削力的？

6-12　切削热是怎样产生和传出的？

6-13　影响切削温度的因素有哪些？它们是怎样影响的？

6-14　试述刀具磨损的形态、原因、磨损过程及其特点。

6-15　什么是工件材料的切削加工性？什么是相对加工性？怎样衡量工件材料的切削加工性？

6-16　影响工件材料切削加工性的因素有哪些？如何改善工件材料的切削加工性？

6-17　切削加工中常用的切削液有哪几类？它的主要作用是什么？

6-18　电火花加工的工作原理及应用范围是什么？影响电火花加工生产率的因素有哪些？

6-19　电火花成形加工和电火花线切割加工有何异同？

6-20　电解加工的工作原理、特点和应用范围是什么？

6-21　超声波加工的特点和应用范围。

6-22　简述激光加工的特点和应用范围。

6-23　高能束加工包含哪几种类型？

第7章 金属材料

金属材料是目前应用最广泛的工程材料，尤其是钢铁材料、有色金属及其合金。其中铝及铝合金、铜及铜合金和轴承合金的应用更为重要。

7.1 工业用钢

工业用钢按化学成分可分为碳素钢和合金钢两大类。碳素钢（简称碳钢）除铁、碳元素之外，还含有少量的锰、硅、硫、磷等杂质元素。由于碳钢具有较好的力学性能和工艺性能，并且产量大，价格较低，已成为工程上应用最广泛的金属材料。合金钢是为了改善和提高钢的性能或使之获得某些特殊性能，在碳钢的基础上，特意加入某些合金元素而得到的钢种。由于合金钢具有比碳钢更优良的特性，因而合金钢的用量正在逐年增大。

7.1.1 钢的分类与牌号

（1）钢的分类

钢的分类方法很多，最常用的是按照图 7-1，用钢的化学成分、用途、质量或热处理金相组织等进行分类。除此之外，还可以按钢的冶炼方法分为平炉钢、转炉钢、电炉钢；按钢的脱氧程度分为沸腾钢、镇静钢、半镇静钢。

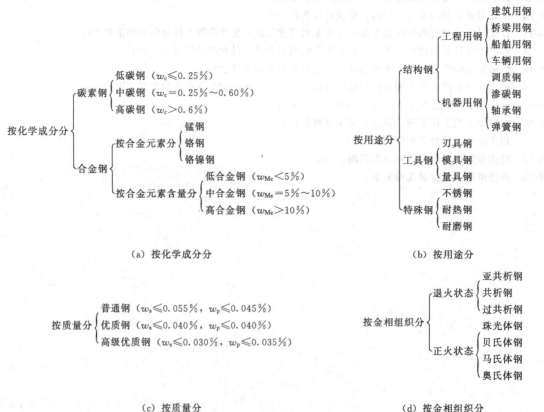

图 7-1 钢的常用分类方法

（2）钢的牌号

我国钢材的编号是按碳的质量分数、合金元素的种类和数量以及质量级别来编号的。依据国家标准规定，钢号中的化学元素采用国际化学元素符号表示，如 Si、Mn、Cr（稀土元素用"RE"表示）。产品名称、用途、冶炼和浇注方法等则采用汉语拼音字母表示。表 7-1 是部分钢的名称、用途、冶炼方法及浇注方法用汉字或汉语拼音字母表示的代号。

表 7-1　部分钢的名称、用途、冶炼方法及浇注方法代号

名称	牌号表示		名称	牌号表示	
	汉字	汉语拼音字母		汉字	汉语拼音字母
平炉	平	P	高温合金	高温	GH
酸性转炉	酸	S	磁钢	磁	C
碱性侧吹转炉	碱	J	容器用钢	容	R
顶吹转炉	顶	D	船用钢	船	C
氧气转炉	氧	Y	矿用钢	矿	K
沸腾钢	沸	F	桥梁钢	桥	q
半镇静钢	半	B	锅炉钢	锅	g
碳素工具钢	碳	T	钢轨钢	轨	U
滚动轴承钢	滚	G	焊条用钢	焊	H
高级优质钢	高	A	电工用纯铁	电铁	DT
易切钢	易	Y	铆螺钢	铆螺	ML
铸钢	铸钢	ZG			

① 普通碳素结构钢　这类钢是用代表屈服强度的字母 Q、屈服强度值、质量等级符号（A、B、C、D）以及脱氧方法符号（F、b、Z、TZ）等四部分按顺序组成。如 Q235-A、F，表示屈服强度为 235MPa 的 A 级沸腾钢。质量等级符号反映碳素结构钢中硫、磷含量的多少，A、B、C、D 质量依次增高。

② 优质碳素结构钢　这类钢的钢号是用钢中平均碳质量分数的两位数字表示，单位为万分之一。如钢号 45，表示平均碳质量分数为 0.45％的钢。

对于碳质量分数大于 0.6％，锰的质量分数在 0.9％～1.2％的钢及碳质量分数小于 0.6％，锰的质量分数为 0.7％～1.0％的钢，数字后面附加化学元素符号"Mn"。如钢号 25Mn，表示平均碳质量分数为 0.25％，锰的质量分数为 0.7％～1.0％的钢。

沸腾钢、半镇静钢以及专门用途的优质碳素结构钢，应在钢号后特别标出，如 15g 即为平均碳质量分数为 0.15％的锅炉用钢。

③ 碳素工具钢　碳素工具钢是在钢号前加"T"表示，其后跟以表示钢中平均碳质量分数的千分之几的数字。如平均碳质量分数为 0.8 的碳素工具钢记为"T8"。高级优质钢则在钢号末端加"A"，如"T10A"。

④ 合金结构钢　该类钢的钢号由"数字＋元素＋数字"三部分组成。前两位数字表示钢中平均碳质量分数的万分之几；合金元素用化学元素符号表示，元素符号后面的数字表示该元素平均质量分数。当其平均质量分数＜1.5％时，一般只标出元素符号而不标数字，当其质量分数≥1.5％、≥2.5％、≥3.5％…时，则在元素符号后相应地标出 2、3、4…虽然这类钢中的钒、钛、铝、硼、稀土（RE）等合金元素质量分数很低，但仍应在钢中标出元素符号。高级优质钢在钢号后应加字母"A"。

⑤ 合金工具钢　该类钢编号前用一位数字表示平均碳质量分数的千分数，如 9CrSi 钢，

表示平均碳质量分数为 0.9%（当平均碳质量分数≥1%时，不标出其碳质量分数），合金元素 Cr、Si 的平均质量分数都小于 1.5%的合金工具钢；Cr12MoV 钢表示平均碳质量分数＞1%，铬的质量分数约为 12%，钼、钒质量分数都小于 1.5%的合金工具钢。

高速钢的钢号中一般不标出碳质量分数，仅标出合金元素的平均质量分数的百分数，如 W6Mo5Cr4V2。

⑥ 滚动轴承钢　高碳铬轴承钢属于专用钢，该类钢在钢号前冠以"G"，其后为 Cr＋数字来表示，数字表示铬质量分数的千分之几。例如 GCr15 钢，表示铬的平均质量分数为 1.5%的滚动轴承钢。

⑦ 特殊性能钢　特殊性能钢的碳质量分数也以千分之几表示。如 9Cr18 表示该钢平均碳质量分数为 0.9%。但当钢的碳质量分数≤0.03%及≤0.08%时，钢号前应分别冠以 00 及 0 表示。如 00Cr18Ni10、0Cr19Ni9 等。

⑧ 铸钢　铸钢的牌号由字母"ZG"后面加两组数字组成，第一组数字代表屈服强度值，第二组数字代表抗拉强度值。例如 ZG270-500 表示屈服强度为 270MPa、抗拉强度为 500MPa 的铸钢。

7.1.2　钢中的杂质及合金元素

（1）杂质元素对钢性能的影响

钢中除铁与碳两种元素外，还含有少量锰、硅、硫、磷、氧、氮、氢等非特意加入的杂质元素。它们对钢的性能有一定影响。

① 锰　锰是炼钢时用锰铁脱氧而残留在钢中的。锰的脱氧能力较好，能清除钢中的 FeO，降低钢的脆性。锰与硫化合成 MnS，可以减轻硫的有害作用，改善钢的热加工性能。锰大部分溶于铁素体中，形成置换固溶体，发生强化作用。锰对钢的性能有良好的影响，是一种有益的元素。

② 硅　硅是炼钢时用硅铁脱氧而残留在钢中的。硅的脱氧能力比锰强，能有效地消除钢中的 FeO，改善钢的品质。大部分硅溶于铁素体中，使钢的强度有所提高。

③ 硫　硫是在炼钢时由矿石和燃料带来的。在钢中一般是有害杂质，硫在 α-Fe 中溶解度极小，以 FeS 的形式存在。FeS 与 Fe 形成低熔点共晶体（FeS＋Fe），熔点为 985℃，低于钢材热加工的开始温度（1150～1250℃）。因此在热加工时，分布在晶界上的共晶体处于熔化状态而导致钢的开裂，这种现象称为热脆。因为 Mn 与 S 能形成熔点高的 MnS（熔点为 1620℃），所以增加钢中锰的含量，可消除硫的有害作用。硫化锰在铸态下呈点状分布于钢中，高温时塑性好，热轧时易被拉成长条，使钢产生纤维组织。钢中硫的含量必须严格控制。

（2）合金元素在钢中的作用

合金元素在钢中的作用是极为复杂的，当钢中含有多种合金元素时更是如此。下面简要叙述合金元素在钢中的几个最基本的作用。

① 合金元素对钢中基本相的影响　铁素体和渗碳体是碳钢中的两个基本相，合金元素加入钢中时，可以溶于铁素体内，也可以溶于渗碳体内。与碳亲和力弱的非碳化物形成元素，如镍、硅、铝、钴等，主要溶于铁素体中形成合金铁素体。而与碳亲和力强的碳化物形成元素，如锰、铬、钼、钨、钒、铌、锆、钛等，则主要与碳结合形成合金渗碳体或碳化物。

a. 强化铁素体　大多数合金元素都能溶于铁素体，由于其与铁的晶格类型和原子半径有差异，必然引起铁素体晶格畸变，产生固溶强化作用，使其强度、硬度升高，塑性和韧性下降。图 7-2 和图 7-3 为几种合金元素含量对铁素体硬度和韧性的影响。由图可见，锰、硅

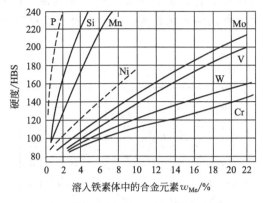

图 7-2　合金元素对铁素体硬度的影响

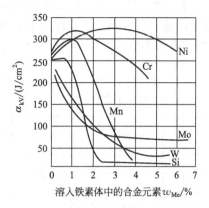

图 7-3　合金元素对铁素体冲击韧性的影响

能显著提高铁素体的硬度，但当 $w_{Mn} > 1.5\%$、$w_{Si} > 0.6\%$ 时，将强烈地降低其韧性。只有铬和镍比较特殊，在适当的含量范围内（$w_{Cr} \leqslant 2\%$、$w_{Ni} \leqslant 5\%$），不仅能提高铁素体的硬度，而且还能提高其韧性。

b. 形成合金碳化物　碳化物是钢中的重要组成相之一，碳化物的类型、数量、大小、形状及分布对钢的性能有很重要的影响。在碳钢中，在平衡状态下，可以按碳含量不同，分为亚共析钢、共析钢、过共析钢。通过热处理又可改变珠光体中 Fe_3C 片的大小，从而获得珠光体、索氏体、屈氏体等。在合金钢中，碳化物的状况显得更重要。作为碳化物形成元素，在元素周期表中都是位于铁以左的过渡族金属，越靠左，则 d 层电子数越少，形成碳化物的倾向越强。

合金元素按其与钢中的碳亲和力的大小可分为非碳化物形成元素和碳化物形成元素两大类。常见的非碳化物形成元素有：镍、钴、铜、硅、铝、氮、硼等；常见的碳化物形成元素按照与碳亲和力由弱到强的顺序排列是：铁、锰、铬、钼、钨、钒、铌、锆、钛等。钢中形成的合金碳化物主要有以下两类。

Ⅰ. 合金渗碳体　弱或中强碳化物形成元素，由于其与碳的亲和力比铁强，通过置换渗碳体中的铁原子溶于渗碳体中，从而形成合金渗碳体，如 $(FeMn)_3C$、$(FeCr)_3C$ 等。合金渗碳体与 Fe_3C 的晶体结构相同，但比 Fe_3C 略稳定，硬度也略高，是一般低合金钢中碳化物的主要存在形式。这种碳化物的熔点较低、硬度较低、稳定性较差。

Ⅱ. 特殊碳化物　中强或强碳化物形成元素与碳形成的化合物，其晶格类型与渗碳体完全不同。根据碳原子半径 r_C 与金属原子半径 r_M 的比值，可将碳化物分成两种类型。

当 $r_C/r_M > 0.59$ 时，形成具有简单晶格的间隙化合物，如 $Cr_{23}C_6$、Fe_3W_3C、Cr_7C_3 等。

当 $r_C/r_M < 0.59$ 时，形成具有复杂晶格的间隙相，或称之为特殊碳化物，如 WC、VC、TiC、Mo_2C 等。与间隙化合物相比，它们的熔点、硬度与耐磨性高，也更稳定，不易分解。

其中，中强碳化物形成元素如铬、钼、钨，既能形成合金渗碳体，如 $(FeCr)_3C$ 等，又能形成各自的特殊碳化物，如 Cr_7C_3、$Cr_{23}C_6$、MoC、WC 等。这些碳化物的熔点、硬度、耐磨性以及稳定性都比较高。

铌、锆、钛是强碳化物形成元素，它们在钢中优先形成特殊碳化物，如 VC、NbC、TiC 等。它们的稳定性最高，熔点、硬度和耐磨性也最高。

② 合金元素对热处理和力学性能的影响　合金钢一般都是经过热处理后使用的，主要是通过热处理改变钢的组织来显示合金元素的作用。

　　a. 改变奥氏体区域　扩大奥氏体区域的元素有镍、锰、碳、氮等，这些元素使 A_1 和 A_3 温度降低，使 S 点、E 点向左下方移动，从而使奥氏体区域扩大。图 7-4 表示锰对奥氏体区域位置的影响。

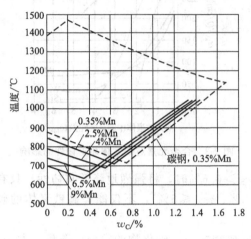
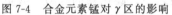
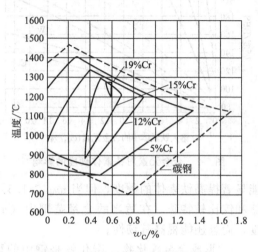

图 7-4　合金元素锰对 γ 区的影响　　　　　　图 7-5　合金元素铬对 γ 区的影响

　　Mn％＞13％或 Ni％＞9％的钢，其 S 点就能降到零点以下，在常温下仍能保持奥氏体状态，成为奥氏体钢。由于 A_1 和 A_3 温度的降低，就直接地影响热处理加热的温度，所以锰钢、镍钢的淬火温度低于碳钢。又由于 S 点的左移，使共析成分降低，与同样含碳量的亚共析碳钢相比，组织中的珠光体数量增加，而使钢得到强化。由于 E 点的左移，又会使发生共晶转变的含碳量降低，在 C％较低时，使钢具有莱氏体组织。如在高速钢中，虽然含碳量只有 0.7％～0.8％，但是由于 E 点左移，在铸态下会得到莱氏体组织，成为莱氏体钢。

　　缩小奥氏体区域的元素有铬、钼、硅、钨等，使 A_1 和 A_3 温度升高，使 S 点、E 点向左上方移动，从而使奥氏体的淬火温度也相应地提高了。图 7-5 是铬对奥氏体区域位置的影响。当 Cr％＞13％（含碳量趋于零）时，奥氏体区域消失，在室温下得到单相铁素体，称为铁素体钢。

　　b. 对奥氏体化的影响　大多数合金元素（除镍、钴外）减缓奥氏体化过程。合金钢在加热时，奥氏体化的过程基本上与碳钢相同，即包括奥氏体的形核与长大，碳化物的溶解以及奥氏体均匀化这三个阶段，它是扩散型相变。钢中加入碳化物形成元素后，使这一转变减慢。一般合金钢，特别是含有强碳化物形成元素的钢，为了得到较均匀的，含有足够数量的合金元素的奥氏体，充分发挥合金元素的有益作用，就需更高的加热温度与较长的保温时间。

　　c. 细化晶粒　几乎所有的合金元素（除锰外）都能阻碍钢在加热时奥氏体晶粒长大，但影响程度不同。碳化物形成元素（如钒、钛、铌、铬等）容易形成稳定的碳化物，铝形成稳定的化合物 AlN、Al_2O_3，它们都以弥散质点的形式分布在奥氏体晶界上，对奥氏体晶粒长大起机械阻碍作用。因此，除锰钢外，合金钢在加热时不易过热。这样有利于在淬火后获得细马氏体；有利于适当提高加热温度，使奥氏体中熔入更多的合金元素，以增加淬透性及钢的机械性能；同时也可减少淬火时变形与开裂的倾向。对渗碳零件，使用合金钢渗碳后，有可能直接淬火，以提高生产率。因此，合金钢不易过热是它的一个重要优点。

　　d. 对 C 曲线和淬透性的影响　大多数合金元素（除钴外）溶入奥氏体后，都能降低原子扩散速率，增加过冷奥体的稳定性，均使曲线位置向右下方移动（见图 7-6），临界冷却速率减小，从而提高钢的淬透性。通常对于合金钢，就可以采用冷却能力较低的淬火剂淬火，即采用油淬火，以减少零件的淬火变形和开裂倾向。

合金元素不仅使 C 曲线位置右移，而且对 C 曲线的形状也有影响。非碳化物形成元素和弱碳化物形成元素，如镍、锰、硅等，仅使 C 曲线右移，见图 7-6(a)。而对于中强和强碳化物形成元素，如铬、钨、钼、钒等，溶于奥氏体后，不仅使 C 曲线右移，提高钢的淬透性，而且能改变 C 曲线的形状，将珠光体转变与贝氏体转变明显地分为两个独立的区域，见图 7-6(b)。

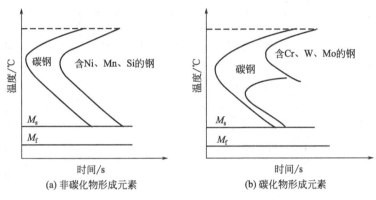

图 7-6　合金元素对 C 曲线的影响

合金元素对钢的淬透性的影响，由强到弱可排成下列次序：钼、锰、钨、铬、镍、硅、钒。能显著提高钢淬透性的元素有钼、锰、铬、镍等，微量的硼（$w_B < 0.005\%$）也可显著提高钢的淬透性。多种元素同时加入要比各元素单独加入更为有效，所以淬透性好的钢多采用"多元少量"的合金化原则。

e. 提高回火稳定性　淬火钢在回火时抵抗硬度下降（软化）的能力称为回火稳定性。回火是靠固态下的原子扩散完成的，由于合金元素溶入马氏体，使原子扩散速率减慢，因而在回火过程中，马氏体不易分解，碳化物也不易析出聚集长大，因而提高了钢的回火稳定性。高的回火稳定性可以使钢在较高温度下仍能保持高的硬度和耐磨性。由于合金钢的回火稳定性比碳钢高，若要求得到同样的回火硬度时，则合金钢的回火温度应比碳钢高，回火时间也应延长，因而内应力消除得好，钢的韧性和塑性指标就高。而当回火温度相同时，合金钢的强度、硬度就比碳钢高。钢在高温（>500℃）下保持高硬度（≥60HRC）的能力叫热硬性。这种性能对切削工具钢具有重要的意义。

碳化物形成元素如铬、钨、钼、钒等，在回火过程中有二次硬化作用，即回火时出现硬度回升的现象。二次硬化实际上是一种弥散强化。二次硬化现象对需要较高热硬性的工具钢来说具有重要意义。

7.1.3　结构钢

结构钢包括工程用钢和机器用钢两大类。工程用钢主要用于各种工程结构，它们大都是用普通碳素钢和普通低合金钢制造的。这类钢具有冶炼简便、成本低、用量大的特点，使用时一般不进行热处理。而机器用钢一般都经过热处理后使用，主要用于制造机器零件，它们大都是用优质碳素钢和合金结构钢制造的。

7.1.3.1　普通结构钢

（1）普通碳素结构钢

① 用途　普通碳素结构钢适用于一般工程用热轧钢板、钢带、型钢、棒钢等，可供焊

接、铆接、拴接构件使用。

②成分特点和钢种　普通碳素结构钢平均含碳量为 0.06%～0.38%，并含有较多的有害杂质和非金属夹杂物，但能满足一般工程结构及普通零件的性能要求，因而应用较广。表 7-2 为其牌号、化学成分与力学性能及用途。

表 7-2　普通碳素结构钢的牌号、主要成分、力学性能及用途

牌号	等级	化学成分/%			力学性能			用途
		w_C	$w_S<$	$w_P<$	σ_s/MPa	σ_b/MPa	$\delta_5\geqslant$/%	
Q195	—	0.06～0.12	0.050	0.045	195	315～390	33	塑性好,有一定的强度,用于制造受力不大的零件,如螺钉、螺母、垫圈等以及焊接件、冲压件及桥梁建设等金属结构件
Q215	A	0.09～0.15	0.050	0.045	215	335～410	31	
	B		0.045					
Q235	A	0.14～0.22	0.050	0.045	235	375～460	26	
	B	0.12～0.20	0.045					
	C	≤0.18	0.040	0.040				
	D	≤0.17	0.035	0.035				
Q255	A	0.18～0.28	0.050	0.045	255	410～510	24	强度较高,用于制造承受中等载荷的零件,如小轴、销子、连杆等
	B		0.045					
Q275	—	0.28～0.38	0.050	0.045	275	490～610	20	

碳素结构钢一般以热轧空冷状态供应。Q195 与 Q275 牌号的钢是不分质量等级的，出厂时同时保证力学性能和化学成分。

Q195 钢碳含量很低、塑性好，常做铁钉、铁丝及各种薄板等。Q275 钢为中碳钢，强度较高，能代替 30 钢、40 钢制造稍重要的零件。Q215、Q235、Q255 等钢，当质量等级为 A 级时，出厂时保证力学性能及硅、磷、硫等成分，其他成分不保证。若为其他等级时，力学性能及化学成分均保证。

(2) 普通低合金结构钢

① 用途　该类钢有高的屈服强度、良好的塑性、焊接性能及较好的耐蚀性。可满足工程上各种结构的承载大、自重轻的要求，如建筑结构、桥梁、车辆等。

② 成分特点和钢种　低合金结构钢是在碳素结构钢的基础上加入少量（不大于 3%）合金元素而制成，产品同时保证力学性能与化学成分。它含碳量（0.1%～0.2%）较低，以少量锰（0.8%～1.8%）为主加元素，含硅量较碳素结构钢为高，并辅加某些其他（铜、钛、钒、稀土等）合金元素。

③ 热处理特点　该类钢多在热轧、正火状态下使用，组织为铁素体＋珠光体。也有淬火成低碳马氏体或热轧空冷后在获得的贝氏体组织状态下使用的。

④ 钢种和牌号　常用普通低合金结构钢的牌号、主要成分、力学性能及用途见表 7-3。

16Mn 是这类钢的典型钢号，它发展最早、用得最多、产量最大，各种性能匹配较好，屈服强度达 350MPa，它比 Q235 钢的屈服强度高 20%～30%，故应用最广。

7.1.3.2　优质结构钢

这类钢主要用于制造各种机器零件，如轴类、齿轮、弹簧和轴承等所用的钢种，也称机器制造用钢。这类钢根据化学成分分为优质碳素结构钢与合金结构钢。

(1) 优质碳素结构钢

① 用途　优质碳素结构钢主要用来制造各种机器零件。

表 7-3 常用普通低合金结构钢的牌号、主要成分、力学性能及用途

牌号	钢材厚度和直径/mm	力学性能			使用状态	用途
		σ_s/MPa	σ_b/MPa≥	δ_5/%≥		
09MnV	≤16	430~580	295	23	热轧或正火	车辆部门的冲压件、建筑金属构件、冷弯型钢
	>16~25		275	22		
09Mn2	≤16	440~590	295	22	热轧或正火	低压锅炉、中低压化工容器、输油管道、储油罐等
	>16~30	420~570	275	22		
16Mn	≤16	510~660	345	21	热轧或正火	各种大型钢结构、桥梁、船舶、锅炉、压力容器、电站设备等
	>16~25	490~640	325	18		
15MnV	≤4~16	530~680	390	18	热轧或正火	中高压锅炉、中高压石油化工容器、车辆等焊接构件
	>16~25	510~660	375	20		
16MnNb	≤16	530~680	390	19	热轧	大型焊接结构,如容器、管道及重型机械设备、桥梁等
	>16~20	510~660	375	19		
14MnVTiRE	≤12	550~700	440	19	热轧或正火	大型船舶、桥梁、高压容器、重型机械设备等焊接结构件
	>12~20	530~680	410	19		

② 成分特点 优质碳素结构钢中磷、硫含量均小于0.035%,非金属夹杂物也较少。根据含锰量不同,分为普通含锰量(0.25%~0.8%)及较高含锰量(0.7%~1.2%)。这类钢的纯度和均匀度较好,因而其综合力学性能比普通碳素结构钢优良。

③ 钢种和牌号 常用优质碳素结构钢的牌号、化学成分和力学性能及用途见表7-4。

表 7-4 常用优质碳素结构钢的牌号、化学成分、力学性能及用途

牌号	主要成分			力学性能			用途
	w_C/%	w_{Si}/%	w_{Mn}/%	σ_s/MPa	σ_b/MPa	δ_5/%	
				≥			
08F	0.05~0.11	≤0.03	0.25~0.50	295	175	35	受力不大但要求高韧性的冲压件、焊接件、紧固件等,渗碳淬火后可制造要求强度不高的耐磨零件,如凸轮、滑块、活塞销等
08	0.05~0.12	0.17~0.37	0.35~0.65	325	195	33	
10	0.07~0.14	0.17~0.37	0.35~0.65	335	205	31	
15	0.12~0.19	0.17~0.37	0.35~0.65	375	225	27	
20	0.17~0.24	0.17~0.37	0.35~0.65	410	245	25	
30	0.27~0.35	0.17~0.37	0.50~0.80	490	295	21	负荷较大的零件,如连杆、曲轴、主轴、活塞销、表面淬火齿轮、凸轮等
35	0.32~0.40	0.17~0.37	0.50~0.80	530	315	20	
40	0.37~0.45	0.17~0.37	0.50~0.80	570	335	19	
45	0.42~0.50	0.17~0.37	0.50~0.80	600	355	16	
50	0.47~0.55	0.17~0.37	0.50~0.80	630	375	14	
55	0.52~0.60	0.17~0.37	0.50~0.80	645	380	13	
65	0.62~0.70	0.17~0.37	0.50~0.80	695	410	10	要求弹性极限或强度较高的零件,如轧辊、弹簧、钢丝绳、偏心轮等
65Mn	0.62~0.70	0.17~0.37	0.90~1.20	735	430	9	
70	0.67~0.75	0.17~0.37	0.50~0.80	715	420	9	
75	0.72~0.80	0.17~0.37	0.50~0.80	1080	880	7	

08F 塑性好，可制造冷冲压零件。10、20 冷冲压性能与焊接性能良好，可做冲压件及焊接件，经过适当热处理（如渗碳）后也可制作轴、销等零件。35、40、45、50 经热处理后，可获得良好的综合力学性能，可用来制造齿轮、轴类、套筒等零件。60、65 主要用来制造弹簧。

优质碳素结构钢使用前一般都要进行热处理。

（2）合金结构钢

合金结构钢是机械制造、交通运输、石油化工及工程机械等方面应用最广、用量最大的一类合金钢。合金结构钢常在优质碳素结构钢的基础上加入一些合金元素而形成。合金元素加入量不大，属于中、低合金钢。

① 渗碳钢

a. 用途　渗碳钢主要用于制造汽车、拖拉机中的变速齿轮，内燃机上的凸轮轴、活塞销等机器零件。工作中它们遭受强烈的摩擦和磨损，同时承受较高的交变载荷特别是冲击载荷。所以这类钢经渗碳处理后，应具有表面耐磨和心部抗冲击的特点。

b. 性能要求　根据使用特点，渗碳钢应具有以下性能。

Ⅰ. 渗碳层硬度高，并具有优异的耐磨性和接触疲劳抗力，同时要有适当的塑性和韧性。

Ⅱ. 渗碳件心部有高的韧性和足够高的强度，心部韧性不足时，在冲击载荷或过载荷作用下容易断裂；强度不足时，则硬脆的渗碳层缺乏足够的支撑，而容易碎裂、剥落。

Ⅲ. 有良好的热处理工艺性能，在高的渗碳温度（900～950℃）下奥氏体晶粒不易长大，并且具有良好的淬透性。

c. 成分特点　根据性能要求，渗碳钢的化学成分考虑如下。

Ⅰ. 低碳，含碳量一般较低，在 0.10%～0.25%，是为了保证零件心部有足够的塑性和韧性。

Ⅱ. 加入提高淬透性的合金元素，以保证经热处理后心部强化并提高韧性。常加入元素有 Cr（<2%）、Ni（<4%）、Mn（<2%）等。铬还能细化碳化物，提高渗碳层的耐磨性，镍则对渗碳层和心部的韧性非常有利。另外，微量硼能显著提高淬透性。

Ⅲ. 加入少量阻碍奥氏体晶粒长大的合金元素，主要加入少量强碳化物形成元素 V（<0.4%）、Ti（<0.1%）、Mo（<0.6%）、W（<1.2%）等。形成的稳定合金碳化物，除了能防止渗碳时晶粒长大外，还能增加渗碳层硬度、提高耐磨性。

d. 热处理特点　以用 20CrMnTi 制造汽车变速齿轮为例。其工艺路线为：下料→锻造→正火→加工齿形→渗碳（930℃），预冷淬火（830℃）→低温回火（200℃）→磨齿。正火的目的在于改善锻造组织，保持合适的加工硬度（170～210HB），其组织为索氏体＋铁素体。齿轮在使用状态下的组织为：由表面往心部为回火马氏体＋碳化物颗粒＋残余奥氏体→回火马氏体＋残余奥氏体→……而心部的组织分两种情况，在淬透时为低碳马氏体＋铁素体。

e. 钢种及牌号　常用合金渗碳钢的牌号、热处理工艺规范及力学性能及用途见表7-5。

碳素渗碳钢，多用 15、20 钢。这类钢价格便宜，但淬透性低，导致渗碳、淬回火后心部强度、表层耐磨性均不够高。主要用于尺寸小、载荷轻、要求耐磨的零件。

合金渗碳钢，常按淬透性大小分为三类。

低淬透性渗碳钢，水淬临界淬透直径为 20～35mm。典型钢种为 20Mn2、20Cr、20MnV 等。用于制造受力不太大，要求耐磨并承受冲击的小型零件。

表 7-5　常用合金渗碳钢的牌号、热处理、力学性能及用途

牌号	试样尺寸/mm	热处理温度/℃				力学性能≥					用途
		渗碳	第一次淬火	第二次淬火	回火	σ_s/MPa	σ_b/MPa	δ_5/%	φ/%	α_k/(J/cm²)	
20Cr	15	930	880(水、油)	780(水)~820(油)	200	835	540	10	40	60	用于 30mm 以下受力不大的渗碳件
20CrMnTi	15	930	880(油)	870(油)	200	1080	853	10	45	70	用于 30mm 以下承受高速中载荷的渗碳件
20SiMnVB	15	930	850~880(油)	780~800(油)	200	1175	980	10	45	70	代替 20CrMnTi
20Cr2Ni4	15	930	880(油)	780(油)	200	1175	1080	10	45	80	用于承受高载荷的重要渗碳件如大型齿轮

中淬透性渗碳钢，油淬临界淬透直径为 25~60mm。典型钢种有 20CrMnTi、12CrNi3、20MnVB 等，用于制造尺寸较大、承受中等载荷、重要的耐磨零件，如汽车中齿轮。

高淬透性渗碳钢，油淬临界淬透直径约 100mm 以上，属于空冷也能淬成马氏体的马氏体钢。典型钢种有 12Cr2Ni4、20Cr2Ni4、18Cr2Ni4WA 等，用于制造承受重载与强烈磨损的极为重要的大型零件，如航空发动机及坦克齿轮。

② 调质钢

a. 用途　调质钢经热处理后具有高的强度和良好的塑性、韧性，即良好的综合力学性能。广泛用于制造汽车、拖拉机、机床和其他机器上的各种重要零件，如齿轮、轴类件、连杆、高强螺栓等。

b. 性能要求　调质钢件大多承受多种和较复杂的工作载荷，要求具有高水平的综合力学性能，但不同零件受力状况不同，其性能要求有所差别。截面受力均匀的零件如连杆，要求整个截面都有较高的强韧性。受力不均匀的零件，如承受扭转或弯曲应力的传动轴，主要要求受力较大的表面区有较好的性能，心部要求可低些。

c. 成分特点　为了达到强度和韧性的良好配合，合金调质钢的成分设计如下。

Ⅰ. 中碳　含碳量一般在 0.25%~0.50%，以 0.40% 居多。碳量过低，不易淬硬，回火后强度不足；碳量过高则韧性不够。

Ⅱ. 加入提高淬透性的合金元素 Cr、Mn、Si、Ni、B 等　调质件的性能水平与钢的淬透性密切有关。尺寸较小时，碳素调质钢与合金调质钢的性能差不多，但当零件截面尺寸较大而不能淬透时，其性能与合金钢相比就差得很远了。45 钢和 40Cr 钢相比，40Cr 钢的强度要比 45 钢的高许多，同时具备良好的塑性和韧性。

Ⅲ. 加入 Mo、W 消除回火脆性　含 Ni、Cr、Mn 的合金调质钢，高温回火慢冷时容易产生第二类回火脆性。合金调质钢一般用于制造大截面零件，由快冷来抑制这类回火脆性往往有困难。因此常加入 Mo、W 来防止，其适宜含量约为 0.15%~0.30%Mo 或 0.8%~1.2%W。

d. 热处理特点　以东方红-75 拖拉机的连杆螺栓为例，材质为 40Cr，工艺路线为：下料→锻造→退火→粗机加工→调质→精机加工→装配。在工艺路线中，预备热处理采用退火（或正火），其目的是改善锻造组织，消除缺陷，细化晶粒，调整硬度，便于切割加工，为淬火做好组织准备。

调质工艺采用 830℃加热、油淬得到马氏体组织，然后在 525℃回火。为防止第二类回

火脆性，在回火的冷却过程中采用水冷，最终使用状态下的组织为回火索氏体。

对于调质钢，有时除要求综合力学性能高之外，还要求表面耐磨，则在调质后可进行表面淬火或氮化处理。这样在得到表面硬化层的同时，心部仍保持综合力学性能高的回火索氏体组织。

e. 钢种及牌号　常用调质钢的牌号、成分、热处理、性能与用途见表 7-6。它在机械制造业中应用相当广泛，按其淬透性的高低，可分为三类。

表 7-6　常用调质钢的牌号、成分、热处理、性能与用途

牌号	主要成分			热处理温度		力学性能≥			用　途
	w_C/%	$w_{Si,Cr}$/%	w_{Mn}/%	淬火/℃	回火/℃	σ_s/MPa	σ_b/MPa	α_k/(kJ/m²)	
40Cr	0.37～0.45	Cr0.8～1.10	0.50～0.80	850(油)	500(水、油)	980	785	47	做重要调质件，如轴类、连杆螺栓、汽车转向节、齿轮等
40MnB	0.37～0.44	0.20～0.40	1.10～1.40	850(油)	500(水、油)	980	785	47	代替40Cr
35CrMo	0.32～0.40	Cr0.8～1.10	0.40～0.70	850(油)	550(水、油)	980	835	63	用作重要的调质件，如锤杆、轧钢曲轴，是40CrNi的代用钢
38CrMoAlA	0.35～0.42	Cr1.35～1.65	Al0.7～1.1	940(水、油)	640(水、油)	980	835	71	做需氮化的零件，如镗杆、磨床主轴、精密丝杆、量规等
40CrMnMo	0.37～0.45	Cr0.9～1.20	0.90～1.20	850(油)	600(水、油)	980	785	63	做受冲击载荷的高强度件，是40CrNiMn钢的代用钢

Ⅰ. 低淬透性调质钢　这类钢的油淬临界直径最大为 30～40mm，最典型的钢种是40Cr，广泛用于制造一般尺寸的重要零件。40MnB、40MnVB 钢是为节省铬而发展的代用钢，40MnB 的淬透性、稳定性较差，切削加工性能也差一些。

Ⅱ. 中淬透性调质钢　这类钢的油淬临界直径最大为 40～60mm，含有较多合金元素。典型牌号有 35CrMo 等，用于制造截面较大的零件，例如曲轴、连杆等。加入钼不仅使淬透性显著提高，而且可以防止回火脆性。

Ⅲ. 高淬透性调质钢　这类钢的油淬临界直径为 60～160mm，多半是铬镍钢。铬、镍的适当配合，可大大提高淬透性，并获得优良的机械性能，例如 37CrNi3，但对回火脆性十分敏感，因此不宜于做大截面零件。铬镍钢中加入适当的钼，例如 40CrNiMo 钢，不仅具有最好的淬透性和冲击韧性，还可消除回火脆性，用于制造大截面、重载荷的重要零件，如汽轮机土轴、叶轮、航空发动机轴等。

③ 弹簧钢

a. 用途　弹簧钢是一种专用结构钢，主要用于制造各种弹簧和弹性元件。

b. 性能要求　弹簧是利用弹性变形吸收能量以缓和震动和冲击，或依靠弹性储能来起驱动作用。根据工作要求，弹簧钢应有以下性能。

Ⅰ. 高的弹性权限 σ_e　以保证弹簧具有高的弹性变形能力和弹性承载能力，为此应具有高的屈强强度 σ_s 或屈强比 σ_s/σ_b。

Ⅱ. 高的疲劳极限 σ_r　因弹簧一般在交变载荷下工作。σ_b 愈高，σ_r 也相应愈高。另外，表面质量对 σ_r 影响很大，弹簧钢表面不应有脱碳、裂纹、折叠、斑疤和夹杂等缺陷。

Ⅲ. 足够的塑性和韧性, 以免受冲击时发生脆断　此外, 弹簧钢还应有较好的淬透性, 不易脱碳和过热, 容易绕卷成形等。

c. 成分特点　弹簧钢的化学成分有以下特点。

Ⅰ. 中、高碳　为了保证高的弹性极限和疲劳极限, 从而具有高的强度, 弹簧钢的含碳量应比调质钢高, 合金弹簧钢一般含碳为 0.45% ~ 0.70%, 碳素弹簧钢一般含碳为 0.6% ~ 0.9%。

Ⅱ. 加入以 Si 和 Mn 为主的提高淬透性的元素　Si 和 Mn 主要是提高淬透性, 同时也提高屈强比, 而以 Si 的作用最突出。但它热处理时促进表面脱碳, Mn 则使钢易于过热。因此, 重要用途的弹簧钢, 必须加入 Cr、V、W 等元素, 例如 Si-Cr 弹簧钢表面不易脱碳, Cr-V 弹簧钢晶粒细不易过热, 耐冲击性能好, 高温强度也较高。

d. 热处理特点　按弹簧的加工工艺不同, 可分为冷成型弹簧和热成型弹簧两种。

Ⅰ. 热成型弹簧　用热轧钢丝或钢板成形, 然后淬火加中温 (450 ~ 550℃) 回火, 获得回火屈氏体组织, 具有很高的屈服强度, 特别是具有很高的弹性极限, 并有一定的塑性和韧性。这类弹簧一般是较大型的弹簧。

Ⅱ. 冷成型弹簧　小尺寸弹簧一般用冷拔弹簧钢丝 (片) 卷成, 这有三种制造方法。

冷拔前进行 "淬铅" 处理, 即加热到 A_{c_3} 以上, 然后在 450 ~ 550℃的熔铅中等温淬火。淬铅钢丝强度高, 塑性好, 具有适于冷拔的索氏体组织。经冷拔后弹簧钢丝的屈服强度可达 1600MPa 以上。弹簧绕卷成形后不再淬火, 只进行消除应力的低温 (200 ~ 300℃) 退火, 并使弹簧定形。

冷拔至要求尺寸后, 利用淬火 (油淬) 加回火来进行强化, 再冷绕成弹簧, 并进行去应力回火, 之后不再热处理。

冷拔钢丝退火后, 冷绕成弹簧, 再进行淬火和回火强化处理。汽车板簧经喷丸处理后, 使用寿命可提高几倍。

e. 钢种和牌号　常用弹簧钢的牌号、成分、热处理及用途见表 7-7。

表 7-7　常用弹簧钢的牌号、成分、热处理及用途

牌号	主要成分			热处理温度		力学性能 ≥			用途
	w_C/%	w_{Mn}/%	$w_{Si,Cr}$/%	淬火/℃	回火/℃	σ_b/MPa	σ_s/MPa	α_k/(kJ/m²)	
65	0.37 ~ 0.45	0.50 ~ 0.80	0.17 ~ 0.37	840(油)	500	1000	800	450	用于工作温度低于 200℃、φ20 ~ 30mm 的减振弹簧、螺旋弹簧
85	0.37 ~ 0.44	0.50 ~ 0.80	0.17 ~ 0.37	820(油)	480	1150	1000	600	用于工作温度低于 200℃、φ30 ~ 50mm 的减振弹簧、螺旋弹簧
65Mn	0.32 ~ 0.40	0.90 ~ 1.20	0.17 ~ 0.37	830(油)	540	1000	800	800	用于工作温度低于 200℃、φ30 ~ 50mm 的板簧、螺旋弹簧
60Si2Mn	0.35 ~ 0.42	0.60 ~ 0.90	1.50 ~ 2.00	870(油)	480	1300	1200	800	用于工作温度低于 250℃、φ<50mm 的重型板簧和螺旋弹簧
50CrVA	0.37 ~ 0.45	0.50 ~ 0.80	Cr0.80 ~ 1.10	850(油)	500	1300	1150	800	用于工作温度低于 400℃、φ30 ~ 50mm 的板簧、弹簧

碳素弹簧钢包括 65、85、65Mn 等。这类钢经热处理后具有一定的强度和适当的韧性，且价格较合金弹簧钢便宜，但淬透性差。

合金弹簧钢中常见的是 60Si2Mn。它有较高的淬透性，油淬临界直径为 20～30mm。50CrVA 钢不仅有良好的回火稳定性，且淬透性更高，油淬临界直径达 30～50mm。

④ 滚动轴承钢

a. 用途　轴承钢主要用来制造滚动轴承的滚动体（滚珠、滚柱、滚针）、内外套圈等，属专用结构钢。从化学成分上看它属于工具钢，所以也用于制造精密量具、冷冲模、机床丝杠等耐磨件。

b. 性能要求　轴承元件的工况复杂而苛刻，因此对轴承钢的性能要求很严，主要是三方面。

Ⅰ. 高的接触疲劳强度　轴承元件的压应力高达 1500～5000MPa，应力交变次数每分钟达几万次甚至更多，往往造成接触疲劳破坏，产生麻点或剥落。

Ⅱ. 高的硬度和耐磨性　滚动体和套圈之间不但有滚动摩擦，而且有滑动摩擦，轴承也常常因过度磨损而破坏，因此具有高而均匀的硬度。硬度一般应为 62～64HRC。

Ⅲ. 足够的韧性和淬透性。

c. 成分特点　根据性能要求，滚动轴承钢的化学成分考虑如下。

Ⅰ. 高碳　为了保证轴承钢的高硬度、高耐磨性和高强度，碳含量应较高，一般为 0.95%～1.1%。

Ⅱ. 铬为基本合金元素　铬能提高淬透性。它的渗碳体（FeCr$)_3$C 呈细密、均匀分布，能提高钢的耐磨性，特别是接触疲劳强度。但 Cr 含量过高会增大残余奥氏体量和碳化物分布的不均匀性，反而使钢的硬度和疲劳强度降低。适宜含量为 0.4%～1.65%。

Ⅲ. 加入硅、锰、钒等　Si、Mn 进一步提高淬透性，便于制造大型轴承。V 部分溶于奥氏体中，部分形成碳化物（VC），提高钢的耐磨性并防止过热。无 Cr 钢中皆含有 V。

Ⅳ. 纯度要求极高　规定 S<0.02%，P<0.027%。非金属夹杂对轴承钢的性能尤其是接触疲劳性能影响很大，因此轴承钢一般采用电冶炼，为了提高纯度并采用真空脱氧等冶炼技术。

d. 热处理特点

Ⅰ. 球化退火　目的不仅是降低钢的硬度，便于切削加工，更重要的是获得细的球状珠光体和均匀分布的过剩的细粒状碳化物，为零件的最终热处理做组织准备。

Ⅱ. 淬火和低温回火　淬火温度要求十分严格，温度过高会过热、晶粒长大，使韧性和疲劳强度下降，且易淬裂和变形；温度过低，则奥氏体中溶解的铬量和碳量不够，钢淬火后硬度不足。GCr15 钢的淬火温度应严格控制在 820～840℃ 范围内，回火温度一般为 150～160℃。

精密轴承必须保证在长期存放和使用中不变形。引起尺寸变化的原因主要是存在内应力和残余奥氏体发生转变。为了稳定尺寸，淬火后可立即进行冷处理（-60～-80℃），并在回火和磨削加工后，进行低温时效处理（于 120～130℃保温 5～10h）。

e. 钢种和牌号　常用滚动轴承钢的钢号、成分、热处理和用途见表 7-8。

我国轴承钢分两类，即铬轴承钢和添加 Mn、Si、Mo、V 的轴承钢。

Ⅰ. 铬轴承钢　最有代表性的是 GCr15，使用量占轴承钢的绝大部分。由于淬透性不很高，多用于制造中、小型轴承，也常用来制造冷冲模、量具、丝锥等。

Ⅱ. 添加 Mn、Si、Mo、V 的轴承钢　在铬轴承钢中加入 Si、Mn 可提高淬透性，如 GCr15SiMn 钢等，用于制造大型轴承。为了节省铬，加入 Mo、V 可得到无铬轴承钢，如 GSiMoV、GSiMnMoVRE 等，其性能与 GCr15 相近。

表 7-8　常用滚动轴承钢的钢号、成分、热处理和用途

牌号	主要成分				热处理温度		硬度/HRC	用　途
	$w_C/\%$	$w_{Cr}/\%$	$w_{Si}/\%$	$w_{Mn}/\%$	淬火/℃	回火/℃		
GCr9	1.00~1.10	0.90~1.20	0.15~0.35	0.25~0.45	810~820（水、油）	150~170	62~66	直径小于 20mm 的滚动体及轴承内、外圈
GCr9SiMn	1.00~1.10	0.90~1.25	0.45~0.75	0.95~1.25	810~830（水、油）	150~160	62~64	直径小于 25mm 的滚柱，壁厚小于 14mm，外径小于 250mm 的套圈
GCr15	0.95~1.05	1.40~1.65	0.15~0.35	0.25~0.45	820~840（水、油）	150~160	62~64	同 GCr9SiMn
GCr15SiMn	0.95~1.05	1.40~1.65	0.45~0.75	0.95~1.25	810~830（油）	160~200	61~65	直径大于 50mm 的滚柱，壁厚大于 14mm，外径大于 250mm 的套圈，φ25mm 以上的滚柱
GMnMoVRE	0.95~1.05		0.15~0.40	1.10~1.40	770~810（油）	170±5	≥62	代替 GCr15 钢用于军工和民用方面的轴承

7.1.4　工具钢

工具钢是用来制造刀具、模具和量具的钢。按化学成分分为碳素工具钢、低合金工具钢、高合金工具钢等。按用途分为刃具钢、模具钢、量具钢。

7.1.4.1　刃具钢

（1）碳素工具钢

① 用途　主要用于制造车刀、铣刀、钻头等金属切削刀具。

② 性能要求　刃具切削时受工件的压力，刃部与切屑之间发生强烈的摩擦。由于切削发热，刃部温度可达 500~600℃。此外，还承受一定的冲击和震动。因此对刃具钢提出如下基本性能要求。

a. 高硬度　切削金属材料所用刀具的硬度一般都在 60HRC 以上。

b. 高耐磨性　耐磨性直接影响刀具的使用寿命和加工效率。高的耐磨性取决于钢的高硬度和其中碳化物的性质、数量、大小及分布。

c. 高热硬性　刀具切削时必须保证刃部硬度不随温度的升高而明显降低。钢在高温下保持高硬度的能力称为热硬性或红硬性。热硬性与钢的回火稳定性和特殊碳化物的弥散析出有关。

碳素工具钢是含碳量为 0.65%~1.35% 的高碳钢，该钢的碳含量范围可保证淬火后有足够高的硬度。虽然该类钢淬火后硬度相近，但随碳含量增加，未溶渗碳体增多，使钢耐磨性增加，而韧性下降。故不同牌号的该类钢所承制的刃具亦不同。高级优质碳素工具钢淬裂倾向较小，宜制造形状复杂的刃具。

③ 热处理特点　碳素工具钢的预备热处理为球化退火，在锻、轧后进行，目的是降低硬度、改善切削加工性能，并为淬火做组织准备。最终热处理是淬火＋低温回火。淬火温度为 780℃，回火温度为 180℃，组织为回火马氏体＋粒状渗碳体＋少量残余奥氏体。

碳素工具钢的缺点是淬透性低，截面大于 10~12mm 的刃具仅表面被淬硬，其红硬性也低。温度升达 200℃后硬度明显降低，丧失切削能力，且淬火加热易过热，致使钢的强度、塑性、韧性降低。因此，该类钢仅用来制造截面较小、形状简单、切削速度较低的刃具，用来加工低硬度材料。

④ 钢种和牌号　碳素工具钢的牌号、主要成分、力学性能及用途见表 7-9。

表 7-9　碳素工具钢的牌号、主要成分、力学性能及用途

牌号	主要成分			硬　度		用　途
	$w_C/\%$	$w_{Si}/\% \leqslant$	$w_{Mn}/\% \leqslant$	退火后/HBS$\leqslant$	淬火后/HRC$\geqslant$	
T7(A)	0.65~0.74	0.40	0.35	187	62	用作受冲击的工具,如手锤、旋具等
T8(A)	0.75~0.84	0.40	0.35	187	62	用作低速切削刀具,如锯条、木工刀具、虎钳钳口、饲料机刀片等
T9(A)	0.85~0.90	0.40	0.35	192	62	
T10(A)	0.95~1.04	0.40	0.35	197	62	用作低速切削刀具、小型冷冲模、形状简单的量具
T11(A)	1.05~1.14	0.40	0.35	207	62	
T12(A)	1.15~1.24	0.40	0.35	207	62	用作不受冲击,但要求硬、耐磨的工具,如锉刀、丝锥、板牙等
T13(A)	1.25~1.35	0.40	0.35	217	62	

（2）低合金刃具钢

① 成分特点

a. 高碳　保证刃具有高的硬度和耐磨性,含碳量为 0.9%~1.1%。

b. 加入 Cr、Mn、Si、W、V 等合金元素。Cr、Mn、Si 主要是提高钢的淬透性,Si 还能提高回火稳定性；W、V 能提高硬度和耐磨性,并防止加热时过热,保持晶粒细小。

② 热处理特点　预备热处理为锻造后进行球化退火。最终热处理为淬火＋低温回火,其组织为回火马氏体＋未溶碳化物＋残余奥氏体。

与碳素工具钢相比较,由于合金元素的加入,淬透性提高了,因此可采用油淬火。淬火变形和开裂倾向小。

③ 钢种和牌号　常用低合金刃具钢的牌号、成分、热处理和用途见表 7-10。

表 7-10　常用低合金刃具钢的牌号、成分、热处理和用途

牌号	主要成分				热处理温度/℃		硬度/HRC	用　途
	$w_C/\%$	$w_{Si}/\%$	$w_{Mn}/\%$	$w_{Cr}/\%$	淬火	回火		
9Mn2V	0.85~0.95	≤0.40	1.70~2.00		780~810(油)	150~200	60~62	丝锥、板牙、铰刀、量规、块规、精密丝杆
9CrSi	0.85~0.95	1.20~1.60	0.30~0.60	0.95~1.25	820~860(油)	180~200	60~63	耐磨性高、切削不剧烈的刀具,如板牙、齿轮铣刀等
CrWMn	0.90~1.05	≤0.40	0.80~1.10	0.90~1.20	800~830(油)	140~160	62~65	要求淬火变形小的刀具,如拉刀、长丝锥、量规等
Cr2	0.95~1.10	≤0.40	≤0.40	1.30~1.65	830~860(油)	150~170	60~62	低速、切削量小、加工材料不很硬的刀具、测量工具,如样板
CrW5	1.25~1.50	≤0.30	≤0.30	0.40~0.70	800~820(水)	150~160	64~65	低速切削硬金属用的刀具,如车刀、铣刀、刨刀
9Cr2	0.85~0.95	≤0.40	≤0.40	1.30~1.70	820~850(油)			主要做冷轧辊、钢引冲孔凿、尺寸较大的铰刀

Cr2 钢,含碳量高,加入 Cr 后显著提高淬透性,减少变形与开裂倾向,碳化物细小均匀,使钢的强度和耐磨性提高。可制造截面较大（20~30mm）、形状较复杂的刃具,如车刀、铣刀、刨刀等。

9CrSi 钢,有更高的淬透性和回火稳定性,其工作温度可达 250~300℃。适宜制造形状复杂、变形小的刃具,特别是薄刃者,如板牙、丝锥、钻头等。但该钢脱碳倾向大,退火硬度较高,切削性能较差。

（3）高合金刃具钢

高合金刃具钢就是高速钢，具有很高的热硬性，在高速切削的刃部温度达 600℃时；硬度无明显下降。

① 成分特点

a. 高碳 碳含量在 0.70％以上，最高可达 1.5％左右，它一方面要保证能与 W、Cr、V 等形成足够数量的碳化物；另一方面还要有一定数量的碳溶于奥氏体中，以保证马氏体的高硬度。

b. 加入铬提高淬透性 几乎所有高速钢的含铬量均为 4％左右。铬的碳化物（$Cr_{23}C_6$）在淬火加热时几乎全部溶于奥氏体中，增加过冷奥氏体的稳定性，大大提高钢的淬透性。铬还提高钢的抗氧化、脱碳能力。

c. 加入钨 钢保证高的热硬性。退火状态下 W 或 Mo 主要以 M_6C 型的碳化物形式存在。淬火加热时，一部分（Fe，W）$_6C$ 等碳化物溶于奥氏体中，淬火后存在于马氏体中。在 560℃左右回火时，碳化物以 W_2C 或 Mo_2C 形式弥散析出，造成二次硬化。这种碳化物在 500～600℃温度范围内非常稳定，不易聚集长大，从而使钢产生良好的热硬性。淬火加热时，未溶的碳化物能起阻止奥氏体晶粒长大及提高耐磨性的作用。

d. 加入钒提高耐磨性 V 形成的碳化物 VC（或 V_4C_3）非常稳定，极难溶解，硬度较高（大大超过 W_2C 的硬度）且颗粒细小，分布均匀，因此对提高钢的硬度和耐磨性有很大作用。钒也产生二次硬化，但因总含量不高，对提高热硬性的作用不大。

② 热处理特点 现以应用较广泛的 W18Cr4V 钢为例，说明高速钢的加工及热处理特点。

W18Cr4V 钢在工厂中得到了广泛的应用，适于制造一般高速切削用车刀、刨刀、钻头、铣刀等。下面就以 W18Cr4V 钢制造的盘形齿轮钎刀为例，说明其热处理工艺方法的选定和工艺路线的安排。

盘形齿轮铣刀的主要用途是铣制齿轮。在工作过程中，齿轮铣刀往往会磨损变钝而失去切削能力，因此要求齿轮铣刀经淬火回火后，应保证具有高硬度（刃部硬度要求为 63～65HRC）、高耐磨性及热硬性。为了满足上述性能要求，根据盘形齿轮铣刀的规格（模数 $m=3$）和 W18Cr4V 钢成分的特点来选定热处理工艺方法和安排工艺路线。

盘形齿轮铣刀生产过程的工艺路线如下：

下料→锻造→退火→机械加工→淬火＋回火→喷砂→磨加工→成品

高速钢的铸态组织中具有鱼骨骼状碳化物，见图 7-7。这些粗大的碳化物不能用热处理的方法来消除，而只能用锻造的方法将其击碎，并使它分布均匀。

图 7-7 W18Cr4V 的铸态组织（500×）

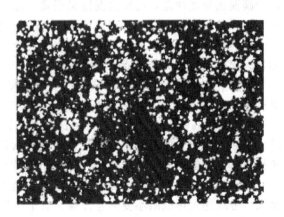

图 7-8 W18Cr4V 钢的锻造退火后的组织（500×）

　　锻造退火后的显微组织由索氏体和分布均匀的碳化物组成，见图 7-8。如果碳化物分布不均匀，将使刀具的强度、硬度、耐磨性、韧性和热硬性均降低，从而使刀具在使用过程中容易崩刃和磨损变钝，导致早期失效。据某厂统计，在数百件崩齿、落齿的刀具中，98％以上都是由于碳化物不均匀造成的。可见高速钢坯料的锻造，不仅是为了成形，而且是为了击碎粗大碳化物，使碳化物分布均匀。

　　对齿轮铣刀锻坯，碳化物不均匀性要求≤4 级。为了达到上述要求，高速钢锻造反复镦粗、拔长多次，绝不应一次成形。由于高速钢的塑性和导热性均较差，而且具有很高的淬透性，在空气中冷却即得到马氏体淬火组织。因此，高速钢坯料锻造后应缓慢冷却，通常采用砂中缓冷，以免产生裂纹。这种裂纹在热处理时会进一步扩张，而导致整个刀具开裂报废。锻造时如果停锻温度过高（＞1000℃）或变形度较大，会造成晶粒的不正常长大。

　　锻造后必须经过退火，以降低硬度（退火后硬度为 207～255HB），消除应力，并为随后淬火回火热处理做好组织准备。

　　为了缩短时间，一般采用等温退火。W18Cr4V 钢的等温退火工艺，为了使齿轮铣刀在铣削后齿面有较高的光洁程度，在铣削前须增加调质处理。即在 900～920℃加热，油中冷却，然后在 700～720℃回火 1～3h。调质后的组织为回火索氏体＋碳化物，其硬度为 26～32HRC。若硬度低，则光洁程度达不到要求。

　　W18Cr4V 钢制盘形齿轮铣刀的淬火回火工艺如图 7-9 所示。

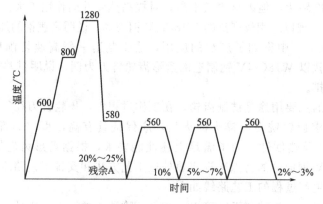

图 7-9　W18Cr4V 盘形铣刀淬火回火工艺

　　由图可见，W18Cr4V 钢制盘形齿轮铣刀在淬火之前先要进行一次预热（800～840℃）。由于高速钢导热性差，而淬火温度又很高，假如直接加热到淬火温度就很容易产生变形与裂纹，所以必须预热。对于大型或形状复杂的工具，还要采用两次预热。

　　高速钢的热硬性主要取决于马氏体中合金元素的含量，即加热时溶于奥氏体中合金元素的量。淬火温度对奥氏体成分的影响很大，如图 7-10 所示。

　　由图 7-10 可知，对高速钢热硬性影响最大的两个元素（W 和 V），在奥氏体中的溶解度只有在 1000℃以上时才有明显的增加，在 1270～1280℃时，奥氏体中含有 7％～8％的 W、4％的 Cr、10％的 V。温度再高，奥氏体晶粒就会迅速长大变粗，淬火状态残余奥氏体也会迅速增多，从而降低高速钢性能。这就是淬火温度一般定为 1270～1280℃的主要原因。高速钢刀具淬火加热时间一般按 8～15s/mm（厚度）计算。

　　淬火方法应根据具体情况确定，本例的铣刀采用 580～620℃在中性盐中进行一次分级淬火。分级淬火可以减小变形与开裂。对于小型或形状简单的刀具也可采用油淬等。

　　W18Cr4V 钢硬度与回火温度的关系，见图 7-11。

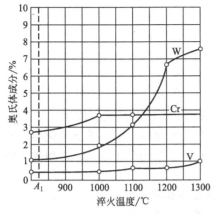

图 7-10　W18Cr4V 钢淬火温度对奥氏体成分的影响

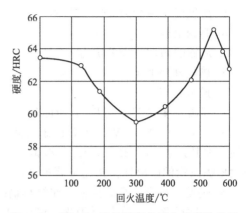

图 7-11　W18Cr4V 的硬度与回火温度的关系

由图 7-11 可知，在 550～570℃ 回火时硬度最高。其原因有以下两点。

a. 在此温度范围内，钨及钒的碳化物（W_2C，VC）呈细小分散状从马氏体中沉淀析出（即弥散沉淀析出），这些碳化物很稳定，难以聚集长大，从而提高了钢的硬度，这就是所谓的"弥散硬化"。

b. 在此温度范围内，一部分碳及合金元素也从残余奥氏体中析出，从而降低了残余奥氏体中碳及合金元素含量，提高了马氏体转变温度。当随后冷却时，就会有部分残余奥氏体转变为马氏体，使钢的硬度得到提高。由于以上原因，在回火时出现了硬度回升的"二次硬化"现象。

为什么要进行三次回火呢？因为 W18Cr4V 钢在淬火状态约有 20%～25% 的残余奥氏体，一次回火难以全部消除，经三次回火即可使残余奥氏体减至最低量（一次回火后约剩 15%，二次回火后约剩 3%～5%，三次回火后约剩 1%～2%）。后一次回火还可以消除前一次回火由于奥氏体转变为马氏体所产生的内应力。它由回火马氏体＋少量残余奥氏体＋碳化物组成。常用高速钢的牌号、成分、热处理及性能见表 7-11。

表 7-11　常用高速钢的牌号、成分、热处理及性能

牌号	主要化学成分					热处理及性能		
	w_C/%	w_W/%	w_V/%	w_{Cr}/%	w_{Mo}/%	淬火/℃	回火/℃	回火后硬度≥/HRC
W18Cr4V	0.70～0.80	17.5～19.0	1.00～1.40	3.80～4.40		1270～1285（油）	550～570（三次）	63
W6Mo5Cr4V2	0.80～0.90	5.50～6.75	1.75～2.20	3.80～4.40	4.75～5.50	1210～1230（油）	540～560（三次）	63

7.1.4.2　模具钢

模具钢一般分为冷作模具钢和热作模具钢两大类。由于冷作模具钢和热作模具钢的工作条件不同，因而对模具钢性能要求有所区别。为了满足其性能要求，必须合理选用钢材，正确选定热处理工艺方法和妥善安排工艺路线。

（1）冷作模具钢

① 用途　冷作模具钢用于制造各种冷冲模、冷镦模、冷挤压模及拉丝模等。工作温度不超过 200～300℃。

② 性能要求　冷作模具钢工作时承受很大的压力、弯曲力、冲击载荷和摩擦，主要损坏形式是磨损，也常出现崩刃、断裂和变形等失效现象。因此冷作模具钢应具有以下基本

性能。

　　a. 高硬度，一般为 58～62HRC。

　　b. 高耐磨性。

　　c. 足够的韧性与疲劳抗力。

　　d. 热处理变形小。

　　③ 成分特点

　　a. 高碳　多在 1.0% 以上，有时达 2%，以保证获得高硬度和高耐磨性。

　　b. 加入 Cr、Mo、W、V 等合金元素　加入这些合金元素后，形成难溶碳化物，提高耐磨性。尤其是加 Cr，典型的 Cr12 型钢，铬含量高达 12%。铬与碳形成 M_7C_3 型碳化物，能极大地提高钢的耐磨性。铬还显著提高淬透性。

　　④ 热处理特点　高碳高铬冷作模具钢的热处理方案有两种。

　　a. 一次硬化法　在较低温度（950～1000℃）下淬火，然后低温（150～180℃）回火，硬度可达 61～64HRC，使钢具有较好的耐磨性和韧性，适用于重载模具。

　　b. 二次硬化法　在较高温度（1100～1150℃）下淬火，然后于 510～520℃ 多次（一般为三次）回火，产生二次硬化，使硬度达 60～62HRC，红硬性和耐磨性较高（但韧性较差），适用于在 400～450℃ 温度下工作的模具。Cr12 型钢热处理后组织为回火马氏体、碳化物和残余奥氏体。

　　Cr12 型钢属莱氏体钢，网状共晶碳化物和碳化物的不均匀分布使材料变脆，以致发生崩刃现象，所以要反复锻造来改善其分布状态。

　　⑤ 钢种和牌号　冷作模具钢的牌号、成分、热处理、性能及用途见表 7-12。

　　（2）热作模具钢

　　① 用途　用于制造各种热锻模、热压模、热挤压模和铸模等，工作时型腔表面温度可达 600℃ 以上。

　　② 性能要求　热作模具钢工作中承受很大的冲压载荷、强烈的塑性摩擦、剧烈的冷热循环，从而引起不均匀热应变和热应力以及高温氧化，常出现崩裂、塌陷、磨损、龟裂等失效现象。因此热作模具钢的主要性能要求如下。

　　a. 高的热硬性和高温耐磨性。

　　b. 高的抗氧化能力。

　　c. 高的热强性和足够高的韧性，尤其是变冲击较大的热锻模钢。

　　d. 高的热疲劳抗力，以防止龟裂破坏。此外，由于热作模具一般较大，还要求有高的淬透性和导热性。

　　③ 成分特点

　　a. 中碳　碳含量一般为 0.3%～0.6%，以保证高强度、高韧性，较高的硬度（35～52HRC）和较高的热疲劳抗力。

　　b. 加入较多的提高淬透性的元素　如 Cr、Ni、Mn、Si 等。Cr 是提高淬透性的主要元素，同时和 Ni 一起提高钢的回火稳定性。Ni 在强化铁素体的同时还增加钢的韧性，并与 Cr、Mo 一起提高钢的淬透性和耐热疲劳性能。

　　c. 加入产生二次硬化的 Mo、W、V 等元素　Mo 还能防止第二类回火脆性，提高高温强度和回火稳定性。

　　④ 热处理特点　对于热模钢，要反复锻造，其目的是使碳化物均匀分布。锻造后要退火，其目的是消除锻造应力、降低硬度（197～241HB），以便于切削加工。最后通过淬火＋高温回火（即调质处理）得回火索氏体，以获得良好的综合力学性能来满足使用要求。

⑤ 钢种和牌号　对于中小尺寸（截面尺寸＜300mm）的模具，一般采用 5CrMnMo；对于大尺寸（截面尺寸＞400mm）的模具，一般采用 5CrNiMo。

各类常用模具钢的牌号、成分、热处理、性能及用途见表 7-12。

表 7-12　各类常用模具钢的牌号、成分、热处理、性能及用途

类别	牌号	主要成分				热处理温度				用　途
		$w_C/\%$	$w_{Mn}/\%$	$w_{Si}/\%$	$w_{Cr}/\%$	淬火/℃	硬度/HRC	回火/℃	硬度/HRC	
冷模具钢	Cr12	2.00～2.30	≤0.35	≤0.40	11.5～13.0	980（油）	62～65	180～220	60～62	冷冲模、冲头、冷切剪刀
						1080（油）	45～50	520（三次）	59～60	
	Cr12MoV	1.45～1.70	≤0.35	≤0.40	11.0～12.5	1030（油）	62～63	180～200	61～62	冷切剪刀、冷丝模
						1120（油）	41～50	510（三次）	60～61	
热模具钢	5CrNiMo	0.50～0.60	0.50～0.80	≤0.35	0.50～0.80	830～860（油）	≤47	530～550	364～402 HBW	大型锻模
	5CrMnMo	0.50～0.60	1.20～1.60	0.25～0.60	0.60～0.90	820～850（油）	≥50	560～580	324～364 HBW	中型锻模
	6SiMnV	0.55～0.65	0.90～1.20	0.80～1.10		820～860（油）	≥56	490～510	374～444 HBW	中小型锻模
	3Cr2W8V	0.30～0.40	0.20～0.40	≤0.35	2.20～2.70	1050～1100（油）	＞50	560～580（三次）	44～48	螺钉或铆钉热轧模、热切剪刀

7.1.4.3　量具钢

（1）用途

量具钢用于制造各种测量工具，如卡尺、千分尺、螺旋测微仪、块规、塞规等。

（2）性能要求

对量具的基本要求是在长期存放与使用中要保证其尺寸精度，即形状尺寸不变。通常引起量具在使用或存放中发生尺寸精度降低的原因主要有磨损和时效效应。量具在多次使用中会与工件表面之间有摩擦作用，会使量具磨损并改变其尺寸精度。实践还表明，由于组织相应力上的原因，也会引起量具在长期使用或存放中尺寸精度的变化，这种现象称为时效效应。在淬火和低温回火状态下，钢中存在有以下三种导致尺寸变化的因素：残余奥氏体转变成马氏体，引起体积膨胀；马氏体分解，正方度下降，使体积收缩；残余应力的变化和重新分布，使弹性变形部分转变为塑性变形而引起尺寸变化。

所以对量具钢的性能要求是：高的硬度和耐磨性；高的尺寸稳定性，热处理变形要小，存放和使用过程中，尺寸不发生变化。

（3）成分特点

量具钢的成分与低合金刃具钢相同，为高碳（0.9%～1.5%）和加入提高淬透性的元素（Cr、W、Mn 等）。

（4）热处理特点

为保证量具的高硬度和耐磨性，应选择的热处理工艺为淬火和低温回火。为了量具的尺寸稳定、减少时效效应，通常需要有三个附加的热处理工序：淬火之前的调质处理、常规淬火之后的冷处理、常规热处理后的时效处理。

调质处理的目的是获得回火索氏体组织。因为回火索氏体组织与马氏体的体积差别较小，能使淬火应力和变形减小，从而有利于降低量具的时效效应。

冷处理的目的是为了使残余奥氏体转变为马氏体，减少残余奥氏体量，从而增加量具的尺寸稳定性。冷处理应在淬火后立即进行。

　　时效处理通常在磨削后进行。量具磨削后在表面层有很薄的二次淬火层，为使这部分组织稳定，需在 110～150℃经过 6～36h 的人工时效处理，以使组织稳定。

　　常用的量具用钢选用见表 7-13。

表 7-13　量具用钢的选用举例

量　具	钢　号
平样板或卡板	10、20 或 50、55、60、60Mn、65Mn
一般量规与块规	T10A、T12A、9CrSi
高精度量规与块规	Cr 钢、CrMn 钢、GCr15
高精度且形状复杂的量规与块规	CrWMn（低变形钢）
抗蚀量具	4Cr13、9Cr18（不锈钢）

7.1.5　特殊性能钢

　　用于制造在特殊工作条件或特殊环境（腐蚀介质、高温等）下具有特殊性能要求的构件和零件的钢材，称特殊性能钢。

　　特殊性能钢一般包括不锈钢、耐热钢、耐磨钢、磁钢等。

　　这些钢在机械制造，特别是在化工、石油、电机、仪表和国防工业等部门都有广泛、重要的用途。

7.1.5.1　不锈钢

　　在化工、石油等工业部门中，许多机件与酸、碱、盐及含腐蚀性气体和水蒸气直接接触，使机械腐蚀。因此，用于制造这些机件的钢除应有一定的力学性能及工艺性能外，还必须具有良好的抗腐蚀性能。所以，获得良好的抗腐蚀性能是这类钢合金化和热处理的基本出发点。

　　不锈钢是在大气和弱腐蚀介质中耐蚀的钢。而在各种强腐蚀介质（酸）中耐腐蚀的钢，则称耐酸钢。

　　为了了解这类钢是如何通过合金化及热处理来实现钢的耐蚀性能，首先要了解钢的腐蚀过程及失效形式。

　　（1）金属腐蚀的概念

　　腐蚀是由外部介质引起金属破坏的过程。自然界中金属腐蚀的形式很多，但就其本质而言，可分为两大类：化学腐蚀和电化学腐蚀。

　　化学腐蚀是指金属直接与介质发生化学反应。例如钢的高温氧化、脱碳，在石油、燃气中的腐蚀等。腐蚀过程是铁与氧、水蒸气等直接接触，发生氧化反应。

$$4Fe + 3O_2 \longrightarrow 2Fe_2O_3$$
$$Fe + 2H_2O \longrightarrow Fe(OH)_2 + H_2 \uparrow$$

　　这些化学反应的结果，使金属逐渐被破坏。但是如果化学腐蚀的产物与基体结合地牢固且很致密，这时，使腐蚀的介质与基体金属隔离，会阻碍腐蚀的继续进行。因此，防止金属产生化学腐蚀主要措施之一是加入 Si、Cr、Al 等能形成保护膜的合金元素进行合金化。

　　电化学腐蚀是指金属在电解质溶液里因原电池作用产生电流而引起的腐蚀。根据原电池原理，产生电化学腐蚀的条件是必须有两个电位不同的电极、有电解质溶液、两电极构成电路。

　　那么工程上服役的构件及零件是怎样满足上述的电化学腐蚀条件呢？

　　一般钢的腐蚀就是由电化学腐蚀引起的，但又与一般化学书中介绍的原电池有所不同。在一般原电池中需要有两块电极电位不同的金属极板，而实际钢铁材料是在同一块材料上发生电化学腐蚀，称微电池现象。在碳钢的平衡组织中，除了有铁素体外，还有碳化物，这两个相的电极电位不同。铁素体的电位低（阳极），渗碳体电位高（阴极），这两者就构成了一对电极。加之钢材在大气中放置时表面会吸附水蒸气形成水溶液膜，于是就构成了一个完整的微电池，便产生了电化学腐蚀。

根据电化学腐蚀产生的位置及条件，常常出现各种不同类型的腐蚀形式，如晶间腐蚀、应力腐蚀、疲劳腐蚀等。由上述电池过程可知，为了提高金属的耐腐蚀能力，可以采用以下三种方法。

① 减少原电池形成的可能性，使金属具有均匀的单相组织，并尽可能提高金属的电极电位。

② 形成原电池时，尽可能减小两极的电极电位差，并提高阳极的电极电位。

③ 减小甚至阻断腐蚀电流，使金属"钝化"，即在表面形成致密的、稳定的保护膜，将介质与金属隔离。这是提高金属耐腐蚀性的非常有效的方法。

（2）用途及性能要求

不锈钢在石油、化工、原子能、宇航、海洋开发、国防工业和一些尖端科学技术及日常生活中都得到广泛应用。主要用来制造在各种腐蚀介质中工作并且有较高抗腐蚀能力的零件或结构。例如化工装置中的各种管道、阀门、泵、热裂设备零件，医疗手术器械，防锈刃具和量具等等。

对不锈钢的性能要求最主要的是抗蚀性。此外，制作工具的不锈钢，还要求有高硬度、高耐磨性；制作重要结构零件时，要求有高强度；某些不锈钢则要求有较好的加工性能，等等。

（3）合金化特点

① 碳含量 耐蚀性要求愈高，碳含量应愈低，因为它增加阴极相（碳化物）。特别是它与铬能形成碳化物［多为 $(Cr，Fe)_{23}C_6$］从晶界析出，使晶界周围基体严重贫铬。当铬贫化到耐蚀所必需的最低含量（约 12%）以下时，贫铬区迅速被腐蚀，造成沿晶界发展的晶间腐蚀，使金属产生沿晶脆断的危险。大多数不锈钢的碳含量为 0.1%～0.2%，但用于制造刃具和滚动轴承等的不锈钢，碳含量应较高（可达 0.85%～0.95%），此时必须相应地提高铬含量。

② 加入最主要的合金元素铬 铬能提高基体的电极电位。铬加入后，铁素体的电极电位的变化随着含铬量的增加不是渐变的，而是突变的，即含 Cr 量为 12.5%、25%、37.5%（原子比）时，电极电位才能显著地提高。铬是缩小 γ 区的元素，当铬含量很高时能得到单一的铁素体组织。另外，铬在氧化性介质（如水蒸气、大气、海水、氧化性酸等）中极易钝化，生成致密的氧化膜，使钢的耐蚀性大大提高。

③ 同时加入镍 可获得单相奥氏体组织，显著提高耐蚀性。但这时钢的强度不高，如果要获得适度的强度和高耐蚀性，必须把镍和铬同时加入钢中才能达到构件及零件的性能要求。

④ 加入钼、铜等 Cr 在非氧化性酸（如盐酸、稀硫酸等）和碱溶液中的钝化能力差。加入 Mo、Cu 等元素，可提高钢在非氧化性酸和碱溶液中的耐蚀能力。

⑤ 加入钛、铌等 Ti、Nb 能优先同碳形成稳定的碳化物，使 Cr 保留在基体中，避免晶界贫铬，从而减轻钢的晶界腐蚀倾向。

⑥ 加入锰、氮等 使部分镍获得奥氏体组织，并能提高铬不锈钢在有机酸中的耐蚀性。

（4）常用不锈钢

根据成分与组织的特点，不锈钢可分为以下几种类型。

① 奥氏体型　这是应用最广泛的一类不锈钢。由于通常含有 18％左右的 Cr 和 8％以上的 Ni，因此也常被称为 18-8 型不锈钢。这类钢具有很高的耐蚀性，并具有优良的塑性、韧性和焊接性。虽然强度不高，但可通过冷变形强化。这类钢在 450～800℃加热时，晶界附近易出现贫铬区，往往会产生晶间腐蚀，为此常采取加入 Ti 或 Nb 以及发展超低碳不锈钢（含碳量＜0.03％）等防止措施。此外，这类钢应进行固溶处理（950～1100℃加热，然后用水迅速冷却至室温），以获得单相奥氏体。

② 铁素体型　这类钢含 Cr17％～30％，含碳＜0.15％，加热至高温也不发生相变，不能通过热处理来改变其组织和性能，通常是在退火或正火状态下使用。这类钢具有较好的塑性，但强度不高，对硝酸、磷酸有较高的耐蚀性。

③ 马氏体型　这类钢含 Cr12％～14％，含碳 0.1％～0.4％，正火组织为马氏体。马氏体不锈钢具有较好的力学性能，有很高的淬透性，直径不超过 100mm，均可在空气中淬透。

④ 沉淀硬化型　这类型的成分与 18-8 型不锈钢相近，但含 Ni 量略低，并加入少量 Al、Ti、Cu 等强化元素。从高温快冷至室温时，得到不稳定的奥氏体或马氏体。在 500℃左右时，可析出大量细小弥散的碳化物，使钢在保持相当的耐蚀性的同时具有很高的强度。这类钢还具有优良的工艺性能。

各种类型不锈钢的牌号、性能、热处理特点见表 7-14。

表 7-14　各种类型不锈钢的牌号、性能、热处理特点

类别	牌号	主要成分			热处理温度	力学性能≥			用　途
		w_C/%	w_{Cr}/%	w_{Ni}/%	淬火/℃	σ_b/MPa	σ_s/MPa	δ/%	
奥氏体不锈钢	0Cr18Ni9	≤0.08	17～19	8～12	1050～1100（水）	490	180	40	具有良好的耐蚀性，是化工行业良好的耐蚀材料
	1Cr18Ni9	≤0.12	17～19	8～12	1100～1150（水）	550	200	45	制作耐硝酸、冷磷酸、有机酸及盐、碱溶液腐蚀的设备零件
	1Cr18Ni9Ti	≤0.12	17～19	8～11	1100～1150（水）	550	200	40	耐酸容器及设备衬里，输送管道等设备和零件，抗磁仪表、医疗器械
马氏体不锈钢	1Cr13	0.08～0.15	12～14		1000～1050（水、油）700～790（回火）	600	420	20	制作能抗弱腐蚀性介质、承受冲击负荷的零件，如汽轮机叶片、水压机阀、结构架、螺栓、螺帽等
	2Cr13	0.16～0.24	12～14		1000～1050（水、油）700～790（回火）	660	450	16	
	3Cr13	0.25～0.34	12～14		1000～1050（油）200～300（回火）				制作具有高硬度和耐磨性的医疗工具、量具、滚珠轴承等
	4Cr13	0.35～0.45	12～14		1000～1050（油）200～300（回火）				制作具有高硬度和耐磨性的医疗工具、量具、滚珠轴承等
铁素体不锈钢	1Cr17	≤0.12	16～18		750～800（空冷）	400	250	20	制作硝酸工厂设备如吸收塔、热交换器、酸槽、输送管道及食品工厂设备等
	Cr25Ti	≤0.12	25～27		700～800（空冷）	450	300	20	生产硝酸及磷酸的设备

7.1.5.2　耐热钢

耐热钢是具有高温抗氧化性和一定高温强度等优良性能的特殊钢。高温抗氧化性是金属材料在高温下对氧化作用的抗力，而高温强度是金属材料在高温下对机械负荷作用具有较高的抗力。

（1）耐热钢的抗氧化性及高温强度

① 金属的抗氧化性　金属的抗氧化性是保证零件在高温下能持久工作的重要条件，抗氧化能力的高低主要由材料的成分决定。钢中加入足够的 Cr、Si、Al 等元素，使钢在高温下与氧接触时，表面能生成致密的高熔点氧化膜。它严密地覆盖住钢的表面，可以保护钢免于高温气体的继续腐蚀。例如钢中含有 15%Cr 时，其抗氧化度可达 900℃，若含 20%～25%Cr，则抗氧化度可达 1100℃。

② 金属的高温强度　金属在高温下所表现的机械性能与室温下是大不相同的。当温度超过再结晶温度时，除受机械力的作用产生塑性变形和加工硬化外，同时还可发生再结晶和软化的过程。当工作温度高于金属的再结晶温度，工作应力超过金属在该温度下的弹性极限时，随着时间的延长，金属发生极其缓慢的变形，这种现象称为"蠕变"。金属对蠕变抗力愈大，即表示金属高温强度愈高。通常加入能升高钢的再结晶温度的合金元素来提高钢的高温强度。

金属的蠕变过程是塑性变形引起金属的强化过程在高温下通过原子扩散使其迅速消除。因此，在蠕变过程中，两个相互矛盾的过程同时进行，即塑性变形使金属强化和由温度的作用而消除强化。蠕变现象产生的条件为材料的工作温度高于再结晶温度、工作应力高于弹性极限。

因此，要想完全消除蠕变现象，必须使金属的再结晶温度高于材料的工作温度，或者增加弹性极限使其在该温度下高于工作应力。

对高温工作的零件不允许产生过大的蠕变变形，应严格限制其在使用期间的变形量。如汽轮机叶片，由于蠕变而使叶片末端与汽缸之间的间隙逐渐消失，最终会导致叶片及汽缸碰坏，造成重大事故。因此，对这类在高温下工作、精度要求又高的零件用钢的热强性，通常用蠕变极限来评定。

蠕变极限，即在一定温度下引起一定变形速度的应力。通常用 $\delta_{\varepsilon\%/h}^{T℃}$ 表示，如 $\delta_{1\times10^{-5}}^{580℃}=$ 95MPa，表示材料在 580℃ 下蠕变速度为 $1\times10^{-5}\%/h$ 的蠕变极限为 95MPa。

对一些在高温下工作时间较短，不允许发生断裂的工作，如宇宙火箭工作的时间是几十分钟，而送入轨道的一级或二级运载火箭的工作时间仅是几秒钟。在这种情况下，要求构件不会发生断裂，便不能用蠕变极限来评定，而应用持久强度来评定。

持久强度是在一定温度下，经过一定时间引起断裂的应力，通常用 $\sigma_{\tau}^{T℃}$ 表示。其中 T 为试验温度，℃；τ 为至断裂时间。如果时间等于 100h，则在这段时间内引起断裂的应力就是 100h 的持久强度。经 300h 后引起断裂的应力显然比经 100h 引起断裂的应力要小。

材料的蠕变极限和持久强度愈高，材料的热强性也愈高。

不同类型的耐热钢使用于不同的温度。

一般来说，马氏体耐热钢在 300～600℃ 范围内使用，铁素体、奥氏体耐热钢用于 600～800℃，800～1000℃ 时则常用镍基高温合金。

（2）常用耐热钢

① 抗氧化钢　在高温下有较好的抗氧化性并有一定强度的钢种称为抗氧化钢，又叫不起皮钢。它多用来制造炉用零件和热交换器，如燃气轮机燃烧室、锅炉吊钩、加热炉底板和辊道以及炉管等。高温炉用零件的氧化剥落是零件损坏的主要原因。锅炉过热器等受力器件的氧化还会削弱零件的结构强度，因此在设计时要增加氧化余量。高温螺栓氧化会造成螺纹咬合，这些零件都要求高的抗氧化性。

抗氧化性取决于表面氧化皮稳定性、致密性及其与基体金属的黏附能力，其主要影响因素是化学成分。

a. 铬　铬是一种钝化元素，含铬钢能在表面形成一层致密的 Cr_2O_3 氧化膜，有效地阻挡外界的氧原子继续往里扩散。较高温度下使用的钢和合金，含铬量常大于 20%。如含铬 22% 在 100℃ 以下是稳定的，可以形成连续而又致密的氧化膜。

b. 硅　含硅钢在高温时其表面可形成一层 SiO_2 薄膜，它能提高抗氧化性，但过量的硅会恶化钢的热加工工艺性能。

c. 铝　铝和硅都是比较经济的提高抗氧化性的元素。含铝钢在表面形成 Al_2O_3 薄膜，与 Cr_2O_3 相似，能起很好的保护作用。含铝 6% 可使钢在 980℃ 具有较好的抗氧化性，含铝 5% 的铁锰铝奥氏体钢可在 800℃ 长期使用，过高的铝量会使钢的冲击性能和焊接性能变坏。

d. 稀土元素　曾研究过稀土元素对 Cr28 钢抗氧化性的影响，指出镧等稀土元素可进一步提高含铬钢的抗氧化性。认为它们会降低 Cr_2O_3 挥发性，改善氧化膜组成，使其变为更加稳定的 $(Cr,La)O_3$；又认为它们可促进铬扩散，有助形成 Cr_2O_3。镧抑制在 1100~1200℃ 范围内形成容易分解的 NiO。

实际上应用的抗氧化钢大多是铬钢，是在铬镍钢或铬锰氮钢基础上添加硅或铝而配制成的，单纯的硅钢或铝钢因其机械性能和工艺性能欠佳而很少应用。

抗氧化性常用钢种有 3Cr18Mn12Si2N、2Cr20Mn9Ni2Si2N 等。它们的抗氧化性能很好，最高工作温度可达 1000℃，多用于制造加热炉的变热构件、锅炉中的吊钩等。它们常以铸件的形式使用，主要热处理是固溶处理，以获得均匀的奥氏体组织。

② 热强钢　高温下有一定抗氧化能力和较高强度以及良好组织稳定性的钢种称为热强钢。汽轮机、燃气轮机的转子和叶片、锅炉过热器、高温工作的螺栓和弹簧、内燃机进排气阀等用钢均属此类。

a. 铁素体基耐热钢　这类钢的工作温度在 450~600℃，合金化包括以下几种。

Ⅰ. 低碳　含碳量一般为 0.1%~0.2%。含碳量愈高，组织愈不稳定，碳化物容易聚集长大，甚至发生石墨化，使热强度大大降低。

Ⅱ. 加入铬　改善钢的抗氧化性，提高钢的再结晶温度以增高热强度。钢的耐蚀性和热强性要求愈高，铬含量也应愈高，可从 1% 直到 3%。

Ⅲ. 加入钼、钒　提高钢的再结晶温度，同时形成稳定的弥散碳化物来保持高的热强性。

b. 奥氏体基耐热钢　工作温度可达 600~700℃，其合金化包括以下几种。

Ⅰ. 低碳　多在 0.1% 以上，可达 0.4%，要利用碳形成碳化物起第二相强化作用。

Ⅱ. 加入大量铬、镍　总量一般在 25% 以上。Cr 主要提高热化学稳定性和热强性，Ni 保证获得稳定奥氏体。

Ⅲ. 加入钨、钼等　提高再结晶温度，并析出较稳定的碳化物提高热强性。

Ⅳ. 加入钒、钛、铝等　形成稳定的第二相提高热强性。第二相有碳化物（如 VC 等）和金属间化合物 [如 Ni(Ti,Al) 等] 两类，后者强化效果较好。

③ 马氏体型热强钢　常用钢种为 Cr12 型（1Cr11MoV、1Cr12WMoV）、铬硅钢（4Cr9Si2、4Cr10Si2Mo）等。

1Cr11MoV 和 1Cr12WMoV 钢具有较好的热强性、组织稳定性及工艺性。1Cr11MoV 钢适宜于制造 540℃ 以下汽轮机叶片、燃气轮机叶片、增压器叶片；1Cr12WMoV 钢适宜于制造 580℃ 以下汽轮机叶片、燃气轮机叶片。这两种钢大多在调质状态下使用。1Cr11MoV 马氏体热强钢的调质热处理工艺为：1050~1000℃ 空冷，720~740℃ 高温回火（空冷）。

4Cr9Si2、4Cr10Si2Mo 等铬硅钢是另一类马氏体热强钢，它们属于中碳高合金钢。钢中含碳量提高到约 0.40%，主要是为了获得高的耐磨性；钢中加入少量的钼，有利于减小钢的回火脆性并提高热强性。这两种钢经适当的调质处理后，具有高的热强性、组织稳定性和耐磨性。4Cr9Si2 钢主要用来制造工作温度在 650℃ 以下的内燃机排气阀，也可用来制造工作在 800℃ 以下、受力较小的构件，如过热器吊架等。4Cr10Si2Mo 钢比 4Cr9Si2 钢含有较多的铬和钼，因此它的性能比较好，而且使回火脆性倾向减弱。该钢常用来制造某些航空发动机的排气阀，亦可用来制造加热炉构件。

④ 奥氏体型热强钢　这类热强钢在 600～800℃ 温度范围内使用。它们含大量合金元素，尤其是含有较多的 Cr 和 Ni，其总量大大超过 10%。这类钢用于制造汽轮机、燃气轮机、舰艇、火箭、电炉等的部件，即广泛应用于航空、航海、石油及化工等工业部门。常用钢种有 4Cr14Ni14W2Mo、0Cr18Ni11Ti 等。这类钢一般进行固溶处理或固溶-时效处理。

4Cr14Ni14W2Mo 是 14-14-2 型奥氏体钢。由于钢中合金元素的综合影响，使它的热强性、组织稳定性及抗氧化性均比上述 4Cr9Si2 和 4Cr10Si2Mo 等马氏体热强钢高。

7.1.5.3　耐磨钢

某些机械零件，如挖掘机、拖拉机、坦克的履带板、球磨机的衬板等，在工作时受到严重磨损及强烈撞击，因而制造这些零件的钢除了应有良好的韧性外，还应具有良好的耐磨性。

在生产中应用最普遍的是高锰钢。

高锰钢铸件适用于承受冲击载荷和耐磨损的零件，但它几乎不能加工，且焊接性差，因而基本上都是铸造成型的，故其钢号写成 ZGMn13-1、ZGMn13-2 等。

高锰钢铸件的性质硬而脆，耐磨性也差，不能实际应用，其原因是在铸态组织中存在着碳化物。实践证明，高锰钢只有在全部获得奥氏体组织时才呈现出最为良好的韧性和耐磨性。

为了使高锰钢全部获得奥氏体组织，须进行"水韧处理"。水韧处理是一种淬火处理的操作，其方法是钢加热至临界点温度以上（在 1060～1100℃）保温一段时间，使钢中碳化物能全部溶解到奥氏体中去，然后迅速浸淬于水中冷却。由于冷却速度非常快，碳化物来不及从奥氏体中析出，因而保持了均匀的奥氏体状态。水韧处理后，高锰钢组织全是单一的奥氏体，它的硬度并不高，在 180～220HB 范围。当它在受到剧烈冲击或较大压力作用时，表面层奥氏体将迅速产生加工硬化，并有马氏体及 ε 碳化物沿滑移面形成，从而使表面层硬度提高到 450～550HB，获得高的耐磨性，其心部则仍维持原来状态。

高锰钢制件在使用时必须伴随外来的压力和冲击作用，不然高锰钢是不能耐磨的，其耐磨性并不比硬度相同的其他钢种好。例如喷砂机的喷嘴，选用高锰钢或碳素钢来制造，它们的使用寿命几乎是相同的。这是因为喷砂机的喷嘴所通过的小砂粒不能引起高锰钢硬化。因此，喷砂机喷嘴的材料就用不着选择高锰钢，一般选用淬火回火的碳素钢即可。

水韧处理后的高锰钢加热到 250℃ 以上是不合适的。这是因为加热超过 300℃ 时，在极短时间内即开始析出碳化物，而使性能变坏。高锰钢铸件水韧处理后一般不做回火。为了防止产生淬火裂纹，可考虑改进铸件设计。

高锰钢广泛应用于一些既耐磨损又耐冲击的零件。在铁路交通方面，高锰钢用于铁道上的辙岔、辙尖、转辙器、从小半径转弯处的轨条等。高锰钢用于这些零件，不仅因为它具有良好的耐磨性，而且因为它材质坚韧，不容易突然折断。即使有裂纹开始发生，由于加工硬化作用，也会抵抗裂纹的继续扩展，使裂纹扩展缓慢且易被发觉。另外，高锰钢在寒冷气候条件下仍有良好的机械性能，不会冷脆。高锰钢在受力变形时，能吸收大量的能量，受到弹丸射击时也不易穿透。因此高锰钢也用于制造防弹板及保险箱钢板等。高锰钢还大量用于挖掘机、拖拉机、坦克等的履带板、主动轮、从动轮和履带支承滚轮等。由于高锰钢是非磁性的，也可用于既耐磨损又抗磁化的零件，如吸料器的电磁铁罩。

7.2 铸铁

铸铁是工业上应用最广泛的材料之一，它的使用价值与铸铁中碳的存在形式密切相关。一般说来，铸铁中的碳主要以石墨形式存在时，才能被广泛地应用。

7.2.1 概述

从铁碳合金相图知道，铸铁是含碳量大于 2.11% 的铁碳合金。工业上常用铸铁的成分范围是：2.5%～4.0%C，1.0%～3.0%Si，0.5%～1.4%Mn，0.01%～0.50%P，0.02%～0.20%S。除此之外，为了提高铸铁的机械性能，还可加入一定量的合金元素，如 Cr、Mo、V、Cu、Al 等，组成合金铸铁。可见，在成分上铸铁与钢的主要不同是：铸铁含碳和含硅量较高，杂质元素硫、磷较多。

同钢相比，铸铁生产设备和工艺简单、成本低廉，虽然强度、塑性和韧性较差，不能进行锻造，但是它却具有一系列优良的性能，如良好的铸造性、减摩性和耐磨性、良好的消震性和切削加工性以及缺口敏感性低等。因此，铸铁广泛应用于机械制造、冶金、石油化工、交通、建筑和国防等工业部门。特别是近年来由于稀土镁球墨铸铁的发展，更进一步打破了钢与铸铁的使用界限，不少过去使用碳钢和合金钢制造的重要零件，如曲轴、连杆、齿轮等，如今已可采用球墨铸铁来制造，"以铁代钢"，"以铸代锻"。这不仅为国家和企业节约了大量的优质钢材，而且还大大减少了机械加工的工时，降低了产品的成本。

铸铁之所以具有一系列优良的性能，除了因为它的含碳量较高，接近于共晶合金成分，使得它的熔点低、流动性好以外，而且还因为它的含碳和含硅量较高，使得它其中的碳大部分不再以化合状态（Fe₃C）而以游离的石墨状态存在。铸铁组织的一个特点就是其中含有石墨，而石墨本身具有润滑作用，因而使铸铁具有良好的减摩性和切削加工性。

7.2.1.1 铸铁的石墨化过程

铸铁组织中石墨的结晶形成过程叫做"石墨化"过程。

在铁碳合金中，碳可能以两种形式存在，即化合状态的渗碳体（Fe_3C）和游离状态的石墨（常用 G 来表示）。其中渗碳体的晶体结构见第 2 章。石墨是碳的一种结晶形态，$w_C=100\%$，具有简单六方晶格，原子呈层状排列（如图 7-12 所示）。同一层晶面上碳原子间距为 0.142nm，相互以共价键结合；层与层之间的距离为 0.34nm，原子间以分子键结合。因其面间距较大，结合力弱，故其结晶形态常易发展成为片状，且石墨本身的强度、塑性和韧性非常低，接近于零。

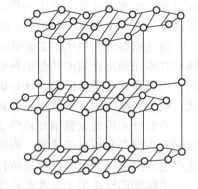

图 7-12　石墨的晶体结构

在铁碳合金中，已形成渗碳体的铸铁在高温下进行长时间退火，其中的渗碳体便会分解为铁和石墨，即 $Fe_3C \rightarrow 3Fe + C$（石墨）。可见，碳呈化合状态存在的渗碳体并不是一种稳定的相，它不过是一种亚稳定的状态，而碳呈游离状态存在的石墨则是一种稳定的相。通常，在铁碳合金的结晶过程中，之所以自其液体或奥氏体中析出的是渗碳体而不是石墨（如第 4 章所述），这主要是因为渗碳体的含碳量（6.69%）比石墨的含碳量（≈100%）更接近合金成分的含碳量（2.5%～4.0%），析出渗碳体时所需的原子扩散量较小，渗碳体的晶核形成较容易。但在冷却极其缓慢（即提供足够的扩散时间）的条件下，或在合金中含有可促进石墨形成的元素（如 Si 等）时，那么在铁碳合金的结晶过程中，可直接自液体或奥氏体中析出稳定的石墨相，而不再析出渗碳体。因此，对铁碳合金的结晶过程和组织形成规律来说，根据冷却速率和成分不同，实际上存在两种相图，可用 Fe-Fe₃C 相图和 Fe-G（石墨）相图叠合在一起形成的铁碳双重相图来描述（图 7-13）。图中实线部分即为前面所讨论的亚稳定的 Fe-Fe₃C 相图，虚线部分则是稳定的 Fe-G 相图。虚线与实线重合的线条用实线表示。由图可见，虚线在实线的上方或左上表明 Fe-G（石墨）系较 Fe-Fe₃C 更为稳定。视具体合金的结晶条件不同，铁碳合金可全部或部分地按照其中的一种或另一种相图进行结晶。

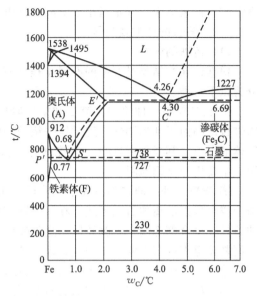

图 7-13　Fe-Fe₃C 与 Fe-G 双重相图

根据 Fe-G（石墨）系相图，在极缓慢冷却条件下，铸铁石墨化过程可分成三个阶段：

第一阶段，也叫高温石墨化阶段，即由液体中直接结晶出初生相石墨，或在 1154℃时通过共晶转变而形成石墨，即 $L_{C'} \rightarrow A_{E'} + G$。

第二阶段，也叫石墨化过程阶段，即在 1154～738℃的冷却过程中，自奥氏体中析出二次石墨。

第三阶段，也叫低温石墨化阶段，即在 738℃时通过共析转变而形成石墨，即 $A_{S'} \rightarrow F_{P'} + G$。

铸铁的组织与石墨化过程及其进行的程度密切相关。由于高温下具有较高的扩散能力，所以第一、二阶段的石墨化比较容易进行，即通常都按照 Fe-G 相图进行结晶；而第三阶段的石墨化温度较低，扩散能力低，且常因铸铁的成分和冷却速率等条件的不同，而被全部或部分抑制，从而得到三种不同的组织，即铁素体 F＋石墨 G、铁素体 F＋珠光体 P＋石墨 G、珠光体 P＋石墨 G。铸铁的一次结晶过程决定了石墨的形态，而二次结晶过程决定了基体组织。下面以共晶成分的铸铁为例，简要描述其石墨化过程（见图 7-13 和图 7-14）。

共晶成分铁液从高温一直缓冷至 1154℃开始凝固，形成奥氏体加石墨的共晶体。此时奥氏体的饱和碳含量为 $w_C = 2.08\%$。随着温度下降，奥氏体的溶碳量下降，其溶解度按 $E'S'$ 线变化，过饱和碳从奥氏体中析出二次石墨。当温度降至 738℃时，奥氏体含碳量达到 $w_C = 0.68\%$，发生共析转变，奥氏体形成铁素体加石墨共析体。此时铁素体的固溶度为 $w_C = 0.0206\%$。温度再继续下降，铁素体中固溶碳量减少，其溶解度沿 $P'Q$ 线变化，冷至

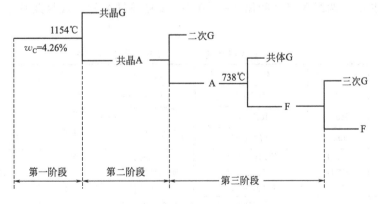

图 7-14　共晶合金石墨化过程

室温时，铁素体中含碳量远小于 $w_C=0.006\%$，从铁素体中析出的三次石墨量很少。

7.2.1.2　铸铁的分类及牌号

（1）铸铁的分类

根据铸铁在结晶过程中的石墨化程度不同，也就是碳在铸铁中的存在形式不同，铸铁可分为以下三类。

① 白口铸铁　即第一、第二和第三阶段的石墨化全部都被抑制，完全按照 Fe-Fe₃C 相图进行结晶而得到的铸铁。这类铸铁组织中的碳全部呈化合碳的状态形成渗碳体，并具有莱氏体的组织，其断裂时断口呈白亮颜色，故称白口铸铁。其性能硬脆，故在工业上很少应用，主要用作炼钢原料。

② 灰口铸铁　即在第一和第二阶段石墨化的过程中都得到了充分石墨化的铸铁，碳大部分或全部以游离的石墨形式存在，因断裂时断口呈暗灰色，故称为灰口铸铁。工业上所用的铸铁几乎全部都属于这类铸铁。这类铸铁根据第三阶段石墨化程度的不同，又可分为三种不同基体组织的灰口铸铁，即铁素体、铁素体加珠光体和珠光体灰口铸铁。

③ 麻口铸铁　即在第一阶段的石墨化过程中未得到充分石墨化的铸铁。碳一部分以渗碳体形式存在，另一部分以游离态石墨形式存在，断口上呈黑白相间的麻点。其组织介于白口与灰口之间，含有不同程度的莱氏体，也具有较大的硬脆性，工业上也很少应用。

根据铸铁中石墨结晶形态的不同，铸铁又可分为以下三类。

① 灰口铸铁　铸铁组织中的石墨形态呈片层状结晶，这类铸铁的机械性能不太高，但生产工艺简单，价格低廉，故在工业上应用最为广泛。

② 可锻铸铁　铸铁组织中的石墨形态呈团絮状，其机械性能（特别是冲击韧性）比普通灰口铸铁要好，但其生产工艺冗长，成本高，故只用来制造一些重要的小型铸件。

③ 球墨铸铁　铸铁组织中的石墨形态呈球状，这种铸铁不仅机械性能较高，生产工艺远比可锻铸铁简单，并且可通过热处理显著提高强度，故近年来得到广泛应用，在一定条件下可代替某些碳钢和合金钢制造各种重要的铸件，如曲轴、齿轮。

（2）铸铁的牌号

铸铁的牌号由铸铁代号、合金元素符号及质量分数、力学性能组成。牌号中第一位是铸铁的代号，其后为合金元素的符号及其质量分数，最后为铸铁的力学性能。常规元素碳、硅、锰、硫一般不标注。其他合金元素的质量分数大于或等于1%时，用整数表示；小于1%时，一般不标注，只有对该合金特性有较大影响时，才予以标注。当铸铁中有几种合金化元素时，按其质量分数递减的顺序排列，质量分数相同时按元素符号的字母顺序排列。力学性能标注部分为一组数据时表示其抗拉强度值；为两组数据时，第一组表示抗拉强度值，第二组表示伸长率，两组数字之间用"-"隔开。常见铸铁名称、代号及牌号表示方法如表7-15 所示。

表 7-15　常见铸铁名称、代号及牌号表示方法

铸铁名称	代　号	牌号表示方法实例	铸铁名称	代　号	牌号表示方法实例
灰铸铁	HT	HT100	抗磨白口铁	KmTB	KmTBMn5Mo2Cu
蠕墨铸铁	RuT	RuT400	抗磨球墨铸铁	KmTQ	KmTQMn6
球墨铸铁	QT	QT400-17	冷硬铸铁	LT	LTCrMoR6（R 表示稀土元素）
黑心可锻铸铁	KTH	KTH300-06	耐蚀铸铁	ST	STSi5R
白心可锻铸铁	KTB	KTB350-04	耐蚀球磨铸铁	STQ	STQA15Si5
珠光体可锻铸铁	KTZ	KTZ450-06	耐热铸铁	RT	RTCr2
耐磨铸铁	MT	MTCu1PTi-150	耐热球磨铸铁	RTQ	RTQAl6

7.2.2 常用铸铁

7.2.2.1 灰口铸铁

(1) 灰口铸铁的化学成分、组织与性能

灰口铸铁的成分范围是 2.5%～4.0%C，1.0%～3.0%Si，0.5%～1.4%Mn，0.01%～0.20%P，0.02%～0.20%S，其中 C、Si、Mn 是调节组织的元素，P 是控制使用的元素，S 是应该限制的元素。究竟选用何种成分，应根据铸件基体组织及尺寸大小来决定。

灰口铸铁的第一、第二阶段石墨化过程均能充分进行，其组织类型主要取决于第三阶段的石墨化程度。根据第三阶段石墨化程度的不同，可分别获得如下三种不同基体组织的灰口铸铁。

① 铁素体灰口铸铁 若第三阶段石墨化过程得到充分进行，最终得到的组织是铁素体基体上分布着片状石墨，如图 7-15(a) 所示。

  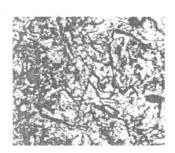

(a) 铁素体基(200×)　　　(b) 铁素体基+珠光体基(500×)　　　(c) 珠光体基(500×)

图 7-15 不同基体组织的灰口铸铁

② 珠光体＋铁素体灰口铸铁 若第三阶段即共析阶段的石墨化过程仅部分进行，获得的组织是珠光体＋铁素体基体上分布着片状石墨，如图 7-15(b) 所示。

③ 珠光体灰口铸铁 若第三阶段石墨化过程完全被抑制，获得的组织是珠光体基体上分布片状石墨，如图 7-15(c) 所示。实际铸件能否得到灰口组织和得到何种基体组织，主要取决于其结晶过程中的石墨化程度。而铸铁的石墨化程度受许多因素影响，但实验表明，铸铁的化学成分和结晶过程中的冷却速率是影响石墨化的主要因素。

a. 铸铁化学成分的影响 实践表明，铸铁中的 C 和 Si 是影响石墨化过程的主要元素，它们有效地促进石墨化进程，铸铁中碳和硅的含量愈高，则石墨化愈充分。故生产中为了使铸件在浇铸后能够避免产生白口或麻口而得到灰口铸铁，且不致含有过多和粗大的片状石墨，通常铸铁中必须加入足够的 C、Si 促进石墨化，一般其成分控制在 2.5%～4.0%C 及 1.0%～2.5%Si。除了碳和硅以外，铸铁中的 Al、Ti、Ni、Cu、P、Co 等元素也是促进石墨化的元素，而 S、Mn、Mo、Cr、V、W、Mg、Ce 等碳化物形成元素则阻止石墨化。Cu 和 Ni 既促进共晶时的石墨化又能阻碍共析时的石墨化。S 不仅强烈地阻止石墨化，而且还会降低铸铁的机械性能和流动性，容易产生裂纹等，故其含量应尽量低，一般应在 0.1%～0.15% 以下。而锰因可与硫形成 MnS，减弱了硫的有害作用；锰既可以溶解在基体中，也可溶解在渗碳体中形成 $(Fe,Mn)_3C$。溶解在渗碳体中的锰可增强铁与碳的结合力，阻碍石墨化过程，增加铸铁白口深度，所以铸铁中含锰质量分数控制在 0.5%～1.4% 范围内。P 是可微弱促进石墨化的元素，但当磷的质量分数超过 0.3%，会在铸铁中出现低熔点的二元或三元磷共晶存在于晶界，增加铸铁的冷脆倾向，所以一般小于 0.20%。

b. 铸铁冷却速率的影响 对于同一成分的铁碳合金，在熔炼条件等完全相同的情况下，石墨化过程主要取决于冷却条件。铸件的冷却速率对石墨化的影响很大，即冷却愈慢，愈有利于扩散，对石墨化便愈有利，而快冷则阻止石墨化。当铁液或奥氏体以极缓慢速度冷却（过冷度很小）至图 7-13 中的 $S'E'C'$ 和 SEC 之间温度范围时，通常按 Fe-G（石墨）系结晶，石墨化过程能较充分地进行。如果冷速较快，过冷度较大，通过 $S'E'C'$ 和 SEC 范围时共晶石墨或二次石墨来不及析出，而过冷到实线以下的温度时，则将析出 Fe_3C。在铸造时，除了造型材料和铸造工艺会影响冷却速率以外，铸件的壁厚不同，也会具有不同的冷却速率，得到不同的组织。图 7-16 为在一般砂型铸造条件下，铸件的壁厚和铸铁中碳和硅的含量对其组织（即石墨化程度）的影响。实际生产中，在其他条件一定的情况下，铸铁的冷却速率取决于铸件的壁厚。铸件越厚，冷却速率越小，铸铁的石墨化程度越充分。对于不同壁厚的铸件，也常根据这一关系调整铸铁中的碳和硅的含量，以保证得到所需要的灰口组织。这一点与铸钢件是截然不同的。

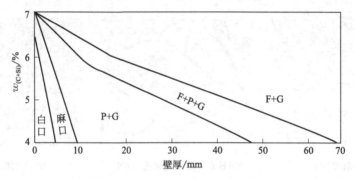

图 7-16　铸铁成分 $w_{(C+Si)}$ 和铸件壁厚对石墨化（组织）的影响

灰口铸铁的基体组织对性能有着很大的影响。铁素体灰口铸铁的强度、硬度和耐磨性都比较低，但塑性较高。铁素体灰口铸铁多用于制造负荷不太重的零件。珠光体特别是细小粒状珠光体灰口铸铁强度和硬度高、耐磨性好，但塑性比铁素体灰口铸铁低，多用于受力较大、耐磨性要求高的重要铸件，如汽缸套、活塞、轴承座等。在实际生产过程中，难以获得基体全部为珠光体的铸态组织，常见的是铁素体和珠光体组织，其性能也介于铁素体灰口铸铁和珠光体灰口铸铁之间。

灰口铸铁的抗拉强度、塑性及韧性均比同基体的钢低。这是由于石墨的强度、塑性、韧性极低，它的存在不仅割裂了金属基体的连续性，缩小了承受载荷的有效面积，而且在石墨片的尖端处导致应力集中，使铸铁发生过早的断裂。随着石墨片的数量、尺寸、分布不均匀性的增加，灰口铸铁的抗拉强度、塑性、韧性进一步降低。

灰口铸铁的硬度和抗压强度取决于基体组织，石墨对其影响不大。因此，灰口铸铁的硬度和抗压强度与同基体的钢相差不多。灰口铸铁的抗压强度约为其抗拉强度的 3~4 倍，因而广泛用作受压零构件如机座、轴承座等。此外，灰口铸铁还具有较好的铸造性能、切削加工性能、减摩性、减震性以及较低的缺口敏感性。

（2）灰口铸铁的牌号

我国国家标准对灰口铸铁的牌号、机械性能及其他技术要求均有新的规定。

按规定，灰口铸铁有 6 个牌号：HT100（铁素体灰口铸铁）、HT150（铁素体珠光体灰口铸铁）、HT200 和 HT250（珠光体灰口铸铁）、HT300 和 HT350（孕育铸铁）。"HT"为"灰铁"二字汉语拼音第一个大写字母，后续的三位数字表示直径为 30mm 铸件试样的最低抗拉强度值 σ_b（MPa）。例如灰口铸铁 HT200，表示最低抗拉强度为 200MPa。灰口铸铁的分类、牌号及显微组织如表 7-16 所示。

表 7-16　灰口铸铁的分类、牌号及显微组织

分类	牌号	显微组织	
		基体	石墨
普通灰铸铁	HT100	F+少量 P	粗片
	HT150	F+P	较粗片
	HT200	P	中等片
孕育铸铁	HT250	细 P	较细片
	HT300	S 或 T	细片
	HT350		

（3）灰口铸铁的孕育处理

改善灰口铸铁的机械性能关键，是改善铸铁中石墨片的形状、数量、大小和分布情况。于是生产上常进行孕育处理。孕育处理就是在浇注前向铁水中加入少量（铁水总重量的 4% 左右）的孕育剂（如硅铁、硅钙合金）进行孕育（变质）处理，使铸铁在凝固过程中产生大量的人工晶核，以促进石墨的形核和结晶，从而获得分布在细小珠光体基体上的少量细小、均匀的石墨片组织。孕育处理后的铸铁称为孕育铸铁或变质铸铁。由于其强度、塑性、韧性比普通灰铸铁高，因此常用作汽缸、曲轴、凸轮轴等较重要的零件。

（4）灰口铸铁的热处理

虽然通过热处理只能改变铸铁的基体组织，而不能改变片状石墨的形状和分布状态，但可以消除铸件的内应力、消除白口组织和提高铸件表面的耐磨性。

① 去应力退火　在铸造过程中，由于各部分的收缩和组织转变的速度不同，使铸件内部产生不同程度的内应力。这样不仅降低铸件强度，而且使铸件产生翘曲、变形，甚至开裂。因此，铸件在切削加工前通常要进行去应力退火，又称为人工时效处理。其典型时效热处理工艺曲线如图 7-17 所示。即将铸件缓慢加热到 500～560℃ 适当保温（每 100mm 截面保温 2h）后，随炉缓冷至 150～200℃ 出炉空冷，此时内应力可被消除 90%。去应力退火加热温度一般不超过 560℃，以免共析渗碳体分解、球化，降低铸件强度、硬度和耐磨性。

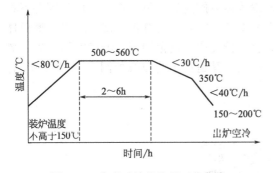

图 7-17　典型时效热处理工艺曲线

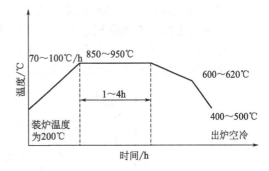

图 7-18　高温石墨化退火热处理工艺曲线

② 消除白口，改善切削加工性能的高温退火　铸件冷却时，表层及截面较薄处由于冷却速率快，易出现白口组织使硬度升高，难以切削加工。为了消除自由渗碳体，降低硬度，改善铸件的切削加工性能和力学性能，可对铸件进行高温退火处理，使渗碳体在高温下分解成铁和石墨。图 7-18 是高温石墨化退火热处理曲线。即将铸件加热至 850～950℃ 保温 1～

4h，使部分渗碳体分解为石墨，然后随炉缓冷至 400～500℃，再置于空气中冷却，最终得到铁素体基体或铁素体加珠光体基体灰口铸铁，从而消除白口、降低硬度、改善切削加工性。

③ 表面淬火　某些大型铸件的工作表面需要有较高的硬度和耐磨性，如机床导轨的表面及内燃机汽缸套的内壁等，在机加工后可用快速加热的方法对铸铁表面进行淬火热处理。淬火后铸铁表面为马氏体＋石墨的组织。珠光体基体铸铁淬火后的表面硬度可达到 50HRC 左右。

7.2.2.2　可锻铸铁

可锻铸铁是由白口铸铁通过高温石墨化退火或氧化脱碳热处理，改变其金相组织或成分而获得的具有较高韧性的铸铁。由于铸铁中石墨呈团絮状分布，故大大削弱了石墨对基体的割裂作用。与灰口铸铁相比，可锻铸铁具有较高的强度和一定的塑性和韧性。可锻铸铁又称为展性铸铁或玛钢，但实际上可锻铸铁并不能锻造。

（1）可锻铸铁的类型

可锻铸铁按化学成分、石墨化退火条件和热处理工艺不同，可分为黑心可锻铸铁（包括珠光体可锻铸铁）、白心可锻铸铁两类。当前广泛采用的是黑心可锻铸铁。

将白口铸件毛坯在中性介质中经高温石墨化退火而获得的铸铁件，若金相组织为铁素体基体上分布着团絮状石墨，其断口由于石墨大量析出而使心部颜色为暗黑色，表层因部分脱碳而呈亮白色的，称为黑心可锻铸铁。若金相组织为珠光体基体上分布团絮状石墨，则称为珠光体可锻铸铁。因其断口呈灰色，习惯上也将其称为黑心可锻铸铁。

白心可锻铸铁是将白口铸件毛坯放在氧化介质中经石墨化退火及氧化脱碳得到的。表层由于完全脱碳形成单一的铁素体组织，其断口为灰色。根据铸件断面大小不同，心部组织可以是珠光体＋铁素体＋退火碳（即退火过程中由渗碳体分解形成的石墨）或珠光体＋退火碳。心部断口为灰白色，故称之为白心可锻铸铁。

（2）可锻铸铁的化学成分特点及可锻化（石墨化）退火

① 成分范围　为使铸铁凝固获得全部白口组织，同时使随后的石墨化退火周期尽量短，并有利于提高铸铁的机械性能，可锻铸铁的化学成分应控制在 $2.4\%\sim2.7\%C$、$1.4\%\sim1.8\%Si$、$0.5\%\sim0.7\%Mn$、$<0.8\%P$、$<0.25\%S$、$<0.06\%Cr$ 范围内。

② 可锻铸铁石墨化退火工艺　可锻铸铁的石墨化退火工艺曲线如图 7-19 所示。将浇铸成的白口铸铁加热到 900～980℃保温约 15h，使渗碳体分解为奥氏体加石墨。由于固态下石墨在各个方向上的长大速度相差不多，故石墨至团絮状。在随后的缓慢冷却过程中，奥氏体将沿早已形成的团絮状石墨表面析出二次石墨，至共析转变温度范围（750～720℃）时，奥氏体分解为铁素体加石墨。结果得到铁素体可锻铸铁，其退火工艺曲线如图 7-19 中①所示。

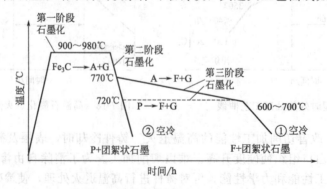

图 7-19　可锻铸铁的石墨化退火工艺曲线

如果在通过共析转变温度时的冷却速率较快，则将得到珠光体可锻铸铁，其退火工艺曲线如图 7-19 中②所示。按上述工艺获得的可锻铸铁的显微组织如图 7-20 所示。可锻铸铁的退火周期较长，约 70h 左右。为了缩短退火周期，常采用如下方法。

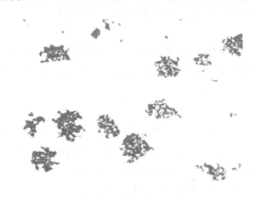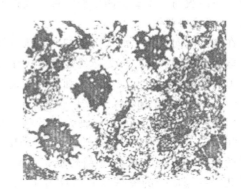

(a) 铁素体可锻铸铁(200×)　　　　　　　　　　　(b) 珠光体可锻铸铁(200×)

图 7-20　可锻铸铁的显微组织

a. 孕育处理　用硼铋等复合孕育剂，在铁水凝固时阻止石墨化，在退火时促进石墨化过程，使石墨化退火周期缩短一半左右。

b. 低温时效　退火前将白口铸铁在 300～400℃进行 3～6h 的时效，使碳原子在时效过程中发生偏析，从而使随后的高温石墨化阶段的石墨核心有所增加。实践证明，经时效后可显著缩短退火周期。

(3) 可锻铸铁的牌号、性能、用途

① 可锻铸铁的牌号　可锻铸铁的牌号（表 7-17，试棒直径为 16mm）中 "KT" 是 "可铁" 二字汉语拼音的第一个大写字母，表示可锻铸铁。其后加汉语拼音字母 "H" 则表示黑心可锻铸铁（如 KTH330-08），加 "Z" 表示珠光体基可锻铸铁（如 KTZ550-04），加 "B" 表示白心可锻铸铁（如 KTB380-12）。随后两组数字分别表示最低抗拉强度 σ_b（MPa）和最低延伸率 δ（%）。

表 7-17　可锻铸铁的分类、牌号及机械性能

分类	牌号	壁厚/mm	机械性能		
			σ_b/MPa	δ/%	硬度/HBS
黑心可锻铸铁	KTH300-6	>12	300	6	120～163
	KTH330-8	>12	330	8	120～163
	KTH350-10	>12	350	10	120～163
	KTH370-12	>12	370	12	120～163
珠光体基可锻铸铁	KTZ450-5		450	5	152～219
	KTZ500-4		500	4	179～241
	KTZ600-3		600	3	201～269
	KTZ700-2		700	2	240～270
白心可锻铸铁	KTB350-4		350	4	230
	KTB380-12		380	12	200
	KTB400-5		400	5	220
	KTB450-7		450	7	220

② 可锻铸铁的特性和用途　普通黑心可锻铸铁具有一定的强度和较高的塑性与韧性，常用作汽车、拖拉机后桥外壳，低压阀门及各种承受冲击和振动的农机具。珠光体可锻铸铁具有优良的耐磨性、切削加工性和极好的表面硬化能力，常用作曲轴、凸轮轴、连杆、齿轮等承受较高载荷、耐磨损的重要零件。而白心可锻铸铁在机械工业中则应用很少。

7.2.2.3　球墨铸铁

在浇铸前向铁水中加入少量的球化剂（镁或稀土镁）和孕育剂（75％Si的硅铁），获得具有球状石墨的铸铁，称为球墨铸铁。由于它具有优良的机械性能、加工性能、铸造性能，生产工艺简单，成本低廉，故得到了越来越广泛的应用。

（1）球墨铸铁的成分、组织、性能

球墨铸铁的成分范围一般为 3.5％～3.9％C，2.0％～2.6％Si，0.6％～1.0％Mn，<0.06％S，<0.1％P，0.03％～0.06％Mg，0.02％～0.06％RE。与灰口铸铁相比，球墨铸铁的碳、硅含量较高，含锰较低，对磷、硫限制较严。碳当量高（4.5％～4.7％）是为了获得共晶成分的铸铁（共晶点为4.6％～4.7％），使之具有良好的铸造性能。低硫是因为硫与镁、稀土具有很强的亲和力，从而消耗球化剂，造成球化不良。对镁和稀土残留量有一定要求，是因为适量的球化剂才能使石墨完全呈球状析出。由于镁和稀土是阻止石墨化的元素，所以在球化处理的同时，必须加入适量的硅铁进行孕育处理，以防止白口出现。

球墨铸铁的组织特征为钢的基体加球状石墨。常见的球墨铸铁组织如图 7-21 所示。

球墨铸铁的性能与其组织特征有关。由于石墨呈球状分布，不仅造成应力的集中小，而且对基体的割裂作用也最小。因此，球墨铸铁的基体强度利用率可达 70％～90％，而灰口铸铁的基体强度利用率仅为 30％～50％。所以，球墨铸铁的抗拉强度、塑性、韧性不仅高

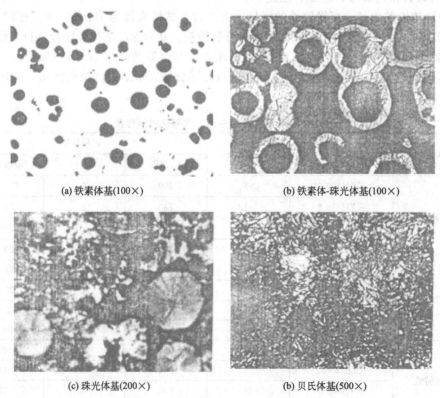

(a) 铁素体基(100×)　　　　　　　　　　(b) 铁素体-珠光体基(100×)

(c) 珠光体基(200×)　　　　　　　　　　(b) 贝氏体基(500×)

图 7-21　不同基体的球墨铸铁

于其他铸铁，而且可与相应组织的铸钢相当。特别是球墨铸铁的屈强比（σ_s/σ_b）为 $0.7\sim$ 0.8，几乎比钢高一倍。这一性能特点有很大的实际意义。因为在机械设计中，材料的许用应力是按屈服强度来确定的，因此，对于承受静载荷的零件，用球墨铸铁代替铸钢，就可以减轻机器重量。

球墨铸铁不仅具有良好的机械性能，同时也保留灰口铸铁具有的一系列优点，特别是通过热处理可使其机械性能达到更高水平，从而扩大了球墨铸铁的使用范围。

（2）球墨铸铁的牌号及用途

① 球墨铸铁的牌号 表 7-18 为球墨铸铁的牌号、基体组织和性能。牌号中"QT"是"球铁"二字汉语拼音的第一个大写字母，表示球墨铸铁的代号，后面两组数字分别表示最低抗拉强度 σ_b（MPa）和最小延伸率 δ（%）。

表 7-18 球墨铸铁的牌号、基体组织和性能

牌号	基体组织	机械性能（≥）				
		σ_b/MPa	$\sigma_{0.2}$/MPa	δ_5/%	α_k/(kJ/m²)	HBS
QT400-17	F	400	250	17	600	≤179
QT420-10	F	420	270	10	300	≤207
QT500-5	F＋P	500	350	5	—	147～241
QT600-2	P	600	420	2	—	229～302
QT700-2	P	700	490	2	—	229～302
QT800-2	P	800	560	2	—	241～321
QT1200-1	下 B	1200	840	1	300	≥38HRC

② 球墨铸铁的用途 铁素体基体球墨铸铁具有较高的塑性和韧性，常用来制造变压阀门、汽车后桥壳、机器底座。珠光体基球墨铸铁具有中高强度和较高的耐磨性，常用作拖拉机或柴油机的曲轴、油轮轴、部分机床上的主轴、轧辊等。贝氏体基球墨铸铁具有高的强度和耐磨性，常用于汽车上的齿轮、传动轴及内燃机曲轴、凸轮轴等。

（3）球墨铸铁的热处理

① 球墨铸铁热处理的特点 球墨铸铁的热处理工艺性较好，因此凡能改变和强化基体的各种热处理方法均适用于球墨铸铁。球墨铸铁在热处理过程中的转变机理与钢大致相同，但由于球墨铸铁中有石墨存在且含有较高的硅及其他元素，因而使得球墨铸铁热处理有如下特点。

a. 硅有提高共析转变温度且降低马氏体临界冷却速率的作用，所以铸铁淬火时它的加热温度比钢高，淬火冷却速率可以相应缓慢。

b. 铸铁中由于石墨起着碳的"储备库"作用，因而通过控制加热温度和保温时间可调整奥氏体的含碳量，以改变铸铁热处理后的基体组织和性能。但由于石墨溶入奥氏体的速度十分缓慢，故保温时间要比钢长。

c. 成分相同的球墨铸铁，因结晶过程中的石墨化程度不同，可获得不同的原始组织，故其热处理方法也各不相同。

② 球墨铸铁常用的热处理方法

a. 退火 球墨铸铁在浇铸后，其铸态组织常会出现不同程度的珠光体和自由渗碳体。这不仅使铸铁的机械性能降低，且难以切削加工。为提高铸态球铁的塑性和韧性，改善切削加工性能，以消除铸造内应力，就必须进行退火，使其中珠光体和渗碳体得以分解，获得铁素体基球墨铸铁。根据铸态组织不同，退火工艺有两种。

Ⅰ. 高温退火 当铸态组织中不仅有珠光体而且有自由渗碳体时，应进行高温退火，其

工艺曲线如图 7-22 所示。

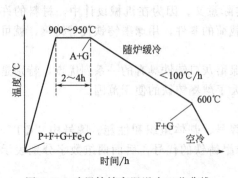
图 7-22　球墨铸铁高温退火工艺曲线

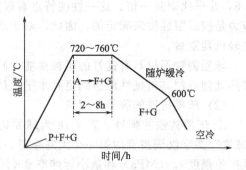
图 7-23　球墨铸铁低温退火工艺曲线

Ⅱ. 低温退火　当铸态组织仅为铁素体加珠光体基体，而没有自由渗碳体存在时，为获得铁素体基体，则只需进行低温退火，其工艺曲线如图 7-23 所示。

b. 正火　球墨铸铁进行正火的目的，是使铸态下基体的混合组织全部或大部分变为珠光体，从而提高其强度和耐磨性。

Ⅰ. 高温正火　将铸件加热到共析温度以上，使基体组织全部奥氏体化，然后空冷（含硅量高的厚壁件，可采用风冷、喷雾冷却），使其获得珠光体球墨铸铁。

正火后，为消除内应力，可增加一次消除内应力的退火（或回火），其工艺曲线如图 7-24所示。

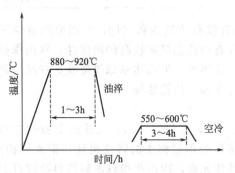
图 7-24　球墨铸铁高温正火工艺曲线

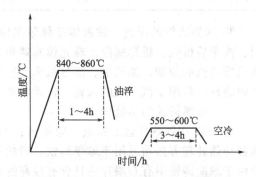
图 7-25　球墨铸铁低温正火工艺曲线

Ⅱ. 低温正火　将铸件加热到共析温度范围内，使基体组织部分奥氏体化，然后出炉空冷，可获得珠光体加铁素体基的球墨铸铁。其塑性、韧性比高温正火高，但强度略低。其工艺曲线如图 7-25 所示。

c. 调质处理　对于受力复杂、截面大、综合机械性能要求较高的重要铸件，可采用调质处理。其工艺曲线如图 7-26 所示。

调质处理后得到回火索氏体加球状石墨，硬度为 $245\sim335HB$，具有良好的综合机械性能。柴油机曲轴等重要的零件常采用此种处理方法。球墨铸铁淬火后，也可采用中温或低温回火，获得贝氏体或回火马氏体基组织，使其具有更高的硬度和耐磨性。

d. 等温淬火　对于一些形状复杂，要求综合机械性能较高，热处理易变形与开裂的零件，常采用等温淬火。

将零件加热到 $860\sim920℃$，保温时间比钢长 1 倍，保温后，迅速放入温度为 $250\sim300℃$ 的等温盐浴中，进行 $0.5\sim1.5h$ 的等温处理，然后取出空冷，获得以下贝氏体加球状石墨为主的组织。其工艺曲线如图 7-27 所示。

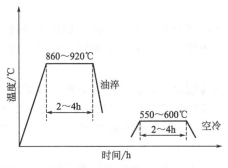

图 7-26 球墨铸铁调质处理工艺曲线

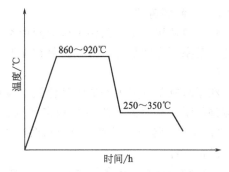

图 7-27 球墨铸铁等温淬火工艺曲线

7.2.2.4 蠕墨铸铁

在钢的基体上分布着蠕虫状石墨的铸铁，称为蠕墨铸铁。蠕虫状石墨的形状介于片状石墨和球状石墨之间，也称为厚片状石墨。

(1) 蠕墨铸铁的获得及蠕化处理

在浇铸前用蠕化剂处理铁水，从而获得蠕虫状石墨的过程称为蠕化处理。常用的蠕化剂有稀土硅钙、稀土硅铁和镁钛稀土硅铁合金。这些蠕化剂除了能使石墨成为厚片状外，均容易造成铸铁的白口倾向增加，因此在进行蠕化处理的同时，必须向铁水中加入一定量的硅铁或硅钙进行孕育处理，以防止白口倾向，并保证石墨细小均匀分布。

如果铸铁结晶时间过长，已加入的足够量的蠕化剂作用会消退，从而形成片状石墨，使蠕墨铸铁衰退为灰口铸铁。这种情况称为蠕化衰退。厚大的铸件由于冷速小而容易造成蠕化衰退。

铸铁金相组织中蠕虫状石墨在全部石墨中所占的比例称为蠕化率。厚大铸件由于蠕化衰退而易得到片状石墨，薄壁铸件则由于冷速快而易使球状石墨比例增加，二者都会导致蠕化率降低。合格的蠕墨铸铁的蠕化率不得低于 50%。

(2) 蠕墨铸铁的牌号、性能及用途

蠕墨铸铁的牌号是以"蠕"、"铁"汉字拼音的大小写字母"RuT"作为代号，后面的一组数字表示最低抗拉强度值 σ_b（MPa）。表 7-19 为蠕墨铸铁的牌号、基体组织和机械性能。

表 7-19 蠕墨铸铁的牌号、基体组织和机械性能

牌号	基体组织	机械性能（≥）			
		σ_b/MPa	$\sigma_{0.2}$/MPa	δ_5/%	硬度/HBS
RuT420	P	420	335	0.75	200~280
RuT380	P	380	300	0.75	193~274
RuT340	P+F	340	270	1.0	170~249
RuT300	F+P	300	240	1.5	140~217
RuT260	F	260	195	3	121~197

蠕墨铸铁的机械性能优于灰口铸铁，低于球墨铸铁。但其导热性、抗热疲劳性和铸造性能均比球墨铸铁好，易于得到致密的铸件。因此蠕墨铸铁也称为"紧密石墨铸铁"，应用于铸造内燃机缸盖、钢锭模、阀体、泵体等。

7.2.3 合金铸铁

随着工业的发展，对铸铁性能的要求愈来愈高，不但要求它具有更高的机械性能，有时还要求它具有某些特殊的性能，如高耐磨性、耐热及耐蚀等。为此向铸铁（灰口铸铁或球墨铸铁）铁液中加入一些合金元素，可获得具有某些特殊性能的合金铸铁。合金铸铁与相似条件下使用的合金钢相比，熔炼简便、成本低廉，具有良好的使用性能。但它们大多具有较大的脆性，机械性能较差。

7.2.3.1　耐磨铸铁

耐磨铸铁按其工作条件可分为两种类型：一种是在润滑条件下工作的，如机床导轨、汽缸套、活塞环和轴承等；另一种是在无润滑的干摩擦条件下工作的，如犁铧、轧辊及球磨机零件等。

在干摩擦条件下工作的耐磨铸铁，应具有均匀的高硬度组织。如白口铸铁、冷硬铸铁都是较好的耐磨材料。为进一步提高铸铁的耐磨性和其他机械性能，常加入 Cr、Mn、Mo、V、Ti、P、B 等合金元素，形成耐磨性更高的合金铸铁。合金铸铁通常用于如犁铧、轧辊及球磨机零件等。

在润滑条件下工作的耐磨铸铁，其组织应为软基体上分布有硬的组织组成物，以便在磨后使软基体有所磨损，形成沟槽，保持油膜。普通的珠光体基体的铸铁基本上符合这一要求，其中的铁素体为软基体，渗碳体层片为硬组分，而石墨同时也起储油和润滑作用。为了进一步改善珠光体灰口铸铁的耐磨性，通常将铸铁中的含磷量提高到 0.4%～0.7%，即形成高磷铸铁。其中磷形成 Fe_3P，并与铁素体或珠光体组成磷共晶，呈断续的网状分布在珠光体基体上，形成坚硬的骨架，使铸铁的耐磨性显著提高。在普通高磷铸铁的基础上，再加入 Cr、Mn、Cu、Mo、V、Ti、W 等合金元素，就构成了高磷合金铸铁。这样不仅细化和强化了基体组织，也进一步提高了铸铁的机械性能和耐磨性。生产上常用其制造机床导轨、汽车发动机缸套等零件。

此外，我国还发展了钒钛铸铁、铬钼铜合金铸铁、锰硼铸铁及中锰球墨铸铁等耐磨铸铁，它们均具有优良的耐磨性。

7.2.3.2　耐热铸铁

耐热铸铁具有良好的耐热性，可代替耐热钢用作加热炉炉底板、马弗罐、坩埚、废气管道、换热器及钢锭模等。

普通灰口铸铁在高温下除了会发生表面氧化外，还会发生"热生长"的现象。这是由于氧化性气体容易通过在高温下工作的铸件的微孔、裂纹或沿石墨边界渗入铸件的内部，生成密度小的氧化物，以及因渗碳体的分解而发生石墨化，最终引起体积增大。经过反复的受热，铸铁的体积会产生不可逆的膨胀，这种现象叫铸铁的热生长。铸铁抗氧化与抗生长的性能称为耐热性。具备良好耐热性的铸铁叫做耐热铸铁。为了提高铸铁的耐热性，一种方法是在铸铁中加入硅、铝、铬等合金元素，使铸件表面形成一层致密的 SiO_2、Al_2O_3、Cr_2O_3 氧化膜，保护内层组织不被继续氧化。另一种方法是提高铸铁的相变点，使基体组织为单相铁素体，不发生石墨化过程，因而提高了铸铁的耐热性。常用耐热铸铁的化学成分和力学性能如表 7-20 所示。

表 7-20　常用耐热铸铁的化学成分和力学性能

铸铁牌号	化学成分/%							抗拉强度/MPa	硬度/HBS
	w_C	w_{Si}	w_{Mn}	w_P	w_S	w_{Cr}	w_{Al}		
					不小于				
RTCr2	3.0～3.8	2.0～3.0	1.0	0.20	0.12	>1.0～2.0	—	150	207～288
RTCr16	1.6～2.4	1.5～2.2	1.0	0.10	0.05	15.0～18.0	—	340	400～450
RTSi5	2.4～3.2	4.5～5.5	0.8	0.20	0.12	0.5～1.0	—	140	160～270
RQTSi4Mo	2.7～3.5	3.5～4.5	0.8	0.10	0.03	w_{Mo} 0.3～0.7		540	197～280
RQTAl4Si4	2.5～3.0	3.5～4.5	0.5	0.10	0.02	—	4.0～5.0	250	285～341
RQTAl5Si5	2.3～2.8	4.5～5.2	0.5	0.10	0.02	>5.0～5.8		200	302～363

7.2.3.3 耐蚀铸铁

耐蚀铸铁主要应用于化工部门，制作管道、阀门、泵类等零件。为提高其耐蚀性，常加入 Si、Al、Cr、Ni 等元素，使铸件表面形成牢固、致密的保护膜；使铸铁组织成为单相基体上分布着数量较少且彼此孤立的球状石墨，并提高铸铁基体的电极电位。

耐蚀铸铁的种类很多，有高硅耐蚀铸铁、高铝耐蚀铸铁、高铬耐蚀铸铁等。其中应用最广泛的是高硅耐蚀铸铁，碳含量<12%，硅含量为 10%～18%。这种铸铁在含氧酸（如硝酸、硫酸）中的耐蚀性不亚于 1Cr18Ni9Ti。但在碱性介质和盐酸、氢氟酸中，由于铸铁表面的 SiO_2 保护膜被破坏，使耐蚀性下降。为改善其在碱性介质中的耐蚀性，可向铸铁中加入 6.5%～8.5% 的 Cu；为改善在盐酸中的耐蚀性，可向铸铁中加入 2.5%～4.0% 的 Mn。为进一步提高耐蚀性，还可向铸铁中加入微量的硼和稀土镁合金进行球化处理。

7.3 有色金属及其合金

通常把除铁、铬、锰之外的金属称为有色金属。我国有色金属矿产资源十分丰富，钨、锡、钼、锑、汞、铅、锌的储量居世界前列，稀土金属以及钛、铜、铝、锰的储量也很丰富。与黑色金属相比，有色金属具有许多优良的特性，决定了有色金属在国民经济中占有十分重要的地位。例如，铝、镁、钛等金属及其合金，具有相对密度小、比强度高的特点，在飞机制造、汽车制造、船舶制造等工业上应用十分广泛。又如，银、铜、铝等有色金属，导电性和导热性能优良，在电气工业和仪表工业上应用十分广泛。再如，钨、钼、钽、铌及其合金是制造在 1300℃ 以上使用的高温零件及电真空材料的理想材料。虽然有色金属的年消耗量目前仅占金属材料年消耗量的 5%，但任何工业部门都离不开有色金属材料，在空间技术、原子能、计算机、电子等新型工业部门，有色金属材料都占有极其重要和关键的地位。一般地，有色金属的分类如下。

① 按有色纯金属分 重金属、轻金属、贵金属、半金属和稀有金属五类。

② 有色合金按合金系统分 重有色金属合金、轻有色金属合金、贵金属合金和稀有金属合金等。

③ 按合金用途分 变形（压力加工用合金）合金、铸造合金、轴承合金、印刷合金、硬质合金、焊料、中间合金和金属粉末等。

7.3.1 铝及其合金

纯铝是元素周期表中的ⅢA族元素，其电子层结构为：$1s^2 2s^2 2p^6 3s^2 3p^1$。它是一种具有面心立方晶格的金属，无同素异构转变。由于铝的化学性质活泼，在大气中极易与氧作用生成一层牢固致密的氧化膜，防止了氧与内部金属基体的作用，所以纯铝在大气和淡水中具有良好的耐蚀性，但在碱和盐的水溶液中，表面的氧化膜易被破坏，使铝很快被腐蚀。纯铝具有很好的低温性能，在 0～253℃ 塑性和冲击韧性不降低。纯铝具有一系列优良的工艺性能，易于铸造，易于切削，也易于通过压力加工制成各种规格的半成品。

工业纯铝是含有少量杂质的纯铝，主要杂质为铁和硅，此外还有铜、锌、镁、锰和钛等。杂质的性质和含量对铝的物理性能、化学性能、机械性能和工艺性能都有影响。一般地说，随着主要杂质含量的增高，纯铝的导电性能和耐蚀性能均降低，其机械性能表现为强度升高，塑性降低。

工业纯铝的强度很低，抗拉强度仅为 50MPa，虽然可通过冷作硬化的方式强化，但也不能直接用于制作结构材料。只有通过合金化及时效强化的铝合金，具有 400～700MPa 的抗拉强度，才能成为飞机的主要结构材料。

目前，用于制造铝合金的合金元素大致分为主
要元素（硅、铜、镁、锰、锌、锂）和辅加元素
（铬、钛、锆、稀土、钙、镍、硼等）两类。铝与
主加元素的二元相图的近铝端一般都具有如图 7-28
所示的形式。根据该相图可以把铝合金分为变形铝
合金和铸造铝合金。相图上最大饱和溶解度 D（D
点也代表合金元素在 S 相中脱溶的脱溶线起始点）
是这两类合金的理论分界线。D 点左边的合金 I，
加热时能形成单相固溶体组织，适用于形变加工，
称为变形铝合金；D 点右边的合金 IV，在常温下具
有共晶组织，适用于铸造成形，称为铸造铝合金。

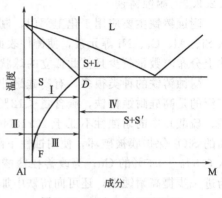

图 7-28　铝合金近铝端相图

（1）变形铝合金

变形铝合金通过熔炼铸成锭子后，要经过加工制成板材、带材、管材、棒材、线材等半
成品，故要求合金应有良好的塑性变形能力。合金成分小于 D 点的合金，其组织主要为固
溶体，在加热至固溶线以上温度时，甚至可得到均匀的单相固溶体，其塑性变形能力很好，
适于锻造、轧制和挤压。为了提高合金强度，合金中可包含有一定数量的第二相，很多合金
中第二组元的含量超过了极限溶解度 D。但当第二相是硬脆相时，第二组元的含量只允许少
量超过 D 点。

变形铝合金分为两大类，一类是凡成分在 F 点以左的合金 II，其固溶体成分不随温
度而变化，不能通过时效处理强化合金，故称为不能热处理强化的铝合金。另一类是成
分在 F、D 之间的合金 III，其固溶体的成分将随温度而变化，可以进行时效处理强化，称
为能热处理强化的铝合金。非热处理强化铝合金是防锈铝合金，耐腐蚀，易加工成形和
易于焊接，强度较低，适宜制作耐腐蚀和受力不大的零部件及装饰材料，这类合金牌号
用 LF 加序号表示，如 LF21、LF3 等。热处理强化铝合金通过固溶处理和时效处理，大
体可分为三种：一种是硬铝，以 Al-Cu-Mg 合金为主，应用广泛，有强烈的时效强化能
力，可制作飞机受力构件，牌号用 LY 加序号表示，如 LY12、LY6 等；第二种是锻铝，
以 Al-Mg-Si 合金为主，冷热加工性好，耐腐蚀，低温性能好，适合制作飞机上的锻件，
其牌号用 LD＋序号表示，如 LD2、LD6 等；第三种是超硬铝，以 Al-Zn-Mg-Cu 合金为
主，是强度最高的铝合金，其牌号用 LC 加序号表示，如 LC4、LC6 等。此外，还有新发展
的铝合金，如铝锂合金、快速凝固铝合金等。表 7-21 为常用变形铝合金的牌号、化学成分、
性能及用途。

（2）铸造铝合金

用于直接铸成各种形状复杂的甚至是薄壁的成形件。浇注后，只需进行切削加工即可成
为零件或成品，故要求合金具有良好的流动性。凡成分大于 D 点的合金，由于有共晶组织
存在，其流动性较好，且高温强度也比较高，可以防止热裂现象，故适于铸造。因此，大多
数铸造铝合金中合金元素的含量均大于极限溶解度 D。当然，实际上当合金元素小于极限溶
解度 D 时，也是可以进行成形铸造的。

铸造铝合金应具有高的流动性，较小的收缩性，热裂、缩孔和疏松倾向小等良好的铸造
性能。共晶合金或合金中有一定量共晶组织就具有优良的铸造性能。为了综合运用热处理强
化和过剩相强化，铸造铝合金的成分都比较复杂，合金元素的种类和数量相对较多，以所含
主要合金组元为标志，常用的铸造铝合金有铝硅系、铝铜系、铝镁系、铝稀土系和铝锌系合
金，主要铸造铝合金的牌号和化学成分见表 7-22。

表 7-21　常用变形铝合金的牌号、化学成分、性能及用途

类别	牌号（代号）	化学成分/%						热处理工艺	力学性能			用途
		w_{Cu}	w_{Mg}	w_{Mn}	w_{Zn}	其他	w_{Al}		σ_b/MPa	δ/%	硬度/HB	
防锈铝合金	3A05 (LF5)		4.0~5.5	0.3~0.6			余量	退火	280	20	70	焊接油箱、油管、焊条、铆钉及中载零件
	3A21 (LF21)			1.0~1.6			余量	退火	130	20	30	焊接油箱、油管、铆钉及轻载零件
硬铝合金	2A01 (LY1)	2.2~3.0	0.2~0.5				余量	淬火+自然时效	300	24	70	工作温度不超过 100℃，常用作铆钉
	2A12 (LY12)	3.8~4.9	1.2~1.8	0.3~0.9			余量	淬火+自然时效	470	17	105	高强度结构件、航空模锻件及 150℃ 以下工作零件
超硬铝合金	7A04 (LC4)	1.4~2.0	1.8~2.8	0.2~0.6	5.0~7.0	Cr 0.1~0.25	余量	淬火+人工时效	600	12	150	主要受力构件，如飞机机架、桁架等
	7A06 (LC6)	2.2~2.8	2.5~3.2	0.2~0.5	7.6~8.6	Cr 0.1~0.25	余量	淬火+人工时效	680	7	190	主要受力构件，如飞机大梁、桁架、起落架等
锻铝合金	2A05 (LD5)	1.8~2.0	0.4~0.8	0.4~0.8		Si 0.7~1.2	余量	淬火+人工时效	420	13	105	形状复杂、中等强度的锻件
	2A10 (LD10)	3.9~4.8	0.4~0.8	0.4~1.0		Si 0.5~1.2	余量	淬火+人工时效	480	19	135	承受重载荷的锻件

表 7-22　主要铸造铝合金的牌号和化学成分

合金系	牌号	w_{Si}/%	w_{Cu}/%	w_{Mg}/%	w_{Mn}/%	w_{Zn}/%	w_{Ni}/%	w_{Ti}/%	w_{Zr}/%
Al-Si	ZL102	10.0~13.0	<0.6	<0.05	<0.5	<0.3			
	ZL104	8.0~10.5	<0.3	0.17~0.30	0.2~0.5	<0.3			
	ZL105	4.5~5.5	1.0~1.5	0.35~0.60	<0.5	<0.2			
	ZL111	8.0~10.0	1.3~1.8	0.4~0.6	0.1~0.35	<0.1		0.1~0.35	
Al-Cu	ZL201	<0.3	4.5~5.3	<0.05	0.6~1.0	<0.1	<0.1	0.15~0.35	<0.2
	ZL203	<1.5	4.5~5.0	<0.03	<0.1	<0.1		<0.07	
Al-Mg	ZL301	<0.3	<0.1	9.5~11.5	<0.1	<0.1		<0.07	
	ZL303	0.8~1.3	<0.1	4.5~5.5	0.1~0.4	<0.2		<0.2	

7.3.2　铜及其合金

（1）纯铜

纯铜呈紫红色，又称紫铜，密度为 8.9，熔点为 1083℃。它分为两大类，一类为含氧铜，另一类为无氧铜。由于有良好的导电性、导热性和塑性，并兼有耐蚀性和可焊接性，它是化工、船舶和机械工业中的重要材料。

工业纯铜的导电性和导热性在 64 种金属中仅次于银。冷变形后，纯铜的导电率变化小。形变 80% 后导电率下降不到 3%，故可在冷加工状态下用作导电材料。杂质元素都会降低其导电性和导热性，尤以磷、硅、铁、钛、铍、铅、锰、砷、锑等影响最为强烈；形成非金属

夹杂物的硫化物、氧化物、硅酸盐等影响小，不溶的铅、铋等金属夹杂物影响也不大。

铜的电极电位较正，在许多介质中都耐蚀，可在大气、淡水、水蒸气及低速海水等介质中工作，铜与其他金属接触时成为阴极，而其他金属及合金多为阳极，并发生阳极腐蚀，为此需要镀锌保护。

铜的另一个特性是无磁性，常用来制造不受磁场干扰的磁学仪器。

铜有极高的塑性，能承受很大的变形量而不发生破裂。

铋或铅与铜形成富铋或铅的低熔点共晶，其共晶温度相应为 270℃ 和 326℃，共晶含 $w_{Bi}=99.8\%$ 或 $w_{Pb}=99.94\%$，在晶界形成液膜，造成铜的热脆。

铋和锑等元素与铜的原子尺寸差别大，含微量铋或锑的稀固溶体中即引起大的点阵畸变，驱使铋和锑在铜晶界产生强烈的晶界偏聚。铋在铜晶界的富集系数 $\beta_{Bi}\approx4\times10^4$，锑在铜晶界的富集系数 $\beta_{Sb}\approx6\times10^2$。铋和锑的晶界偏聚降低铜的晶界能，使晶界原子结合弱化，产生强烈的晶界脆化倾向。

含氧铜在还原性气氛中退火，氧渗入并作用生成水蒸气，这会造成很高的内压力，引起微裂纹，在加工或服役中发生破裂。故对无氧铜要求 w_O 低于 0.003%。

工业纯铜的氧含量 w_O 低于 0.01% 的称为无氧铜，以 TU1 和 TU2 表示，用作电真空器件。TUP 为磷脱氧铜，用作焊接钢材，制作热交换器、排水管、冷凝管等。TUMn 为锰脱氧铜，用于电真空器件。T1～T4 为纯铜，含有一定氧。T1 和 T2 的氧含量较低，用于导电合金；T3 和 T4 含氧较高，$w_O<0.1\%$，一般用做铜材。

（2）铜合金

按照化学成分，铜合金可分为黄铜、白铜及青铜三大类。

① 黄铜　以锌为主要元素的铜合金，称为黄铜，按其余合金元素种类可分为普通黄铜和特殊黄铜，按生产方法可分为压力加工产品和铸造产品两类。压力加工黄铜的编号方法举例如下：H62 表示含 62%Cu 和 38%Zn 的普通黄铜；HMn58-2 表示含 80%Cu 和 2%Mn 的特殊黄铜，称为锰黄铜。铸造黄铜的编号方法举例如下：ZHSi80-3 表示含 80%Cu 和 3%Si 的铸造硅黄铜；ZHAl66-6-3-2 表示含 66%Cu、6%Al、3%Fe 和 2%Mn 的铸造铝黄铜。

② 白铜　以镍为主要元素的铜合金，称为白铜。白铜分为结构白铜和电工白铜两类。其牌号表示方法举例如下：B30 表示含 30%Ni 的简单白铜；BMn40-1.5 表示含 40%Ni 和 1.5%Mn 的复杂白铜，又可称为锰白铜，俗称"康铜"。

③ 青铜　除锌和镍以外的其他元素作为主要合金元素的铜合金称为青铜。按所含主要元素的种类分为锡青铜、铝青铜、铅青铜、硅青铜、铍青铜、钛青铜、铬青铜等。青铜的牌号表示方法举例如下：QBe2 表示含 2%Be 的压力加工铍青铜；QAl9-2 表示含 9%Al 和 2%Mn 的压力加工铝青铜。ZQPb30 表示含 30% 的 Pb 的铸造铅青铜；ZQSn6-6-3 表示含 6%Sn、6%Zn 和 3%Pb 的铸造锡青铜。

7.3.3　镁及镁合金

镁合金是实际应用中最轻的金属结构材料，它具有密度小，比强度和比模量高，阻尼性、导热性、切削加工性、铸造性好，电磁屏蔽能力强，尺寸稳定，资源丰富，容易回收等一系列优点，因此，在汽车工业、通信电子业和航空航天业等领域得到日益广泛的应用。近年来镁合金产量在全球的年增长率高达 20%，显示出极大的应用前景。

与铝合金相比，镁合金的研究和应用还很不充分，目前，镁合金的产量只有铝合金的 1%。镁合金作为结构件应用最多的是铸件，其中 90% 以上的是压铸件。限制镁合金广泛应用的主要问题，是镁合金在熔炼加工过程中极易氧化燃烧，因此镁合金的生产难度很大；镁合金生产技术还不成熟和完善，特别是镁合金成形技术更待进一步发展；镁合金的耐蚀性较差；现有工业镁合金的高温强度、蠕变性能较低，限制了镁合金在高温（150～350℃）场合的应用。

镁在地壳中储量为 2.77%，仅次于铝和铁。我国具有丰富的镁资源，菱镁矿储量居世界首位。2001 年我国镁的生产能力为 25 万吨，产量为 18 万吨，产量占全球 40%，其中出口 16 万吨。国内镁合金在汽车上已应用在上海大众桑塔纳轿车的手动变速壳体，一汽集团将在轿车上应用镁合金，东风集团也准备生产镁合金汽车铸件。镁合金在通信电子器材的应用中还处于起步阶段。因此如何将镁合金的资源优势转变为技术和经济优势，促进国民经济的发展，增强我国在镁行业的国际竞争力，是摆在我们面前的迫切任务。

镁合金可以分为变形镁合金和铸造镁合金两类。

（1）变形镁合金

按化学成分可分为以下三类。

① 镁-锰系合金　代表合金有 MB1。可经过各种压力加工而制成棒、板、型材和锻件，主要用作航空、航天器的结构材料。

② 镁-铝-锌系合金　代表合金有 MB2、MB3，均为高塑性锻造镁合金，MB3 为中等强度的板带材合金。

③ 镁-锌-锆系合金　属于高强镁合金，主要代表有 MB15 等。由于塑性较差，不易焊接，主要生产挤压制品和锻件。

（2）铸造镁合金

与变形镁合金相比，铸造镁合金在应用方面占统治地位。主要分为无锆镁合金和含锆镁合金两类。

7.3.4　钛及钛合金

钛合金是近年来快速发展的材料。钛及钛合金密度小（$4.5g/cm^3$），强度大大高于钢，比强度和比模量性能突出。波音 777 的起落架采用钛合金制造，大大减轻了重量，经济效益极为显著。钛的耐腐蚀性能优异，是目前耐海水腐蚀的最好材料。钛是制造工作温度 500℃以下如火箭低温液氮燃料箱、导弹燃料罐、核潜艇船壳、化工厂反应釜等构件的重要材料。我国钛产量居世界第一，TiO_2 储量约 8 亿吨，特别是在攀枝花、海南岛资源非常丰富。

钛合金高温强度差，不宜在高温中使用。尽管钛的熔点在 1700℃以上，比镍等金属材料高好几百度，但其使用温度较低，最高的工作温度只有 600℃。如当前使用的飞机涡轮叶片材料是镍铝高温合金，若能采用耐高温钛合金，材料的比强度、耐蚀性和寿命将大大提高。为解决钛合金的高温强度，世界各国正积极研究采用中间化合物即金属和金属之间的化合物作为高温材料。中间化合物熔点较高、结合力强，特别是钛铝，密度又小，作为航空的高温材料有较大的优越性和发展前途。目前研制的有序化中间化合物使钛合金使用温度达到600℃以上，Ti3Al 达到 750℃，TiAl 达到 800℃，未来有望提高到 900℃以上。

7.3.5　轴承合金

轴承可定义为一种在其中有另外一种元件（诸如轴颈或杆）旋转或滑动的机械零件。依据轴承工作时摩擦的形式，它们又分为滚动轴承与滑动轴承。滑动轴承之中自身具有自润滑性的轴承叫做含油轴承或自润滑轴承。滑动轴承是指支承轴颈和其他转动或摆动零件的支承件。它是由轴承体和轴瓦两部分构成的。轴瓦可以直接由耐磨合金制成，也可在钢背上浇铸（或轧制）一层耐磨合金内衬制成。用来制造轴瓦及其内衬的合金，称为轴承合金。

当机器不运转时，轴停放在轴承上，对轴承施以压力。当轴高速旋转运动时，轴对轴承施以周期性交变载荷，有时还伴有冲击。滑动轴承的基本作用，就是将轴准确定位，并在载荷作用下支撑轴颈而不被破坏。

当滑动轴承工作时，轴和轴承不可避免地会产生摩擦。为此，在轴承上常注入润滑油，以便在轴颈和轴承之间有一层润滑油膜相隔，进行理想的液体摩擦。实际上，在低速和重荷的情况下，润滑并不那么起作用，这时处于边界润滑状态。边界润滑意味着金属和金属直接接触的可能性存在，它会使磨损增加。当机器在启动、停车、空转和载荷变动时，也常出现这种边界润滑或半干摩擦甚至干摩擦状态。只有在轴转动速度逐渐增加，润滑油膜建立起来之后，摩擦系数才逐渐下降，最后达到最小值。如果轴转动速度进一步增加，摩擦系数又重新增大。

根据轴承的工作条件，轴承合金应具备如下一些性能。

① 在工作温度下，应具备足够的抗压强度和疲劳强度，以承受轴颈所施加的载荷。

② 应具有良好的减摩性和耐磨性，即轴承合金的摩擦系数要小，对轴颈的磨损要少，使用寿命要长。

③ 应具有一定的塑性和韧性，以承受冲击。

④ 应具有小的膨胀系数和良好的导热性，以便在干摩擦或半干摩擦条件下工作时，若发生瞬间热接触，而不致咬合。

⑤ 应具有良好的磨合性，即在轴承开始工作不太长的时间内，轴承上的突出点就会在滑动接触时被去除掉，而不致损坏配对表面。

⑥ 应具有良好的嵌镶性，以便使润滑油中的杂质和金属碎片能够嵌入合金中而不致划伤轴颈的表面。

⑦ 轴承的制造要容易，成本要低廉。因为轴是机器上重要零件，价格较贵，因而在磨损不可避免时，应确保轴的长期使用。

此外，还要求轴承应具有良好的顺应性、抗蚀性以及能够与钢背牢固相结合的有关工艺性能。

显然，要同时满足上述多方面性能要求是很困难的。选材时，应具备各种机械的具体工作条件，以满足其性能要求为原则。

常用轴承合金，按其主要化学成分可分为铅基、锡基、铝基、铜基和铁基。下面着重介绍铅基、锡基、铝基和铜基四种轴承合金。

（1）铅基轴承合金

铅基轴承合金是在铅锑合金的基础上加入锡、铜等元素形成的合金，又称为铅基巴氏合金。我国铅基轴承合金的牌号、成分、机械性能如表 7-23 所示。

表 7-23　铅基轴承合金的牌号、成分、机械性能

牌号	化学成分				机械性能		
	$w_{Sn}/\%$	$w_{Sb}/\%$	$w_{Pb}/\%$	$w_{Cu}/\%$	σ_b/MPa	$\delta/\%$	硬度/HBS
ZChPb16-16-2	15.0～17.0	15.0～17.0	余量	1.5～2.0	78	0.2	30
ZChPb15-5-3	5.0～6.0	14.0～16.0	余量	2.5～3.0	—	—	32

铅基轴承合金的突出优点是成本低，高温强度好，亲油性好，有自润滑性，适用于润滑较差的场合。但耐蚀性和导热性不如锡基轴承合金，对钢背的附着力也较差。

（2）锡基轴承合金

锡基轴承合金是以锡为主，并加入少量锑和铜的合金。我国锡基轴承合金的牌号、成分、机械性能如表 7-24 所示。合金牌号中的 Ch 表示"轴承"中"承"字的汉语拼音字头，Ch 的后边为基本元素锡和主要添加元素锑的化学元素符号，最后为添加元素的含量。

表 7-24　锡基轴承合金的牌号、成分、机械性能

牌号	化学成分			机械性能		
	$w_{Sn}/\%$	$w_{Sb}/\%$	$w_{Pb}/\%$	σ_b/MPa	$\delta/\%$	硬度/HBS
ZChSnSb11-6	余量	10～12	5.5～6.5	90	6	30
ZChSnSb8-4	余量	7.8～8.0	3.6～4.0	80	10.6	24

锡基轴承合金的主要特点是摩擦系数小，对轴颈的磨损少，基体是塑性好的锑在锡中的固溶体，硬度低，顺应性和嵌镶性好，抗腐蚀性高，对钢背的黏着性好。它的主要缺点是抗疲劳强度较差，且随着温度升高机械强度急剧下降，最高运转温度一般应小于 110℃。

（3）铝基轴承合金

铝基轴承合金密度小，导热性好，疲劳强度高，价格低廉，广泛用于高速高负荷下工作的轴承。

铝基轴承合金按成分可分为铝锡系、铝锑系、铝石墨系三类。

① 铝锡系铝基轴承合金　它是以铝（60%～95%）和锡（5%～40%）为主要成分的合金，其中以 Al-20Sn-1Cu 合金最为常用。这种合金的组织为在硬基体（Al）上分布着软质点（Sn）。硬的铝基体可承受较大的负荷，且表面易形成稳定的氧化膜，既有利于防止腐蚀，又可起减摩作用。低熔点锡在摩擦过程中易熔化并覆盖在摩擦表面，起到减少摩擦与磨损的作用。铝锡系铝基轴承合金具有疲劳强度高，耐热性、耐磨性和耐蚀性均良好等优点，因此被世界各国广泛采用，尤其是适用于高速、重载条件下工作的轴承。

② 铝锑系铝基轴承合金　其化学成分为：4%Sb，0.3%～0.7%Mg，其余为 Al。组织为软基体（Al）上分布着硬质点 AlSb，加入镁可提高合金的疲劳强度和韧性，并可使针状 AlSb 变为片状。这种合金适用于载荷不超过 20MPa、滑动线速度不大于 10m/s 的工作条件，与 08 钢板热轧成双金属轴承使用。

③ 铝-石墨系铝基轴承合金　铝-石墨减摩材料是近些年发展起来的一种新型材料。为了提高基体的机械性能，基体可选用铝硅合金（含硅量 6%～8%）。由于石墨在铝中的溶解度很小，且在铸造时易产生偏析，故需采用特殊铸造办法制造或以镍包石墨粉或铜包石墨粉的形式加入到合金中，合金中适宜的石墨含量为 3%～6%。铝石墨减摩材料的摩擦系数与铝锡系轴承合金相近，由于石墨具有优良的自润滑作用和减震作用以及耐高温性能，故该种减摩材料在干摩擦时，能具有自润滑的性能，特别是在高温恶劣条件下（工作温度达 250℃），仍具有良好的性能。因此，铝石墨系减摩材料可用来制造活塞和机床主轴的轴瓦。

（4）铜基轴承合金

铜基轴承合金的牌号、成分及机械性能见表 7-25。

表 7-25　铜基轴承合金的牌号、成分及机械性能

名称	牌号	化学成分/%				机械性能		
		w_{Pb}	w_{Sn}	其他	w_{Cu}	σ_b/MPa	$\delta/\%$	硬度/HB
铅青铜	ZQPb30	27.0～33.0	—	—	余量	60	4	25
	ZQPb25-5	23.0～27.0	4.0～6.0	—	余量	140	6	50
	ZQPb12-8	11.0～13.0	7.0～9.0	—	余量	120～200	3～8	80～120
锡青铜	ZQSn10-1	—	1.0～9.0	P0.6～1.2	余量	250	5	90
	ZQSn6-6-3	2.0～4.0	5.0～7.0	Zn5.0～7.0	余量	200	10	65

　　铅青铜是硬基体软质点类型的轴承合金。同巴氏合金相比，具有高的疲劳强度和承载能力，优良的耐磨性、导热性和低的摩擦系数，能在较高温度（250℃）下正常工作。铅青铜适于制造大载荷、高速度的重要轴承，例如航空发动机、高速柴油机的轴承等。

　　锡基、铅基轴承合金及不含锡的铅青铜的强度比较低，承受不了大的压力，所以使用时必须将其镶铸在钢的轴瓦中，形成一层薄而均匀的内衬，做成双金属轴承。含锡的铅青铜，由于锡溶于铜中使合金强化，获得高的强度，不必做成双金属，可直接做成轴承或轴套使用。由于高的强度，也适于制造高速度、高载荷的柴油机轴承。

思考题与习题

7-1　哪些合金元素可使钢在室温下获得铁素体组织？哪些合金元素可使钢在室温下获得奥氏体组织？并说明理由。

7-2　合金元素对钢的奥氏体等温转变图和 M_s 点有何影响？为什么高速钢加热得到奥氏体后经空冷就能得到马氏体，而且其室温组织中含有大量残余奥氏体？

7-3　何谓回火稳定性、回火脆性、热硬性？合金元素对回火转变有哪些影响？

7-4　为什么高速切削刀具要用高速钢制造？为什么尺寸大、要求变形小、耐磨性高的冷变形模具要用Cr12MoV钢制造？它们的锻造有何特殊要求？其淬火、回火温度应如何选择？

7-5　比较合金渗碳钢、合金调质钢、合金弹簧钢、轴承钢的成分、热处理、性能的区别及应用范围。

7-6　比较不锈钢和镍基耐蚀合金、耐热钢和高温合金、低温钢的成分、热处理、性能的区别及应用范围。

7-7　比较低合金工具钢和高合金工具钢的成分、热处理、性能的区别及应用范围。

7-8　下列零件和构件要求材料具有哪些主要性能？应选用何种材料（写出材料牌号）？应选择何种热处理？并制订各零件和构件的工艺路线。
　　①大桥；②汽车齿轮；③镗床镗杆；④汽车板簧；⑤汽车、拖拉机连杆螺栓；⑥拖拉机履带板；⑦汽轮机叶片；⑧硫酸、硝酸容器；⑨锅炉；⑩加热炉炉底板。

7-9　何谓石墨化？铸铁石墨化过程分哪三个阶段？对铸铁组织有何影响？

7-10　试述石墨形态对铸铁性能的影响。

7-11　灰铸铁中有哪几种基本相？可以组成哪几种组织形态？

7-12　为什么铸铁的 σ_b 比钢低？为什么铸铁在工业上又被广泛应用？

7-13　简述铸铁的使用性能及各类铸铁的主要应用。

7-14　可锻铸铁是如何获得的？所谓黑心、白心可锻铸铁的含义是什么？可锻铸铁可以锻造吗？

7-15　下列铸件宜选择何种铸铁铸造：
　　①机床床身；②汽车、拖拉机曲轴；③1000～1100℃加热炉炉体；④硝酸盛储器；⑤汽车、拖拉机转向壳；⑥球磨机衬板。

7-16　铝合金是如何分类的？

7-17　变形铝合金包括哪几类铝合金？用2A01（原LY1）做铆钉应在何状态下进行铆接？在何时得到强化？

7-18　铜合金分哪几类？不同铜合金的强化方法与特点是什么？

7-19　黄铜分为几类？分析含锌量对黄铜的组织和性能的影响。

7-20　黄铜在何种情况下产生应力腐蚀？如何防止？

7-21　青铜如何分类？说明含锌量对锡青铜组织与性能的影响，分析锡青铜的铸造性能特点。

7-22　按应用白铜如何分类？所谓"康铜"是什么铜合金，它的性能与应用特点是什么？

7-23　变形镁合金包括哪几类镁合金？它们各自的性能特点是什么？

7-24　钛合金分为几类？钛合金的性能特点与应用是什么？

7-25　轴承合金常用合金类型有哪些？轴承合金对性能和组织的要求有哪些？

第8章　高分子材料工艺

8.1　概述

由于高分子材料原料来源丰富，制造方便，品种众多，因此是材料领域的重要组成部分。高分子材料为发展高新技术提供了更多更有效的高性能结构材料、高功能材料以及满足各种特殊用途的专用材料。如在机械和纺织工业，由于采用塑料轴承和塑料齿轮来代替相应的金属零件，车床和织布机运转时的噪声大大降低，改善了工人的劳动条件；塑料同玻璃纤维制成的复合材料——玻璃钢，由于它比钢铁更加坚固，被用来代替钢铁制备船舶的螺旋桨和汽车的车架、车身等。高分子材料的发展也促进了医学的进步，如用高分子材料制成的人工脏器、人工肾和人工角膜等使一些器官性疾病不再是不治之症。总之，目前高分子材料在尖端技术、国防、国民经济以及社会生活的各个方面都得到了广泛的应用。

高分子材料也叫聚合物材料（polymer），主要是指以有机高分子化合物（不包括无机高分子化合物）为主体组成的或加工而成的具有实用性能的材料。

按照高分子材料来源，高分子材料分为天然高分子材料和合成高分子材料两大类。天然高分子材料主要有天然橡胶、纤维素、淀粉、蚕丝等。合成高分子材料的种类繁多，如合成塑料、合成橡胶、合成纤维等。

按照用途，高分子材料主要分为塑料、橡胶、化学纤维、胶黏剂和涂料等几类，其中塑料、合成纤维和合成橡胶的产量最大，品种最多，统称为三大合成材料。

按照材料学观点，高分子材料分为结构高分子材料和功能高分子材料，前者主要利用它的强度、弹性等力学性能，后者主要利用它的声、光、电、磁和生物等功能。

8.2　高分子材料的结构

高分子合成材料是分子量很大的材料，它是由许多单体（低分子）用共价键连接（聚合）起来的大分子化合物。所以高分子又称大分子，高分子化合物又称高聚物或聚合物。例如，聚氯乙烯就是由氯乙烯聚合而成。把彼此能相互连接起来而形成高分子化合物的低分子化合物（如氯乙烯）称为单体，而所得到的高分子化合物（如聚氯乙烯）就是高聚物。组成高聚物的基本单元称为链节。若用 n 值表示链节的数目，n 值愈大，高分子化合物的分子量 M 也愈大，即 $M = n \times m$。式中 m 为链节的分子量，通常称 n 为聚合度。整个高分子链就相当于由几个链节按一定方式重复连接起来，成为一条细长链条。高分子合成材料大多数是以碳和碳结合为分子主链，即分子主干由众多的碳原子相互排列成长长的碳链，两旁再配以氢、氯、氟或其他分子团，或配以另一较短的支链，使分子成交叉状态。分子链和分子链之间还依赖分子间作用力连接。

从分子结构式中可以发现高分子化合物的化学结构有以下三个特点：

① 高分子化合物的分子量虽然十分巨大，但它们的化学组成一般都比较简单，和有机化合物一样，仅由几种元素组成。

② 高分子化合物的结构像一条长链，在这个长链中含有许多个结构相同的重复单元，

这种重复单元叫"链节"。这就是说，高分子化合物的分子是由许许多多结构相同的链节所组成。

③ 高分子化合物的链节与链节之间，和链节内各原子之间一样，也是由共价键结合的，即组成高分子链的所有原子之间的结合键都属共价键。

低分子化合物按其分子式，都有确定的分子量，而且每个分子都一样。高分子化合物则不然，一般所得聚合物总是含有各种大小不同（链长不同、分子量不同）的分子。换句话说，聚合物是同一化学组成、聚合度不等的同系混合物，所以高分子化合物的分子量实际上是一个平均值。

8.2.1　高聚物的结构

高聚物的结构可分为两种类型：均聚物（homopolymer）和共聚物（copolymer）。

（1）均聚物

只含有一种单链节，若干个链节用共价键按一定方式重复连接起来，像一根又细又长的链子一样。这种高聚物结构在拉伸状态或在低温下易呈直线形状［图 8-1(a)］，而在较高温度或稀溶液中，则易呈蜷曲状。这种高聚物的特点是可溶，即它可以溶解在一定的溶液之中，加热时可以熔化。基于这一特点，线形高聚物结构的聚合物易于加工，可以反复应用。一些合成纤维、热塑性塑料（如聚氯乙烯、聚苯乙烯等）就属于这一类。

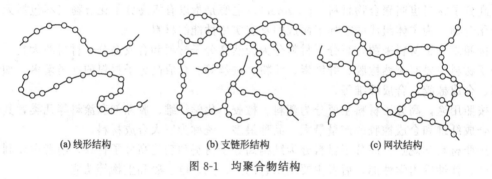

(a) 线形结构　　　　　　(b) 支链形结构　　　　　　(c) 网状结构

图 8-1　均聚合物结构

支链形高聚物结构好像一根"节上小枝"的枝干一样［图 8-1(b)］，主链较长，支链较短，其性质和线形高聚物结构基本相同。

网状高聚物是在一根根长链之间有若干个支链把它们交联起来，构成一种网状形状。如果这种网状的支链向空间发展的话，便得到体形高聚物结构［图 8-1(c)］。这种高聚物结构的特点是在任何情况下都不熔化，也不溶解。成型加工只能在形成网状结构之前进行，一经形成网状结构，就不能再改变其形状。这种高聚物在保持形状稳定、耐热及耐溶剂作用方面有其优越性。热固性塑料（如酚醛、脲醛等塑料）就属于这一类。

（2）共聚物

共聚物是由两种以上不同的单体链节聚合而成的。由于各种单体的成分不同，共聚物的高分子排列形式也多种多样，可归纳为：无规则型、交替型、嵌段型、接枝型。例如将 M_1 和 M_2 两种不同结构的单体分别以有斜线的圆圈和空白圆圈表示。共聚物高分子结构可以用图 1-25 表示。

无规则型是 M_1、M_2 两种不同单体在高分子长链中呈无规则排列；交替型是 M_1、M_2 单体呈有规则的交替排列在高分子长链中；嵌段型是 M_1 聚合片段和 M_2 聚合片段彼此交替连接；接枝型是 M_1 单体连接成主链，又连接了不少 M_2 单体组成的支链。

共聚物在实际应用上具有十分重要的意义，因为共聚物能把两种或多种自聚的特性综合到一种聚合物中来。因此，有人把共聚物称为非金属的"合金"，这是一个很恰当的比喻。

例如 ABS 树脂是丙烯腈、丁二烯和苯乙烯三元共聚物，具有较好的耐冲击、耐热、耐油、耐腐蚀及易加工等综合性能。

8.2.2　高聚物的聚集态结构

高聚物的聚集态结构，是指高聚物材料本体内部高分子链之间的几何排列和堆砌结构，也称为超分子结构。实际应用的高聚物材料或制品，都是许多大分子链聚集在一起的，所以高聚物材料的性能不仅与高分子的分子量和大分子链结构有关，而且和高聚物的聚集状态有直接关系。

高聚物按照大分子排列是否有序，可分为结晶态和非结晶态两类。结晶态聚合物分子排列规则有序，非结晶态聚合物分子排列杂乱不规则。

结晶态聚合物由晶区（分子有规则紧密排列的区域）和非晶区（分子处于无序状态的区域）组成，如图 8-2 所示。

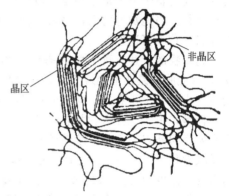

非晶区

晶区

高聚物部分结晶的区域称为微晶，微晶的多少称为结晶度。一般结晶态高聚物的结晶度有 $50\%\sim80\%$。

非晶态聚合物的结构，过去一直认为其大分子排列是杂乱无章的，相互穿插交缠的。近来研究发现，非晶态聚合物的结构只是大距离范围的无序，小距离范围内是有序的，即远程无序。

图 8-2　高聚物的晶区与非晶区

晶态与非晶态影响高聚物的性能。结晶使分子排列紧密，分子间作用力增大，所以使高聚物的密度、强度、硬度、刚度、熔点、耐热性、耐化学性、抗液体及气体透过性等性能有所提高；而依赖链运动的有关性能，如弹性、塑性和韧性较低。

8.3　高分子化合物的力学状态

当温度在一定范围内变化时，高聚物可经历不同的力学状态，它反映了大分子运动的不同形式。在恒定应力下高聚物的温度-形变之间的关系可反映出分子运动与温度变化的关系。对于不同的聚合物，其温度-形变曲线也不相同。下面就几种不同类型的聚合物分别给予介绍。

（1）非晶聚合物的力学状态

当温度变化时，非晶聚合物存在着三种不同的力学状态，即玻璃态、高弹态和黏流态。高聚物出现这三种力学状态是由高分子链的结构特点及其运动特点决定的。高分子链是由许多具有独立活动能力的链段组成的，因此，一个高分子链具有两种运动单元：整个大分子的运动和大分子中各个链段的运动。正是高聚物分子链运动的二重性决定了非晶态高聚物的三种力学状态。

当温度很低时，分子间的作用能大于分子的热运动能，此时，不但整个大分子的运动被冻结，甚至链段的运动也被冻结（分子的内旋被冻结），即分子之间和链段之间的相对位置都被固定着，只有分子中的原子在其固定位置上进行着振动运动。与之对应的高聚物则处于坚硬的固体状态，即玻璃态。玻璃态的力学行为是：当施加外力后只能引起原子间键长和键角的微小变化，因此高聚物形变很小。当外力消除后，高聚物立即恢复原状，即形变是可逆的，这种形变称为普弹形变，它的特点是形变量小、瞬时完成和可逆性。

　　若温度逐渐升高，分子的热运动能逐渐增加，当达到某一温度范围，虽然热运动能还不能使整个分子链发生相对移动，但却能使分子中的链段运动起来，此时的高聚物即处于高弹态，发生的形变为高弹形变。高弹态的力学行为是：当施加外力后，分子链在外力作用下由原来的卷曲状态变成了伸展状态，使高聚物产生很大的形变，当外力消除后，被拉伸的链又会逐渐再卷曲起来（链段运动的结果），恢复原状，因而也是可逆形变。高弹形变的特点是形变量很大、具有可逆性和需要松弛时间（即成形加工和恢复原状都需要一定的时间才能完成）。

　　若温度继续上升，热运动能继续增加，当达到某一温度后，不但分子链的链段可以自由运动，而且整个分子链之间也可以产生相对移动，此时高聚物就处于黏流态了。黏流态的力学行为是：当施加外力后，高聚物会产生无休止的永久形变，即当外力消除后形变也不会恢复原状，是不可逆形变。

　　高聚物的上述三种力学状态可以用高聚物的温度-形变曲线表现出来，如图 8-3 所示。温度-形变曲线是在恒定应力下，对高聚物样品进行连续升温，观测在不同温度下样品的形变值。由图 8-3 可见，在恒定应力下，这三种不同力学状态下高聚物的形变值是有明显差别的。但是，由于三种力学状态的转变并不是相变，因此形变值在转变点并没有发生突变，即没有发生间断点，而是连续性的转变。这些转变点的温度，由高弹态到玻璃态的转变温度，叫做玻璃化温度，以 T_g 表示；由高弹态到黏流态的转变温度，叫做黏流温度，以 T_m 表示。高聚物的温度-形变曲线的形状同高聚物的分子量大小、分子结构等有很大关系，当分子量小时，将不出现高弹态平台，只有当聚合物的分子量达到一定程度时，才出现高弹态，这也是橡胶都具有很高分子量的原因。

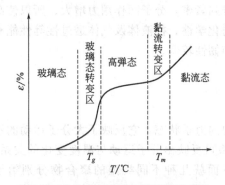 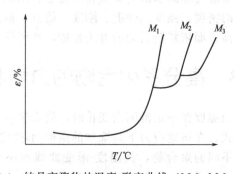

图 8-3　非晶态高聚物的温度形变曲线　　　　图 8-4　结晶高聚物的温度-形变曲线（$M_3 > M_2 > M_1$）

　　（2）结晶高聚物的温度-形变曲线

　　凡在一定条件下能够结晶的高聚物称为结晶性高聚物。结晶高聚物的结晶度不同，分子量不同，其温度-形变曲线也不相同。当结晶度高于 40% 时，微晶贯穿整个材料，非晶区 T_g 将不能明显出现，只有当温度升高到熔化温度 T_m 时，晶区熔融，高分子链热运动加剧，如果聚合物的分子量不太大，体系进入黏流态（此时熔化温度 T_m 与转变温度相等，即 $T_m = T_t$）；如果聚合物分子量很高，$T_t > T_m$，则在 T_m 之后仍会出现高弹态。如果聚合物的结晶度不高，则也会出现玻璃化转变的形变，但 T_g 以后，链段有可能按照结晶结构的要求重新排列成规则的晶体结构。图 8-4 为分子量不同的结晶高聚物的温度-形变曲线。可以看出，高弹态与黏流态的过渡区随分子量 M 的增大而增大。

　　（3）交联高聚物的力学状态

　　交联使高分子链之间以化学键相结合，若不破坏化学键，分子链之间就不能产生相对位移，随着交联度的提高，不仅形变能力变差，而且不存在黏流态，既不能溶解，也不能熔融，当交联度增加到一定数值之后，聚合物就不会随温度升高而出现高弹态。

（4）多相聚合物的力学状态

对于共混或接枝、嵌段共聚物，多数是处于微观或亚微观相分离的多相体系。在该种体系中各组分可能出现两个以上玻璃化转化区，每个转化区表示一种均聚物的特性。对于某些嵌段和共聚混合物材料，在外力的作用下会出现应变，诱发塑料-橡胶转变。

8.4　工程塑料及工艺

塑料按其应用可分为通用塑料、工程塑料和特种塑料。工程塑料是指可作为工程材料或结构材料，能在较广的温度范围内，在承受机械应力和较为苛刻的化学物理环境中使用的塑料材料。与通用塑料相比，工程塑料产量较低，价格较高，但具有优异的机械性能、化学性能、电性能以及耐热性、耐磨性和尺寸稳定性等，在电子、电气、机械、交通、航空航天等领域获得了广泛应用。

8.4.1　工程塑料的组成

工程塑料是以高分子化合物为主要成分，添加各种添加剂所组成的多组分材料。根据作用不同，添加剂可分为固化剂、增塑剂、稳定剂、增强剂、润滑剂、着色剂等，现主要介绍以下几种。

（1）固化剂

其作用是通过交联使树脂具有体形网状结构，成为较坚硬和稳定的塑料制品。如在酚醛树脂中加入六亚甲基四胺，在环氧树脂中加入乙二胺等。

（2）增塑剂

其作用主要是提高塑料在成形加工过程中的流动性，改善制品的柔顺性。常用的为液态或低熔点的固体化合物。例如，在聚氯乙烯中加入邻苯二甲酸二丁酯，可使其变为像橡胶一样的软塑料。

（3）稳定剂

其作用是防止塑料在加工或使用过程中因热、氧、光等因素的作用而产生降解或交联导致制品性能变差。根据作用机理不同可分为热稳定剂（如金属皂类）、抗氧剂（如胺类）、光稳定剂（如苯甲酸酯类）等。

（4）增强剂

其作用是为了提高塑料的物理性能和力学性能。例如加入石墨、石棉纤维或玻璃纤维等，可以改善塑料的机械性能。

8.4.2　工程塑料的分类

（1）按化学组成

工程塑料可分为聚酰胺类（尼龙），聚酯类（聚碳酸酯、聚对苯二甲酸丁二酯、聚对苯二甲酸乙二酯、聚芳酯、聚苯酯等），聚醚类（聚甲醛、聚苯醚、聚苯硫醚、聚醚醚酮等），芳杂环聚合物类（聚酰亚胺、聚醚亚胺、聚苯并咪唑）以及含氟聚合物（聚四氟乙烯、聚三氟氯乙烯、聚偏氟乙烯、聚氟乙烯等）等。

（2）按聚合物的物理状态

工程塑料可分为结晶型和无定形两大类。聚合物的结晶能力与分子结构规整性、分子间力、分子链柔顺性能等有关，结晶程度还受拉力、温度等外界条件的影响。这种物理状态部分地表征了聚合物的结构和共同的特性。结晶型工程塑料有聚酰胺、聚甲醛、聚对苯二甲酸丁二酯、聚对苯二甲酸乙二酯、聚苯硫醚、聚苯酯、聚醚醚酮、氟树脂、间规聚苯乙烯等；无定形工程塑料有聚碳胺酯、聚苯醚、聚芳酯等。

（3）按成型加工后制品的种类

工程塑料按应用零件的功能可以分为：一般结构零件，如罩壳、盖板、框架和手轮、手柄等；传动结构零件，如齿轮、螺母、联轴器以及其他一些受连续反复载荷的零部件；摩擦零件，如轴承、衬套、活塞环、密封圈以及其他一些承受滑动摩擦的零件；电气绝缘零件，如各种高低压开关、接触器、继电器等；耐腐蚀零部件，如化工容器、管道、阀门和测量仪表等零件；高强度、高模量结构零件，如高速风扇叶片、泵叶轮、螺旋推进器叶片等。

（4）按热行为

① 热塑性塑料　在特定温度范围内受热软化（或熔化）冷却后硬化，并能多次反复，其性能也不发生显著变化的塑料。热塑性塑料在加热软化时，具有可塑性，可以采用多种方法成型加工，成型后的机械性能较好，但耐热性和刚性较差。常见的热塑性塑料有聚乙烯、聚丙烯、聚氯乙烯、ABS、聚碳酸酯、聚酰胺等。

② 热固性塑料　在一定温度压力下或固化剂、紫外线等条件作用下固化生成不溶不熔性能的塑料。热固性塑料在固化后不再具有可塑性，刚度大，硬度高，尺寸稳定，具有较高的耐热性。温度过高时，则会被分解破坏。常见的热固性塑料有酚醛塑料、环氧塑料、氨基树脂、有机硅塑料等。

（5）按通用性

工程塑料可以分为通用工程塑料和特殊工程塑料两类（图 8-5）。

所谓通用工程塑料指热塑性塑料聚酰胺（PA）、聚甲醛（POM）、聚碳酸酯（PC）、改性聚苯醚（MPPO）、聚酯（PBT 和 PET）等五种。特殊工程塑料常指除以上五种以外的性能更优异的工程塑料。按照使用温度分，一般使用温度在 150℃ 以下为通用

通用工程塑料
- 聚酰胺（PA）
- 聚甲醛（POM）
- 聚碳酸酯（PC）
- 改性聚苯醚（MPPO）
- 热塑性聚酯
  - 聚对苯二甲酸乙二酯（PET）
  - 聚对苯二甲酸丁二酯（PBT）

特种工程塑料
- 聚酰亚胺（PI）
- 聚酰胺-酰亚胺（PAI）
- 聚醚酰亚胺（PEI）
- 聚砜（PSF）
- 聚醚砜（PES）
- 聚芳砜（PASF）
- 聚苯硫醚（PPS）
- 聚芳酯（PAR）
- 聚苯酯
- 聚醚醚酮（PEEK）
- 聚芳醚酮（PAEK）
- 聚醚酮（PEK）
- 聚苯并咪唑（PBI）
- 液晶聚合物（LCP）

含氟树脂
- 聚四氟乙烯（PTFE）
- 聚三氟氯乙烯（PCTFE）
- 聚偏氟乙烯（PVDF）
- 聚氟乙烯（PVF）

图 8-5　工程塑料的分类

工程塑料（一般为 100～150℃），超过 150℃ 为特殊工程塑料，特殊工程塑料又分为 150～250℃ 类和 250℃ 以上类。使用温度越高，则价格也随之提高。

8.4.3　常用工程塑料

（1）聚酰胺

聚酰胺（Polyamide）简称 PA，俗称尼龙（nylon），是指分子主链上含有酰胺基团（—NHCO—）的高分子化合物。

聚酰胺是以内酰胺、脂肪羟酸、脂肪胺或芳香族二元酸、芳香族二元胺为原料合成的，采用不同的原料可合成聚酰胺系列产品。聚酰胺的命名是由二元胺和二元酸的碳原子数来决定的。例如，己二胺和己二酸反应得到的缩聚物称为聚酰胺 66（尼龙 66），其中第一个 6 表示己二胺的碳原子数，第二个 6 表示己二酸的碳原子数。由 ω-氨基己酸或己内酰胺聚合得

到的产物称为聚酰胺 6。

聚酰胺分子链段中重复出现的酰胺基是一个带极性的基团，这个基团上的氢能够与另一个分子的酰胺基团链段上的羟基上的氧结合成强大的氢键。氢键的形成使得聚酰胺的结构易发生结晶化，而且由于分子间的作用力较大，使得聚酰胺有较高的力学强度和高的熔点。另一方面在聚酰胺分子中由于亚甲基（—CH$_2$—）的存在使得分子链比较柔顺，因而具有较高的韧性。此外，聚酰胺还有很好的耐磨耗性能、耐冲击性能、电性能和耐化学药品性能。主要缺点是亲水性强，吸水后尺寸稳定性差。表 8-1 列出了几种主要聚酰胺的性能。

表 8-1　几种主要聚酰胺的性能

性能	PA6	PA66	PA610	PA1010	PA11
拉伸强度/MPa	54～78	57～83	47～60	52～55	47～58
弯曲强度/MPa	100	100～110	70～100	82～89	76
冲击强度/(kJ/m^2)	3.1	3.9	3.5～5.5	4～5	3.5～4.8
压缩强度/MPa	90	120	90	79	80～100
伸长率/%	150	60	85	100～250	60～230
熔点/℃	215	250～265	210～220	200～210	
热变形温度/℃	55～58	66～68	51～56		55
介电常数(60Hz)	4.1	4.0	3.9	2.5～3.6	3.7
介电损耗(60Hz)	0.01	0.014	0.04	0.020～0.026	0.06

聚酰胺广泛地用作机械、化学及电气零件，如轴承、齿轮、高压密封圈、输油管等。用玻璃纤维增强的聚酰胺 6 以及聚酰胺 66，可用于汽车发动机部件，如汽缸盖等。

近些年来，聚酰胺的改性和新型品种不断涌现，其中的新品种主要是透明聚酰胺、芳香族聚酰胺、高冲击聚酰胺等。可以利用玻璃纤维、碳纤维和 Kevlar 纤维对聚酰胺改性，例如用 30% 的玻璃纤维增强聚酰胺，其拉伸强度、弹性模量、冲击强度、热变形温度都有了显著提高。此外，单体浇注聚酰胺、反应注射成型聚酰胺、增强反应注射成型聚酰胺等技术层出不穷。

（2）聚碳酸酯

聚碳酸酯简称 PC，它是一类分子链中含有通式为：

$$-\!\!\!\left(\!O\!-\!R\!-\!O\!-\!\overset{\displaystyle O}{\overset{\|}{C}}\!\right)\!\!\!-$$

的高分子化合物及以它为基质而制得的各种材料的总称。根据链节中 R 基团的不同，聚碳酸酯可分为脂肪族、脂环族、芳香族和脂肪-芳香族等几大类型。目前最具工业价值的是芳香族聚碳酸酯，其中尤以双酚 A 型聚碳酸酯最为重要，在没有特别说明的情况下，通常所说的聚碳酸酯几乎都指双酚 A 型聚碳酸酯及其改性品种。目前对聚碳酸酯最新的改性有：①对透明性的 PC 赋予新的机能；②PC 合金化的高性能、高功能化及新 PC 合金化；③适应环境的新难燃 PC 材料。通过对 PC 改性，以进一步扩大新用途。

聚碳酸酯的分子主链是由柔顺的碳酸酯链与刚性的苯环相连接，从而赋予了聚碳酸酯许多优异的性能，其中特别突出的是抗冲击性、透明性和尺寸稳定性，优良的机械强度和电绝缘性，较宽的使用温度范围（−100～130℃）等。

在机械工业方面，由于聚碳酸酯强度高、刚性好、耐冲击、尺寸稳定性好，可作轴承、齿轮、齿条等传动零件的材料；在电气方面，由于其具有较高的击穿电压强度，因此可制造要求耐高击穿电压和高绝缘零件，如垫圈、垫片、电容器等仪表电器标准件；此外，聚碳酸酯在航空、医疗器材等方面也得到了广泛应用。

（3）聚甲醛

聚甲醛（POM）是分子链中含有结构$-(CH_2-O)_n$的高聚物，由甲醛或三聚甲醛聚合而成。按聚合方法不同，可分为均聚甲醛和共聚甲醛两类。均聚甲醛，是两端均为乙酰基、主链由甲醛单元构成的大分子，示性式为：

$$CH_3COO-(CH_2O)_n-COCH_3$$

共聚甲醛主链是以链节$-(CH_2)-$为主，其间夹杂少量$-(CH_2CH_2O)-$或$-(C_4H_8O)-$链节，端基为甲氧基醚或羟基乙基醚结构的大分子。

聚甲醛具有优异的综合性能，如较高的强度、模量、耐疲劳性、耐蠕变性，较高的热变形温度，优良的电绝缘性能和耐化学药品性，如表8-2所示。

表 8-2　聚甲醛的综合性能

性能	均聚甲醛	共聚甲醛	性能	均聚甲醛	共聚甲醛
密度/(g/cm^3)	1.43	1.41	冲击强度(无缺口)/(kJ/m^2)	108	95
拉伸强度/MPa	70	62	介电常数/$(10^6 Hz)$	3.7	3.8
拉伸弹性模量/MPa	3160	2830	介电损耗/$(10^6 Hz)$	0.004	0.005
压缩强度/MPa	127	113	热变形温度/℃	124	110
压缩弹性模量/MPa	2900	3200	线胀系数/$(\times 10^{-5} K^{-1})$	8.1	11
弯曲强度/MPa	98	91	成型收缩率/%	2.0～2.5	2.5～3.0
弯曲弹性模量/MPa	2900	2600	吸水率(24h)/%	0.25	0.22

聚甲醛是一种无侧链、高密度、高结晶度的线形聚合物，其外观为白色粉末或粒料，硬而致密，表面光滑且有光泽，着色性好。其产量仅次于聚酰胺和聚碳酸酯，为第三大通用工程塑料。

聚甲醛的比强度和刚度与金属相接近，所以可替代有色金属制作各种结构零部件，并且特别适合制造耐摩擦、磨损及承受高载荷的零件，如齿轮、轴承、凸轮等。在电子、电气工业方面，由于聚甲醛介电损耗小、介电强度高、耐电弧性能优良的特点，可被用来制作继电器、电动工具外壳、线圈骨架等。在建筑器材、食品工业等领域也有广泛的应用。

（4）聚苯醚

聚苯醚 MPPO 又称为聚亚苯基氧，是芳香族聚醚的一种，其分子主链中含有：

链节。它是由 2,6-二甲基苯酚以铜-胺络合物为催化剂，在氧气中缩聚反应而成的。苯醚分子链中含有大量的酚基芳香环，使其分子链段内旋转困难，从而使得聚苯醚的熔点升高，熔体黏度增加，熔体流动性大，加工困难。分子链中的两个甲基封闭了酚基两个邻位的活性点，可使聚苯醚的刚性增加、稳定性增强、耐热性和耐化学腐蚀性提高。其分子链中无可水解的基团，因此其耐水性好、吸湿性低（室温下饱和吸水率<0.1%）、尺寸稳定性好、电绝缘性好。

聚苯醚虽有许多优点，但也存在缺陷，主要表现在熔融温度高、熔体黏度大、热塑成型性差等方面，限制了它的应用，目前工业上应用的主要是改性聚苯醚。改性聚苯醚主要有两种方法，一种是用聚苯醚与聚苯乙烯和弹性体改性剂进行共混，另一种是聚苯醚的苯乙烯接枝共聚法。

① 共混法　MPPO 与 PS（聚苯乙烯）、HIPS（高抗冲聚苯乙烯）、PA（尼龙）、聚烯烃等聚合物的共混相容性较好，将 40％左右含橡胶的聚苯乙烯与 60％左右的聚苯醚在螺杆挤出机上共混挤出。改性 MPPO 仍保留了 MPPO 诸如水解稳定性和电绝缘性好等优点，虽然共混后热变形温度有所下降，但大部分仍高于实际应用所要求的温度。另外共混改性显著改变了 MPPO 的加工性能，使其成本大幅度下降。

② 接枝共聚法　首先由 2,6-二甲酚氧化偶合生成聚苯醚，再与苯乙烯反应，得到化学改性的苯乙烯接枝的聚苯醚。根据需要它可再与弹性体共混而形成抗冲击的改性聚苯醚。

目前，发展了高冲击 PS 改性、ABS 改性、低发泡改性、电镀改性及 MPPO/PA 合金、MPPO/PBT 合金、MPPO/SBS 合金、MPPO/PPS 合金、MPPO/PTFE 合金等品种，其中大部分已实现工业化。

改性聚苯醚广泛应用于电子电气、机电工业、汽车工业、纺织工业、化工设备、医用设备等领域。如在电子电气领域，由于改性聚苯醚电性能良好，可制作电视机的调谐片、微波绝缘、线圈芯、机壳等元件，还可用作手机、摄像机等包装材料。在汽车工业，可用作汽车的仪表盘、防护杠和各种耐冲击的外装部件等。

(5) 热塑性聚酯

热塑性聚酯是指由饱和二元酸和饱和二元醇缩聚得到的线形高聚物。热塑性聚酯包括品种很多，但目前最常用的是聚对苯二甲酸乙二酯（PET）和聚对苯二甲酸丁二酯（PBT）。

① 聚对苯二甲酸乙二酯　聚对苯二甲酸乙二酯是热塑性聚酯中产量最大、价格最低廉的品种，其制备方法有直接酯化法和酯交换法。只有高纯度的对苯二甲酸，才能与乙二醇直接酯化缩聚制得 PET。其分子式为：

$$\left[OCH_2CH_2O-\overset{\overset{\displaystyle O}{\parallel}}{C}-\underset{}{\underset{}{\bigcirc}}-\overset{\overset{\displaystyle O}{\parallel}}{C}\right]_n$$

PET 耐热性比较高，熔点与尼龙 66 相当，但吸水率为 0.1％～0.27％，低于尼龙；制品尺寸稳定，机械强度、模量、自润滑性能与聚甲醛相当，阻燃性和热稳定性比聚甲醛好。PET 与玻璃纤维复合，增强效果大，在较宽的范围内都具有优良的电绝缘性能。PET 能耐弱酸及非极性有机溶剂，在室温下耐极性有机溶剂，不耐强碱和强酸以及苯酚类化学药品。

但由于 PET 结晶速率慢，导致加工性能差，使得 PET 在工程塑料上的应用受到限制。目前改性重点有以下几个方面。

a. 改善成形性。通过筛选各种成核剂和结晶促进剂以加快 PET 结晶速率，选择相容性好的共混组分降低玻璃化转变温度，使得 PET 工程塑料可能在较低温度下快速结晶。

b. 改善耐冲击性。PET 分子链较高的刚性使得其冲击韧性差，聚合物合金技术或与弹性体共混是改善 PET 工程塑料韧性的常用方法。

c. 改善耐水解性。由于 PET 分子中的酯键含量相对较高而导致耐水解性差，加工前必须干燥，使得制品在湿热条件下的应用受到限制。由于氢离子对酯键的水解起催化作用，因此降低 PET 端羧基含量是改善耐水解性的重要方法。

此外，根据需要，提高刚性和阻燃性也是 PET 工程塑料的重要改性方向。为了适应多种用途，目前已开发出数十种 PET 工程塑料的改性品种。

PET 工程塑料在电子、电气、家电及办公机器、汽车等领域得到了广泛应用。PET 塑料是常使用的密封用热塑性塑料品种，如杜邦的 Rynite415HP（绝缘 F 级）。由于 PET 工程塑料优秀的尺寸稳定性、抗蠕变性、耐热性、不变色性、良好的电绝缘性和表面光滑性，它已被佳能公司广泛用于激光打印机中。PET 工程塑料较高的耐热性使其在家电中获得广泛应用。价格低廉、性能优越的 PET 工程塑料在汽车领域中的应用得到了快速增长，用途包括吸排气控制阀、风门挡板等。

②　聚对苯二甲酸丁二酯　聚对苯二甲酸丁二酯（PBT）是对苯二甲酸和丁二醇缩聚的产物。其制法与 PET 相似，只是用 1,4-丁二醇代替乙二醇，目前主要以酯交换法为主。其分子式为：

$$\text{-}(O(CH_2)_4\text{-}O\text{-}\overset{\displaystyle O}{\overset{\displaystyle \|}{C}}\text{-}\overset{\displaystyle O}{\overset{\displaystyle \|}{C}})_n$$

PBT 与其他通用的工程塑料比较有以下特点：a. 优良的电绝缘性能，在高温、高湿条件下仍保持良好的电绝缘性能；b. 抗化学性及耐油性好；c. 耐热性好，玻纤产品连续使用温度达到 120～150℃；d. 可以制备成阻燃塑料，另外可以快速成型。

目前国内 PBT 应用主要集中在以下几个方面：电子、电气工业，用于生产接插件、变压器、熔断器外壳、开关、线圈骨架、电机外壳、电熨斗部件等；在汽车工业用于继电器、电子点火系列、把手、灯座等；在其他方面用于电脑键盘、色母料、光纤护套等。

8.4.4　工程塑料的加工工艺

工程塑料的成型加工一般可分为混合与混炼和成型加工工序。

（1）混合与混炼

为了提高工程塑料制品的性能，成型加工制品的高分子材料往往由多种工程树脂和各种添加剂组成，要把这些组分混合成为一个均匀度和分散度高的整体，就要通过力场，如搅拌、剪切等来完成，这就是混合与混炼工序的主要目的。

（2）成型加工

成型加工是将各种形态的工程塑料（包括粒料、溶液或者分散体）制成所需要形状的制品或坯件的过程，是一切工程塑料制品或型材生产的必经工序。

成型加工方法很多，包括注射成型、挤出成型、中空成型、热成型、压缩模塑、层压与复合、树脂传递模塑成型、挤拉成型等，其中常用的是注射成型、挤出成型、中空成型。

①　注塑成型　注塑成型（injection molding）简称注塑，是聚合物成型加工中一种应用十分广泛而又非常重要的方法。目前，注塑制品约占塑料制品总量的 20%～30%，尤其是热塑性塑料制品作为工程结构材料后，注塑制品的用途已从民用扩大到国民经济的各个领域。

注塑成型的原理是将坯料或粉状塑料通过注塑机的加料斗送进机筒内，经过加热到塑化的黏流态，利用注塑机的螺杆或柱塞的推动以较高的压力和速度通过机筒端部的喷嘴注入预先合模的温度较低的模腔内，经冷却硬固化后，即可保持模腔所赋予的形状，启开模具，顶出制品。整个成型是一个循环的过程，每一成型周期包括：定量加料→熔融塑化→施压注射→充模冷却→启模取件等。注塑成型如图 8-6 所示。

注塑成型设备由主机和辅助装置两部分组成。主机包括注射成型机、注射模具和模具温度控制装置。辅助装置的作用是干燥、输送、混合、分离、脱模、后加工等。

目前，在普通注塑成型技术的基础上又发展

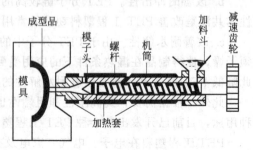

图 8-6　注塑成型

了许多新的注射技术，如气体辅助注塑成型、电磁动态注塑成型、层状注塑成型、反应注塑成型等。

注塑成型方法有以下优点：能一次成型出外形复杂、尺寸精确和带嵌件的制品；可极方便地利用一套模具，成批生产尺寸、形状、性能完全相同的产品；生产性能好，成型周期短，一件制件只需 30～60s 就可成型，而且可实现自动化或半自动化作业，具有较高的生产效率和经济技术指标。

② 挤出成型　挤出成型（expelling molding）又称挤塑或挤出模塑，是使高分子材料的熔体（或黏性流体）在挤出机螺杆或柱塞的挤压作用下连续通过挤出模的型孔或一定形状的口模，待冷却成型硬化后而得各种断面形状的连续型材制品，其成型原理如图 8-7 所示。一台挤出机只要更换螺杆和机头，就能加工不同品种塑料和制造各种规格的产品。挤出成型所生产的制品约占所有塑料制品的 1/3 以上，几乎适合所有的热塑性工程塑料，也可用于热固性工程塑料的成型，但仅限于酚醛树脂等少数几种热固性工程塑料。

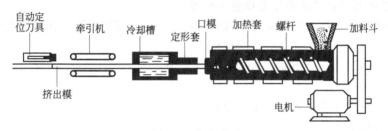

图 8-7　挤出成型

挤出模的口模截面形状决定了挤出制品的截面形状，但是挤出后的制品由于冷却、受力等各种因素的影响，制品的截面形状和模头的挤出截面形状并不是完全相同的。例如，若制品是正方形型材 [图 8-8(a)]，则口模形状肯定不是正方形 [图 8-8(b)]；若将口模设计成正方形 [图 8-8(c)]，则挤出的制品就是方鼓形 [图 8-8(d)]。

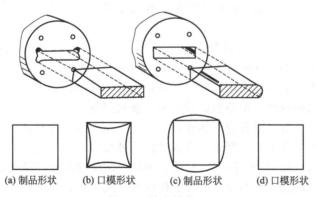

(a) 制品形状　　(b) 口模形状　　(c) 制品形状　　(d) 口模形状

图 8-8　挤出模截面

挤出成型可生产的类型很多，除直接成型管材、薄膜、异型材、电线电缆等制品外，还可用于混合、塑化、造粒、着色、坯料成型等工艺过程。

挤出成型是塑料加工工业中应用最早、用途最广、适用性最强的成型方法。与其他成型方法相比，挤出成型具有突出的优点：设备成本低，占地面积小，生产环境清洁，劳动条件好；生产效率高；操作简单，工艺过程容易控制，便于实现连续自动化生产；产品质量均匀、致密；可一机多用，进行综合性生产。

③ 中空成型　中空成型（hollow molding）是制造空心塑料制品的方法，借助气体压力

使闭合在模具型腔内的处于类橡胶态的型坯吹胀成为中空制品的二次成型技术，也称为中空吹塑。中空吹塑制品的成型可以采用注射-吹塑和挤出-吹塑两种。可用于中空成型的工程塑料种类很多，如聚酰胺、聚碳酸酯等，生产的制品主要用作各种液状货品的包装容器，如各种瓶、桶等。

因工程塑料的成型方法对产品性能有很大影响，关键是根据被加工工程塑料的特点、要求的产品质量和尺寸公差等选择适宜的成型方法。

工程塑料经成型后，还要经过后加工工序才可作为成品出厂。后加工工序主要包括机械加工、修饰、装配等。后加工过程通常需要根据制品的要求来选择，不是每种制品都必须完整地经过这些过程的。

8.5　工业橡胶及工艺

8.5.1　工业橡胶制品的组成和工业橡胶的分类

橡胶是一种具有极高弹性的高分子材料，具有一定耐磨性，很好的绝缘性和不透气、不透水性，是制造飞机、汽车等所必需的材料。

工业橡胶（industrial rubber）制品的组成如下。

（1）生胶

天然橡胶和合成橡胶为橡胶制品的主要部分。

（2）橡胶的配合剂

为了改善生胶的性能、降低成本、提高使用价值，需要添加一定的配合剂。有些配合剂在不同的橡胶中起着不同的作用，也可能在同一橡胶中起着多方面的作用。

① 硫化剂　在一定条件下能使橡胶发生交联的物质称为硫化剂。常用的硫化剂有硫黄、含硫化合物、金属氧化物、过氧化物等。

② 硫化促进剂　凡是能加快橡胶与硫化剂反应速率，缩短硫化时间，降低硫化温度，减少硫化剂使用量，并能改善硫化胶物理机械性能的物质称为硫化促进剂。常用的有胺类、秋兰姆类等。

③ 补强剂和填充剂　能够提高橡胶物理机械性能的物质称为补强剂，能够在胶料中增加容积的物质称为填充剂。这两者无明显界限，通常一种物质兼有两类的作用，既能补强又能增容，但在分类上以起主导作用为依据。最常用的补强剂是炭黑。

此外，还要加入防老剂、增塑剂、着色剂、软化剂等。

根据来源不同，橡胶可以分为天然橡胶和合成橡胶。合成橡胶是人工合成的高弹性聚合物，以煤、石油、天然气为原料制成。合成橡胶品种很多，并可按工业、公交运输的需要合成各种具有特殊性能（如耐热、耐寒、耐磨、耐油、耐腐蚀等）的橡胶，目前世界有上合成橡胶的总产量已远远超过了天然橡胶。合成橡胶的种类很多，目前主要有二烯类橡胶、氯丁橡胶、丁基橡胶、乙丙橡胶等。习惯上按用途将合成橡胶分为通用合成橡胶和特种合成橡胶两大类。

8.5.2　常用合成橡胶

（1）二烯类橡胶

二烯类橡胶包括二烯类均聚橡胶和二烯类共聚橡胶。二烯类均聚橡胶主要包括聚丁二烯橡胶、聚异戊二烯橡胶和聚间戊二烯橡胶等。二烯类共聚橡胶主要包括丁苯橡胶、丁腈橡胶等。

① 聚丁二烯橡胶　聚丁二烯橡胶是以 1,3-丁二烯为单体聚合而得的一种通用合成橡胶，

在世界合成橡胶中，聚丁二烯橡胶的产量和消耗量仅次于丁苯橡胶，居第二位。

聚丁二烯橡胶中最重要的品种是溶聚高顺式丁二烯橡胶。其性能特点是：弹性高，是当前橡胶中弹性最高的一种；耐低温性能好，其玻璃化温度为 $-105℃$，是通用橡胶中耐低温性能最好的一种；此外，其耐磨性能优异，滞后损失小，生热性低；耐屈挠性好；与其他橡胶的相容性好。

高顺式聚丁二烯橡胶具有优异的高弹性、耐寒性和耐磨耗性能，主要用于制造轮胎、胶鞋、胶带、胶辊等耐磨性制品。其缺点是：拉伸强度和撕裂强度均低于天然橡胶和丁苯橡胶；工艺加工性能和黏着性能较差，不容易包辊；用于轮胎对抗湿滑性能不良。为了克服其缺点，又发展了一些新的品种，如中乙烯基丁二烯橡胶、高乙烯基丁二烯橡胶、低反式丁二烯橡胶和超高顺式丁二烯橡胶。

② 聚异戊二烯橡胶　聚异戊二烯橡胶简称异戊橡胶，其分子结构和性能与天然橡胶相似，也称作合成天然橡胶。

聚异戊二烯橡胶是一种综合性能最好的通用合成橡胶。具有优良的弹性、耐磨性、耐热性、抗撕裂及低温耐屈挠性。与天然橡胶相比，又具有生热小、抗龟裂的特点，且吸水性小，电性能及耐老化性能好。但其硫化速率较天然橡胶慢，此外，炼胶时容易粘辊，成型时黏度大，而且价格较贵。

聚异戊二烯橡胶的用途与天然橡胶大致相同，用于制作轮胎、各种医疗制品、胶管、胶鞋、胶带以及运动器材等。

在此基础上，又发展了其他异戊橡胶，主要包括两种：充油异戊橡胶和反式聚 1,4-异戊二烯橡胶。充油异戊橡胶是填充各种不同分量的油（如环烷油、芳烃油），可改善异戊橡胶的性能，降低成本，充油异戊橡胶流动性好，适用于复杂的模型制品。反式聚 1,4-异戊二烯橡胶，又称为巴拉塔橡胶，其常温下是结晶状态，具有较高的拉伸强度和硬度，主要用于制造高尔夫球皮层、海底电缆、电线、医用夹板等；缺点是成本较高，影响了它在实际中的使用。

③ 丁苯橡胶　丁苯橡胶是以丁二烯为主体通过溶液聚合和乳液聚合制得的一系列共聚物，是最早工业化生产的合成橡胶，也是目前产量和消耗量最大的合成橡胶胶种。丁苯橡胶（包括胶乳）约占合成橡胶总产量的 55%。

丁苯橡胶的耐磨、耐热、耐油、耐老化比天然橡胶好，硫化曲线平坦，不易焦烧和过硫，与天然橡胶、顺丁橡胶混溶性好。丁苯橡胶成本低廉，当与天然橡胶并用时可改善性能，主要用于制造各种轮胎及其他工业橡胶制品，如乳胶带、胶管、胶鞋等。其缺点是弹性、耐寒性、耐撕裂性和黏着性能均较天然橡胶差，纯胶强度低，滞后损失大，生热高，硫化速率慢。

④ 丁腈橡胶　以丁二烯和丙烯腈为单体，经乳液聚合而制得的高分子弹性体。其结构式为：

$$\left[(CH_2-CH=CH-CH_2)_x(CH_2-CH)_y\right]_n$$
$$|$$
$$CN$$

丁腈橡胶的主要特点是具有优良的耐油性和耐非极性溶剂性能，另外其耐热性、耐腐蚀、耐老化性、耐磨性及气密性均优于天然橡胶，但其耐臭氧性、电绝缘性能和耐寒性较差。

丁腈橡胶主要用于各种耐油制品，丙烯腈含量高的丁腈橡胶可用于直接与油接触的制品，如密封垫圈、输油管、化工容器衬里；丙烯腈含量低的丁腈橡胶也适用于低温耐油制品和耐油减震制品。

在此基础上又发展了丁二烯、丙烯腈和丙烯酸类三元共聚，称之为羧基丁腈橡胶，该种橡胶主要特点是具有突出的高强度、良好的黏着性和耐老化性能。由丁二烯、丙烯腈和二乙烯基苯共聚，可制得部分交联和交联型丁腈橡胶，主要用于改善胶料的加工性能。

（2）氯丁橡胶

它是由氯丁二烯聚合而成。其分子结构式为：

$$\left(\!CH_2\!-\!\underset{\underset{\displaystyle Cl}{|}}{C}\!=\!CH\!-\!CH_2\!\right)_{\!\overline{n}}$$

由于在分子结构中含有氯原子，使氯丁橡胶具有许多优良的性能。氯丁橡胶的耐油性、耐磨性、耐热性、耐燃烧性、耐溶剂性、耐老化性能均优于天然橡胶，而且氯丁橡胶的机械性能和天然橡胶相似，所以称为"万能橡胶"。它既可作为通用橡胶，又可作为特种橡胶。其缺点主要是耐寒性较差（使用温度应高于$-35℃$），相对密度较大（为 $1.23g/cm^3$），生胶稳定性差，成本较高。目前主要用于制造电线、电缆、胶辊和输送带等。

（3）丁基橡胶

丁基橡胶是丁烯和少量异戊二烯的共聚物，为白色或暗灰色的透明弹性体，又称为异丁橡胶，由于性能好，发展很快，已成为通用橡胶之一，其结构为：

$$\left(\!\underset{\underset{\displaystyle CH_3}{|}}{\overset{\overset{\displaystyle CH_3}{|}}{C}}\!-\!CH_2\!\right)_{\!\overline{x}}\!CH_2\!-\!\underset{\underset{\displaystyle CH_3}{|}}{C}\!=\!CH\!-\!CH_2\!-\!\underset{\underset{\displaystyle CH_3}{|}}{\overset{\overset{\displaystyle CH_3}{|}}{C}}\!-\!CH_2\!\right)_{\!\overline{y}}$$

丁基橡胶是气密性最好的橡胶，其透气率约为天然橡胶的 1/20，顺丁橡胶的 1/30。由于经硫化后几乎不存在双键，所以有高度的饱和度，因此有高度的耐热性，最好使用温度可达 $200℃$；优异的耐候性，可以长时间的曝露于阳光和空气中而不易损坏；臭氧性能是天然橡胶、丁苯橡胶的 10 倍；化学稳定性好，能耐酸、碱和极性溶剂；耐水性能优异、水渗透率极低；另外电绝缘性、减震性能良好。主要缺点是硫化速率较慢，需采用强促进剂和高温、长时间硫化；由于缺乏极性基团，所以自粘性和互粘性差，与其他橡胶相容性差，难以并用，耐油性不好。

丁基橡胶主要用于气密性制品，如汽车内胎、无内胎轮胎的气密层等，在化工设备衬里、耐热耐水密封垫片、电绝缘材料及防震缓冲器材等中也得到了广泛应用。

（4）乙丙橡胶

乙丙橡胶主要由二元乙丙橡胶和三元乙丙橡胶构成，二元乙丙橡胶由乙烯、丙烯所生成，三元乙丙橡胶由乙烯、丙烯和少量非共轭双烯为单体组成。二元乙丙橡胶结构式为：

$$\left(\!CH_2\!-\!CH_2\!\right)_{\!\overline{x}}\!\left(\!CH_2\!-\!\underset{\underset{\displaystyle CH_3}{|}}{CH}\!\right)_{\!\overline{y}}$$

二元乙丙橡胶中不含双键，不能用硫黄硫化，仅能用过氧化物进行交联。于是就使硫化速率变慢并且所得胶的性能也差，这样引入第三类单体（一般使用量是总单体量的 3%～8%）就得到了三元乙丙橡胶。此类单体主要有双环戊二烯、亚乙基降冰片烯、1,4-己二烯，此类单体提供的双键能起交联作用，但一般不进入主链，因进入主链后易使橡胶老化，或在聚合时易引起凝聚和交联。

三元乙丙橡胶基本上是一种饱和橡胶，因而构成了它的独特性能。三元乙丙橡胶虽然引入了少量不饱和基团，但双键处于侧链上，因此基本性质仍保留乙丙橡胶的特点，其耐老化性能是通用橡胶中最好的，包括具有突出的耐臭氧性、耐候性，能长期在阳光下曝晒而不开裂；具有较高的弹性，其弹性仅次于天然橡胶和顺丁橡胶；耐热性好，能在 $120℃$ 下长期使用，最低使用温度也可达−50℃；电绝缘性能优良；化学稳定性好，对酸、碱和极性溶剂有较大的耐受性。其主要缺点是硫化速率慢，不易与不饱和橡胶并用，自粘性和互粘性差，耐燃、耐油性和气密性差。

三元乙丙橡胶主要用于非轮胎方面，如汽车零件、电气制品、建筑材料、橡胶工业制品及家庭用品等。

除了上述介绍的合成橡胶以外，还有一些品种的合成橡胶，在某一方面性能独特，可满足某些特殊需要，所以尽管产量不大，但在技术上、经济上都具有重要特殊意义。

（5）硅橡胶

硅橡胶是由环状有机硅氧烷开环聚合或以不同硅氧烷进行共聚而制得的弹性共聚物。

硅橡胶的分子结构式如下：

$$\begin{array}{c} R \qquad\qquad R_1 \\ \left[\!\!\begin{array}{c} | \\ Si\!-\!O \\ | \\ R \end{array}\!\!\right]_m\!\!\left[\!\!\begin{array}{c} | \\ Si\!-\!O \\ | \\ R_2 \end{array}\!\!\right]_n \end{array}$$

式中，R、R_1、R_2 为甲基、乙烯基、氟基、氰基、苯基等有机基团。

由于硅橡胶是由硅原子和氧原子组成，键能比大，所以具有优异的耐高、低温性能，在所有的橡胶中具有最宽广的工作温度范围（−100～350℃）；具有优异的耐热氧老化、耐天候老化及耐臭氧老化性能；极好的疏水性，使之具有优良的电绝缘性能、耐电晕性和耐电弧性。可制造高压电力电气制品，如绝缘子；还可以制成耐高、低温的橡胶制品，如垫圈、密封件、电缆料等；在食品工业、医疗卫生事业等也得到了广泛应用，如人工肺等。

硅橡胶包含氟硅橡胶、单组分室温硫化硅橡胶、双组分室温硫化硅橡胶、液态硅橡胶等类型，各种不同类型的橡胶有不同的应用，如液态硅橡胶的流动性好、强度高，适宜制作模具和浇注仿古艺术品等。

（6）氟橡胶

氟橡胶是指主链和侧链的碳原子上含有氟原子的一类高分子弹性体，其品种众多，主要分为四大类：含氟烯烃类氟橡胶、亚硝基类氟橡胶、全氟醚类氟橡胶和氟化磷腈类氟橡胶。

氟橡胶中氟原子的存在赋予了它优异的耐化学品特性和热稳定性，其耐化学药品性和腐蚀性在所有橡胶中最好，可在250℃下长期使用；氟橡胶具有压缩永久变形、伸长率、热膨胀特性等重要的性能，常用来制作密封制品。

（7）丙烯酸酯橡胶

丙烯酸酯橡胶是指丙烯酸酯类与其他不饱和单体共聚而得到的一类弹性体，丙烯酸酯一般采用丙烯酸乙酯和丙烯酸丁酯，含有不同的交联单体的丙烯酸酯橡胶，加工性能和硫化特性也不相同。较早使用的交联单体为2-氯乙基乙烯醚和丙烯腈。

丙烯酸酯橡胶的分子主链的饱和性以及含有的极性酯基侧链决定了它的主要性能。饱和的分子主链结构使丙烯酸酯橡胶具有良好的耐热氧老化和耐臭氧老化性能。丙烯酸酯橡胶具有良好的耐热和耐油性能，在低于150℃的油中，丙烯酸酯橡胶具有近似氟橡胶的耐油性能，在更高温的油中，其耐油性能仅次于氟橡胶。

丙烯酸酯橡胶广泛应用于耐高温、耐热油的制品中，尤其是做各类汽车密封配件。此外，在电气工业和航空工业中也有应用。

8.5.3　工业橡胶件的加工工艺

橡胶制品的加工工艺一般是先准备好生胶、配合剂、纤维材料、金属材料，生胶需经烘胶、切胶、塑炼后与粉碎后配好的配合剂混炼，再与纤维材料或金属材料经压延、挤出、裁剪、成型加工、硫化、修整、成品校验后得到各种橡胶制品。橡胶制品生产工艺流程如图8-9所示。

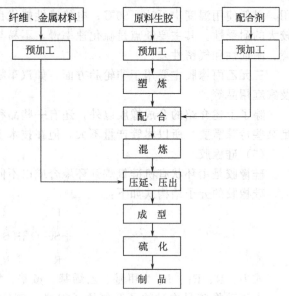

图 8-9　橡胶制品生产工艺流程

（1）塑炼

生胶因黏度过高或均匀性较差等缘故，往往难以加工。将生胶进行一定的加工处理，使其获得必要的加工性能的过程称为塑炼（plasticate），通常在炼胶机上进行。

塑炼工艺进行之前，往往需要进行烘胶、切胶、选胶、破胶等准备加工处理。

生胶塑炼方法很多，但工业化生产采用的多为机械塑炼法。依据设备的不同分为开炼机塑炼、密炼机塑炼和螺杆塑炼机塑炼三种。

① 开炼机塑炼　生胶在滚筒内受到前后辊相对速度不同而引起的剪切力及强烈的挤压和拉撕作用，使橡胶分子链被扯断，从而获得可塑性。

② 密炼机塑炼　生胶经过烘、洗、切加工后，橡胶块经皮带秤称量通过密炼机投料口进入密炼机密炼室内进行塑炼，当达到给定的功率和时间后，就自动排胶，排下的胶块在开炼机或挤出压片机上捣合，并连续压出胶片，然后胶片被涂上隔离剂，挂片风冷，成片折叠，定量切割，停放待用。

③ 螺杆塑炼机塑炼　首先将生胶切成小块，并预热至 70～80℃。其次，预热机头、机身与螺杆，使其达到工艺要求的温度。塑炼时，以均匀的速度将胶块填入螺杆机投料口，并逐步加压，这样生胶就由螺杆机机头口型的空隙中不断排出，再用运输带将胶料送至压片，冷却停放，以备混炼用。

（2）混炼

为提高橡胶制品的性能、改善加工工艺和降低成本，通常在生胶中加入各种配合剂，在炼胶机上将各种配合剂加入生胶制成混炼胶的过程称为混炼（mixing）。混炼除了要严格控制温度和时间外，还需要注意加料顺序。混炼越均匀，制品质量越好。

① 混炼准备工艺　粉碎、干燥、筛选、熔化、过滤和脱水。

② 混炼方法　开炼机混炼和密炼机混炼。

（3）共混

单一种类橡胶在某些情况下不能满足产品的要求，采用两种或两种以上不同种类橡胶或塑料相互掺和，能获得许多优异性能，从而满足产品的使用性能。采用机械方法将两种或两种以上不同性质的聚合物掺和制成宏观均匀混合物的过程称为共混（co-mixing）。

（4）压延

压延（rolling）是橡胶工业的基本工艺之一，它是指混炼胶胶料通过压延机两辊之间，利用辊筒间的压力使胶料产生延展变形，制成胶片或胶布（包括挂胶帘布）半成品的一种工艺过程。它主要包括贴胶、擦胶、压片、贴合和压形等操作。

① 压延准备工艺 热炼、供胶、纺织物烘干和压延机辊温控制。

② 压延工艺

a. 压片 压片是将已预热好的胶料，用压延机在辊速相等的情况下，压制成一定厚度和宽度胶片的压延工艺。胶片表面应光滑无气泡、不起皱、厚度一致。

b. 贴合 贴合是通过压延机将两层薄胶片贴合成一层胶片的作业，通常用于制造较厚、质量要求较高的胶片以及由两种不同胶料组成的胶片、夹布层胶片等。

c. 压形 压形是将胶料压制成一定断面形状的半成品或表面有花纹的胶片，如胶鞋底、车胎胎面等。

d. 纺织物贴胶和擦胶 纺织物贴胶和擦胶是借助于压延机为纺织材料（帘布、帆布、平纹布等）挂上橡胶涂层或使胶料渗入织物结构的作业。贴胶是用辊筒转速相同的压延机在织物表面挂上（或压贴上）胶层；擦胶则是通过辊速不等的辊筒，使胶料渗入纤维组织之中。贴胶和擦胶可单独使用，也可结合使用。

（5）挤出

挤出（expelling）是橡胶工业的基本工艺之一。它是指利用挤出机使胶料在螺杆或柱塞推动下，连续不断地向前进，然后借助于口模挤出各种所需形状的半成品，以完成造型或其他作业的工艺过程。

① 喂料挤出工艺 喂入胶料的温度超过环境温度，达到所需温度的挤出操作。

② 冷喂料挤出工艺 冷喂料挤出即采用冷喂料挤出机进行的挤出。挤出前胶料不需热炼，可直接供给冷的胶条或黏状胶料进行挤出。

③ 柱塞式挤出机挤出工艺 柱塞式挤出机是最早出现的挤出设备，目前应用范围逐渐缩小。

④ 特殊挤出工艺 剪切机头挤出工艺、取向口型挤出工艺和双辊式机头口型挤出工艺。

（6）裁断

裁断（cutting）是橡胶行业的基本工艺之一。轮胎、胶带及其他橡胶制品中，常用纤维帘布、钢丝帘线等骨架材料为骨架，使其制品更为符合使用要求。在橡胶制品的加工中，常将挂胶后的纤维帘布、帆布、细布及钢丝帘布裁成一定宽度和角度，供成形加工使用。

裁断工艺分为纤维帘布裁断和钢丝帘布裁断两大类。

（7）硫化

在加热或辐射的条件下，胶料中的生胶与硫化剂发生化学反应，由线形结构的大分子交联成为立体网状结构的大分子，并使胶料的力学性能及其他性能发生根本变化，这一工艺过程称为硫化（sulfurization）。

硫化是橡胶加工的主要工艺之一，也是橡胶制品生产过程的最后一道工序，对改善胶料力学性能和其他性能，使制品能更好地适应和满足使用要求至关重要。

硫化方法分为以下3种。

① 室温硫化法 适用于在室温和不加压的条件下进行硫化的方法。如供航空和汽车工业应用的一些黏结剂往往要求在现场施工，且要求在室温下快速硫（固）化。

② 冷硫化法 即一氯化硫溶液硫化法，将制品渗入2%～5%的一氯化硫溶液中经几秒钟至几分钟的浸渍即可完成硫化。

③ 热硫化法 热硫化法是橡胶工艺中使用最广泛的硫化方法。加热是增加反应活性、加速交联的一个重要手段。热硫化的方法很多，有的是先成形加工后硫化，有的是成形加工与硫化同时进行（如注压硫化）。

8.6　合成纤维及工艺

合成纤维（synthetic fibre）是化学纤维的一种，它利用石油、天然气、煤及农副产品等为原料，经一系列的化学反应，制成合成高分子化合物，再经加工而制得纤维。合成纤维工业是 20 世纪 40 年代才发展起来的，由于其具有优良的物理机械性能和化学性能，如强度高、密度小、弹性高、电绝缘性能好等，在生活用品、工农业生产和国防工业、医疗等方面得到了广泛应用，为一种发展迅速的工程材料。

合成纤维的主要品种如下：①按主链结构可分为碳链合成纤维，如聚丙烯纤维（丙纶）、聚对苯二甲酸乙二酯（涤纶）等。②按性能功用可分为耐高温纤维，如聚苯咪唑纤维；耐高温腐蚀纤维，如聚四氟乙烯；高强度纤维，如聚对苯二甲酰对苯二胺；耐辐射纤维，如聚酰亚胺纤维，还有阻燃纤维、高分子光导纤维等。

8.6.1　常用合成纤维

合成纤维的发展非常迅速，目前品种众多，但常用合成纤维主要是聚酰胺、聚酯和聚丙烯腈三大类。三者的产量占合成纤维的 90% 以上。

（1）聚酰胺纤维

聚酰胺纤维是指大分子主链中含有酰胺键的一类合成纤维。它是最早投入工业化生产的合成纤维，商品名称为尼龙。主要品种有聚酰胺 6、聚酰胺 66、聚酰胺 612、聚酰胺 1010等。由于该纤维长分子链上含有酰胺基，可以通过氢键的作用，加强酰胺基之间的联结，从而使纤维有较高的强度。另外聚酰胺纤维分子链上含有许多亚甲基的存在，使该纤维柔软，富有弹性，同时也具有良好的耐磨性，它的耐磨性是棉花的 10 倍，羊毛的 20 倍。

聚酰胺是制作运动服和休闲服的好材料，在工业上主要用于轮胎帘子线、降落伞、绳索、渔网和工业滤布。

（2）聚酯纤维

聚酯纤维是指大分子主链中含有酯结构的一类聚合物，由二元酸及其衍生物（酰卤、酸酐、酯等）和二元醇经缩聚而得，故称聚酯纤维。

聚酯纤维的品种众多，主要包括聚对苯二甲酸乙二酯（PET）、聚对苯二甲酸丙二酯（PTT）、聚对苯二甲酸丁二酯（PBT）等纤维，其中最主要的是聚对苯二甲酸乙二酯。聚对苯二甲酸乙二酯商品名称为涤纶，俗称为的确良，由聚对苯二甲酸乙二酯（PET）经熔融纺丝制成的，相对分子质量为 15000～22000。PET 的纺丝温度控制在 275～295℃（熔点为262℃，玻璃化温度为 80℃）。

聚酯纤维的弹性好，弹性接近羊毛，由涤纶纤维制成的纺织品抗皱性和环保性特别好，外形挺括，即使变形也易恢复。强度高，它的强度比棉花高 1 倍，比羊毛高 3 倍。耐冲击强度高，比聚酰胺纤维高 4 倍，比黏胶纤维高 20 倍。耐腐蚀性能好，不发霉，不腐烂，不怕虫蛀。缺点是染色性能差，吸水性低。

聚酯纤维主要做成各种混纺或交织产品，是理想的纺织材料。在工业上，广泛用于电绝缘材料、运输带、绳索、渔网、轮胎帘子线等。

（3）聚丙烯腈纤维

聚丙烯腈纤维是由丙烯腈为原料聚合成的合成纤维，商品名叫腈纶。聚丙烯腈纤维蓬松柔软，有较好的弹性，被誉为人造羊毛；强度比较高，约为羊毛的 1～2.5 倍。它的耐光性和耐候性能，除聚四氟乙烯纤维外，是其他所有天然纤维和化学纤维中最好的；具有较好的耐热性，其软化温度为 190～230℃，仅次于聚酯纤维。在化学稳定方面，能耐酸、氧化剂和有机溶剂。

由于聚丙烯腈大分子链上的氰基极性很大,使大分子间作用力很强,分子排列紧密,所以聚丙烯腈纤维吸湿和保水性差,为改善腈纶的吸湿、吸水性,目前采用的主要方法有以下两种。

① 用碱减量法对其表面处理,使纤维表面粗糙化,产生沟槽、凹窝,以增强其吸水效果。

② 通过氨基酸在不同的反应条件下对其进行改性,使氰基部分转化为羧酸基团。

聚丙烯腈纤维主要用于代替羊毛,制成帐篷、窗帘、毛毯等。目前又发展了抗静电聚丙烯腈纤维、阻燃聚丙烯腈纤维、高收缩丙烯腈纤维、细纤度丙烯腈纤维等不同类型的纤维,该类纤维将得到广泛的应用。

8.6.2　合成纤维的加工工艺

合成纤维的加工工艺包括单体的制备和聚合、纺丝和后加工三个基本环节。

(1) 单体制备与聚合

利用石油、天然气、煤等为原料,经分馏、裂化和分离得到有机低分子化合物,如苯、乙烯、丙烯等作为单体,在一定温度、压力和催化剂作用下,聚合而成的高聚物即为合成纤维的材料。

(2) 纺丝

将步骤 (1) 得到的熔体或浓溶液,用纺丝泵连续、定量而均匀地从喷丝头的毛细孔中挤出,而成为液态细流,再在空气、水或特定的凝固浴中固化成为初生纤维的过程称作“纤维成型”或“纺丝”。这是合成纤维生产过程中的主要工序。

合成纤维的纺丝方法目前有三种:熔体纺丝、溶液纺丝和电纺丝。

熔体纺丝过程包括四个步骤:纺丝熔体的制备,喷丝板孔眼压出形成熔体细流,熔体细流被拉长变细并冷却凝固 (拉伸和热定型),固态纤维上油和卷绕。如图 8-10 所示。

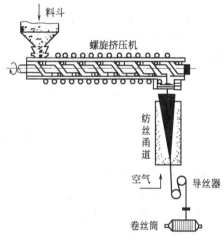

图 8-10　熔体纺丝

溶液纺丝包括以下四个步骤:纺丝液的制备;丝液经过纺丝泵计量进入喷丝头的毛细孔压出形成原液细流;原液细流中的溶剂向凝固浴扩散,浴中的沉淀剂向细流扩散,聚合物在凝固浴中析出形成初生纤维;纤维拉伸定型和热定型,上油和卷绕。如图 8-11 所示。

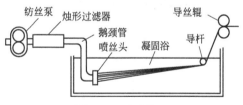

图 8-11　溶液纺丝

电纺丝是在电场作用下的纺丝过程或利用高压电场实现的纺丝技术,该技术被认为是制备纳米纤维的一种高效低耗的方法。如图 8-12 所示。

电纺丝装置是由纺丝液容器、喷丝口、纤维接收屏和高压发生器等几部分组成。在电纺

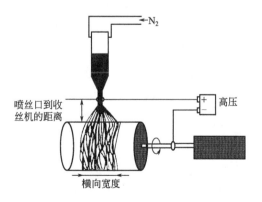

图 8-12　电纺丝

过程中，将聚合物熔体或溶液加上几千至几万伏的高压静电，从而在毛细管和接地的接收装置间产生一个强大的电场力。当电场力施加于液体的表面时，将在表面产生电流。相同电荷相斥导致了电场力与液体表面张力的方向相反。这样，当电场力施加于液体的表面时，将产生一个向外的力，对于一个半球形状的液滴，这个向外的力就与表面张力相反。如果电场力的大小等于高分子溶液或溶体的表面张力，带电的液滴就悬挂在毛细管的末端并处于平衡状态。随着电场力的增大，在毛细管末端呈半球状的液滴在电场力的作用下将被拉伸成圆锥状，这就是 Taylor 锥。当电场力超过一个临界值后，排斥的电场力将克服液滴的表面张力形成射流，而在静电纺丝过程中，液滴通常具有一定的静电压并处于一个电场当中，因此，当射流从毛细管末端向接收装置运动时，都会出现加速现象，这也导致了射流在电场中的拉伸，最终在接收装置上形成无纺布状的纳米纤维。

（3）后加工

纺丝成型后得到的初生纤维必须经过一系列的后加工才能用于纺织加工。后加工随合成纤维品种、纺丝方法和产品的不同要求而异，其中主要的工序是拉伸和热定型。拉伸的目的是提高纤维的断裂强度、耐磨性和疲劳强度，降低断裂伸长率。将拉伸后的纤维使用热介质（热水、蒸汽等）进行定型处理，以消除纤维的内应力，提高纤维的尺寸稳定性，并且进一步改善其物理机械性能。

目前，合成纤维的生产技术向着高速化、自动化、连续化和大型化的方向发展。

思考题与习题

8-1　高聚物的结构分为哪几个层次？

8-2　高分子材料非晶聚合物有哪几种力学行为，其出现条件和特点是什么？

8-3　试述工程塑料的种类、性能及其应用。

8-4　工程塑料有哪些成型方法？

8-5　试述合成橡胶的种类、性能及其应用。

8-6　简述合成纤维的主要加工方法及三种主要合成纤维的结构、性能及用途。

第9章 陶瓷材料工艺

陶瓷材料（ceramic material）种类繁多，它具有熔点高、硬度高、化学稳定性高，耐高温、耐磨损、耐氧化和耐腐蚀，以及弹性模量大、强度高等优良性质。因此，陶瓷材料能够在各种苛刻的环境（如高温、腐蚀、辐射环境）下工作，成为非常有发展前途的工程结构材料，它的应用前景是非常广阔的。近十几年来，特别是一些用来制作柴油发动机及燃气轮机上的一些结构零件和刀具的陶瓷材料，代替了金属材料，使陶瓷材料备受人们的关注。

陶瓷是一种天然或人工合成的粉状化合物，经过成形或高温烧结而成的，是由金属和非金属元素的无机化合物构成的多相多晶态固体物质，它实际上是各种无机非金属材料的统称，是现代工业中很有发展前途的一类材料。

陶瓷是金属（或类金属）和非金属之间形成的化合物，这些化合物之间的结合键是离子键或共价键。例如 Al_2O_3 主要是离子键结合，SiC 是共价键结合。这些化合物有些是结晶态，如 MgO、Al_2O_3、ZrO_2 和 SiC、Si_3Ni_4 等；有些则呈非晶态，如玻璃。但是玻璃中也可加入适当的形核催化剂以及进行一定的热处理，使之变为主要由晶体组成的微晶玻璃或玻璃陶瓷。

9.1 陶瓷材料的组成

组成陶瓷材料的基本相及其结构要比金属复杂得多，在显微镜下观察，可看到陶瓷的显微结构通常由三种不同的相组成，即晶相、玻璃相和气相（气孔）。

（1）晶相

晶相（crystal phase）是陶瓷材料中最主要的组成相。陶瓷是多相多晶体，故晶相可进一步分为主晶相、次晶相、第三晶相等，如普通陶瓷中的主晶相为莫来石（$3Al_2O_3 \cdot 2SiO_2$），次晶相为残余石英、长石等。

陶瓷的力学、物理、化学性能主要取决于主晶相。例如刚玉瓷的主晶相是 $\alpha\text{-}Al_2O_3$，由于结构紧密，因而具有机械强度高、耐高温、耐腐蚀等特性。陶瓷中的晶相主要由硅酸盐、氧化物和非氧化物构成。

① 硅酸盐　硅酸盐是传统陶瓷的主要原料，同时也是陶瓷中重要的晶相。硅酸盐结构属于最复杂的结构之一，它们是由硅氧四面体 $[SiO_4]$ 为基本结构单元的各种硅氧基团组成的。

硅酸盐结构的基本特点如下。

a. 组成各种硅酸盐结构的基本结构单元是硅氧四面体 $[SiO_4]$，它们以离子键和共价键的混合键结合在一起，其离子键、共价键各占 50%。图 9-1 为 $[SiO_4]$ 结构。

b. 每个氧最多只能被两个硅氧四面体共有。

c. 硅氧四面体中 Si—O—Si 的结合键键角一般是 145°。

d. 硅氧四面体既可以互相孤立地在结构中存在，也可以通过共用顶点互相连接成链状、平面及三维网状。

② 氧化物　氧化物是大多数典型陶瓷中特别是特种陶瓷中的主要晶相。氧化物结构的特点是较大的氧离子紧密排列成晶体结构，而较小的正离子则填充在它们的空隙内。氧化

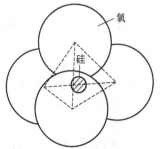

图 9-1　硅氧四面体

物结构的结合键以离子键为主，通常以 A_mX_n 表示其分子式。大多数氧化物中氧离子的半径大于阳离子半径。其结构特点是以大直径离子密堆排列组成面心立方或六方点阵、小直径的离子位于点阵的间隙处，例如 NaCl 型结构、CaF_2 型结构、刚玉结构等。

③ 非氧化物　主要指各种碳化物、渗氮物及硼化物等，它们是特种陶瓷（或金属陶瓷）的主要组分和晶相。常见的有 VC、WC、TiC、SiC 等碳化物以及 BN、Si_3N_4、AlN 等渗氮物。

陶瓷的性能除了主要取决于晶相的结构之外，还受到各相形态（大小、形状、分布等）所构成的显微组织（如图 9-2 所示）的影响，如细化晶粒可提高陶瓷强度和韧性等。

（2）玻璃相

玻璃相（glass phase）是陶瓷高温烧结时各组成物和杂质产生一系列物理、化学反应后形成的一种非晶态物质。对于不同陶瓷，玻璃相的含量不同，日用瓷及电瓷的玻璃相含量较高，高纯度的氧化物陶瓷（如氧化铝瓷）中玻璃相含量较低。玻璃相的主要作用是充填晶粒间隙，将分散的晶相黏结在一起，填充气孔提高陶瓷材料的致密度，降低烧成温度、改善工艺、抑制晶粒长大等。但玻璃相的强度比晶相低，热稳定性差，在较低温度下便会引起软化。此外，由于玻璃相结构疏松，空隙中常有金属

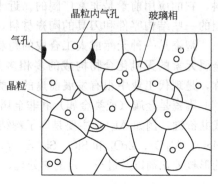

图 9-2　陶瓷显微组织

离子填充，因而降低了陶瓷的电绝缘性，增加了介电损耗。所以工业陶瓷中的玻璃相应控制在一定范围内，一般陶瓷玻璃相为 20%～40%。

（3）气相

陶瓷结构中存在 5%～10% 体积的气孔，成为组织中的气相（gas phase）。大部分气孔是在工艺过程中形成并保留下来的，有些气孔则通过特殊的工艺方法获得。它常以孤立状态分布在玻璃相中，或以细小气孔存在于晶界或晶内。气相（气孔）在陶瓷材料中占有重要地位，气孔含量（按材料容积）在 0～90% 变化。气孔包括开口气孔和闭口气孔两种。在烧结前全是开口气孔，烧结过程中一部分开口气孔消失，一部分转变为闭口气孔。陶瓷的许多电性能和热性能随着气孔率、气孔尺寸及分布的不同可在很大范围内变化。气孔使组织致密性下降，产生应力集中，导致力学性能降低，脆性增加，并使介电损耗增大，抗电击穿强度下降。因此，应力求降低气孔的大小和数量、并使气孔均匀分布。若要求陶瓷材料密度小、绝热性好时，则希望有一定量气相存在。合理控制陶瓷中气孔数量、形态和分布是非常重要的。

9.2　陶瓷材料的分类

陶瓷材料是一种无机非金属材料，在现代工业中有重要应用，按照不同的标准有不同的分类方法。

（1）按化学成分分类

① 氧化物陶瓷　有 Al_2O_3、SiO_2、ZrO_2、MgO、CaO、BeO、Cr_2O_4、CeO_2、ThO_2 等。

② 碳化物陶瓷　有 SiC、B_4C、WC、TiC 等。

③ 渗氮物陶瓷　有 Si_3N_4、AlN、TiN、BN 等。

④ 硼化物陶瓷　有 TiB_2、ZrB_2 等，应用不广，主要作为其他陶瓷的第二相或添加剂。

⑤ 复合瓷、金属陶瓷和纤维增强陶瓷　复合瓷有 $3Al_2O_3 \cdot 2SiO_2$（莫来石）、$MgAl_2O_3$

（尖晶石）、$CaSiO_3$、$ZrSiO_4$、$BaTiO_3$、$PbZrTiO_3$、$BaZrO_3$、$CaTiO_3$ 等。

（2）按原料分类

可分为普通陶瓷（硅酸盐材料）和特种陶瓷（人工合成材料）。特种陶瓷按化学成分也分为氧化物陶瓷、碳化物陶瓷、渗氮物陶瓷、硼化物陶瓷、金属陶瓷、纤维增强陶瓷等。

（3）按用途和性能分类

按用途可分为日用陶瓷、结构陶瓷和功能陶瓷。按性能可分为高强度陶瓷、高温陶瓷、耐磨陶瓷、耐酸陶瓷、压电陶瓷、光学陶瓷、半导体陶瓷、磁性陶瓷、生物陶瓷等。

9.3　陶瓷材料的结构

现代陶瓷被看作除金属材料和有机高分子材料以外的所有材料，所以陶瓷亦称无机非金属材料。陶瓷的结合键主要是离子键或共价键，它们可以是结晶型的，如 MgO、Al_2O_3、ZrO_2 等；也可以是非晶型的，如玻璃等。有些陶瓷在一定条件下，可由非晶型转变为结晶型，如玻璃陶瓷等。

9.3.1　离子型晶体陶瓷

属于离子晶体陶瓷的种类很多。主要有 $NaCl$ 结构，具有这类结构的陶瓷有 MgO、NiO、FeO 等；图 9-3 为 CaF_2 结构，具有这类结构的陶瓷有 ZrO_2、VO_2、ThO_2 等；图 9-4 所示为刚玉型结构，具有这类结构的陶瓷主要有 Al_2O_3、Cr_2O_3 等；图 9-5 为钙钛矿型结构，具有这类结构的陶瓷有 $CaTiO_3$、$BaTiO_3$、$PbTiO_3$ 等。

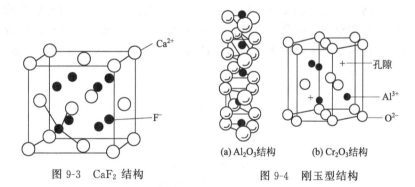

图 9-3　CaF_2 结构

(a) Al_2O_3结构　　(b) Cr_2O_3结构

图 9-4　刚玉型结构

9.3.2　共价型晶体陶瓷

共价晶体陶瓷多属于金刚石结构，如图 9-6 所示，或者是由其派生出的结构，如 SiC 结构（图 9-7）和 SiO_2 结构（图 9-8）。

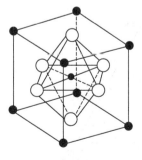

图 9-5　钙钛矿结构

● B；● A；○ O

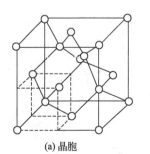

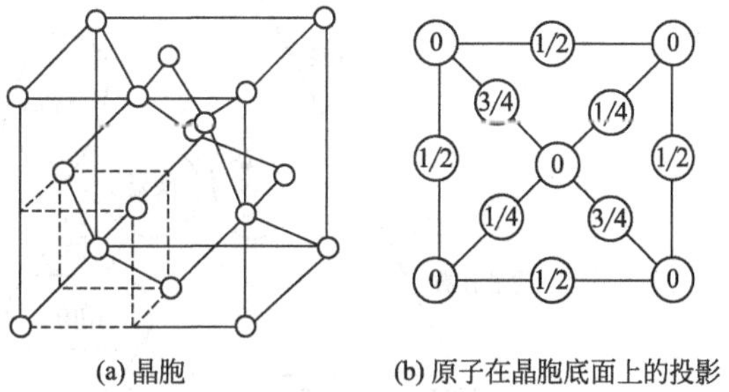

(a) 晶胞　　(b) 原子在晶胞底面上的投影

图 9-6　金刚石结构

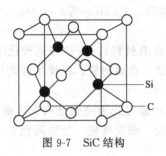

图 9-7　SiC 结构

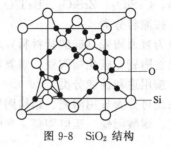

图 9-8　SiO_2 结构

9.4　陶瓷材料及工艺

9.4.1　常用陶瓷材料

9.4.1.1　普通陶瓷

利用天然硅酸盐矿物为原料制成的陶瓷为普通陶瓷。普通陶瓷也叫传统陶瓷，即黏土类陶瓷，是以黏土（$Al_2O_3 \cdot 2SiO_2 \cdot 2H_2O$）、长石（$K_2O \cdot Al_2O_3 \cdot 6SiO_2$）和钠长石（$Na_2O \cdot Al_2O_3 \cdot 6SiO_2$）、石英（$SiO_2$）为原料配制成的，产量大，应用广。这类陶瓷的主晶相为莫来石，约占 $25\% \sim 30\%$，玻璃相约占 $35\% \sim 60\%$，气相约占 $1\% \sim 3\%$。通过改变组成物的配比、熔剂、辅料以及原料的细度和致密度，可获得不同特性的陶瓷。

图 9-9 为各种普通陶瓷的组分构成。组分的配比不同，陶瓷的性能会有所差别。例如，黏土或石英含量高时，烧结温度高，使陶瓷的抗电性能差，但有较高的热性能和机械性能；长石含量高时，陶瓷致密，熔化温度低，抗电性能高，但耐热性能及机械性能差。一般地，普通陶瓷坚硬，但脆性较大，绝缘性和耐蚀性极好。由于其制造工艺简单、成本低廉，因而在各种陶瓷中用量最大。

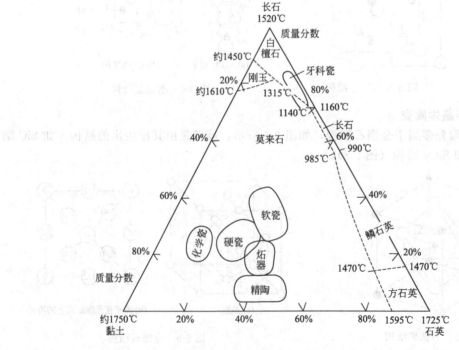

图 9-9　各种普通陶瓷的组分构成

普通陶瓷质地坚硬，有良好的抗氧化性、耐蚀性和绝缘性，能耐一定高温，成本低、生产工艺简单。但由于含有较多的玻璃相，故结构疏松，强度较低；在一定温度下会软化，耐高温性能不如近代陶瓷，通常最高使用温度为 1200℃ 左右。除日用陶瓷、瓷器外，大量用于建筑工业，电器绝缘材料，耐蚀要求不很高的化工容器、管道以及力学性能要求不高的耐磨件，如纺织工业中的导纺零件等。

普通陶瓷通常分为日用陶瓷和工业陶瓷两大类。

（1）日用陶瓷

日用陶瓷主要用作日用器皿和瓷器，一般具有良好的光泽度、透明度，热稳定性和机械强度较高。根据瓷质，日用陶瓷通常分为长石质瓷、绢云母质瓷、骨质瓷和日用滑石质瓷等四大类（如表 9-1 所示）。长石质瓷是国内外常用的日用瓷，也可做一般工业瓷制品；绢云母质瓷是我国的传统日用瓷；骨质瓷近些年来得到广泛应用，主要做高级日用瓷制品；滑石质瓷是我国发展的综合性能较好的新型高质日用瓷。特别指出，最近几年我国研制成功了高石英质日用瓷，石英质量分数在 40% 以上，具有瓷质细腻、色调柔和、透光度好、机械强度和热稳定性好等优点。

表 9-1　各类日用陶瓷的配料、性能特点和应用

日用陶瓷类型	原料配比/%	烧结温度/℃	性能特点	主要应用
长石质瓷 $K_2O \cdot Al_2O_3 \cdot 6SiO_2$	长石 20～30 石英 25～35 黏土 40～50	1250～1350	瓷质洁白，半透明，不透气，吸水率低，坚硬度高，化学稳定性好	餐具、茶具、陈设陶瓷器、装饰美术瓷器和一般工业制品
绢云母质瓷 $K_2O \cdot 3Al_2O_3 \cdot 6SiO_2 \cdot 2H_2O$	绢云母 30～50 高岭土 30～50 石英 15～25 其他矿物 5～10	1250～1450	同长石质瓷，但透明度、外观色调较好	餐具、茶具、工艺美术制品
骨灰质瓷 $Ca_3(PO_4)_2$	骨灰 20～60 长石 8～22 高岭土 25～45 石英 9～20	1220～1250	白度高，透明度好，瓷质软，光泽柔和，但较脆，热稳定性差	高级餐具、茶具、高级工艺美术瓷器
日用滑石质瓷 $3MgO \cdot 4SiO_2 \cdot H_2O$	滑石约 73 长石约 12 高岭土约 11 黏土约 4	1300～1400	良好的透明度、热稳定性，较高的强度和良好的电性能	高级日用器皿、一般电工陶瓷

（2）工业陶瓷

工业陶瓷按用途可分为建筑卫生瓷、化学化工瓷、电工瓷等。建筑卫生瓷用于装饰板、卫生间装置及器具等，通常尺寸较大，要求强度和热稳定性好；化学化工瓷用于化工、制药、食品等工业及实验室中的管道设备、耐蚀容器及实验器皿等，通常要求耐各种化学介质腐蚀的能力要强；电工瓷主要指电器绝缘用瓷，也叫高压陶瓷，要求机械性能高、介电性能和热稳定性好。

为改善各种工业陶瓷的特殊性能，生产中通常通过加入 MgO、ZnO、BaO、Cr_2O_3 等氧化物，或者增加莫来石晶体相（$3Al_2O_3 \cdot 2SiO_2$）来提高陶瓷的机械强度和耐碱抗力；加入 Al_2O_3、ZrO_2 等可提高强度和热稳定性；加入滑石或镁砂降低热膨胀系数；加入 SiC 提高导热性和强度。

表 9-2 列出了几种普通陶瓷的基本性能。

表 9-2　普通陶瓷的基本性能

性能	日用陶瓷	建筑陶瓷	高压陶瓷	耐酸陶瓷
密度/(10^3 kg/m^3)	2.3~2.5	约 2.2	2.3~2.4	2.2~2.3
气孔率/%		约 5		<6
吸水率/%		3~7		<3
抗拉强度/MPa		10.8~51.9	23~35	8~12
抗压强度/MPa		568.4~803.6		80~120
抗弯强度/MPa	40~65	40~96	70~80	40~60
冲击韧性/(kJ/m^2)	1.8~2.1		1.8~2.2	1~1.5
线膨胀系数/(10^{-6}℃$^{-1}$)	2.5~4.5			4.5~6.0
热导率/[W/(m·K)]		约 1.5		0.92~1.04
介电常数			6~7	
介电损耗角正切值			0.02~0.04	
体积电阻率/Ω·m			<10^{11}	
莫氏硬度	7	7		7
热稳定性/℃	220	250	150~200	(2[①])

① 试样由 220℃急冷至 20℃的次数。

9.4.1.2　特种陶瓷

用人工合成的高纯度原料（如氧化物、氮化物、碳化物、硅化物、硼化物、氟化物等）并结合传统陶瓷工艺方法制造的新型陶瓷，称为特种陶瓷。特种陶瓷也叫现代陶瓷、精细陶瓷或高性能陶瓷，按应用可分为特种结构陶瓷和功能陶瓷两大类，如压电陶瓷、磁性陶瓷、电容器陶瓷、高温陶瓷等。特种陶瓷的出现给陶瓷工业带来巨大活力。工程上最重要的是高温陶瓷，高温陶瓷主要包括氧化物陶瓷、硼化物陶瓷、氮化物陶瓷和碳化物陶瓷。

（1）氧化物陶瓷

氧化物陶瓷可以是单一氧化物，也可是复合氧化物。常用的纯氧化物陶瓷包括 Al_2O_3、ZrO_2、MgO、CaO、BeO、ThO_2 和 UO_2 等，其熔点大多在 2000℃以上，烧结温度在 1800℃左右。在烧结温度时，氧化物颗粒发生快速烧结，颗粒间出现固体表面反应，从而形成大块陶瓷晶体（是单相多晶体结构），有时有少量气体产生。根据测定，氧化物陶瓷的强度随温度的升高而降低，但在 1000℃以下一直保持较高的强度，随温度变化不大。纯氧化物陶瓷都是很好的高耐火度结构材料，因为在任何高温下这些陶瓷都不会氧化。

① 氧化铝陶瓷　氧化铝陶瓷又叫高铝陶瓷，主要成分是 Al_2O_3 和 SiO_2。氧化铝的结构是 O^{2-} 排成密排六方结构，Al^{3+} 占据间隙位置。由于化合价的原因，只能由两个 Al^{3+} 对三个 O^{2-}，因而有 2/3 的间隙被占据。在自然界中存在含少量 Cr、Fe 和 Ti 的纯氧化铝。根据含杂质的多少，氧化铝可呈红色（如红宝石）或蓝色（如蓝宝石）。Al_2O_3 含量越高则性能越好，但工艺更复杂，成本更高。实际生产中，氧化铝陶瓷按 Al_2O_3 含量可分为 75、95 和 99 等几种。

a. 氧化铝陶瓷的性能特点

Ⅰ. 强度高于黏土类陶瓷，硬度很高，有很好的耐磨性。

Ⅱ. 耐高温，可在 1600℃高温下长期使用。

Ⅲ. 耐腐蚀性很强。

Ⅳ. 良好的电绝缘性能，在高频下的电绝缘性能尤为突出，每毫米厚度可耐电压 8000V 以上。

Ⅴ. 韧性低，抗热震性差，不能承受温度的急剧变化。

氧化铝陶瓷的基本性能见表 9-3。

表 9-3　氧化铝陶瓷的基本性能

名称	刚玉-莫来石瓷	刚玉瓷	刚玉瓷
牌号	75 瓷	95 瓷	99 瓷
Al_2O_3 含量/%	75	95	99
主晶相	$\alpha\text{-}Al_2O_3$ 和 $3Al_2O_3 \cdot 2SiO_2$	$\alpha\text{-}Al_2O_3$	$\alpha\text{-}Al_2O_3$
密度/(g/cm^3)	3.2～3.4	3.5	3.9
抗拉强度/MPa	140	180	250
抗弯强度/MPa	250～300	280～350	370～450
抗压强度/MPa	1200	2000	2500
热膨胀系数/$(10^{-6}\,℃^{-1})$	5～5.5	5.5～5.7	6.7
介电系数/(kV/mm)	25～30	15～18	25～30

　　b. 氧化铝陶瓷的主要用途　由于氧化铝的熔点高达 2050℃，耐高温，能在 1600℃ 左右长期使用，而且抗氧化性好，所以广泛用作耐火材料。较高纯度的 Al_2O_3 粉末压制成形、高温烧结后可得到刚玉耐火砖、高压器皿、坩埚、电炉炉管、热电偶套管等。微晶刚玉的硬度极高（仅次于金刚石），并且其红硬性达 1200℃，所以微晶刚玉可做要求高的各类工具，如切削淬火钢刀具、金属拔丝模等，其使用性能皆高于其他工具材料。

　　氧化铝陶瓷具有很高的电阻率和低的热导率，是很好的电绝缘材料和绝热材料。同时，由于其强度和耐热强度均较高（是普通陶瓷的 5 倍），所以是很好的高温耐火结构材料，可做内燃机火花塞、空压机泵零件等。

　　此外，它还具有良好的化学稳定性，能耐各种酸碱的腐蚀，可用于制造化工用泵的密封滑环、轴套、叶轮等。

　　② 氧化铍陶瓷　氧化铍陶瓷生产中采用优质的人工制备的 BeO，工业生产的 BeO 是一种松散的白色粉末，它们是含铍的矿物原料经化学处理、煅烧而成的。用作制备氧化铍的矿物中最有价值的为绿柱石，它的化学成分为 $3BeO \cdot Al_2O_3 \cdot 6SiO_2$，其中 BeO 的含量为 14.1%，$Al_2O_3$ 的含量为 19%，SiO_2 的含量为 66.9%。矿石中常含有 K_2O、Al_2O_3 等杂质，使 BeO 的含量下降到 10%～12%。

　　氧化铍晶体属六方晶系，纤锌矿型晶体构造。纯氧化铍的密度为 $3.02g/cm^3$，熔点为 2570℃±20℃，沸点为 4000℃，莫氏硬度为 9。

　　除了具备一般陶瓷的特性外，氧化铍陶瓷最大的特点是导热性极好，因而具有很高的热稳定性。虽然其强度性能不高，但抗热冲击性较高。BeO 制品能很好地经受从 1500～1700℃ 高温至室温空气中的急冷处理，也能进行从此高温下水冷的热交换。氧化铍陶瓷比任何一种陶瓷都具备更强的散射中子的能力，因此，它主要用于核能工业。BeO 烧结体可用作在常温和高温下工作的核反应堆的结构件，包括作为中子的减速剂和反射剂。氧化铍陶瓷是核燃料氧化铀的良好模具材料。BeO 坩埚具有良好的化学稳定性，可用于稀有金属的冶炼，如熔炼铍、钍、铀等金属，熔炼金属时可采用真空感应电炉加热。BeO 陶瓷有良好的介质性能和真空密度，可应用于电子工业中，作为电真空密封陶瓷材料。另外，气体激光管、晶体管散热片和集成电路的基片和外壳等也多用该种陶瓷制造。

　　③ 氧化锆陶瓷　氧化锆陶瓷的熔点在 2700℃ 以上，能耐 2300℃ 的高温，其推荐使用温度为 2000～2200℃。由于 ZrO_2 固溶体具有离子导电性，故可用作高温下工作的固体电解质，应用于工作温度为 1000～1200℃ 的化学燃料电池中，还可用于其他电源，其中包括用于磁流体发动机的电极材料。利用 ZrO_2 的稳定高温导电性，还可将这种材料作为电流加热的光源和电热发热元件。ZrO_2 高温发热元件可在氧化气氛中工作，将窑炉加热到 2200℃ 亦可使用。

由于氧化锆还能抗熔融金属的侵蚀，所以多用作铂、锗等金属的冶炼坩埚和1800℃以上的发热体及炉子、反应堆绝热材料等。特别指出，氧化锆作添加剂可大大提高陶瓷材料的强度和韧性。氧化锆增韧氧化铝陶瓷材料的强度达1200MPa、断裂韧性为15.0，分别比原氧化铝提高了3倍和近3倍。氧化锆增韧陶瓷可替代金属制造模具、拉丝模、泵叶轮等，还可制造汽车零件，如凸轮、推杆、连杆等。增韧氧化锆制成的剪刀既不生锈，也不导电。

④ 氧化镁/钙陶瓷　氧化镁/钙陶瓷通常是通过加热白云石（镁或钙的碳酸盐）矿石，除去CO_2而制成的，其特点是能抗各种金属碱性渣的作用，因而常用作炉衬的耐火砖。但这种陶瓷的缺点是热稳定性差，MgO在高温下易挥发，CaO甚至在空气中就易水化。

⑤ 氧化钍/铀陶瓷　这是具有放射性的一类陶瓷，具有极高的熔点和密度，多用于制造熔化铑、铂、钯和其他金属的坩埚及动力反应堆中的放热元件等，ThO_2陶瓷还可用于制造电炉构件。

（2）碳化物陶瓷

碳化物陶瓷包括碳化硅、碳化硼、碳化铈、碳化钼、碳化铌、碳化钛、碳化钨、碳化钽、碳化钒、碳化锆、碳化铪等。这类陶瓷的突出特点是具有很高的熔点、硬度（近于金刚石）、耐磨性（特别是在侵蚀性介质中）和化学稳定性，缺点是耐高温氧化能力差（900～1000℃）、脆性极大。

① 碳化硅陶瓷　碳化硅陶瓷的制造方法有反应烧结、热压烧结与常压烧结三种。反应烧结是用α-SiC粉末和碳混合，成形后放入盛有硅粉的炉子中加热至1600～1700℃，使硅的蒸汽渗入坯体与碳反应生成β-SiC，并将坯体中原有的α-SiC紧密结合在一起；热压烧结碳化硅要加入B_4C、Al_2O_3等烧结助剂；常压烧结是一种较新的方法，一般要在SiC中加入0.36％的硼及0.25％以上的碳，烧结温度高达2100℃。

a. 性能特点　碳化硅的最大特点是高温强度高，其抗弯强度在1400℃时仍保持在300～600MPa，而其他陶瓷在1200℃时抗弯强度已显著下降。此外，它还具有很高的热传导能力，较好的热稳定性、耐磨性、耐蚀性和抗蠕变性。

b. 主要用途　碳化硅陶瓷在碳化物陶瓷中应用最广泛。由于碳化硅具有高温高强度的特点，因而可用于火箭尾喷管的喷嘴、浇注金属用的喉嘴、热电偶套管、炉管，以及燃气轮机的叶片、轴承等零件、加热元件、石墨表面保护层以及砂轮和磨料等。因其良好的耐磨性，可用于制作各种泵的密封圈。将用有机黏结剂黏结的碳化硅陶瓷加热至1700℃后加压成形，有机黏结剂被烧掉，碳化物颗粒间呈晶态黏结，从而形成高强度、高致密度、高耐磨性和高抗化学侵蚀的耐火材料。

② 碳化硼陶瓷　碳化硼陶瓷的硬度极高，抗磨粒磨损能力很强；熔点高达2450℃左右，但在高温下会快速氧化，并且与热或熔融黑色金属发生反应，因此其使用温度限定在980℃以下。其主要用途是做磨料，有时用于超硬质工具材料。

③ 其他碳化物陶瓷　碳化铈、碳化钼、碳化铌、碳化钽、碳化钨和碳化锆陶瓷的熔点和硬度都很高，通常在2000℃以上的中性或还原气氛作高温材料；碳化铌、碳化钛等甚至可用于2500℃以上的氮气气氛；在各类碳化物陶瓷中，碳化锆的熔点最高，达2900℃。

（3）氮化物陶瓷

氮化硅（Si_3N_4）和氮化硼（BN）是最常见的氮化物陶瓷。

① 氮化硅陶瓷

a. 氮化硅陶瓷的生产方法　氮化硅是键能高、稳定的共价键晶体，不能以单纯的高温烧结法制造，它的生产方法有两种。①反应烧结法：将硅粉与Si_3N_4粉混合，用一般陶瓷生产方法成型，放入氮化炉中于1200℃预氮化，然后可以用机械加工的方法加工成所需要的尺寸形状，最后再放入炉中在 1400℃ 进行 20～25h 的最终氮化，成为尺寸精确的制品；ⅱ热压烧结法：在 Si_3N_4 粉中加入少量促进烧结的添加剂（如氧化镁），装入用石墨制造的模具中，在 1600～1700℃ 和 $(2～3)×10^7$ MPa 条件下烧结，得到几乎没有气相的致密制品。

b. 氮化硅陶瓷的性能特点

Ⅰ. 强度　氮化硅的强度随着制造工艺的不同有很大差异。反应烧结氮化硅室温抗弯强度为 200MPa，但其强度可一直保持到 1200～1350℃ 的高温仍无衰减。热压氮化硅由于组织致密，气孔率可接近于零，因而室温抗弯强度可高达 800～1000MPa，加入某些添加剂后，抗弯强度可高达 1500MPa。

Ⅱ. 硬度与耐磨性　氮化硅硬度很高，仅次于金刚石、立方氮化硼、碳化硼等几种物质。氮化硅的摩擦系数仅为 0.1～0.2，相当于加油润滑的金属表面。可在无润滑的条件下工作，是一种极为优良的耐磨材料。

Ⅲ. 抗热震性　反应烧结氮化硅热膨胀系数仅为 $2.53×10^{-6}℃^{-1}$，其抗震性高于其他陶瓷材料，只有石英和微晶玻璃才具有这样好的抗热震性。

Ⅳ. 化学稳定性　Si_3N_4 结构稳定，不易与其他物质起反应，能耐除溶融的 NaOH 和 HF 外的所有无机酸和某些碱溶液的腐蚀，其抗氧化温度可达 1000℃。

Ⅴ. 电绝缘性　氮化硅室温电阻率为 $1.1×10^{14}$ Ω•cm，700℃ 的电阻率为 $1.31×10^8$ Ω•cm，是良好的绝缘体。

Ⅵ. 制品精度　反应烧结氮化硅的制品精度极高，烧结时的尺寸变化仅为 0.1%～0.3%，但由于受到氮化深度限制，只能制作壁厚 20～30mm 以内的零件。表 9-4 为氮化硅陶瓷的性能。

表 9-4　氮化硅陶瓷的性能

性能	反应烧结	热压烧结	性能	反应烧结	热压烧结
密度/(g/cm³)	2.4	3.2	弹性系数/MPa	$1.75×10^5$	$3.2×10^5$
抗弯强度/MPa	295	1000	热膨胀系数/($10^{-6}℃^{-1}$)	3.1	3.2

c. 氮化硅陶瓷的主要用途

Ⅰ. 热压烧结氮化硅强度与韧性均高于反应烧结氮化硅，但其制品只能是形状简单且精度要求不高的零件。热压氮化硅刀具可切削淬火钢、铸铁、硬质合金、镍基合金等，其成本低于金刚石和立方氮化硼刀具。热压氮化硅也可制作高温轴承等。

Ⅱ. 反应烧结氮化硅的强度低于热压氮化硅，多用于制造形状复杂、尺寸精度要求高的零件，可用于要求耐磨、耐腐蚀、耐高温、绝缘等场合，其制品包括泵的机械密封环、热电偶套管、输送铝液的电磁泵的管道和阀门等。例如农用潜水泵密封环在泥沙环境下工作，采用铸造锡青铜时寿命很短，用氧化铝陶瓷则寿命可达 1000h；改用反应烧结氮化硅后，寿命可达 4800h 以上。另外，在腐蚀介质中工作时，用反应烧结氮化硅制作的密封环的寿命比其他陶瓷寿命高 6～7 倍。

氮化硅陶瓷硬度高、摩擦系数低，且有自润滑作用，所以是优良的耐磨减摩材料；氮化硅的耐热温度比氧化铝低，而抗氧化温度高于碳化物和硼化物；氮化硅具有良好的高温强度及较低的热膨胀系数、较高的热导率和较高的抗热震性，因而极有希望成为使用温度达 1200℃ 以上的新型高温高强度材料。另外，氮化硅陶瓷能耐各种无机酸（氢氟酸除外）和碱溶液侵蚀，是优良的耐腐蚀材料。

② 氮化硼陶瓷　氮化硼有两种晶型：六方晶型与立方晶型。六方氮化硼的结构、性能均与石墨相似，因而有"白石墨"之称。其特点是：硬度较低，是唯一易于进行机械加工的

陶瓷；导热和抗热性能高，耐热性好，有自润滑性能；高温下耐腐蚀、绝缘性好。所以，该种材料主要用于高温耐磨材料和电绝缘材料、耐火润滑剂等。六方氮化硼在高温（1500～2000℃）和高压 [（6～9）×10³ MPa] 下会转变为立方氮化硼，其密度为 $3.45×10^3 kg/m^3$，硬度提高到接近金刚石的硬度，是极好的耐磨材料。而且在 1925℃ 以下不会氧化，所以可用作金刚石的代用品，用于耐磨切削刀具、高温模具和磨料等。

（4）硼化物陶瓷

最常见的硼化物陶瓷包括硼化铬、硼化钼、硼化钛、硼化钨和硼化锆等。其特点是高硬度，同时具有较好的耐化学侵蚀能力，其熔点范围为 1800～2500℃。比起碳化物陶瓷，硼化物陶瓷具有较高的抗高温氧化性能，使用温度达 1400℃。硼化物陶瓷主要用于高温轴承、内燃机喷嘴、各种高温器件、处理熔融非铁金属的器件等。此外，还用作电触点材料。

特种陶瓷的发展日新月异。从前面分析可知，从化学组成上，新型陶瓷由单一的氧化物陶瓷发展到了氮化物等多种陶瓷；就品种而言，新型陶瓷也由传统的烧结体发展到了单晶、薄膜、纤维等，而且形式多种多样。陶瓷材料不仅可以做结构材料，而且可以做性能优异的功能材料，目前，功能陶瓷材料已渗透到各个领域，尤其在空间技术、海洋技术、电子、医疗卫生、无损检测、广播电视等已出现了性能优良、制造方便的功能陶瓷。

9.4.2　陶瓷材料的加工工艺

（1）干压成型

干压成型又称模压成型（die pressing molding），它是将粉料加少量结合剂（一般为 7%～8%）进行造粒，然后将造粒后的粉料置于钢模中，在压力机上加压成一定形状的坯体，适合压制形状简单、尺寸较小（高度为 0.3～60mm，直径为 ϕ5～500mm）的制品。

干压成型的加压方式、加压速度与保压时间对坯体的致密度有不同的影响。如图 9-10 所示，单面加压时坯体上下密度差别大，而双向加压坯体时上下密度均匀性增加（但中心部位的密度较低），并且模具施以润滑剂时，会显著增加坯体密度的均匀性。干压成型的特点是，黏结剂含量低，只有百分之几，坯体可不经干燥直接焙烧；坯体收缩率小，密度大，尺寸精确，机械强度高，电性能好；工艺简单，操作方便，周期短，效率高，便于自动化生产，因此是特种陶瓷生产中常用的工艺。

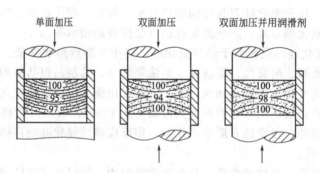

图 9-10　加压方式对坯体密度的影响

但干压成型对大型坯体生产有困难，模具磨损大，加工复杂，成本高；而且，加压方向只能上、下加压，压力分布不均，致密度不均，收缩不均，会产生开裂、分层等现象。这一缺点将为等静压成型工艺所克服。

（2）注浆成型

这种成型方法是将陶瓷颗粒悬浮于液体中，然后注入多孔质模具，由模具的气孔把料浆中的液体吸出，而在模具内留下坯体。

　　注浆成型的工艺过程包括料浆制备、模具制备和料浆浇注三个阶段。料浆制备是关键工序，其要求是：具有良好的流动性，足够小的黏度，良好的悬浮性，足够的稳定性等。最常用的模具为石膏模，近年来也有用多孔塑料模。料浆浇注入模并吸干其中液体后，拆开模具取出注件，去除多余料，在室温下自然干燥或在可调温装置中干燥。

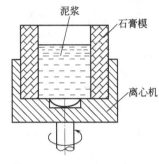

图 9-11　离心浇注

　　该成型方法可制造形状复杂、大型薄壁的制品。另外，金属铸造生产的型芯使用、离心铸造、真空铸造、压力铸造等工艺方法也被应用于注浆成型，并形成了离心注浆、真空注浆、压力注浆等方法。离心注浆适用于制造大型环状制品，而且坯体壁厚均匀；真空注浆可有效去除料浆中的气体；压力注浆可提高坯体的致密度，减少坯体中的残留水分，缩短成型时间，减少制品缺陷，是一种较先进的成型工艺。图 9-11 为离心浇注。

　　（3）热压铸成型

　　热压铸成型法也是注浆成型，但其不同之处在于，它是坯料中混入石蜡，利用石蜡的热流特性，使用金属模具在压力下进行成型、冷凝后而获得坯体的方法。该法在特种陶瓷成型中普遍采用。

　　热压铸成型的工作原理（图 9-12）是将配好的浆料蜡板置于热压铸机筒内，加热至熔化成浆料，用压缩空气将筒内浆料通过吸铸口压入模腔，并保压一定时间后（视产品的形状和大小而定），去掉压力，料浆在模腔内冷却成型，然后脱模，取出坯体。有的坯体还可进行加工处理，或车削、或打孔等。排蜡后的坯体要清理表面的吸附剂，然后再进行烧结。

　　该工艺适合形状复杂、精度要求高的中小型产品的生产。设备简单，操作方便，劳动强度不大，生产率较高。模具磨损小、寿命长，因此在特种陶瓷生产中经常被采用。但该法的工序比较复杂，耗能大（需多次烧成），工期长，对于壁薄的、大而长的制品，由于不易充满模腔而不太适宜。

　　（4）注射成型

　　将粉料与有机黏结剂混合后加热混炼，制成粒状粉料，用注塑机在 130～300℃ 温度下注入金属模具中，冷却后黏结剂固化，取出坯体，经脱脂后就可按常规工艺烧结。这种工艺成型简单，成本低，压坯密度均匀，适用于复杂零件的大规模自动化生产。

　　（5）挤压成型

　　将真空炼制的泥料，放入挤制机（图 9-13），能挤出各种形状的坯体。也可将挤制嘴直接安装在真空炼泥机上，成为真空炼泥挤压机，挤出的制品性能更好。挤压机有立式和卧式两类，依产品大小等加以选样。挤出的坯体，待晾干后，可以切割成所需长度的制品。

　　挤压成型常用于挤制 $\phi 1～30mm$ 的管、棒等细管，壁厚可小至 0.2mm 左右。随着粉料质量

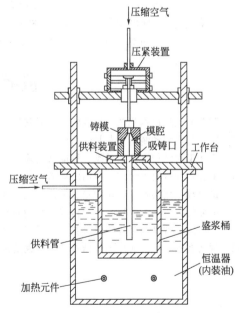

图 9-12　热压铸机的结构

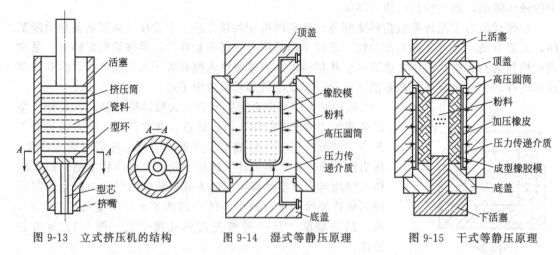

图 9-13　立式挤压机的结构　　　图 9-14　湿式等静压原理　　　图 9-15　干式等静压原理

和泥料可塑性的提高，也可用来挤制长 100～200mm，厚 0.2～3mm 的片状坯膜，半干后再冲制成不同形状的片状制品，或用来挤制 100～200 孔/cm² 的蜂窝状或筛格式穿孔瓷制品。

（6）等静压成型

等静压成型又叫静水压成型。它是利用液体介质不可压缩性和均匀传递压力性的一种成型方法。即处于高压容器中的试样所受到的压力如同处于同一深度的静水中所受到的压力情况，所以叫静水压或等静压。根据这一原理而得到的成型工艺叫做静水压成型，或叫等静压成型。

等静压成型有冷等静压和热等静压两种类型。冷等静压又分为湿式和干式等静压。

① 湿式等静压（图 9-14）　它是将预压好的坯料包封在弹性的橡胶模或塑料模具内，然后置于高压容器中施以高压液体（如水、甘油或刹车油等，压力通常在 100MPa 以上）来成型坯体。因是处在高压液体中，各个方向上受压而成型坯体，所以叫湿式等静压。主要适用于成型多品种、形状较复杂、产量小和大型的制品。

② 干式等静压（图 9-15）　干式等静压成型的模具是半固定式的，坯料的添加和坯件的取出，都是在干燥状态下操作，故称干式等静压。干式等静压更适合于生产形状简单的长形、薄壁、管状制品，如稍作改进，就可用于自动化连续生产。

思考题与习题

9-1　陶瓷的组织由哪几个相组成？它们对陶瓷的性能各有什么影响？

9-2　陶瓷的成型和制造工艺是什么？

9-3　简述工程结构陶瓷的种类、性能及用途。

9-4　简述陶瓷材料大量广泛应用的原因是什么？通过什么途径来进一步提高其性能，扩大其使用范围？

9-5　试比较氮化物瓷、碳化物瓷、氯化物瓷的性能特点。

9-6　陶瓷的典型组织由哪几部分构成？它们对陶瓷性能各起什么作用？

9-7　举出四种常见的工程陶瓷材料，并说明其性能及在工程中的应用。

9-8　说明陶瓷材料的典型显微结构及其对性能的影响。

第 10 章　复合材料工艺

随着材料科学技术的不断发展，尤其是近 30 年以来航空航天、运输、能源和建筑等行业的飞速发展，对材料性能的要求越来越高，已不仅仅局限于强度、韧性、抗疲劳性、耐磨性等，还应包括耐热性、耐蚀性、比强度、比刚度、屈强比及其他的物理和化学性能。原来的金属、高分子或陶瓷等单一材料已不能满足这些方面的要求。复合材料的出现能很好地满足这些要求，它最大的特点是其性能比组成材料的性能优越得多，大大改善或克服了组成材料的弱点，从而能够按零件的结构和受力情况，并按预定的、合理的配套性能进行最佳设计，甚至可创造单一材料不具备的双重或多重功能，或者在不同时间或条件下发挥不同的功能。最典型的例子是汽车的玻璃纤维挡泥板，若单独使用玻璃材料会太脆，若单独使用聚合物材料则强度低且挠度满足不了要求，但这两种强度和韧性都不高的单一材料经复合后得到了令人满意的高强度、高韧性的新材料，而且很轻。再如，用缠绕法制造的火箭发动机机壳，由于玻璃纤维的方向与主应力的方向一致，所以在这一方向上的强度是单一树脂的 20 多倍，从而最大限度地发挥了材料的潜能。另外，自动控温开关是由温度膨胀系数不同的黄铜片和铁片复合而成的，如果单用黄铜或铁片，不可能达到自动控温的目的。导电的铜片两边加上两片隔热、隔电塑料，可实现一定方向导电，另外的方向具有绝缘及隔热的双重功能。由此可见，在生产、生活中，复合材料有着极其广泛的应用。因此现代复合材料得以蓬勃发展，形成了独立的学科。

10.1　复合材料的分类

根据国际标准化组织（International Organization for Standardization，ISO）为复合材料（composite materials）所下的定义，复合材料是由两种或两种以上物理和化学性质不同的物质组合而成的一种多相材料。复合材料的组分材料虽然保持其相对独立性，但复合材料的性能却不是组分材料性能的简单加和，而是有着重要的改进。它既能保留原组分材料的主要特色，又通过复合效应获得原组分所不具备的性能；可以通过材料设计使各组分的性能互相补充并彼此关联，从而获得新的优越性能，故与一般材料的简单混合有本质的区别。

复合材料由基体和增强材料组成。基体是构成复合材料连续相的单一材料，如玻璃钢中的树脂，其作用是将增强材料黏合成一个整体；增强材料是复合材料中不构成连续相的材料，如玻璃钢中的玻璃纤维，它是复合材料的主要承力组分，特别是拉伸强度、弯曲强度和冲击强度等力学性能主要由增强材料承担，起到均衡应力和传递应力的作用，使增强材料的性能得到充分发挥。

复合材料的分类方法较多，如根据增强原理分类，有弥散增强型复合材料、粒子增强型复合材料和纤维增强型复合材料；根据复合过程的性质分类，有化学复合的复合材料、物理复合的复合材料和自然复合的复合材料；根据复合材料的功能分类，有电功能复合材料、热功能复合材料、光功能复合材料等。

常见的分类方法有以下几种。

（1）按基体材料类型分类

　　① 聚合物基复合材料　以有机聚合物（主要为热固性树脂、热塑性树脂及橡胶）为基体制成的复合材料。

　　② 金属基复合材料　以金属为基体制成的复合材料，如铝基复合材料、钛基复合材料等。

　　③ 无机非金属基复合材料等　以陶瓷材料（也包括玻璃和水泥）为基体制成的复合材料。

　　（2）按增强材料类型分类

　　① 玻璃纤维复合材料（玻璃纤维增强的树脂基复合材料俗称玻璃钢）。

　　② 碳纤维复合材料。

　　③ 有机纤维（芳香族聚酰胺纤维、芳香族聚酯纤维、高强度聚烯烃纤维等）复合材料。

　　④ 金属纤维（如钨丝、不锈钢丝等）复合材料。

　　⑤ 陶瓷纤维（如氧化铝纤维、碳化硅纤维、硼纤维等）复合材料等。

　　（3）按增强材料形态分类

　　① 连续纤维复合材料　作为分散相的纤维，每根纤维的两个端点都位于复合材料的边界处。

　　② 短纤维复合材料　短纤维无规则地分散在基体材料中制成的复合材料。

　　③ 粒状填料复合材料　微小颗粒状增强材料分散在基体中制成的复合材料。

　　④ 编织复合材料　以平面二维或立体三维纤维编织物为增强材料与基体复合而成的复合材料。

　　（4）按材料作用分类

　　① 结构复合材料　用于制造受力构件的复合材料。

　　② 功能复合材料　具有各种特殊性能（如阻尼、导电、导磁、换能、摩擦、屏蔽等）的复合材料。

10.2　复合材料的增强机制和复合原则

10.2.1　复合材料的增强机制

　　复合材料由基体与增强材料复合而成，这种复合不是两种材料简单的组合，而是两种材料发生相互的物理、化学、力学等作用的复杂组合过程。

　　对于不同形态的增强材料，其承载方式不同。

　　（1）颗粒增强复合材料

　　承受载荷的主要载体是基体，此时，增强材料的作用主要是阻碍基体中位错的运动或阻碍分子链的运动。复合材料的增强效果与增强材料的直径、分布、数量有关。一般认为，颗粒相的直径为 $0.01 \sim 0.1 \mu m$ 时，增强效果最大。直径太小时，容易被位错绕过，对位错的阻碍作用小，增强效果差；当颗粒直径大于 $0.1 \mu m$ 时，容易造成基体的应力集中，产生纹理，使复合材料强度下降。这种性质与金属中第二相强化原理相同。

　　（2）纤维增强复合材料

　　承受载荷的载体主要是增强纤维。这是因为，第一，增强材料是具有强结合键的材料或硬质材料，如陶瓷、玻璃等，增强相的内部一般含有微裂纹，易断裂，表现在性能上就是脆性大，但若将其制成细纤维，使纤细断面尺寸缩小，从而降低裂纹长度和出现裂纹的概率，最终使脆性降低，复合材料的强度明显提高；第二，纤维在基体中的表面得到较好的保护，且纤维彼此分离，不易损伤，在承受载荷时不易产生裂纹，承载能力较大；第三，在承受大的载荷时，部分纤维首先承载，若过载可能发生纤维断裂，但韧性好的基体能有效地阻止裂纹的扩展（图 10-1 为钨纤维铜基复合材料中裂纹扩展的受阻情况）；第四，纤维过载断裂时，在一般情况下断口不在同一个平面上（图 10-2），复合材料的断裂必须使许多纤维从基体中抽出，即断裂须克服黏结力这个阻力，因而复合材料的断裂强度很高；第五，在三向应力状态下，即使是脆性组成，复合材料也能表现出明显的塑性，即受力时不表现为脆性断裂。

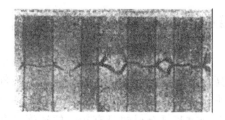

图 10-1　钨纤维铜基复合材料
中裂纹扩展的受阻情况

由于以上几点原因，纤维增强复合材料强化效果明显，复合材料的强度很高。

10.2.2　复合材料的复合原则

（1）颗粒复合材料的复合机制和原则

对于颗粒复合材料，基体承受载荷时，颗粒的作用是阻碍分子链或位错的运动。增强的效果同样与颗粒的体积含量、分布、尺寸等密切相关。颗粒复合材料的复合原则可概括如下。

图 10-2　碳纤维环氧树脂复合材料断裂
时纤维端口的扫描电镜照片

① 颗粒高度均匀地弥散分布在基体中，从而阻碍导致塑性变形的分子链或位错的运动。

② 颗粒大小应适当。颗粒过大本身易断裂，同时会引起应力集中，从而导致材料的强度降低；颗粒过小，位错容易绕过，起不到强化的作用。通常，颗粒直径为几微米到几十微米。

③ 颗粒的体积含量应在 20％以上，否则达不到最佳强化效果。

④ 颗粒与基体之间应有一定的结合强度。

（2）纤维增强复合材料的复合机制和原则

由上述纤维复合材料的增强机制，可以得出以下的复合原则：

① 纤维增强相是材料的主要承载体，所以纤维相应有高的强度和模量，并且要高于基体材料。

② 基体相起黏结剂的作用，所以应该对纤维相有润湿性，从而把纤维有效结合起来，并保证把力通过两者界面传递给纤维相；基体相还应有一定的塑性和韧性，从而防止裂纹的扩展，保护纤维相表面，以阻止纤维损伤或断裂。

③ 纤维相与基体之间结合强度应适当高。结合力过小，受载时容易沿纤维和基体间产生裂纹；结合力过高，会使复合材料失去韧性而发生危险的脆性断裂。

④ 基体与增强相的热膨胀系数不能相差过大，以免在热胀冷缩过程中自动削弱相互间的结合强度。

⑤ 纤维相必须有合理的含量、尺寸和分布。一般地讲，基体中纤维相体积分数越高，其增强效果越明显，但过高的含量会使强度下降；纤维越细，则缺陷越少，其增强效果越明显；连续纤维的增强效果大大高于短纤维，短纤维含量必须超过一定的临界值才有明显的强化效果。

⑥ 纤维和基体间不能发生有害的化学反应，以免引起纤维相性能降低而失去强化作用。

10.3 金属基复合材料

现代工业技术的发展，尤其是航空航天和宇航业的飞速发展，对材料性能的要求越来越高。在结构材料方面，不但要保证零件结构的高强度和高稳定性，又要使结构尺寸小、质量小，这就要求材料的比强度和比刚度（模量）要更低。20 世纪 50 年代发展起来的纤维增强聚合物基复合材料具有较高的比强度和刚度，但却具有使用温度低、耐磨性差、导热与导电性能差、易老化、尺寸不稳定等缺点，很难满足需要。为了弥补这些不足，20 世纪 60 年代逐步发展起来了一种复合材料，即金属基复合材料。金属基复合材料是以金属及其合金为基体，以一种或几种金属或非金属为增强体而制得的复合材料。与传统金属材料相比，它具有较高的比强度与比刚度，而与聚合物基复合材料相比，它又具有优良的导电性与耐热性，与陶瓷材料相比，它又具有高韧性和高冲击性能。这些优良的性能使得金属基复合材料在尖端技术领域得到了广泛应用。随着不断发现新的增强相和新的复合材料制备工艺，新的金属基复合材料不断出现，使得其应用由纯粹的航空航天、军工等领域，转向了汽车工业等民用领域。

金属基复合材料按基体来分类可分为铝基复合材料、镍基复合材料、钛基复合材料；按增强体来分类可分为颗粒增强复合材料、层状复合材料、纤维增强复合材料等。目前备受研究者和工程界关注的金属基复合材料有长纤维增强型、短纤维或晶须增强型、颗粒增强型以及共晶定向凝固型复合材料，所选用的基体主要有铝、镁、钛及其合金、镍基高温合金以及金属间化合物。本节将着重介绍以下几种金属基复合材料。

10.3.1 金属陶瓷

金属陶瓷是发展最早的一类金属基复合材料，是以金属氧化物（如 Al_2O_3、ZrO_2 等）或金属碳化物为主要成分，加入适量金属粉末，通过粉末冶金方法制成的，具有某些金属性质的颗粒增强型的复合材料。它是一种把金属的热稳定性和韧性与陶瓷的硬度、耐火度、耐蚀性综合起来而形成的具有高强度、高韧性、高耐蚀和高的高温强度的新型材料。金属陶瓷中的金属通常为钛、镍、钴、铬等及其合金，陶瓷相通常为氧化物（Al_2O_3、ZrO_2、BeO、MgO 等）、碳化物（TiC、WC、TaC、SiC 等）、硼化物（TiB、ZrB_2、CrB_2）和氮化物（TiN、Si_3N_4、BN 等），其中以氧化物和碳化物应用最为成熟。

（1）氧化物基金属陶瓷

这是目前应用最多的金属陶瓷。在这类金属陶瓷中，通常以铬为黏结剂，其含量不超过 10%。由于铬能和 Al_2O_3 形成固溶体，故可将 Al_2O_3 粉粒牢固地黏结起来。这类材料一般热稳定性和抗氧化能力较好、韧性高，特别适合于作高速切削工具材料，有的还可做高温下工作的耐磨件，如喷嘴、热拉丝模以及耐蚀环规、机械密封环等。

氧化铝基金属陶瓷的特点是热硬性高（达 1200℃）、高温强度高，抗氧化性良好，与被加工金属材料的黏着倾向小，可提高加工精度和降低表面粗糙度。但它们的脆性仍较大，且热稳定性较低，主要用作工具材料，如刃具、模具、喷嘴、密封环等。

（2）碳化物基金属陶瓷

碳化物金属陶瓷是应用最广泛的金属陶瓷。通常以 Co 或 Ni 作金属黏结剂。根据金属含量不同可作耐热结构材料或工具材料。碳化物金属陶瓷做工具材料时，通常称为硬质合金。表 10-1 列出了常见的硬质合金的牌号、成分、性能和基本用途。

硬质合金一般以钴为黏结剂，其含量在 3%～8%。若含钴量较高，则韧性和结构强度愈好，但硬度和耐磨性稍有下降。常用的硬质合金有 WC-Co、WC-TiC-Co 和 WC-TiC-TaC-Co

表 10-1　常见的硬质合金的牌号、成分、性能和基本用途

牌号		WC-Co 硬质合金			WC-Ti-Co 硬质合金			WC-TiC-TaC-Co 硬质合金	
		YG3	YG6	YG8	YT30	YT15	YT14	YW1	YW2
化学组成/%	WC	97	94	92	66	79	78	84	82
	TiC				30	15	14	6	6
	TaC							4	4
	Co	3	6	8	4	6	8	6	8
机械性能 >	硬度/HRA	91	89.5	89	92.5	91	90.5	92	91
	抗弯强度/MPa	1080	1370	1470	880	1130	1180	1230	1470
密度/(10^3kg/m³)		14.9~15.3	14.6~15.0	14.4~14.8	9.4~9.8	11.0~11.7	11.2~11.7	12.6~13.0	12.4~12.9
用　途		加工断续切削的脆性材料，如铸铁及有色金属和非金属材料			用于车、铣、刨的粗、精加工			用于难加工的材料，如耐热钢和合金等的粗、精加工	

硬质合金。其性能特点是硬度高，达 86~93HRA（相当于 69~81HRC），热硬性好（工作温度达 900~1000℃），用硬质合金制作的刀具的切削速度比高速钢高 4~7 倍，刀具寿命可提高几倍到几十倍。

另外，碳化物金属陶瓷作为耐热材料使用，是一种较好的高温结构材料。高温结构材料中最常用的是碳化钛基金属陶瓷，其黏结金属主要是 Ni、Co，含量高达 60%，以满足高温构件的韧性和热稳定性要求。其特点是高温性能好，如在 900℃时仍可保持较高的抗拉强度。碳化钛基金属陶瓷主要用作涡轮喷气发动机燃烧室、叶片、涡轮盘以及航空、航天装置中的某些耐热件。

10.3.2　纤维增强金属基复合材料

纤维增强金属基复合材料是指以各种金属材料作基体，以各种纤维作分散质的复合材料。常用的长纤维增强材料有硼纤维、碳（石墨）纤维、氧化铝纤维、碳化硅纤维（单丝、单束）等，配合的基体金属有铝及铝合金、钛及钛合金、镁及镁合金、铜合金、铅合金、高温合金及金属间化合物等；常用的短纤维增强材料有氧化铝纤维、氮化硅纤维，配合的基体金属有铝、钛、镁等。

金属基复合材料的耐热、导电、导热性能均较优异，其比模量可与高分子基复合材料相媲美，但比强度则与高分子基复合材料有差距，且加工复杂。

下面重点介绍几种常用的纤维增强金属基复合材料。

（1）纤维增强铝基复合材料

铝基复合材料有高的比刚度和比强度，在航天航空工业中可替代中等温度下使用的铁合金零件。研究最多的铝基复合材料是 B/Al 复合材料，还有 G（石墨）/Al 和 SiC/Al 复合材料等。它们的性能见表 10-2。

表 10-2　铝基复合材料的性能

性能	纤维体积含量/%	抗拉强度/MPa	拉伸模量/GPa	密度/(mg/m³)
B/Al	50	1200~1500	200~220	2.6
SiC(CVD)/Al	50	1300~1500	210~230	2.85~3.0
G/Al	35	500~800	100~150	2.4
SiC(纺丝)/Al	35~40	700~900	95~110	2.6
SiC(晶须)/Al	18~20	500~620	96.5~138	2.8

① 硼纤维增强铝合金

a. 硼纤维-铝复合材料的性能特点　在金属基复合材料中，硼纤维-铝基复合材料应用最多、最广。硼纤维-铝复合材料能够把硼纤维和铝的最优性能充分结合并发挥出来。有的硼纤维-铝复合材料的弹性模量很高，特别是横向弹性模量高于硼纤维-环氧树脂复合材料，也高于代号为 LC9 的超硬铝和钛合金 Ti-6Al4V。其抗压强度和抗剪强度也高于硼纤维-环氧树脂复合材料。它的高温性能和使用温度也比 LC9 高。除此之外，它还有好的抗疲劳性能。

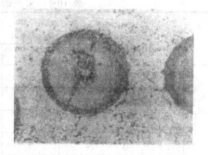

图 10-3　硼-铝复合材料的显微组织

增强金属基的硼纤维表面，一般要涂覆 SiC 涂层，其原因是在制造或使用的过程中，温度约 500℃ 时硼纤维和基体中的铝能够化合形成 AlB_2 和 B_2O_3，这就使基体与硼纤维之间具有不相容性，而涂覆 SiC 后可使硼不易形成其他化合物。

b. 硼纤维-铝复合材料的基体　硼纤维增强的铝基体，可以是纯铝、变形铝合金或是铸造铝合金，在工艺不同时基体性质不一样。例如：用热压扩散结合成形时，基体选用变形铝合金；用熔体金属润浸或铸造时，基体选用流动性好的铸造铝合金。

c. 硼纤维-铝复合材料的显微组织与性能　硼纤维-铝复合材料的显微组织如图 10-3 所示。这种复合材料是用厚度为 0.07～0.13mm 的多层铝箔和直径为 0.1mm 的硼纤维，经 524℃ 加热，在 70MPa 的压应力作用下保持 1.5h 制成。

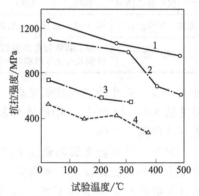

图 10-4　硼-钼复合材料不同
温度下的抗拉强度

1—18%（体积分数）145μm 硼-6061；
2—50%（体积分数）100μm 硼-6061；
3—25%（体积分数）145μm 硼-6061；
4—25%（体积分数）100μm 硼-6061

50%（体积分数）涂 SiC 的硼纤维增强变形铝合金 6A02（LD2）的物理性能和力学性能见表 10-3。当硼纤维含量不同、直径不同时，对复合材料抗拉强度有较大的影响，如图 10-4 所示。由图 10-4 可知：试验温度升高，硼纤维—铝复合材料的抗拉强度是下降的。

表 10-3　50%（体积分数）涂 SiC 的硼纤维增强变形铝合金 6A02（LD2）的物理性能和力学性能

性能名称	数值	性能名称	数值
密度（g/cm³）	2.7	纤维方向的抗拉强度/10^2 MPa	9.65～13.1
纤维方向的弹性模量/10^4 MPa	20.7	横纤维方向的抗拉强度/10^2 MPa	0.83～1.03
横纤维方向的弹性模量/10^4 MPa	8.27	层间抗剪强度/10^2 MPa	<0.90
切变模量/10^4 MPa	4.83		

d. 硼纤维-铝复合材料的应用　这类材料是研究最成功、应用最广泛的复合材料。由于这种复合材料的密度小，刚度比钛合金还高，比强度、比刚度更高，同时还有良好的耐蚀性与耐热性（一般使用温度可达 300℃），因此主要用于航天飞机蒙皮、大型壁板、长梁、加强肋、航空发动机叶片、导弹构件等。

② 石墨纤维增强铝基复合材料　石墨纤维增强铝基复合材料由石墨（碳）纤维与纯铝、变形铝合金、铸造铝合金组成。这种复合材料具有比强度高、比模量高、高温强度好、导电性高、摩擦系数低和耐磨性能好等优点。在 500℃ 以下轴向抗拉强度可高达 690MPa，在

500℃时的比强度比钛合金高 1.5 倍。

G/Al 主要用于制造航空航天器天线、支架、油箱，飞机蒙皮、螺旋桨、涡轮发动机的压气机叶片、蓄电池极板等，也可用于制造汽车发动机零件（如活塞、气缸头）和滑动轴承等。

（2）纤维增强钛基复合材料

钛的主要特点是比强度高，纤维增强钛基合金的强度在 815℃高温时比镍基超耐热合金还高 2 倍，是较理想的涡轮发动机材料。一般采用 SiC 纤维增强 α、β 钛合金。工艺操作是将钛合金制成箔，再将箔与纤维分层交替堆放制成预制件，经外部加热、加压固化成 SiC/Ti 复合材料。另外，也可采用等离子体喷涂法将钛合金粉熔融过热并喷涂在缠绕有碳化硅纤维的转鼓上，然后进行热压制得。现用的钛合金一般为 Ti-6Al-4V。硼纤维-钛合金复合材料的密度很小，约 $3.6g/cm^3$，而抗拉强度却高达 $1.21 \times 10^3 MPa$，弹性模量为 $2.34 \times 10^5 MPa$，由于其工艺不很成熟，目前应用较少。

（3）α-Al$_2$O$_3$ 纤维增强镍基复合材料

单晶的 α-Al$_2$O$_3$ 纤维（蓝宝石）具有高熔点及高强度、高弹性模量，较低的密度，良好的高温强度和抗氧化性能，因此作为高温金属的增强纤维受到重视。

α-Al$_2$O$_3$ 作为增强纤维的镍基复合材料，其制法有液态渗透法和粉末冶金法。由于纤维不受液态金属浸润，故首先须对纤维进行金属涂层处理，如用溅射法使其表面涂上一层比基体更难熔的金属。另一方法是将镍电镀到纤维上，然后热压成型。该法制出的小块材料在室温下有明显的增强效果，但高温时不理想。

（4）自增强金属基复合材料

用控制熔体凝固的方法，使熔体合金在一个有规则的温度梯度场中进行冷却凝固，在金属基体内自身生长晶须，而制造出自增强金属基复合材料。此即原位型复合材料。

自增强金属基复合材料的优点：①增强纤维分布均匀；②基体与纤维界面以相当强的连接键或半连接键结合，可克服晶须与基体浸润性不好的缺点；③由两相材料形成的条件接近热力学平衡条件，它所具有的高温热稳定性对材料在高温下应用极为重要；④易于加工，能直接铸成所需的构件形状。

这种自增强高温合金，在高温下，仍有很好的强度和抗蠕变性能，是航天工业和制造燃气涡轮的优异材料。

10.3.3　颗粒和晶须增强金属基复合材料

颗粒和晶须增强金属基复合材料多以铝、镁和钛合金为基体，以碳化硅、碳化硼、氧化铝颗粒或晶须为增强相，是目前应用最广泛的一类金属复合材料。

颗粒增强通常是为了提高刚性和耐磨性，减少热膨胀系数。一般使用价格较低的碳化物、氧化物和氮化物颗粒作为增强体，基体采用铝、镁、钛的合金。例如 A356-T6 铝材在添加体积分数为 20％的 SiC 颗粒（尺寸为 $10\mu m$）时，弹性模量从 80GPa 提高到 100GPa（提高 25％），热膨胀系数从 $21.41 \times 10^{-6}℃^{-1}$ 减少到 $16.4 \times 10^{-6}℃^{-1}$。与纤维强化比较，颗粒强化工艺的优点是铸造或挤压等二次加工容易。

晶须是一种自由长大的金属或陶瓷型针状单晶纤维，直径在 $30\mu m$ 以下，长度约为几毫米，它的强度极高，因此，用它作为增强材料的复合材料，其性能特别优良。常用的增强晶须有氧化铝晶须、碳化硅晶须、氮化硅晶须等，配合的基体金属有铝、钛、镁等。

下面以两种材料为例来说明颗粒和晶须增强金属基复合材料的性能、特点及应用。

（1）SiC 增强铝合金

这类材料具有极高的比强度和比模量，主要在军工行业应用广泛，如制造轻质装甲、导弹飞翼、飞机部件。另外，在汽车工业如发动机活塞、制动件、喷油嘴件等也有使用。表10-4给出了几种材料的特点及应用。

表 10-4　颗粒和晶须增强铝基复合材料特点及应用

材料	应用	特点
体积分数为 25% 的颗粒增强铝基复合材料	航空结构导槽、角材	代替 7075Al，密度更低，模量更高
体积分数为 17% 的 SiC 颗粒增强铝基复合材料	飞机、导弹用板材	拉伸模量 $>10^5$ MPa
体积分数为 40% 的 SiC 晶须或颗粒增强铝基复合材料	三叉戟、导弹制导元件	代替铍，成本低，无毒
体积分数为 15% 的 Ti 颗粒增强铝基复合材料	汽车制动件，连杆，活塞	模量高

（2）氧化铝晶须增强镍基复合材料

氧化铝晶须密度小（$<4g/cm^3$），熔点高，耐高温，900℃以下随温度上升强度下降不大。它多用于增强镍和镍基高温材料，研制较早的 Al_2O_3-Ni 复合材料的性能见表 10-5。由表可以看出温度从室温增加到 1000℃ 时，复合材料的强度可保持 40%。镍基体与晶须之间有化学不相容性，并且晶须与基体的热膨胀系数相差很大，使这类复合材料的使用受到一定的限制。

表 10-5　Al_2O_3 连续晶须①-镍复合材料的抗拉强度与比强度

试验温度/℃	晶须体积比/%	抗拉强度/MPa	比强度/10^4m	试验温度/℃	晶须体积比/%	抗拉强度/MPa	比强度/10^4m
25	22	1200	1.63	1000	21	495	0.67
25	51	1050	1.68	1000	21	495	0.67
25	39	1350	2.0	100	29	795	1.08

① 连续晶须指晶须长度贯穿试样的长度。

10.4　非金属基复合材料

按基体材料的种类，复合材料可大致分为非金属基和金属基复合材料两大类。非金属基复合材料又分为聚合物基复合材料、陶瓷基复合材料、碳基复合材料、混凝土基复合材料等，其中以纤维增强聚合物基和陶瓷基复合材料最为常用。

10.4.1　聚合物基复合材料

（1）聚合物基复合材料的发展

聚合物基复合材料是结构复合材料中发展最早、应用最广的一类。第二次世界大战期间出现了以玻璃纤维增强工程塑料的复合材料，即玻璃钢，从而使得机器零件不用金属材料成为了现实。接着又相继出现了玻璃纤维增强尼龙和其他的玻璃钢品种。但是，玻璃纤维存在模量低的缺点，大大限制了其应用范围。因此，20 世纪 60 年代又先后出现了硼纤维和碳纤维增强塑料，从而复合材料开始大量应用于航空航天等领域。20 世纪 70 年代初期，聚芳酰胺纤维增强聚合物基复合材料问世，进一步加快了该类复合材料的发展。20 世纪 80 年代初期，在传统的热固性树脂复合材料基础上，产生了先进的热塑性复合材料。从此，聚合物基复合材料的工艺及理论不断完善，各种材料在航空航天、汽车、建筑等各领域得到全面应用。

（2）聚合物基复合材料的种类和性能

聚合物基复合材料有两种方式分类：一种以基体性质不同分为热固性树脂复合材料、热塑性树脂复合材料和橡胶类复合材料；另一种是按增强相类型分类。具体如图 10-5 所示。

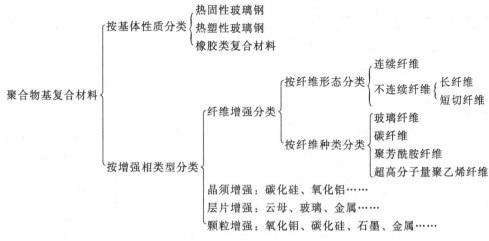

图 10-5 聚合物基复合材料分类

聚合物基复合材料是以有机聚合物为基体，连续纤维为增强材料组合而成的。纤维的高强度、高模量的特性使它成为理想的承载体。基体材料由于其黏结性能好，把纤维牢固地黏结起来。同时，基体又能使载荷均匀分布，并传递到纤维上去，并允许纤维承受压缩和剪切载荷。纤维和基体之间良好地复合显示了各自的优点。聚合物基复合材料除了具有上述复合材料的基本性能外，还体现出了如下一些优良特性。

① 高温性能好 聚合物基复合材料的耐热性能是相当好的，所以适宜作烧蚀材料。所谓材料的烧蚀是指材料在高温时，表面发生分解，引起气化，与此同时吸收热量，达到冷却的目的，随着材料的逐渐消耗，表面出现很高的吸热率。例如玻璃纤维增强酚醛树脂，就是一种烧蚀材料，烧蚀温度可达 1650℃。其原因是酚醛树脂经受高的入射热时，会立刻碳化，形成耐热性很高的碳原子骨架，而且纤维仍然被牢固地保持在其中。此外，玻璃纤维本身有部分气化，而表面上残留下几乎是纯的二氧化硅，它的黏结性相当好，从而阻止了进一步的烧蚀，并且它的热导率只有金属的 0.1%～0.3%，瞬时耐热性好。

② 可设计性强、成型工艺简单 通过改变纤维、基体的种类及相对含量、纤维集合形式及排列方式、铺层结构等可以满足对复合材料结构与性能的各种设计要求。由于其制品多为整体成型，一般不需焊、铆、切割等二次加工，工艺过程比较简单。由于一次成型，不仅减少了加工时间，而且零部件、紧固件和接头的数目也随之减少，使结构更加轻量化。

（3）常用聚合物基复合材料的性能及应用

由于组成聚合物基复合材料的纤维和基体的种类很多，决定了它种类和性能的多样性，如玻璃纤维增强热固性塑料（俗称玻璃钢）、短切玻璃纤维增强热塑性塑料、碳纤维增强塑料、芳香族聚酰胺纤维增强塑料、碳化硅纤维增强塑料、矿物纤维增强塑料、石墨纤维增强塑料、木质纤维增强塑料等。下面重点介绍几种常用的聚合物基复合材料的性能及应用。

① 玻璃钢 玻璃钢可分为热固性和热塑性两类。

a. 热固性玻璃钢 热固性玻璃钢（代号 GFRP）是指玻璃纤维（包括长纤维、布、带、毡等）作为增强材料，热固性塑料（包括环氧树脂、酚醛树脂、不饱和聚酯树脂等）作为基体的纤维增强塑料。根据基体种类不同，可将 GFRP 分成三类，即玻璃纤维增强环氧树脂、玻璃纤维增强酚醛树脂、玻璃纤维增强聚酯树脂。

GFRP 的突出特点是密度小、比强度高。相对密度为 1.6～2.0，比最轻的金属铝还要轻，而比强度比高级合金钢还高，"玻璃钢"这个名称便由此而来。表 10-6 为几种常见热固性玻璃钢的性能指标、特点和用途。

表 10-6　常用热固性玻璃钢的性能指标、特点和用途

性能特点	环氧树脂玻璃钢	聚酯树脂玻璃钢	酚醛树脂玻璃钢	有机硅树脂玻璃钢
密度/($10^3\,kg/m^3$)	1.73	1.75	1.80	—
抗拉强度/MPa	341	290	100	210
抗压强度/MPa	311	93	—	61
抗弯强度/MPa	520	237	110	140
特点	耐热性较高,150～200℃下可长期工作,耐瞬时超高温。价格低,工艺性较差,收缩率大,吸水性大,固化后较脆	强度高,收缩率小,工艺性好,成本高,某些固化剂有毒性	工艺性好,适用各种成型方法,作大型构件,可机械化生产。耐热性差,强度较低,收缩率大,成型时有异味,有毒	耐热性较高,200～250℃可长期使用。吸水性低,耐电弧性好,防潮,绝缘,强度低
用途	主承力构件、耐蚀件,如飞机、宇航器等	一般要求的构件,如汽车、船舶、化工件	飞机内部装饰件、电工材料	印刷电路板、隔热板等

　　GFRP 还具有良好的耐腐蚀性,在酸、碱、有机溶剂、海水等介质中均很稳定;GFRP 也是一种良好的电绝缘材料,主要表现在它的电阻率和击穿电压强度两项指标都达到了电绝缘材料的标准;GFRP 还具有保温、隔热、隔声、减震等性能;另外 GFRP 不受电磁作用的影响,它不反射无线电波,微波透射性好,可用来制造扫雷艇和雷达罩。

　　GFRP 也有不足之处,其最大的缺点是刚性差,它的弯曲弹性模量仅为 $0.2\times10^3\,GPa$(约是结构钢的 1/10～1/5);其次是 GFRP 的耐热温度低(低于 250℃)、导热性差、易老化等。

　　为改善该类玻璃钢的性能,通常将树脂进行改性。例如,把酚醛树脂和环氧树脂混溶后得到的玻璃钢,既有环氧树脂的良好黏结性,又降低了酚醛树脂的脆性,同时还保持了酚醛树脂的耐热性,由此得到的玻璃钢也具有较高的强度。

　　b. 热塑性玻璃钢　热塑性玻璃钢(代号 FR-TP)是指玻璃纤维(包括长纤维或短切纤维)作为增强材料,热塑性塑料(包括聚酰胺、聚丙烯、低压聚乙烯、ABS 树脂、聚甲醛、聚碳酸酯、聚苯醚等工程塑料)为基体的纤维增强塑料。

　　热塑性玻璃钢除了具有纤维增强塑料的共同特点外,它与热固性玻璃钢相比较,其突出的特点是具有更轻的相对密度,一般在 1.1～1.6,为钢材的 1/6～1/5;比强度高,蠕变性大大改善,例如,合金结构钢 50CrVA 的比强度为 162.5MPa,而玻璃纤维增强尼龙 610 的比强度为 179.9MPa。表 10-7 列出了常见热塑性玻璃钢的性能和用途。

表 10-7　常用热塑性玻璃钢的性能和用途

材料	密度/($10^3\,kg/m^3$)	抗拉强度/MPa	弯曲模量/10^2MPa	特性及用途
尼龙 66 玻璃钢	1.37	182	91	刚度、强度、减摩性好。用作轴承、轴承架、齿轮等精密件、电工件、汽车仪表、前后灯等
ABS 玻璃钢	1.28	101	77	化工装置、管道、容器等
聚苯乙烯玻璃钢	1.28	95	91	汽车内装、收音机机壳、空调叶片等
聚碳酸酯玻璃钢	1.43	130	84	耐磨、绝缘仪表等

　　热固性玻璃钢的用途很广泛,主要用于制造要求自重轻的受力构件和要求无磁性、绝缘、耐腐蚀的零件。例如在航天工业中制造雷达罩、飞机螺旋桨、直升机机身、发动机叶轮、火箭导弹发动机壳体和燃料箱等;在船舶工业中用于制造轻型船、艇及船艇的各种配件,因玻璃钢的比强度大,可用于制造深水潜艇外壳,因玻璃钢无磁性,用其制造的扫雷艇可避免水雷的袭击;在车辆工业中制造汽车、机车、拖拉机的车身、发动机机罩、仪表盘

等；在电机电气工业中制造重型发电机护环、大型变压器线圈筒以及各种绝缘零件、各种电器外壳等；在石油化工工业中代替不锈钢制作耐酸、耐碱、耐油的容器、管道等。玻璃纤维增强尼龙可代替有色金属制造轴承、齿轮等精密零件；玻璃纤维增强聚丙烯塑料制作的小口径化工管道，每年也有数万米投入使用；用此材料制造的阀门有隔膜阀、球阀、截止阀；有数万只经开发研制的离心泵、液下泵也已成功投入生产。

② 碳纤维增强塑料　碳纤维增强塑料是 20 世纪 60 年代迅速发展起来的，它是一种强度、刚度、耐热性均好的复合材料。由于碳是六方结构的晶体，底面上的原子以结合力极强的共价键结合，所以碳纤维比玻璃纤维有更高的强度，拉伸强度可达 $6.9 \times 10^5 \sim 2.8 \times 10^6$ MPa，其弹性模量比玻璃纤维高几倍以上，可达 $2.8 \times 10^4 \sim 4 \times 10^5$ MPa，高温低温性能好，在 2000℃ 以上的高温下，其强度和弹性模量基本不变，−180℃ 以下时脆性也不增高；碳纤维还具有很高的化学稳定性、导电性和低的摩擦系数。所以，碳纤维是很理想的增强剂。但是，碳纤维脆性大，与树脂的结合力比不上玻璃纤维，通常用表面氧化处理来改善其与基体的结合力。

碳纤维环氧树脂、酚醛树脂和聚四氟乙烯是常见的碳纤维增强塑料。由于碳纤维的优越性，使得碳纤维增强塑料具有低密度、高比强度和比模量，还具有优良的抗疲劳性能、减摩耐磨性、抗冲击强度、耐蚀性和耐热性。这些性能普遍优于树脂玻璃钢，并在各个领域、特别是航空航天工业中得到广泛应用，例如，在航空航天工业中用于制造飞机机身、机翼、螺旋桨、发动机风扇叶片、卫星壳体等；在汽车工业中用于制造汽车外壳、发动机壳体等；在机械制造工业中用于制造轴承、齿轮等；在化学工业中用于制造管道、容器等；还可以制造纺织机梭子，X 射线设备，雷达、复印机、计算机零件，网球拍、赛车等体育用品。

③ 硼纤维增强塑料　硼纤维增强塑料是指硼纤维增强环氧树脂。硼纤维的比强度与玻璃纤维相近，但比弹性模量却比玻璃纤维高 5 倍，而且耐热性更高，无氧化条件下可达 1000℃。因此，硼纤维环氧树脂、聚酰亚胺树脂等复合材料的抗压强度和剪切强度都很高（优于铝合金、铁合金），并且蠕变小、硬度和弹性模量高，尤其是其疲劳强度很高，达 $340 \sim 390$ MPa。另外，硼纤维增强塑料还具有耐辐射及导热极好的优点。目前多用于航空航天器、宇航器的翼面、仪表盘、转子、压气机叶片、螺旋桨叶的传动轴等。由于该类材料制备工艺复杂、成本高，在民用工业方面的应用不及玻璃钢和碳纤维增强塑料广泛。

④ 芳香族聚酰胺纤维增强塑料　芳香族聚酰胺纤维增强塑料的基体材料主要是环氧树脂，其次是热塑性塑料的聚乙烯、聚碳酸酯、聚酯树脂等。

芳香族聚酰胺纤维增强环氧树脂的抗拉强度大于 GFRP，而与碳纤维增强环氧树脂相似。它最突出的特点是有压延性，与金属相似；它的耐冲击性超过了碳纤维增强塑料；自由振动的衰减性为钢筋的 8 倍、GFRP 的 4～5 倍；耐疲劳性比 GFRP 或金属铝还好。主要用于飞机机身、机翼、发动机整流罩、火箭发动机外壳、防腐蚀容器、轻型船艇、运动器械等。

⑤ 石棉纤维增强塑料　石棉纤维增强塑料的基体材料主要有酚醛、尼龙、聚丙烯树脂等。

石棉纤维与聚丙烯复合以后，使聚丙烯的性能大为改观。它的性能的突出特点是断裂伸长率由原来纯聚丙烯的 200% 变成 10%，从而使抗拉弹性模量大大提高，是纯聚丙烯的 3 倍；其次是耐热性提高了，纯聚丙烯的热变形温度为 110℃（0.46MPa），而增强后为 140℃，提高了 30℃；再次是线膨胀系数由 11.3×10^{-5}℃$^{-1}$ 缩小到 4.3×10^{-5}/℃$^{-1}$，因而成型加工时尺寸稳定性更好了。其性能见表 10-8。

表 10-8　石棉增强聚丙烯的性能

性能	单位	石棉增强聚丙烯	纯聚丙烯	性能	单位	石棉增强聚丙烯	纯聚丙烯
密度	g/cm^3	1.24	0.90	维卡软化点(1kg)	℃	157	153
成型线性收缩率	%	0.8~1.2	1.0~2.0	热变形温度($4.6kgf/cm^2$)	℃	140	110
吸水率	%	0.02	<0.01	线膨胀系数(−20~70℃)	$×10^{-5}℃^{-1}$	4.2	11.3
抗拉强度	MPa	35	35	体积电阻	$\Omega \cdot m$	$1×10^4$	$1×10^4$
伸长率	%	10	200	绝缘性	kV/mm	40	40
抗拉弹性模量	MPa	$4.5×10^3$	$1.3×10^3$	介电常数		2.6	2.3
洛氏硬度	HR	105	100	介电损耗		$3×10^{-3}$	$2×10^{-4}$
悬梁冲击硬度(缺口)	MPa/m	20	30	耐电弧性	s	140	130

石棉纤维增强塑料主要用于汽车制动件、阀门、导管、密封件、化工耐腐蚀件、隔热件、电绝缘件、导弹火箭耐热件等。

⑥ 碳化硅纤维增强塑料　碳化硅纤维增强塑料主要是指碳化硅纤维增强环氧树脂。碳化硅纤维与环氧树脂复合时不需要表面处理，黏结力就很强，材料层间剪切强度可达1.2MPa。碳化硅纤维增强塑料具有高的比强度和比模量，具有高的抗弯强度和抗冲击强度，主要用于宇航器上的结构件，还可用于制作飞机机翼、门、降落传动装置箱等。

⑦ 其他增强塑料　其他增强塑料包括混杂纤维增强塑料及颗粒、薄片增强塑料等。

a. 混杂纤维增强塑料　由两种或两种以上纤维增强同一种基体的增强塑料，如碳纤维和玻璃纤维、碳纤维和芳纶纤维混杂，它具有比单一纤维增强塑料更优异的综合性能。

b. 颗粒、薄片增强塑料　颗粒增强塑料是各种颗粒与塑料的复合材料，其增强效果不如纤维显著，但能改善塑料制品的某些性能，成本低。薄片增强塑料主要是用纸张、云母片或玻璃薄片与塑料的复合材料，其增强效果介于纤维增强与颗粒增强之间。

10.4.2　陶瓷基复合材料

陶瓷基复合材料（ceramic matrix composite，CMC）是在陶瓷基体中引入第二相材料，使之增强、增韧的多相材料，又称为多相复合陶瓷（multiphase composite ceramic）或复相陶瓷。

（1）常用的陶瓷基复合材料

① 连续纤维补强增韧陶瓷基复合材料

a. 陶瓷基复合材料的补强增韧机制　按照最优化设计的陶瓷基复合材料的应力-应变曲线如图 10-6 所示，图中 OA 段为低应力水平阶段，材料将发生弹性变形，A 点对应材料的弹性极限 σ_e，从 A 点开始偏离直线段，这与基体开裂有关。AB 为第二阶段，这一阶段随应力的增大，内部裂纹逐渐增多，B 点对应于材料的抗拉强度 σ_b。与单相陶瓷相比（图中虚线所示），陶瓷基复合材料的抗拉强度低，但在极限强度条件下的应变值要比单相陶瓷大，这就是陶瓷基复合材料中的增韧效果。BC 阶段对应着纤维与基体的分离、纤维的断裂和纤维被拔出的过程。

连续长纤维补强增韧的陶瓷基复合材料，在轴向应力的作用下产生基体的开裂、基体裂纹的增加、纤维的断裂、纤维与基体的分离以及纤维从基体中拔出的复杂过程。

对于纤维与陶瓷基体构成的复合材料，必须要考虑它

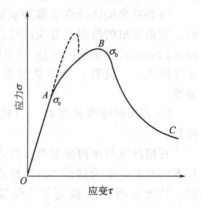

图 10-6　典型 CMC 材料的
应力-应变曲线

们两者之间的相容性，其中化学相容性要求纤维与基体之间不发生化学反应，物理相容性是指纤维与基体热膨胀系数和弹性模量上要匹配。对于连续纤维补强陶瓷复合材料，一般要求 $\alpha_f > \alpha_m$、$E_f > E_m$（α、E 分别表示热膨胀系数和弹性模量，下标 f、m 分别表示纤维和基体）。

b. 常用的纤维补强增韧陶瓷基复合材料

Ⅰ. 碳纤维补强增韧石英玻璃［$C_{(f)}/SiO_2$］　碳纤维补强增韧石英玻璃复合材料在强度和韧性方面与石英玻璃相比有了很大的提高，特别是抗弯强度提高了至少十倍以上，冲击吸收功增加了两个数量级。其主要原因是碳纤维与石英玻璃之间有好的相容性，即二者之间没有任何化学反应，同时碳纤维与基体的热膨胀系数基本相当。碳纤维补强增韧石英玻璃复合材料的性能见表 10-9。

表 10-9　碳纤维补强增韧石英玻璃复合材料的性能

材料	碳纤维/石英玻璃	石英玻璃	材料	碳纤维/石英玻璃	石英玻璃
密度/(g/cm³)	2.0	2.16	抗弯强度(室温)/MPa	600	51.5
纤维含量(体积分数)/%	30	—	冲击韧度/(kJ/m²)	40.9	1.02

Ⅱ. 碳化硅纤维补强增韧碳化硅复合材料［$SiC_{(f)}/SiC$］　碳化硅是具有很强共价键的非氧化物材料，其特点是具有良好的高温强度和优良的耐磨性、抗氧化性、耐蚀性，但是有很大的脆性，只有在 2000℃ 的高温下加入硼、碳等添加剂才能烧结。采用碳化硅纤维可以改善韧性，减小脆性，但在 2000℃ 的高温下碳化硅纤维的性能会变得很差。工程上一般采用化学浸入法，可以使复合材料的制作温度降至 800℃ 左右，用这种方法制作的碳化硅纤维补强增韧碳化硅复合材料的应力-应变曲线如图 10-7 所示。

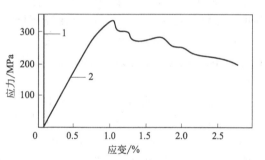

图 10-7　SiC 纤维补强增韧 SiC 材料
的应力-应变曲线
1—SiC 基体；2—SiC 纤维补强

② 晶须补强增韧陶瓷基复合材料

a. 晶须补强增韧机理　在晶须补强增韧陶瓷基复合材料中，作为第二相的晶须必须有高的弹性模量，且均匀分布于基体中，并与基体结合的界面良好，基体的伸长率应大于晶须的伸长率，从而保证外载荷主要由晶须承担。增韧效果主要靠裂纹的偏转和晶须的拔出。裂纹偏转是指基体中的裂纹尖端遇到晶须后发生扭曲偏转，由直线扭曲成三维曲线，裂纹变长，从而提高韧性，如图 10-8、图 10-9 所示。

b. 典型晶须补强增韧陶瓷基复合材料

Ⅰ. 碳化硅晶须补强增韧氮化硅复合材料［$SiC_{(w)}/Si_3N_4$］　碳化硅补强氮化硅复合材料在 1750℃ 条件下热压烧结。这种复合材料的主要力学性能见表 10-10，表中 Si6、Si10 分别表示以 Si 粉为起始料，添加 6%、10% 的烧结添加物；SN6 表示以 Si_3N_4 为起

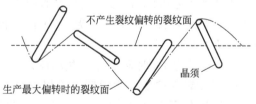

图 10-8　晶须引起的裂纹偏转

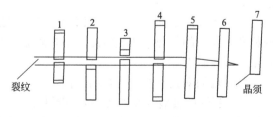

图 10-9　晶须拔出

始料，添加 6％的烧结添加物。

表 10-10　SiC$_{(w)}$/Si$_3$N$_4$ 复合材料的力学性能

材料	抗弯强度/MPa	断裂韧度/MPa·m$^{1/2}$	材料	抗弯强度/MPa	断裂韧度/MPa·m$^{1/2}$
Si10(HPRBSN)[①]	660±33	5.6±0.3	Si6+20％[③] SiC$_{(w)}$	360±74	4.0±0.4
Si10+10％[③] SiC$_{(w)}$	620±50	7.8±0.3	SN6(HPSN)[②]	800±27	7.0±0.2
Si6(HPRBSN)	580±21	3.4±0.2	SN6+10％[③] SiC$_{(w)}$	850±42	7.7±0.3
Si6+10％[③] SiC$_{(w)}$	640±57	5.1±0.2			

　　① HPRBSN，热压反应烧结氮化硅。
　　② HPSN，热压氮化硅。
　　③ 皆为体积分数。

　　Ⅱ. 碳化硅晶须补强增韧莫来石陶瓷复合材料〔SiC$_{(w)}$/莫来石〕　莫来石陶瓷具有很小的热膨胀系数、低的热导率和良好的抗高温蠕变性。从作为高温结构材料来看，它有极大的发展潜力。但它的室温抗弯强度和韧性均较差。

　　碳化硅晶须与莫来石基体的热膨胀系数相近，但弹性模量较高，这符合增强材料与基体间的相容性，用它们制成 SiC$_{(w)}$/莫来石复合材料的抗弯强度和断裂韧度与晶须含量的关系如图 10-10 所示，可以看出，该复合材料的强度随晶须含量的增多而提高，在体积分数为 20％时强度最大，可达 435MPa，比莫来石强度 246MPa 高 80％，随后强度逐渐下降。下降的原因主要是晶须分布不均，造成了气孔和其他缺陷，材料致密度下降，从而使强度降低。

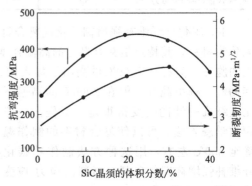

图 10-10　SiC$_{10}$/莫来石复合材料的抗弯强度与 SiC$_{10}$ 含量的关系

　　SiC$_{(w)}$/莫来石复合材料的断裂韧度 K_{IC} 随晶须含量的变化与强度变化相似。在体积分数为 30％时 K_{IC} 最大，约 4.6MPa·m$^{1/2}$，比莫来石增大了 50％，因此碳化硅和莫来石陶瓷界面的结合强度较高。由于晶须的加入，大大提高了莫来石的强度和韧性。

　　Ⅲ. Al$_2$O$_3$/SiC$_{(w)}$/TiC 纳米复合材料　这种复合材料使用的 Al$_2$O$_3$ 颗粒直径约 0.4μm，TiC 颗粒直径为 0.2μm，SiC$_{(w)}$ 颗粒直径为 0.5μm，长度为 20μm。采用热压烧结工艺，工艺条件：温度为 1850℃，压力为 250MPa，保温 12h。SiC$_{(w)}$ 的质量分数为 20％，TiC 的质量分数为 2％～10％。

　　TiC 含量为 4％时强度最高约达 1200MPa，断裂韧度可达 7.5MPa·m$^{1/2}$。

　　c. 异相颗粒弥散强化增韧的复相复合陶瓷　异相颗粒弥散强化增韧的复相复合陶瓷是指在脆性陶瓷基体中加入一种或多种弥散相而组成的陶瓷。弥散相可以是粒状或板条状。

　　这类陶瓷的强度主要受下列因素影响：弥散相和基体截面的结合状态和化学相容性；弥散相和基体间的物理性能的匹配，如热膨胀系数和弹性模量等；弥散相的形状、大小、体积含量、分布状态等。

　　(2) 增韧陶瓷基复合材料的性能

　　① 碳纤维/玻璃（玻璃陶瓷）　碳纤维增强硼硅玻璃、微晶玻璃和石英玻璃后，各项力学性能指标均有改善，其中表征韧性的断裂功明显提高，见表 10-11。碳纤维与玻璃复合还

具有高温下不发生化学反应的优点，同时，由于碳纤维的轴向热膨胀系数为负值，所以可以通过控制碳纤维的取向和体积分数来调节复合材料的热膨胀系数。

表 10-11 单向碳纤维增韧玻璃（玻璃陶瓷）的性能

体系	纤维体积含量/%	抗弯强度/MPa	弹性模量/GPa	断裂功/(kJ/m²)
C/7740[①]	50	700	193	5.0
7740	0	100	60	0.004
C/LAS[②]	36	680	168	3.0
LAS	0	150	77	0.003
C/SiO₂	30	600	—	7.9
SiO₂	0	51.5	—	0.009

① 7740-硼硅玻璃陶瓷，主要成分为 B_2O_3 和 SiO_2，次要成分为 Na_2O 和 Al_2O_3。

② LAS-Li_2O-Al_2O_3-SiO_2，即钾铝硅酸盐玻璃。

② 碳化硅晶须/氧化铝 以热压烧结法制得的碳化硅晶须/氧化铝（SiC_W/Al_2O_3）复合材料中，SiC_W 体积分数为 20%～30% 时，复合材料断裂韧性 K_{IC} 为 8～8.5MPa・$m^{1/2}$，抗弯强度达 650MPa，在 1000℃ 以上韧性和强度开始下降。

SiC_W/Al_2O_3 复合材料具有较高的蠕变应力指数。多晶 Al_2O_3 的蠕变应力指数约为 1.6，而 SiC_W/Al_2O_3 的约为 5.2。

③ 碳化硅基复合材料 BN/SiC、C/SiC、SiC/SiC 等碳化硅基复合材料具有较高的断裂应变和抗弯强度，同时具有较好的断裂韧性和高温抗氧化性。采用纤维多向编织的预制坯件，通过 CVD 或 CVI 制成的 C/SiC、SiC/SiC 复合材料，具有较好的抗压性能和较高的层间剪切强度，高温工作时热辐射率高，可有效降低构件的表面温度，其机械性能随温度变化不大，表 10-12 列出了不同增强材料预制坯件与 SiC 基体复合时的断裂韧性及断裂韧性随温度的变化情况。

表 10-12 SiC 基复合材料热力学性能

复合材料		不同温度		
		23℃	1000℃	1400℃
二维 C/SiC	断裂韧性/MPa・$m^{1/2}$	32	32	32
	弹性模量/GPa	90	100	100
二维 SiC/SiC	断裂韧性/MPa・$m^{1/2}$	30	30	30
	弹性模量/GPa	230	200	170

（3）陶瓷基复合材料的应用

陶瓷基复合材料具有的高强度、高模量、低密度和耐高温性能使其商业化应用已经在多个领域开展，但是由于陶瓷基复合材料制作成本较大，目前的应用主要分为两大类：一类在航天领域，一类在非航天领域。

① 航天领域 航空飞行器一般都有高的推动力、快的飞行速度等，这些性能转化为对材料的要求就是强度、密度、硬度及复合材料在高温中的耐损伤能力。耐高温结构复合材料是先进的航天领域的关键技术，连续纤维增强的陶瓷基复合材料已经被广泛应用于该领域，在 C/C 复合材料表面涂覆 SiC 层作为耐烧蚀材料已用在美国的航天飞机上，C/SiC 复合材料已作为太空飞机的主要可选材料。

② 非航天领域 陶瓷基复合材料在耐高温和耐腐蚀的发动机部件、切割工具、耐磨损

部件、喷嘴或喷火导管、与能源相关的如热交换管等方面得到广泛应用。

　　增韧的氧化锆以及其他晶须和连续纤维增韧的陶瓷基复合材料由于其高硬度、低摩擦和超耐磨性而用作耐磨损部件。

　　在切割工具方面，已经有 TiC 颗粒增强 Si_3N_4、Al_2O_3、SiC_W/Al_2O_3 等材料，美国金属切割工具市场 50% 是由碳化钨/钴制成的切割工具占领的。陶瓷基复合材料制作切割工具的主要优点是化学稳定、超高硬度、在高速运转产生的高温中能保持良好的性能等。

　　在热交换、储存和回收领域，陶瓷基复合材料与金属相比，它可以在更高的温度和更复杂的环境中使用，如以连续纤维增强的热蒸汽过滤部件等。此外，在汽车发动机中使用陶瓷基复合材料，它所具有的耐热件、高强度、低磨耗等都可以有效降低燃油消耗，并进一步提高汽车行驶速度等。以陶瓷基复合材料为主要原料的陶瓷发动机已经被开发和应用。

10.4.3　碳/碳复合材料

　　碳/碳复合材料是由碳纤维或各种碳织物增强碳，或石墨化的树脂碳（或沥青）以及化学气相（CVD）碳所形成的复合材料，是具有特殊性能的新型工程材料，也被称为碳纤维增强碳复合材料。其组成元素为单一的碳，因而这种复合材料具有许多碳和石墨的特点，如密度小、导热性高、膨胀系数低以及对热冲击不敏感。同时，该类复合材料还具有优越的机械性能；强度和冲击韧性比石墨高 5～10 倍，并且比强度非常高；随温度升高，这种复合材料的强度也升高；断裂韧性高，化学稳定性高，耐磨性极好。该种材料是最好的高温复合材料，耐温最高可达 2800℃。

　　碳/碳复合材料的性能随所用碳基体骨架用碳纤维性质、骨架的类型和结构、碳基质所用原料及制备工艺、碳的质量和结构、碳/碳复合材料制成工艺中各种物理和化学变化、界面变化等因素的影响而有很大差别，主要取决于碳纤维的类型、含量和取向等。表 10-13 为单向和正交碳纤维增强碳基复合材料的性能。

表 10-13　单向和正交碳纤维增强碳基复合材料的性能

材料	纤维含量（体积分数）	密度 /(×10³kg/m³)	抗拉强度 /MPa	抗弯强度 /MPa	弯曲模量 /GPa	热膨胀系数 (0～1000℃)/(×10⁻⁶K⁻¹)
单向增强材料	65%	1.7	827	690	186	1.0
正交增强材料	55%	1.6	276	—	76	1.0

　　由此可见，碳-碳复合材料的高强度、高模量主要来自碳纤维。碳纤维在材料中的取向直接影响其性能，一般是单向增强复合材料沿纤维方向强度最高，但横向性能较差，正交增强可以减少纵、横面的强度差异。

　　目前，碳/碳复合材料主要应用于航空航天、军事和生物医学等领域，如导弹弹头、固体火箭发动机喷管、飞机刹车盘、赛车和摩托车刹车系统，航空发动机燃烧室、导向器、密封片及挡声板等，人体骨骼替代材料，以及代替不锈钢作人工关节。随着这种材料成本的不断降低，其应用领域也逐渐向民用工业领域转变，如用于制造超塑性成形工艺中的热锻压模具，用于制造粉末冶金中的热压模具；在涡轮压气机中可用以制造涡轮叶片和涡轮盘的热密封件。

10.5　复合材料的加工工艺

　　复合材料加工工艺的特点主要取决于复合材料的基体。一般情况下其基体材料的加工工艺方法也常常适用于以该类材料为基体的复合材料，特别是以颗粒、晶须和短纤维为增强体的复合材料。例如，金属材料的各种加工工艺多适用于颗粒、晶须及短纤维增强的金属基复合材料，包括压铸、精铸、离心铸、挤压、轧制、模锻等。而以连续纤维为增强体的复合材料的加工则往往是完全不同的，或至少是需要采取特殊工艺措施的。

本节对复合材料加工方法的介绍是以基体材料来分类的。

10.5.1　金属基复合材料加工工艺

金属基复合材料（亦称 MMC）是以金属及其合金为基体，与一种或几种金属或非金属增强相人工结合成的复合材料。金属基体可以是铝、镁、铜及黑色金属。增强材料大多为无机非金属塑料、陶瓷、碳、石墨及硼等，也可以用金属丝。金属基复合材料制备工艺主要有以下四大类：固态法、液态法、喷射与喷涂沉积法、原位复合法。

（1）固态法

金属基复合材料的固态制备工艺主要有粉末冶金和热压扩散结合两种方法。

① 粉末冶金法　粉末冶金法是制备金属基复合材料，尤其是非连续增强体金属基复合材料的方法之一，广泛应用于各种颗粒、片晶、晶须及短纤维增强的铝、铜、钛、高温合金等金属基复合材料。其工艺首先是将金属粉末或合金粉末和增强体均匀混合，制得复合坯料、经用不同固化技术制成锭块，再通过挤压、轧制、锻造等二次加工制成型材。图 10-11是用粉末冶金法制备短纤维、颗粒或晶须增强金属基复合材料的工艺流程。

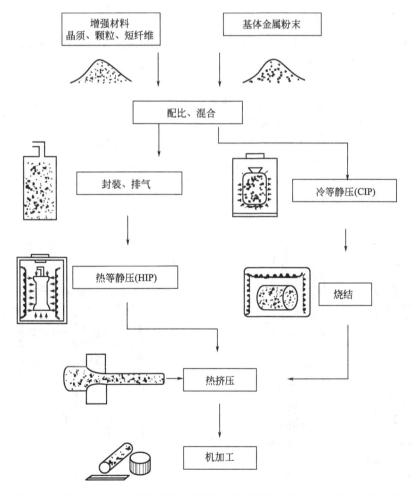

图 10-11　粉末冶金法制备短纤维、颗粒或晶须增强金属基复合材料工艺流程

② 热压扩散结合法　　热压扩散结合法是连续纤维增强金属基复合材料最具代表性的一种常用的固相复合工艺。即按照制件形状、纤维体积密度及增强方向要求，将金属基复合材料预制条带及基体金属箔或粉末布，经裁剪、铺设、叠层、组装，然后在低于复合材料基体金属熔点的温度下加压并保持一定时间；基体金属产生蠕变与扩散，使纤维与基体间形成良好的界面结合，得到复合材料制件。工艺流程如图 10-12 所示。

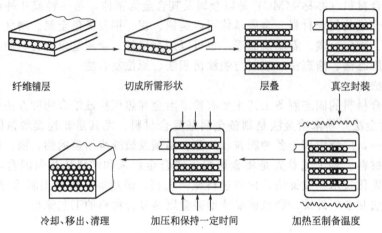

纤维铺层　　　　　切成所需形状　　　　　层叠　　　　　真空封装

冷却、移出、清理　　　加压和保持一定时间　　　加热至制备温度

图 10-12　硼纤维增强铝的扩散结合工艺流程

与其他复合工艺相比，该方法易于精确控制，制件质量好，但由于型模加压的单向性，使该方法限于制作较为简单的板材、某些型材及叶片等制件。

（2）液态法

液态法包括压铸、半固态复合铸造、液态渗透以及搅拌法等，这些方法的共同特点是金属基体在制备复合材料时均处于液态或呈半固态。

压铸成型是指在压力作用下，将液态或半液态金属基复合材料以一定速度充填压铸模型腔，在压力下凝固成型而制备金属基复合材料的方法。典型压铸法的工艺流程如图 10-13 所示。

半固态复合铸造是将颗粒加入处于半固态的金属基体中，通过搅拌使颗粒在金属基体中均匀分布，然后浇注成型，如图 10-14 所示。

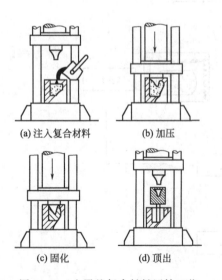

(a) 注入复合材料　　　　(b) 加压

(c) 固化　　　　(d) 顶出

图 10-13　金属基复合材料压铸工艺

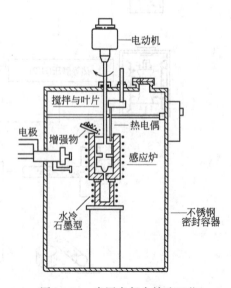

图 10-14　半固态复合铸造工艺

（3）喷涂沉积法

喷涂沉积法的主要原理是以等离子弧或电弧加热金属粉末或金属线、丝，甚至增强材料的粉末，然后通过高速气体喷涂到沉积基板上，图10-15为电弧或等离子喷涂形成纤维增强金属基复合材料的示意。首先将增强纤维缠绕在已经包覆一层基体金属并可以转动的滚筒上，基体金属粉末、线或丝通过电弧喷涂枪或等离子喷涂枪加热形成液滴。基体金属熔滴直接喷涂在沉积滚筒上与纤维相结合并快速凝固。

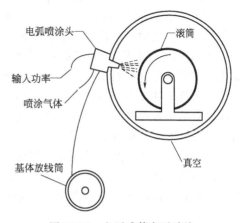

图 10-15　电弧或等离子喷涂形成单层复合材料

（4）原位复合法

增强材料与金属基体间的相容性问题往往影响到金属基复合材料的性能和性能稳定性问题。如果增强材料（纤维、颗粒或晶须）能从金属中直接（即原位）生成，则上述相容性问题可以得到较好的解决。这就是原位复合材料的来由。因为原位生成的增强相与金属基体界面接合良好，生成相的热力学稳定性好，也不存在增强相与基体的润湿和界面反应等问题。目前开发的原位复合或原位增强方法主要有共晶合金定向凝固法、直接金属氧化法和反应生成法。

10.5.2　树脂基复合材料加工工艺

（1）热固性树脂基复合材料的加工工艺

① 手糊成型　以手工作业为主的成型方法。先在经清理并涂有脱模剂的模具上均匀刷上一层树脂，再将纤维增强织物按要求裁剪成一定形状和尺寸，直接铺设到模具上，并使其平整。多次重复以上步骤逐层铺贴，制成坯件，然后固化成型。

手糊成型主要用于不需加压、室温固化的不饱和聚酯树脂和环氧树脂为基体的复合材料成型。特点是不需专用设备，工艺简单，操作方便，但劳动条件差，产品精度较低，承载能力低。一般用于使用要求不高的大型制件，如船体、储罐、大口径管道、汽车部件等。

手糊成型还用于热压罐、压力袋、压机等模压成型方法的坯件制造。

② 层压成型　层压成型是制取复合材料的一种高压成型工艺，此工艺多用纸、棉布、玻璃布作为增强原料，以热固性酚醛树脂、芳烃甲醛树脂、氨基树脂、环氧树脂及有机硅树脂为黏结剂，其工艺过程如图10-16所示。

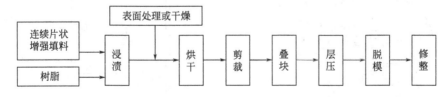

图 10-16　层压成型的工艺过程

上述过程中，增强填料的浸渍和烘干在浸胶机中进行。

增强填料浸渍后连续进入干燥室以除去树脂液中含有的溶液以及其他挥发性物质，并控制树脂的流动度。

浸胶材料层压成型是在多层压机上完成的。在进行热压前需按层压制品的大小，选用适当尺寸的浸胶材料，并根据制品要求的厚度（或重量）计算所需浸胶材料的张数，逐层叠放后，再于最上和最下两面放置 2～4 张表面层用的浸胶材料。面层浸胶材料含树脂量较高、流动性较大，因而可以使层压制品表面光洁美观。

③ 压机、压力袋、热压罐模压成型　这几种成型方法均可与手糊成型或层压成型配套使用，常作为复合材料层叠坯料的后续成型加工。

用压机施加压力和温度来实现模具内制件的固化成型的方法即为压机模压成型。该成型方法具有生产效率高、产品外观好、精度高、适合于大批量生产的特点，但要求模具精度高，制件尺寸受压机规格的限制。

压力袋模压成型是用弹性压力袋对放置于模具上的制件在固化过程中施加压力成型的方法。压力袋由弹性好、强度高的橡胶制成，充入压缩空气并通过反向机构将压力传递到制件上，固化后卸模取出制件。图 10-17 为压力袋模压成型。

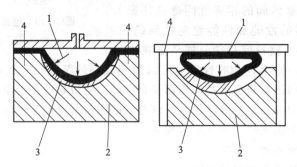

图 10-17　压力袋模压成型

1—压力袋；2—模具；3—制件；4—反向架

这种成型方法的特点是工艺及设备均较简单，成型压力不高，可用于外形简单、室温固化的制件。

热压罐模压成型是利用热压罐内部的程控温度和静态气体压力，使复合材料层叠坯料在一定温度和压力下完成固化及成型过程的工艺方法。热压罐是树脂基复合材料固化成型的专用设备之一。该工艺方法所用模具简单，制件压制紧密，厚度公差范围小，但能源利用率低，辅助设备多，成本较高。图 10-18 为热压罐结构及成型原理。

④ 喷射成型　将经过特殊处理而雾化的树脂与短切纤维混合并通过喷射机的喷枪喷射

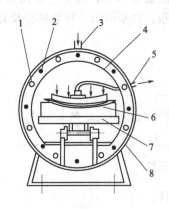

图 10-18　热压罐结构及成型原理

1—冷却管；2—加热棒；3—进气嘴；4—内衬；
5—真空嘴；6—模具；7—工作车；8—罐体

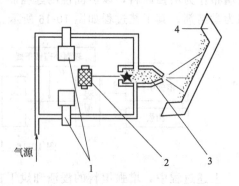

图 10-19　喷射成型

1—树脂罐与泵；2—纤维；3—喷枪；4—模具

到模具上，至一定厚度时，用压辊排泡压实，再继续喷射，直至完成坯件制件（图 10-19），然后固化成型。主要用于不需加压、室温固化的不饱和聚酯树脂。

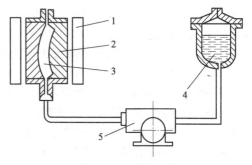

图 10-20　压注成型

1—加热套；2—模具；3—制件；4—树脂釜；5—泵

喷射成型方法生产效率高，劳动强度低，节省原材料，制品形状和尺寸受限制小，产品整体性好；但场地污染大，制件承载能力低。适于制造船体、浴盆、汽车车身等大型部件。

⑤ 压注成型　这是通过压力将树脂注入密闭的模腔，浸润其中的纤维织物坯件，然后固化成型的方法。其工艺过程是先将织物坯件置入模腔内，再将另一半模具闭合，用液压泵将树脂注入模腔内使其浸透增强织物，然后固化（图 10-20）。

该成型方法工艺环节少，制件尺寸精度高，外观质量好，一般不需要再加工，但工艺难度大，生产周期长。

⑥ 离心浇注成型　这种方法是利用筒状模具旋转产生的离心力将短纤维连同树脂同时均匀喷洒到模具内壁形成坯件，然后再成型。

该成型方法具有制件壁厚均匀、外表光洁的特点。适于筒、管、罐类制件的成型。

以上介绍的均为热固性树脂基复合材料的成型方法。实际上，针对不同的增强体及制件的形状特点，成型方法远不止这些。例如，大批量生产管材、棒材、异型材可用拉挤成型方法，管状纤维复合材料的管状制件可采用搓制成型方法。

（2）热塑性树脂基复合材料加工工艺

热塑性树脂的特性决定了热塑性树脂基复合材料的成型不同于热固性树脂基复合材料。

热塑性树脂基复合材料在成型时，基体树脂不发生化学变化，而是靠其物理状态的变化来完成的。其过程主要由熔融、融合和硬化三个阶段组成。已成型的坯件或制品，再加热熔融后还可以二次成型。颗粒及短纤维增强的热塑性材料，最适用于注射成型，也可用模压成型；长纤维、连续纤维、织物增强的热塑性复合材料要先制成预浸料，再按与热固性复合材料类似的方法（如模压）压制成型。形状简单的制品，一般先压制出层压板，再用专门的方法二次成型。

由于热塑性树脂及热固性复合材料的很多成型方法均适用于热塑性复合材料的成型，故这里不再重复介绍。

10.5.3　陶瓷基复合材料加工工艺

陶瓷基复合材料的成型方法分为两类。一类是针对短纤维、晶须、晶片和颗粒等增强体，基本采用传统的陶瓷成型工艺，即热压烧结和化学气相渗透法。另一类针对连续纤维增强体，有料浆浸渍后热压烧结法和化学气相渗透法。下面简单介绍后两种方法。

（1）料浆浸渍热压成型

将纤维置于制备好的陶瓷粉体浆料里，纤维黏附一层浆料，然后将含有浆料的纤维布压制成一定结构的坯体，经干燥、排胶、热压烧结为制品。该方法广泛用于陶瓷基复合材料的成型，其优点是不损伤增强体，不需成型模具，能制造大型零件，工艺较简单；缺点是增强体在基体中的分布不太均匀。

（2）化学气相渗透工艺

先将纤维做成所需形状的预成型体，在预成型体的骨架上具有开口气孔，然后将预成型体置于一定温度下，从低温侧进入反应气体，到高温侧后发生热分解或化学反应沉积出所需陶瓷的基质，直至预成型体中各空穴被完全填满，获得高致密度的复合材料。该方法又称 CAI 工艺，它可获得高强度、高韧性的复合材料制件。

（3）碳/碳基复合材料成型工艺

碳/碳复合材料是由碳纤维及其制品（碳毡或碳布）增强的碳基复合材料。碳/碳复合材料具有碳和石墨材料的优点，如密度低和优异的热性能，高的导热性，低热膨胀系数以及对热冲击不敏感等特性。碳/碳材料还具有优异的力学性能，如高温下的高强度和模量，尤其是随温度的升高强度不但不降低，反而升高的特性以及高断裂韧性、低蠕变特性，使得碳/碳复合材料成为目前唯一可用于高温达 2800℃ 的高温复合材料。在航空航天、核能、军事以及一些民用工业领域获得广泛应用。

根据碳/碳复合材料使用的工况条件、环境条件和所要制备的具体构件，可以设计和制备不同结构的碳/碳复合材料。另外，还可用不同编织方式的碳纤维作增强材料，做成预成型体，图 10-21(a)、（b）、（c）分别为三维、四维、五维编织碳/碳复合材料预成型体。

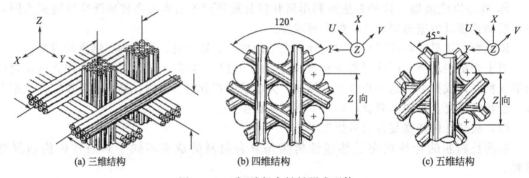

(a) 三维结构　　　　　　(b) 四维结构　　　　　　(c) 五维结构

图 10-21　碳/碳复合材料预成型体

基体碳可通过化学气相沉积或浸渍高分子聚合物碳化来获得。制备工艺主要有化学气相沉积（CVD）工艺和液态浸渍-碳化工艺。在制备工艺中，温度、压力和时间是主要工艺参量。

碳/碳复合材料 CVD 工艺的原理是通过气相的分解或反应生成固态物质，并在某固定基体上成核并生长。获取 CVD 碳的气体主要有甲烷、丙烷、丙烯、乙炔、天然气或汽油等碳氢化合物。此外，还可通过纤维预成型体的加热，甲烷经过加热可以裂化生成固体碳和氢，碳沉积在预成型体上形成基体碳，气体则排出。

碳/碳复合材料液态浸渍-碳化工艺可获得基体碳中的树脂碳和沥青碳。一般在最初的浸渍-碳化循环时采用酚醛树脂浸渍，在后阶段则采用呋喃树脂/沥青混合浸渍剂。为了改善沥青与碳纤维的结合，在碳纤维预成型体浸渍前可先进行 CVD 工艺，以便在纤维上获得一层很薄的沉积碳。

思考题与习题

10-1　名词解释：复合材料、比刚度、比强度、纤维复合材料、玻璃钢。

10-2　复合材料的种类有哪些？粒子增强、纤维增强的机制是什么？

10-3　常用增强纤维有哪些？它们各自的性能特点是什么？

10-4　叙述树脂基、金属基、陶瓷基三种基体的纤维增强复合材料的性能特点及用途。

10-5　比较高分子材料、陶瓷材料、复合材料的性能特点。

10-6　什么叫玻璃钢？玻璃钢性能上有什么特点？

10-7　简述玻璃钢、碳纤维增强塑料等常用纤维增强塑料的性能特点。

10-8　试比较热塑性塑料和热固性塑料的结构、性能和加工工艺特点。

10-9　试比较环氧玻璃钢、酚醛玻璃钢和聚酯玻璃钢在性能上的异同点。

10-10　简述研究和发展金属基复合材料和陶瓷基复合材料的必要性。

10-11　分别列举一种颗粒增强和纤维增强复合材料，说明两种增强原理的区别。

10-12　常用增强材料有哪些？在聚合物基和金属基复合材料中，常用的基体材料有哪些？

10-13　简述常用纤维增强金属基复合材料的性能特点。

第 11 章　新型工程材料

新型材料是指以新制备工艺制成的或正在发展中的材料，这些材料比传统材料具有更优异的特殊性能。新型材料主要包括形状记忆合金、非晶态合金、超塑性合金、纳米材料、储氢合金、超导材料、磁性材料、功能梯度材料、生物材料、减震合金及智能材料等。本章只介绍其中的几种。

11.1　形状记忆合金

英国开发出一种快速反应形状记忆合金，寿命期内可百万次循环，且输出功率高，以它做制动器时，反应时间仅为 10min。形状记忆合金已成功应用于卫星天线、医学等领域。

11.1.1　形状记忆效应

某些具有热弹性马氏体相变的合金，处于马氏体状态下进行一定限度的变形或变形诱发马氏体后，在随后的加热过程中，当超过马氏体相消失的温度时，材料就能完全恢复变形前的形状和体积，这种现象称为形状记忆效应（SME）。具有形状记忆效应的合金称为形状记忆合金（shape memory alloy）。

形状记忆效应最早发现于 20 世纪 30 年代，但当时并没有引起人们重视。1963 年美国海军军械实验室在研究 Ni-Ti 合金时发现其具有良好的形状记忆效应，引起了人们的重视，并进行集中研究。1975 年以来，形状记忆合金作为一种新型功能材料，其应用研究已十分活跃。

11.1.2　形状记忆效应的机理

冷却时高温母相转变为马氏体的开始温度 M_s 与加热时马氏体转变为母相的起始温度 A_s 之间的温度差称为热滞后。普通马氏体相变的热滞后大，在 M_s 以下马氏体形核瞬间长大，随温度下降，马氏体数量的增加是靠新核心形成和长大实现的。而形状记忆合金中的马氏体相变热滞后非常小，在 M_s 以下升降温时马氏体数量减少或增加是通过马氏体片缩小或长大来完成的，母相与马氏体相界面可逆向光滑移动。这种热滞后小、冷却时界面容易移动的马氏体相变称为热弹性马氏体相变。如图 11-1 所示，当形状记忆合金从高温母相状态（a）冷却到低于 M_s 点的温度后，将发生马氏体相变（b），这种马氏体与钢中的淬火马氏体不一样，通常它比母相还软，为热弹性马氏体。在马氏体范围变形成为变形马氏体（c），在此过程中，马氏体发生择优取向，处于与应力方向有利的马氏体片长大，而处于不利取向的马氏体被有利取向吞并，最后成为单一有利取向的有序马氏体。将变形马氏体加热到 A_s 以上，晶体恢复到原来单一取向的高温母相，随之其宏观形状也恢复到原始状态。经过此过程处理的母相再冷却到 M_s 点以下，如又可记忆在（c）阶段的变形马氏体形状，这种合金称为双向形状记忆合金。

形状记忆合金应具备以下三个条件：①马氏体相变是热弹性类型的；②马氏体相变通过孪生（切变）完成，而不是通过滑移产生；③母相和马氏体相均属有序结构。

如果直接对母相施加应力，也可由母相（a）直接形成变形马氏体（c），这一过程称为应力诱发马氏体相变。应力去除后，变形马氏体又变回该温度下的稳定母相，恢复母相原来形状，应变消失，这种现象称为超弹性或伪弹性。超弹性发生于滑移变形临界应力较高时。此时，在 A_s 温度以上，外应力只要高于诱发马氏体相变的临界应力，就可以产生应力诱发

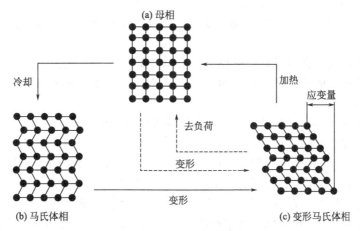

图 11-1　形状记忆合金和超弹性变化的机理

马氏体，去除外力，马氏体立即转变为母相，变形消失。超弹性合金的弹性变形量可达百分之几到 20%，且应力与应变是非线性的。

11.1.3　形状记忆合金的应用

已发现的形状记忆合金种类很多，可以分为 Ti-Ni 系、铜系、铁系合金三大类。目前已实用化的形状记忆合金只有 Ti-Ni 系合金和铜系合金。根据现有资料，将各种形状记忆合金汇总于表 11-1。

表 11-1　具有形状记忆效应的合金

合金	组成/%	相变性质	M_s/℃	热滞后/℃	体积变化/%	有序无序化	记忆功能
Ag-Cd	44～49Cd(原子分数)	热弹性	−190～−50	约 15	约 0.16	有	S
Au-Cd	46.5～50Cd(原子分数)	热弹性	−30～100	约 15	约 0.41	有	S
Cu-Zn	38.5～41.5Zn(原子分数)	热弹性	−180～−10	约 10	约 0.5	有	S
Cu-Zn-X	X=Si,Sn,Al,Ga(质量分数)	热弹性	−180～100	约 10	—	有	S,T
Cu-Al-Ni	(14～14.5)Al-(3～4.5)Ni(质量分数)	热弹性	−140～100	约 35	约 0.30	有	S,T
Cu-Sn	约 15Sn(原子分数)	热弹性	−120～−30	—	—	有	S
Cu-Au-Sn	(23～28)Au-(45～47)Zn(原子分数)	—	−190～−50	约 6	约 0.15	有	S
Fe-Ni-Co-Ti	33Ni-10Co-4Ti(质量分数)	热弹性	约 −140	约 20	0.4～2.0	部分有	S
Fe-Pd	30Pd(原子分数)	热弹性	约 −100	—	—	无	S
Fe-Pt	25Pt(原子分数)	热弹性	约 −130	约 3	0.5～0.8	有	S
In-Tl	18～23Tl(原子分数)	热弹性	60～100	约 4	约 0.2	无	S,T
Mn-Cu	5～35Cu(原子分数)	热弹性	−250～185	约 25	—	无	S
Ni-Al	36～38Al(原子分数)	热弹性	−180～100	约 10	约 0.42	有	S
Ti-Ni	49～51Ni(原子分数)	热弹性	−50～100	约 30	约 0.34	有	S,T,A

注：S 为单向记忆效应，T 为双向记忆效应，A 为全方位记忆效应。

（1）工程应用

形状记忆合金在工程上的应用很多，最早的应用就是做各种结构件，如紧固件、连接件、密封垫等。另外，也可以用于一些控制元件，如一些与温度有关的传感及自动控制。

用作连接件，是形状记忆合金用量最大的一项用途。预先将形状记忆合金管接头内径做成比待接管外径小 4%，在 M_s 以下马氏体非常软，可将接头扩张插入管子，在高于 A_s 的使用温度下，接头内径将复原。如美国 Raychem 公司用 Ti-Ni 记忆合金作 F-14 战斗机管接头，使用了 10 万多个至今未发生漏油或脱落等事故。用形状记忆合金做紧固件、连接件的优点是如下。

① 夹紧力大，接触密封可靠，避免了由于焊接而产生的冶金缺陷。

② 适于不易焊接的接头，如严禁明火的管道连接、焊接工艺难以进行的海底输油管道修补等。

③ 金属与塑料等不同材料可以通过这种连接件连成一体。

④ 安装时不需要熟练的技术。

利用形状记忆合金弹簧可以制作热敏驱动元件用于自动控制，如空调器阀门、发动机散热风扇、离合器等。利用形状记忆合金的双向记忆功能可制造机器人部件，还可制造热机，实现热能-机械能的转换。在航天上，可用形状记忆合金制作航天用天线，将合金在母相状态下焊成抛物面形，在马氏体状态下压成团，送上太空后，在阳光加热下又恢复抛物面形。

（2）医学应用

利用 Ti-Ni 合金与生物体良好的相容性，可制造医学上的凝血过滤器、脊椎矫正棒、骨折固定板等。利用合金的超弹性可代替不锈钢做齿形矫正用丝等。

11.2　非晶态合金

非晶态（amorphous state）是指原子呈长程无序排列的状态。具有非晶态结构的合金称非晶态合金，非晶态合金又称金属玻璃。通常认为，非晶态仅存在于玻璃、聚合物等非金属领域，而传统的金属材料都是以晶态形式出现的。因此，近些年来非晶态合金的出现引起人们的极大兴趣，成为金属材料的一个新领域。

早在 20 世纪 50 年代，人们就从电镀膜上了解到非晶态合金的存在。20 世纪 60 年代发现用激光法从液态获得非晶态的 Au-Si 合金，20 世纪 70 年代后开始采用熔体旋辊急冷法制备非晶薄带。目前非晶态合金应用正逐步扩大，其中非晶态软磁材料发展较快，已能成批生产。

11.2.1　非晶态合金的制备

通过熔体急冷而制成的非晶态合金目前有很多种，典型的有 Fe80B20、Fe40Ni40P14B6、Fe5Co70Si5B10、Pd80Si20、Cu60B40、Ca70Mg30、La76Au24 和 U70Cr30 等。

液态金属不发生结晶的最小冷却速率称作临界冷却速率。从理论上讲，只要冷速足够大（大于临界冷速），所有合金都可获得非晶态。但目前能获得的最大冷速为 10^6℃/s，因此临界冷速大于 10^6℃/s 的合金尚无法制得非晶态。熔体在大于临界冷速冷却时原子扩散能力显著下降，最后被冻结成非晶态的固体。固化温度 T_g 称为玻璃化温度。

合金是否容易形成非晶态，一是与其成分有关，过渡族金属或贵金属与类金属元素组成的合金易于形成非晶；二是与熔点和玻璃化温度之差 $\Delta T = T_m - T_g$（T_m 为熔点）有关，ΔT 越小，形成非晶的倾向越大。

（1）气态急冷法

气态急冷法即气相沉积法，主要包括溅射法和蒸发法。这两种方法制得的非晶材料只是小片的薄膜，不能进行工业生产，但由于其可制成非晶态材料的范围较宽，因而可用于研究。

（2）液态急冷法

目前最常用的液态急冷法是旋辊急冷法，分为单辊法和双辊法。图 11-2 是单辊法。将材料放入石英坩埚中，在氩气保护下用高频感应加热使其熔化，再用气压将熔融金属从管底部的扁平口喷出，落在高速旋转的铜辊轮上，经过急冷立即形成很薄的非晶带。

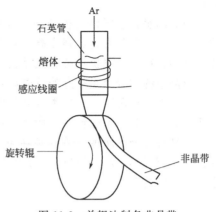

图 11-2　单辊法制备非晶带

11.2.2　非晶态合金的特性

（1）力学性能

非晶态合金力学性能的特点是具有高的强度和硬度。例如非晶态铝合金的抗拉强度（1140MPa）是超硬铝抗拉强度（520MPa）的两倍。非晶态合金 $Fe80B20$ 抗拉强度达 3630MPa，而晶态超高强度钢的抗拉强度仅为 1820～2000MPa。表 11-2 列举了几种非晶态合金的力学性能。非晶态合金强度高的原因是由于其结构中不存在位错，没有晶体那样的滑移面，因而不易发生滑移。非晶态合金断后伸长率低但并不脆，而且具有很高的韧性，非晶薄带可以反复弯曲 180°而不断裂，并可以冷轧，有些合金的冷轧压缩率可达 50％。

表 11-2　一些非晶态合金的力学性能

合金		硬度/HV	抗拉强度/MPa	断裂伸长率/%	弹性模量/MPa
非晶态合金	$Pd83Fe7Si10$	4018	1860	0.1	66640
	$Cu57Zr43$	5292	1960	0.1	74480
	$Co75Si15B10$	8918	3000	0.2	53900
	$Fe80P13C7$	7448	3040	0.03	121520
	$Ni75Si8B17$	8408	2650	0.14	78400
晶态	$18Ni-9Co-5Mo$	—	1810～2130	10～12	—

（2）耐蚀性

非晶态合金具有很强的耐腐蚀能力。例如，不锈钢在含有氯离子的溶液中，一般都要发生点腐蚀、晶间腐蚀，甚至应力腐蚀和氢脆，而非晶态的 Fe-Cr 合金可以弥补不锈钢的这些不足。Cr 可显著改善非晶态合金的耐蚀性。非晶态合金耐蚀性好的主要原因是能迅速形成致密、均匀、稳定的高纯度 Cr_2O_3 钝化膜。此外，非晶态合金组织结构均匀，不存在晶界、位错、成分偏析等腐蚀形核部位，因而其钝化膜非常均匀，不易产生点蚀。

（3）电性能

与晶态合金相比，非晶态合金的电阻率显著增高（2～3 倍）。非晶态合金的电阻温度系数比晶态合金的小。多数非晶态合金具有负电阻温度系数，即随温度升高电阻率连续下降。

（4）软磁性

非晶态合金磁性材料具有高磁导率、高磁感、低铁损和低矫顽力等特性，而且无磁各向异性。这是由于非晶态合金中没有晶界、位错及堆垛层错等钉扎磁畴壁的缺陷。

（5）其他性能

非晶态合金还具有好的催化特性，高的吸氢能力，超导电性，低居里温度等特性。在这些领域有着广阔的应用前景。

11.2.3　非晶态合金的应用

利用非晶态合金的高强度、高韧性，以及工艺上可以制成条带或薄片，目前已用它来制作轮胎、传送带、水泥制品及高压管道的增强纤维。还可用来制作各种切削刀具和保安刀片。

用非晶态合金纤维代替硼纤维和碳纤维制造复合材料，可进一步提高复合材料的适应性。这是由于非晶态合金强度高，且具有塑性变形能力，可阻止裂纹的产生和扩展。非晶态合金纤维正在用于飞机构架和发动机元件的研制中。

非晶态的铁合金是极好的软磁材料，它容易磁化和退磁，比普通的晶体磁性材料导磁率高、损耗小，电阻率大。这类合金主要作为变压器及电动机的铁芯材料、磁头材料。由于磁损耗很低，用非晶态磁性材料代替硅钢片制作变压器，可节约大量电能。

非晶态合金耐腐蚀，特别是在氯化物和硫酸盐中的抗腐蚀性大大超过不锈钢，获得了"超不锈钢"的名称，可以用于海洋和医学方面，如制造海上军用飞机电缆、鱼雷、化学滤器、反应容器等。

11.3　超塑性合金

11.3.1　超塑性现象

所谓超塑性是指合金在一定条件下所表现的具有极大伸长率和很小变形抗力的现象。合金发生超塑性时的断裂伸长率通常大于100%，有的甚至可以超过1000%。从本质上讲，超塑性是高温蠕变的一种，因而发生超塑性需要一定的温度条件，称超塑性温度 T_s。根据金属学特征可将超塑性分为细晶超塑性和相变超塑性两大类。

细晶超塑性也称等温超塑性，是研究得最早和最多的一类超塑性，目前提到的超塑性合金主要是指具有这一类超塑性的合金。

产生细晶超塑性的必要条件是：①温度要高，$T_s = (0.4 \sim 0.7) T_{熔}$；②变形速率 ε 要小，$\varepsilon \leqslant 10^{-3}/s$；③材料组织为非常细的等轴晶粒，晶粒直径 $< 5 \mu m$。

细晶超塑性合金要求有稳定的超细晶粒组织。细晶组织在热力学上是不稳定的，为了保持细晶组织的稳定，必须在高温下有两相共存或弥散分布粒子存在。两相共存时，晶粒长大需原子长距离扩散，因而长大速度小，而弥散粒子则对晶界有钉扎作用。因而细晶超塑性合金多选择共晶或共析成分合金或有第二相析出的合金，而且要求两相尺寸（对共晶或共析合金）和强度都十分接近。

合金在超塑性温度下流变应力 σ 和变形速率 $\dot{\varepsilon}$ 的关系为：$\sigma = K \dot{\varepsilon}^m$。式中，$K$ 为常数，m 为变形速率敏感指数，$m = \lg\sigma / \lg\dot{\varepsilon}$。$\sigma$ 与 $\dot{\varepsilon}$ 的关系如图 11-3 所示。对于一般金属，$m \leqslant 0.2$，而对于超塑性合金，$m \geqslant 0.3$，m 值越接近于伸长率越大。由图 11-3 可以看出，只是在一定的变形速率范围内合金才表现出超塑性。

关于细晶超塑性的微观机制，虽然已从各个角度进行了大量研究，但目前尚无定论。比较流行的观点认为，超塑性变形主要是通过晶界移动和晶粒的转动造成的。其主要证据是在超塑性流动中晶粒仍然保持等轴状，而晶粒的取向却发生明显变化。晶界的移动和晶粒的转动可通过图 11-4 的阿西比（Ashby）机制来完成。经过由（a）到（c）的过程，可以完成 $\varepsilon = 0.55$ 的真应变。在这个过程中，不仅要发生晶界的相对滑动，而且要发生由物质转移所造成的晶粒协调变形，图 11-4 中（d）和（e）即为晶粒 1 和 2 在由（a）过渡到（b）时晶内和晶界的扩散过程。无论是晶界移动还是晶粒的协调变形，都是由体扩散和晶界扩散来完成的。

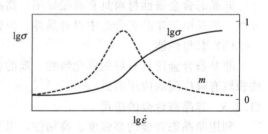

图 11-3　流变应力 σ 和变形速率 $\dot{\varepsilon}$ 的关系

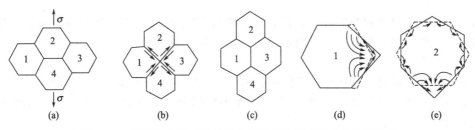

图 11-4　超塑性变形时的晶粒变化及其协调变形时的物质转移

由于扩散距离是晶粒尺寸数量级的，所以晶粒越细越有利于上述机制的完成。

11.3.2　常见的超塑性合金

常见超塑性合金如表 11-3 所示。

表 11-3　一些常见超塑性合金

项目	合金成分	断裂伸长率/%	m	超塑性温度/℃	项目	合金成分	断裂伸长率/%	m	超塑性温度/℃
锌基超塑性合金	Zn(商品)	409	0.2	20～70	铁基超塑性合金	Fe-0.8C	100	0.35	650～760
	Zn-0.2Al	460	0.8	28		Fe-1.3C	500	0.4	650～900
	Zn-0.4Al	650	0.5	20		Fe-1.6C	500	0.45	650～900
	Zn-0.9Al(共晶)	300	0.68	200～360		Fe-1.9C	500	0.5	650～900
	Zn-22Al	2900	0.7	20～300		Fe-0.12C-1.97Si	150	0.26	800～950
	Zn-40Al	1300	0.65	250～300		Fe-0.13C-0.11Mn-0.11V	310	0.45	700～900
	Zn-50Al	1000	0.3	250～300		Fe-0.34C-0.47Mn-0.2Al	372	0.48	900～950
	Zn-22Al-4Cu	1000	0.5	20～250		Fe-0.42C-1.87Mn-0.24Si	460	0.65	1000
	Zn-22Al-0.2Mn	1000	0.5	20～250		Fe-0.91C-0.45Mn-0.12Si	142	0.42	716～917
	Zn-0.1Ni-0.04Mg	>980	0.51	100～250		Fe-0.07C-0.91Mn-0.5P-0.1N	169	0.31	800～950
铝基超塑性合金	Al(商品)	6000	0.2	377～577		Fe-0.14C-0.7Mn-0.15Si-0.14V	242	0.43	850～950
	Al-7.6Ca	850	0.78	300～600		Fe-0.14C-1.16Mn-0.5P-0.11V	272	0.57	850～950
	Al-17Ca	600	0.35	400～524		Fe-0.16C-1.54Mn-1.98P-0.13V	376	0.55	850～950
	Al-33Cu(共晶)	1150	0.9	380～525		Fe-0.18C-1.54Mn-0.9P-0.11V	320	0.55	850～950
	Al-(10～13)Cu(共晶)	180	0.4	450～508		Fe-26Cr-6.5Ni	>1000	0.62	700～1020
	Al-(25～33)Cu-(7～11)Mg	2000	0.5	400～500	镍基超塑性合金	Ni(商品)	225	0.38	800～820
	Al-5.6Zn-1.56Mg	>600	0.72	420～480		Ni-Cr(合金)	190	0.41	1000
	Al-6Zn-3Mg	400	0.35	340～360		Ni-34.9Cr-26.2Fe-0.58Ti	>1000	0.5	795～855
	Al-10.72Zn-0.93Mg-0.42Zr	1550	0.9	550		Ni-38Cr-14Fe-1.75Ti-1Al	1000	0.5	810～980
	Al-4.6Mg-0.75Mn-0.2Fe-0.15Si	150	0.4	275		Ni-39Cr-10Fe-1.75Ti-1Al	1000	0.5	810～980
	Al-5.8Mg-0.37Zr-0.16Mn-0.07Cr	>800	0.6	520		Ni-15Co-9.5Cr-5.5Al-5Ti-3Mo(IN100)	1000	0.5	810～1070
	Al-4.5Cu-1.5Mg-0.5Mn-0.2Fe-0.1Si	200	0.4	400		Ni-16Cr-8.3Co-3.4Ti-3.4Al-2.6W-1.78Ta-1.75Mo	500	0.4	800～1000
	Al-5.6Zn-2.5Mg-1.5Cu-0.2Cr-0.2Fe-0.1Si	200	0.4	400					

（1）锌基合金

锌基合金是最早的超塑性合金，具有巨大的无颈缩延伸率。但其蠕变强度低，冲压加工性能差，不宜作结构材料。用于一般不需切削的简单零件。

（2）铝基合金

铝基共晶合金虽具有超塑性，但其综合力学性能较差，室温脆性大，限制了在工业上的应用。含有微量细化晶粒元素（如 Zr 等）的超塑性铝合金则具有较好的综合力学性能，可加工成复杂形状部件。

（3）镍合金

镍基高温合金由于高温强度高，难以锻造加工。利用超塑性进行精密锻造，压力小，节约材料和加工费，制品均匀性好。

（4）超塑性钢

将超塑性用于钢方面，至今尚未达到商品化程度。最近研究的 IN-744Y 超塑性不锈钢，具有铁素体和奥氏体两相细晶组织，如果把碳质量分数控制在 0.03%，可产生几倍的断裂伸长率。碳素钢的超塑性基础研究正在进行，其中含碳 1.25% 的碳钢在 650～700℃的加工温度下，取得 400% 的断裂伸长率。

（5）钛基合金

钛合金变形抗力大，回弹严重，加工困难，用常规方法锻造、冲压加工时，需要大吨位的设备，难以获得高精度的零件。利用超塑性进行等温模锻或挤压，变形抗力大为降低，可制出形状复杂的精密零件。

11.3.3 超塑性合金的应用

超塑性合金的研究与开发为金属结构材料的加工技术和功能材料的发展，开拓了新的前景，受到各国普遍重视，下面介绍典型的应用实例。

（1）高变形能力的应用

① 在温度和变形速度合适时，利用超塑性合金的极大伸长率，可完成通常压力加工方法难以完成或用多道工序才能完成的加工任务。如 Zn-22Al 合金可加工成"金属气球"，即可像气球一样易于变形到任何程度。这对于一些形状复杂的深冲加工、内缘翻边等工艺的完成有十分重要的意义。超塑性加工的缺点是加工速度慢，效率低。但优点是作为一种固态铸造方式，加工零件尺寸精度高，可制备复杂零件。

② 对于超塑性合金可采用无模拉拔技术。它是利用感应加热线圈来加热棒材的局部，使合金达到超塑性温度，并通过拉拔和线圈移动速度的调整来获得各种减面率。

（2）固相黏结能力的应用

细晶超塑性合金的晶粒尺寸远小于普通粗糙金属表面的微小凸起的尺寸（约 10mm），所以当它与另一金属压合时，超塑性合金的晶粒可以顺利地填充满微小凸起的空间，使两种材料间的黏结能力大大提高。利用这一点可轧合多层材料、包覆材料和制造各种复合材料，获得多种优良性能的材料。这些性能包括结构强度和刚度、减振能力、共振点移动、韧脆转变温度、耐蚀及耐热性等。

（3）减振能力的应用

合金在超塑性温度下具有使振动迅速衰减的性质，因此可将超塑性合金直接制成零件以满足不同温度下的减振需要。

（4）其他

① 利用动态超塑性可将铸铁等难加工的材料进行弯曲变形达 120°左右。

② 对于铸铁等焊接后易开裂的材料，在焊后于超塑性温度保温，可消除内应力，防止

开裂。

　　超塑性还可以用于高温苛刻条件下使用的机械、结构件的设计、生产及材料的研制，也可应用于金属陶瓷和陶瓷材料中。总之，超塑性的开发与利用，有着十分广阔的前景。

11.4　纳米材料

　　纳米材料（nano materials）是指尺寸为 1～100nm 的纳米粒子，由纳米粒子凝聚成的纤维、薄膜、块体及与其他纳米粒子或常规材料（薄膜、块体）组成的复合材料。

　　自然界中早就存在纳米微粒及纳米固体，如陨石碎片、动物牙齿都是由纳米微粒构成的。从 20 世纪 60 年代起人们开始自觉地把纳米微粒作为研究对象进行探索，但直到 1990 年才正式把纳米材料科学作为材料科学一个新的分支。由于纳米材料结构和性能上的独有特性以及实际中广泛的应用前景，有人将纳米材料、纳米生物学、纳米电子学、纳米机械学等一起，统称为纳米科技。

11.4.1　纳米材料的特性

　　当颗粒尺寸进入纳米数量级时，其本身和由它构成的固体主要具有三个方面的效应，并由此派生出传统固体不具备的许多特殊性质。

　　（1）三个效应

　　① 小尺寸效应　当超微粒子的尺寸小到纳米数量级时，其声、光、电、磁、热力学等特性均会呈现新的尺寸效应。如磁有序转为磁无序、超导相转为正常相、声子谱发生改变等。

　　② 表面与界面效应　随纳米微粒尺寸减小，比表面积增大，三维纳米材料中界面占的体积分数增加。如当粒径为 5nm 时，比表面积为 180m^2/g，界面体积分数为 50%，而粒径为 2nm 时，则比表面积增加到 450m^2/g，体积分数增加到 80%。此时已不能把界面简单地看作是一种缺陷，它已成为纳米固体的基本组分之一，并对纳米材料的性能起着举足轻重的作用。

　　③ 量子尺寸效应　随粒子尺寸减小，能级间距增大，从而导致磁、光、声、热、电及超导电性与宏观特性显著不同。

　　（2）物理特性

　　① 低的熔点、烧结开始温度及晶化温度　如大块铅的熔点为 327℃，而 20nm 铅微粒熔点低于 15℃。纳米 Al_2O_3 的烧结温度为 1200～1400℃，而常规 Al_2O_3 烧结温度为 1700～1800℃。

　　② 具有顺磁性或高矫顽力　如 10～25nm 铁磁金属微粒的矫顽力比相同的宏观材料大 1000 倍，而当颗粒尺寸小于 10nm 时矫顽力变为零，表现为超顺磁性。

　　③ 光学特性　一是宽频吸收，纳米微粒对光的反射率低（如铂的纳米微粒仅为 1%），吸收率高，因此金属纳米微粒几乎都呈黑色。二是蓝移现象，即发光带或吸收带由长波长移向短波长的现象，随颗粒尺寸减小，其发光颜色依红色→绿色→蓝色变化。

　　④ 电特性　随粒子尺寸降到纳米数量级，金属由良导体变为非导体，而陶瓷材料的电阻则大大下降。

　　（3）化学特性

　　由于纳米材料比表面积大，处于表面的原子数多，键态严重失配，表面出现非化学平衡、非整数配位的化学价，化学活性高，很容易与其他原子结合。如纳米金属的粒子在空气中会燃烧，无机材料的纳米粒子暴露在大气中会吸附气体并与其反应。

（4）结构特性

纳米微粒的结构受到尺寸的制约和制备方法的影响。如常规 α-Ti 为典型的密排六方结构，而纳米 α-Ti 则为面心立方结构。蒸发法制备的 α-Ti 纳米微粒为面心立方结构，而用离子溅射法制备同样尺寸的纳米微粒却呈体心立方结构。

（5）力学性能特性

高强度、高硬度、良好的塑性和韧性是纳米材料引人注目的特性之一。如纳米 Fe 多晶体（粒径 8nm）的断裂强度比常规 Fe 高 12 倍，纳米 SiC 的断裂韧性比常规材料提高 100 倍，纳米技术为陶瓷材料的增韧带来了希望。

11.4.2 纳米材料的分类

① 按纳米颗粒结构状态，可分为纳米晶体材料（又称纳米微晶材料）和纳米非晶态材料。

② 按结合键类型，可分为纳米金属材料、纳米离子晶材料、纳米半导体材料及纳米陶瓷材料。

③ 按组成相数量，可分为纳米相材料（由单相微粒构成的固体）和纳米复相材料（每个纳米微粒本身由两相构成）。

11.4.3 纳米材料的制备

（1）纳米微粒的制备方法

① 气体冷凝法　在低压的氩、氦等惰性气体中加热金属，使其蒸发后形成纳米微粒。

② 活性氢-熔融金属反应　含有氢气的等离子体与金属间产生电弧，使金属熔融，电离的 N_2、Ar、H_2 溶入熔融金属，再释放出来，在气体中形成金属纳米粒子。

③ 通电加热蒸发法　使接触的碳棒和金属通电，在高温下金属与碳反应并蒸发形成碳化物纳米粒子。

④ 化学蒸发凝聚法　通过有机高分子热解获得纳米陶瓷粉末。

⑤ 喷雾法　将溶液通过各种物理手段进行雾化获得超微粒子。

此外，还有溅射法、流动液面真空蒸镀法、混合等离子法、激光诱导化学气相沉积法、爆炸丝法、沉淀法、水热法、溶剂挥发分解法、溶胶-凝胶法等。

（2）纳米固体（块体、膜）的制备方法

① 纳米金属与合金的制备方法有 5 种。a. 惰性气体蒸发、原位加压法：将制成的纳米微粒原位收集压制成块；b. 高能球磨法：即机械合金化；c. 非晶晶化法：使非晶部分或全部晶化，生成纳米级晶粒；d. 直接淬火法：通过控制淬火速度获得纳米晶材料；e. 变形诱导纳米晶：对非晶条带进行变形再结晶形成纳米晶。

② 纳米陶瓷的制备方法有无压烧结法和加压烧结法。

③ 纳米薄膜的制备方法有 4 种。a. 溶胶-凝胶法；b. 电沉积法：对非水电解液通电，在电极上沉积成膜；c. 高速超微粒沉积法：用蒸发或溅射等方法获得纳米粒子，用一定压力惰性气体作载流子，通过喷嘴，在基板上沉积成膜；d. 直接沉积法：即把纳米粒子直接沉积在低温基板上。

11.4.4 纳米新材料

（1）C_{60}、纳米管、纳米丝

C_{60} 发现于 1985 年，它是由 60 个碳原子构成的 32 面体，直径为 0.7nm，呈中空的足球状，如图 11-5 所示。C_{60} 及其衍生物具有奇异的特性（如超导、催化等），有望在半导体、光学及医

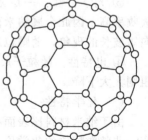

图 11-5　C_{60} 原子团簇的结构

学等众多领域获得重要和广泛的应用。纳米管发现于 1991 年，又称巴基管，是由六边环形的碳原子组成的管状大分子，管的直径为零点几纳米到几十纳米，长度为几十纳米到 $1\mu m$，可以多层同轴套在一起。碳管的 σ_b 比钢高 100 倍。碳管中填充金属可制成纳米丝。

（2）人工纳米阵列体系

人工纳米阵列体系是指将金属熔入 Al_2O_3 纳米管状阵列空洞模板，或将导电高分子单体聚合于聚合物纳米管状空洞模板的空洞内，形成具有阵列体系的纳米管和纳米丝。可用于微电子元件、纳米级电极及大规模集成电路的线接头等。

（3）纳米颗粒膜

纳米颗粒膜是由纳米小颗粒嵌镶在薄膜基体中构成的复合体，可采用共蒸发、共溅射的工艺制得。目前研究较为集中的是金属-绝缘体型、金属-金属型、半导体-绝缘体型膜，根据纳米颗粒的比例不同，可得到不同电磁性能的膜，具有良好的应用前景。

11.4.5　纳米复合材料

纳米复合材料包括以下三种。①0-0 复合：即由不同成分、不同相或不同种类的纳米粒子复合而成的固体；②0-2 复合：即把纳米粒子分散到二维的薄膜材料中；③0-3 复合：即把纳米粒子分散到常规的三维固体中。

① 纳米复合涂层材料　具有高强、高韧、高硬度，在材料表面防护和改性上有广阔的应用前景，如碳钢涂覆 $MoSi_2/SiC$ 纳米复合涂层，硬度比碳钢提高几十倍，且有良好的抗氧化性、耐高温性能。

② 金属基纳米复合材料　纳米粒子可以是金属和陶瓷，如纳米 Al-Ce-过渡族合金复合材料、Cu-纳米 MgO 复合材料等，其强度、硬度和塑韧性大大提高，而不损害其他性能。

③ 陶瓷基纳米复合材料　与传统的陶瓷基复合材料相比，有可能突破陶瓷增韧问题。

④ 高分子基纳米复合材料　可制成多种功能的材料，如纳米晶 FeXCu100-X 与环氧树脂混合可制成硬度类似金刚石的刀片。将 TiO_2、Cr_2O_3、Fe_2O_3、ZnO 等具有半导体性质的粉体掺入到树脂中有良好的静电屏蔽性能。

11.4.6　功能纳米复合材料

① 磁制冷材料　如 20 世纪 90 年代初研制出的钆镓铁石榴石（GGIG）纳米复合材料的磁致冷温度由原来的 15K 提高到 40K。

② 超软磁材料和硬磁材料　如 Fe-M-B（M 为 Zr、Hf、Nb）体心纳米复合材料磁导率高达 2000，饱和磁化强度达 1.5T，纳米 Fe-Nd-B 合金则具有高的矫顽力和剩余磁化强度，这是由于 Fe14Nd2B 相磁各向异性强及纳米粒子的单磁畴特性。

③ 巨磁阻材料　巨磁阻是指在一定的磁场下电阻急剧减少的现象，巨磁阻材料是在非磁的基体中弥散着铁磁性的纳米粒子，如在 Ag、Cu、Au 等材料中弥散着纳米尺寸的 Fe、Co、Ni 磁性粒子。这种材料可能作为微弱磁场探测器、超导量子相干器、霍尔系数探测器等。

④ 光学材料　如 Al_2O_3 和 Fe_2O_3 纳米粉掺到一起使原不发光的材料 Al_2O_3 和 Fe_2O_3 出现一个较宽的光致发光带。

⑤ 高介电材料　如 Ag 与 SiO_2 纳米复合材料的介电常数比常规 SiO_2 提高 1 个数量级。

⑥ 仿生材料　由于天然生物某些器官实际上是一种天然的纳米复合材料，因而纳米复合材料已逐渐成为仿生材料研究的热点。

11.4.7　纳米材料的应用

① 纳米金属　如纳米铁材料，是由 6nm 的铁晶体压制而成的，较之普通铁强度提高 12 倍，硬度提高 2~3 个数量级，利用纳米铁材料，可以制造出高强度和高韧性的特殊钢材。

对于高熔点难成形的金属，只要将其加工成纳米粉末，即可在较低的温度下将其熔化，制成耐高温的元件，用于研制新一代高速发动机中承受超高温的材料。

② 纳米陶瓷　首先利用纳米粉末可使陶瓷的烧结温度下降，简化生产工艺，同时，纳米陶瓷具有良好的塑性甚至能够具有超塑性，解决了普通陶瓷韧性不足的弱点，大大拓展了陶瓷的应用领域。近年来，陶瓷增韧研究集中于通过纳米添加来改善常规陶瓷的综合性能。如我国用纳米 Al_2O_3 添加到常规 85 瓷、95 瓷中，其强度和韧性均提高 50％以上。

③ 纳米碳管　纳米碳管的直径只有 1.4nm，仅为计算机微处理器芯片上最细电路线宽的 1％，其质量是同体积钢的 1/6，强度却是钢的 100 倍，纳米碳管将成为未来高能纤维的首选材料，并广泛用于制造超微导线、开关及纳米级电子线路。

④ 纳米催化剂　由于纳米材料的表面积大大增加，而且表面结构也发生很大变化，使表面活性增强，所以可以将纳米材料用作催化剂，如超细的硼粉、高铬酸铵粉可以作为炸药的有效催化剂；超细的铂粉、碳化钨粉是高效的氢化催化剂；超细的银粉可以为乙烯氧化的催化剂；用超细的 Fe_3O_4 微粒做催化剂可以在低温下将 CO_2 分解为碳和水；在火箭燃料中添加少量的镍粉便能成倍地提高燃烧的效率。

⑤ 磁性液体　将化学吸附一层长链高分子的纳米铁氧体（如 Fe_3O_4）高度弥散于基液（如水、煤油、烃等）中而形成的稳定胶体体系，在磁场作用下，磁性颗粒带动着被表面活性剂（即长链高分子）包裹着的液体一起运动，好像整个液体具有磁性，称为磁性液体。可用于旋转轴的动态密封、制作阻尼件、润滑剂、磁性液体发电机、密度分离、造影剂等。

⑥ 制作超微粒传感器　如气体、温度、速度、光传感器等。

⑦ 在生物和医学上的应用　由于纳米微粒的尺寸比生物体内的细胞、红细胞小得多，因此可用于细胞分离、细胞染色及利用纳米微粒制成特殊药物或新型抗体进行局部定向治疗等。

⑧ 用作催化剂　主要利用表面积大和表面活性大的特点，提高反应速率，降低反应温度。如以粒径小于 $0.3\mu m$ 的 Ni 和 Cu-Zn 合金的超细微粉为主要成分制成的催化剂可使有机物氢化的效率是传统 Ni 催化剂的 10 倍。玻璃、瓷砖上的 TiO_2 膜，在光照下可使其表面的污物（油污、细菌等）碳氢化合物氧化，产生自洁作用。

⑨ 光学应用　将对 250nm 以下紫外线有很强吸收能力的 Al_2O_3 纳米微粒掺合到稀土荧光粉中可吸收日光灯中的紫外线，保护人体，提高灯管寿命。利用纳米 TiO_2、ZnO、SiO_2、Al_2O_3 等吸收紫外线的能力可制成防晒油和化妆品。将吸收红外、微波、电磁波的纳米微粒涂覆在飞行器表面，可避开红外探测器和雷达，达到隐身目的。纳米氧化铝、氧化镁、氧化硅和氧化钛有可能在隐身材料上发挥作用。

⑩ 量子元件　制造量子元件，首先要开发量子箱。量子箱是直径约 10nm 的微小构造，当把电子关在这样的箱子里，就会因量子效应使电子有异乎寻常的表现，利用这一现象便可制成量子元件，量子元件主要是通过控制电子波动的相位来进行工作的，从而它能够实现更高的响应速度和更低的电力消耗。另外，量子元件还可以使元件的体积大大缩小，使电路大为简化，因此，量子元件的兴起将导致一场电子技术革命。人们期待着利用量子元件在 21 世纪制造出 16GB（吉字节）的 DRAM，这样的存储器芯片足以存放 10 亿个汉字的信息。

⑪ 其他方面的应用　a. 纳米抛光液可用于金相、高级光学玻璃、各种宝石的抛光；b. 家用电器等的纳米静电屏蔽材料，可改变家电用炭黑屏蔽的黑颜色；c. 导电浆液和导电胶用于微电子工业；d. 纳米微粒可做火箭固体燃料助燃剂；e. 调整纳米微粒的体积可得到各种颜色的印刷油墨；f. 将纳米 Al_2O_3 加入到橡胶中可提高橡胶的耐磨性和介电特性，加入到普通玻璃中，明显降低其脆性，加入到 Al 中，使晶粒大大细化，强度和韧性都有所提

高；g. 目前我国已经研制出一种用纳米技术制造的乳化剂，以一定比例加入汽油后，可使像桑塔纳一类的轿车降低 10% 左右的耗油量；h. 纳米材料在室温条件下具有优异的储氢能力，在室温常压下，约 2/3 的氢能可以从这些纳米材料中释放，可以不用昂贵的超低温液氢储存装置。

11.5　新能源材料

新能源新材料是指新近发展的或正在研发的、性能超群的一些材料，具有比传统材料更为优异的性能。

在新技术基础上，系统地开发利用的可再生能源，如核能、太阳能、风能、生物质能、地热能、海洋能、氢能等。新能源新材料是在环保理念推出之后引发的对不可再生资源节约利用的一种新的科技理念，新能源新材料是指新近发展的或正在研发的、性能超群的一些材料，具有比传统材料更为优异的性能。新材料技术则是按照人的意志，通过物理研究、材料设计、材料加工、试验评价等一系列研究过程，创造出能满足各种需要的新型材料的技术。

能源材料主要有太阳能电池材料、储氢材料、固体氧化物电池材料等。太阳能电池材料是新能源材料，IBM 公司研制的多层复合太阳能电池，转换率高达 40%。氢是无污染、高效的理想能源，氢的利用关键是氢的储存与运输，美国能源部在全部氢能研究经费中，大约有 50% 用于储氢技术。氢对一般材料会产生腐蚀，造成氢脆及其渗漏，在运输中也易爆炸，储氢材料的储氢方式是能与氢结合形成氢化物，当需要时加热放氢，放完后又可以继续充氢的材料。目前的储氢材料多为金属化合物，如 LaNi5H、Ti1.2Mn1.6H3 等。

固体氧化物燃料电池的研究十分活跃，关键是电池材料，如固体电解质薄膜和电池阴极材料，还有质子交换膜型燃料电池用的有机质子交换膜等。

未来的几种新能源新材料如波能、可燃冰、煤层气、微生物和第四代核能源等。

波能：即海洋波浪能。这是一种取之不尽、用之不竭的无污染可再生能源。据推测，地球上海洋波浪蕴藏的电能高达 9×10^4 TW。近年来，在各国的新能源开发计划中，波能的利用已占有一席之地。尽管波能发电成本较高，需要进一步完善，但目前的进展已表明了这种新能源潜在的商业价值。日本的一座海洋波能发电厂已运行 8 年，电厂的发电成本虽高于其他发电方式，但对于边远岛屿来说，可节省电力传输等投资费用。目前，美、英、印度等国家已建成几十座波能发电站，且均运行良好。

可燃冰：这是一种甲烷与水结合在一起的固体化合物，它的外形与冰相似，故称"可燃冰"。可燃冰在低温高压下呈稳定状态，冰融化所释放的可燃气体相当于原来固体化合物体积的 100 倍。据测算，可燃冰的蕴藏量比地球上的煤、石油和天然气的总和还多。

煤层气：煤在形成过程中由于温度及压力增加，在产生变质作用的同时也释放出可燃性气体。从泥炭到褐煤，每吨煤产生 68m³ 气，从泥炭到肥煤，每吨煤产生 130m³ 气；从泥炭到无烟煤，每吨煤产生 400m³ 气。科学家估计，地球上煤层气可达 2×10^{15} m³。

微生物：世界上有不少国家盛产甘蔗、甜菜、木薯等，利用微生物发酵，可制成酒精，酒精具有燃烧完全、效率高、无污染等特点，用其稀释汽油可得到"乙醇汽油"，而且制作酒精的原料丰富，成本低廉。据报道，巴西已改装"乙醇汽油"或酒精为燃料的汽车达几十万辆，减轻了大气污染。此外，利用微生物可制取氢气，以开辟能源的新途径。

第四代核能源：当今，世界科学家已研制出利用正反物质的核聚变，来制造出无任何污染的新型核能源。正反物质的原子在相遇的瞬间，灰飞烟灭，此时，会产生强度很高的冲击波以及光辐射能。这种强大的光辐射能可转化为热能，如果能够控制正反物质的核反应强度，来作为人类的新型能源，那将是人类能源史上的一场伟大的能源革命。

　　智能材料是继天然材料、合成高分子材料、人工设计材料之后的第四代材料，是现代高技术新材料发展的重要方向之一。国外在智能材料的研发方面取得很多技术突破，如英国宇航公司的导线传感器，用于测试飞机蒙皮上的应变与温度情况；另外，还有压电材料、磁致伸缩材料、导电高分子材料、电流变液和磁流变液等智能材料、驱动组件材料等功能材料。

第 12 章　机械零件的失效与材料及加工工艺的选用

12.1　机械零件的失效

12.1.1　失效概念

所谓失效（failure）是指机械零件在使用过程中，由于尺寸、形状或材料的组织与性能等的变化而失去预定功能的现象。由于机械零件的失效，会使机床失去加工精度、输气管道发生泄漏、飞机出现故障等，严重地威胁人身生命和生产的安全，造成巨大的经济损失。因此，分析机械零件的失效原因、研究失效机理、提出失效的预防措施具有十分重要的意义。

12.1.2　失效形式

机械零件常见的失效形式有变形失效（deformation failure）、断裂失效（fracture failure）、表面损伤失效（surface damage failure）及材料老化失效（materials ageing failure）等。

（1）变形失效

① 弹性变形失效　一些细长的轴、杆件或薄壁筒机械零件，在外力作用下将发生弹性变形，如果弹性变形过量，会使机械零件失去有效工作能力。例如镗床的镗杆，如果工作中产生过量弹性变形，不仅会使镗床产生振动，造成机械零件加工精度下降，而且还会使轴与轴承的配合不良，甚至会引起弯曲塑性变形或断裂。引起弹性变形失效的原因，主要是机械零件的刚度不足。因此，要预防弹性变形失效，应选用弹性模量大的材料。

② 塑性变形失效　机械零件承受的静载荷超过材料的屈服强度时，将产生塑性变形。塑性变形会造成机械零件间相对位置变化，致使整个机械运转不良而失效。例如压力容器上的紧固螺栓，如果拧得过紧，或因过载引起螺栓塑性伸长，便会降低预紧力，致使配合面松动，导致螺栓失效。

（2）断裂失效

断裂失效是机械零件失效的主要形式，按断裂原因可分为以下几种。

① 韧性断裂失效　材料在断裂之前所发生的宏观塑性变形或所吸收的能量较大的断裂称为韧性断裂（toughness fracture）。工程上使用的金属材料的韧性断口多呈韧窝状，如图12-1所示。韧窝是由于空洞的形成、长大并连接而导致韧断产生的。

② 脆性断裂失效　材料在断裂之前没有塑性变形或塑性变形很小（<2%～5%）的断裂称为脆性断裂（brittle fracture）。疲劳断裂、应力腐蚀断裂、腐蚀疲劳断裂和蠕变断裂等均属于脆性断裂。

a. 疲劳断裂失效　机械零件在交变应力作用下，在比屈服应力低很多的应力下发生的突然脆断，称为疲劳断裂（fatigue fracture）。由于疲劳断裂是在低应力、无先兆情况下发生的，因而具有很大的危险性和破坏性。据统计，80%以上的断裂失效属于疲劳断裂。疲劳断裂最明显的特征是断口上的疲劳裂纹扩展区比较平滑，并通常存在疲劳休止线或疲劳纹。疲劳断裂的断裂源多发生在机械零件表面的缺陷或应力集中部位。提高机械零件表面加工质量，减少应力集中，对材料表面进行表面强化处理，都可以有效地提高疲劳断裂抗力。

b. 低应力脆性断裂失效　石油化工容器、锅炉等一些大型锻件或焊接件，在工作应力远远低于材料的屈服应力作用下，由于材料自身固有的裂纹扩展导致的无明显塑性变形的突然断裂，称为低应力脆性断裂。对于含裂纹的构件，要用抵抗裂纹失稳扩展能力的力学性能指标——断裂韧性（K_{IC}）来衡量，以确保安全。

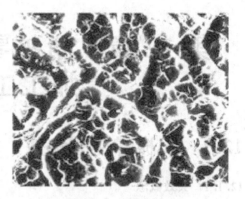

图 12-1　韧窝断口

低应力脆性断裂按其断口的形貌可分为解理断裂和沿晶断裂。金属在正应力作用下，因原子间的结合键被破坏而造成的穿晶断裂称为解理断裂。解理断裂的主要特征是其断口上存在河流花样（见图 12-2），它是由于不同高度解理面之间产生的台阶逐渐汇聚而形成的。沿晶断裂的断口呈冰糖状（见图 12-3）。

（3）表面损伤失效

由于磨损、疲劳、腐蚀等原因，使机械零件表面失去正常工作所必需的形状、尺寸和表面粗糙度造成的失效，称为表面损伤失效。

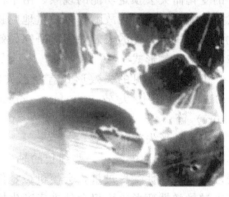

图 12-2　解理断口

① 磨损失效　磨损（wear）失效是工程上量大面广的一种失效形式。任何两个相互接触的机械零件发生相对运动时，其表面就会发生磨损，造成机械零件尺寸变化、精度降低而不能继续工作，这种现象称为磨损失效。例如轴与轴承、齿轮与齿轮、活塞环与汽缸套等摩擦副在服役时表面产生的损伤。

工程上主要是通过提高材料表面的硬度来提高机械零件的耐磨性。另外，增加材料组织中硬质相的数量，并让其均匀、细小地分布；选择合理的摩擦副硬度配比；提高机械零件表面加工质量；改善润滑条件等都能有效地提高机械零件的抗磨损能力。提高材料耐磨性的主要途径是进行表面强化，表 12-1 列出了表面强化工艺方法的分类及特点。

图 12-3　沿晶断口

② 腐蚀失效　由于化学或电化学腐蚀而造成机械零件尺寸和性能的改变而导致的失效称为腐蚀（corrosion）失效。合理地选用耐腐蚀材料，在材料表面涂覆防护层，采用电化学保护及采用缓蚀剂等可有效提高材料的抗腐蚀能力。

③ 表面疲劳失效　表面疲劳失效是指两个相互接触的机械零件相对运动时，在交变接触应力作用下，机械零件表面层材料发生疲劳而脱落所造成的失效。

（4）材料的老化

高分子材料在储存和使用过程中发生变脆、变硬或变软、变黏等现象，从而失去原有性能指标的现象，称为高分子材料的老化。老化是高分子材料不可避免的。

表 12-1　表面强化方法的分类和特点

分类	强化方法	硬化层组织结构	硬化层厚度/mm		可获得的表面硬度及变化	表层残余应力大小/MPa	适用工件材料
			最小	最大			
表面形变强化及表面抛、磨光	喷丸	亚晶粒细化，高密度位错	0.4	1.0	增加 20%~40%	压应力 4~8	钢，铸铁，有色金属
	滚轮磨光		1.0	20.0	增加 20%~50%	压应力 6~8	
	流体抛光		0.1	0.3	增加 20%~40%	压应力 2~4	
	金刚砂磨光		0.01	0.20	增加 30%~60%	压应力 8~10	
化学热处理	渗碳	马氏体及碳化物	0.5	2.0	60~67HRC	压应力 4~10	低碳钢
	渗氮	渗氮物	0.05	0.60	650~1200HV	压应力 4~10	钢，铸铁
	渗硼	硼化物	0.07	0.15	1300~1800HV	—	钢，铸铁
	渗钒	碳化钒	0.005	0.02	2800~3500HV	—	钢，铸铁
	渗硫	低硬度硫化物（减摩）	0.05	1.00	—	—	钢，铸铁
表面冶金强化	表面冶金涂层	固溶体＋化合物	0.5	20	200~650HB	拉应力 1~5	钢，铸铁，有色金属
	表面激光处理	细化组织			1000~1200HV	—	钢
	表面激光上轴	非晶态			Fe-P-Si 1290~1530HV	—	钢
表面薄膜强化	镀铬	纯金属	0.01	1.0	500~1200HV	拉应力 2~6	钢，铸铁，有色金属
	化学气相沉积	TiC,TiN	0.001	0.01	1200~3500HV	—	
	离子镀	Al 膜,Cr 膜	0.001	0.01	200~2000HV	—	
	化学镀	Ni-P,Ni-B	0.005	0.1	400~1200HV	—	
	电刷镀	高密度位错	0.005	0.3~0.5	200~700HV	—	

　　一个机械零件失效，总是以一种形式起主导作用。但是，各种失效因素相互交叉作用，可以组合成更复杂的失效形式。例如应力腐蚀、腐蚀疲劳、腐蚀磨损、蠕变疲劳交互作用等。

12.1.3　失效原因

　　造成机械零件失效的原因很多，主要有设计、选材、加工、装配使用等因素。

　　(1) 设计不合理

　　机械零件设计不合理主要表现在机械零件尺寸和结构设计上，例如过渡圆角太小，尖锐的切口、尖角等会造成较大的应力集中而导致失效。另外，对机械零件的工作条件及过载情况估计不足，所设计的机械零件承载能力不够，或对环境的恶劣程度估计不足，忽略和低估了温度、介质等因素的影响等，造成机械零件过早失效。

　　(2) 选材错误

　　选材所依据的性能指标，不能反映材料对实际失效形式的抗力，不能满足工作条件的要求，错误地选择了材料。另外，材料的冶金质量太差，如存在夹杂物、偏析等缺陷，而这些缺陷通常是机械零件失效的源头。

　　(3) 加工工艺不当

　　机械零件在加工或加工过程中，由于采用的工艺不当而产生的各种质量缺陷，例如较深的切削刀痕、磨削裂纹等，都可能成为引发机械零件失效的危险源。机械零件热处理时，冷却速率不够、表面脱碳、淬火变形和开裂等，都是产生失效的重要原因。

（4）装配使用不当

在将机械零件装配成机器或装置的过程中，由于装配不当、对中不好、过紧或过松都会使机械零件产生附加应力或振动，使机械零件不能正常工作，造成机械零件的失效。使用维护不良，不按工艺规程操作，也可使机械零件在不正常的条件下运转，造成机械零件过早失效。

12.1.4　失效分析

由于机械零件失效造成的危害是巨大的，因而失效分析愈来愈受到重视。通过失效分析，找出失效原因和预防措施，可改进产品结构，提高产品质量，发现管理上的漏洞，提高管理水平，从而提高经济效益和社会效益。失效分析的成果也常是新产品开发的前提，并能推动材料科学理论的发展。失效分析是一个涉及面很广的交叉学科，掌握了正确的失效分析方法，才能找到真正合乎实际的失效原因，提出补救和预防措施。

（1）失效分析的一般程序

① 收集失效机械零件的残骸，进行宏观外形与尺寸的观察和测量，拍照留据，确定重点分析的部位。

② 调查机械零件的服役条件和失效过程。

③ 查阅失效机械零件的有关资料，包括机械零件的设计、加工、安装、使用维护等方面的资料。

④ 试验研究。

a. 材料成分分析及宏观与微观组织分析。检查材料成分是否符合标准，组织是否正常（包括晶粒度，缺陷，非金属夹杂物，相的形态、大小、数量、分布，裂纹及腐蚀情况等）。

b. 宏观和微观的断口分析，确定裂纹源及断裂形式（脆性断裂还是韧性断裂，穿晶断裂还是沿晶断裂，疲劳断裂还是非疲劳断裂等）。

c. 力学性能分析，测定与失效形式有关的各项力学性能指标。

d. 机械零件受力及环境条件分析。分析机械零件在装配和使用中所承受的正常应力与非正常应力，是否超温运行，是否与腐蚀性介质接触等。

e. 模拟试验。对一些重大失效事故，在可能和必要的情况下，应做模拟试验，以验证经上述分析后得出的结论。

⑤ 综合各方面的分析资料，最终确定失效原因，提出改进措施，写出分析报告。

（2）失效分析实例

① 锅炉给水泵轴的断裂分析　某大型化肥厂从国外引进的两台离心式锅炉给水泵在试车过程中只运行了 1400 多小时便先后发生断轴事故，严重地影响了工厂的正常试车和投产。泵轴的材质相当于我国的 42CrMo 钢，外径为 90mm，断裂部位为平衡鼓附近的轴节处，该处最小直径为 74mm。在试车期间，给水泵曾频繁开停车。图 12-4 为泵轴的断口照片。

成分分析表明，泵轴材料的碳质量分数高于标准的上限（0.45%），达到 0.48%。泵轴的心部组织为魏氏组织，表面为粗大晶粒的回火索氏体组织。显然，泵轴材料为不合格材料。泵轴表面机械加工粗糙，断口部位有四条明显的深车刀痕，泵轴正是沿着这些刀痕之一整齐地发生脆性断裂。断口上存在着明显的疲劳休止线，最终韧性断裂区为较小的椭圆形区域，并

图 12-4　锅炉给水泵轴的断口

且偏心。断口边缘存在许多撕裂台阶，为多源断裂。结论：泵轴的断裂为低载荷高应力集中的旋转弯曲疲劳断裂。深的车刀痕是高应力集中源，也是引起泵轴断裂的主要原因。泵轴材料是成分和热处理组织不合格材料。根据这一分析结论，国外厂商对化肥厂进行了赔付。

②合成气压缩机提板阀杆断裂分析　某大型合成氨厂合成气压缩机提板阀杆多次在开车后 3～5 天内断裂，严重影响正常生产，造成巨大经济损失。阀杆材质为 Cr11MoV，成分符合国标，组织基本正常（回火索氏体），工作介质为蒸汽。

检测发现，阀杆断口存在疲劳纹，裂纹源位于阀杆一侧边缘，最终瞬断区占断面绝大部分面积，为高载荷小应力集中的弯曲疲劳断裂。断裂发生于阀杆的上螺纹处（用以将阀杆固定在阀板上），在断口附近的螺纹根部与同侧下螺纹的根部发现了大量裂纹，这些裂纹平直，短而粗，尖端较钝，分支少而小，并成群出现，裂纹内充满腐蚀产物，为典型腐蚀疲劳裂纹。根据裂纹出现位置和紧固螺母与垫片之间磨痕轻重程度发现，阀杆与阀板孔偏心，使阀杆受到弯矩作用。结论：阀杆断裂为高载荷小应力集中弯曲腐蚀疲劳断裂，加工与装配不合理引起的弯曲应力是阀杆断裂的主要原因。建议适当扩大阀板孔，消除导致阀杆弯曲的因素。经改进后再未发生阀杆断裂事故。

③气化炉氧管线内壁裂纹分析　某化工厂进口装置气化炉的氧管线因多次泄漏影响生产而被换下，将氧管剖开后，发现其内壁存在大量裂纹，如图 12-5（a）所示。氧管内通有 314℃×10^5atm（1atm＝101325Pa）大气压的饱和蒸汽和 150℃×100atm 大气压纯氧的混合气体。这些裂纹的存在会严重威胁人身生命和装置的安全。

氧管材质为进口 TP321 钢（1Cr19Ni11Ti），外径为 114.3mm，壁厚为 8.56mm。其成分符合 ASTM 标准，组织正常，无明显塑性变形。显微观察发现，裂纹起源于内壁并穿晶向外壁扩展，裂纹分支很多，尖端尖锐且存在腐蚀产物，其在径向上的形态为枯树枝状〔见图 12-5（b）〕，这些都是应力腐蚀裂纹的典型特征。在应力腐蚀严重部位，裂纹的径向长度已超过 6mm，即壁厚的 70%。氧管所受应力来自于内压，经计算，管内壁周向拉应力达 63MPa。腐蚀来自于饱和蒸汽中的氯离子。尽管蒸汽用水中氯离子浓度不超过 1mg/kg，但 314℃的饱和蒸汽遇到 150℃纯氧后会部分凝结于管壁，并在管壁缺陷处（如腐蚀坑）使氯离子浓缩。结果使氧管内壁损伤产生应力腐蚀开裂，开裂可能是由于选材不当造成的。

④乙烯裂解管内壁局部腐蚀分析　某大型石化厂的关键部件乙烯裂解管发生内壁减薄，严重威胁工厂正常安全生产。裂解管材质为 HK40（ZG4Cr25Ni20）钢，外径为 73mm，壁厚为 7.5mm，管内介质为煤柴油和水蒸气，介质温度为 800～900℃，压力为 0.17～

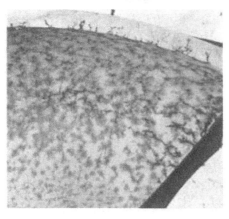

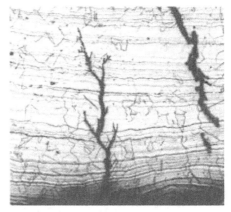

(a) 着色后内壁裂纹　　　　　　　　　(b) 径向裂纹

图 12-5　氧管内壁裂纹（50×）

0.25MPa，介质中硫含量较高（0.6%～1.0%）。裂解管材料成分、组织正常。

裂解管因内壁局部高温腐蚀而减薄，减薄量达60%（最薄处壁厚仅为3mm），如图12-6所示。减薄处覆盖较厚的腐蚀产物，经 X 射线衍射分析，腐蚀产物为铁、铬、镍的氧化物和硫化物。基体附近腐蚀产物中元素分布的电子探针分析结果表明（见图 12-7），腐蚀产物在靠近基体处分层，在腐蚀产物与基体的交界处及枝晶间腐蚀产物中，铬、硫含量很高，特别是在枝晶间腐蚀的前沿全部是铬的硫化物。枝晶间腐蚀深度的约三分之一向外，腐蚀产物

图 12-6　裂解管内壁的高温腐蚀减薄

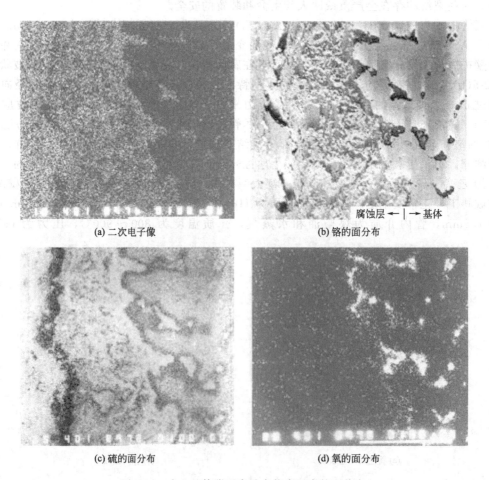

(a) 二次电子像　　　　　　　　　　(b) 铬的面分布

(c) 硫的面分布　　　　　　　　　　(d) 氧的面分布

图 12-7　合金基体附近腐蚀产物中元素的面分布

中开始有氧出现。在从交界处向外的整个腐蚀层中，氧含量很高，而硫含量很低。结论：裂解管减薄是由于高温下内壁的硫化和氧化腐蚀造成的，硫化腐蚀是引起减薄的主要原因。其腐蚀机理是在管内壁浓缩的硫穿过被破坏的 Cr_2O_3 氧化膜进入合金中，并首先与铬形成铬的硫化物（铬与硫的结合力比铁、镍强）。硫化物一旦形成，便存在着被优先氧化的倾向，氧扩散进入贫铬区，与硫化物发生置换反应：$2Cr_xS + 3xO = xCr_2O_3 + 2S$，在合金内部形成 Cr_2O_3。由于硫在金属中的扩散速率比氧大，被置换出的硫进一步向内扩散，在合金深处的富铬相（如铬的碳化物）处形成新的硫化物，这种硫化和氧化反应是反复交替进行的。所形成的腐蚀产物与基体之间会形成低熔点共晶体，当共晶体温度低于使用温度时，共晶体便会发生熔融。由于硫和氧通过液体的扩散比固体快，从而使合金的腐蚀加速。采用低硫原料气或耐硫腐蚀裂解管材料可有效防止高温硫化腐蚀破坏。

12.2　机械零件材料及加工工艺的选用

机械零件设计主要内容包括机械零件结构设计、材料选用、工艺设计及其经济指标等诸多方面。这些方面的要素既相互关联，又相互影响，甚至相互依赖，而且这些要素还并不都协调统一，有时甚至是矛盾的。结构设计和经济指标在很大程度上取决于零件的材料选用及工艺设计。因此，对机械零件用材及工艺路线进行合理地选择是十分重要的。

12.2.1　机械零件材料及加工工艺选用的基本原则

机械设计不仅包括零件结构的设计，同时也包括所用材料和工艺的设计。正确选材是机械设计的一项重要任务，它必须使选用的材料保证零件在使用过程中具有良好的工作能力，保证零件便于加工制造，同时保证零件的总成本尽可能低。优异的使用性能、良好的加工工艺性能和便宜的价格是机械零件选材的最基本原则。

（1）使用性能原则

使用性能是保证零件完成规定功能的必要条件。在大多数情况下，它是选材首先要考虑的问题。使用性能主要是指零件在使用状态下材料应该具有的机械性能、物理性能和化学性能。材料的使用性能应满足使用要求。对大量机器零件和工程构件，则主要是机械性能。对一些特殊条件下工作的零件，则必须根据要求考虑到材料的物理、化学性能。

使用性能的要求，是在分析零件工作条件和失效形式的基础上提出来的。零件的工作条件包括三个方面。

① 受力状况　主要是载荷的类型（例如动载、静载、循环载荷或单调载荷等）和大小；载荷的形式，例如拉伸、压缩、弯曲或扭转等；以及载荷的特点，例如均布载荷或集中载荷等。

② 环境状况　主要是温度特性，例如低温、常温、高温或变温等；以及介质情况，例如有无腐蚀或摩擦作用等。

③ 特殊要求　主要是对导电性、磁性、热膨胀、密度、外观等的要求。零件的失效形式则如前述，主要包括过量变形、断裂和表面损伤三个方面。

通过对零件工作条件和失效形式的全面分析，确定零件对使用性能的要求，然后利用使用性能与实验室性能的相应关系，让使用性能具体转化为实验室机械性能指标，例如强度、韧性或耐磨性等。这是选材最关键的步骤，也是最困难的一步。然后，根据零件的几何形状、尺寸及工作中所承受的载荷，计算出零件中的应力分布。再由工作应力、使用寿命或安全性与实验室性能指标的关系，确定对实验室性能指标要求的具体数值。

表 12-2 中举出了几种常见机械零件的工作条件、失效形式和要求的主要机械性能指标。

表 12-2　　几种常见机械零件的工作条件、失效形式和要求的主要机械性能指标

零件	工作条件			常见的失效形式	要求的主要机械性能
	应力种类	载荷性质	受力状态		
紧固螺栓	拉、剪应力	静载		过量变形，断裂	强度，塑性
转动轴	弯、扭应力	循环，冲击	轴颈摩擦，振动	疲劳断裂，过量变形，轴颈磨损	综合机械性能
转动齿轮	压、弯应力	循环，冲击	摩擦，振动	齿折断，磨损，疲劳断裂，接触疲劳（麻点）	表面高强度及疲劳极限，心部强度、韧性
弹簧	扭、弯应力	交变，冲击	振动	弹性失稳，疲劳破坏	弹性极限，屈服比，疲劳极限
冷作模具	复杂应力	交变，冲击	强烈摩擦	磨损，脆断	硬度，足够的强度，韧性

在确定了具体机械性能指标和数值后，即可利用手册选材。但是，零件所要求的机械性能数据，不能简单地同手册、书本中所给出的完全等同相待，还必须注意以下情况。

第一，材料的性能不但与化学成分有关，也与加工、处理后的状态有关，金属材料尤其明显。所以要分析手册中的性能指标是在什么加工处理条件下得到的。

第二，材料的性能与加工处理时试样的尺寸有关，随截面尺寸的增大，机械性能一般是降低的。因此必须考虑零件尺寸与手册中试样尺寸的差别，并进行适当的修正。

第三，材料化学成分、加工处理的工艺参数本身都有一定波动范围。一般手册中的性能，大多是波动范围的下限值。就是说，在尺寸和处理条件相同时，手册数据是偏安全的。

在利用常规机械性能指标选材时，有两个问题必须说明。第一个问题是，材料的性能指标各有自己的物理意义。有的比较具体，并可直接应用于设计计算，例如屈服强度 σ_s、疲劳强度 σ_{-1}、断裂韧性 K_{IC} 等；有些则不能直接应用于设计计算，只能间接用来估计零件的性能，例如伸长率 δ、断面收缩率 φ 和冲击韧性 α_K 等。传统的看法认为，这些指标是属于保证安全的性能指标。对于具体零件，δ、φ、α_K 值要多大才能保证安全，至今还没有可靠的估算方法，而完全依赖于经验。第二个问题是，由于硬度的测定方法比较简便，不破坏零件，并且在确定的条件下与某些机械性能指标有大致固定的关系，所以常用来作为设计中控制材料性能的指标。但它也有很大的局限性，例如，硬度对材料的组织不够敏感，经不同处理的材料常可得到相同的硬度值，而其他机械性能却相差很大，因而不能确保零件的使用安全。所以，设计中在给出硬度值的同时，还必须对处理工艺（主要是热处理工艺）作出明确的规定。

对于在复杂条件下工作的零件，必须采用特殊实验室性能指标作选材依据。例如采用高温强度、低周疲劳及热疲劳性能、疲劳裂纹扩展速率和断裂韧性、介质作用下的机械性能等。

(2) 工艺性能原则

材料的工艺性能表示材料加工的难易程度。在选材中，同使用性能比较，工艺性能常处于次要地位。但在某些特殊情况下，工艺性能也可成为选材考虑的主要依据。另外，一种材料即使使用性能很好，但若加工极困难，或者加工费用太高，它也是不可取的。所以材料的工艺性能应满足生产工艺的要求，这是选材必须考虑的问题。

材料所要求的工艺性能与零件生产的加工工艺路线有密切关系，具体的工艺性能就是从工艺路线中提出来的。下面讨论各类材料的一般工艺路线和有关的工艺性能。

① 高分子材料的工艺性能　高分子材料的加工工艺路线如图 12-8 所示。从图 12-8 中可以看出，工艺路线比较简单，其中变化较多的是加工工艺。主要加工工艺的比较见表 12-3。

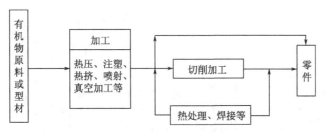

图 12-8　高分子材料的加工工艺路线

表 12-3　高分子材料主要加工工艺的比较

工艺	适用材料	形状	表面粗糙度	尺寸精度	模具费用	生产率
热压加工	范围较广	复杂形状	很低	好	高	中等
喷射加工	热塑性塑料	复杂形状	很低	非常好	很高	高
热挤加工	热塑性塑料	棒状	低	一般	低	高
真空加工	热塑性塑料	棒状	一般	一般	低	低

　　高分子材料的切削加工性能较好。不过要注意，它的导热性差，在切削过程中不易散热，易使工件温度急剧升高，使其变焦（热固性塑料）或变软（热塑性塑料）。

　　② 陶瓷材料的工艺性能　陶瓷材料的加工工艺路线如图 12-9 所示。

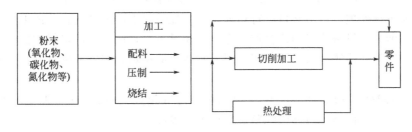

图 12-9　陶瓷材料的加工工艺路线

　　从图 12-9 中可以看出，工艺路线也比较简单，主要工艺就是加工，其中包括粉浆加工、压制加工、挤压加工、可塑加工等。它们的比较见表 12-4。陶瓷材料加工后，除了可以用碳化硅或金刚石砂磨加工外，几乎不能进行任何其他加工。

表 12-4　陶瓷材料各种加工工艺比较

工艺	优点	缺点
粉浆加工	可做形状复杂件、薄塑件,成本低	收缩大,尺寸精度低,生产率低
压制加工	可做形状复杂件,有高密度和高强度,精度较高	设备较复杂,成本高
挤压加工	成本低,生产率高	不能做薄壁件,零件形状需对称
可塑加工	尺寸精度高,可做形状复杂件	成本高

　　③ 金属材料的工艺性能

　　a. 金属材料的加工工艺路线　金属材料的加工工艺路线如图 12-10 所示。可以看出，它远较高分子材料和陶瓷材料复杂，而且变化多，不仅影响零件的加工，还大大影响其最终性能。

　　金属材料（主要是钢铁材料）的工艺路线大体可分成三类。

　　Ⅰ. 性能要求不高的一般零件　毛坯→正火或退火→切削加工→零件。即图 12-10 中的

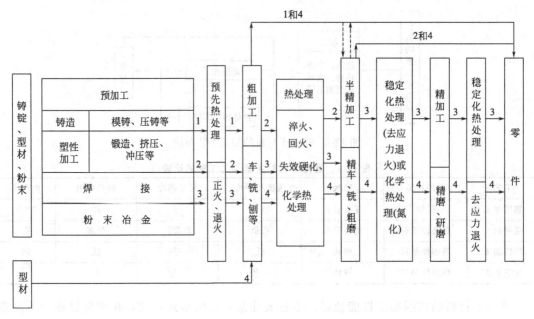

图 12-10　金属材料的加工工艺路线

工艺路线 1 和 4。毛坯由铸造或锻轧加工获得。如果用型材直接加工成零件，则因材料出厂前已经退火或正火处理，可不必再进行热处理。一般情况下的毛坯的正火或退火，不单是为了消除铸造、锻造的组织缺陷和改善加工性能，还赋予零件以必要的机械性能，因而也是最终热处理。由于零件性能要求不高，多采用比较普通的材料如铸铁或碳钢制造。它们的工艺性能都比较好。

　　Ⅱ. 性能要求较高的零件　毛坯→预先热处理（正火、退火）→粗加工→最终热处理（淬火、回火，固溶时效或渗碳处理等）→精加工→零件。

　　即图 12-10 中的工艺 2 和 4。预先热处理是为了改善机加工性能，并为最终热处理做好组织准备。大部分性能要求较高的零件，如各种合金钢、高强铝合金制造的轴、齿轮等，均采用这种工艺路线。

　　Ⅲ. 要求较高的精密零件　毛坯→预先热处理（正火、退火）→粗加工→最终热处理（淬火、低温回火、固溶、时效或渗碳）→半精加工→稳定化处理或渗氮→精加工→稳定化处理→零件。

　　这类零件除了要求有较高的使用性能外，还要有很高的尺寸精度和表面光洁程度。因此大多采用图 12-10 中的工艺路线 3 或 4，在半精加工后进行一次或多次精加工及尺寸的稳定化处理。要求高耐磨性的零件还需进行氮化处理。由于加工路线复杂，性能和尺寸的精度要求很高，零件所用材料的工艺性能应充分保证。这类零件有精密丝杠、镗床主轴等。

　　b. 金属材料的主要工艺性能　金属材料的加工工艺路线复杂，要求的工艺性能较多，如铸造性能、锻造性能、焊接性能、切削加工性能、热处理工艺性能等。金属材料的工艺性能应满足其工艺过程要求。

　　(3) 经济性原则

　　材料的经济性是选材的根本原则。采用便宜的材料，把总成本降至最低，取得最大的经济效益，使产品在市场上具有较强的竞争力，始终是设计工作的重要任务。

　　① 材料的价格　零件材料的价格无疑应该尽量低。材料的价格在产品的总成本中占有

较大的比重，据有关资料统计，在许多工业部门中可占产品价格的 30%～70%，因此设计人员要十分关心材料的市场价格。

② 零件的总成本　零件选用的材料必须保证其生产和使用的总成本最低。零件的总成本与其使用寿命、重量、加工费用、研究费用、维修费用和材料价格有关。

如果准确地知道了零件总成本与上述各因素之间的关系，则可以对选材的影响做精确的分析，并选出使总成本最低的材料。但是，要找出这种关系，只有在大规模工业生产中进行详尽实验分析的条件下才有可能。对于一般情况，详尽的实验分析有困难，要利用一切可能得到的资料，逐项进行分析，以确保零件总成本降低，使选材和设计工作做得更合理些。

③ 国家的资源　随着工业的发展，资源和能源的问题日渐突出，选用材料时必须对此有所考虑，特别是对于大批量生产的零件，所用材料应该来源丰富并顾及我国资源状况。另外，还要注意生产所用材料的能源消耗，尽量选用耗能低的材料。

上述材料与加工工艺选择的三个原则是互相渗透，有机相连的。实际上对于不同零件，材料与工艺的选用是否合理是使用性、工艺性和经济性综合平衡的结果。由于各种因素相互制约，有时并不协调一致，往往出现矛盾，此时，应在保证使用性能的前提下，兼顾其他因素。材料及加工工艺的选用在遵循使用性、工艺性及经济性原则的同时，材料与加工工艺之间还有个相适应性的问题。材料的性能不是一成不变的，它除与材料的化学成分有关外，还与其热处理工艺、加工工艺、使用环境等有关。当材料选定以后，由于采用不同的工艺方法，最后材料的性能可能不再是手册中查得的指标了，因而材料及工艺的选用有时是不分先后，而是要同时考虑的。

材料及加工工艺的选用，还与零件的结构特点有关，材料与加工工艺要根据零件设计来确定，但完成同一功能的零件，可以设计出不同的结构来，零件结构设计必须符合零件结构工艺性的要求，某些结构难以加工时，还应考虑结构的优化问题。

可见材料及工艺的选用是一个复杂的问题，应该在综合分析比较几种方案的基础上，予以统筹考虑。在实际工程，对于与成熟产品同类的产品，或通用、简单零件，由于前人积累了丰富的经验，大多采用经验类比法来处理材料工艺选用问题。但在设计、制造新产品或重要零件时，要严格进行设计计算、实验分析、小量试制、台架试验等步骤，根据试验结果修改设计，并优化选择材料和加工工艺。

12.2.2　典型零件的材料及加工工艺选择

(1) 轴杆类零件

① 轴类零件工作条件及对性能的一般要求　轴是机械工业中重要的基础零件之一。一切做回转运动的零件都装在轴上，大多数轴的工作条件为：传递扭矩，同时还承受一定的交变、弯曲应力；轴颈承受较大的摩擦；大多承受一定的过载或冲击载荷。

根据工作特点，轴失效的主要形式有疲劳断裂、脆性断裂、磨损及变形失效。

根据工作条件和失效形式，可以对轴用材料提出如下性能要求。

a. 应具有优良的综合力学性能，即要求有高的强度和韧性，以防变形和断裂。

b. 具有高的疲劳强度，防止疲劳断裂。

c. 良好的耐磨性。

在特殊条件下工作的轴，还应有特殊的性能要求。如在高温下工作的轴，则要求有高的蠕变变形抗力；在腐蚀性介质环境中工作的轴，则要求轴用材料具有耐腐蚀性。

基于以上要求，轴类零件选材时主要考虑强度，同时兼顾材料的冲击韧性和表面耐磨性。强度既可保证承载能力、防止变形失效，又可保证抗疲劳性能。良好的塑性和韧性是为了防止过载和冲击断裂。

② 选材　显然，作为轴的材料，若选用高分子材料，弹性模量小，刚度不足，极易变形，所以不合适；若用陶瓷材料，则太脆，韧性差，亦不合适。因此，作为重要的轴，几乎都选用金属材料。

轴类零件一般采用球墨铸铁、中碳钢或中碳合金钢制造。常用材料有：QT900-2、45、40Cr、40MnB、30CrMnSi、35CrMo 和 40CrNiMo 等。具体钢种的选用应根据载荷的类型和淬透性的大小来决定。承受弯曲载荷和扭转载荷的轴类，应力分布是由表面向中心递减，因此可不必用淬透性很高的钢种。承受拉、压载荷的轴类，因应力沿轴的截面均匀分布，所以应选用淬透性高的钢。

选择材料时，必须同时考虑热处理工艺。轴类零件通常需经调质处理，获得回火索氏体组织在具有高强度的同时，还有较高的韧性。为了提高轴颈处的耐磨性。调质后还需进行高频表面淬火或渗氮处理，以便提高表面硬度。

③ 加工工艺选择　与锻造加工的钢轴相比，球墨铸铁有良好的减振性、切削加工性及低的缺口敏感性；此外，它的力学性能较高，疲劳强度与中碳钢相近，耐磨性优于表面淬火钢，经过热处理后，还可使其强度、硬度或韧性有所提高。

铸造加工的轴最大的不足之处就在于它的韧性低，在承受过载或大的冲击载荷时，易产生脆断。

因此，对于主要考虑刚度的轴以及主要承受静载荷的轴，如曲轴、凸轮轴等，可采用铸造加工的球墨铸铁来制造。目前部分负载较重但冲击不大的锻造加工轴已被铸造加工轴所代替，既满足了使用性能的要求。又降低了零件的生产成本，取得了良好的经济效益。

以球墨铸铁铸造加工的轴的热处理主要采用正火处理。为提高轴的力学性能也可采用调质或正火后的进行表面淬火、贝氏体等温淬火等工艺。球墨铸铁轴和锻钢轴一样均可经氮碳共渗处理，使疲劳极限和耐磨性大幅度提高。与锻钢轴相比所不同的是所得氮碳共渗层较浅，硬度较高。

对于以强度要求为主的轴特别是在运转中伴随有一定的冲击载荷的轴，大多采用锻造加工。锻造加工的轴常用材料为中碳钢或中碳合金调质钢。这类材料的锻造性能较好，锻造后配合适当的热处理，可获得良好的综合性能、高的疲劳强度以及耐磨性，从而有效地提高轴的抵抗变形、断裂及磨损的能力。

④ 轴类零件举例　下面以 C620 车床主轴（见图 12-11）为例，分析一下材料与工艺的选用问题。该主轴受交变弯曲和扭转的复合应力，要求有足够的强度，但载荷和转速均不高，冲击载荷也不大，所以一般水平的综合力学性能即可满足要求，但大端的轴颈、锥孔及卡盘、顶尖之间有摩擦，这些部分要求较高的硬度和耐磨性。

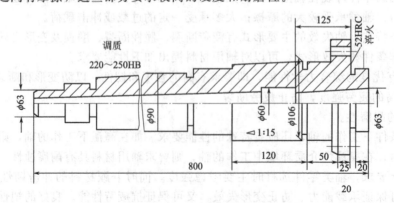

图 12-11　C620 车床主轴

　　由材料可知，中碳钢或中碳合金钢，经过调质处理有良好的综合力学性能。在众多调质钢中，能满足强度设计的许用应力要求的材料很多，由于本轴对冲击性能要求不高，为降低成本起见，采用碳素钢就可以了，在碳素调质钢中，45 钢来源方便，是最常见的钢种，故可选用 45 钢。

　　由于本例中的轴径变化较大，可采用锻造加工，通过减径拔长，锻成阶梯状毛坯。

　　出于锻造后截面变化较大，锻造经历时间不同，因而组织转变不均，应力分布不均，为此需采用正火或退火，以便消除锻后的组织缺陷及残余应力；同时锻造后尚有较多的切削加工任务，为利于切削，又需调整材质的硬度，一般来说材质的最佳切削硬度为 140～248HB，硬度过高刀具磨损，切削困难，硬度太低时，不易断屑，又会发生粘刀现象，影响切削加工质量及生产率。当用退火时，有可能使硬度偏低，且因零件在炉中停留时间长，影响炉子的利用率，故采用正火作为预备热处理。经正火处理后，需检验硬度及组织是否合格。如发现有硬料或软料现象，应重新正火进行返修，否则不利于进行大进给、大走刀量的粗切削加工。

　　正火处理后的组织是片层状的索氏体，硬而脆的片层状渗碳体分割铁素体基体，易产生脆性。对于车床用轴，不但有强度要求，在车床换挡时还承受一定的冲击载荷，还应具有一定的韧性。为此，粗加工后尚需进行调质热处理。调质处理可获得回火索氏体，而回火索氏体与索氏体（正火得到的）相比，在强度相当的情况下，具有高的韧性。这是由于回火索氏体中的渗碳体呈细小的颗粒状弥散分布在铁素体中，对基体的分割现象没有片状索氏体那么严重，容易发挥铁素体的韧性作用。

　　调质处理分为两个工序，即淬火＋高温回火。淬火后获得充分的马氏体是最终获得回火索氏体的基本保证。为此淬火后，必须通过硬度检验，考核淬火是否合格。45 钢的淬火最高硬度为 48～52HRC，如果淬火后硬度低于此值，表明淬火工艺有缺陷，应返修重新淬火。淬火硬度合格者再经高温回火即可获得回火索氏体组织，硬度为 220～250HB，具有良好的强韧性。

　　通过调质处理虽然满足了要求整体轴的强韧性，但是大端的轴颈、锥孔又要求耐磨，故需有较高的硬度，还应采取局部表面硬化措施。由表面热处理、化学热处理及表面改性处理技术可知，表面感应淬火、表面火焰淬火、渗碳化学热处理、渗氮化学热处理及表面镀硬铬、渗硼等都可实现表面硬化。渗硼由于很硬很脆，适用于上模具类，又因加热温度高易变形，故轴类零件通常不用。渗碳适于低碳钢表面硬化，本轴已选用了 45 钢，基体碳质量分数已经很高，表层若再经渗碳，易使轴的韧性下降。由于工件很大，镀铬槽难以适应。最后可考虑在表面淬火与渗氮工艺之间选择。一般说来渗氮硬度比表面淬火高得多，但渗氮工时很长，没有特殊需要尽量不选。而且渗氮尚需用与工件大小相应的、尺寸很大的炉子，对于非渗氮部分又需镀铜或锡保护，渗氮后又需电解去除镀层，工艺复杂，故不选用。在表面淬火中，火焰淬火，设备简单，但淬火质量不如感应加热淬火，而且感应加热淬火，还便于实现机械化、自动化。故最终选用高频感应表面淬火。

　　表面淬火后尚需消除淬火应力，需进行低温回火，性能满足要求后再进行精磨加工。

　　综上所述，其工艺路线如下。

　　原材料→锻造→正火→粗加工→淬火→高温回火→精加工→大端局部高频感应淬火→低温回火→精磨加工。

　　在上述工艺流程中也可省去正火，锻后直接进行调质，再进行粗加工、精加工、表面淬火回火。

　　如果有类似的轴，轴径台阶相差不太悬殊的话，可采用直径相当的锻造或热轧后以正火态供货的圆钢。此时，经原材料验收，组织及硬度合格后，便可直接进行粗加工，而省去锻造及正火工序。

如果是冲击较大，承受载荷较大的轴，如矿山机械、重型车辆的轴，应选用强度高、淬透性大、冲击韧性高的材料，例如 35CrMo、40CrNiMo 等。

(2) 齿轮类零件

齿轮是机械工业中应用广泛的重要零件之一，主要用于传递动力、调节速度或方向。

① 齿轮的工作条件、主要失效形式及对性能的要求

a. 齿轮的工作条件　Ⅰ. 啮合齿表面承受较大的既有滚动又有滑动的强烈摩擦和接触疲劳压应力；Ⅱ. 传递动力时，轮齿类似于悬臂梁，轮齿根部承受较大的弯曲疲劳应力；Ⅲ. 换挡、启动、制动或啮合不均匀时，承受冲击载荷。

b. 齿轮的主要失效形式　Ⅰ. 断齿：除因过载（主要是冲击载荷过大）产生断齿外，大多数情况下的断齿是由于传递动力时，在齿根部产生的弯曲疲劳应力造成的。Ⅱ. 齿面磨损：由于齿面接触区的摩擦，使齿厚变小、齿隙加大。Ⅲ. 接触疲劳：在交变接触应力作用下，齿面产生微裂纹，渐剥落，形成麻点。

c. 对齿轮材料的性能要求　Ⅰ. 高的弯曲疲劳强度；Ⅱ. 高的耐磨性和接触疲劳强度；Ⅲ. 轮齿心部要有足够的强度和韧性。

② 典型齿轮的选材及热处理

a. 机床齿轮　机床齿轮的选材是依其工作条件（圆周速度、载荷性质与大小、精度要求等）而定的。表 12-5 列出了机床齿轮的选材及热处理。

表 12-5　机床齿轮的选材及热处理

序号	齿轮工作条件	钢种	热处理工艺	硬度要求
1	在低载荷下工作,要求耐磨性好的齿轮	15	900～950℃渗碳,直接淬火,或780～800℃水冷,180～200℃回火	58～63HRC
2	低速(<0.1m/s)、低载荷下工作的不重要的变速箱齿轮和挂轮架齿轮	45	840～860℃正火	156～217HB
3	低速(<0.1m/s)、低载荷下工作的齿轮(如车床溜板上的齿轮)	45	820～840℃水冷,500～550℃回火	200～250HB
4	中速、中载荷或大载荷下工作齿轮(如车床变速箱中的次要齿轮)	45	高频加热,水冷,300～340℃回火	45～50HRC
5	速度较大或中等载荷下工作的齿轮,齿部硬度要求较高(如钻床变速箱中的次要齿轮)	45	高频加热,水冷,230～240℃回火	50～55HRC
6	高速、中载荷,要求齿面硬度高的齿轮(如磨床砂轮箱齿轮)	45	高频加热,水冷,180～200℃回火	54～60HRC
7	速度不大,中等载荷,断面较大的齿轮(如铣床工作面变速箱齿轮、立车齿轮)	40Cr 42SiMn 45MnB	840～860℃油冷,600～650℃回火	200～230HB
8	中等速度(2～4m/s)、中等载荷下工作的高速机床走刀箱、变速箱齿轮	40Cr 42SiMn	调质后高频加热,乳化液冷却,260～300℃回火	50～55HRC
9	高速、高载荷、齿部要求高硬度的齿轮	40Cr 42SiMn	调质后高频加热,乳化液冷却,180～200℃回火	54～60HRC
10	高速、中载荷、受冲击、模数<5的齿轮(如机床变速箱齿轮、龙门铣床的电动机齿轮)	20Cr 20Mn2B	900～950℃渗碳,直接淬火,或800～820℃油淬,180～200℃回火	58～63HRC
11	高速、重载荷、受冲击、模数>6的齿轮(如立车上的重要齿轮)	20SiMnVB 20CrMnTi	900～950℃渗碳,降温至820～850℃淬火,180～200℃回火	58～63HRC
12	高速、重载荷、形状复杂,要求热处理变形小的齿轮	38CrMoAl 38CrAl	正火或调质后510～550℃渗氮	850HV以上
13	在不高载荷下工作的大型齿轮	65Mn	820～840℃空冷	<241HB
14	传动精度高,要求具有一定耐磨性的大齿轮	35CrMo	850～870℃空冷,600～650℃回火(热处理后精切齿形)	255～302HB

　　机床传动齿轮工作时受力不大，工作较平稳，没有强烈冲击，对强度和韧性的要求都不太高，一般用中碳钢（例如 45 钢）经正火或调质后，再经高频感应加热表面淬火强化，提高耐磨性，表面硬度可达 52～58HRC。对于性能要求较高的齿轮，可选用中碳合金钢（例如 40Cr 等）。其工艺路线为：备料→锻造→正火→粗机械加工→调质→精机械加工→高频淬火＋低温回火→装配。

　　正火工序作为预备热处理，可改善组织，消除锻造应力，调整硬度便于机械加工，并为后续的调质工序做好组织准备。正火后硬度一般为 180～207HB，其切削加工性能好。经调质处理后可获得较高的综合力学性能，提高齿轮心部的强度和韧性，以承受较大的弯曲应力和冲击载荷。调质后的硬度为 33～48HRC。高频淬火＋低温回火可提高齿轮表面的硬度和耐磨性，提高齿轮表面接触疲劳强度。高频加热表面淬火加热速度快，淬火后脱碳倾向和淬火变形小，同时齿面硬度比普通淬火高约 2HRC，表面形成压应力层，从而提高齿轮的疲劳强度。齿轮使用状态下的显微组织为：表面是回火马氏体＋残余奥氏体，心部是回火索氏体。

　　b. 汽车、拖拉机齿轮　汽车、拖拉机齿轮的选材及热处理详见表 12-6。

表 12-6　汽车、拖拉机齿轮常用钢种及热处理

序号	齿轮类型	常用钢种	热处理	
			主要工序	技术条件
1	汽车变速箱和分动箱齿轮	20CrMnTi 20CrMo 等	渗碳	层深：m_n[1] < 3 时，0.6～1.0mm；3 < m_n < 5 时，0.9～1.3mm；m_n > 5 时，1.1～1.5mm 齿面硬度：58～64HRC 心部硬度：$m_n \leq 5$ 时，32～45HRC；$m_n > 5$ 时，29～45HRC
		40Cr	（浅层）碳氮共渗	层深：> 0.2mm 表面硬度：51～61HRC
2	汽车驱动桥主动及从动圆柱齿轮	20CrMnTi 20CrMo	渗碳	渗层深度按图纸要求，硬度要求同序号 1 中渗碳工序
	汽车驱动桥主动及从动圆锥齿轮	20CrMnTi 20CrMnMo	渗碳	层深：m_s[2] ≤ 5 时，0.9～1.3mm；5 < m_s < 8 时，1.0～1.4mm；m_s > 8 时，1.2～1.6mm 齿面硬度：58～64HRC 心部硬度：$m_s \leq 8$ 时，32～45HRC；$m_s > 8$ 时，29～45HRC
3	汽车驱动桥差速器行星及半轴齿轮	20CrMnTi 20CrMo 20CrMnMo	渗碳	同序号 1 渗碳的技术条件
4	汽车发动机凸轮轴齿轮	灰口铸铁 HT180 HT200	激冷	170～229HB
5	汽车曲轴正时齿轮	35、40、45 40Cr	正火	149～179HB
			调质	207～241HB
6	汽车起动机齿轮	15Cr 20Cr 20CrMo 15CrMnM， 20CrMnTi	渗碳	层深：0.7～1.1mm 表面硬度：58～63HRC 心部硬度：33～43HRC
7	汽车里程表齿轮	20	（浅层）碳氮共渗	层深：0.2～0.35mm
8	拖拉机传动齿轮，动力传动装置中的圆柱齿轮，圆锥齿轮及轴齿轮	20Cr 20CrMo， 20CrMnMo 20CrMnTi， 30CrMnTi	渗碳	层深：≥模数的 0.18 倍，但≤2.1mm 各种齿轮渗层深度的上下限≤0.5mm，硬度要求序号 1、2
		40Cr，40Cr	（浅层）碳氮共渗	同序号 1 中碳氮共渗的技术条件
9	拖拉机曲轴正时齿轮，凸轮轴齿轮，喷油泵驱动齿轮	45	正火	156～217HB
			调质	217～255HB
		灰口铸铁 HT180		170～229HB
10	汽车拖拉机油泵齿轮	40、45	调质	28～35HRC

①m_n—法向模数；②m_s—端面模数。

与机床齿轮相比，汽车、拖拉机齿轮工作时受力较大，受冲击频繁，因而对性能的要求较高。这类齿轮通常使用合金渗碳钢（如 20CrMnTi、20MnVB）制造。其工艺路线为：备料→锻造→正火→机械加工→渗碳→淬火＋低温回火→喷丸→磨削→装配。正火处理的作用与机床齿轮相同。经渗碳、淬火＋低温回火后，齿面硬度可达 58～62HRC，心部硬度为 35～45HRC。齿轮的耐冲击能力、弯曲疲劳强度和接触疲劳强度均相应提高。喷丸处理能使齿面硬度提高约 2～3HRC，并提高齿面的压应力，进一步提高接触疲劳强度。齿轮在使用状态下的显微组织为：表面是回火马氏体＋残余奥氏体＋碳化物颗粒，心部淬透时是低碳回火马氏体＋铁素体，未淬透时，是索氏体＋铁素体。

由于齿轮的尺寸和类型不同，所采用的加工方法也是不一样的，如图 12-12 所示。

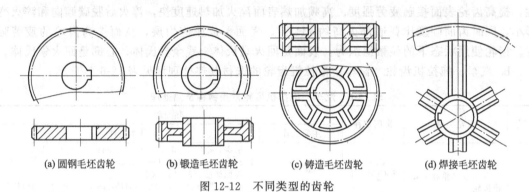

(a) 圆钢毛坯齿轮　　　(b) 锻造毛坯齿轮　　　(c) 铸造毛坯齿轮　　　(d) 焊接毛坯齿轮

图 12-12　不同类型的齿轮

（3）机架、箱体类零件

各种机械的机身、底座、支架、横梁、工作台以及齿轮箱、轴承座、阀体、内燃机的缸体等，都可视为机架、箱体类零件（见图 12-13）。

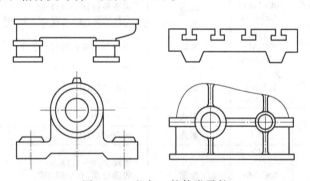

图 12-13　机架、箱体类零件

机架、箱体类零件的特点是：形状不规则，结构比较复杂并带有内腔，重量从几千克至数十吨，工作条件也相差很大。其中一般的基础零件，如机身、底座等，主要起支承和连接机床各部件的作用，属于非运动的零件，以承受压应力和弯曲力为主，为保证工作的稳定性，应有较好的刚度和减振性。工作台和导轨等零件，则要求有较好的耐磨性。这类零件一般受力不大，但要求良好的刚度和密封性，在多数情况选用灰铸铁进行铸造加工。少数重型机械，如轧钢机、大型锻压机械的机身，可选用中碳铸钢件或合金铸钢件，个别特大型的还可采用铸钢-焊接联合结构。

一些受力较大、要求高强度、高韧性，甚至在高温下工作的零件，如汽轮机机壳，应选用铸钢。

一些受力不大，而且主要是承受静力、不受冲击，这类箱体可选用灰铸铁，如果零件在服役时与其发生相对运动,其间有摩擦、磨损发生,则应选用珠光体基体的灰铸铁。

受力不大,要求自重轻,或要求导热好,这时可选用铸造铝合金。受力很小,要求自重轻等考虑选用工程塑料。受力较大,但形状简单,这时可选用型钢焊接。

如选用铸钢,为了消除粗晶组织、偏析及铸造应力,对铸钢应进行完全退火或扩散退火;对铸铁件一般要进行去应力退火;对铝合金应根据成分不同,进行退火或固溶热处理和时效等处理。

思考题与习题

12-1　简述选材的基本原则、方法和步骤。

12-2　选择毛坯加工工艺的原则是什么?

12-3　某机床齿轮选用 45 钢制作,其加工工艺路线如下:

原材料→锻造→预备热处理→粗加工→调质→精加工→高频感应淬火→低温回火→精磨。

试问:① 预备热处理应选择何种具体工艺?

　　　② 说明各热处理工艺在加工工艺流程中的作用。

　　　③ 为什么不能采用渗碳淬火＋低温回火工艺?

12-4　下列零件选用何种材料,采用什么加工方法制造毛坯比较合理:

① 形状复杂要求减振的大型机座;

② 大批量生产的重载中小型齿轮;

③ 薄壁杯状的低碳钢零件;

④ 形状复杂的铝合金构件。

参 考 文 献

[1] 师昌绪主编. 高技术现状与发展趋势. 北京：科学出版社，1993.
[2] 李恒德，师昌绪主编. 中国材料发展现状及迈入新世纪对策. 济南：山东科学技术出版社，2003.
[3] 师昌绪主编. 材料大辞典. 北京：化学工业出版社，1994.
[4] 柳百成，沈厚发. 21世纪的材料成形加工技术与科学. 北京：机械工业出版社，2004.
[5] 朱张校主编. 工程材料. 北京：清华大学出版社，2001.
[6] 崔忠圻主编. 金属学与热处理原理. 哈尔滨：哈尔滨工业大学出版社，1998.
[7] 汪传生，刘春廷主编. 工程材料及应用. 西安：西安电子科技大学出版社，2008.
[8] 吴承建. 金属材料学. 北京：冶金工业出版社，2000.
[9] 张代东主编. 机械工程材料应用基础. 北京：机械工业出版社，2001.
[10] 梁耀能主编. 机械工程材料. 广州：华南理工大学出版社，2002.
[11] 郝建民主编. 机械工程材料. 西安：西北工业大学出版社，2003.
[12] 何庆复主编. 机械工程材料及选用. 北京：中国铁道出版社，2001.
[13] 孙鼎伦，陈全明主编. 机械工程材料学. 上海：同济大学出版社，2002.
[14] 武建军主编. 机械工程材料. 北京：国防工业出版社，2004.
[15] 于永泗，齐民主编. 机械工程材料. 大连：大连理工大学出版社，2003.
[16] 高为国主编. 机械工程材料基础. 长沙：中南大学出版社，2004.
[17] 齐宝森等主编. 机械工程材料. 哈尔滨：哈尔滨工业大学出版社，2003.
[18] 王焕庭等主编. 机械工程材料. 大连：大连理工大学出版社，1991.
[19] 朱荆璞，张德惠主编. 机械工程材料学. 北京：机械工业出版社，1988.
[20] 北京农业机械化学院主编. 机械工程材料学. 北京：农业出版社，1986.
[21] 张继世主编. 机械工程材料基础. 北京：高等教育出版社，2000.
[22] 耿香月主编. 工程材料学. 天津：天津大学出版社，2002.
[23] 吕广庶，张远明主编. 工程材料及成形技术基础. 北京：高等教育出版社，2001.
[24] 黄丽主编. 高分子材料. 北京：化学工业出版社，2005.
[25] 鞠鲁粤主编. 工程材料与成形技术基础. 北京：高等教育出版社，2004.
[26] 张代东主编. 机械工程材料应用基础. 北京：机械工业出版社，2001.
[27] 赵程，杨建民主编. 机械工程材料. 北京：机械工程出版社，2003.
[28] 梁耀能主编. 工程材料及加工工程. 北京：机械工业出版社，2001.
[29] 齐乐华主编. 工程材料及成形工艺基础. 西安：西北工业大学出版社，2002.
[30] 丁厚福，王立人主编. 工程材料. 武汉：武汉理工大学出版社，2001.
[31] 孙康宁等主编. 现代工程材料成形与制造工艺基础. 北京：机械工业出版社，2001.
[32] 陶冶. 材料成形技术基础. 北京：机械工业出版社，2003.
[33] 王爱珍. 工程材料及成形技术. 北京：机械工业出版社，2003.
[34] 林再学. 现代铸造方法. 北京：航空工业出版社，1991.
[35] 王仲仁. 特种塑性成形. 北京：机械工业出版社，1995.
[36] 中国机械工程学会焊接学会. 焊接手册，第1卷：焊接方法及设备. 北京：机械工业出版社，1992.
[37] 邹茉莲. 焊接理论及工艺基础. 北京：北京航空航天大学出版社，1994.
[38] 田锡唐. 焊接结构. 北京：机械工业出版社，1982.
[39] 陈祝年. 焊接工程师手册. 北京：机械工业出版社，2002.
[40] Sindo Kou, Solidification and liquation cracking issues in welding. JOM Journal of the Minerals, Metals and Materials Society, 2003, 55 (6): 6.
[41] Yu D Shchitsyn, Yu Shchitsyn V, Herold H, Weinhart W. Plasma welding of aluminium alloys. Welding International, 2003, 17 (10): 10.
[42] Zhou Y, J Dong S, J Ely K. Weldability of thin sheet metals by small-scale resistance spot welding using high-frequency inverter and capacitor-discharge power supplies, Journal of Electronic Materials, 2001, 30 (8): 8.
[43] 庞丽君. 金属切削原理与刀具. 北京：国防工业出版社，2009.
[44] 陈日曜. 金属切削原理. 第二版. 北京：机械工业出版社，2002.
[45] 师汉民. 金属切削理论及其应用新探. 武汉：华中科技大学出版社，2005.

[46] 陆剑中. 金属切削原理与刀具. 北京：机械工业出版社，2006.

[47] 于俊一. 机械制造技术基础. 北京：机械工业出版社，2004.

[48] 卢秉恒. 机械制造技术基础. 北京：机械工业出版社，2007.

[49] 陆剑中. 金属切削原理与刀具. 北京：机械工艺出版社，2006.

[50] 王贵成，张银喜. 精密与特种加工. 武汉：武汉理工大学出版社，2001.

[51] 张建华. 精密与特种加工技术. 北京：机械工业出版社，2003.

[52] 高俊刚，李源勋主编. 高分子材料. 北京：化学工业出版社，2002.

[53] 钱秋平. 新世纪合成橡胶工业技术的方向. 合成橡胶工业，2001，24（1）：1-4.

[54] 范继宽. 顺丁橡胶生产技术的发展. 现代化工，2000，20（8）：15-18.

[55] 刘亚青编. 工程塑料成型加工技术. 北京：化学工业出版社，2006.

[56] 全国珍主编. 工程塑料. 北京：化学工业出版社，2001.

[57] 王耀先主编. 复合材料结构设计. 北京：化学工业出版社，2001.

[58] 黄家康，岳红军，董永祺主编. 复合材料成型技术. 北京：化学工业出版社，1999.

[59] 王荣国等主编. 复合材料概论. 哈尔滨：哈尔滨工业大学出版社，1999.

[60] 张长瑞等主编. 陶瓷基复合材料——原理、工艺、性能与设计. 北京：国防科技大学出版社，2001.

[61] 永芝，杨清彪，杜建时等. 电纺丝技术——一种高效低耗的纳米纤维制备技术. 化工新型材料，2005，33（6）：12-14.

[62] Doshi J, Reneker D H. Electrospinning process and applications of electrospun fibers. Journal of Electrostatics, 1995，35（2）：51-160.

[63] 王仁智，吴培远主编. 疲劳失效分析. 北京：机械工业出版社，1987.

[64] 王大伦，赵德寅，郑伯芳主编. 轴及紧固件的失效分析. 北京：机械工业出版社，1988.

[65] 杨建虹，雷建中，叶健熠等主编. 轴承钢洁净度对轴承疲劳寿命的影响. 轴承，2001，（5）：28.

[66] 刘英杰主编. 磨损失效分析. 北京：机械工业出版社，1988.

[67] 朱敦伦，周汉民，强颖怀主编. 机械零件失效分析. 徐州：中国矿业大学出版社，1993.

[68] Liu ChunTing, Ma Ji, Liu YuLiang. Formation mechanism and magnetic properties of three different hematite nanostructures synthesized by one-step hydrothermal procedure. Science China Chemistry, 2011，54（10）：1607-1614.

[69] ［英］F·A·A·克兰，J·A·查尔斯著. 工程材料的选择与应用. 王庆绥等译，北京：科学出版社，1990.

[70] ［美］詹姆斯·谢弗（James P. Snchaffer）等著. 工程材料科学与设计. 余永宁等译. 北京：机械工业出版社，2003.